Erhard Planck / Dieter Schmidt (Hrsg.)
Kälteanlagentechnik in Fragen und Antworten
Band 2: Fachwissen

Planck / Schmidt (Hrsg.)

Kälteanlagentechnik in Fragen und Antworten

Arbeits- und Übungsbuch mit Aufgaben und Lösungen

Band 2: Fachwissen

C.F. Müller Verlag Heidelberg

Die Autoren und ihre Beiträge

Walter Bodenschatz, Dipl.-Ing.-Päd. Berufliches Schulzentrum Reichenbach	K 8.2 K 8.5 K 8.6 K 9	Drosselorgane und Flüssigkeitsverteiler Rohrleitungen Änderungen von Betriebskenngrößen Sonstige Bauteile im Kältemittelkreislauf
Klaus Busold, StD Berufsbildende Schulen Springe	K 15	Technische Kommunikation
Dr. rer. nat. Dipl.-Ing. Wofgang Krönert, Bundesfachschule Kälte-Klima-Technik Niedersachswerfen, Schulleiter	K 8.3 K 11	Verdampfer Montage, Inbetriebnahme, Wartung und Entsorgung
Erhard Planck, StR Berufsbildende Schulen II Oldenburg	E 8 bis E 13	 Elektrotechnik Zeichnungen und Layout Elektrotechnik
Dieter Schmidt, OStR Berufsbildende Schulen Springe	K 7 K 8.1 K 8.4 K 10 K 11 K 12 K 13 K 14	Kreisprozeß im lg p, h-Diagramm Verdichter Verflüssiger Regelung der Kälteanlage Montage, Inbetriebnahme, Wartung und Entsorgung Sicherheitstechnische Bestimmungen Kälteanwendung Weitere Verfahren der Kälteerzeugung Layout Kältetechnik, Gesamtredaktion

---

Die Deutsche Bibliothek – CIP-Einheitsaufnahme

Kälteanlagentechnik in Fragen und Antworten: Arbeits- und Übungsbuch mit Aufgaben und Lösungen / Erhard Planck/Dieter Schmidt (Hrsg.). – Heidelberg: Müller

Bd. 2. Fachwissen. – 1.Aufl. – 1998
ISBN 3-7880-7602-X

---

1. Auflage 1998

Druck: Greiser-Druck, Rastatt

ISBN 3-7880-7602-X
Printed in Germany

Vorwort

Mit dem vorliegendem Band 2 kommt das Werk „Kälteanlagentechnik in Fragen und Antworten" zu einem Abschluß. Das Werk versucht, das Gebiet der Kälteanlagentechnik (Kälte- und Elektrotechnik), ergänzt um ausgewählte Grundkenntnisse der Metalltechnik, von den Grundlagen bis zur Anwendung in Frage und ausführlicher Antwort darzustellen. Es ist damit für Lernende sowohl zur fachtheoretischen Vorbereitung auf Gesellen- und Meisterprüfung als auch zur allgemeinen Überprüfung des Kenntnisstandes und der Erarbeitung oder Vertiefung einzelner Themengebiete besonders geeignet.

In der Gliederung folgt das Werk dem Rahmenlehrplan der Verordnung über die Berufsausbildung zum Kälteanlagenbauer und umfaßt in diesem zweiten Band das Stoffgebiet der Kältetechnik und der Elektrotechnik etwa von der Zwischenprüfung bis zur Gesellenprüfung. Band 2 setzt die Kapiteleinteilung des bereits vorliegenden Bandes 1 - Grundwissen fort und beginnt deshalb mit Kapitel K 7 - Der Kältemittelkreisprozeß im lg p, h-Diagramm bzw. E 7 - Elektronische Drehzahlregelung.

In den einzelnen Kapiteln des Gebietes **Kältetechnik** erfolgt gegebenenfalls eine Trennung in Technologie und Technische Mathematik. In Technologie sind nicht nur Fragen zu beantworten, sondern auch graphische Darstellungen anzufertigen, zu ergänzen oder Tabellen zu vervollständigen. Die Musterantworten gehen häufig über die einfache Beantwortung der Frage hinaus, um so auch Zusammenhänge aufzuzeigen und zu tieferen Erkenntnissen zu führen. In Technischer Mathematik folgt eine Reihe exemplarischer Aufgaben zum Themengebiet, zu denen ebenfalls Musterlösungen mit dem gesamten Lösungsweg vom Umstellen der Formel, Einsetzen der Werte mit Einheiten, bis zum errechneten Ergebnis im Lösungsteil abgedruckt sind. Gelegentlich ergeben sich im Kontext einer komplexen Mathematikaufgabe ebenfalls Technologie-Fragen, die, um den Zusammenhang zu wahren, nicht unter Technologie gestellt werden.

Im Bereich **Elektrotechnik** wird der Lernstoff an Projekten dargestellt, die jeweils in Schaltungs- und Funktionsanalyse, Technologie und Technische Mathematik unterteilt sind. Mit dem Teilgebiet Schaltungs- und Funktionsanalyse wird in besonderem Maße die Verknüpfung elektrotechnischer und kältetechnischer Kenntnisse gefördert, indem von Anfang an ein Zusammenhang zu konkreten Anlagen bzw. Schaltplänen hergestellt wird: Hier sind Sinnbilder und Schaltpläne gemäß der Aufgabenstellung zu ergänzen, zu vervollständigen oder zu entwickeln, wobei auch RI-Fließbild -Darstellungen herangezogen werden. Zum Vergleichen sind die vollständigen Lösungen aller Aufgaben sowohl aus Schaltungs- und Funktionsanalyse wie auch aus Technologie und Technischer Mathematik wiederum im Lösungsteil aufgeführt.

Das Buch enthält sowohl einfache, grundlegende als auch schwierigere Fragen und Aufgaben, so daß jeder Lernende die zur Erreichung seines Ausbildungszieles nötigen Aufgaben erhält.

„Kälteanlagentechnik in Fragen und Antworten" ergänzt in sinnvoller Weise bestehende Lehrwerke zur Kältetechnik. Herausgeber und Autoren hoffen, daß das Werk seine Aufgabe erfüllt und von seinen Nutzern als echte Lernhilfe erkannt wird. Sie sind für Hinweise und Verbesserungsvorschläge jederzeit dankbar.

Ein Fachbuch wie das vorliegende entsteht nicht an einem Schreibtisch allein, sondern ist das komplexe Ergebnis gemeinsamer Bemühungen mehrerer Autoren. Als Leiter des Redaktionsteams möchte ich deshalb in diesem Sinne meinen Koautoren für die gute Zusammenarbeit danken.
Außerdem gilt mein Dank den Herren Klinger und Dr. Schmitt vom C. F. Müller Verlag für die konstruktive Atmosphäre, in der das Werk entstehen konnte.
Weiterhin danke ich den Kollegen von der Norddeutschen Kälte-Fachschule, namentlich den Herren Beermann, Kästner und Montagne, für die vielen fachlichen Anregungen und besonders Herrn Karl Heinz Gäfgen ✝, der in so manchem Gespräch meinen Gedanken zu größerer Klarheit verhalf.
Nicht zuletzt danke ich meiner Familie für die große Geduld und Rücksichtnahme, die während der Entstehung des Buches aufzubringen war.

Springe, im Juli 1998 Dieter Schmidt

Inhalt

K - Kältetechnik

E - Elektrotechnik

K 7 Der Kältemittelkreisprozeß im lg p, h - Diagramm

K 7.1 Der Aufbau des lg p, h - Diagramms

1. Welche Bedeutung hat das lg p, h-Diagramm für die Kältetechnik?

2. Warum ist die Druck-Achse im lg p, h-Diagramm logarithmisch eingeteilt?

3. Welche Zustandsgrößen des Kältemittels lassen sich mit Hilfe des lg p, h-Diagramms ermitteln?

4. Geben Sie die üblichen Einheiten der unter Aufgabe 3 genannten Zustandsgrößen an.

5. Skizzieren sie ein lg p, h-Diagramm eines realen Gases (Kältemittels) und tragen Sie ein: Siedelinie - Taulinie - Kritischer Punkt K - Naßdampfgebiet - Gasphase - Flüssigkeit.

6. In welchem Zustand befindet sich das Kältemittel auf der Siedelinie, in welchem auf der Taulinie?

7. Zeichnen Sie ins lg p, h-Diagramm aus Aufgabe 5 den typischen Verlauf folgender Linien ein: Isotherme, Isochore (nur in der Gasphase) Isentrope (nur Gasphase), Linie konstanten Dampfgehaltes (x-Linie). Was bedeuten die drei genannten Isolinien?

8. Wie verlaufen Isobaren und Isenthalpen im lg p, h-Diagramm? Was bedeuten diese Begriffe?

9. Wie verlaufen Isothermen und Isobaren im Naßdampfgebiet?

10. Welche Bedeutung hat die Zustandsgröße x ?

11. Welchen Wert nimmt der Dampfgehalt x auf der a) Siedelinie und b) Taulinie an?

12. Im folgenden finden Sie einen Auszug aus der Dampftafel für R 134a:

1	2	3	4	5	6	7
		spezif. Volumen		spezif. Enthalpie		
Temperatur	Druck	der Flüssigkeit	des Dampfes	der Flüssigkeit	des Dampfes	Verdampfungsenthalpie
t	p	v'	v"	h'	h"	r
°C	bar	dm³/kg	dm³/kg	kJ/kg	kJ/kg	kJ/kg
- 30	0,848	0,720	224,55	161,40	379,18	217,78
- 20	1,330	0,736	146,71	173,88	385,48	211,59
- 10	2,008	0,753	99,17	186,76	391,62	204,85
0	2,929	0,772	69,01	200,00	397,56	197,56
10	4,146	0,793	49,22	213,57	403,26	189,69

a) Welche Werte des lg p, h-Diagramms lassen sich auch mit der Dampftafel ermitteln?
b) Wie ist der auffällig glatte Enthalpiewert für Flüssigkeit von 0 °C h' = 200,00 kJ/kg zu erklären?
c) Welcher Zusammenhang besteht zwischen den Werten der Spalten 5, 6 und 7?

13. Warum ist h" (bei gleicher Temperatur) stets größer als h'? Für welchen Punkt gilt das nicht?

14. Ein Kältemittel habe h' = 100 kJ/kg und h" = 200 kJ/kg. Wie groß ist die spezifische Enthalpie bei gleicher Temperatur für x = 0,3 und x = 0,6?

15. In welchem Aggregatzustand befindet sich das Kältemittel, wenn seine Temperatur a) oberhalb b) unterhalb der kritischen Temperatur T_K liegt?

16. In Kälteanlagen wird vornehmlich *latente Wärme* übertragen (vgl. K 3.1.1 Aufg. 16). In welchem Bereich des lg p, h-Diagramm findet das statt?

17. Im folgenden finden Sie einen Auszug aus der Überhitzungstabelle von R 134a (Werte aus dem Solkane Berechnungsprogramm):

Temperatur t °C	spezif. Volumen v dm³/kg	spezif. Enthalpie h kJ/kg	spezif. Entropie s kJ/kgK
Sättigungstemperatur - 10 °C		Sättigungsdruck 2,012 bar	
- 10	98,6	390,69	1,7285
0	103,6	399,48	1,7586
10	108,5	408,33	1,7904
20	113,2	417,25	1,8214

a) Für welchen Bereich des lg p, h-Diagramms ist die Überhitzungstabelle bedeutsam?
b) Was bedeutet die Angabe der Sättigungstemperatur?

18. Ein Kältemittel verdampft bei - 10 °C und wird anschließend um 20 K auf + 10 °C überhitzt. Warum kann man die zugehörigen Werte für spezif. Volumen v und spezif. Enthalpie h nicht der Dampftafel bei + 10 °C entnehmen?

19. Kältemittel verflüssigt bei t_c = 30 °C und wird anschließend auf t_{cu} = 27 °C unterkühlt. Wo können die Werte für die spezif. Enthalpie h und spezif. Volumen v ermittelt werden?

20. Ein Monteur liest am Hochdruckmanometer einer R 134a-Anlage p = 9,2 bar, entsprechend ca. 40 °C ab. Gleichzeitig mißt er am Verflüssigereingang knapp 70 °C. Er schlägt in der Dampftabelle nach und findet bei 9,2 bar eine Temperatur von etwa 35 °C. Wie sind diese Unterschiede zu erklären?

21. Wofür ist die Kenntnis des Entropiewertes in der Überhitzungstabelle bedeutsam?

K 7.2 Vergleichsprozesse

1. Technologie

1. Tragen Sie mit Pfeilen für „bleibt konstant", „sinkt", „steigt" (→, ↓, ↑) die Zustandsänderungen des Kältemittels im Kältemittelkreisprozeß in die folgende Tabelle ein.

	Druck [bar]	Temperatur [°C]	spez.Enth. [kJ/kg]	spez.Vol. [dm³/kg]
Verdichten				
Enthitzen				
Verflüssigen				
Unterkühlen				
Entspannen				
Verdampfen				
Überhitzen				

2. Was versteht man unter (saugseitiger) Überhitzung? In welchem Teil der Kälteanlage findet sie statt?

3. Was versteht man unter Enthitzung? Wo findet sie statt?

4. Was versteht man unter Flüssigkeitsunterkühlung? Wo findet sie statt?

5. In welchem Gebiet des lg p, h-Diagramms spielen sich Verdampfen und Verflüssigen ab?

6. In welchem Gebiet des lg p, h-Diagramms spielen sich Überhitzen, Enthitzen und Unterkühlen ab?

7. Zeichnen Sie einen praktischen Vergleichsprozeß (ohne Überhitzung und Unterkühlung) zwischen den vorgegebenen Drücken in das gegebene lg p, h-Diagramm. Bezeichnen Sie die Eckpunkte mit 1 - 4 (beginnend mit dem Verdichtereintritt) , beschriften Sie die einzelnen Abschnitte und kennzeichnen Sie den Drosseldampfanteil.

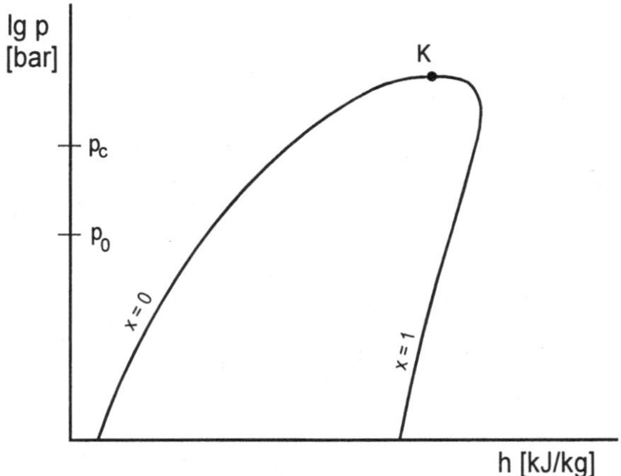

8. Erklären Sie die Entstehung des Drosseldampfes x.

9. Warum ist es sinnvoll, den Drosseldampfanteil in einem Kältemittelkreisprozeß so gering wie möglich zu halten? Durch welche Maßnahmen läßt sich das erreichen?

10. Zeichnen Sie einen tatsächlichen Vergleichsprozeß zwischen den vorgegebenen Drücken in das gegebene lg p, h-Diagramm. Bezeichnen Sie die Eckpunkte mit 1 - 4 (beginnend am Verdichtereingang) und die nötigen Zwischenpunkte zur Kennzeichnung von Überhitzung und Unterkühlung.

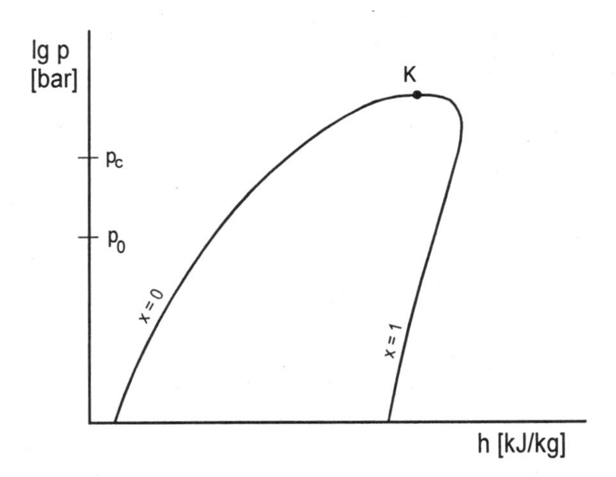

11. Warum muß der tatsächliche Kältemittelkreisprozeß eine a) Überhitzung b) Unterkühlung haben?

12. Tragen sie die spezifische isentrope Verdichtungsarbeit w_{is}, den spezifischen Nutzkältegewinn q_{0e} und die spezifische Verflüssigerwärme q_c ins gegebene Diagramm ein. Wie berechnet man aus diesen Größen die entsprechenden Leistungen (Verdichterleistung, Nutzkälteleistung, Verflüssigerleistung in kW)?

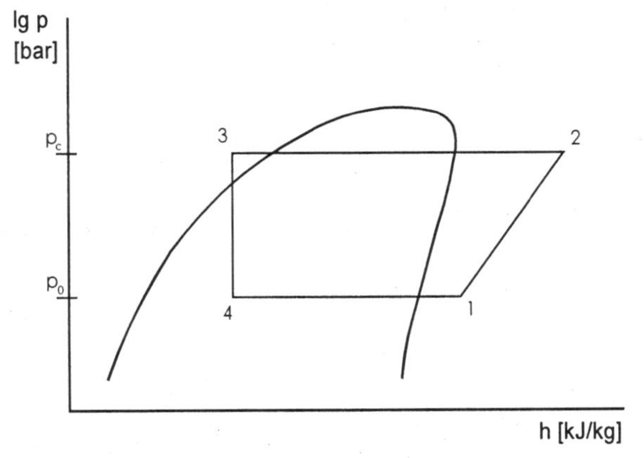

13. Warum liegt Punkt 2 (Verdichteraustritt) tatsächlich weiter rechts, als sich mit Hilfe der Isentropen (s-Linie) im lg p, h-Diagramm ermitteln läßt?

14. Was versteht man unter der Kältezahl ε eines Kältemittelkreisprozesses? Welche Einheit hat sie? Schreiben Sie die Kältezahl des isentropen Prozesses aus Aufgabe 12 als Formel auf.

15. Was versteht man unter dem Carnot-Prozeß? Wie berechnet sich seine Kältezahl?

16. Wie verändert sich die Kältezahl des Carnot-Prozesses wenn Verdampfungs- und Verflüssigungstemperatur weiter auseinanderliegen? Welche Schlußfolgerung läßt sich daraus für diese Temperaturen bei einer realen Anlage ziehen?

17. Was versteht man unter der volumetrischen Kälteleistung q_{0v} (DIN 8941: volumenstrombezogene Kälteleistung) eines Kältemittels? Wie wird sie berechnet? Einheit?

2. Technische Mathematik

1. Eine R 134a-Anlage hat folgende Daten: Verdampfungstemperatur -30 °C, Verflüssigungstemperatur 30 °C, Unterkühlung um 2 K, Überhitzung um 10 K (innerhalb des Kühlraums, anschließend Saugleitung isoliert). Der in der Praxis schwer ermittelbare Unterschied zwischen Verdichtereintritt und Verdichtungsanfang sei hier vernachlässigt, also $t_{V1} = t_1$, $v_1 = v_{V1}$.

a) Tragen Sie die Temperatur- und Druckwerte in folgende Tabelle ein:

t_c [°C]	
t_{cu} [°C]	
t_0 [°C]	
t_{V1} [°C]	
p_0 [bar]	
p_c [bar]	

b) Zeichnen Sie den isentropen Kreisprozeß in ein Diagramm ein, ermitteln Sie die in der Tabelle geforderten Werte möglichst genau (spitzer Bleistift bzw. Dampftabelle, soweit möglich), und tragen Sie sie ein:

h_1 [kJ/kg]	
h_2 [kJ/kg]	
$h_{3/4}$ [kJ/kg]	
v_{V1} [m³/kg]	
v_2 [m³/kg]	
v_3 [m³/kg]	
t_2 [°C]	
x [%]	

c) Auf welchen Wert darf der Druck in der Flüssigkeitsleitung fallen, so daß gerade noch keine Dampfblasen entstehen?
d) Warum ist die Verdampfungstemperatur eigentlich „zu niedrig"?
e) Berechnen sie die spezif. isentrope Verdichtungsarbeit w_{is}, den spezif. Nutzkältegewinn q_{0e} und die volumetrische Kälteleistung q_{0v} des Prozesses.
f) Berechnen Sie die isentrope Kältezahl und die nach Carnot.

K 8 Die Hauptteile der Kälteanlage

K 8.1 Verdichter und Verbundanlagen

K 8.1.1 Verdichter

1. Technologie

1. Welche Aufgabe hat der Verdichter innerhalb des Kältemittelkreislaufs?

2. Warum muß das Kältemittel vor dem Verflüssigen verdichtet werden?

3. Bei Kältemittelverdichtern unterscheidet man nach der Bauart grundsätzlich Strömungs- und Verdrängungsverdichter.
a) Wie wird bei diesen Maschinen jeweils die Druckerhöhung erzielt?
b) Geben Sie für beide Bauarten je ein Beispiel an.

4. Tragen Sie folgende Verdichtertypen bzw. Oberbegriffe in die Übersicht ein: Sonstige Verdichter, Spiralverdichter, Strahlverdichter, Schraubenverdichter, Hubkolbenverdichter, Turboverdichter, Rotations(kolben)verdichter.

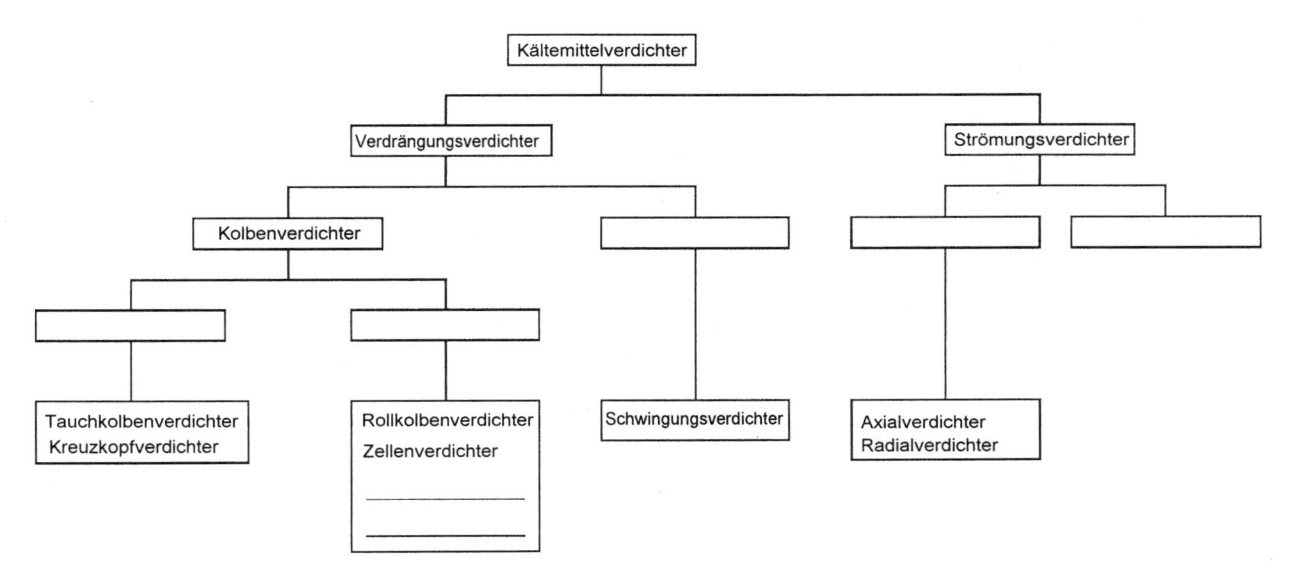

5. Ordnen Sie die Bauarten Hubkolben-, Turbo- und Schraubenverdichter nach Leistungsbereichen (ungefähre Angabe des erreichbaren Hubvolumenstroms in m³/h).

6. Nach dem Arbeitsprinzip werden bei Hubkolbenverdichtern Gleichstrom- und Wechselstromverdichter unterschieden.
a) Wie unterscheiden sich diese beiden Prinzipien? (Skizze)
b) Welche Vor- und Nachteile sind mit ihnen verbunden?

7. Die Abbildung zeigt den prinzipiellen Verlauf des Drucks im Zylinder eines Hubkolbenverdichters während einer Kurbelwellenumdrehung (p,V-Diagramm):
a) Benennen Sie die einzelnen Abschnitte, und geben Sie jeweils die Stellung von Saug- und Druckventil an.
b) Wie ist das Volumen zwischen O.T. und U.T. zu bezeichnen? Was bedeuten diese Abkürzungen?
c) Wie ist der Raum zwischen O.T. und der Ventilplatte zu bezeichnen?

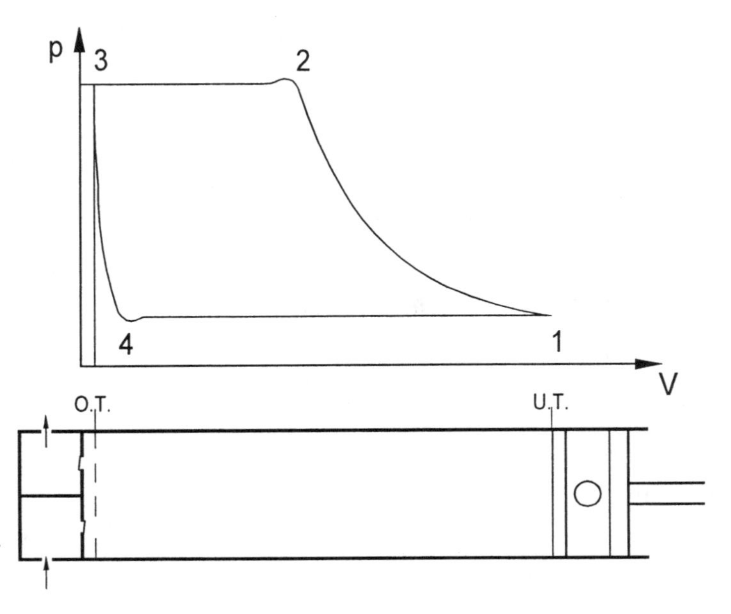

d) Geben Sie an, wo der Verflüssigungsdruck p_c und der Verdampfungsdruck p_0 im Diagramm anzutreffen sind. Was bedeuten die kleinen Bögen im Diagramm bei den Punkten 4 und 2?

8. Wodurch werden die Ventile eines Verdichters gesteuert?

9. Die Abbildung zeigt den prinzipiellen Aufbau eines Druckventils in Lamellenform.

a) Benennen Sie die einzelnen Positionen.
b) Wodurch wird die Lamelle befedert?
c) Welche Funktion hat Position 2?

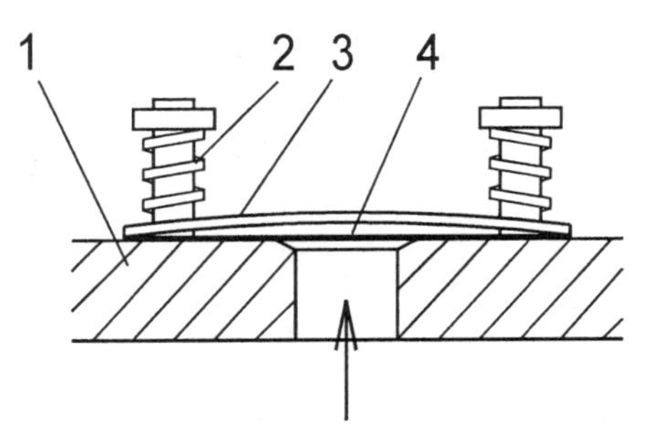

Lamellenventil - prinzipieller Aufbau

10. Geben sie mindestens drei Anzeichen für schadhafte Ventile an.

11. Was versteht man unter dem **Druckverhältnis**? Wie verändert es sich bei sinkender Verdampfungstemperatur?

12. Was versteht man unter **Rückexpansion**? Wie wird sie vom Druckverhältnis beeinflußt? Welche negativen Folgen gehen von ihr aus?

13. Was versteht man unter dem relativen **schädlichen Raum** σ („sigma", nach DIN: schädliches Volumen, bezogen auf Hubvolumen)? Welchen Einfluß hat diese Größe auf die Rückexpansion?

14. Kleine und mittlere Hubkolbenverdichter haben meistens Lamellenventile, größere meistens konzentrische Ringplattenventile. Wie groß ist jeweils ungefähr der relative schädliche Raum σ für diese Ventilbauformen (%)? Wie ist der Unterschied zu erklären?

15. Was versteht man unter dem **geometrischen Hubvolumenstrom** $\dot{V}_g$? Wie wird er berechnet? In welchen Einheiten wird er üblicherweise angegeben?

16. Geben Sie mindestens drei Gründe dafür an, daß der **tatsächliche Hubvolumenstrom** $\dot{V}_{V1}$ kleiner ist als der geometrische $\dot{V}_g$.

17. Wie ist der **Liefergrad** λ („lambda") definiert? Wovon ist er abhängig? Wie kann er bestimmt werden.

18. Wie beeinflussen das Druckverhältnis, der relative schädliche Raum σ und die Zylindergröße den Liefergrad λ?

19. Wie beeinflussen schadhafte Ventile den Liefergrad λ eines Verdichters?

20. Was versteht man bei einem Hubkolbenverdichter unter **Ölwurf**? Wie groß ist er, bezogen auf den Kältemittelmassenstrom?

21. Was versteht man unter einer **Druckumlaufschmierung**? Beschreiben Sie den Kreislauf des Öls in einem Verdichter mit Druckumlaufschmierung.

22. Kleinere Verdichter haben auch eine **Schleuderschmierung**. Was ist darunter zu verstehen?

23. Was versteht man unter einer **Zentrifugalschmierung**? Wo wird sie angewendet?

24. Welche Aufgabe hat eine **Ölheizung** (Kurbelgehäuseheizung)? Wann ist sie in Betrieb?

25. Warum kann ein Ausfall der Ölheizung ein Abschalten des Verdichters im Anfahrvorgang durch den **Öldruckdifferenz-Pressostaten** (vgl. S. 41, Aufg. 20) zur Folge haben?

26. Geben Sie weitere mögliche Ursachen für ein Auslösen des Öldruckdifferenz-Pressostaten an.

27. Welcher Druck herrscht im Kurbelgehäuse eines Hubkolbenverdichters, solange er in Betrieb ist?

28. Warum ist der Anschluß eines Verdichters für die Druckleitung durchweg kleiner im Durchmesser als der für die Saugleitung?

29. Verdichter werden nach drei Bauformen unterschieden. Wie heißen diese Bauformen? Wodurch sind sie gekennzeichnet?

30. Welche Vor-/Nachteile haben offene Verdichter?

31. Welche Vor-/Nachteile haben halbhermetische Verdichter?

32. Welche Vor-/Nachteile haben hermetische Verdichter?

33. Warum sind normale hermetische Verdichter nicht für Ammoniak geeignet?

34. Erklären Sie das Prinzip des **Trennhaubenverdichters**. Welche Vorteile bietet diese Bauform?

35. Ein Verdichter ist **sauggasgekühlt**. Was bedeutet das? Folgen?

36. Was versteht man bei Verdichtern unter einer **Zusatzkühlung**? Wie kann sie erfolgen? Nennen Sie ein Anwendungsbeispiel.

37. Bei welcher Verdichter-Bauform ist eine **Gleitringdichtung** erforderlich, welche Aufgabe hat sie?

38. Warum müssen Gleitringdichtungen ständig geölt werden und stets eine geringe Ölleckage aufweisen?

39. Was ist bei der Montage von Gleitringdichtungen zu beachten?

40. Nennen Sie typische Ausfallursachen für Gleitringdichtungen.

41. Wie groß ist ein **Schraubenverdichter** relativ zu einem Hubkolbenverdichter gleicher Leistung?

42. Welche weiteren Vorteile hat ein Schraubenverdichter gegenüber einem Hubkolbenverdichter?

43. Warum wird bei einem Schraubenverdichter Öl in das Rotorgehäuse eingespritzt?

44. Wovon ist das "eingebaute" Druckverhältnis eines Schraubenverdichters abhängig? Welche Konsequenzen ergeben sich daraus für den Einsatzbereich von Schraubenverdichtern?

45. Warum hat ein Schraubenverdichter (bei gleichem Druckverhältnis) einen besseren Liefergrad als ein Hubkolbenverdichter?

46. Vergleichen Sie **Spiralverdichter** (Scroll) und Hubkolbenverdichter.

47. Erklären Sie das Funktionsprinzip des Spiralverdichters.

48. Die Abbildung zeigt das Funktionsprinzip des **Rollkolbenverdichters**.

a) Benennen Sie die einzelnen Positionen.
b) Erklären Sie das Funktionsprinzip.
c) Welche Vorteile bietet dieses Prinzip?
d) Nennen Sie ein Einsatzgebiet für Rollkolbenverdichter.

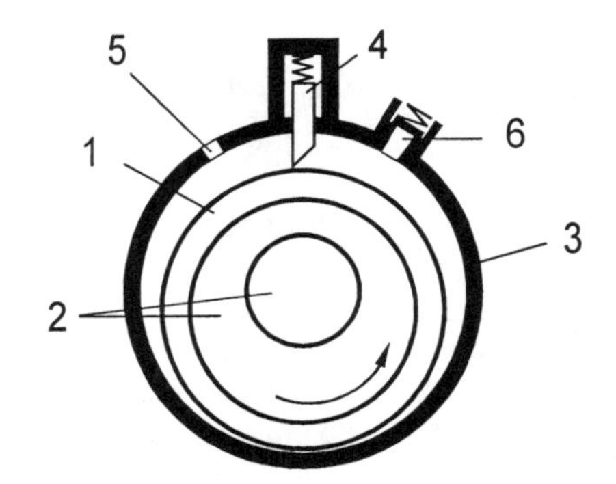

Rollkolbenverdichter (Prinzip)

49. Die Abbildung zeigt das Funktionsprinzip des **Umlauf- oder Zellenverdichters**.

a) Benennen Sie die einzelnen Positionen.
b) Erklären Sie das Funktionsprinzip.
c) Welche Vorteile bietet dieses Prinzip?
d) Nennen Sie ein Einsatzgebiet für Zellenverdichter.

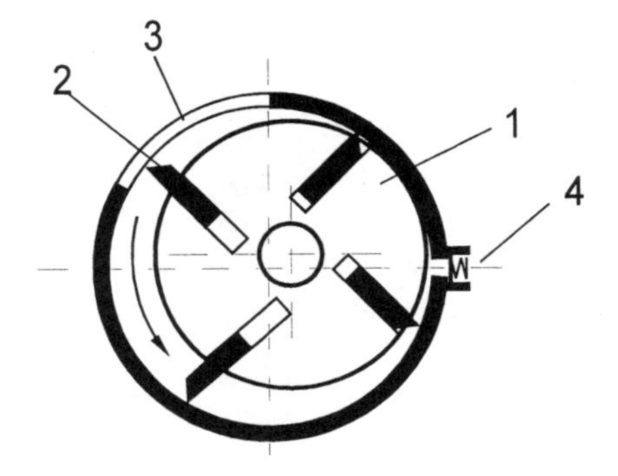

Umlauf- oder Zellenverdichter (Prinzip)

50. Die Abbildung zeigt einen offenen Verdichter, der von einem Elektromotor angetrieben wird. Der Antrieb erfolgt über starre Kupplung oder Keilriemen. Der Elektromotor nimmt aus dem Netz die Klemmenleistung P_{Kl} auf. Der Verdichter nimmt mit dem Sauggas die Kälteleistung $\dot{Q}_0$ auf und gibt über die Druckleitung die Verflüssigungsleistung $\dot{Q}_c$ ab, die sich in erster Näherung aus der Kälteleistung $\dot{Q}_0$ und der indizierten Verdichtungsleistung $P_i = \frac{P_{is}}{\eta_i} = \frac{\dot{m}_R \cdot (h_2 - h_1)}{\eta_i}$ zusammensetzt.

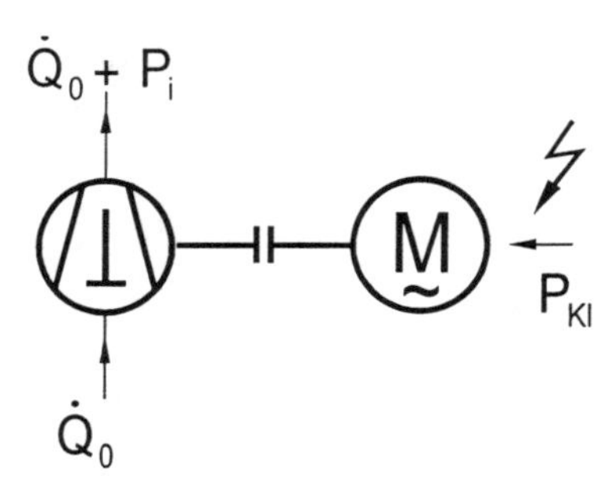

Energiefluß beim offenen Verdichter

Erläutern Sie, an welchen Stellen des Energieflusses vom Netz bis zum Kältemittel Verluste auftreten bzw. auftreten können. Wie heißen die Wirkungsgrade, mit denen diese Verluste jeweils rechnerisch berücksichtigt werden?

51. Wie groß sind ungefähr die angegebenen Wirkungsgrade? Wovon ist ihre Größe abhängig.

52. Welches Formelzeichen hat die effektive Verdichterleistung? Wie wird sie aus der isentropen Verdichtungsleistung berechnet?

53. Nach welcher Gleichung wird die Klemmenleistung P_{Kl} aus der isentropen Verdichtungsleistung P_{is} berechnet?

54. Die Abbildung zeigt das Verdichterdatendiagramm eines offenen 4-Zyl.-Verdichters für R 22. Die Lösungen folgender Fragen, die sich auf das Verdichter-Datenblatt beziehen, sind mit Hilfe des lg p, h-Diagramms herzuleiten:

a) Warum sinkt die Kälteleistung $\dot{Q}_0$, wenn die Verdampfungstemperatur t_0 abnimmt?

b) Warum sinkt die Kälteleistung $\dot{Q}_0$, wenn die Verflüssigungstemperatur t_c zunimmt?

c) Warum sinkt die erforderliche effektive Antriebsleistung P_e, wenn die Verdampfungstemperatur t_0 abnimmt?

d) Warum steigt die erforderliche effektive Antriebsleistung P_e, wenn die Verflüssigungstemperatur t_c zunimmt?

e) Warum endet die Leistungskurve für t_c = 60 °C Verflüssigungstemperatur bei t_0 = - 18 °C Verdampfungstemperatur?

f) Warum wird im unteren Bereich des Kälteleistungsdiagramms eine Zusatzkühlung oder eine Begrenzung der Überhitzung bzw. beides gefordert?

g) Bestimmen Sie im lg p, h-Diagramm die isentrope Verdichtungsendtemperatur, die unter den angegebenen Bedingungen bei Verdampfungstemperatur t_0 = - 5 °C und t_c = 60 °C erreicht wird.

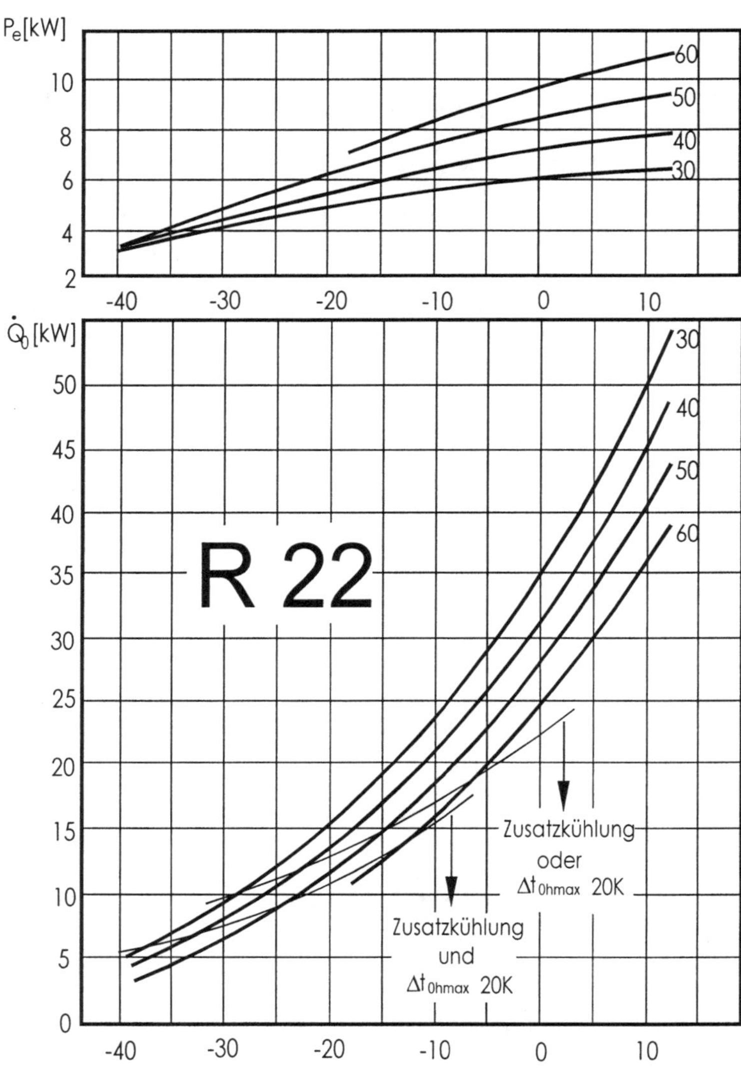

Werte bei 25 °C Sauggastemperatur, ohne Flüssigkeitsunterkühlung

Verdichterdatendiagramm eines offenen 4-Zyl.-Verdichters

2. Technische Mathematik

1. Geometrischer Hubvolumenstrom $\dot{V}_g$: Berechnen Sie die in der Tabelle fehlenden Werte.

	d [mm]	l_H [mm]	i [1]	n [1/min]	$\dot{V}_g$ [dm³/s]	$\dot{V}_g$ [m³/h]
a)	55	48	4	1450		
b)	61	46	6			60

2. Ein Hubkolbenverdichter hat 40 mm Bohrung bei 38 mm Hub. In seiner 8 mm starken Ventilplatte befinden sich 2 Saugventilschächte von 10 mm Durchmesser und 2 Druckventilschächte von 8 mm Durchmesser. Im O.T. hält der Kolben 0,1 mm vor der Ventilplatte. Berechnen Sie den relativen schädlichen Raum in Prozent.

3. Ein Hubkolbenverdichter hat einen geometrischen Hubvolumenstrom von $\dot{V}_g$ = 77 m³/h. Welche Kälteleistung (kW) ergibt sich bei einem Liefergrad von $\lambda = 0{,}8$ und einer volumetrischen Kälteleistung von q_{ov} = 2000 kJ/m³ ?

4. Ein 4-Zyl.-Verdichter mit $\dot{V}_g$ = 50 m³/h und einem relativen schädlichen Raum von $\sigma = 0{,}02$ arbeitet in einem R 134a - Kältemittelkreislauf mit t_0 = - 20 °C und t_c = 30 °C.
Bestimmen Sie mit Hilfe des DKV-Arbeitsblattes 3-01
a) den Liefergrad λ und
b) den indizierten Gütegrad η_i .
c) Welcher tatsächliche Volumenstrom ergibt sich?

5. In einem Verdampfer verdampfen 0,05 kg/s R 134a bei t_0 = -20 °C, t_c = 30 °C und einer Temperatur vor dem Regelventil von t_{cu} = 27 °C sowie Δt_{0h} = 10 K und t_1 = 0 °C (t_{V1} sei identisch mit t_1).
a) Tragen Sie den Kältemittelkreisprozeß ins lg p,h-Diagramm ein, und stellen Sie alle geforderten Daten mit Einheiten in folgender Tabelle zusammen:

h_1		x		q_{0g}	
h_{1e}		v_1		w_{is}	
$h_{3/4}$		t_2		p_0	
h_2		q_{0e}		p_c	

Berechnen Sie
b) die effektive Verdampfungsleistung $\dot{Q}_{0e}$ einschließlich 10 K Überhitzung (Endpunkt der Nutzwärmeaufnahme, Punkt 1e)
c) den tatsächlichen Volumenstrom am Verdichtereingang $\dot{V}_{V1}$ in m³/s und m³/h
d) die volumetrische Kälteleistung q_{0v} in kJ/m³ (bezogen auf die eff. spezif. Nutzwärmeaufnahme q_{0e})
e) den geometrischen Hubvolumenstrom $\dot{V}_g$ in m³/h, wenn der Liefergrad mit 0,74 ermittelt wurde
f) die isentrope Verdichterleistung P_{is}
g) die erforderliche Antriebsleistung an der Welle P_e bei $\eta_i = 0{,}8$ und $\eta_m = 0{,}85$
h) die Klemmenleistung P_{Kl} bei $\eta_Ü = 1$ und $\eta_{el} = 0{,}85$
i) den tatsächlich am Verflüssiger abzuführenden Wärmestrom (Summe aus $\dot{Q}_{0\,g}$ und P_i)
k) die isentrope Kältezahl ε_{Kis} (bezogen auf q_{0e})
l) die effektive Kältezahl ε_{Ke} (bezogen auf P_{Kl})
m) die Kältezahl nach Carnot ε_{KC}

6. Einem Kühlraum fließt ein Wärmestrom von 10 kW zu. Berechnen Sie für eine Kälteanlage gemäß Aufgabe 5
a) den erforderlichen Kältemittelmassenstrom in kg/s
b) den erforderlichen geometrischen Hubvolumenstrom in m³/h, wenn der Liefergrad mit $\lambda = 0{,}74$ angenommen wird.

7. Die Abbildung zeigt einen Kältemittelkreislauf mit einem zusätzlichen Wärmeübertrager in der Saugleitung. Die Temperaturen des Kältemittels (R 134a) sind bis auf die Temperatur des unterkühlten Kältemittels vor dem Regelventil t_{E1} eingetragen. In den Leitungen findet ansonsten keinerlei Wärmeübertragung statt:

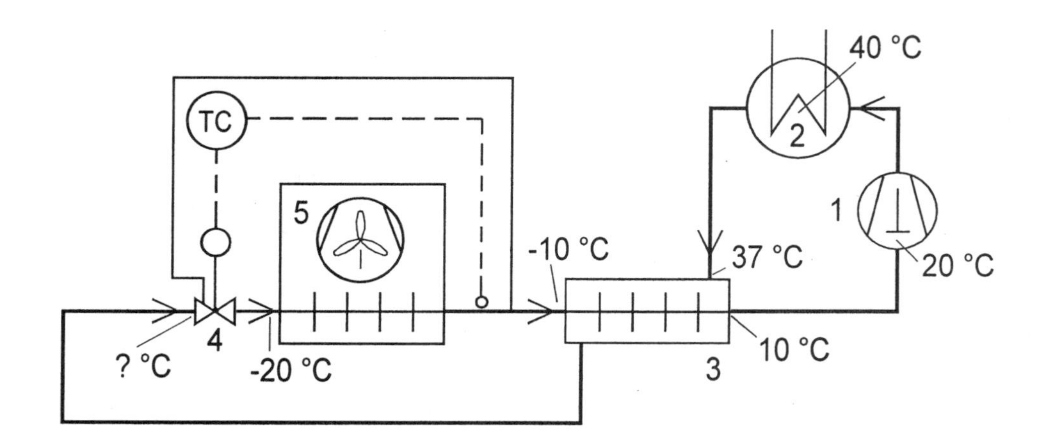

a) Benennen Sie die Positionen 1 - 5.
b) Welche Aufgabe hat Position 3? Welche positive, welche negative Wirkung geht von Position 3 aus?
c) Um welchen Betrag (in K) wird das Kältemittel im Verdichtereingangsbereich überhitzt, um welchen im Verflüssigerausgangsbereich unterkühlt?
d) Übertragen Sie die eingetragenen Temperaturen in die Tabelle 1.

Tabelle 1			
	[°C]	h [kJ/kg]	h [kJ/kg]
t_0		–	–
$t_{0h} = t_{0WÜ1}$			
$t_{0WÜ2} = t_{V1}$			
t_1			
t_2			
t_c		–	–
$t_{c2u} = t_{cWÜ1}$			
$t_{cWÜ2} = t_{E1}$			

Tabelle 2		
	mit Wärmeübertrager	ohne Wärmeübertrager
q_{0e} [kJ/kg]		
w_{is} [kJ/kg]		
q_{0v} [kJ/m³]		
ε [-]		
x [-]		

e) Tragen Sie den Prozeß ins lg p,h-Diagramm ein, und ermitteln Sie t_2, x, v_1 sowie die erforderlichen h-Werte, die Sie dann in die Spalte 3 der Tabelle 1 eintragen.
f) Ermitteln Sie die Differenz der spezifischen Überhitzungsenthalpie am Wärmeübertrager $\Delta h_Ü$, und bestimmen Sie damit die fehlende Temperatur des unterkühlten Kältemittels vor dem Regelventil.
g) Berechnen Sie den spezif. Nutzkältegewinn q_{0e}, die spezif. isentrope Verdichtungsarbeit w_{is}, die effektive volumetrische Kälteleistung q_{0v} und die Kältezahl ε.
h) Tragen Sie die Enthalpiewerte des gleichen Prozesses ohne Wärmeübertrager (bei gleicher Verdichtereingangstemperatur) in die 4. Spalte der Tabelle 1 ein, und berechnen Sie die Größen aus Aufg. g) erneut.
i) Vergleichen und beurteilen Sie die Werte der beiden Prozesse (Tabelle 2).

8. Das Verdichterdatendiagramm auf S. 8 gehört zu einem 4-Zyl.-Verdichter mit 60 mm Bohrung und 40 mm Hub und gilt für die Drehzahl 1450 / min.
a) Lesen Sie Kälteleistung des Verdichters bei - 20 °C Verdampfung und 40 °C Verflüssigung ab.
b) Tragen Sie den entsprechenden Prozeß (ohne Flüssigkeitsunterkühlung, 25 °C Sauggastemperatur) ins lg p,h-Diagramm ein, ermitteln Sie die erforderlichen Werte, und berechnen Sie

1. den geometrischen Hubvolumenstrom $\dot{V}_g$
2. die spezif. Gesamtkälteleistung $q_{0g} = h_1 - h_4$ (d. h. bis 25 °C Wärmeaufnahme)
3. die volumetrische Kälteleistung $q_{0v} = q_{0g} / v_1$
4. die theoretische Gesamtkälteleistung $\dot{Q}_{0gth}$ (setzen Sie $\lambda = 1$)

c) Welcher Liefergrad ergibt sich aus dem Vergleich zwischen tatsächlicher (Aufg. a) und theoretischer (Aufg. b) Kältleistung?
d) Bestimmen Sie den Liefergrad λ mit dem DKV 3-01-Arbeitsblatt für diese Betriebsbedingungen (nehmen Sie $\sigma = 0{,}02$). Vergleichen Sie mit dem oben errechneten Wert.

9. In einem Supermarkt sind Kälteleistungen von 30 kW im Normalkühlbereich (- 10 °C / 40 °C) und 12 kW im Tiefkühlbereich (- 34 °C / 40 °C) erforderlich. Die Kälteleistung des Minusverbunds wird gesteigert, indem die Unterkühlung des Kältemittels (R 507) in einem Wärmeübertrager durch verdampfendes Kältemittel des Plusbereichs (R 134a) verbessert wird.

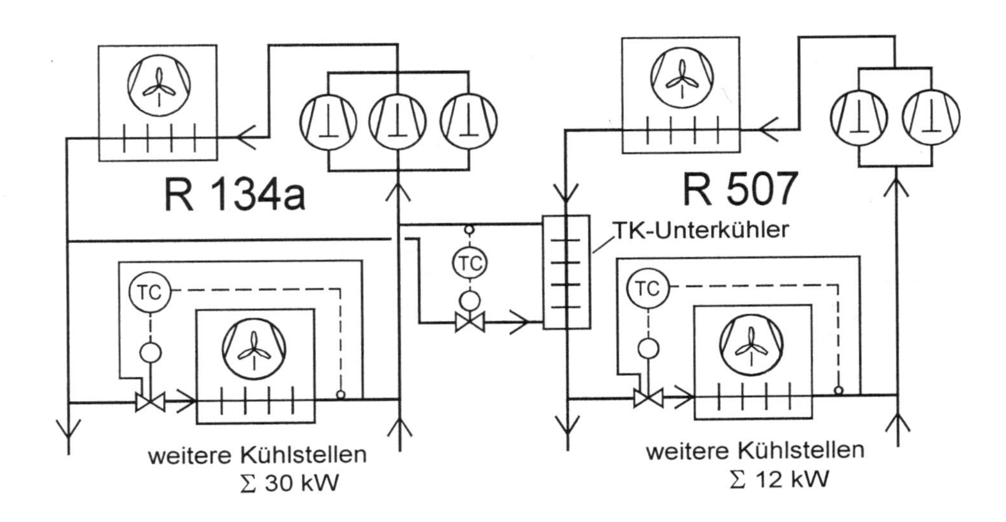

Die Temperaturwerte (°C) im Einzelnen:

	Normalkühlung (R 134a)	Tiefkühlung (R 507)
t_0	- 10	- 34
t_{0h}	0	- 24
t_c	40	40
t_{c2u}	38	38
t_{E1}	38	0
t_1	20	20
t_2	im Diagramm zu ermitteln	im Diagramm zu ermitteln

a) Um wieviel Prozent verbessert sich die isentrope Kältezahl der Tiefkühlanlage durch die zusätzliche Flüssigkeitsunterkühlung?
b) Um welchen Betrag steigt die erforderliche Kälteleistung der Normalkühlung? Welche Kälteleistung muß also installiert werden?
c) Welche Energieeinsparungen ergeben sich (von ε_{is} ausgehend) für die gesamte Supermarktkühlung?
d) Welche weiteren Vorteile sind mit der zusätzlichen Flüssigkeitsunterkühlung verbunden?

10. Die Abbildung zeigt das Schema einer zweistufigen Verdichter-Kältemaschine mit zweistufiger Entspannung und Mitteldruckbehälter. Die Kälteerzeugung findet in der Mittel- und der Niederdruckstufe mit Pumpenumlaufbetrieb statt.

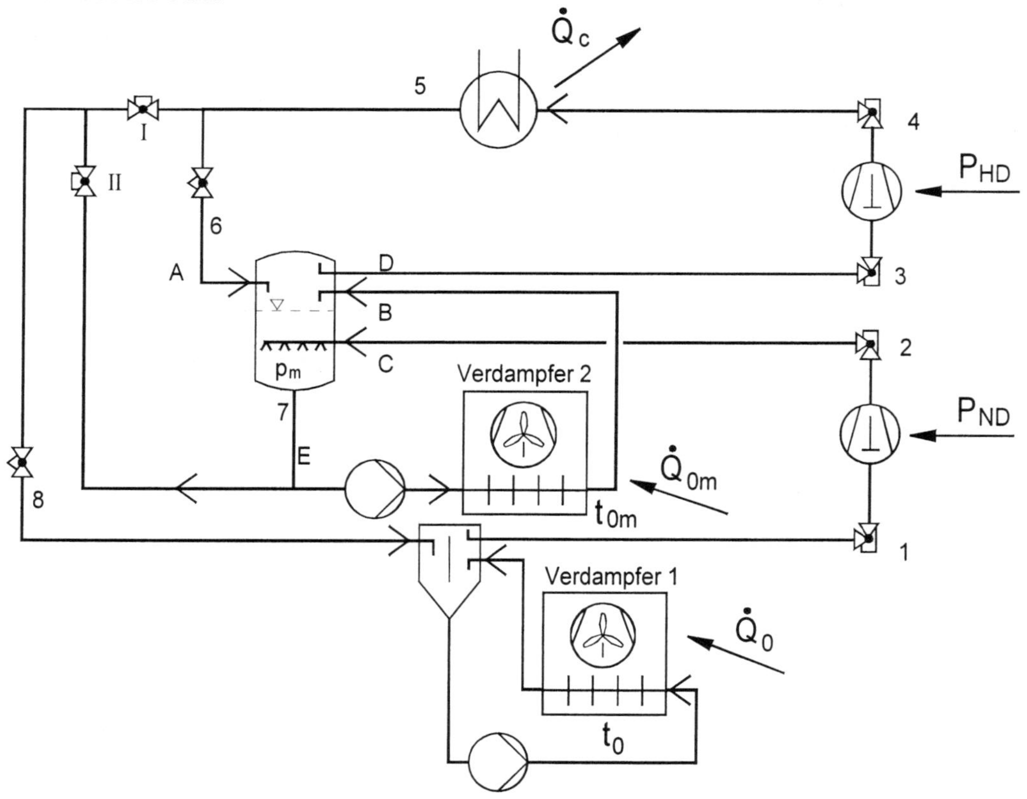

a) Unter welchen Bedingungen wird zweistufige Verdichtung sinnvoll?
b) Welchen Vorteil bietet in diesem Zusammenhang die zweistufige Entspannung?
c) In welchen Fällen wird Pumpenumlaufbetrieb angewendet?
d) Welchen Vorteil bietet der Kältemittelpumpenbetrieb gegenüber Versorgung der Kühlstellen mit Sole?
e) Warum müssen die Kältemittelpumpen mit einem bestimmten Mindestabstand unterhalb des jeweiligen Abscheidesammlers angeordnet sein?
f) Beschreiben Sie die Vorgänge im Mitteldruckbehälter. Gehen Sie dabei auf die mit A bis E bezeichneten Leitungen ein.
g) Erläutern Sie die Aufgabe der Absperrventile I und II (Anfahrvorgang).
h) Für die abgebildete Anlage sind folgende Werte bekannt:

Kältemittel R 717 (NH_3, Ammoniak)

- t_0 = - 30 °C
- t_1 = - 20 °C
- t_{0m} = - 10 °C
- t_c = 35 °C
- t_{cu} = t_5 = 33 °C
- $\dot{Q}_0$ = 100 kW
- $\dot{Q}_{0m}$ = 60 kW

Ermitteln und beurteilen Sie im lg p,h-Diagramm die isentrope Verdichtungsendtemperatur für diese Temperaturverhältnisse (t_0, t_1, t_c) bei einstufiger Verdichtung.
Tragen Sie den vorliegenden zweistufigen Prozeß in ein lg p,h-Diagramm ein, ermitteln Sie alle erforderlichen Werte (Tabelle) und berechnen Sie den Kältemittelmassenstrom $\dot{m}_{ND}$ sowie den geometrischen Hubvolumenstrom des Niederdruckverdichters $\dot{V}_{gND}$ (Nehmen Sie λ_{ND} = 0,75).
i) Berechnen Sie den Wert für h_2 (polytrope Verdichtung), indem Sie η_i = 0,8 annehmen.
k) Stellen Sie eine Energiebilanz für den Mitteldruckbehälter auf und berechnen Sie den erforderlichen geometrischen Hubvolumenstrom des Hochdruckverdichters $\dot{V}_{gHD}$ (mit λ_{HD} = 0,7).

K 8.1.2 Verbundkälteanlagen und Ölrückführung

1. Was versteht man unter einer Verbundkälteanlage? Nennen Sie ein typisches Anwendungsgebiet.

2. Welche Gründe führen zu Verbundkälteanlagen, bzw. welche Vorteile bieten sie?

3. Auch ein großer Mehrzylinder-Verdichter läßt sich durch Leistungsregelung veränderter Kälteanforderung anpassen. Welchen Nachteil hat das dennoch gegenüber einer Verbundkälteanlage?

4. Welche weiteren energetischen Vorteile von Verbundkälteanlagen sind Ihnen bekannt?

5. Welche Nachteile können mit Verbundanlagen verbunden sein?

6. Warum ist es notwendig, die Kältemittelmenge einer Verbundkälteanlage automatisch überwachen zu lassen?

7. Warum sind bei Verbundkälteanlagen besondere Maßnahmen erforderlich, die Ölversorgung der einzelnen Verdichter sicherzustellen?

8. Nennen Sie drei prinzipiell verschiedene Methoden des Ölstandsausgleich / der Ölrückführung bei Verbundkälteanlagen und ihre Einsatzgebiete.

9. In der Abbildung ist ein einfacher Ölstandsausgleich mit Öl- und Gasverbund skizziert.

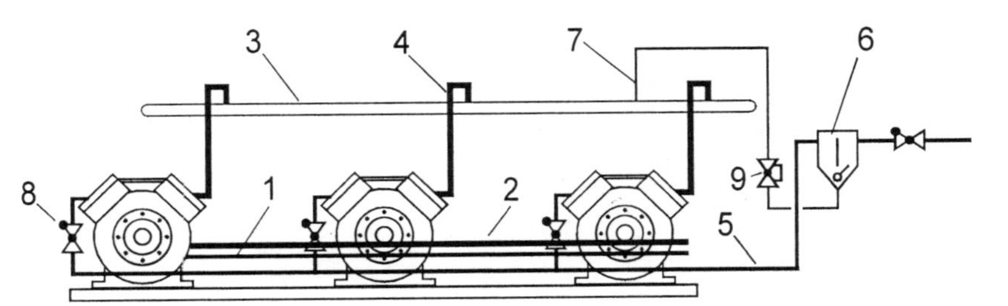

Ölstandsausgleich mit Öl- und Gasverbund (Prinzip)

a) Benennen Sie die einzelnen Positionen.
b) Welche Funktion haben Pos. 1 und 2? Was ist bei ihrer Verlegung zu beachten? Warum wird empfohlen, in diese Leitungen Absperrventile einzubauen?
c) Noch einfachere Systeme verzichten auf die Gasausgleichsleitung. Welche Gefahr besteht dann?
d) Was ist bei der Aufstellung der Verdichter solch eines Verbundes zu beachten?
e) Unter welchen Bedingungen kann auf den Ölabscheider verzichtet werden?
f) Die Saugsammelleitung ist so zu dimensionieren, daß bei Vollast eine Strömungsgeschwindigkeit von 4 m/s nicht überschritten wird. Welchen Sinn hat das?
g) Wie sind die in die Saugsammelleitung einmündenden Einzelsaugleitungen zu gestalten?
h) Welchen Zweck haben die Rückschlagventile in den einzelnen Druckleitungen?
i) Eine Variante des gezeigten Systems verwendet Ölabscheider in der Druckleitung jedes einzelnen Verdichters. Wie wird dann das Öl zurückgeführt? Wie ist dies zu beurteilen?

10. Die Abbildung zeigt den schematischen Aufbau eines Ölstandsreguliersystems mit einem gemeinsamen Ölabscheider.

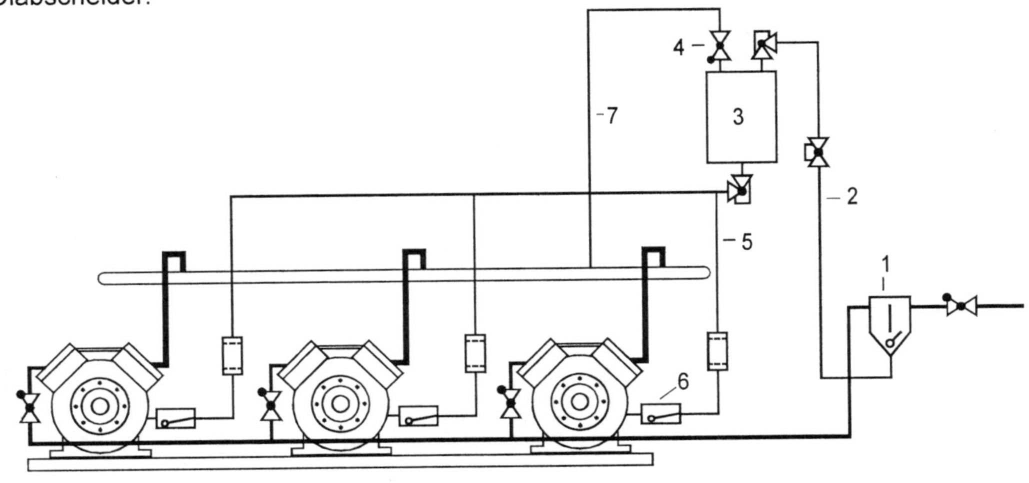

Ölstandsreguliersystem mit einem gemeinsamen Ölabscheider

a) Benennen Sie die einzelnen Positionen.
b) Beschreiben Sie kurz die Funktion des Systems.
c) Was ist bei der Verlegung der Ölrückführleitungen zu beachten?
d) Warum muß die Verbindungsleitung zwischen Druckabsperrventil und Druckleitung mit Gefälle verlegt werden?

11. Was bedeutet der Begriff **Grundlastverdichter** im Zusammenhang mit Verbundkälteanlagen?

12. Warum wird der Grundlastverdichter durch die Regelung der Verbundkälteanlage normalerweise automatisch gewechselt?

13. Falls die Verdichter einer Verbundkälteanlage mit **Zusatzkühlung** ausgerüstet sind, muß diese jeweils parallel zum einzelnen Verdichterschütz geschaltet werden. Warum ist das notwendig?

14. Wodurch wird das Zu- bzw. Abschalten der einzelnen Verdichter in Verbundkälteanlagen geregelt?

15. Wie muß das Schaltgerät der Verdichter beschaffen sein, um ein Pendeln (ständiges Zu- und Abschalten) einzelner Verdichter zu vermeiden?

16. Warum sind bei überfluteten Verdampfern besondere Vorkehrungen zur Ölrückführung zu treffen? Welche?

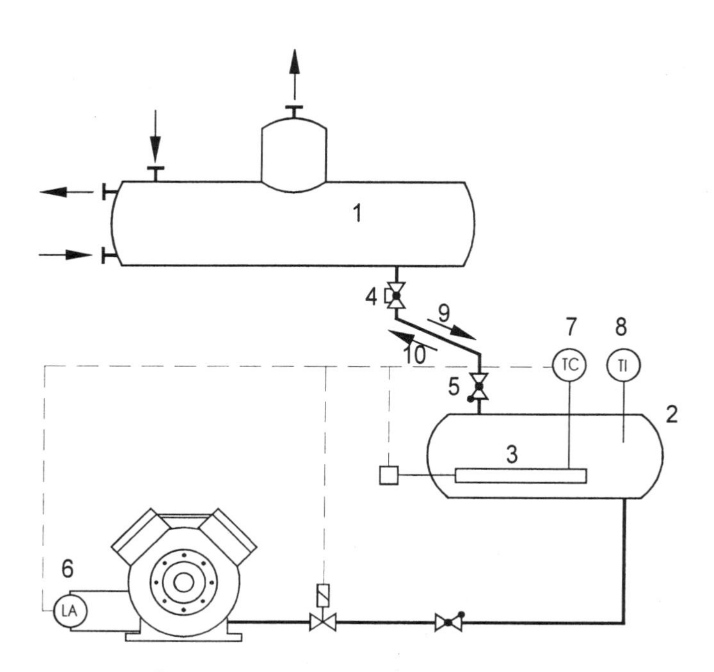

Ölrückführung aus überflutetem Verdampfer

17. Die Abbildung zeigt das Prinzip der Ölrückführung mit einem Ölaustreiber:

a) Benennen Sie die Positionen 1 - 8.
b) Welchen Ölanteil kann man in der Verdampferfüllung etwa zulassen?
c) Beschreiben Sie die Funktion des Systems, und erklären Sie dabei, was die mit 9 und 10 bezeichneten Pfeile bedeuten.
d) Der Ölaustreiber wird hier elektrisch beheizt. Welche anderen Verfahren sind möglich?
e) Warum wird besonders bei Ammoniakanlagen in die Ölrückführung zum Verdichter bzw. den Ölkreislauf am Verdichter ein Feinstfilter eingebaut?

K 8.2 Drosselorgane und Flüssigkeitsverteiler

1. Drosselorgane

1. Nennen Sie die Bedeutung folgender Kurzbezeichnungen: p_0, t_0, t_{01}, t_{02}, t_{o2h}, t_{oh}, p_c, t_c, t_{ch}, t_{c1h}, t_{V1}, t_{V2}, t_2, t_{c2u}, t_{cu}, t_{E1}, t_{Eu}, t_{E2}, Δt_{oh}, Δt_{ch}, Δt_{cu}, Δt_{Eu}, Δt_{ohS}, $\Delta t_{ohÖ}$, Δt_{ohA}.

2. Welche Aufgabe hat das Drosselorgan innerhalb des Kältemittelkreislaufs?

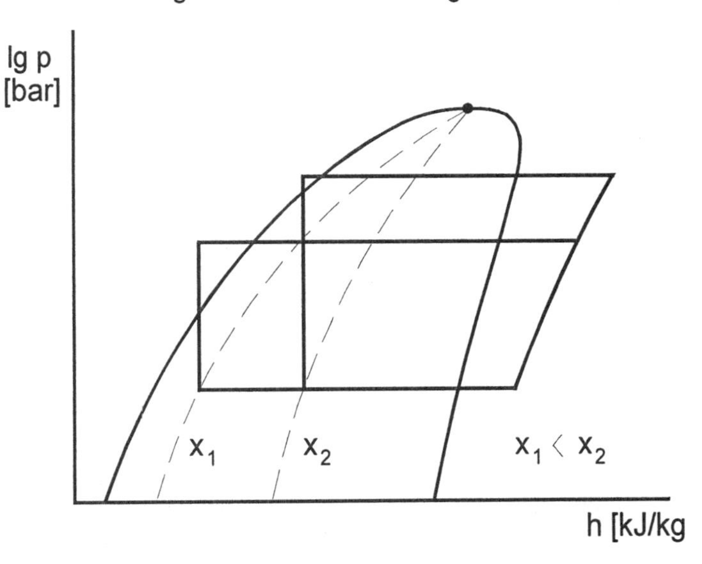

Beeinflussung des Drosseldampfgehaltes x am Drosselorganaustritt

3. Was verstehen Sie unter **Drosseldampf**?

4. Beim Drosselvorgang sinkt die Temperatur des Kältemittels, obwohl die spezif. Enthalpie konstant bleibt. Wie ist das zu erklären?

5. Im nebenstehenden lg p,h-Diagramm sind 2 Kältemittelkreisprozesse eingetragen. Werten Sie den Einfluß der deutlich veränderten Betriebskenngrößen auf den Betrag des Drosseldampfgehaltes x.

6. Welchen Einfluß hat eine verstärkte Drosselwirkung (z.B. Verkleinerung des Düsenringspaltes) auf die Höhe des Verdampfungsdruckes p_0, die Zusammensetzung des Naßdampfes am Ventilausgang und auf die Überhitzung Δt_{oh} am Verdampferausgang?

7. Die Abbildung zeigt ein **Automatisches Expansionsventil** (AEV). Welche Betriebskenngröße wird durch ein AEV geregelt? Wie verhält es sich bei Betrieb (Anlage läuft), wie im Stillstand?

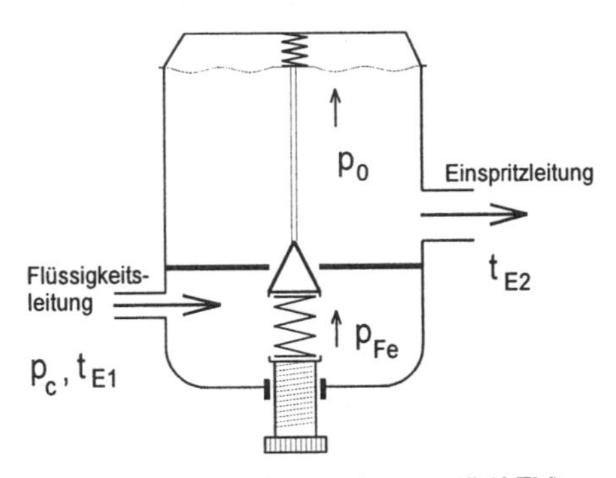

Automatisches Expansionsventil (AEV)

8. Beschreiben Sie die Reaktion eines Automatischen Expansionsventiles (AEV) bei steigender Kühllast. Wie wirkt sich das auf die Verdampferbeaufschlagung aus? Wie werten Sie dieses Regelverhalten?

9. Mit welchem Schaltgerät darf eine Kälteanlage, deren Verdampfer mit AEV gespeist wird, nur gesteuert werden?

10. Die Abbildung zeigt ein **Thermostatisches Expansionsventil** (TEV). Welche Betriebskenngrößen sind beim TEV bei der Erklärung des Regelungsverhaltens im Betriebszustand und im Anlagenstillstand auszuwerten? Welche Einflußgrößen bewirken Schließen und welche bewirken Öffnen des Ventils?

11. Welche Aufgabe haben **statische Überhitzung** und **Öffnungsüberhitzung** beim TEV?

12. An einem Verdampfer messen Sie bei Vollast 7 K Überhitzung, bei Teillast 5 K. Die Werkseinstellung des TEV beträgt 4 K. Wieviel Prozent der Nennleistung werden bei Teillast genutzt?

13. Wie hoch stellt sich die Öffnungsüberhitzung ein?

14. Wann verfügt ein TEV über eine hohe Ansprechempfindlichkeit?

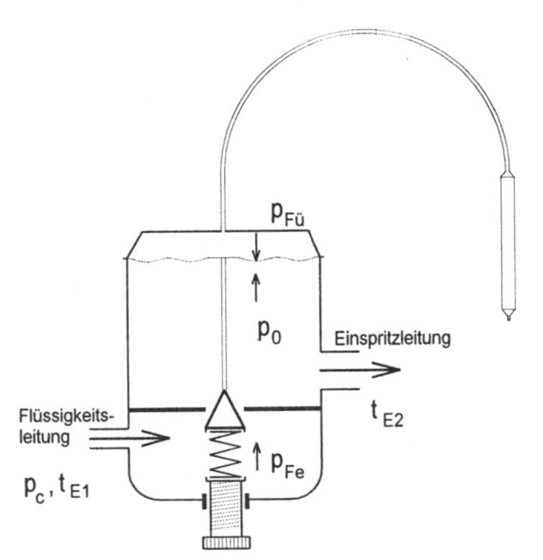

Thermostatisches Expansionsventil (TEV)

15. Warum ist die Arbeitsüberhitzung am Verdampferausgang zur Funktion des TEVs notwendig?

16. Zeichnen Sie ein TEV mit äußerem Druckausgleich und benennen Sie alle Drücke, Temperaturen, Dampfzustände, Anschlußleistungen und die regelungstechnische Zielstellung des Ventils.

17. Erklären Sie den wesentlichen Unterschied zwischen einem TEV mit innerem und einem TEV mit äußerem Druckausgleich.

18. Wie verändert sich die effektiv in Erscheinung tretende Werkseinstellung der statischen Überhitzung bei einem TEV mit innerem Druckausgleich, wenn der zu speisende Verdampfer einen großen Druckabfall hat?

19. Unter welcher Voraussetzung ist der Einsatz eines TEVs mit äußerem Druckausgleich angezeigt?

20. Begründen Sie, ob durch Verstellung eines TEVs eine bestimmte Verdampfungstemperatur eingestellt werden kann.

21. Bestimmen Sie anhand des dargestellten Temperaturverlaufes eines Verdampfers den Druckabfall des Verdampfers in K, die Verdampfungstemperatur am Verdampferende t_{02} und die Überhitzungstemperatur am Fühler des TEVs t_{02h}. Begründen Sie, ob ein TEV mit innerem oder äußerem Druckausgleich verwendet wurde. Weitere Angaben: Kältemittel R 134a; t_{01} = – 7 °C; p_{01} = 2,256 bar; Δp_{Vda} = 0,248 bar; (–10 °C ⇔ 2,008 bar); Δt_{0hA} = 7 K, (hohe Kühllast).

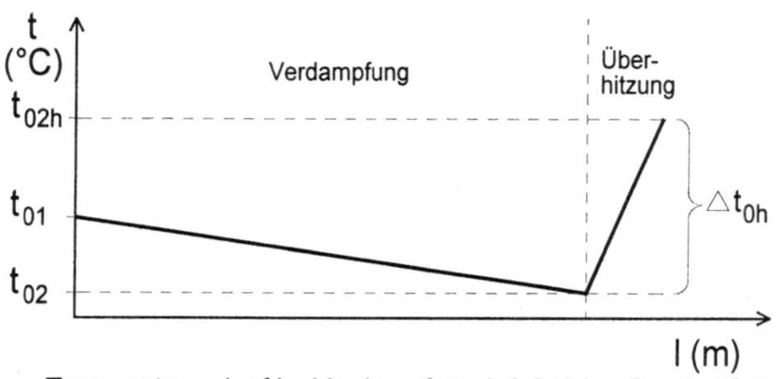

Temperaturverlauf im Verdampfer mit 0,248 bar Druckabfall

22. Welcher Verdampfungstemperatur-Wert bildet den Ausgangspunkt für die Berechnung der Arbeitsüberhitzung am Verdampferausgang?

a) t_{E2} b) t_{01} c) t_{02}

23. Nennen Sie die Formel, nach der Sie die Arbeitsüberhitzung Δt_{0hA} am Verdampferausgang meßtechnisch bestimmen. Mit welchem Meßgerät und an welchem Meßort bestimmen Sie die dafür notwendigen Ausgangsinformationen?

24. Welchen Überhitzungswert mißt der Kälteanlagenbauer in der beruflichen Praxis und welcher Überhitzungswert wird in den Katalogblättern der Regelventilhersteller angegeben?

25. Bearbeiten Sie folgende Aufgaben zum dargestellten Regelkreis Drosselorgan-Verdampfer:

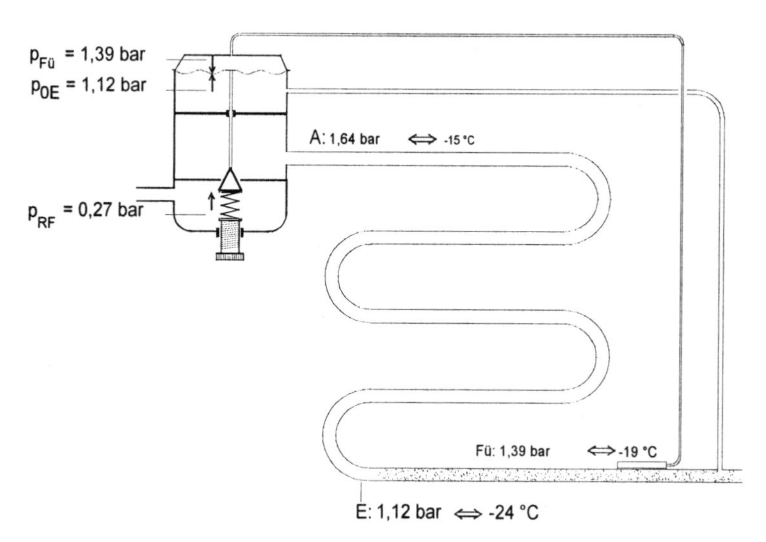

TEV mit äußerem Druckausgleich an einem Verdampfer mit hohem Druckabfall

a) Ermitteln Sie das verwendete Kältemittel.
b) Warum wurde ein TEV m. ä. D. verwendet?
c) Welche Aufgabe hat die mittlere Trennwand im Ventil?
d) Überprüfen Sie das an der Membran wirkende Kräftegleichgewicht.
e) Welche Arbeitsüberhitzung hat sich eingestellt?
f) Welchen Rückschluß ziehen Sie auf die Höhe der Kühllast, wenn die stati-sche Überhitzung Δt_{0hS} auf 4 K einge-stellt ist?

26. Skizzieren Sie die Kennlinie eines TEVs. Kennzeichnen Sie dabei Δt_{0hS}, $\Delta t_{0hÖ}$, Δt_{0hA}, Nennleistung und Leistungsreserve.

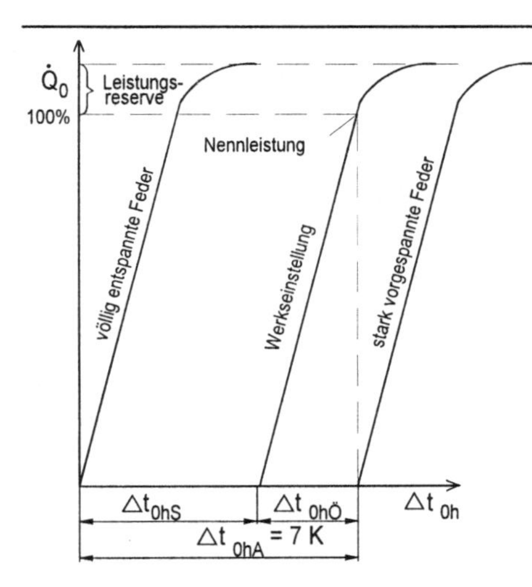

Extreme Veränderung der Werkseinstellung der stat. Überhitzung

27. Erklären Sie die dargestellten Einstellungen der statischen Überhitzung an einem TEV und deren Auswirkungen auf das Regelverhalten.

28. Begründen Sie das Verhalten eines TEVs bei fallender Kühllast. Wie verändern sich Verdampfungsdruck p_0, Arbeitsüberhitzung Δt_{0hA} und Öffnungsüberhitzung $\Delta t_{0hÖ}$?

29. Begründen Sie die Reaktion eines TEVs bei steigender Kühllast und die sich bei fortbestehender hoher Kühllast einstellenden Werte der Arbeitsüberhitzung Δt_{0hA} und des Verdampfungsdruckes p_0.

30. Wie reagieren AEV und TEV nach dem Ausschalten des Verdichters durch einen Temperaturwächter?

31. Wie reagiert ein für R 134a vorgesehene TEV in einer R 22-Anlage?

32. Nennen Sie Gesichtspunkte für die Fühlermontage bei Thermostatischen Expansionsventilen.

33. Erklären Sie die unter „Falsch" vorhandenen Fehler 1 - 3.

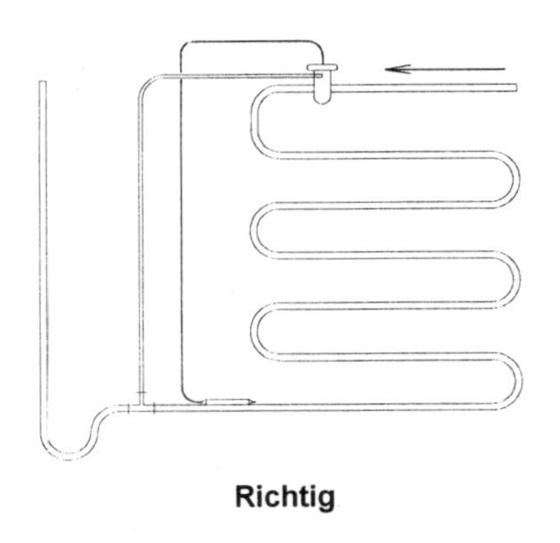

Richtig

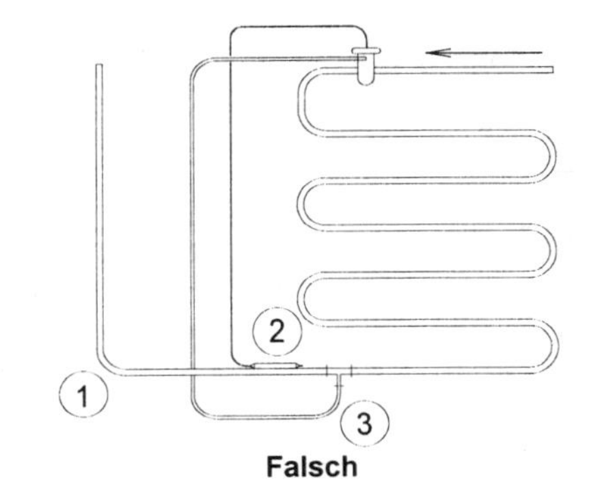

Falsch

34. Welche 3 Grundfüllungen in Fühlern Thermostatischer Expansionsventile sind Ihnen bekannt?

35. Warum muß bei einem TEV mit Gasfüllung der Fühler stets die kälteste Stelle des Thermosystems sein?

36. Warum sind TEV mit Adsorptionsfüllung gegenüber starker Unterkühlung des flüssigen Kältemittels unempfindlich?

37. Welche Wirkung zeigt ein thermostatisches System mit Gas-Ballast-Füllung ?

38. Warum reagieren Flüssigfüllungen träge?

39. Welchen Vorteil haben Kreuzfüllungen gegenüber Parallelfüllungen?

40. Was versteht man unter einem **MOP-Ventil**?

41. Welchem Zweck dient ein TEV mit MOP und wie hoch sollte der maximale Öffnungsdruck (MOP) festgelegt werden?

42. Werten Sie den Einfluß der Fühlertemperatur auf die Größe des Fühlerdruckes als Öffnungskraft beim TEV mit MOP.

43. Erläutern Sie die Besonderheiten im Betriebsverhalten eines TEV mit MOP beim Anfahren.

44. Welche Auswirkungen ergeben sich durch einen zu tief gewählten MOP.

45. Wie verändert sich die Lage des MOP, wenn die Werkseinstellung der statischen Überhitzung verkleinert wird?

46. Was verstehen Sie unter einem Biflow-Thermoventil? (Danfoss)

47. Welche Aussagen liefert das Grenzwertliniendiagramm (MSS-Kennlinie) eines Verdampfers?

48. Bewerten Sie die im dargestellten Grenzwertliniendiagramm eines Verdampfers vorgenommenen Ventilzuordnungen a) bis d).

49. Was versteht man unter **hunting**? Wie ist es zu erklären? Wie kann es abgestellt werden?

50. Begründen Sie, warum die Verdampferspeisung mit einem TEV trotz richtiger Anpassung der Kälteleistung des TEVs an die Kälteleistung des Verdampfers im Teillastbereich bei verringerter Kühllast nicht optimal im Sinne bestmöglicher Verdampferauslastung erfolgen kann.

51. Welchen Vorteil bringt ein elektronisches Expansionsventil als Drosselorgan gegenüber einem TEV bezüglich der Verdampferausnutzung, der Kälteleistungszahl, der Luftentfeuchtung und der Abtauhäufigkeit?

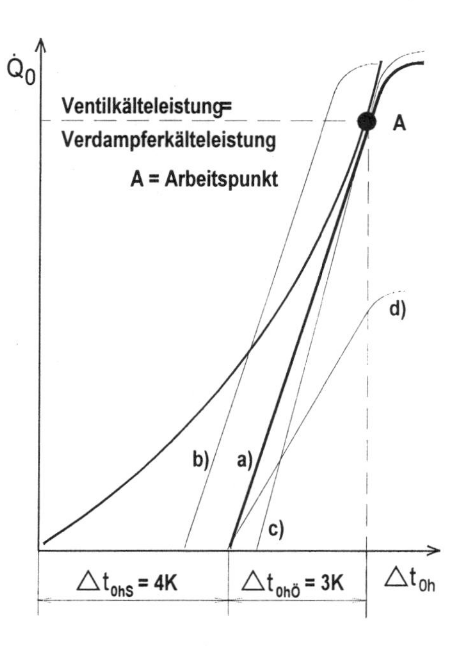

Verdampfer mit verschiedenen Ventilzuordnungen

52. Warum eignen sich elektronische Drosselorgane (EEV) besonders bei Waren, die vor Austrocknung geschützt werden sollen?

53. Warum ermöglicht ein elektronisches Drosselorgan auch bei niedrigerem Verflüssigungsdruck p_c eine ausreichende Verdampferbefüllung?

54. Werten Sie in dem vom AKC-Regler (Baureihe Danfoss ADAP-KOOL®) aufgezeichneten Trend-Log den regelungstechnischen Zustand der geregelten Medientemperatur und der Betriebskenngrößen der Einspritzsteuerung an dem bei der Strichlinie A - A erreichten Zeitpunkt der Laufperiode aus.

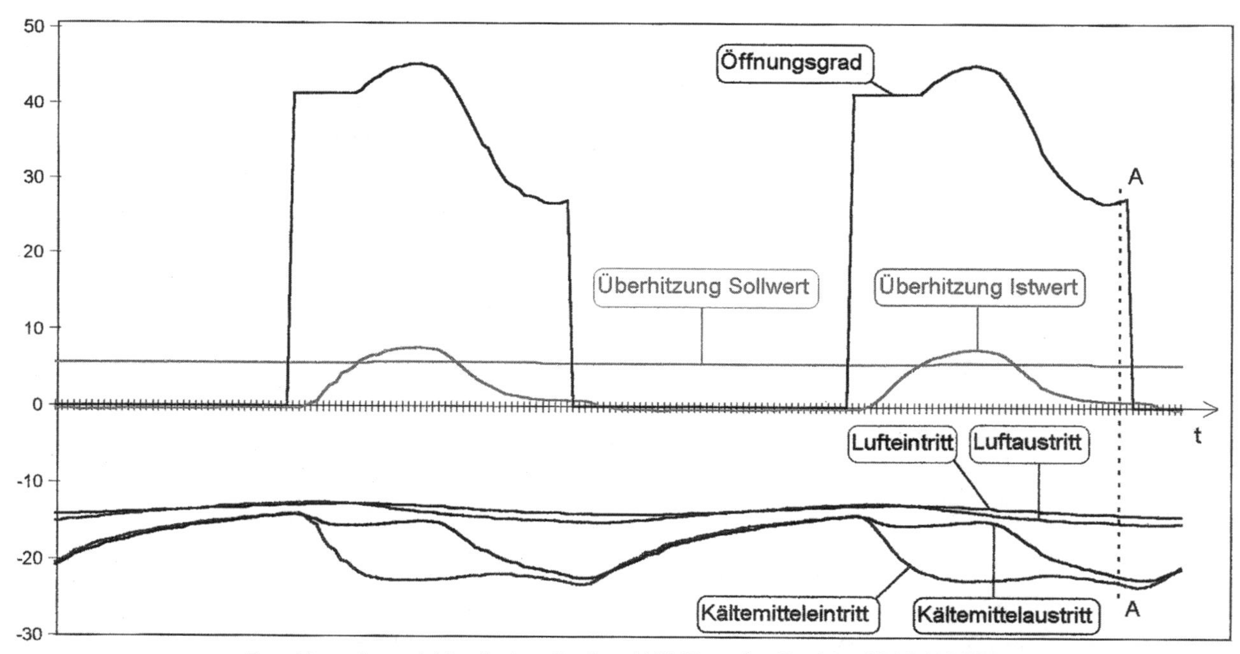

Trend-Log eines elektronischen Reglers AKC (Baureihe Danfoss ADAP-KOOL®)

55. Wodurch kann bei mikroprozessorgesteuerten Kälteanlagen neben der Optimierung der Verdampferüberhitzung eine weitere wesentliche Energieoptimierung erzielt werden?

56. Wie wirken sich hohe Druckdifferenz am Ventil, starke Unterkühlung und hohe Verdampfungstemperatur auf die Größe der Kälteleistung des Drosselorgans aus?

57. Welchen Einfluß hat die Kreuzgegenstromdurchflutung eines Lamellenverdampfers auf die zur Erreichung der Verdampferüberhitzung notwendige Länge der Überhitzungszone?

58. Welcher Fehler liegt vor, wenn bei durchbereiftem Verdampfer im Beharrungszustand die gewünschte Verdampfungstemperatur t_0 nicht erreicht wird?

59. Wählen Sie für folgende Kälteanlage ein Thermostatisches Expansionsventil mit Bördel-Lötanschluß (BL), Adsorberfüllung und tauschbaren Ventileinsätzen aus der Typenreihe TMV (FLICA) aus:
R 404A ; $\dot{Q}_0 = 7200$ W ; $t_0 = -28$ °C $\Rightarrow$ $p_0 = 2{,}27$ bar ; $t_C = +36$ °C $\Rightarrow$ $p_C = 16{,}6$ bar ; $\Delta t_{Eu} = 4$ K

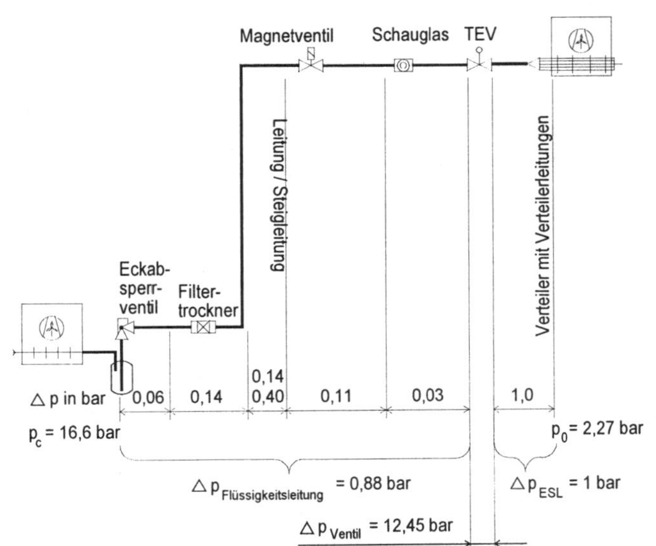

Flüssigkeitsleitungslänge: 13 m, davon 4 m steigend; Flüssigkeitsleitung ∅ 12 x 1
In der Flüssigkeitsleitung und in der Einspritzleitung ergeben sich folgende Druckverluste Δp:

1) Δp des Flüssigkeitsabsperrventils	= 0,06 bar
2) Δp des Filtertrockners	= 0,14 bar
3) Δp durch Rohrreibung	= 0,14 bar
4) Δp durch Steighöhe	= 0,40 bar
5) Δp des Magnetventiles	= 0,11 bar
6) Δp des Schauglases	= 0,03 bar
7) Δp des Flüssigkeitsverteilers incl. Verteilerleitungen	= 1,00 bar
Σ Δp	= 1,88 bar

60. Wodurch wird bei einer Kapillare die Drosselwirkung erreicht?

61. Beschreiben Sie die Auswirkungen von a) zu großer Kapillarlänge, b) zu großer lichter Weite der Kapillare und c) zu großer Kältemittelfüllung auf die Betriebskenngrößen der Kälteanlage.

62. Wie beeinflußt eine Kapillare als Drosselorgan das notwendige Anlaufmoment des Verdichterantriebsmotors?

63. Welche Funktion hat ein "Saugdom" bei Kapillaranlagen zu erfüllen?

64. Beschreiben Sie die Wirkungsweise eines Hochdruckschwimmerventils.

65. Welche Komponente fungiert bei der Füllstandsüberwachung eines überflutet arbeitenden Verdampfers mit Schwimmerschalter und Magnetventil als eigentliches Drosselorgan?

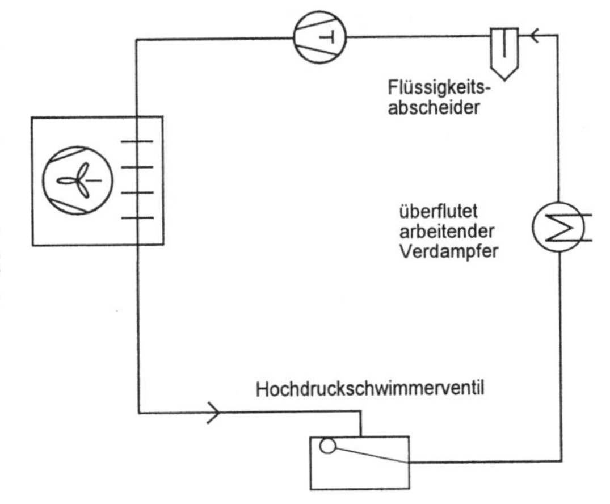

Kältemittelkreisprozeß mit Hochdruckschwimmerventil

2. Mehrfacheinspritzung / Flüssigkeitsverteiler

1. Was versteht man unter Mehrfacheinspritzung? Wann ist sie erforderlich? Welches Drosselorgan ist bei Verdampfern mit Mehrfacheinspritzung zu verwenden?

2. Beschreiben Sie die Aufgabe des Flüssigkeitsverteilers. Welchen Vorteil hat der Venturiverteiler gegenüber dem Staudüsenverteiler?

3. Beschreiben Sie die Wirkungsweise des Küba-**CAL-Verteilers**.

4. Nennen Sie Regeln für die Mehrfacheinspritzung.

5. Was passiert, wenn eine Verteilerleitung einen geringeren Druckabfall hat.

K 8.3 Verdampfer

1. Technologie

1. Welche Aufgabe hat der Verdampfer im Kältemittelkreislauf?

2. Was bewirkt der dem Verdampfer zugeführte Gesamtwärmestrom in Bezug auf das im Verdampfer befindliche Kältemittel?

3. Welche Voraussetzung (Druck und Temperatur) ist notwendig, damit es zur Verdampfung des Kältemittels im Verdampfer kommt?

4. Wodurch ist die Arbeitsüberhitzung am Verdampferausgang gekennzeichnet?

5. Welche Meßgeräte benötigen Sie zur Bestimmung der Arbeitsüberhitzung?

6. Mit welchen Verdampfungsarten können Verdampfer betrieben werden?

7. Was ist kennzeichnend für die Trockenexpansion?

8. Was ist kennzeichnend für das Behältersieden?

9. Nennen Sie die grundlegenden Verdampferbauarten nach ihrem Verwendungszweck.

10. Nennen Sie drei Verdampferbauarten, die als Luftkühler betrieben werden können.

11. Nennen Sie drei Verdampferbauarten, die als Flüssigkeitkühler betrieben werden können.

12. Welche Vor-/Nachteile haben Verdampfer zur Luftabkühlung mit Trockenexpansion?

13. Welche Vor-/Nachteile haben Verdampfer zur Flüssigkeitskühlung mit Behältersieden?

14. Warum kann bei Verdampfern zur Luftabkühlung mit Verdampfungstemperaturen über 0 °C ein kleiner Lamellenabstand gewählt werden?

15. Was ist bei Verdampfern zur Luftabkühlung mit Verdampfungstemperaturen unter 0 °C und Lufttemperaturen unter 0 °C bezogen auf den Lamellenabstand zu beachten?

16. Welche Empfehlungen werden von den Verdampferherstellern für Ventilator-Luftkühler für die *Einsatzbereiche* der Lamellenabstände LA = 4,5 mm, LA = 7,0 mm und LA = 12,0 mm gegeben?

17. Skizzieren Sie qualitativ in einem Temperatur-Flächendiagramm den Verlauf der Verdampfungstemperatur und der des zu kühlenden Stoffes beim Verdampfen.

18. Wie ist der Verlauf der Verdampfungstemperatur im Diagramm der vorigen Aufgabe zu erklären?

19. Wie läßt sich die Temperaturdifferenz zwischen Kältemittel und zu kühlendem Stoff beim Verdampfen rechnerisch ermitteln?

20. Geben Sie die Gleichung zur Berechnung der Verdampferleistung an, und erläutern Sie die einzelnen Größen.

21. Wie verändert sich die Verdampferleistung mit
a) größer werdender Fläche,
b) größer werdender Temperaturdifferenz
c) größer werdendem Wärmedurchgangskoeffizienten?

22. Von welchen Faktoren ist die Verdampferleistung bei einem luftgekühlten Verdampfer abhängig?

23. Was gibt der Wärmedurchgangskoeffizient k an?

24. Viele Kühlgüter benötigen außer der geforderten Lagertemperatur die Einhaltung einer ganz bestimmten relativen Luftfeuchtigkeit im Kühlraum. Wovon ist die Einhaltung der relativen Luftfeuchtigkeit im Kühlraum abhängig?

25. Was bedeutet eine kleine Temperaturdifferenz zwischen Verdampfungstemperatur und Kühlraumtemperatur für die Luftfeuchtigkeit der Kühlraumluft?

26. Was bedeutet eine große Temperaturdifferenz zwischen Verdampfungstemperatur und Kühlraumtemperatur für die Luftfeuchtigkeit der Kühlraumluft?

27. Welche Größen sind bei der Festlegung eines Verdampfers als Ventilator-Luftkühler für eine Kühlaufgabe zu berücksichtigen?

28. Welche Größen sind bei der Bestimmung eines Verdampfers für die Flüssigkeitskühlung zu berücksichtigen?

29. Worauf ist bei Verdampfern zur Flüssigkeitskühlung zu achten, die zur Abkühlung von Wasser eingesetzt werden?

30. Geben Sie die Gleichung zur Bestimmung der Kältelast für einen Verdampfer zur Wasserkühlung an.

31. Geben Sie die Gleichung zur Bestimmung der Kälteleistung eines Verdampfers zur Luftkühlung an .

32. Was bewirkt ein starker Reif- bzw. Eisansatz bei einem Verdampfer zur Luftkühlung?

33. Was bewirkt eine starke Schmutz- bzw. Kalkablagerung auf der wasserführenden Seite eines Verdampfers zur Flüssigkeitskühlung?

34. Nennen Sie drei in der Praxis gebräuchliche Verfahren zur Verdampferabtauung.

35. Beschreiben Sie das Verfahren des Abtauens mit Ventilatornachlauf (Abtauen mit Umluft).

36. Beschreiben Sie das Verfahren des Abtauens mit elektrischer Widerstandsheizung (elektrische Abtauung).

37. Beschreiben Sie das Verfahren des Abtauens mit heißem Kältemitteldampf (Heißgasabtauung).

38. Wie unterscheiden sich Pump-Down- und Pump-Out-Schaltung? Welchen Sinn haben solche Abpumpschaltungen?

2. Technische Mathematik

1. Für einen Kühlraum zur Gemischtlagerung von Kühlgütern ergab sich aus der Kältelastberechnung eine Verdampferkälteleistung von $\dot{Q}_0$ = 7 kW. Die Kühlraumtemperatur soll t_R = + 4 °C betragen, die Verdampfungstemperatur $t_0 = t_R$ - 10 K und die Luftaustrittstemperatur $t_{L2} = t_R$ - 5 K. Es soll ein Ventilator-Luftkühler eingesetzt werden, dessen Wärmedurchgangskoeffizient k = 35 W/m²K beträgt. Berechnen Sie
a) die mittlere logarithmische Temperaturdifferenz,
b) die erforderliche Kühloberfläche des Verdampfers.

2. Eine Fleischerei erhält einen neuen Tiefkühlraum, für den eine Kälteleistung von $\dot{Q}_0$ = 8 kW ermittelt wurde, die mit dem Kältemittel R 404A umgesetzt werden soll. Für den Tiefkühlraum wird eine Raumtemperatur von t_R = - 18 °C bei einer relativen Luftfeuchtigkeit von 90 % gefordert.
a) Bestimmen Sie einen geeigneten Lamellenabstand (s. Technologie, Aufg. 16)
b) Ermitteln Sie für die geforderte relative Luftfeuchtigkeit die Temperaturdifferenz Δt aus dem unten abgebildeten Diagramm $\Delta T = f(t_0, \varphi)$
c) Berechnen Sie die Verdampfungstemperatur t_0
d) Berechnen Sie $DT_1 = 1{,}2 \times \Delta T$
e) Berechnen Sie die Lufteintrittstemperatur aus $DT_1 = t_{L1} - t_0$
f) Ermitteln Sie nach Eurovent-ENV 328 aus dem folgenden Leistungsdiagramm der Fa. Küba einen geeigneten Verdampfertyp.

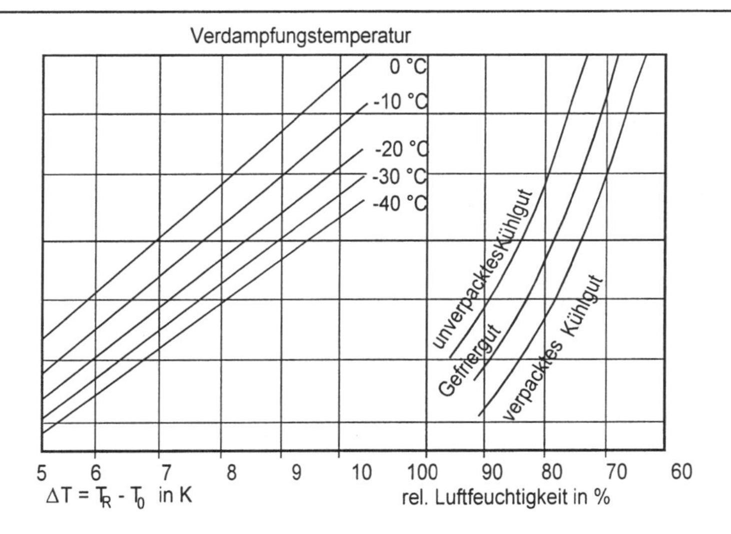

ΔT in Abhängigkeit von t_0 und φ

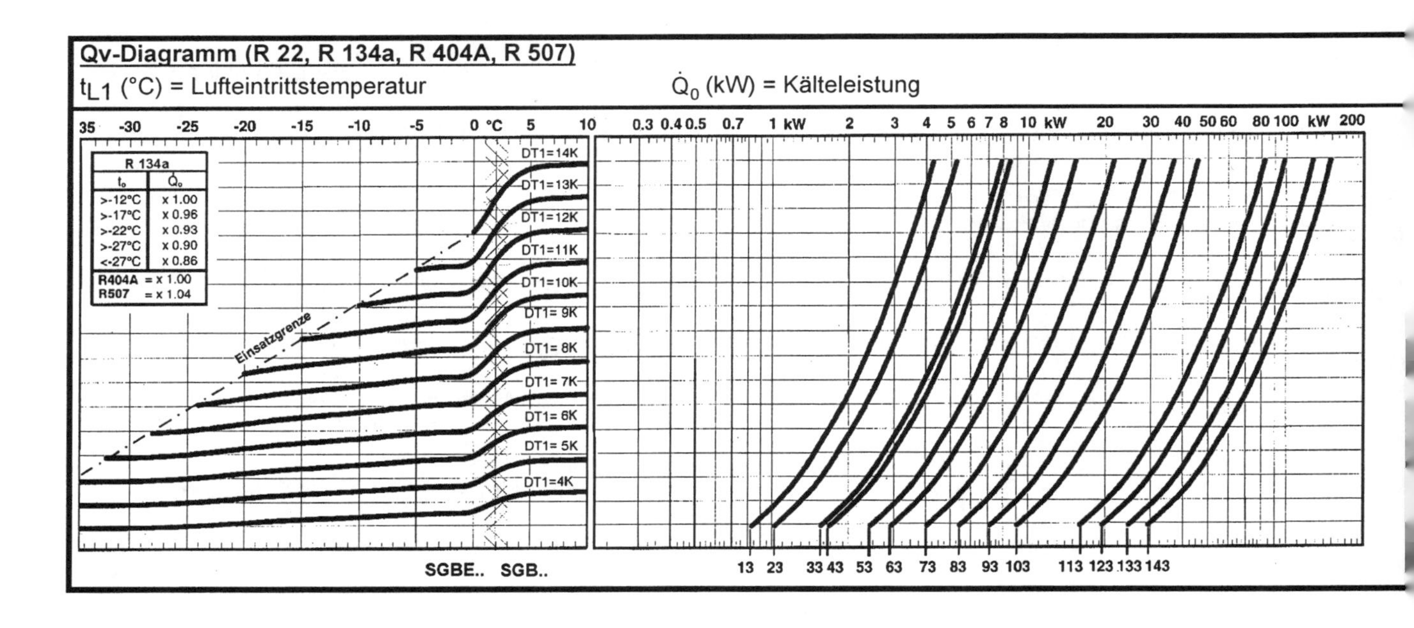

3. Durch eine indirekte Kühlung soll ein Verbraucher mit Kaltwasser versorgt werden. Dazu steht ein zylindrischer isolierter Wasserbehälter mit einem Innendurchmesser d_i = 1000 mm und einer Höhe von 1700 mm zur Verfügung. Aus Gründen der Platzersparnis wird der Behälter stehend angeordnet. Der Wasserspiegel im Behälter soll konstant 1500 mm hoch sein. Das Wasser wird im Behälter durch ein Rührwerk bewegt.
Zur Abkühlung des Wassers im Behälter ist ein Glattrohrschlangenverdampfer aus Cu-Rohr 15 x 1 mm vorgesehen. Das Wasser soll in 30 min von der Wassereintrittstemperatur t_{W1} = + 8 °C auf die Wasseraustrittstemperatur t_{W2} = + 4 °C abgekühlt werden. Der Wärmedurchgangskoeffizient wird mit k = 290 W/m²K angenommen. Berechnen Sie

a) die Wassermasse im Behälter,
b) die Kältelast in kJ,
c) die Kälteleistung des Glattrohrverdampfers in kW,
d) die mittlere logarithmische Temperaturdifferenz,
e) die erforderliche Rohrlänge des Glattrohrverdampfers,
f) die Anzahl der Rohrwindungen für einen mittleren Windungsdurchmesser von 800 mm.

4. Zur Bereitstellung von Kaltwasser soll ein Koaxialverdampfer der Fa. Wieland benutzt werden. Als Kältemittel wird R 134a eingesetzt. Die Kälteleistung soll $\dot{Q}_0$ = 32 kW betragen. Die Wassereintrittstemperatur als Rücklaufwasser ist t_{W1} = + 20 °C , der Dampfgehalt am Verdampfereintritt beträgt x = 0,20 , die Überhitzung am Verdampferaustritt soll 6 K sein, die Verdampfungstemperatur ist t_0 = + 8 °C. Dazu wird zunächst aus den Leistungsdiagrammen ein Verdampfer ausgewählt, in diesem Fall (32 kW mit $\Delta t = t_1 - t_0$ = 12 K) der WKE 44, dessen Leistungsdiagramm hier abgebildet ist.

a) Bestimmen Sie aus den nachfolgenden Umrechnungsdiagrammen die notwendigen Faktoren.
b) Berechnen Sie die Wasseraustrittstemperatur unter Betriebsbedingungen.

Verdampfer-Auswahl

es bedeuten:

$\dot{Q}_{0N}$	(kW)	Verdampferleistung bei Nennbedingungen
$\dot{Q}_0$	(kW)	Verdampferleistung bei Betriebsbedingungen
Δt	(K)	$t_1 - t_0$
t_1	(°C)	Wassertemperatur am Eintritt
t_2	(°C)	Wassertemperatur am Austritt
t_0	(°C)	Verdampfungstemperatur am Austritt
Δt_{0h}	(K)	Überhitzung des Saugdampfes
x	(–)	Dampfgehalt am Eintritt
$\dot{V}$	(m³/h)	Wasser-Volumenstrom
w	(m/s)	Wassergeschwindigkeit
Δp	(bar)	wasserseitiger Druckabfall
$f_1...f$	(–)	Umrechnungsfaktoren

Die angegebenen Verdampferleistungen (Toleranzen in Anlehnung an DIN 8973) stützen sich auf eigene Messungen bei folgenden **Nennbedingungen**:

Kältemittel: R 22

t_0 = 0 °C
x = 0,2
Δt_{0h} = 5 – 6 K

Heizmedium : Wasser

w = 0,5 bis 2 m/s

Weichen die Betriebsbedingungen von den Nennbedingungen ab, ist näherungsweise nach

$$\dot{Q}_{0N} = \frac{\dot{Q}_0}{f_1 \cdot f_2 \cdot f_3 \cdot f_4 \cdot f_5}$$ umzurechnen.

f_1 (-) Umrechnungsfaktor für Dampfgehalt x > 0,2. Dampfgehalte x < 0,2 bringen keine Leistungsverbesserung.

f_2 (-) Umrechnungsfaktor für Überhitzung des Saugdampfes Δt_{0h} > 6 K.

f_3 (-) Umrechnungsfaktor für Verdampfungstemperatur t_0 < 0 °C. Verdampfungstemperaturen t_0 > 0 °C wir-ken sich leistungssteigernd aus.

f_4 (-) Umrechnungsfaktor für Wasser mit Frostschutz

f_5 (-) Umrechnungsfaktor für Kältemittel R 134 a

Leistungsdiagramm

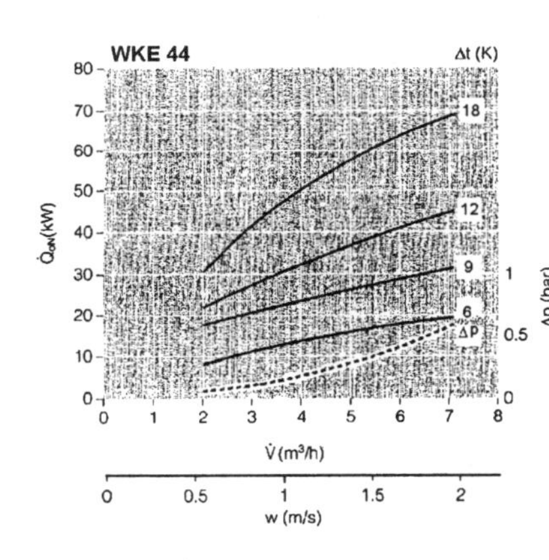

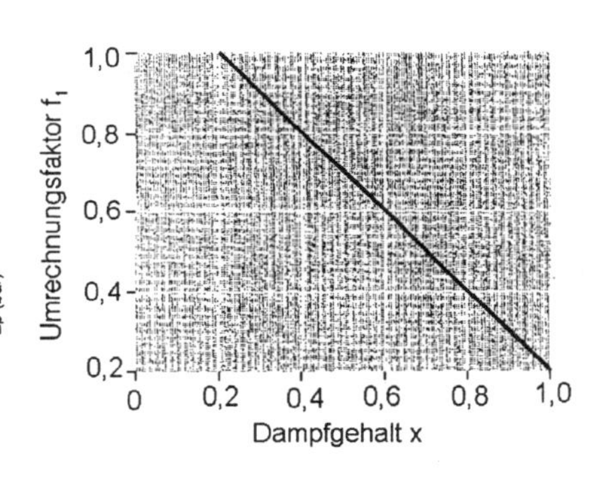

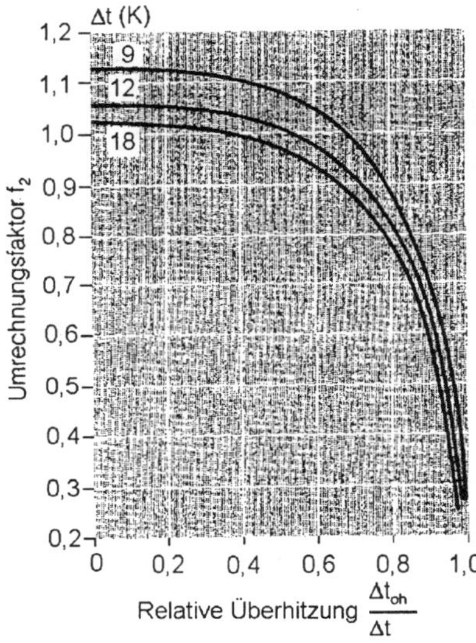

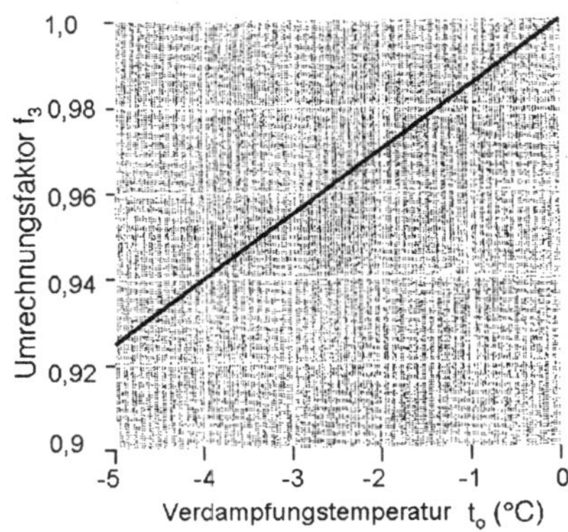

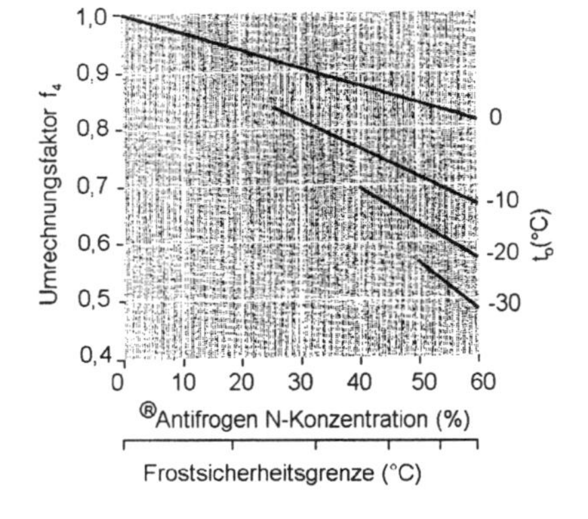

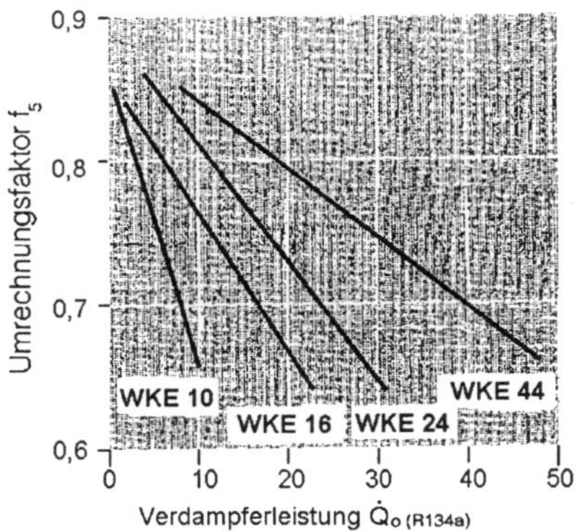

5. Die Eislauffläche einer überdachten Kunsteisbahn hat die Abmessungen 20 x 30 m. Der einfache Kältebedarf (ohne Erneuerung des Eises) wird mit q = 1500 kJ/m²h veranschlagt.

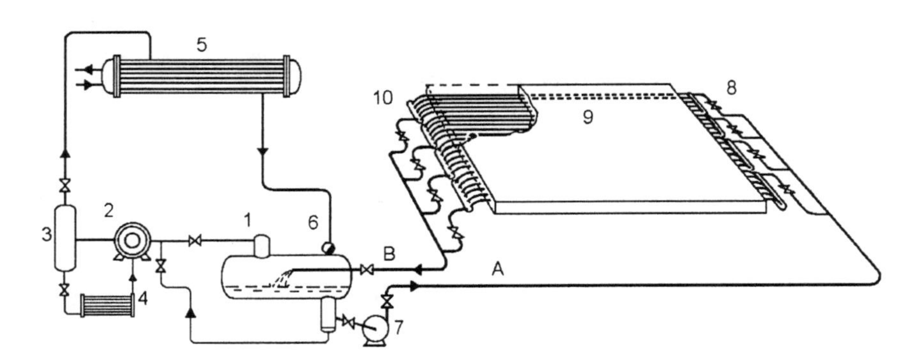

1 - Abscheidesammler mit Dampf-
2 - dom
3 - Verdichter
4 - Ölabscheider
5 - Ölkühler
6 - Verflüssiger (wassergekühlt)
7 - Hochdruck-
8 - Schwimmerregulierung
9 - NH_3 - Pumpe
10 - Verteilstücke
Eisfläche mit Berohrung
Sammelstücke

Schema einer Kunsteisbahn mit Direktverdampfung (nach Cube, 1981)

a) Welche Faktoren beeinflussen den Kältebedarf?
b) Welche Art der Verdampfung liegt vor?
c) Was fließt in Ltg. A, was in Ltg. B, wenn die Anlage läuft?
d) Welche Funktion hat der Abscheidesammler mit Dampfdom (Pos. 1)?
e) Berechnen Sie die Kälteleistung zur Aufrechterhaltung der Eistemperatur von t_{Eis} = - 3,5 °C. Annahmen: Stündlich ist 1 m³ Eis zu erneuern, Frischwassertemperatur 16 °C.
f) Wie groß ist die die erforderliche Rohrlänge bei einer Verdampfungstemperatur von t_0 = - 9,5 °C für Pumpenumlauf? Wärmedurchgangskoeffizient zwischen Eis und verdampfendem Kältemittel k = 85 W/m²K, Rohrdurchmesser 40 mm.
g) Wieviel Rohre müssen auf der 30 m Längsseite parallel verlegt werden?
h) Wie groß sind Rohrabstand und Rohrzwischenraum auf der 20 m - Seite der Bahn? (Außenabstand = halber Rohrzwischenraum)

K 8.4 Verflüssiger

1. Technologie

1. Welche Aufgabe hat der Verflüssiger innerhalb des Kältemittelkreislaufs, energiemäßig betrachtet?

2. Unter welchen Bedingungen (Druck und Temperatur) kommt es zur Verflüssigung des Kältemittels im Verflüssiger?

3. Warum ist der Verflüssigerwärmestrom $\dot{Q}_c$ stets größer als der Verdampferwärmestrom $\dot{Q}_0$?

4. Geben Sie an, an welcher Stelle des Kältemittelkreislaufs sich der Verflüssiger befindet.

5. Wie werden die Leitungen zum bzw. vom Verflüssiger bezeichnet?

6. Wie heißen die 3 Zonen des Verflüssigers?

7. Erläutern Sie, was sich in den 3 Zonen des Verflüssigers jeweils abspielt.

8. Geben Sie an, wie sich Druck und Temperatur in den Verflüssigerzonen jeweils ändern.

	Druck	Temperatur
Enthitzungszone		
Verflüssigungszone		
Unterkühlungszone		

9. Skizzieren Sie ein lg p, h-Diagramm (nur Verflüssigerseite) und tragen Sie die drei Zonen ein.

10. Warum werden Verflüssiger bevorzugt nach dem (Kreuz-)Gegenstromprinzip betrieben? Was versteht man darunter?

11. Unterscheiden Sie nach dem Kühlmittel 3 verschiedene Verflüssigerarten.

12. Welche Vor-/Nachteile haben luftgekühlte Verflüssiger?

13. Welche Vor-/Nachteile haben wassergekühlte Verflüssiger?

14. Warum werden wassergekühlte Verflüssiger häufig mit Wasserrückkühlung betrieben? Was versteht man darunter?

15. Skizzieren Sie einen Röhrenkessel(Bündelrohr)verflüssiger, und zeichnen Sie ein: Kältemittelein-/austritt, Wasserein-/austritt, Unterkühlungszone.

16. Warum gibt es bei Anlagen mit Röhrenkessel(Bündelrohr)verflüsssiger häufig keinen Kältemittelsammler?

17. Warum hat der mit Netzwasser betriebene Röhrenkesselverflüssiger mehr Umlenkungen (längere Wasserwege) als der mit Wasserrückkühlbetrieb (Kühlturm)?

18. Erläutern Sie die Funktionsweise eines Verdunstungsverflüssigers.

19. Welchen Vorteil hat ein Verdunstungsverflüssiger gegenüber einem
a) wassergekühltem Verflüssiger
b) wassergekühltem Verflüssiger mit Wasserrückkühlbetrieb?

20. Die Abbildung zeigt das Prinzip des Verdunstungsverflüssigers. Benennen Sie die Positionen 1-11 möglichst genau.

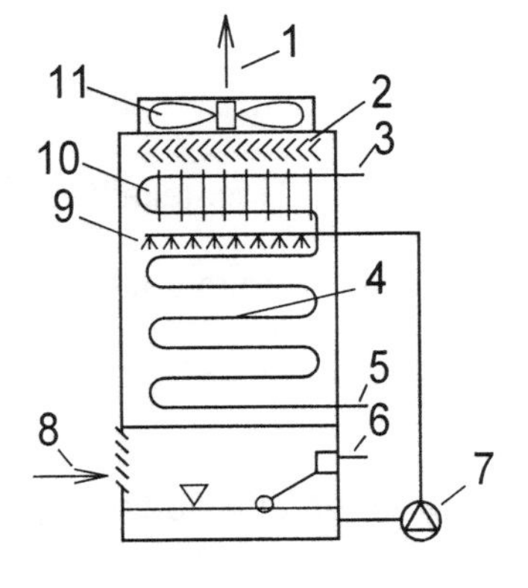

Verdunstungsverflüssiger

21. Welche Nachteile hat ein Verdunstungsverflüssiger gegenüber einem Durchlaufverflüssiger mit Wasserrückkühlbetrieb?

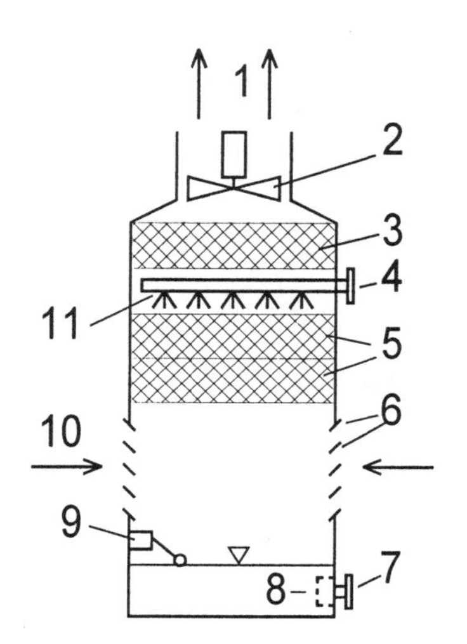

22. Betrachten Sie die nebenstehende Abbildung.

a) Worin liegt der prinzipielle Unterschied zum Verdunstungsverflüssiger (Aufg. 20)? Wie ist der abgebildete Wärmeübertrager zu bezeichnen?
b) Benennen Sie die einzelnen Positionen möglichst genau.

23. Was wissen Sie über
a) Leistungsregelung
b) Winterbetrieb
von Kühltürmen (Wasserrückkühlwerken) bzw. Verdunstungsverflüssigern?

24. Was versteht man bei einem Kühlturm/Verdunstungsverflüssiger unter

a) Windverlusten
b) Abschlämmung?

25. Was ist bei der Aufstellung luftgekühlter Verflüssiger zu beachten?

26. Was versteht man unter einem statisch belüfteten Verflüssiger? Für welche Leistungen wird er verwendet?

27. An einem luftgekühlten Verflüssiger messen Sie: Verflüssigungstemperatur t_c = 45 °C bei t_a = 20 °C Umgebungstemperatur. Wie beurteilen Sie das? Ursachen?

28. An einem wassergekühlten Verflüssiger messen Sie: Verflüssigungstemperatur t_c = 42 °C, Wasser-eintrittstemperatur t_{W1} = 10 °C, Wasseraustrittstemperatur t_{W2} = 20 °C.
a) Beurteilen Sie den Betrieb.
b) Welche Ursache könnte für diesen Betriebszustand in Frage kommen?

29. Geben Sie die üblichen Temperaturdifferenzen zwischen Kältemittel und Kühlmittel an für
a) luftgekühlte b) wassergekühlte Verflüssiger.

30. Skizzieren Sie in einem Diagramm den Verlauf der Verflüssigungstemperatur und der Kühlmitteltemperatur beim Verflüssigen (Gegenstromprinzip).

31. Wie ist der Verlauf der Temperaturkurve des Kühlmittels zu erklären?

32. Wie ist die Temperaturdifferenz zwischen Kälte- und Kühlmittel beim Verflüssigen rechnerisch zu erfassen?

33. Erläutern Sie, welche negativen Folgen Verflüssigerverschmutzung für die gesamte Kälteanlage hat. Fertigen Sie eine Skizze des lg p, h-Diagramms an, in der Sie diese Auswirkungen darstellen.

34. Ein Verdichter verdichtet R 22-Dampf auf p_c = 9 bar. Durch den luftgekühlten Verflüssiger strömt Luft von 22 °C. Kann die Anlage funktionieren? Begründung. (Dampftabelle benutzen)

35. Was versteht man unter einem Verflüssigungssatz?

36. Welche Vor-/Nachteile hat ein Verflüssigungssatz?

37. Was versteht man unter einem Mehrkreisverflüssiger?

38. Bei einer Kaskade spricht man auch von einem Verdampfer-Verflüssiger. Was ist darunter zu verstehen?

39. Erklären Sie den Aufbau eines Koaxial-Verflüssigers. Welche Vorteile bietet diese Bauart?

2. Technische Mathematik

1. Ein luftgekühlter Verflüssiger hat eine wirksame Oberfläche von 3,55 m². Sein k-Wert wird mit 30 W/m²K angenommen. Die Lufteintrittstemperatur beträgt t_{L1} = 20 °C bei φ = 0,6 , Luftaustrittstemperatur t_{L2} = 26 °C, Verflüssigungstemperatur t_c = 35 °C.
a) Berechnen Sie die mittlere logarithmische Temperaturdifferenz in K .
b) Welche Leistung hat der Verflüssiger (W)?
c) Bestimmen Sie mittels h,x-Diagramm die erforderlichen Werte für h, ρ .
d) Welcher Luftmassenstrom ist für die errechnete Leistung erforderlich (kg/s, kg/h)?
e) Welchen Volumenstrom muß der saugende Lüfter erzeugen?
f) Berechnen Sie den erforderlichen Massenstrom/Volumenstrom vereinfacht aus $\dot{Q}_c = m \cdot c_{pL} \cdot \Delta T$
(c_{pL} = 1 kJ/kgK , ρ_L = 1,2 kg/m³) .
g) Wie groß ist die prozentuale Abweichung zwischen genauer und vereinfachter Rechnung?

2. An einem wassergekühlten Verflüssiger messen Sie Wassereintrittstemperatur t_{W1} = 15 °C, Wasseraustrittstemperatur t_{W2} = 27 °C sowie einen Durchfluß von 6 Litern in der Minute. Berechnen Sie die Verflüssigerleistung in W .

3. Berechnen Sie den Wasserbedarf eines wassergekühlten Verflüssigers für eine Verflüssigerleistung von 100 kW bei t_{W1} = 12 °C, t_{W2} = 22 °C in kg/s und m³/h .

4. Ein wassergekühlter Verflüssiger mit Wasserrückkühlwerk hat folgende Daten: t_{W1} = 25 °C, t_{W2} = 30 °C, $\dot{Q}_c$ = 100 kW.
a) Berechnen Sie die erforderliche umlaufende Wassermenge in kg/s und m³/h .
b) Berechnen Sie den Verdunstungswasserstrom $\dot{m}_{WV}$ unter der Annahme, daß die Verdunstung bei t = 20 °C stattfindet.
c) Berechnen Sie den Gesamtwasserbedarf bei folgenden Annahmen: Windverluste 0,2 % der umlaufenden Wassermenge; Abschlämmverluste so groß wie Verdunstungswasserstrom .
d) Berechnen Sie die Wasserersparnis in % gegenüber dem Verflüssiger aus Aufgabe 3.

5. Ein Doppelrohr-Gegenstrom-Verflüssiger hat ein Kältemittel führendes Innenrohr von Cu 15x1 und soll bei t_{W1} = 20 °C und t_{W2} = 31 °C sowie t_c = 35 °C eine Verflüssigungsleistung von $\dot{Q}_c$ = 1200 W haben, wobei als k-Wert 400 W/m²K angenommen wird.
a) Welche Länge muß das Rohr bekommen? (Rechnen Sie mit der Außenoberfläche des Innenrohres)
b) Welche Strömungsgeschwindigkeit ergibt sich für das Wasser bei einem Mantelrohr von Cu 22 x 1?

6. Eine R 134a-Anlage verflüssigt bei t_c = 36 °C und ergibt im Verflüssiger eine Unterkühlung um 1 K auf t_{cu} = 35 °C. Die Flüssigkeitsleitung (10 x 1; w_{FL} = 0,5 m/s) gibt weiter Wärme an die Umgebung mit t_a = 20 °C ab, wobei als k-Wert 7 W/m²K (stille Kühlung) veranschlagt wird. Die Temperaturdifferenz $\Delta t = t_{cu} - t_a$ = 15 K wird als konstant angenommen, ihre Verringerung aufgrund der weiteren Abkühlung des Kältemittels also vernachlässigt.
a) Wieviel K weitere Unterkühlung ergibt 1 Meter der Flüssigkeitsleitung?
b) Wie lang muß die Flüssigkeitsleitung sein, damit sich eine weitere Unterkühlung um 1 K ergibt?

K 8.5 Rohrleitungen

1. Technologie

1. Definieren Sie die Begriffe: Saugleitung, Druckleitung, Kondensatleitung, Flüssigkeitsleitung, Einspritzleitung und Impulsleitung, indem Sie die zu verbindenden Komponenten, die Fließrichtung und die transportierten Medien nennen.

2. Erklären Sie den Unterschied in den Durchmessern von Einspritzleitung und Flüssigkeitsleitung.

3. Tragen Sie in der Praxis bewährte Strömungsgeschwindigkeiten in m/s für die genannten Kältemittel in die Tabelle ein:

Kältemittel	Saugleitung	Druckleitung	Flüssigkeitsleitung	Kondensatleitung
Sicherheitskältemittel				
NH_3				

4. Wie verändern sich der Kältemittelmassenstrom $\dot{m}_R$ und der Volumenstrom $\dot{V}$ innerhalb des Kältemittelkreislaufs? Was folgt daraus für die Rohrquerschnitte der einzelnen Leitungen?

5. Welches Grundprinzip sollte bei der Rohrleitungsverlegung beachtet werden? Erläutern Sie.

6. Welcher Zusammenhang besteht zwischen der Strömungsgeschwindigkeit w und dem daraus resultierenden Druckabfall Δp?

7. Warum wird die Druckdifferenz zweckmäßig in einer äquivalenten Temperaturdifferenz angegeben?

8. Die Abbildung zeigt die zum Öltransport nötige Mindest-Dampfgeschwindigkeit w_{min} in steigenden Saugleitungen:
a) Warum steigt w_{min} mit sinkender Verdampfungstemperatur?
b) Warum erfordern größere Leitungsdurchmesser höhere Mindest-Strömungsgeschwindigkeiten?
b) Welche Strömungsgeschwindigkeit sollte in einer steigenden Saugleitung der Dimension $\varnothing$ 54 x 2 bei t_0 = -30 °C nicht unterschritten werden?

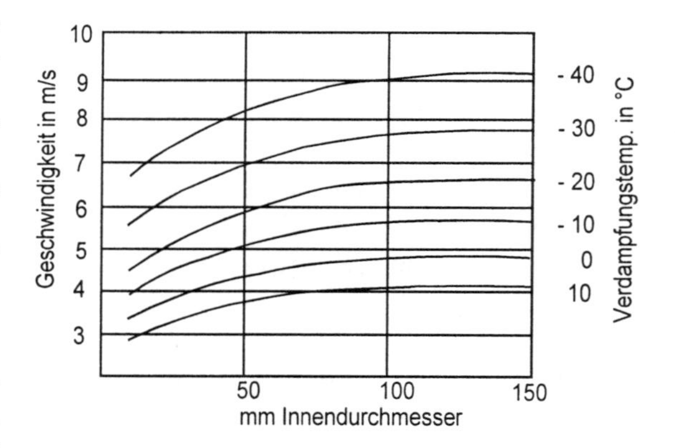

Mindest-Dampfgeschwindigkeit in steigenden Saugleitungen

9. Welche Druckdifferenzen (ausgedrückt in äquivalenter Temperaturdifferenz) sollten bei der Rohrleitungsdimensionierung für die Saugleitung und Druckleitung nicht überschritten werden? Aus welchen Erwägungen heraus werden diese Richtwerte festgelegt?

10. Woraus resultiert die Obergrenze für den in der Flüssigkeitsleitung maximal zulässigen Druckabfall?

11. Zeigen Sie am Beispiel des Kältemittels R 404A, welchen Einfluß tiefe Verdampfungstemperatur auf die Größe des Druckabfalls in bar hat, der eine Temperaturdifferenz gemäß 1K in der Saugleitung bewirkt. Wählen Sie zur Verdeutlichung des Vergleiches die Verdampfungstemperaturen t_0 = -5 °C und t_0 = -40 °C.

12. Beschreiben Sie die Auswirkungen eines zu kleinen Durchmessers der Saugleitung.

13. Wie wirkt sich ein zu kleiner Durchmesser der Flüssigkeitsleitung aus? Mögliche Folgen?

14. Aus welchen 3 Teilbeträgen setzt sich der Druckabfall in einer ansteigenden Flüssigkeitsleitung zusammen?

15. Beschreiben Sie die Wirkung von 5m fallender und 5m steigender R 134a - Flüssigkeitsleitung auf die Gefahr der Vorverdampfung in der Flüssigkeitsleitung.

16. Wie wirkt sich eine starke Unterkühlung in der Flüssigkeitsleitung auf den notwendigen Strömungsquerschnitt der Kältemittelleitungen aus?

17. Erläutern Sie, wie sich Kältemittelmangel in der Anlage auf den Ölstand im Kurbelgehäuse des Verdichters auswirkt.

18. Unter welchen Bedingungen werden steigende Saugleitungen aufgeteilt (**Splitting**)? Erläutern Sie die Funktionsweise.

19. Warum kann man bei einer leistungsgeregelten Anlage die Saugleitung nicht einfach so dimensionieren, daß die Ölrückführung bei z. B. 25 % Leistung noch gewährleistet ist?

20. Welchen Zweck erfüllt das Gefälle in Strömungsrichtung in der dargestellten Druckleitung?

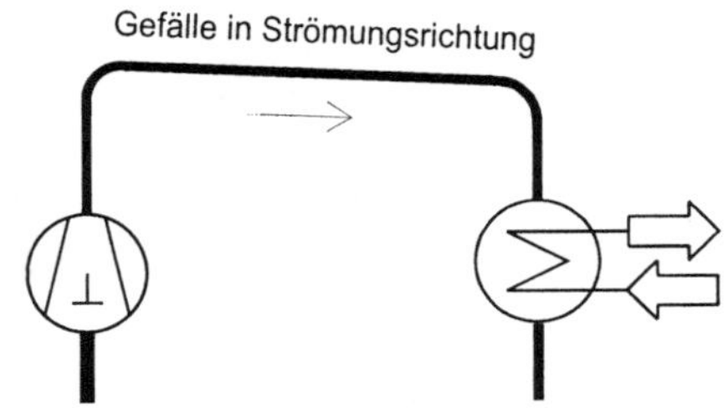

21. Wovor schützt ein Rückschlagventil in der Druckleitung vor dem Verflüssiger einen im Stillstand sehr kalt stehenden Verdichter? Werten Sie die Zuverlässigkeit und Einflußnahme dieser Schutzmaßnahme und schlagen Sie eine Alternative vor.

22. Begründen Sie die Notwendigkeit der Isolation der Saugleitung aus hygienischer, technischer und ökonomischer Sicht.

23. Unter welchen Bedingungen sollte die Flüssigkeitsleitung isoliert werden?

24. Unter welchen Bedingungen sollte die Druckleitung isoliert werden?

25. Nennen Sie 2 typische Fälle, in denen die Einspritzleitung zu isolieren ist.

26. Was versteht man unter Dampfsäcken? Welche negativen Auswirkungen können von ihnen ausgehen?

27. Was versteht man unter Vorverdampfung? Unter welchen Bedingungen kommt es zur Vorverdampfung?

28. Nennen Sie 2 schädliche Folgen der Vorverdampfung.

29. Wodurch kann Vorverdampfung bei vorhandenem Druckabfall verhindert werden? Erklären Sie in diesem Zusammenhang die Wirkung der Unterkühlung an einem Beispiel und stellen Sie die Zusammenhänge im lg p,h-Diagramm dar.

30. Bewerten Sie die Verhältnisse in der Flüssigkeitsleitung vor dem Drosselorgan. Verwenden Sie die Dampfdruck-Tabelle.
gegeben: R134a ; t_C = 35 °C ; p_C = 8,865 bar ; Δt_{Eu} = 1K ; 34 °C ⇔ 8,622 bar
Der Druckabfall bis zum Drosselorgan beträgt Δp = 0,365 bar

31. Begründen Sie die mit „Falsch“ bzw. „Richtig“ bewerteten Abzweigungen einer Flüssigkeitsleitung.

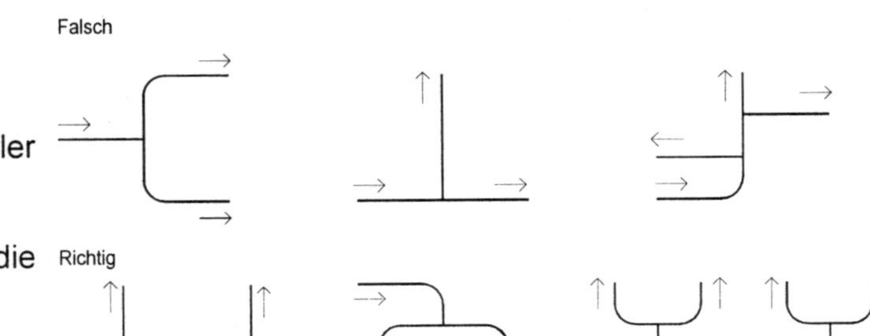

32. Was ist beim Verlegen horizontaler Saugleitungen zu beachten?

33. Erklären Sie die Anwendung und die Funktionsweise einer Ölfalle (Ölsiphon).

34. Wie müssen aufsteigende Einzelsaugleitungen in eine gemeinsame Sammelsaugleitung eingebunden werden?

35. Wie sind steigende Saugleitungen in ihrem tiefsten Punkt und an ihrer oberen Mündung auszubilden?

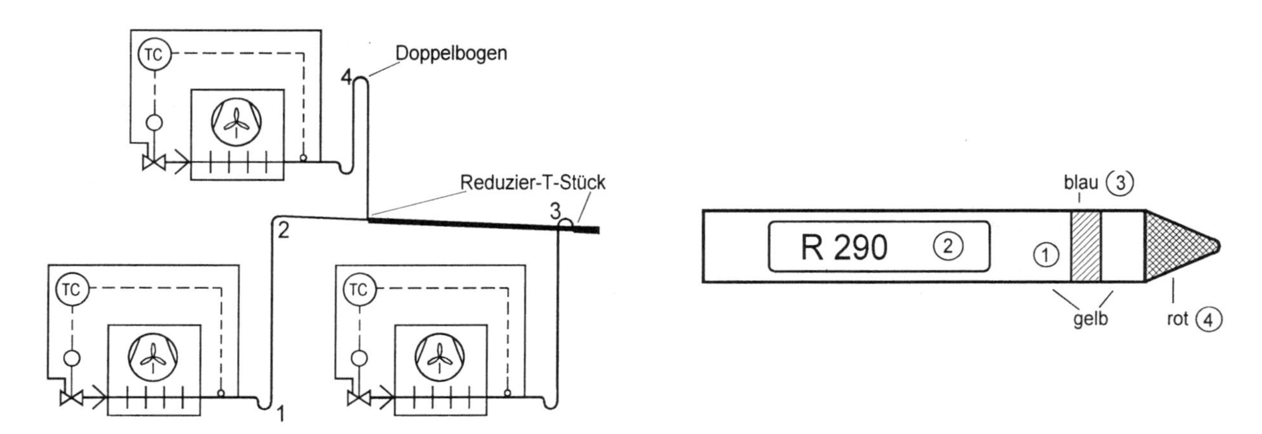

Saugleitungsführung bei mehreren Verdampfern

Kennzeichnungsschild für Kältemittelleitung

36. Bewerten Sie die dargestellte Saugleitungsführung bei Anlagen mit mehreren Verdampfern in unterschiedlichen Höhen zum Kältemittelverdichter in den angegebenen Punkten 1 bis 4.

37. Welche Aussagen trifft das dargestellte Kennzeichnungsschild in den bezeichneten Stellen 1 bis 4?

38. Nennen Sie die Kennzeichnungsfarben nach DIN 2405 für folgende Durchfluß-Stoffe: Wasser, Luft, Kältemittel, Kältemittel - brennbar, flüssiges Kühlgut, Sole. Nennen Sie Beispiele für flüssiges Kühlgut.

2. Technische Mathematik

1. In einer R 134a-Saugleitung herrscht ein Druckabfall von 0,1bar. Bestimmen Sie zu der angegebenen Druckdifferenz die entsprechende Temperaturdifferenz.
geg.: $t_0 = -8$ °C;

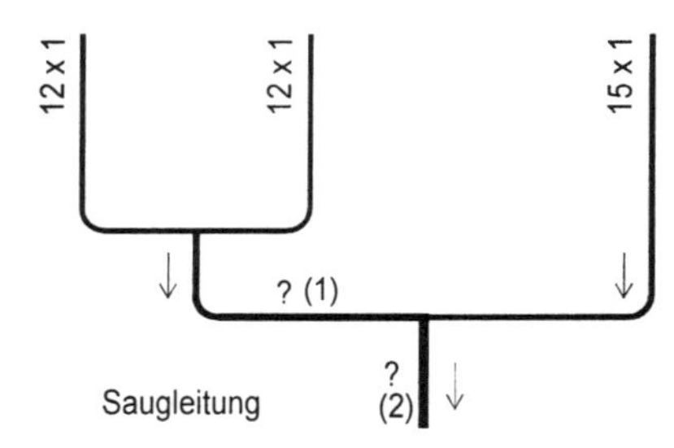

2. Es sind 2 Saugleitungen ∅ 12 x 1 zu einer gemeinsamen Leitung zusammenzuführen, in die anschließend noch eine Saugleitung ∅ 15 x 1 einzubinden ist.
Bestimmen Sie ausgehend von den Strömungsbedingungen der zu vereinigenden Leitungen mit Hilfe der Tabelle „Kennwerte von Kupferrohren" (s. S. 32) die Durchmesser der gemeinsamen Leitungen.

3. Bestimmen Sie den durch Niveauunterschied von 1m Steighöhe in der Flüssigkeitsleitung entstehenden Druckabfall bei R 134a und bei R 507. geg.: $t_c = 37$ °C; $t_{cu} = 35$ °C; $g = 9{,}81\,\frac{m}{s^2}$; $h = 1$m;

$v'_{R134a} = 0{,}857$ dm³/kg; $v'_{R507} = 0{,}992$ dm³/kg

4. In einer R 134a-Saugleitung mit ∅ 54 x 2 beträgt die Strömungsgeschwindigkeit w = 10 m/s.
Weitere Angaben: $t_0 = -10$ °C; $t_{0h} = 0$ °C (Überhitzungstemperatur in Saugleitungsmitte);
$\nu = 1{,}1394 \cdot 10^{-6}$ m²/s (kinematische Zähigkeit von R 134a bei t_{0h}, ν = Ny); $Re_{kr} = 2320$ kritische Reynoldszahl
a) Ermitteln Sie, ob laminare oder turbulente Strömung auftritt und treffen Sie in Auswertung des Ergebnisses eine Aussage über die Qualität des Wärmeüberganges an der inneren Rohrwand.
b) Berechnen Sie die kritische Strömungsgeschwindigkeit, bei der die laminare in die turbulente Strömung umschlägt und bewerten Sie diese w_{kr} für den Einsatzfall in Saugleitungen von Kälteanlagen.
c) Wie groß wäre der innere Durchmesser der Saugleitung zu bemessen, bei dem laminare Strömung bei w_{kr} auftreten würde?

5. Ermitteln Sie von einer 20 m langen R 22-Saugleitung, in der eine Strömungsgeschwindigkeit von 10 m/s herrscht, den Druckabfall in bar. Welcher Temperaturdifferenz entspricht der bei 10 m/s Strömungsgeschwindigkeit entstehende Druckabfall?
Weitere Angaben: $t_0 = -12$ °C; $t_{02h} = -5$ °C; $v = 72{,}38$ dm³/kg; $\varnothing_{SL} = 54 \times 2$; $\lambda = 0{,}03$ (Rohrreibungskoeffizient für Kupferrohr)

6. Eine R 134a-Saugleitung ∅ 54 x 2 hat eine Länge von 20 m und beinhaltet 5 Rohrbogen und ein Eckabsperrventil.
Weitere Angaben: w = 10 m/s; t_0 = –10 °C; t_{02h} = –3 °C; ρ = 9,747 kg/m³; v = 102,6 dm³/kg; λ = 0,03 (Rohrreibungszahl für Kupferrohr); ζ_{Bogen} = 0,15; ζ_{Ventil} = 3,5 (ζ = Zeta = Widerstandsbeiwert von Rohrleitungs- und Einbauteilen).
a) Berechnen sie den Druckabfall in der geraden Leitung.
b) Berechnen sie den durch die Bogen und das Eckabsperrventil verursachten Druckabfall, sowie den Gesamtdruckabfall.
c) Ermitteln Sie anhand des Gesamtdruckabfalles die Temperaturdifferenz in der Saugleitung.

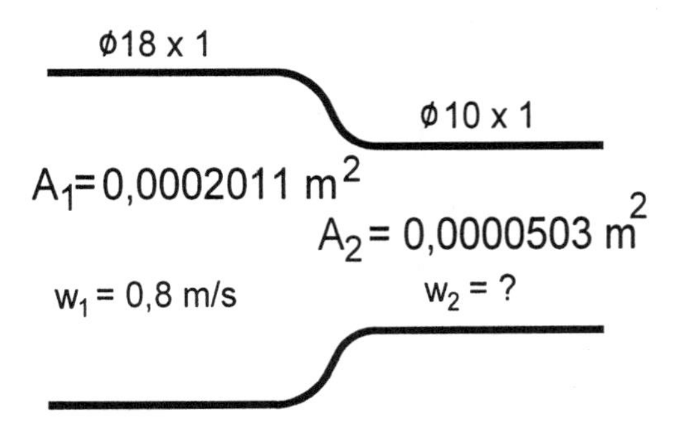

7. In einer R 404A - Kälteanlage wird eine Flüssigkeitsleitung ∅ 18 x 1 mit w = 0,8 m/s durch eine Rohrleitung ∅ 10 x 1 ersetzt. Weitere Angaben: t_c = 40 °C; t_{Eu} = 35 °C ⇒ρ′ = 0.994 kg/dm³; λ = 0,03;
a) Wie ändert sich die Strömungsgeschwindigkeit? Verwenden Sie die Tabelle „Kennwerte von Kupferrohren“ (s. S. 32).
b) Berechnen Sie für die 10 m lange Flüssigkeitsleitung ∅ 10 x 1 die zur Verhinderung der Vorverdampfung notwendige Mindestunterkühlung Δt_{Eu}. Für die Berechnung der pro K zugehörigen Druckdifferenz wählen Sie das arithmetische Mittel im Intervall von 40 °C bis 35 °C auf der Siedelinie.

8. Berechnungen zu den Kältemittelrohrleitungen einer R 507-Kälteanlage

a) Berechnen Sie für folgende R 507-Kälteanlage die notwendigen Durchmesser d_i der Saugleitung, Druckleitung und Flüssigkeitsleitung und wählen Sie die zutreffenden Rohrdimensionen aus.

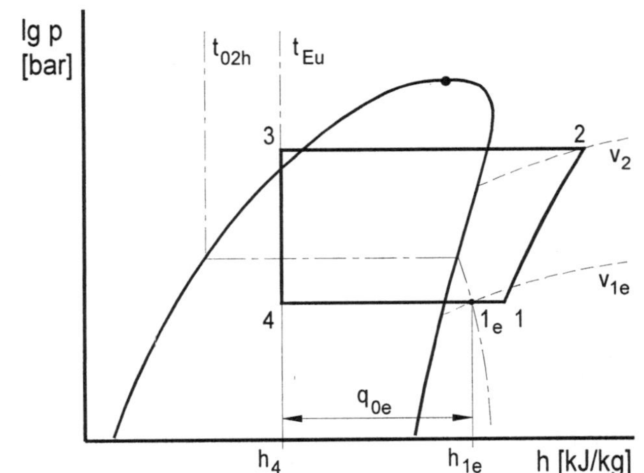

Weitere Angaben:
$\dot{Q}_0$ = 10 kW; t_0 = –28 °C; t_c = 40 °C; t_3 = t_{Eu} = 36 °C; t_{02h} = –21 °C; t_1 = –8 °C;
w_{SL} = 10 m/s; w_{DL} = 11 m/s; w_{FL} = 0,8 m/s;

Folgende Angaben wurden mit der Software „JASOFT / COOLSTAR“ ermittelt, wobei η_i = 0,65 angenommen wurde.
h_4 = 251,84 kJ/kg; v_3 = 0,9964 dm³/kg;
h_{1e} = 352,96 kJ/kg; v_{1e} = 85,69 dm³/kg;
v_2 = 13,80 dm³/kg;
(Die Ermittlung dieser Daten ist aber auch mittels Dampftabelle und lg p,h-Diagramm bzw. Berechnung möglich.)

b) Berechnen Sie die effektive Strömungsgeschwindigkeit in der ausgewählten Saugleitung ∅ .... für ein spezifisches Volumen des Saugdampfes v = 0,08893 m³/kg (t_0 = –28 °C und t_{0h} = –14 °C).

c) Berechnen Sie den Druckabfall der ausgewählten Saugleitung ∅ .... für 10m Länge und 6 Bogen mit einem Widerstandsbeiwert von ζ_{Bogen} = 0,15 sowie einem Eckabsperrventil mit ζ_{Ventil} = 3,5. Die Rohrreibungszahl λ für Cu beträgt 0,03. Das spezifische Volumen des Sauggases in der Saugleitung beträgt 0,08893 m³/kg (t_0 = –28 °C und t_{0h} = –14 °C).
Rechnen Sie die ermittelte Druckdifferenz in die zugehörige Temperaturdifferenz der Saugleitung um.

d) Berechnen Sie den Druckabfall in der gewählten Flüssigkeitsleitung ∅ ....

Weitere Angaben:

Dichte R 507 bei 36 °C:	ρ	= 1.004 kg/dm³
Rohrreibungszahl:	λ	= 0,03
Erdbeschleunigung:	g	= 9,81 m/s²
waagerechte Flüssigkeitsleitung:	l	= 6 m
Steigende Flüssigkeitsleitung:	l	= 4m

Eckabsperrventil Sammlerausgang:	$l_{äq}$	= 2,10 m
Trockner:	$l_{äq}$	= 1,95 m
Schauglas:	$l_{äq}$	= 0,70 m
Bogen 90° (5 Stück):	$l_{äq}$	= 0,25 m pro Bogen
Magnetventil:	Δp_{MV}	= 0,16 bar (berechnet für ALCO 200 RB 4...)

e) Bestimmen Sie die notwendige Mindestunterkühlung, durch die eine Vorverdampfung vor dem Drosselorgan ausgeschlossen wird. Prüfen Sie, ob die vorhandene Unterkühlung ausreichend ist.

9. Berechnung einer Doppelsteigleitung

Bei einer R 404A Kälteanlage mit 3 m ansteigender Saugleitung und leistungsgeregeltem Verdichter bzw. Verbund soll die Minimalleistung 33 % betragen.

Weitere Angaben: $\dot{Q}_0 = 20$ kW; $\dot{V}_{V1} = 69{,}58$ m³/h; $t_c = 40$ °C;
$t_0 = -28$ °C; $t_{02h} = -21$ °C; $\Delta t_{Eu} = 4$ K;
bei $t_{0h} = -13$ °C betrage v = 94,77 dm³/kg;
$q_{0e} = q_{0N} = 101{,}57$ kJ/kg; $t_{V1} = -5$ °C; $\varnothing_{SL} = 54 \times 2$;

Bei Teillast soll die Mindestströmungsgeschwindigkeit 7 m/s betragen.

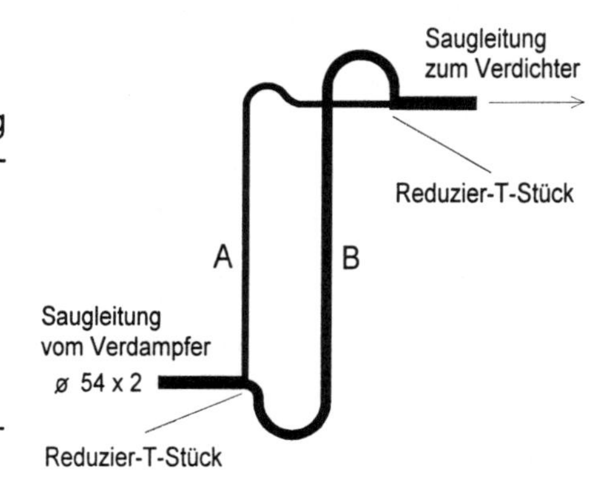

Doppelte Saugsteigleitung

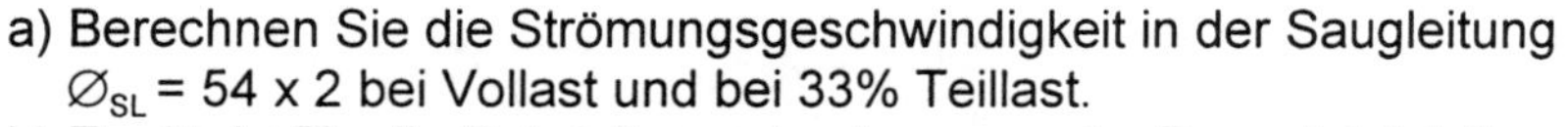

a) Berechnen Sie die Strömungsgeschwindigkeit in der Saugleitung $\varnothing_{SL} = 54 \times 2$ bei Vollast und bei 33% Teillast.
b) Ermitteln Sie die Rohrleitungsdurchmesser der Doppelsteigleitung.

Kennwerte von Kupferrohren

Außen -∅ x Wand-dicke	Innen-durch-messer	freier Quer-schnitt	innere Ober-fläche	äußere Ober-fläche	Inhalt	Gewicht	max. zul. Betriebs-überdruck
mm x mm	mm	m²	m²/m	m²/m	dm³/m	kg/m	bar
6 x 1	4	0,0000126	0,0126	0,0188	0,0126	0,140	229
8 x 1	6	0,0000283	0,0188	0,0251	0,0283	0,196	163
10 x 1	8	0,0000503	0,0251	0,0314	0,0503	0,252	127
12 x 1	10	0,0000785	0,0314	0,0377	0,0785	0,310	104
15 x 1	13	0,0001327	0,0408	0,0471	0,1327	0,391	82
16 x 1	14	0,0001539	0,0440	0,0503	0,1539	0,412	76
18 x 1	16	0,0002011	0,0503	0,0565	0,2011	0,475	67
22 x 1	20	0,0003142	0,0628	0,0691	0,3142	0,590	54
28 x 1,5	25	0,0004909	0,0785	0,0880	0,4909	1,120	65
35 x 1,5	32	0,0008042	0,1005	0,1100	0,8042	1,420	51
42 x 1,5	39	0,0011946	0,1225	0,1319	1,1946	1,710	42
54 x 2	50	0,0019635	0,1571	0,1696	1,9635	2,940	44
64 x 2	60	0,0028274	0,1885	0,2011	2,8274	3,467	37
76 x 2	72	0,0040715	0,2262	0,2388	4,0715	4,140	31

K 8.6 Änderung von Betriebskenngrößen

1. Grundlagen

1. Tragen Sie im vorgegebenen Kältemittelkreislauf die Temperaturen des Kältemittels an den gekennzeichneten Stellen in die Kreise ein. Dabei soll der Druckabfall im Verflüssiger unberücksichtigt bleiben und der Druckabfall im Verdampfer beachtet werden. Benennen Sie in den freien Kästchen den Druck der jeweiligen Kreislaufseite. Benennen Sie neben den angetragenen Pfeilen die spezifischen Energien, die gemäß der Energiebilanzgleichung von den betreffenden Komponenten übertragen werden.

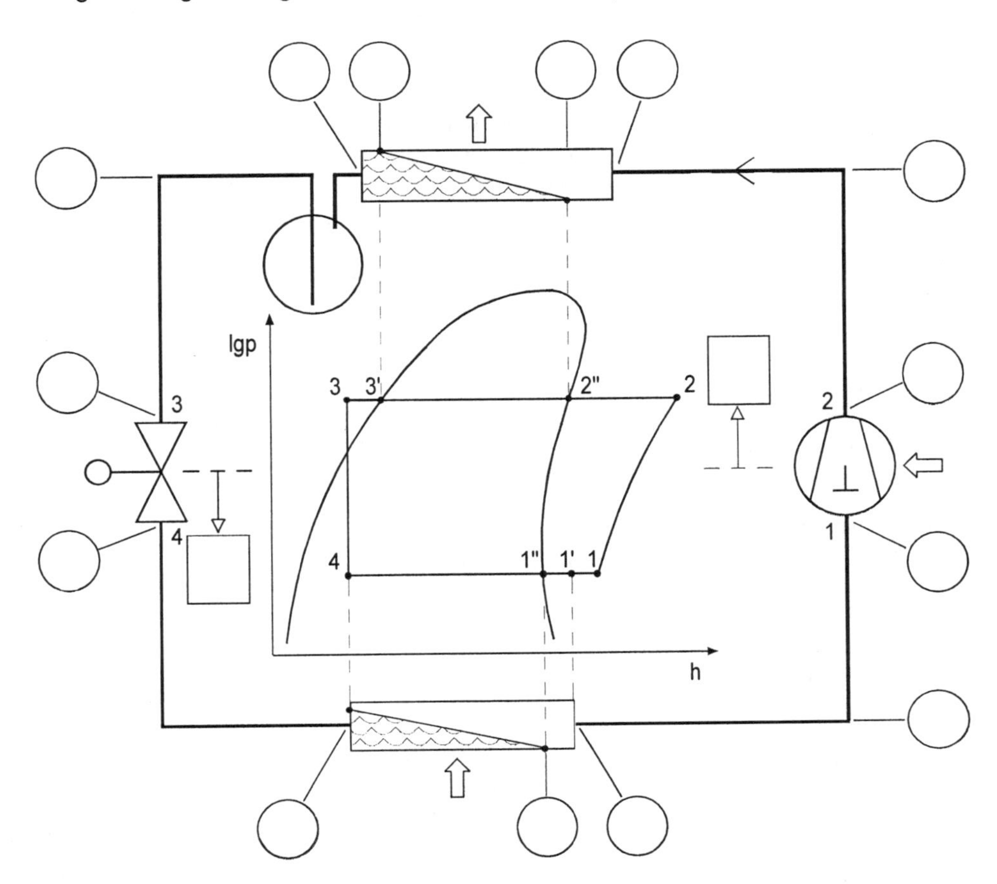

2. Woraus resultieren Verdampfungsdruck p_0 und Verdampfungstemperatur t_0 bei laufendem Verdichter?

3. Wann kommt der Vorgang der Verdampfung in einem Verdampfer zum Stillstand?

4. Woraus resultieren der Verflüssigungsdruck p_c und die Verflüssigungstemperatur t_c bei laufendem Verdichter?

5. Wie erreicht man in einem Verdampfer eine tiefe Verdampfungstemperatur?

6. Eine Kälteanlage wurde schon längere Zeit ausgeschaltet. Welcher Druck hat sich auf der Niederdruckseite und auf der Hochdruckseite eingestellt, wenn vorausgesetzt wird, daß in den jeweiligen Bauteilen noch flüssiges Kältemittel vorhanden ist?

2. Beispiele von Einflüssen, die zu Veränderungen bei Betriebskenngrößen führen

1. In einem mit Handdrosselventil optimal einregulierten Kältemittelkreisprozeß (z.B. 6 K Überhitzung bei mittlerer Kühllast) wirkt plötzlich eine **größere Wärmemenge** auf den Verdampfer ein. Begründen Sie, wie sich Überhitzung, Verdampfungsdruck, Verflüssigungsdruck, Verdichtungsendtemperatur und der spezifische Kältegewinn verändern. Skizzieren Sie in einem lg p,h-Diagramm den beschriebenen Basiskreisprozeß und den durch die verstärkte Kühllast veränderten Prozeß.

2. In einem mit Handdrosselventil optimal einregulierten Kältemittelkreislauf (z.B. 6 K Überhitzung bei mittlerer Kühllast) wird plötzlich **mehr Kältemittel** eingespritzt, wodurch sich die Naßdampfzone bis hin zum Verdichteransaugstutzen verlängert. Begründen Sie, wie sich Verdampfungsdruck, Überhitzung im Verdampfer und Ansaugüberhitzung, Überhitzung am Verdichterausgang und Verdichtungsendtemperatur

sowie Verflüssigungsdruck ändern. Skizzieren Sie in einem lg p,h-Diagramm den beschriebenen Basiskreisprozeß und den durch die vergrößerte Kältemitteleinspritzmenge veränderten Prozeß.

3. In einem mit Handdrosselventil optimal einregulierten Kältemittelkreislauf (z.B. 6 K Überhitzung bei mittlerer Kühllast) wird plötzlich der **Verflüssiger stärker gekühlt**. Begründen Sie, wie sich Verflüssigungsdruck, Kältemittelmassenstrom, Verdampfungsdruck, Überhitzung im Verdampfer, Unterkühlung am Verflüssigerausgang und Unterkühlung in der Flüssigkeitsleitung ändern. Skizzieren Sie in einem lgp,h-Diagramm den beschriebenen Basiskreisprozeß und den durch die verstärkte Kühlwirkung am Verflüssiger veränderten Prozeß.

4. Wie verändern sich die Kälteleistung des Verdichters und des Drosselventiles bei ansteigendem Druckverhältnis?

5. In einer Flüssigkeitsleitung wird durch einen mit Kältemittel gekühlten Wärmeübertrager eine Unterkühlung von 10 K hervorgerufen. Begründen Sie den dadurch bedingten Einfluß auf den Verflüssigungsdruck p_c und auf den Nutzkältegewinn des Verdampfers q_{0e}. Stellen Sie die mit der Vergrößerung der Unterkühlung einhergehenden Veränderungen in einem lg p,h-Diagramm dar.

6. Bei einer Kälteanlage tritt durch fehlende Isolierung der Saugleitung eine zusätzliche Überhitzung des Saugdampfes von 20 K auf. Begründen Sie den Einfluß auf die Anlagenlaufzeit.

7. Durch Verschmutzung eines Verflüssigers erhöht sich die Verflüssigungstemperatur von 30°C auf 50°C. Wie verändern sich der Verflüssigungsdruck, der Drosseldampfanteil x, die Verdichtungsendtemperatur t_2, die spezifische Verdichtungsarbeit w, der Nutzkältegewinn q_{0e} und die Kälteleistungszahl ε? Stellen Sie den Ausgangsprozeß mit sauberem Verflüssiger und den durch die Verschmutzung veränderten Prozeß im lg p,h-Diagramm dar.

8. In welcher Höhe stellen sich Verdampfungsdruck und Verdampfungstemperatur jeweils ein, wenn bei der größenmäßigen Komponentenzusammenstellung von Verdampfer-Verdichter-Verflüssiger-Drosselorgan

- der Verdampfer zu **klein** gewählt wurde,
- der Verdichter zu **groß** gewählt wurde,
- der Verflüssiger zu **groß** gewählt wurde oder
- das Drosselorgan bzw. die Düse zu **klein** gewählt wurde?

9. Beim Einsatz von R134a und R507 im gleichen Verdichter ergeben sich unter vorgegebenen Bedingungen folgende ausgewiesene Betriebskenngrößen .

	Bedingungen					beeinflußte Betriebskenngrößen des Verdichters / Kreislaufes						
Kältemittel	t_0 [°C]	t_c [°C]	t_{V1} [°C]	Δt_{0h} nutz [K]	Δt_{Eu} [K]	$\dot{Q}_{0\ Vdi}$ [kW]	$\dot{Q}_{0\ nutz}$ [kW]	$\dot{Q}_{0\ ISO}$ [kW]*	P [kW]	I [A]	ε *	$\dot{m}_R$ [kg/h]
R 134a	-30	30	10	7	2	**2,64**	**2,08**	**2,60**	1,54	4.8	1,6	51,31
$r = 219{,}6$ kJ/kg ; $\rho_1 = 3{,}7$ kg/m³												
R 507	-30	30	10	7	2	**6,17**	**4,55**	**6,04**	3,11	6,3	1,9	144,5
$r = 186{,}1$kJ/kg ; $\rho_1 = 9{,}2$ kg/m³												

(* Verdichterkälteleistung nach ISO - DIS 9309, t_{V1} = 25 °C; Δt_{Eu} = 0 K)

Erklären Sie die Unterschiede in den erreichten Kälteleistungen des Verdichters und des Verdampfers.

3. Änderung von Betriebskenngrößen ohne Eingriff regelnder Glieder (einfacher Kältemittelkreisprozeß mit Handdrosselventil)

Basis der folgenden Übung bildet ein mit Handdrosselventil arbeitender Kältemittelkreislauf, der entsprechend der wirkenden mittleren Kühllast so einreguliert ist, daß 6 K Überhitzung am Verdampferende vorhanden sind. Durch im Einzelnen vorgegebene Veränderungen von äußeren bzw. inneren Bedingungen (Ursachen) erfahren ausgewählte Betriebskenngrößen Veränderungen in ihren Größen (Wirkungen). Bei der Lösung der Aufgaben ist als Prämisse zu beachten, daß im oben genannten theoretischen Kreislaufmodell kein Eingriff regelnder Glieder erfolgen soll. Tragen Sie in die bei den Aufgaben belassenen Freiräume die Tendenz der Änderung der Betriebskenngröße gemäß den nachfolgenden Vorgaben ein.

möglicher Eintrag:

↑	steigt, stellt sich auf höheren Wert ein
↓	fällt, stellt sich auf tieferen Wert ein
↑↑	steigt stark
↓↓	fällt stark
......	verbale Aussage (z. B. konst., Sollwert o. Ä.)

1. Veränderung der Wärmeabgabemöglichkeit der Flüssigkeitsleitung

Wirkung auf ⇒	Δt_{Eu}	q_0	Δt_{0h}
höhere Wärmeabgabe der Flüssigkeitsleitung			

2. Veränderung der Wärmeeinwirkung auf die Saugleitung

Wirkung auf ⇒	Δt_{0h}	Δt_{ch}	$\dot{m}_R$	p_c	q_0	w	t_2
stärkere Wärmeeinwirkung auf die Saugl.							

4. Änderung von Betriebskenngrößen mit Eingriff regelnder Glieder

Basis der folgenden Übung sind praktisch angewandte Kältemittelkreisprozesse mit verschiedenen Regelgeräten. Bei diesen Regelgeräten ist gemäß ihrer Aufgabenstellung ein regelnder Eingriff auf ein verändertes äußeres bzw. inneres Bedingungsgefüge zu erwarten. Dieser regelnde Eingriff ist bei der Lösung der Aufgaben unbedingt zu beachten. Die Regelgeräte, deren regelnder Eingriff auszuwerten ist, werden in den Aufgabenüberschriften benannt.

1. Drosselung durch Thermostatisches Expansionsventil (TEV)

1.1. Veränderung der Kühllast bei TEV

Wirkung auf ⇒	momentane Δt_{0hA}	resultierende Ventilsitzöffnung	$\dot{m}_R$	p_0	p_c	neue Δt_{0hA}
größere Kühllast						
kleinere Kühllast						

1.2. Veränderung der Düsengröße des TEV

Wirkung auf ⇒	$\dot{m}_R$	Δt_{0hA}	resultierende Ventilsitzöffnung
zu große Düse			
zu kleine Düse			

1.3. Reaktionen des TEV zu Beginn und Ende der Kühlperiode (ohne pump-down)

Wirkung auf ⇒	p_0	$\dot{m}_R$	resultierende Ventilsitzöffnung	p_c
Verdichter EIN				
Verdichter AUS			....	

1.4. Verhalten des TEV bei Störeinflüssen

Wirkung auf ⇒	Δt_{0hA}	p_0	resultierende Ventilsitzöffnung	$\dot{m}_R$	p_c
verstopfte Druckausgleichsleitung					
entwichene Fühlerfüllung					
verstopftes Feinsieb					
lockerer TEV-Fühler					
falscher Einsatz bei tiefersiedendem Kältemittel					
MOP zu tief gewählt					

2. Automatisches Expansionsventil (Konstantdruckexpansionsventil , AEV)

Wirkung auf ⇒	momentaner p_0	resultierende Ventilsitzöffnung	$\dot{m}_R$	resultierender p_0	Δt_{0h}
größere Kühllast				....	
kleinere Kühllast				....	
Verdichter AUS			....		....

3. Drosselung mit Kapillare (Beachtung der minimalen Eigenregelung)

Wirkung auf ⇒	p_c	$\dot{m}_R$	Δt_{0h}	Δt_{ch}	p_0
große Kühllast					
zu große Kältemittelfüllmenge					
zu starke Kühlung des Verflüssigers					

4. Verflüssigungsdruckregelung mit druckgesteuertem Kühlwasserregulierventil (WRV)

Wirkung auf ⇒	momentaner p_c	Ventilsitzöffnung desWRV	$\dot{m}_W$	resultierender p_c
hohe Kühllast am Verdampfer				....
zu warmes Kühlwasser				....
zu wenig Kühlwasser			....	

5. Verdampfungsdruckregler

Wirkung auf ⇒	momentaner p_0 im Verdampfer	Ventilsitzöffnung des Saugdruckr.	resultierender p_0 im Verdampfer	p_0 am Saug-stutzen	Δt_{0h} am Saug-stutzen
zu große Verdich-tersaugleistung			....		

6. Startregler

Wirkung auf ⇒	Ventilsitzöffnung des TEV	p_0 im Verdampfer	Durchlaß des Startreglers	p_0 am Verdichter-saugstutzen
hohe Kühllast beim Anfahren				....

7. Verflüssigungsdruckregler am Verflüssigerausgang in Verbindung mit Sammlerdruckregler im Bypass von der Druckleitung zur Kondensatleitung

Wirkung auf ⇒	momenta-ner p_c im Verflüssiger	Ventilsitzöffnung des Verflüssigungs-druckreglers	Ventilsitzöffnung des Sammlerdruck-reglers	resultieren-der p_c im Verflüssiger	resultieren-der Samm-lerdruck
luftgekühlter Verflüssiger zu stark gekühlt				....	....

K 9 Sonstige Bauteile im Kältemittelkreislauf

Filtertrockner

1. Nennen Sie die 3 Hauptaufgaben eines Filtertrockners.

2. Welche Gefahren drohen der Anlage bei zu hohem Restfeuchtigkeitsgehalt des Kältemittels?

3. Nennen Sie adsorptiv wirkende Trockenmittel und ihre speziellen Eigenschaften.

4. Beschreiben Sie die Wirkung eines Molekularsiebes.

5. Welchen Druckabfall verursacht ein funktionsfähiger Filtertrockner, dessen Poren noch nicht mit Feststoffen zugesetzt sind?

6. Nennen Sie Anforderungen, die an Trockner / Filter gestellt werden.

7. Warum werden Filtertrockner in die Flüssigkeitsleitung eingebaut?

8. Warum muß bei Trocknern auf die Durchflußrichtung geachtet werden?

9. Wann soll ein Filtertrockner gewechselt werden?

10. Was verstehen Sie unter einem „burn out"-Filtertrockner?

11. Wann ist der Einsatz eines Saugleitungsfilters sinnvoll?

12. Mit welcher Technologie hat der Ausbau eines mit Wasser abgesättigten Einweg-Löttrockners zu erfolgen?

Schauglas

13. In einem Schauglas sind Dampfblasen zu sehen. Welche Ursachen kann das haben?

14. Der Feuchte-Indikator eines Schauglases ist verfärbt. Was ist zu tun?

15. Aus welcher Überlegung heraus bietet sich die Anordnung des Schauglases in einer Bypassleitung über einem waagerechten Stück der Flüssigkeitsleitung an ?

Ventile

16. Was verstehen Sie unter dem k_v-Wert einer Armatur?

17. Nennen Sie den strömungstechnischen Vorteil eines Kugelabsperrventils (Kugelabsperrhahns) gegenüber einem herkömmlichen Absperrventil mit Ventilsitz und Ventilteller bzw. Ventilkegel.

18. Welcher Vorgang muß vor der Verstellung eines Absperrventils mit Stopfbuchse erfolgen, damit die Dichtfähigkeit der Stopfbuchspackung nicht beeinträchtigt wird?

19. Bei Anlaufentlastung ist in die Druckleitung zwischen Verdichter und Verflüssiger ein Rückschlagventil nach dem Abgang zum Magnetventil für die Anlaufentlastung eingebaut. Was soll dieses Rückschlagventil verhindern?

20. Welche Gefahr droht, wenn ein Rückschlagventil z. B. in der Druckleitung zu groß ausgelegt wird?

21. Erklären Sie den anwendungstechnischen Sinn eines mit 2 Sicherheitsventilen bestückten Wechselventils.

Magnetventil

22. In Kälteanlagen werden hauptsächlich Magnetventile in sog. Arbeitsstromausführung verwendet. Was verstehen Sie darunter?

23. Beschreiben Sie den Unterschied in der Wirkungsweise zwischen direktgesteuertem und servogesteuertem Magnetventil.

24. Warum werden direktgesteuerte Magnetventile nur für kleine Nennleistungen angeboten?

25. Beschreiben Sie das Öffnen und Schließen eines servogesteuerten Magnetventils mit Membran.

26. Welche Bedeutung hat der Mindestdruckabfall für die Funktion des servogesteuerten Magnetventils?

27. Wählen Sie für folgende Bedingungen ein servogesteuertes ALCO-Magnetventil aus und überprüfen Sie die Einhaltung des Mindestdruckabfalls von 0,05 bar am ausgewählten Ventil.
R 134a; Flüssigkeitsanwendung; $\dot{Q}_0$ = 23 kW; t_0 = – 10 °C; t_{cu} = 40 °C; gewählter Druckabfall = 0,15 bar (entspricht dem Standarddruckabfall der Ventilleistungstabelle)

28. Wozu kann ein Vierwegeumschaltventil in Kälteanlagen verwendet werden?

Flexibler Metallschlauch

29. Welche Richtung müssen die Bewegungen (Schwingungen) zur Achse eines flexiblen Metallschlauchs haben, damit sie von diesem kompensiert werden können und nicht zur Zerstörung des Metallschlauches führen?

Ölabscheider

30. Aus welchen Gründen kann der Einbau eines Ölabscheiders notwendig werden?

31. Beschreiben Sie die Ölrückführung durch einen Ölabscheider.

32. Zu welchem Zweck können Ölabscheider isoliert und zusätzlich eventuell noch beheizt sein?

33. Erklären Sie die Notwendigkeit des Vorfüllens eines Ölabscheiders.

34. Worauf deutet eine ständig heiße Ölrückführungsleitung hin?

35. Kann durch den Einbau eines Ölabscheiders auf die Einhaltung der Gestaltungsregeln zur Ölrückführung bei Saug- und Druckleitungen verzichtet werden?

36. Welchen Nachteil bewirkt der Einbau eines Ölabscheiders?

Flüssigkeitsabscheider

37. Wann ist ein Flüssigkeitsabscheider anzuwenden? Welchen Schutz bietet er dem Verdichter?

38. Erklären Sie die Abscheidewirkung des Flüssigkeitsabscheiders.

39. Wann sind Flüssigkeitsabscheider mit innerer Heißgasheizschlange anzuwenden?

40. Nennen Sie die Aufgabe eines Schalldämpfers (Muffler). An welcher Stelle wird er bei einem halbhermetischen Verdichter eingebaut?

41. Was muß wegen des unbeabsichtigten Ölabscheideeffektes eines Schalldämfers bei dessen Einbau beachtet werden?

Kühlwasserregulierventil

42. Nennen Sie das regelungstechnische Ziel eines druckgesteuerten Kühlwasserregulierventils. Wie reagiert das Ventil nach Ausschalten des Verdichters?

Flüssigkeits-Saugdampf-Wärmeübertrager Siehe K 8.1.1, Technische Mathematik, Aufg. 7

Sammler

43. Nennen Sie Aufgaben des Kältemittelsammlers.

44. Welchen Vorteil bietet ein stehender Sammler gegenüber einem liegenden?

K 10 Regelung der Kälteanlage

K 10.1 Grundlagen der Regelungstechnik

1. Wie unterscheidet man **Regeln** und **Steuern** ?

2. Erläutern Sie die Begriffe **Regelgröße x, Stellgröße y, Störgröße z, Führungsgröße w, Regelstrecke S**, und **Stellglied** am Beispiel der abgebildeten Kühlraumtemperaturregelung mit Thermostat. Welche Aufgabe hat der Thermostat (T) innerhalb der Regelung?

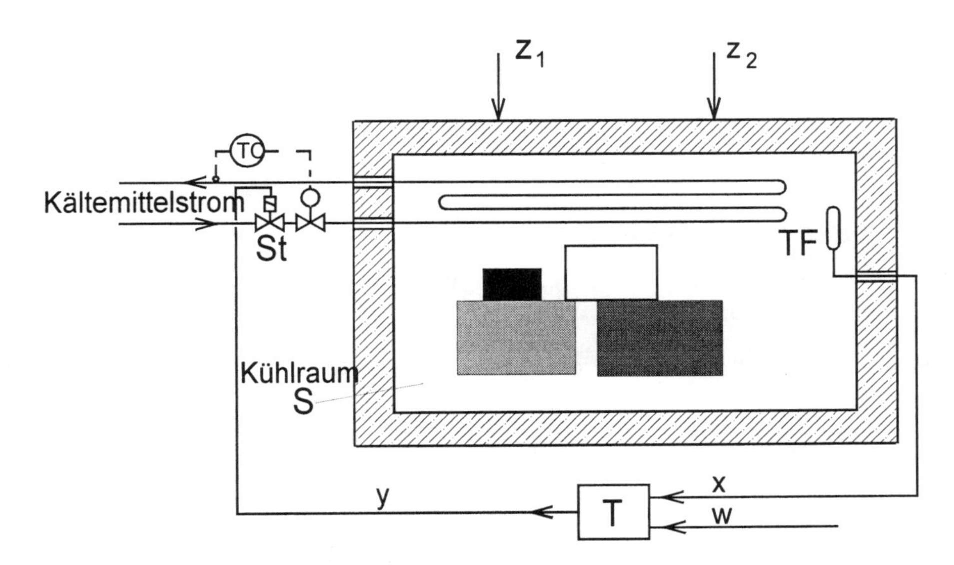

Prinzip der Kühlraumtemperatur-Regelung mit Thermostat

3. Die Kühlraumtemperatur ist konstant zu halten. Nennen Sie mögliche Störgrößen.

4. Zeichnen Sie ein Blockbild zu Aufgabe 2 , und erläutern Sie, inwiefern eine Regelung vorliegt.

5. Was unterscheidet **stetige** und **unstetige Regelung**?

6. Um welche Art von Regelung handelt es sich bei Aufgabe 2 (stetig/unstetig)? Begründung.

7. Skizzieren Sie den zeitlichen Verlauf von Kältemittelmassenstrom und Kühlraumtemperatur der obigen Regelung in folgenden Diagrammen (t_{KR} = mittlere Kühlraumtemperatur), und erläutern Sie.

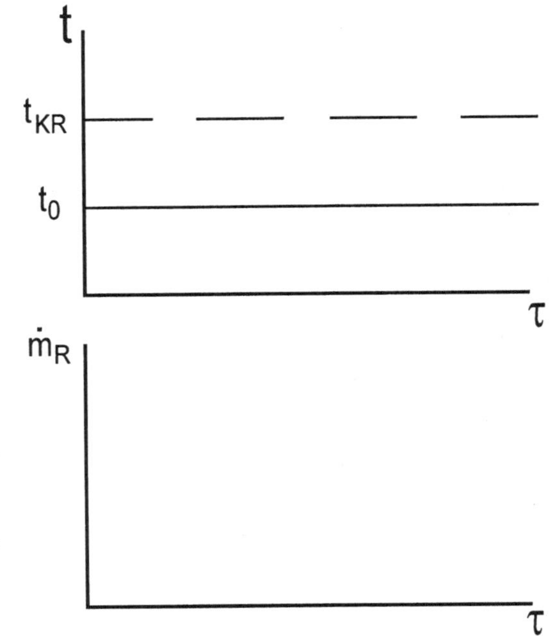

8. Welcher Nachteil ist mit unstetigen Regeleinrichtungen verbunden (z. B. bei der Kühlraumtemperaturkonstanthaltung). Welchen Vorteil haben solch einfache Regler aber auch?

9. Welche Vor-/Nachteile haben stetige Regler?

10. Unstetige Regler werden auch als **Zweipunktregler** bezeichnet. Erklären Sie diesen Ausdruck.

11. Nennen Sie Beispiele für Zweipunktregler in der Kältetechnik.

12. Nennen Sie Beispiele für stetige Regler in der Kältetechnik.

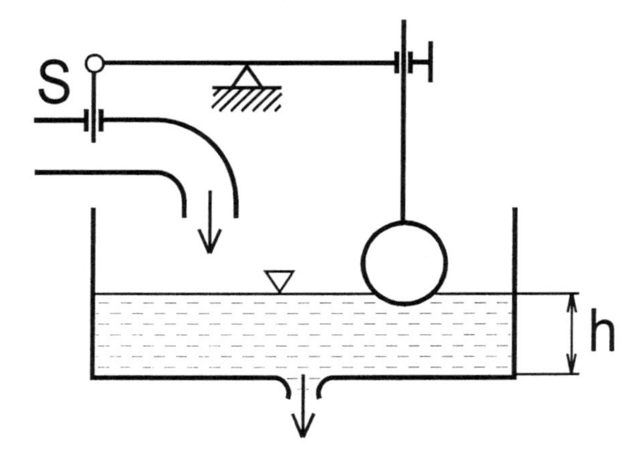

Füllstandshöhenregelung als Proportional-Regler

13. Erläutern Sie am Beispiel der skizzierten Füllstandshöhenregelung den Begriff der **bleibenden Regelabweichung** bei Proportionalreglern.

14. In der Kühlraumtemeratur-Regelung aus Aufgabe 2 ist neben dem angesprochenen Regelkreis noch ein zweiter vorhanden. Welcher?

K 10.2 Regelung in der Kälteanlage

1. Nennen Sie mindestens fünf prinzipielle Möglichkeiten, Verdichterleistung zu regeln, und geben Sie an, ob stetige oder unstetige Regelung vorliegt.

2. Welche der in Aufgabe 1 genannten Regelungen ist energetisch besonders ungünstig (hohe Verlustleistung)?

3. Vergleichen Sie die Regelungen a - d aus Aufgabe 1 untereinander. (Kosten, Wirkungsgrad etc.)

4. Warum darf man die Verdichterdrehzahl zur Leistungsregulierung nicht beliebig absenken?

5. Nennen Sie eine bei großen Verdichtern häufig eingesetzte Methode, die Drehzahl des Antriebsmotors zu halbieren bzw. zu verdoppeln.

6. Welche Möglichkeiten gibt es, bei größeren Verdichtern Zylinderpaare abzuschalten?

7. Nennen Sie mindestens drei Möglichkeiten, Verdichterleistung durch Bypassen von Heißgas zu regeln.

8. Im Folgenden sind zwei Möglichkeiten der Heißgas-Bypass-Regelung dargestellt:

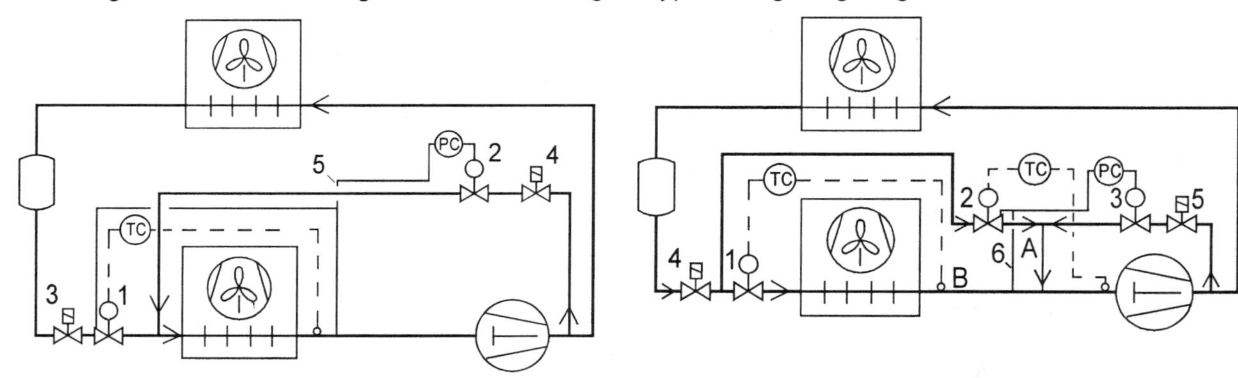

Heißgas-Bypass-Regelung - Variante A

Heißgas-Bypass-Regelung - Variante B

a) Benennen Sie die beiden Varianten möglichst genau.
b) Welche Aufgabe haben die Regelungen? Wie funktionieren sie?
c) Benennen Sie jeweils die numerierten Bauteile.
d) Wodurch werden die Heißgas-Bypass-Ventile jeweils gesteuert bzw. was regeln sie?
e) zu A: Wozu dient Pos.2? Was fließt in Leitung A bzw. B, wenn die Regelung arbeitet?
f) Welchen Vorteil hat B gegenüber A (Ölrückführung)?
g) Lassen sich die skizzierten Anlagen überhaupt absaugen?
h) zu A: Wie sollte die Leitungsführung beim Einmünden von Leitung A in Leitung B gestaltet sein? Begründen Sie.

9. Vergleichen Sie die folgend skizzierten Regelungen. Welche Aufgabe hat Regelung A, welche B? Erläutern Sie jeweils.

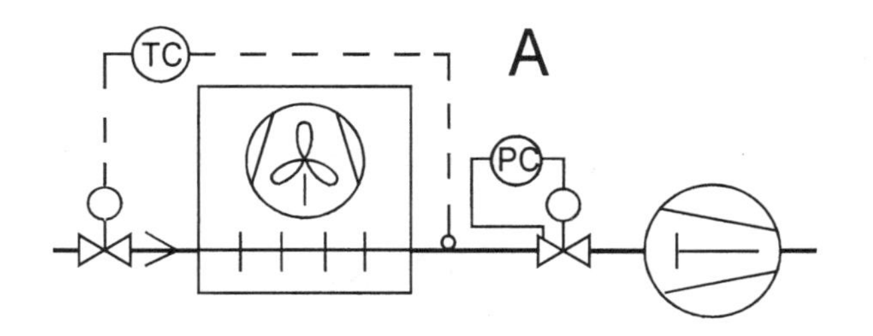

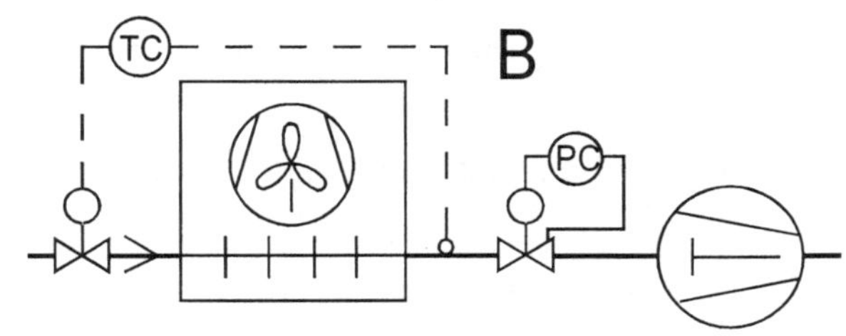

10. In der nebenstehenden Skizze sehen Sie einen Verdichter für zwei Kühlstellen unterschiedlicher Temperaturen:

a) Welche Aufgabe hat das Bauteil 1? Wie ist es zu bezeichnen?
b) Welche Aufgabe hat Bauteil 2? Um was handelt es sich?

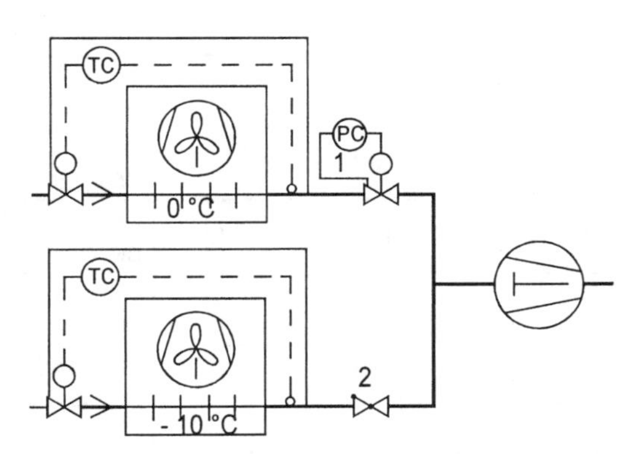

Ein Verdichter - zwei Kühlstellen unterschiedlicher Temperatur

11. Was versteht man unter einem pilotgesteuerten Ventil? Wann werden solche Ventile eingesetzt?

12. Nennen Sie mindestens drei Möglichkeiten, den Verflüssigungsdruck zu regeln, und geben Sie an, ob stetige oder unstetige Regelung vorliegt.

13. Warum darf der Verflüssigungsdruck nicht zu hoch und nicht zu niedrig werden?

14. Erläutern Sie, wieso es durch zu niedrigen Verflüssigungsdruck zur Abschaltung der Kälteanlage wegen Kältemittelmangel kommen kann.

15. Der Verflüssigungsdruck wird unter anderem durch Anstauen von Kältemittel im Verflüssiger geregelt. Geben Sie zwei Anwendungsfälle an. Wie funktioniert diese Regelung?

16. In der folgenden Skizze sehen Sie eine Einsatzmöglichkeit des HP-Reglers der Firma Alco Controls Division:

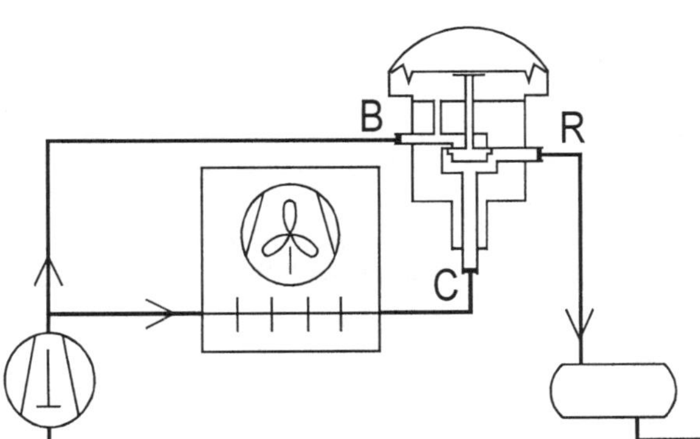

a) Was soll der HP-Regler verhindern?
b) Wann wird Durchgang C - R gedrosselt? Wirkung?
c) Wozu dient die Bypass-Leitung (Anschluß B)?
d) Wie müssen Kältemittelfüllmenge und Sammler einer derartig geregelten Anlage bemessen sein? Warum?
e) Welche weitere Möglichkeit gibt es, die gleiche Regelwirkung zu erzielen? Fertigen Sie eine Fließbild-Skizze davon an.

17. Was versteht man unter einem **Thermostaten**? Geben Sie Beispiele für Thermostate in Kälteanlagen an. Welche Aufgabe haben sie?

18. Was ist bei der Plazierung der Fühler für die in Aufg. 17 genannten Thermostate zu beachten?

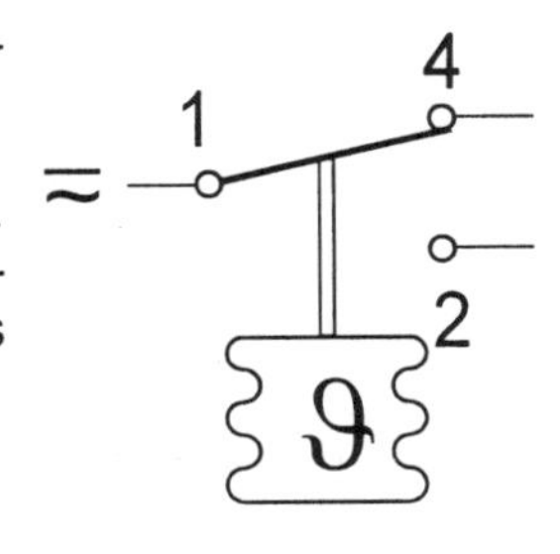

19. Welche Werte stellen Sie an den Skalen eines Temperaturwächters (z. B. Thermostat KP 61) ein, wenn der Verdichter bei -16 °C ein- und bei -20 °C ausgeschaltet werden soll? An welche Kontakte ist die Steuerung des Verdichters anzuschließen (s. Skizze)?

20. Was versteht man unter einem **Pressostaten**?

21. Was ist beim Einbau von **Sicherheitsdruckwächtern** zu beachten?

22. Wie reagieren Druckschalter, deren Wellrohr doppelt ausgeführt ist, beim Bruch eines der Wellroh-re? Wodurch ist diese Ausführung bedingt?

23. Welche Aufgabe hat ein **Öldruckdifferenz-Pressostat** (Öldruck-Sicherheitsschalter)? Wie wird er angeschlossen?

24. Öldruckdifferenz-Pressostate sind mit einer Zeitverzögerung ausgestattet. Welcher Zweck wird damit verfolgt?

25. Öldruck-Sicherheitsschalter können nur von Hand wieder eingeschaltet werden. Warum ist das sinnvoll?

26. Geben Sie die Schaltweisen folgender Schaltgeräte an, indem Sie die Tabelle vervollständigen:

Schaltgerät	reagiert auf	schaltet was?	wie?
Saugdruckwächter	bei fallendem Verdampfungsdruck p_0	Verdichter	....
Sicherheitsüberdruckwächter	bei steigendem Verflüssigungsdruck p_c	....	....
Verdampferlüfternachlauf-Thermostat	bei steigender Verdampfertemperatur	Verdampferlüfter	....
Verdampferlüfterverzögerungs-Thermostat	bei fallender Verdampfertemperatur	Verdampferlüfter	....
Abtautemperaturwächter bei Funktionsumschaltung	bei steigender Kondensattemp. in der Bypassltg. um das TEV	Umschalten des Vierwegeventils auf	....
Öldruck-Sicherheitsschalter (mit Zeitglied)	bei fallendem $p_{Öleff}$ nach Ablauf der Aufheizzeit des Bimetalls	....	....

27. Nennen Sie Möglichkeiten, die **Abtauung** eines Verdampfers einzuleiten.

28. Warum ist **Bedarfsabtauung** sinnvoll?

29. Der Abtaubedarf kann unter anderem durch Vergleich der Lufteintrittstemperatur mit der Temperatur des Verdampferkörpers ermittelt werden (Skizze). Erklären Sie das Prinzip.

30. Ein Mikroprozessor zur Kühlstellenregelung mißt beim Abtauen eines Verdampfers im Verdampferblock den unten skizzierten zeitlichen Temperaturverlauf.
Welcher Kurvenverlauf deutet auf großen Reifansatz hin? Erläutern Sie.

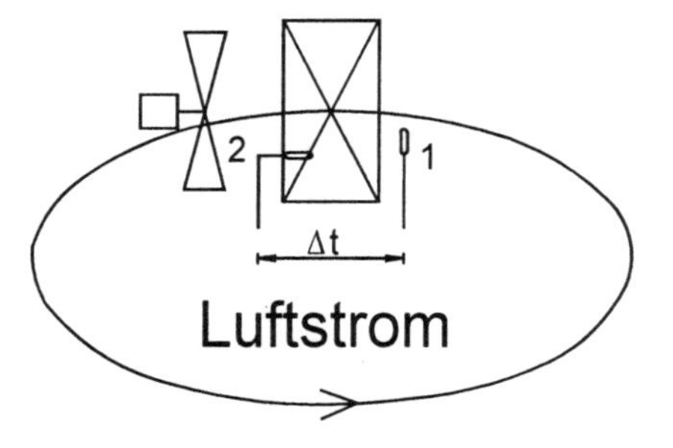

1 - Temperaturfühler im Lufteintritt
2 - Temperaturfühler im Verdampfer

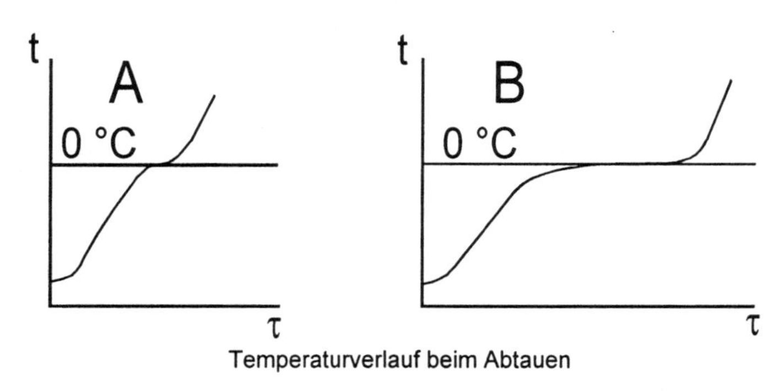

Temperaturverlauf beim Abtauen

31. Welche Aufgabe hat ein **Hygrostat**?

32. Was versteht man unter einer **Hygrotherm-Steuerung**? Nennen Sie ein Einsatzgebiet.

33. Was versteht man unter einem **Niveauregler**? Geben Sie Beispiele mit Einsatzgebiet an.

K 11 Montage, Inbetriebnahme, Wartung und Entsorgung

1. Aus welchen Teilschritten setzt sich die Montage einer Kälteanlage zusammen?

2. Durch welche Maßnahmen wird die Übertragung des vom Verdichter verursachten Körperschalls vermindert? Was ist darunter zu verstehen?

3. Bei welchen Verdichtern muß das Ausrichten besonders sorgfältig geschehen? Warum?

4. Wie und mit welchen Hilfsmitteln können Sie bei direktgekuppelten offenen Verdichtern die Flucht überprüfen?

5. Was ist aus Sicherheitsgründen bei offenen Verdichtem unbedingt zu überprüfen?

6. Bei Verflüssigungssätzen mit offenen Verdichtern und Riemenantrieb ist oft der Lüfter für den Verflüssiger an der Riemenscheibe des E-Motors montiert. Worauf ist beim Anschluß des E-Motors zu achten?

7. Worauf ist bei der Aufstellung von luftgekühlten Kleinkälte-Verflüssigungssätzen zu achten?

8. Worauf ist beim Aufstellen von wassergekühlten Verflüssigungssätzen zu achten?

9. Welche weiteren Forderungen sind bei der Aufstellung von Kälteanlagen zu erfüllen ?

10. Worauf ist bei der Montage ventilatorbelüfteter Verdampfer in Kühlräumen zu achten?

11. Was ist bei Tiefkühlräumen im Fußbodenbereich unbedingt zu kontrollieren?

12. Was ist bei der Dachaufstellung von Verflüssigern zu beachten?

13. Die Abbildung zeigt zwei Möglichkeiten des Riementriebs. Welche ist zu bevorzugen? Warum?

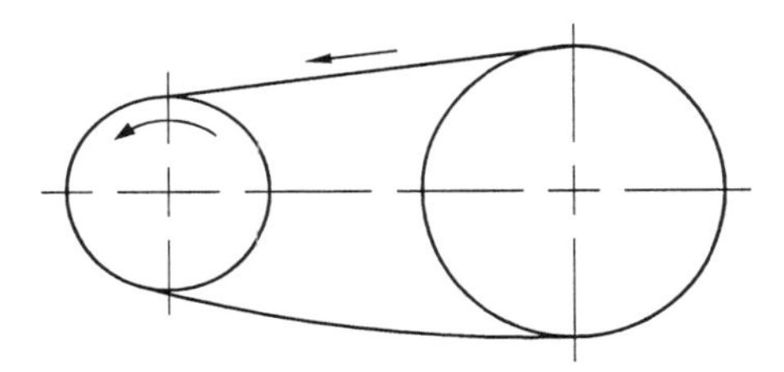

Riementrieb - Variante A

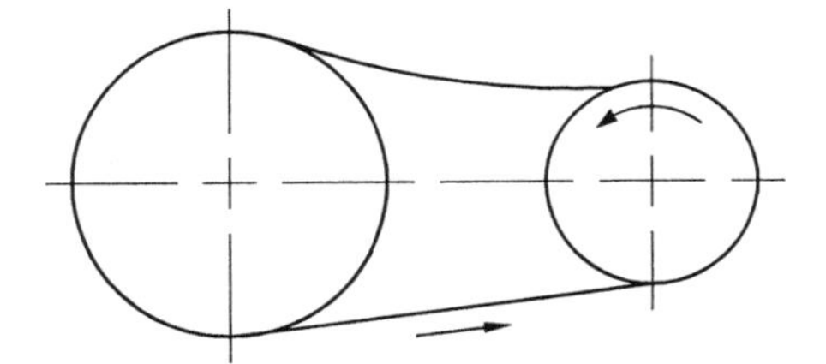

Riementrieb - Variante B

14. DIN 8975 Teil 6 gibt wichtige Hinweise zur Leitungsführung im Allgemeinen. Welche **Grundsätze der Leitungsführung** sind Ihnen bekannt?

15. Was ist bei der Verwendung von Flanschverbindungen zu beachten?

16. Was ist bei der Rohrdurchführung durch Wände zu beachten?

17. Worauf ist zu achten, wenn ein weitverzeigtes Rohrleitungssystem mit langen Rohrleitungslängen verlegt werden muß?

18. Rohrverbindungen müssen spannungsfrei montiert werden. Warum? Was ist darunter zu verstehen? Wie wird es gemacht?

19. Warum sollten für Kälteanlagen vorgesehene Rohre verschlossen angeliefert und noch zu verwendende Reststücke wieder verschlossen werden?

20. Vor der eigentlichen Inbetriebnahme der Kälteanlage hat eine Prüfung durch Sachkundige zu erfolgen. Unter welchen Aspekten muß geprüft werden?

21. Eine R 134a-Anlage mit luftgekühltem Verflüssiger ist einer **Druckprobe** zu unterziehen. Wie hoch sollte der Prüfdruck sein? Welche Geräte und Materialien sind erforderlich?

22. Eine zu prüfende Anlage wurde für die Druckprobe vorbereitet. Warum sollte man nicht sofort den End-Prüfdruck von z. B. 15 bar einstellen, sondern zunächst nur einen p_e von ca. 2 bar?

23. Bei der Druckprobe lassen sich Lecks hauptsächlich mit zwei Verfahren lokalisieren: Seifenblasenmethode (Spray oder Lösung zum Pinseln) und Halogenschnüffelmethode (elektron. Lecksuchgerät). Beschreiben und vergleichen Sie.

24. Eine zu prüfende Anlage wird nachmittags (t_a = 28 °C) auf p_e = 20 bar gebracht. Am nächsten Morgen (t_a = 9 °C) lesen Sie p_e = 18,7 bar ab. Welche Aussage über die Dichtheit der Anlage können Sie treffen?

25. Warum müssen Kälteanlagen vor Inbetriebnahme und nach Öffnen des Kältemittelkreislaufs bei Wartungsarbeiten evakuiert werden?

26. Wieso kann man durch Evakuieren auch Wasser in flüssiger Form (Kondensat) aus der Anlage entfernen? Welche Voraussetzung muß dazu erfüllt sein?

27. Nennen Sie **Grundregeln beim Evakuieren**.

28. Sie evakuieren nachmittags bis auf 1 hPa (relativ, d. h. - 999 hPa Überdruck) und lassen das Vaku-um über Nacht stehen (**Vakuumstandprobe**). Am nächsten Morgen stellen Sie 5 hPa fest. Welche möglichen Erklärungen gibt es dafür? Was ist zu kritisieren?

29. Welcher Druckanstieg kann bei der Vakuumstandprobe noch als „dicht" akzeptiert werden?

30. Die Druckaufzeichnung während einer Vakuumstandprobe bei 13 °C über 24 h zeigt folgenden Verlauf:

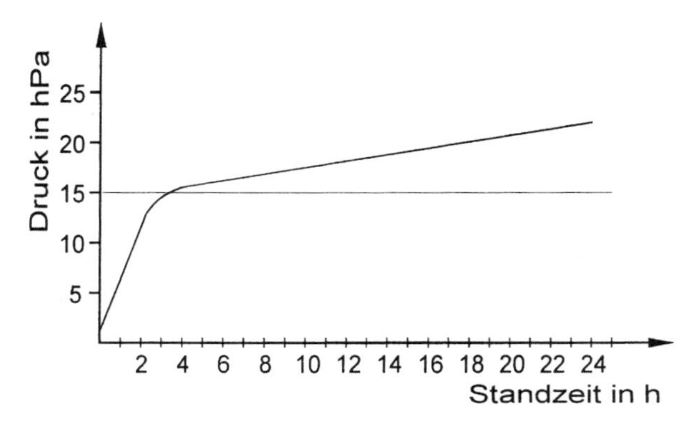

Beurteilen Sie den Verlauf des Druckanstiegs.

31. Zeichnen Sie in obiges Diagramm den Verlauf des Druckanstiegs für folgende Fälle ein:

1. stark undicht
2. wasserhaltig, aber dicht
3. trocken und dicht

Was ist in den Fällen jeweils zu tun?

32. Verdichter, die werksseitig mit Öl und Schutzgas (Stickstoff unter Überdruck) gefüllt sind, sollten erst beim Evakuieren durch Öffnen der Absperrventile mit dem System verbunden werden. Warum?

33. Beim Evakuieren größerer Anlagen empfiehlt sich *Zwischenspülen*. Was ist darunter zu verstehen. Welchen Zweck hat es?

34. Nach Reparatur einer Anlage dauert das Evakuieren ungewöhnlich lange, obwohl Sie einen kurzen, ausreichend großen Saugschlauch verwenden. Welche Ursachen kommen in Betracht?

35. Vor dem Befüllen mit Kältemittel sind wichtige Komponenten und Sicherheitseinrichtungen sowie Schalt- und Regelgeräte der Anlage zu prüfen bzw. zu justieren. Nennen Sie Beispiele.

36. Zur Abschätzung der Kältemittelfüllmenge kann man für Bauteile, in denen das Kältemittel flüssig und dampfförmig vorkommt, auf Erfahrungswerte für den Anteil des flüssigen Kältemittels zurückgreifen. Nennen Sie die Erfahrungswerte für den Anteil von flüssigem Kältemittel von folgenden Bauteilen:

- luftgekühlte Verflüssiger
- luftgekühlte Verflüssiger bei Anstauregelung
- wassergekühlte Verflüssiger
- Verdampfer mit Trockenexpansion (Vollast)
- Verdampfer mit Trockenexpansion (Teillast 25 %)
- Verdampfer überflutet

37. Warum sollte das nach dem Evakuieren vorhandene Vakuum nicht mit flüssigem Kältemittel gebrochen werden?

38. Nach dem Vakuumbrechen kann flüssig oder dampfförmig befüllt werden. Erläutern sie Vorgehensweise und Anwendung.

39. Im Anschluß an Inbetriebnahme der Anlage und Ölstandskontrolle sollten nach Erreichen des Beharrungszustandes wichtige Anlagedaten kontrolliert und dokumentiert werden. Welche? Wozu?

40. Warum muß die Inbetriebnahme von Verdichterkälteanlagen mit Leistungsregelung durch Frequenzumrichter besonders sorgfältig erfolgen?

41. Warum sind regelmäßige Wartungen an Kälteanlagen sinnvoll?

42. Nennen Sie typische Wartungsarbeiten an Kälteanlagen.

43. Was versteht man unter elektrochemischer Korrosion?

44. Ordnen Sie die Metalle Fe, Al, Mg, Cu, Zn, Sn entsprechend ihrem Potential in der Spannungsreihe der Metalle. Beginnen Sie mit dem edleren.

45. Bei manchen Wärmerückgewinnungsbehältern wird regelmäßig die sogenannte Opferanode ausgewechselt. Welche Aufgabe hat sie? Worauf beruht ihre Wirkung?

46. Welche Gefahr besteht bei der abgebildeten Nietverbindung? Erläutern Sie.

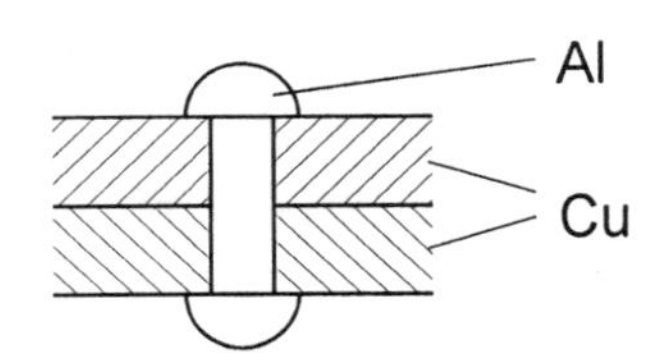

47. Was versteht man unter **Kavitation**? In welchen Teilen der Kälteanlage kann sie auftreten?

48. Was versteht man unter **Kupferplattierung**? Welche schädlichen Folgen kann sie haben?

49. Wie beugt man Kupferplattierung vor?

50. Was versteht man unter **Hydrolyse** von Esterölen?

51. Ein sauggasgekühlter Verdichter hatte Wicklungsbrand. Welche Maßnahmen ergreifen Sie, um den neuen Motor zu schützen?

52. Eine alte Kälteanlage wird stillgelegt. Was machen Sie mit Kältemittel und Öl?

K 12 Sicherheitstechnische Bestimmungen

Im Zusammenhang mit diesem Thema wird auf das Kapitel **K 6.3 Sicherheit beim Umgang mit Kältemitteln, Umweltschutz** in Band 1 dieses Werkes, S. 51 ff. verwiesen.

1. Nennen Sie 3 wichtige sicherheitstechnische Bestimmungen für den Bereich der Kältetechnik.

2. Die VBG 20 unterscheidet in § 2 zwischen Kälteanlagen und Kühleinrichtungen. Worin besteht der Unterschied? Welche Stoffe kommen in Kühleinrichtungen z. B. zum Einsatz?

3. Kältemittel werden nach VBG 20, § 3 in 3 Gruppen eingeteilt. Nennen Sie die Merkmale jeder Gruppe, und geben Sie jeweils ein Kältemittel als Beispiel an.

4. Ordnen Sie die Kältemittel R 32, R 143a, R 152a, R 290, R 404A, R 407C, R 507, R 600a, R 744 und R 764 den 3 Gruppen der Kältemittel nach VBG 20, § 3 zu.

5. Welche 6 bzw. 7 Angaben müssen deutlich erkennbar und dauerhaft an jeder Kälteanlage angebracht sein?

6. Nennen Sie die 7 Angaben, die deutlich erkennbar und dauerhaft an Hubkolben-Verdichtern mit einem Leistungsbedarf von mehr als 3 kW angebracht sein müssen, wenn bestimmte Füllmengen überschritten werden. Welche Füllmengengrenzen sind dies?

7. Wie müssen die Sicherheitseinrichtungen gegen Drucküberschreitung bei Kälteanlagen nach § 7 der VBG 20 beschaffen sein?

8. Wie hoch sind die zulässigen Betriebsüberdrücke nach DIN 8975, Teil 1 (Angabe in °C Sättigungstemperatur)?

9. Bei welchem Überdruck müßte ein Sicherheitsdruckwächter spätestens abschalten bei einer Kälteanlage mit a) Ammoniak, wassergekühlt b) Propan, luftgekühlt

10. Unter welchen Bedingungen darf zwischen Kältemittelkreislauf und der Sicherheitseinrichtung gegen Drucküberschreitung eine Absperreinrichtung eingebaut sein?

11. Sicherheitseinrichtungen gegen Drucküberschreitung müssen gegen Änderung der Einstellung durch Unbefugte gesichert sein. (VBG 20, § 7 Abs. 2) Wie kann das geschehen?

12. Unter welchen Bedingungen reicht bei Anlagen mit Hubkolbenverdichtern ein bauteilgeprüfter Sicherheitsdruckwächter aus, um die Sicherheitseinrichtungen gegen Drucküberschreitung bei Kälteanlagen nach § 7 der VBG 20 zu erfüllen?

13. Welche Sicherheitseinrichtung benötigen Anlagenteile nach Aufgabe 12, Lösung b)?

14. Die Durchführungsanweisungen zur VBG 20, § 7 besagen, daß absperrbare Behälter, in denen Flüssigkeitsdruck auftreten kann (Sammler, Abscheider) unabhängig davon, ob die Absperreinrichtungen vor und hinter dem Behälter als nicht betriebsmäßig absperrbar gelten, mit einer Sicherheitseinrichtung gegen Drucküberschreitung zu versehen sind. Wie groß muß ein Sammler relativ zur Gesamtfüllmenge einer Anlage sein, so daß ein Auftreten von Flüssigkeitsdruck nicht angenommen wird?

15. Eine Kälteanlage enthält 12 kg R 134a und hat einen Sammler mit einem Volumen von 10 dm^3. Muß dieser mit einer separaten Sicherheitseinrichtung versehen sein?

16. Warum kann bei elektrischer Abtauheizung unzulässig hoher Druck entstehen, auch wenn keine Kältemittelflüssigkeit vorhanden ist (Abpumpschaltung)? Wie muß hier gesichert werden?

17. Nennen Sie zwei Möglichkeiten, die Forderung nach VBG 20, § 7 zu erfüllen, wenn die Bedingungen aus Aufgabe 12 nicht gegeben sind.

18. In den Durchführungsanweisungen zu § 7 der VBG 20 wird zwischen Sicherheitsdruckwächter (DWK) und Sicherheitsdruckbegrenzer (DBK) unterschieden. Worin besteht der Unterschied?

19. Unterscheiden Sie DBK und SDBK.

20. Die VBG 20 unterscheidet zwischen betriebsmäßig absperrbaren und betriebsmäßig nicht absperrbaren Ventilen. Erläutern Sie. Wie sind betriebsmäßig nicht abzusperrende Ventile zu sichern?

21. Ein Druckabsperrventil einer größeren Kälteanlage ist mittels Handrad zu betätigen. Das Handrad ist abgezogen und hängt daneben auf einem dafür vorgesehenen Bügel. Ist diese Sicherung ausreichend?

22. Was versteht man unter einer druckentlastenden Sicherheitseinrichtung? Nennen Sie Beispiele.

23. Ein Verflüssigerlüfter wird durch einen Druckschalter betätigt. Muß dieser bauteilgeprüft sein? Was ist darunter zu verstehen?

24. Was versteht man unter einer eigensicheren Kälteanlage im Sinne der VBG 20, § 7, Abs. 3?

25. Durch welche Maßnahmen kann Eigensicherheit erreicht werden?

26. Eine eigensichere Anlage hat ein kleines Leck, das zum Verlust eines Teils der Kältemittelfüllmenge geführt hat. Sie reparieren die Anlage und füllen dann nach. Ist das zulässig?

27. Welche Sicherheitseinrichtung muß ein begehbarer ortsfester Kühlraum bis 10 m² Grundfläche haben?

28. Welche Sicherheitseinrichtung muß ein ortsfester begehbarer Kühlraum von mehr als 10 m² Grundfläche haben?

29. Im Hamburger Hafen wurde einmal ein Arbeiter in einem Kühlhaus (-25°C) übers Wochenende eingeschlossen und hat sich allein durch Umstapeln von Kisten warm und damit am Leben gehalten. Aufgrund welcher beiden Sicherheitseinrichtungen hätte dies eigentlich gar nicht passieren dürfen?

30. Was versteht man unter einem Flüssigkeitsschlag? Warum ist er gefährlich?

31. Nach § 11 VBG 20 sind Kälteanlagen so einzurichten, daß der Verdichter durch Flüssigkeitsschläge nicht beschädigt werden kann. Wie kann das geschehen?

32. Wovon hängt es ab, ob ein Maschinenraum für eine Kälteanlage erforderlich ist? Nennen Sie für jede Kältemittelgruppe ein Beispiel, das noch keinen Maschinenraum erforderlich macht.

33. Unter welchen Bedingungen darf eine Kälteanlage mit Kältemittel der Gruppe 3 mehr als 25 kg Füllmenge enthalten?

34. In einem Kellerraum (kein besonderer Maschinenraum) von 2,5 m x 3 m x 2,2 m soll eine Kälteanlage aufgestellt werden.
a) Wieviel kg R 134a darf sie enthalten?
b) Wieviel kg R 290 darf sie enthalten?
c) Ab welcher Austrittsmenge wird die Untere Explosionsgrenze (UEG) für R 290 erreicht?
d) Wird die Obere Explosionsgrenze (OEG) überschritten, wenn die gesamte Füllmenge an R 290 in den Kellerraum austritt?

35. Bestimmen Sie mit Hilfe der Angaben zum Dichteverhältnis in Anhang 1 der VBG 20 die Normdichte von R 134a, und berechnen Sie damit, ab welcher Austrittsmenge in der Anlage aus Aufg. 34 die Maximale Arbeitsplatzkonzentration (MAK-Wert, vgl. Band 1, K 6.3) erreicht ist.

36. Nennen Sie mindestens drei Anforderungen an Maschinenräume nach VBG 20, § 17.

37. Bezüglich der Maschinenraumbelüftung nennt die VBG 20 zwei Berechnungformeln, nämlich

$$A = 0{,}14 \times G^{1/2}\ (m^2) \quad (1) \qquad \text{und}$$

$$\dot{V} = 50 \times G^{2/3}\ (m^3/h) \quad (2)\,.$$

Wofür werden die Formeln benötigt, und was bedeuten darin A, G und $\dot{V}$?

38. In einem Maschinenraum befinden sich drei Kälteanlagen mit den Kältemittelfüllmengen:

Anlage 1:	25 kg
Anlage 2:	60 kg
Anlage 3:	240 kg

Berechnen Sie
a) den erforderlichen Querschnitt für natürliche Lüftung
b) den erforderlichen Luftvolumenstrom für mechanische Lüftung.

39. Warum sind Lecksuchgeräte mit offener Flamme (Lecksuchlampen) verboten? (§ 21, Abs. 6)

K 13 Kälteanwendung

K 13.1 Eis

1. Technologie

1. Eis wurde früher den Kunden von Brauereien, Molkereien, Schlachthöfen als „gespeicherte Kälte" mitgeliefert. Warum ist Eis als Kältespeicher so hervorragend geeignet?

2. Wie heißen die 3 Phasen der Eiserzeugung? Geben Sie jeweils an, ob latente oder sensible Wärme abgeführt wird.

3. Eiserzeugung ist Erstarrungskühlung. Erläutern Sie.

4. Skizzieren Sie den Temperaturverlauf beim Erzeugen von Eis von - 5 °C aus Wasser von 10 °C in einem Temperatur, Zeit-Diagramm.

5. Nennen Sie 3 Anwendungsgebiete für Eis.

6. Unterscheiden Sie *Matteis* (Trübeis), *Klareis* und *Kristalleis*.

7. Wie verhindert man Trübung des Eises durch Lufteinschlüsse?

8. Wie entfernt man Mineralsalztrübung aus dem Blockeiskern?

9. Nennen Sie 3 verschiedene Eisformen.

10. Geben Sie 2 Verfahren zur Blockeiserzeugung an.

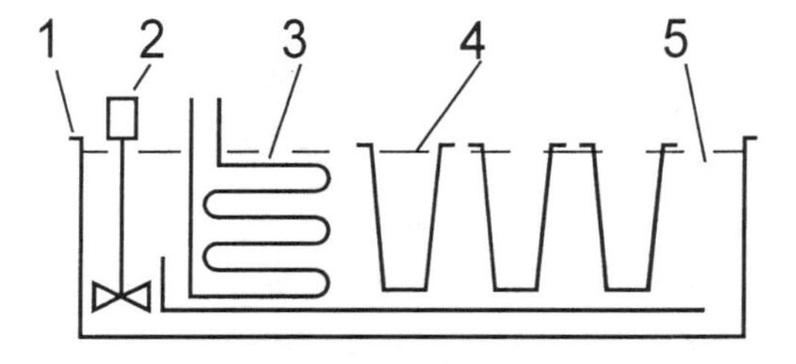

Blockeiserzeugung im Solebad

11. Die Abbildung zeigt das Prinzip der Blockeiserzeugung im Solebad. Benennen Sie die einzelnen Positionen, und erläutern Sie die Funktionsweise.

12.Vergleichen Sie die vorgenannten Verfahren der Blockeiserzeugung.

13. Nennen Sie einen Vor- und einen Nachteil von Blockeis im Vergleich zu Stückeis.

14. Warum neigt kleinstückiges unterkühltes Eis in großen Eisbunkern zur Klumpenbildung?

15. Wodurch wird in großen Eisbunkern ein Zusammenfrieren der Eisstückchen verhindert?

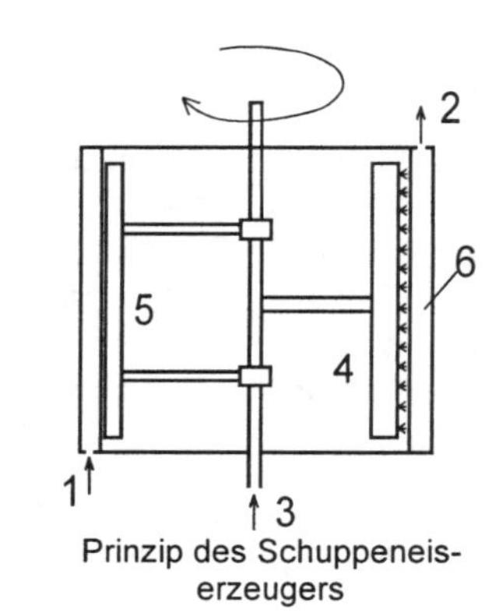

Prinzip des Schuppeneiserzeugers

16. Die Abbildung zeigt das Prinzip des Schuppeneiserzeugers. Benennen Sie die einzelnen Positionen, und erklären Sie die Funktionsweise.

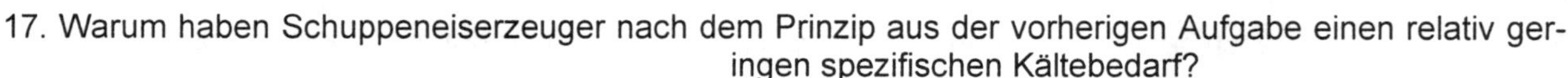

17. Warum haben Schuppeneiserzeuger nach dem Prinzip aus der vorherigen Aufgabe einen relativ geringen spezifischen Kältebedarf?

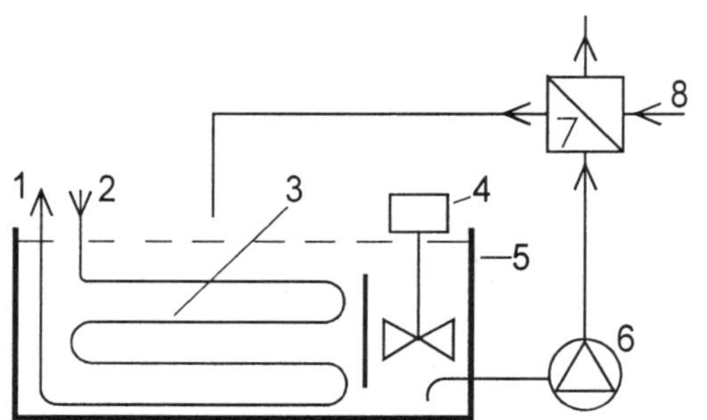

Prinzip des Eisspeichers

18. Die Abbildung zeigt das Prinzip des Eisspeichers:

a) Aus welchen Gründen werden Eisspeicher eingesetzt?
b) Benennen Sie die einzelnen Positionen, und erklären Sie das Prinzip.
c) Welche Funktion hat Pos. 4?
d) Geben Sie Einsatzgebiete für Eisspeicher an.

19. Neuere Entwicklungen der Eisspeichertechnik haben zum sogenannten Ernte-Eisspeicher (Eisturm) geführt.
a) Beschreiben Sie das Verfahren.
b) Welche Vorteile sind damit im Vergleich zu herkömmlichen Eisspeicheranlagen verbunden?

20. Was versteht man unter Flo-Ice (Binäreis)? Welche Vorteile hat es?

2. Technische Mathematik

1. Berechnen Sie den Kältebedarf in kJ von 500 kg Blockeis von - 5 °C bei einer Wassertemperatur von 10 °C
a) theoretisch
b) praktisch bei 25 % Verlust
c) Wie groß ist der praktische spezifische Kältebedarf in kJ/kg?

2. Ein Eiswürfelbereiter produziert täglich 39 kg Eis von - 5 °C bei einer Temperatur von 15 °C im Wasserzulauf. Berechnen Sie
a) den erforderlichen theoretischen Kältebedarf in kJ
b) den Verlust in Prozent, wenn der Hersteller den Energiebedarf mit 5,4 kWh täglich angibt. Gehen Sie dabei von Q_{th} = 100 % aus.

3. Ein Gemelk von 1000 Litern soll in 1,5 Stunden von Melktemperatur 35 °C auf 4 °C abgekühlt werden. Dichte der Milch ρ = 1025 kg/m³, spezifische Wärmekapazität der Milch c = 3,84 kJ/kgK. Der Kältebedarf soll durch einen Eisspeicher bereitgestellt werden.
a) Welche Kälteleistung ist zu erbringen, wenn 5 % Verlust durch Einstrahlung veranschlagt werden (kW)?
b) Welche Kälteleistung muß das Kälteaggregat haben, wenn zum Anspeichern 8 Stunden zur Verfügung stehen (kW)?
c) Wieviel kg Eis müssen angespeichert werden?

4. In einer Brauerei muß alle 6 Stunden ein Sud innerhalb 1 Stunde gekühlt werden. Der Kältebedarf von $1{,}1 \cdot 10^6$ kJ wird von einem Eisspeicher erbracht.
a) Welche Kälteleistung ist zum Anspeichern (5 h) erforderlich (kW)?
b) Wieviel kg Eis müssen angespeichert werden?
c) Wie lang muß die Rohrschlange des Eisspeichers sein, wenn das Rohr 38 mm Durchmesser hat und die Eisschicht 25 mm dick ist?

5. An der Verdampferschlange eines Eisspeichers aus Cu 18 x 1 von 200 m Länge bildet sich innerhalb von 8 h eine 22 mm dicke Eisschicht, die bei Bedarf in 2 h abschmilzt.
a) Wieviel kg Eis haben sich gebildet?
b) Berechnen Sie die erforderliche Kälteleistung beim Anspeichern (kW).
c) Berechnen Sie die verfügbare Kälteleistung beim Abschmelzen (kW).

6. Die Eisspeicherrohrschlange aus Aufgabe 5 befinde sich in einem Behälter der Maße 1,4 m x 1,2 m x 1,2 m (l x b x h), der mit 1,7 m³ Wasser gefüllt ist. Wie hoch steht das Wasser im Behälter
a) vor,
b) nach der Eisbildung?

7. In einer Diskothek bekommen Sie 0,2 Liter eines Erfrischungsgetränks für 5 DM. Die Bedienung schenkt etwas weniger ein, fügt dafür aber zwei Eiswürfel hinzu.
a) Für wieviel Pfennig Getränk spart der Betrieb, wenn die Eiswürfel 2,5 cm Kantenlänge und eine Dichte von 0,9 kg/dm³ haben? (Das Getränk habe die Dichte von Wasser)
b) Nehmen wir an, der Eiswürfelbereiter des Hauses habe einen spezifischen Kältebedarf von 600 kJ/kg und arbeite mit einer isentropen Kältezahl von ε_{is} = 3 sowie folgenden Wirkungsgraden: η_i = 0,85, $\eta_Ü$ = 1, η_m = 0,95, η_{el} = 0,8. Wieviel kostet das zugefügte Eis, wenn die Kilowattstunde mit 25 Pf und der Kubikmeter Wasser mit 5 DM berechnet wird? (Abnutzung der Maschine, Wartungskosten vernachlässigt)

8. In einem Eisturm hängen 40 Platten von 1,4 m x 1,4 m, an denen sich beidseitig innerhalb von 7 min eine 5 mm dicke Eisschicht bildet, die nach kurzer Abtauphase (1 min) in den darunterliegenden Speicher fällt, worauf der Vorgang von neuem beginnt.
a) Wiewiel kg Eis bilden sich an einer Platte bei einmaligem Anfrieren (ρ_{Eis} = 0,9 kg/dm³)?
b) Wieviel kg Eis befinden sich nach 8 Stunden im Speicher?
c) Wie groß ist die Speicherkapazität in kWh? (nur Latentanteil)
d) Welche Kälteleistung ist zum Anspeichern erforderlich bei 5% Verlust (Abtauung und Einstrahlung)?
e) Wie groß ist die Abschmelzleistung, wenn das Eis in 75 min abschmilzt?

K 13.2 Kühlen von Luft

1. Technologie

1. Welche Funktion hat Luft innerhalb des Kühlraums aus kältetechnischer / energetischer Sicht?

2. Vom h,x-Diagramm sind uns als Zustandsgrößen feuchter Luft bekannt:

   - die spezifische Enthalpie h
   - der Wasserdampfgehalt x
   - die relative Luftfeuchtigkeit φ
   - die Dichte ρ
   - die Temperatur t.

Welche dieser Zustandsgrößen sind für die Lagerung des Kühlgutes von Bedeutung?

3. Welche Temperaturbereiche werden beim Kühlen von Luft unterschieden?

4. Welcher Verdampfertyp wird für Luftkühlung verwendet? Beschreiben Sie seinen Aufbau.

5. Welchen Zweck haben die Lamellen des Lamellenverdampfers?

6. Warum gibt es Verdampfer mit unterschiedlichem Lamellenabstand?

7. Nennen und erläutern sie Einflußfaktoren auf den Feuchteanfall.

8. Geben Sie die typischen Lamellenabstände für verschiedene Anwendungsbereiche an.

9. Ein Verdampfer im Klimabereich (Lamellenabstand 4 mm) hat bei gleichen Außenabmessungen laut Herstellerkatalog eine höhere Leistung (in kW) als der entsprechende Verdampfer im Normalkühlbereich (Lamellenabstand 7 mm). Wie ist das zu erklären?

10. Erklären Sie, wie sich sich ein Reifansatz auf die Leistung eines Verdampfers auswirkt.

11. Wie beeinflußt zunehmende Bereifung die Verdampfungstemperatur t_0? Erklärung?

12. Erklären Sie, warum eine Kälteanlage mit stark bereiftem Verdampfer unwirtschaftlich läuft.

13. Was versteht man unter stiller Kühlung? Wie kommt es dabei zu einer Luftbewegung? Nennen Sie Anwendungsgebiete für stille Kühlung.

14. Vergleichen Sie einen Verdampfer für stille Kühlung mit einem zwangsbelüfteten (Hochleistungs-) Verdampfer.

15. Warum haben Verdampfer für stille Kühlung größeren Rohr- und Lamellenabstand?

16. Verdampferlüfter können drückend und saugend arbeiten. Erläutern Sie das.

17. Vergleichen Sie saugende und drückende Ausführung des Ventilators.

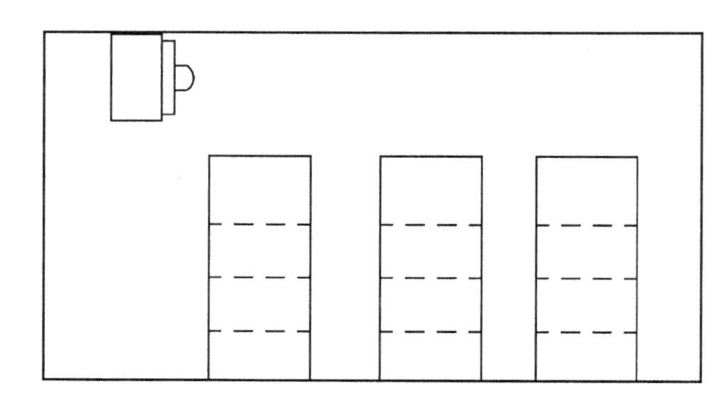

18. Worauf ist bei der Anbringung von Verdampfern zu achten? (Luftführung)

19. Die Abbildung zeigt einen Kühlraum mit Verdampfer und Einbauten (z. B. Regale mit Ware). Der Verdampfer arbeite saugend. Zeichnen Sie Primär- und Sekundärluftströmung ein und erläutern Sie. Wie groß ist etwa die Strömungsgeschwindigkeit der Luft am Verdampferaustritt? Was versteht man in diesem Zusammenhang unter Wurfweite (Blasweite) eines Luftkühlers?

20. Die Abbildung zeigt einen Kühlraum mit gestörtem Ausblas im Deckenbereich. Welche Folgen ergeben sich für die Luftströmung und die Kühlraumtemperaturverteilung? Wie kann das Problem gelöst werden?

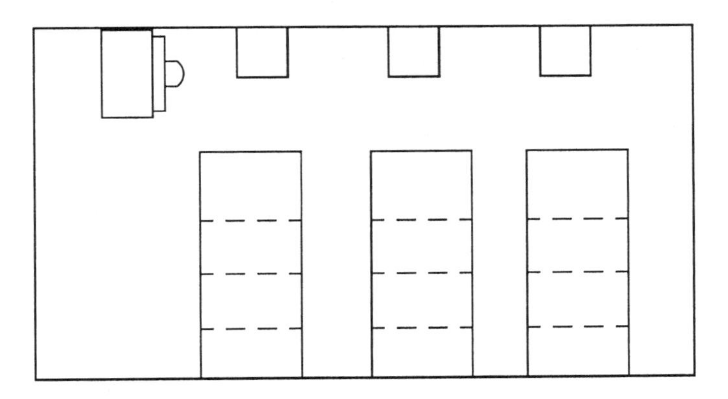

21. Welcher Zusammenhang besteht zwischen der Temperaturdifferenz $\Delta t = t_R - t_0$, Verdampferfläche A und der im Kühlraum erzielten Luftfeuchtigkeit?

22. Warum befindet sich in manchen Kühlräumen eine externe Klimaheizung?

23. Wie kann die Luftfeuchtigkeit in Pluskühlräumen mit Hilfe des Reifansatzes erhöht werden? Welchen energetischen Vorteil ergibt das zusätzlich?

24. Inwiefern kann die relative Luftfeuchtigkeit im Kühlraum auch mit der Ventilatordrehzahl beeinflußt werden?

2. Technische Mathematik

1. Ein Kühlraum mit t_{KR} = 2 °C und 90 % relativer Luftfeuchtigkeit hat die Maße 5,5 m x 4,3 m x 2,5 m. Ihm wird durch täglich 25-fachen Luftwechsel Außenluft von 25 °C / 60 % zugeführt.

a) Bestimmen Sie die erforderlichen Werte h_1, h_2, Δh, x_1, x_2, Δx sowie ρ_{L2} aus dem h,x-Diagramm.

b) Wie groß ist der Volumenstrom der Erneuerungsluft in m³/d?

c) Wie groß ist der Massenstrom der Erneuerungsluft in kg/d?

d) Welche Kälteleistung ist zum Abkühlen der Erneurungsluft erforderlich (W)?

e) Wieviel kg Wasser werden täglich aufgrund des Luftwechsels am Verdampfer ausgeschieden?

K 13.3 Kühlen von Flüssigkeiten

1. Technologie

1. Bei der Flüssigkeitskühlung handelt es sich häufig um das Abkühlen oder Rückkühlen von Kälteträgern. - Was ist in diesem Zusammenhang ein **Kälteträger**? Geben Sie Beispiele an.

2. Nennen Sie Gründe, die zum Einsatz indirekter Kühlung mit einem Kälteträger führen (statt direkt zu kühlen).

3. Welche Eigenschaften zeichnen einen idealen Kälteträger aus?

4. Welche Eigenschaften machen Wasser zu einem idealen Kälteträger in seinem Anwendungsbereich. Wodurch ist dieser begrenzt? Nennen Sie einen typischen Anwendungsfall für Wasser als Kälteträger.

5. Welches Kühlverfahren das wirtschaftlichste ist, hängt vom jeweiligen Temperaturbereich ab. Ordnen Sie die folgenden Kühlmöglichkeiten nach ihren Temperaturbereichen, und geben Sie diese an: Verdunstungskühlung, Luftkühlung, Kältemaschine mit Durchlaufkühler, Kältemaschine mit Sole, Kältemaschine mit Eiswasser.

6. Unterscheiden Sie **Eiswasser**, **Süßwasser** und **Sole**.

7. Nennen Sie einen typischen Anwendungsfall für **Verdunstungskühlung**.

8. Unterscheiden Sie **Durchlauf-** und **Umlaufkühlung**.

9. Was versteht man unter einem **Kaltwassersatz**?

10. Wenn mit Kältemaschinen gekühlt wird, unterscheidet man nach dem Ziel zwischen reiner **Abkühlung**, **Ausscheidungskühlung** und **Erstarrungskühlung**. Erläutern Sie diese Begriffe.

11. In der Abbildung ist eine Umlaufkühlung mit geschlossenem Kreislauf skizziert. Einem Kälteträger wird in Wärmeübertrager 1 der Wärmestrom $\dot{Q}$ zugeführt (Kühllast), in Wärmeübertrager 2 (Verdampfer) wird der Wärmestrom $\dot{Q}_0$ abgeführt (Kälteleistung). Eine Pumpe mit der Leistung P treibt den Kreislauf an.

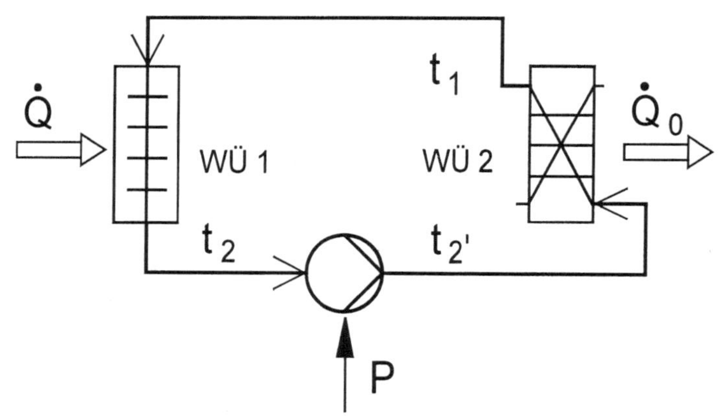

Umlaufkühlung mit geschlossenem Kreislauf

a) Stellen Sie eine Energiestrombilanz für den Kreislauf auf. Der Massenstrom des Kälteträgers wird mit $\dot{m}$ bezeichnet.
b) Warum hat der Kälteträger vor und hinter der Pumpe unterschiedliche Temperatur? Welche ist die höhere?
c) Warum ist es sinnvoll, die Pumpe im Rücklauf des Kälteträgers (von der Kühlstelle zum Verdampfer) anzuordnen?
d) Welche Verluste sind bei umfangreicheren Netzen zu berücksichtigen? Wovon sind sie abhängig?

2. Technische Mathematik

1. In einem Durchlaufkühler sind 13 m³ einer wäßrigen Lösung (ρ = 1,1 kg/dm³, c = 3,2 kJ/kgK) in 2 Stunden von 24 °C auf 2 °C zu kühlen. Welche Kälteleistung ist erforderlich?

2. Ein Kaltwassersatz hat 785 kW Kälteleistung und kühlt Wasser von 11 °C auf 5 °C.
a) Wieviel kg Wasser können stündlich gekühlt werden?
b) Welche Strömungsgeschwindigkeit ergibt sich bei einem Rohrinnendurchmesser von 150 mm?
c) Die Kaltwasserpumpe hat einen Wirkungsgrad von 0,7 und ist für eine Druckdifferenz von 3 bar ausgelegt. Wie groß ist ihre Antriebsleistung?
d) Welche Temperaturerhöhung erfährt das Wasser beim Durchströmen der Pumpe?
e) Wieviel Prozent der Kälteleistung beträgt die Pumpenleistung?

3. In einem Industriebetrieb müssen stündlich 9 m³ Wasser von 70 °C auf 6 °C zurückgekühlt werden. Die Kühlung erfolgt wie skizziert in drei Stufen:

1. Vorkühlung in einem Luftkühler auf 42 °C
2. Abkühlung in einem Verdunstungskühler auf 25 °C
3. Abkühlung mit einer Kälteanlage auf 6 °C

Der Verdunstungskühler muß außerdem das Kühlwasser des Verflüssigers der Kälteanlage rückkühlen. Die Kältezahl der Anlage wird mit ε = 5 angenommen. Die Leistung der Pumpe betrage 10 kW.

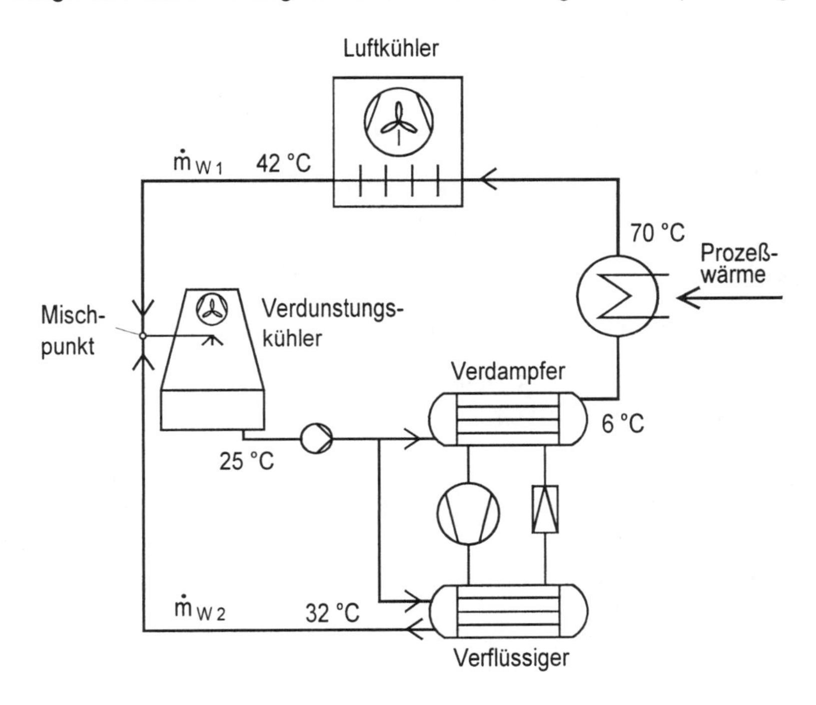

Berechnen Sie

a) die Gesamtkühlleistung
b) die Kühlleistung des Luftkühlers
c) die Nutzkühlleistung (aus dem Prozeß) des Verdunstungskühlers
d) die Kühlleistung des Verdampfers (Kälteleistung $\dot{Q}_0$)
e) die Verflüssigerleistung $\dot{Q}_c$ der Kälteanlage
f) den erforderlichen Kühlwasserstrom $\dot{m}_{W2}$ des Verflüssigerkreislaufs
g) den gesamten vom Verdunstungskühler abzuführenden Wärmestrom
h) die Mischtemperatur vor dem Verdunstungskühler (Pumpenleistung vernachlässigt)
i) die stündlich erforderliche Zusatzwassermenge unter folgenden Annahmen:
- Verdunstung erfolgt bei 20 °C
- Windverluste 0,2 % der umlaufenden Wassermenge
- Abschlämmverluste so groß wie Verdunstungswasserstrom

K 13.4 Kühlen und Kühllagern von Lebensmitteln

1. Warum werden Lebensmittel gekühlt bzw. kühl gelagert? In welchem Temperaturbereich spricht man von **Kühllagerung**?

2. Auf welchen Vorgängen beruht der Verderb von Lebensmitteln?

3. Wozu dient das **Gefrieren** von Lebensmitteln? Was unterscheidet gekühlte von gefrorenen Lebensmitteln (Eigenschaften, Temperaturbereiche)?

4. Nennen Sie außer Kühlen bzw. Gefrieren weitere Verfahren zur Frischhaltung bzw. Konservierung von Lebensmitteln. Unterteilen Sie in physikalische und chemische Verfahren.

5. Welchen Vorteil hat die Anwendung von Kälte gegenüber den meisten anderen Verfahren?

6. Worauf beruht die Frische erhaltende Wirkung der Kühllagerung bzw. die konservierende Wirkung des Gefrierens?

7. Warum soll Fleisch möglichst schnell von der Schlachttemperatur (ca. 35 °C) auf ca. 5 °C im Kern heruntergekühlt werden?

8. Wie lange kann Fleisch guter Qualität nach der Schnellabkühlung ohne wesentliche Qualitäts- und Gewichtsverluste gelagert werden? Bei welcher Temperatur und welcher relativen Luftfeuchtigkeit?

9. Wodurch kann es bei der Fleischlagerung zu Gewichtsverlusten kommen?

10. Warum darf die rel. Luftfeuchtigkeit bei der Fleischkühlung nicht zu hoch werden?

11. Geflügel wird außer durch Luft- und / oder Sprühkühlung auch durch **Tauchkühlung** behandelt. Was versteht man darunter? Welche Vor- und Nachteile sind mit dem Verfahren verbunden?

12. Wie lange kann gekühltes Geflügel gelagert werden? Bei welcher Temperatur?

13. Was ist unter dem Begriff **Kühlkette** zu verstehen? Beschreiben Sie die Kühlkette am Beispiel Milch.

14. Milch soll laut Packungsaufdruck noch 5 Tage haltbar sein. Einen Tag vor Ablauf des Datums nehmen Sie die Packung aus dem Kühlschrank, öffnen sie und stellen fest, daß die Milch schlecht ist. Welche Ursache kommt in Frage?

15. Was wissen Sie über Schäden, die Ware bei unterbrochener Kühl- bzw. Tiefkühlkette erleidet?

16. Fisch wird üblicherweise nach dem Fang bis zum Verkauf auf zerkleinertem Eis (Scherbeneis) gelagert. Welche zwei Funktionen erfüllt das Eis dabei? Welche Temperatur soll der Fisch dabei haben, und wie lange ist er dann haltbar?

17. Wodurch läßt sich die Haltbarkeit des beeisten Fisches noch verlängern?

18. Auch Obst und Gemüse können durch Kühlung länger frisch gehalten werden. Nennen Sie Sorten, die gekühlt relativ lange, und solche, die trotz Kühlung nur recht beschränkt lagerfähig sind.

19. Zur Kaltlagerung vorgesehenes Obst wird nicht genußreif, sondern pflückreif geerntet. Warum wird so verfahren, und was ist darunter zu verstehen?

20. Gemüse und Obst wird meist bei einer relativen Luftfeuchtigkeit von 90 bis 95 % gelagert. Manche Sorten aber nur bei 75 bis 85 %. Wovon ist das abhängig? Nennen Sie jeweils Beispiele.

21. Was versteht man unter einem CO_2-Lager?

22. Was versteht man unter **CA-Lagerung**?

23. Was versteht man im Zusammenhang mit der CA-Lagerung unter einem Scrubber?

24. Was versteht man unter **Vakuumkühlung**?

25. Was ist bei der Auslagerung von Kühlgut zu beachten?

K 13.5 Gefrieranlagen und -verfahren, Transportkühlung

1. Technologie

1. Was versteht man unter **Gefrieren**?

2. Was versteht man unter Tiefgefrierprodukten?

3. Warum soll das Gefrieren von Waren möglichst schnell geschehen?

4. Nennen Sie mindestens drei verschiedene **Gefrierverfahren**.

5. **Kontaktgefrieren** findet zwischen senkrecht oder waagerecht angeordneten Platten statt.
a) Skizzieren Sie das Verfahren.
b) Geben Sie die Vor- und Nachteile dieses Verfahrens an.
c) Nennen Sie Produkte, die nach diesem Verfahren tiefgefroren werden.

6. Geben Sie Vor- und Nachteile **des Gefrierens im Kaltluftstrom** an.

7. Was versteht man unter einem **Gefriertunnel**?

8. Bestimmte Waren können auch im **Wirbelbettverfahren** gefroren werden:
a) Erläutern Sie das Verfahren mit einer Skizze.
b) Für welches Gefriergut kommt es in Frage?
c) Welche Vorteile bietet es dann?

9. Nennen Sie die beiden prinzipiellen Verfahren des Gefrierens mit Flüssigkeiten.

10. Welche Vor- und Nachteile bietet das Gefrieren in Kochsalz-Sole (Ottensen-Verfahren)?

11. Neben Kochsalz- kommen auch Kalziumchlorid- und Propylenglykol-Sole beim Gefrieren in Flüssigkeiten zum Einsatz.
a) Welche Voraussetzung ist dafür erforderlich?
b) Welchen Vorteil bieten diese Solen?

12. Welche Stoffe kommen beim Gefrieren in verdampfenden Flüssigkeiten zum Einsatz?

13. Welche Vor- und Nachteile hat das Gefrieren in verdampfenden Flüssigkeiten?

14. Die Abbildung zeigt das Prinzip des **Gefriertrocknens**:

a) Benennen Sie die Positionen 1 - 7 .
b) Erklären Sie das Verfahren.
c) Geben Sie seine Vor- und Nachteile an.
d) Nennen Sie Produkte, die nach diesem Verfahren konserviert werden.

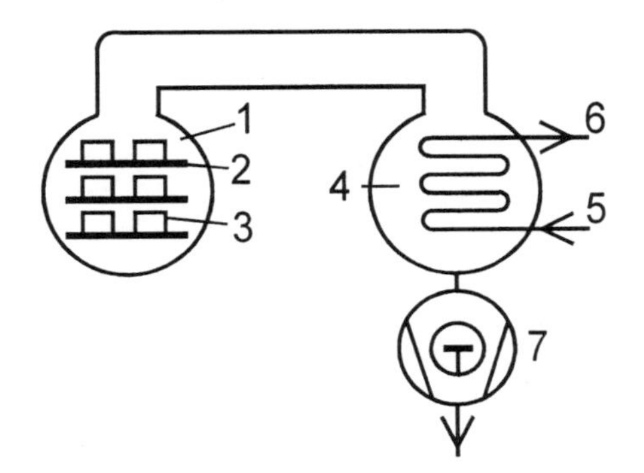

Prinzip der Gefriertrocknung

15. Nennen Sie mindestens drei verschiedene Prinzipien der Transportkühlung für Schienen- und Straßenfahrzeuge.

16. Was versteht man unter **Trockeneis**?

17. Welche Vorteile bietet Trockeneis als Kühlmittel?

18. Trockeneis wird a) ohne und b) mit Zwischenschaltung eines Kältemittels zur Laderaumkühlung eingesetzt. Erläutern Sie beide Verfahren.

19. Erläutern Sie das Prinzip der Fahrzeugkühlung mit eutektischen Kältespeichern.

20. **Eutektische Kältespeicher** enthalten eutektische Sole. Was ist darunter zu verstehen?

21. Geben Sie Vor- und Nachteile der Transportkühlung mit eutektischen Kältespeichern an.

22. In welchem Bereich wird Transportkühlung mit eutektischen Kältespeichern angewendet?

23. Warum werden im LKW-Fernverkehr Kältemaschinen zur Transportkühlung eingesetzt?

24. Geben Sie Antriebsmöglichkeiten für Kälteaggregate zur Transportkühlung an.

2. Technische Mathematik

1. Die Trockeneisfüllung eines Fahrzeugladeraumes mit den Außenabmessungen 10 m x 2,4 m x 2,8 m beträgt 80 kg.

a) Welche Wärmemenge in kJ nimmt das Kohlenstoffdioxid beim Sublimieren und anschließenden Erwärmen auf 0 °C auf?

(spezif. Sublimationswärme Δh = 573,6 kJ/kg, spezif. Wärmekapazität c = 0,84 kJ/kgK)

b) Wieviel Stunden kann damit die Laderaumtemperatur aufrechterhalten werden, wenn die Temperaturdifferenz zur Umgebung 20 K beträgt und der k-Wert der Laderaumdämmung mit 0,5 W/m²K sowie 10 % Verluste (Luftaustausch durch Türöffnen etc.) angenommen werden?

2. Ein Verteilerfahrzeug hat einen Laderaum mit den Außenabmessungen 6 m x 2,4 m x 2,7 m. Der k-Wert der Wandung beträgt 0,4 W / m²K. Die Kühlung erfolgt über Platten mit eutektischer Sole mit einer spezif. Schmelzenthalpie von 285 kJ / kg. Laderaum und Ladung werden über Nacht auf - 20 °C (Schmelzpunkt der Sole) gekühlt.

Wieviel kg Sole sind erforderlich, um die Laderaumtemperatur 12 h lang bei - 20 °C zu halten, wenn die mittlere Außentemperatur am Tag mit 25 °C angenommen wird und 20 % Verlust (Luftaustausch durch Türöffnen) veranschlagt werden?

K 13.6 Wärmepumpe und Wärmerückgewinnung

K 13.6.1 Wärmepumpe

1. Technologie

1. Was versteht man unter einer **Wärmepumpe**?

2. Was unterscheidet eine Wärmepumpe von einer Kühlmaschine?

3. Nennen Sie mögliche **Wärmequellen** für Wärmepumpen.

4. Welche Bedingungen sollte eine Wärmequelle für Wärmepumpen erfüllen?

5. Welche Antriebe werden für Kompressionswärmepumpen verwendet?

6. Teilen Sie Wärmepumpen nach den Medien der Primär- und Sekundärseite ein.

7. Welche Vor- und Nachteile hat Luft als Wärmequelle für Wärmepumpen?

8. Welche Vor- und Nachteile hat Wasser als Wärmequelle für Wärmepumpen?

9. Welche Vor- und Nachteile hat Erdreich als Wärmequelle für Wärmepumpen?

10. Was versteht man im Zusammenhang mit Wärmepumpen unter einem bivalenten Heizsystem?

11. Vergleichen Sie eine Wärmepumpe zur Raumheizung mit einem konventionellen Heizkessel. Welche Vor- und Nachteile ergeben sich für die Wärmepumpe?

12. Eine Wärmepumpe steht im Keller neben einem konventionellen Heizkessel. Was ist bei Servicearbeiten an der Wärmepumpe zu beachten? Warum?

13. Was versteht man unter der **Leistungszahl** ε_{WP} einer Wärmepumpe?

14. Wie verändert sich die Leistungszahl einer Wärmepumpe, wenn t_0 und t_c weiter auseinanderliegen (wenn also im Winter beispielsweise die Lufttemperatur und damit t_0 absinkt)? Warum?

15. Welcher Zusammenhang besteht zwischen der isentropen Leistungszahl einer Kühlmaschine und der einer Wärmepumpe, die zwischen den gleichen Temperaturen arbeiten?

16. Wie ist die Leistungszahl der Wärmepumpe nach Carnot definiert?

17. Was versteht man unter der **Heizzahl** einer Wärmepumpe?

18. Eine elektromotorisch angetriebene Wärmepumpe wird energetisch erst etwa ab $\varepsilon_{WP} > 3$ interessant. Erläutern Sie das.

19. Wie läßt sich die Abwärme eines Verbrennungsmotors, der als Antrieb für eine Wärmepumpe dient, zu Heizzwecken nutzbar machen?

20. Widerspricht eine Wärmepumpe dem 2. Hauptsatz der Wärmelehre? Begründung.

2. Technische Mathermatik

1. Skizzieren Sie ein Energieflußbild (Sankey-Diagramm) für eine Wärmepumpe ($\varepsilon_{WP} = 4$) , die von einem Dieselmotor ($\eta = 0,38$) angetrieben wird, dessen Abwärme zu 77,5 % zu Heizzwecken genutzt werden kann. Welche Heizzahl hat diese Wärmepumpe?

2. Eine Wärmepumpe nimmt 12 kW auf bei P = 4 kW Antriebsleistung. Wie groß ist ihre Leistungszahl?

3. Eine Wärmepumpe gibt 18 kW ab bei 14 kW Wärmeaufnahme. Wie groß ist ihre Leistungszahl?

4. Eine Wärmepumpe mit der Leistungszahl 5 nimmt 16 kW Wärme auf. Berechnen Sie P und $\dot{Q}_c$.

5. Schwimmbad-Fortluft wird als Wärmequelle genutzt, indem der Verdampfer einer Wärmepumpe (ε_{WP} = 3) 12000 m³/h dieser warmen Luft (Zustand 30 °C / 60 %) auf 8 °C / 90 % kühlt.
a) Ermitteln Sie die erforderlichen Werte aus dem h,x-Diagramm.
b) Berechnen Sie den aufgenommenen Wärmestrom in kW .
c) Wie groß ist die Heizleistung in kW?
d) Wieviel Liter Wasser kann die Wärmepumpe theoretisch in einer Stunde von 15 °C auf 50 °C erwärmen?

6. Eine Kuh gibt täglich 84000 kJ Wärme ab. Von der Stallwärme sind ca. 50 % nötig, um die Stalltemperatur von 15 °C aufrechtzuerhalten (Verluste durch Ausstrahlung und Luftwechsel). Welche Heizleistung ergibt sich daraus für eine Wärmepumpe mit ε_{WP} = 3,5 , die einen Rinderstall mit 70 Kühen als Wärmequelle benutzt?

7. Eine Wärmepumpe (ε_{WP} = 4), mit Gasmotor (η = 0,30) angetrieben, nutzt Industrieabwasserwärme zur Heizungswassererwärmung . Der Gasmotor verbraucht 10 nm³/h Erdgas. Seine Abwärme wird zu 85 % genutzt. (1 nm³ (Normkubikmeter) Erdgas $\leftrightarrow$ 11 kWh)
a) Wie groß ist die Heizleistung der Wärmepumpe in kW?
b) Wie groß ist die Heizzahl der Anlage?
c) Wieviel kg Wasser können stündlich von 40 °C auf 55 °C erwärmt werden?
d) Welche Heizleistung ergäbe ein konventioneller Gasheizkessel mit 94 % feuerungstechnischem Wirkungsgrad bei gleichem Gasverbrauch?

8. Eine Wärmepumpe nimmt bei t_o = 10 °C einen Wärmestrom von 77,3 kW auf und verflüssigt bei t_c = 50 °C. Ihre Leistungsziffer erreicht 54,5 % des Wertes der Leistungszahl nach Carnot zwischen diesen Temperaturen.
a) Wie groß ist die Leistungszahl der Wärmepumpe?
b) Welche Heizleistung erbringt die Wärmepumpe?

K 13.6.2 Wärmerückgewinnung

1. Technologie

1. Was versteht man im Zusammenhang mit Kälteanlagen unter **Wärmerückgewinnung**?

2. Welche Wärme kann bei einer Kälteanlage mit Kolbenverdichter zurückgewonnen werden? Skizzieren Sie dazu ein lgp,h-Diagramm, und kennzeichnen Sie die spezifischen Wärmemengen.

3. Nennen Sie Anwendungsgebiete für Wärmerückgewinnung.

4. Sowohl mit einer Wärmepumpe als auch mit einer Wärmerückgewinnungs-Anlage kann man z. B. Brauchwasser erwärmen. Worin liegt dennoch der prinzipielle Unterschied zwischen diesen beiden Systemen?

5. Skizzieren Sie die HD-Seite eines Kältemittelkreislaufs mit zusätzlichem Wärmerückgewinnungsverflüssiger (Serienschaltung) einschließlich der notwendigen Regelungsorgane und benennen Sie die einzelnen Bauteile.

6. Warum ist ein Konstantdruckventil (5) hinter dem Anlagenverflüssiger (in der Lösung zu Aufg. 5) vorzusehen?

7. Wozu ist der Sammlerdruckregler (6) (Lösung zu Aufg.5) notwendig?

8. Wozu dient das Magnetventil (7) im Bypass zum Verflüssigungsdruckregler (5) (Lösung zu Aufg.5)?

9. Geben Sie Vor- und Nachteile der Serienschaltung von Wärmerückgewinnungs- und Anlagenverflüssiger an.

10. Welche weitere Schaltungsmöglichkeit der Verflüssiger gibt es. Fertigen Sie dazu eine Skizze an.

11. Geben Sie Vor- und Nachteile der Parallelschaltung von Wärmerückgewinnungs- und Anlagenverflüssiger an.

12. Wärmerückgewinnung kann im Durchlauf- und im Speicherverfahren stattfinden. Erläutern Sie den Unterschied.

13. Welche Vor- und Nachteile haben die o.a. Verfahren?

14. Brauchwassererwärmung durch Wärmerückgewinnung kann in direkter und indirekter Wärmeübertragung stattfinden. Erläutern Sie beide Verfahren.

15. Erläutern Sie die Vor- und Nachteile der direkten und indirekten Wärmeübertragung.

16. Welche Sicherheitsbestimmungen sind bei direkter Wärmeübertragung zu beachten?

17. Für den Betreiber einer Kälteanlage mit Wärmerückgewinnung zur Brauchwassererwärmung ist häufig eine hohe Wassertemperatur (also hohe Verflüssigungstemperatur) wünschenswert. Warum sollte t_c deswegen aber nicht zusätzlich angehoben werden?

18. Welche Möglichkeiten gibt es, höhere Brauchwassertemperaturen zu erzielen, ohne die Verflüssigungstemperatur heraufzusetzen?

19. Die zur Wärmerückgewinnung verfügbare Heizleistung wird durch die Gleichung $\dot{Q}_c = \dot{Q}_0 + P_{el}$ nur ungenau erfaßt. Woran liegt das?

20. Eine praxisgerechte Methode zur Ermittlung der Verflüssigerleistung $\dot{Q}_c$ ist mit einem empirischen Umrechnungsfaktor f_1 in der Gleichung $\dot{Q}_c = \dot{Q}_0 \cdot f_1$ gegeben. Die folgende Tabelle zeigt die Werte für f_1, abhängig von t_c und t_0 (oberer Wert für luft- oder wassergekühlte offene Verdichter, unterer für sauggasgekühlte halb- und vollhermetische Verdichter):

	t_0 [°C]					
t_c [°C]	-40	-30	-20	-10	0	10
30	1,58 (1,88)	1,43 (1,6)	1,32 (1,42)	1,24 (1,3)	1,17 (1,22)	1,11 (-)
40	1,7 (-)	1,53 (1,73)	1,41 (1,5)	1,32 (1,4)	1,23 (1,3)	1,16 (1,2)
50	- (-)	1,68 (1,87)	1,52 (1,67)	1,4 (1,51)	1,3 (1,41)	1,2 (-)
60	- (-)	- (-)	1,69 (-)	1,5 (-)	1,37 (-)	1,26 (-)

(Quelle: Viessmann, Manuskriptunterlagen zum Thema : Wärmerückgewinnung in Verbindung mit Kälteanlagen)

a) Warum nehmen die Faktoren mit sinkender Verdampfungs- bzw. steigender Verflüssigungstemperatur zu?

b) Warum ist der Faktor für sauggasgekühlte halb- und vollhermetische Verdichter jeweils größer?

c) Warum sind für diese Verdichter bei t_c = 60 °C keine Werte mehr angegeben?

2. Technische Mathematik

1. Eine R22-Anlage mit sauggasgekühltem halbhermetischem Verdichter hat eine Kälteleistung von $\dot{Q}_0$ = 10 kW bei t_0 = -20 °C und t_c = 40 °C (t_{V2} beträgt ca. 90 °C). Ihre Laufzeit beträgt 15 h/d.

a) Wieviel kg Brauchwasser können täglich von 10 °C auf 35 °C vorgewärmt werden?

b) Wieviel kg Brauchwasser können täglich mit Hilfe der Enthitzungs(Überhitzungs)wärme $\dot{Q}_Ü$ von 10 °C auf 60 °C erwärmt werden? (grober Richtwert: $\dot{Q}_Ü = 0{,}2 \cdot \dot{Q}_c$)

c) Wieviel kg Brauchwasser können täglich von 10 °C auf 35 °C vorgewärmt (Kondensation im Verflüssiger $\dot{Q}_K$) und von 35 °C auf 60 °C erwärmt (Enthitzer) werden?

K 14 Weitere Verfahren der Kälteerzeugung

K 14.1 Absorptionskälteanlagen

1. Unterscheiden Sie **Absorption** und **Adsorption**.

2. Wie beeinflussen Druck und Temperatur das Absorptionsvermögen?

3. Welche Eigenschaften von Ammoniak ermöglichen die Absorptionskälteanlage (AKA) mit dem Ar-beitsstoffpaar Ammoniak / Wasser?

4. a) Skizzieren Sie ein einfaches Schema einer NH_3 -Absorptionskälteanlage mit folgenden Bauteilen: Verdampfer, Verflüssiger, Regelventile für Kältemittel und Lösung, Lösungspumpe, Absorber, Austreiber.
b) Geben Sie die Medien der einzelnen Leitungen und ihre Fließrichtung an.
c) Kennzeichnen Sie ND- und HD-Seite.
d) Geben Sie an, wo und warum gekühlt bzw. geheizt werden muß.
e) Zeichnen Sie die zu- bzw. abgeführten Wärmeströme mit Pfeilen ein und stellen Sie eine Wärmebilanz auf.
f) Erläutern Sie die Funktion der Anlage.

5. Erklären sie den Begriff des thermischen Verdichters bei einer Absorptionskälteanlage.

6. Warum wird zwischen NH_3-armer und -reicher Lösung ein Gegenstromwärmeübertrager eingebaut?

7. Welches weitere Stoffpaar wird für Absorptionskälteanlagen verwendet?

8. Vergleichen Sie diese Arbeitsstoffpaare in ihren Vor- und Nachteilen.

9. Nennen Sie Einsatzgebiete für Absorptionskälteanlagen.

10. Geben Sie Vor- und Nachteile von Absorptionskälteanlagen an.

11. Die Abbildung zeigt das Prinzip des Absorptionskälteapparates nach v. Platen / Munters mit dem Stoffpaar Ammoniak/Wasser und Wasserstoff als Hilfsgas:
a) Benennen Sie die Positionen 1 - 9.
b) Geben Sie an, welches Medium jeweils in den Leitungen A - G strömt.
c) Beschreiben Sie die Funktionsweise

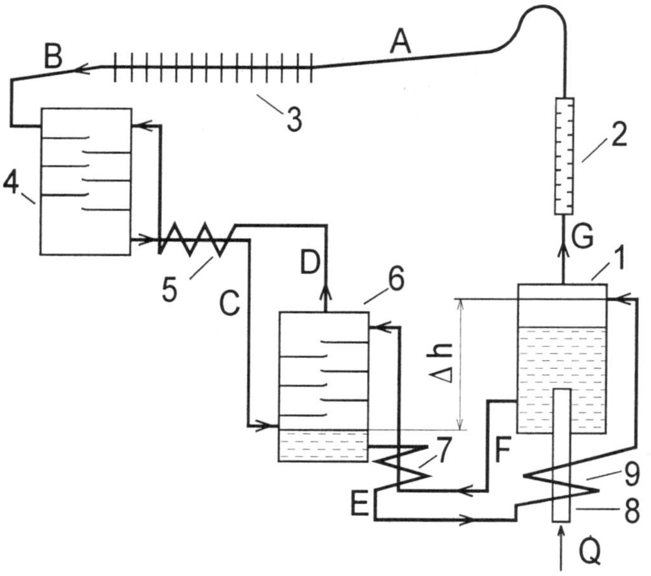

Prinzip des Absorptionskälteapparates nach v. Platen / Munters

12. Welche Aufgabe hat der Wasserstoff in dem System?

13. Wodurch ist die NH_3-reiche Lösung in der Lage, den Höhenunterschied Δh zum Austreiber zu überwinden (Ltg. E)?

14. Welche Verflüssigungstemperatur hat das Kältemittel Ammoniak, wenn wie in obigem Beispiel der Gesamtdruck 12 bar beträgt?

15. Moderne Zwei-Temperatur-Kühlschränke verflüssigen bei 25 bar, entsprechend ca. 60 °C. Warum läßt sich diese für eine Verdichterkältanlage viel zu hohe Verflüssigungstemperatur mit einem Absorber realisieren?

16. Warum wird zwischen D und C ein Gaswärmeübertrager (5) eingebaut?

17. Welche Aufgabe hat der Flüssigkeitswärmeübertrager (7)?

18. Wo findet das oben beschriebene Prinzip des Absorptionskälteapparates nach v. Platen / Munters Anwendung?

19. Welche Vor- und Nachteile bietet dieses Prinzip in seinen Anwendungsbereichen?

20. Welche Gefahr besteht, wenn Kälteapparate nach diesem Prinzip (Absorber) unsachgemäß „entsorgt" werden, z. B. durch Anbohren?

K 15 Technische Kommunikation

1. Wandeln Sie den mit firmenspezifischen Komponenten dargestellten Kältemittelkreislauf in ein DIN-gerechtes RI-Fließbild um. Erstellen Sie eine Legende.

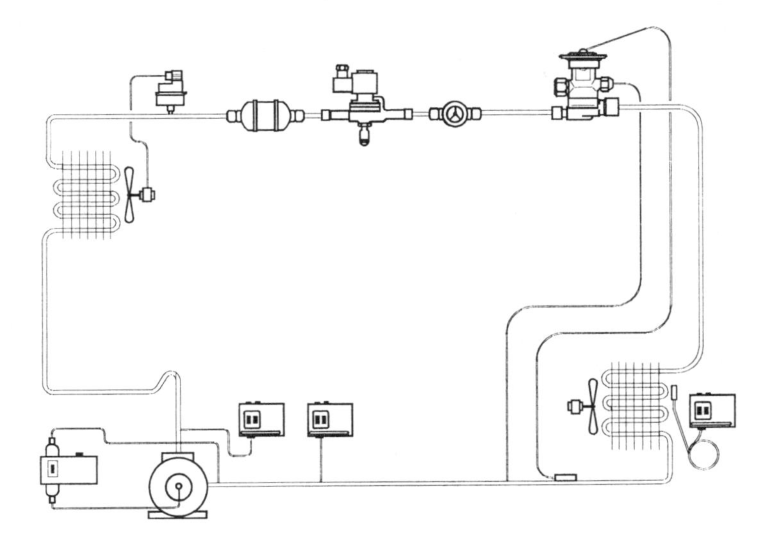

2. Zeichnen Sie das RI - Fließbild folgender R 22-Anlage mit allen erforderlichen Regelgeräten und Zubehörteilen :

- Der Kältekreislauf des TK - Raumes (t_{Raum} = - 18 °C) besteht aus einem luftgek. Rippenrohrverdampfer mit Mehrfacheinspritzung, einem Hubkolbenverdichter und einem luftgek. Rippenrohrverflüssiger. Der Verdichter ist mit 2 Dreiwege-Kappenabsperr-Eckventilen und 2 Schwingungsdämpfern ausgerüstet.
- der Öldruck des Verdichters wird mit einem elektronischem System überwacht
- die Abtauung soll durch eine Umkehrung des Kreislaufes mit Hilfe eines 4-Wege-Ventiles erfolgen, wobei eine Rohrschlange die Tauwasserschale mit dem Heißgas erwärmt, bevor es dann in Fließrichrichtung den Verdampfer durchströmt
- der Verdampfer hat zu Servicezwecken am Ausgang ein Schraderventil
- der stehende Sammler ist mit einem Kappenabsperr-Eckventil versehen
- die Abtauung wird thermisch begrenzt (Wirklinie ist einzuzeichnen)
- der Verdichter ist vor Flüssigkeitsschlägen zu schützen
- ein Raumthermostat steuert ein Magnetventil
- der Verdichter wird über einen Pressostaten gesteuert und durch einen Nieder- und einen Hochdruckbegrenzer gesichert.
- Um den Kreislauf für *Kühlen* und *Abtauen* zu erkennen, ist die Fließrichtung des Kältemittels für *Kühlen* mit einem offenen, die fürs *Abtauen* mit einem geschlossenen Pfeil zu kennzeichnen.

3. Zeichnen Sie das RI-Fließbild einer Kälteanlage, von der folgende Fakten bekannt sind:

- ein Hubkolbenverdichter mit externem Motor (Dahlanderschaltung) versorgt zwei Kühlstellen
- Verdichterschwingungen werden durch 2 Schwingungsdämpfer gemildert
- Kältemittel R 134 a ; Füllmenge m = 110 kg
- als Verflüssiger dient ein Verdunstungsverflüssiger
- Kühlstelle 1: t_o = 0 °C, luftgekühlter Rippenrohr Wärmeübertrager mit geringem Druckabfall, Abtauung über Ventilatornachlauf, Raumtemperatur soll nicht unterschritten werden
- Kühlstelle 2: t_o = - 10 °C, luftgekühlter Rippenrohr Wärmeübertrager mit Mehrfacheinspritzung, elektr. Abtauung und Beheizung der Tropfschale, die Heizung wird durch einen Abtausicherheitsthermostaten ausgeschaltet und einen Abtaubegrenzungsthermostaten zusätzlich gesichert
- in beiden Kühlstellen schaltet ein Raumthermostat das Magnetventil (Wirkzusammenhang ist einmal einzuzeichnen)
- ein vom Volumen knapp bemessener, schrägliegender Sammler (Verringerung der Kältemittelmenge) wird zu Servicezwecken mit zwei Absperrorganen versehen. (Sicherheit nach VBG 20 beachten)
- entsprechende TEV, Magnetventile, Druckregler und sonstige Komponenten
- Sicherheitsanforderungen nach VBG 20 beachten
- erstellen Sie eine Legende.

4. Zeichnen Sie das RI-Fließbild für eine Kälteanlage (R 22, Hubvolumenstrom > 50 m^3/ h) mit folgenden Komponenten:

- sauggasgekühlter Hubkolbenverdichter mit 2 Dreiwege-Kappen-Absperrventilen
- wassergekühlter Bündelrohrverflüssiger mit druckgesteuertem Kühlwasserregler
- 2 verschiedene Kühlstellen, deren Temperatur nicht unter den angegebenen Wert fallen soll
- beide Kühlstellen werden durch je einen Raumthermostaten und Magnetventil geregelt
- Kühlstelle 1: t_{Raum} = - 5 °C , t_0 = - 13 °C, TEV mit innerem Druckausgleich, Rippenrohrwärmeübertrager für stille Kühlung
- Kühlstelle 2: t_{Raum} = - 22 °C ; t_0 = - 28 ° C , luftgekühlter Rippenrohrwärmeübertrager mit Mehrfacheinspritzung und entsprechendem TEV
- auf der Hochdruckseite sind ein Manometer und ein Sicherheitsdruckbegrenzer einzuplanen, auf der Saugseite ein Niederdruckwächter
- Ölabscheider
- Beide Verdampfer (incl. Tropfschale) werden wechselseitig mit Heißgas abgetaut Das Kältemittel soll über den als Sammler dienenden Bündelrohrwärmeübertrager geleitet werden, bevor es wieder zur Verdampfung zur Verfügung steht
- Pump-out-Schaltung
- Leistungsregulierung über Heißgasbypass
- übliche Komponenten und erforderliche Regelgeräte.

5. Das skizzierte, unvollständige Fließbild stellt den mit Propan betriebenen Primärkreislauf einer Wärmepumpenanlage dar. Als Verdichter ist ein sauggasgekühlter Maneurop-Verdichter vorgesehen. Im Sekundärkreislauf wird mit einer Kreiselpumpe Sole durch den Plattenwärmeübertrager in einen luftgekühlten (bzw. luftbeheizten) Rippenrohrwärmeübertrager gepumpt (Ausdehnungsgefäß, Füllanschluß u. Sicherheitsventil sind weitere Komponenten des Sekundärkreislaufes).
Die Umschaltung von *Kühlen* auf *Heizen* soll über das vorgegebene Umschaltventil (nicht nach DIN, aber zur Darstellung der Ventilwege besser geeignet) erfolgen. Der Raumthermostat schaltet die Pumpe und den Verdichter.
Im Sekundärkreislauf ist eine Möglichkeit zum elektrischen Nachheizen vorzusehen, die beim Kühlen mit einem Bypass umgangen werden soll.

Aufgabe:

a) Zeichnen Sie den Kreislauf ab und vervollständigen Sie Primär- und Sekundärkreislauf. Stellen Sie durch Richtungspfeile, Linienbreite und Schieberstellung im Ventil den Betrieb *Kühlen* dar (Kälteträgerkreislauf grün gestrichelt).
   Erforderliche Mindestsicherungseinrichtungen nach VBG 20.

b) Zeichnen Sie den Kreislauf erneut für den Betrieb *Heizen* mit den Bedingungen aus Aufg. a (Wärmeträgerkreislauf rot gestrichelt).

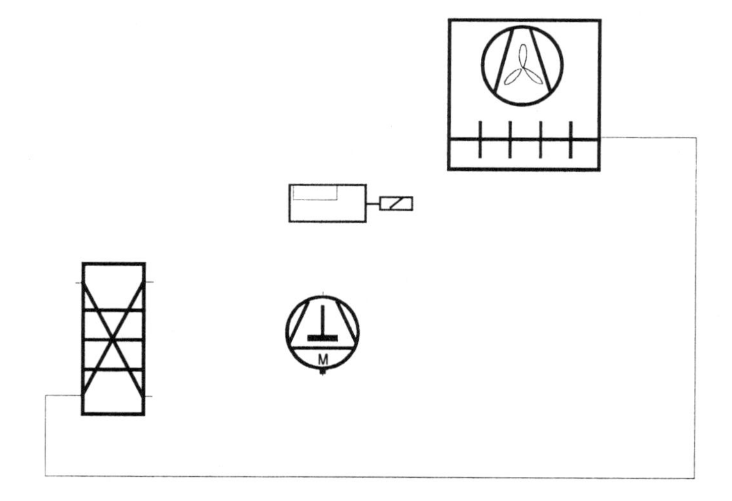

6. Die Abbildung zeigt das unvollständige Fließbild einer RLT-Anlage:

a) Zeichnen Sie das Fließbild der RLT- Anlage ab unter Verwendung der Symbole nach DIN 1946. Benennen Sie die Luftarten und legen Sie die Leitungen entsprechend farbig an.

b) Der Kühler in der Luftbehandlungseinheit soll wie folgt angeschlossen werden:
Das Kältemittel durchströmt nach dem Hubkolbenverdichter einen Enthitzer (Behälter mit einge-steckter Rohrschlange), danach den in Reihe geschalteten luftgek. Rippenrohrwärmeübertrager, bevor es durch einen Sammler in den Verdampfer gelangt.

- Der Enthitzer soll bei zu hoher Wassertemperatur im Speicher durch einen Bypass umgangen werden können.
- Es ist sicherzustellen, daß der Verdampfer nicht vereist.
- Eine Leistungsregulierung ist vorzusehen
- Die für die Funktion erforderlichen Komponenten sind selbst auszuwählen.

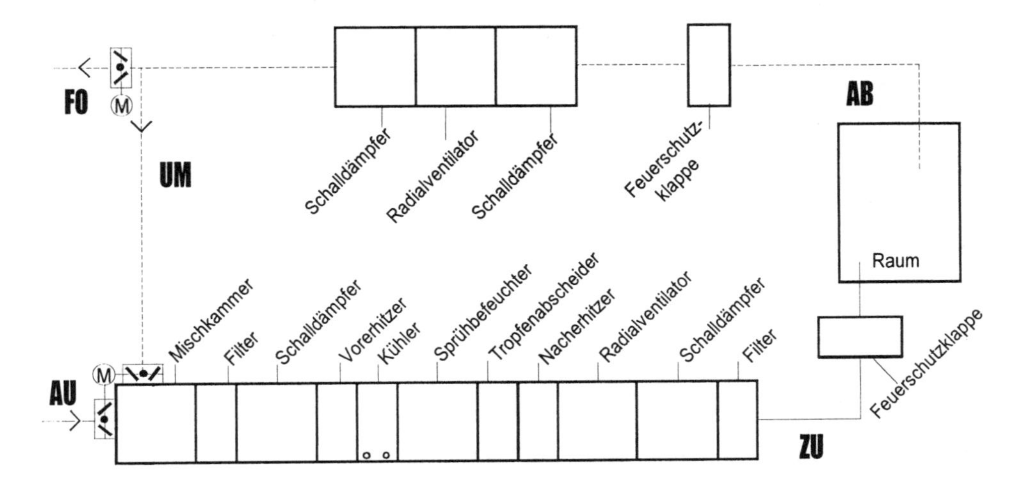

7. RLT-Anlage

Zeichnen Sie von dem skizziertem Raum den Grundriß und den angegebenen Schnitt jeweils im Maßstab 1 : 25. Vermaßen Sie die Wanddurchbrüche im Grundriß.

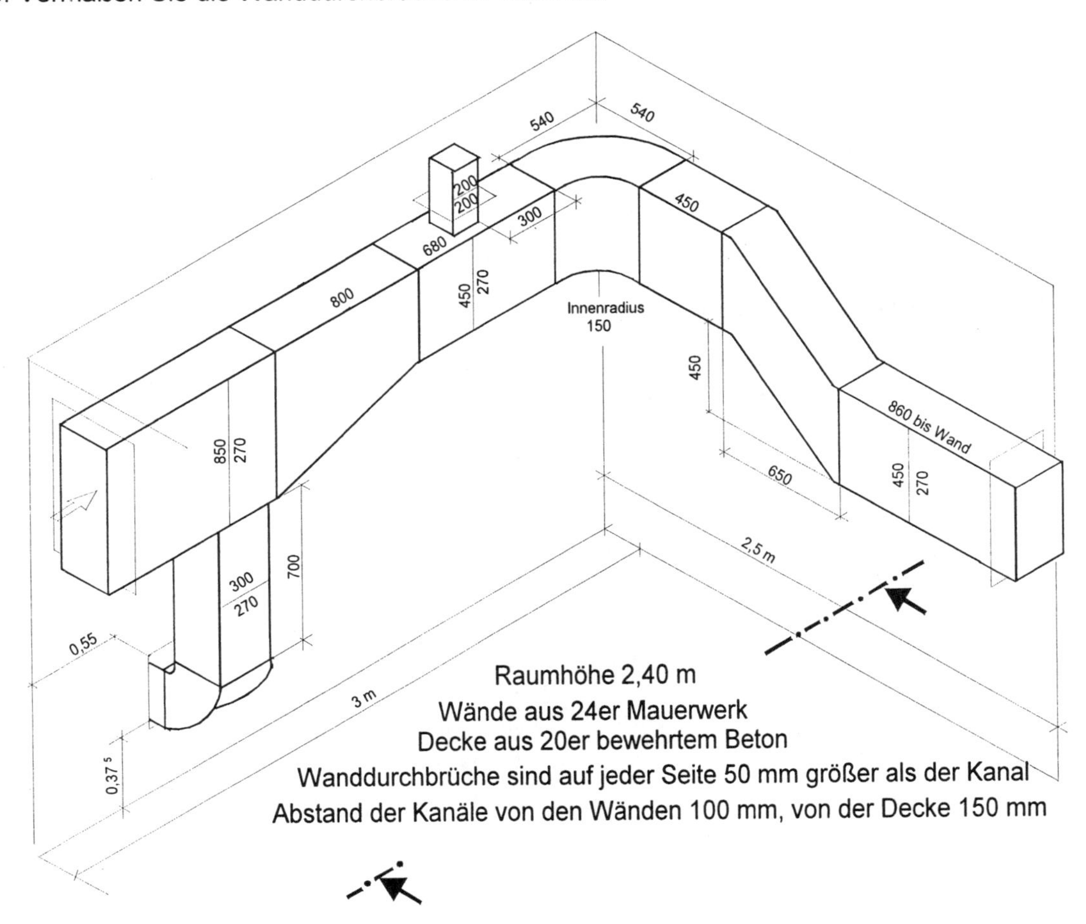

8. Gegeben ist Ihnen der Grundriß mit zugehörigen Schnitten eines Konferenzraumes als Ausschnitt einer Bauzeichnung des RLT-Gewerkes (Die Bauzeichnung ist nicht vollständig bemaßt und nicht exakt maßstäblich wiedergegeben).
Versuchen Sie, sich eine räumliche Vorstellung von der Kanalführung zu verschaffen, und beantworten Sie die folgenden Fragen:

a) Welches sind Zu- bzw. Abluftleitungen? Kennzeichnen Sie die Kanäle entsprechend den DIN-Farben.
b) Woher kommt die Zuluft in den Raum? Wohin geht die Abluft aus dem Raum?
c) Welche Querschnittsform haben die Kanäle, in die die Lüftungsgitter eingearbeitet sind?
d) In der rechten unteren Ecke des Grundrisses sind am Kanal untenstehende Werte angegeben:

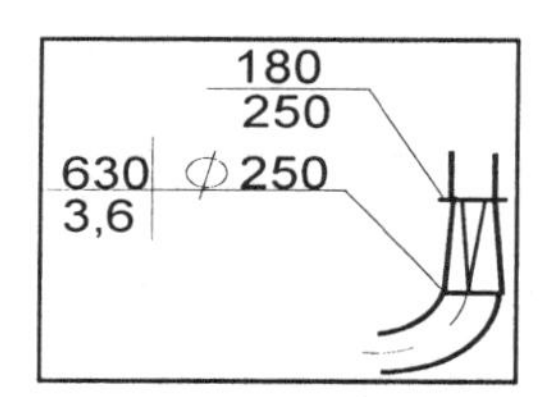

Was bedeuten Sie? Überprüfen Sie den Wert für die Luftgeschwindigkeit.

e) Im Zuluftkanal stehen die Angaben:

280 | 1260
250 | 5.0

Was bedeuten Sie? Überprüfen Sie die Luftgeschwindigkeit.

f) Die Abluft beträgt nach Aufg. d) 630 m^3, die Zuluft aber 1260 m^3. Besteht im Raum ein Überdruck? Erläutern Sie.
g) Welche Luftverhältnisse herrschen in der Teeküche?
h) Muß die Tür zum Konferenzraum auch gekürzt sein?
i) Im Schnitt AA ist gezeigt, daß die Zu- und Abluftkanäle in dem Versorgungsschacht nach unten führen. Der linke Kanal hat einen größeren Querschnitt. Warum?
j) Im Schnitt BB ist die Kanalführung der Abluft unter der Zuluft dargestellt:

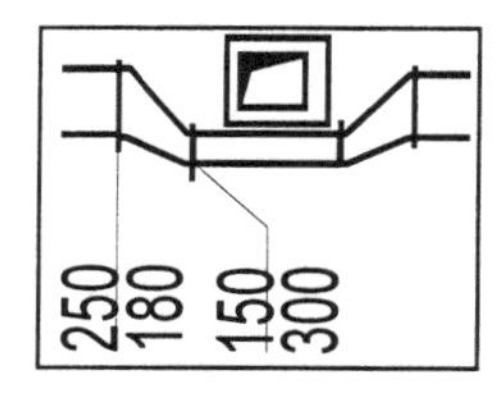

Erläutern Sie die Kanalführung.

k) In welcher Etage liegt der Konferenzraum? Wie groß ist seine *lichte* Höhe?
l) Luftkanäle, die in einen anderen Raum (Brandabschnitt) führen, sind mit Brandschutzklappen zu versehen, um das Übergreifen eines möglichen Feuers in andere Räume zu verhindern. Suchen Sie für die untenstehende Brandschutzklappe die fehlenden Maße aus der Zeichnung.

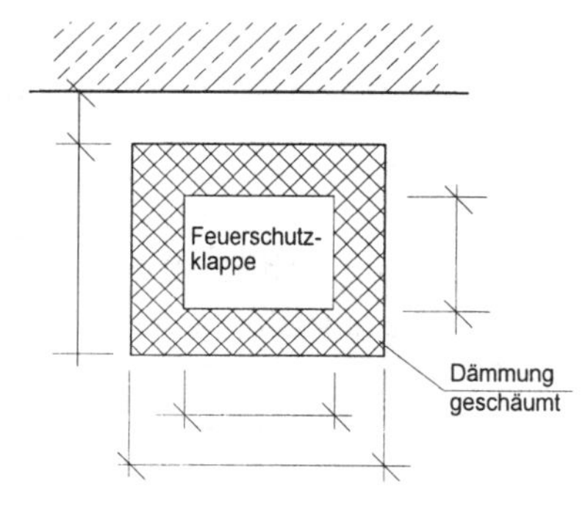

m) Auf der Baustelle wird ein Kanalstück 280 x 250; 1250 mm lang; mit 2 runden Anschlüssen ⌀ 250 mm angeliefert. Gehört dieses Stück in den Konferenzraum?
n) Was bedeutet die separate Zeichnung im Lager?

8. Grundriß

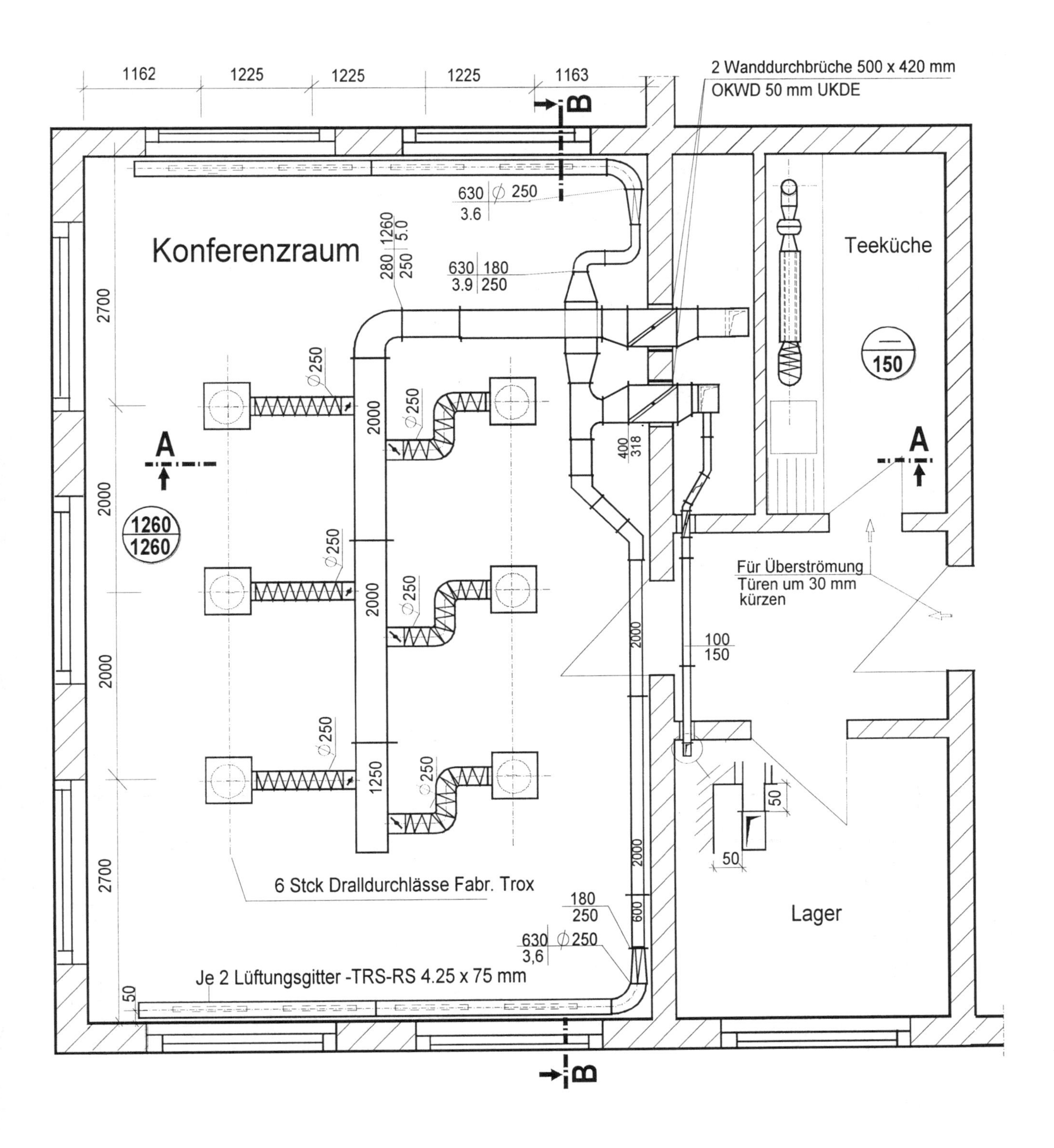
1162
1225
1225
1225
1163
2 Wanddurchbrüche 500 x 420 mm
OKWD 50 mm UKDE
B
630 ⌀ 250
3.6
Konferenzraum
280 1260
250 5.0
630 180
3.9 250
Teeküche
150
2700
2000
2000
2700
A
1260
1260
⌀250
2000
2000
1250
400
318
Für Überströmung
Türen um 30 mm
kürzen
100
150
2000
50
50
Lager
6 Stck Dralldurchlässe Fabr. Trox
180
250
600
630 ⌀250
3,6
Je 2 Lüftungsgitter -TRS-RS 4.25 x 75 mm
50

8. Schnitte

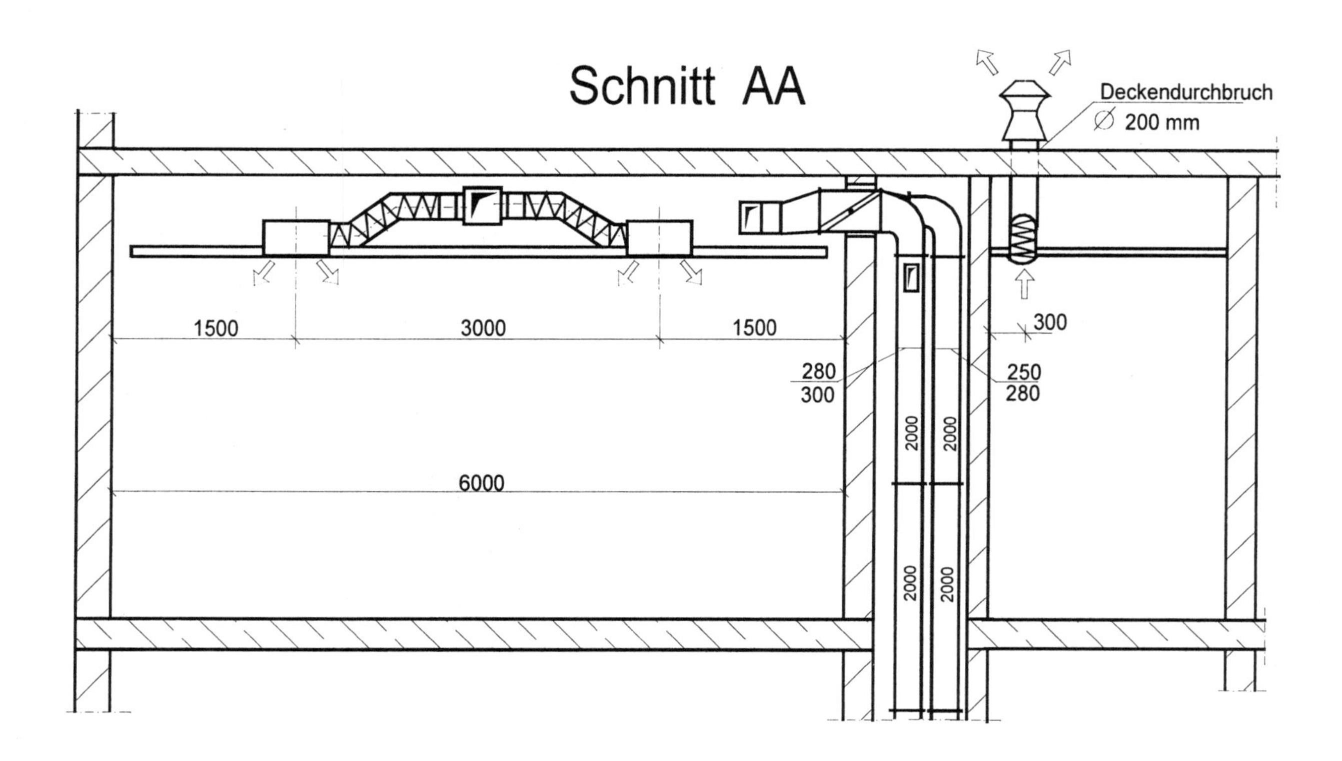
Schnitt AA
Deckendurchbruch
∅ 200 mm
1500
3000
1500
280
300
250
280
300
6000
2000
2000
2000
2000

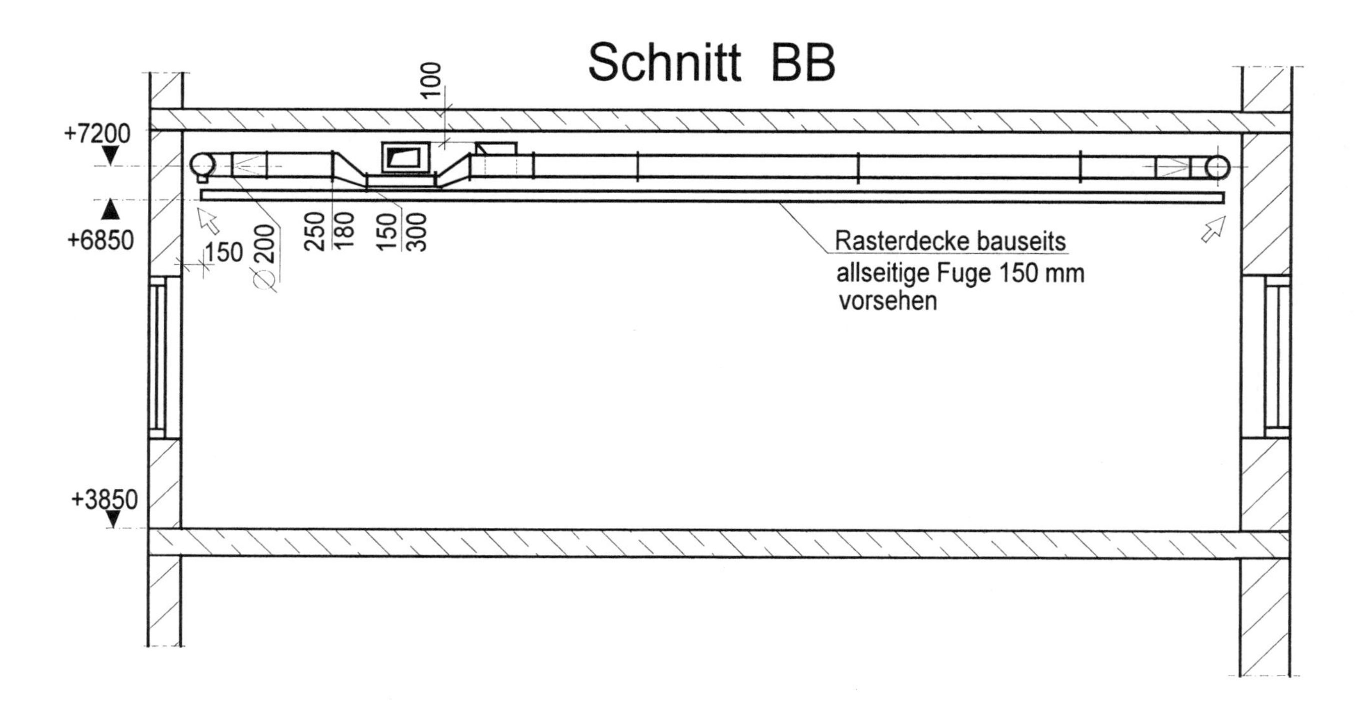
Schnitt BB
100
+7200
+6850
+3850
150
∅ 200
250
180
150
300
Rasterdecke bauseits
allseitige Fuge 150 mm
vorsehen

E – Elektro- und Steuerungstechnik

In den dargestellten Kältesteuerungen sind die neuesten VDE-Bestimmungen und DIN-Blätter berücksichtigt. Verbindlich sind aber nur die jeweiligen VDE-Bestimmungen und DIN-Blätter selbst.

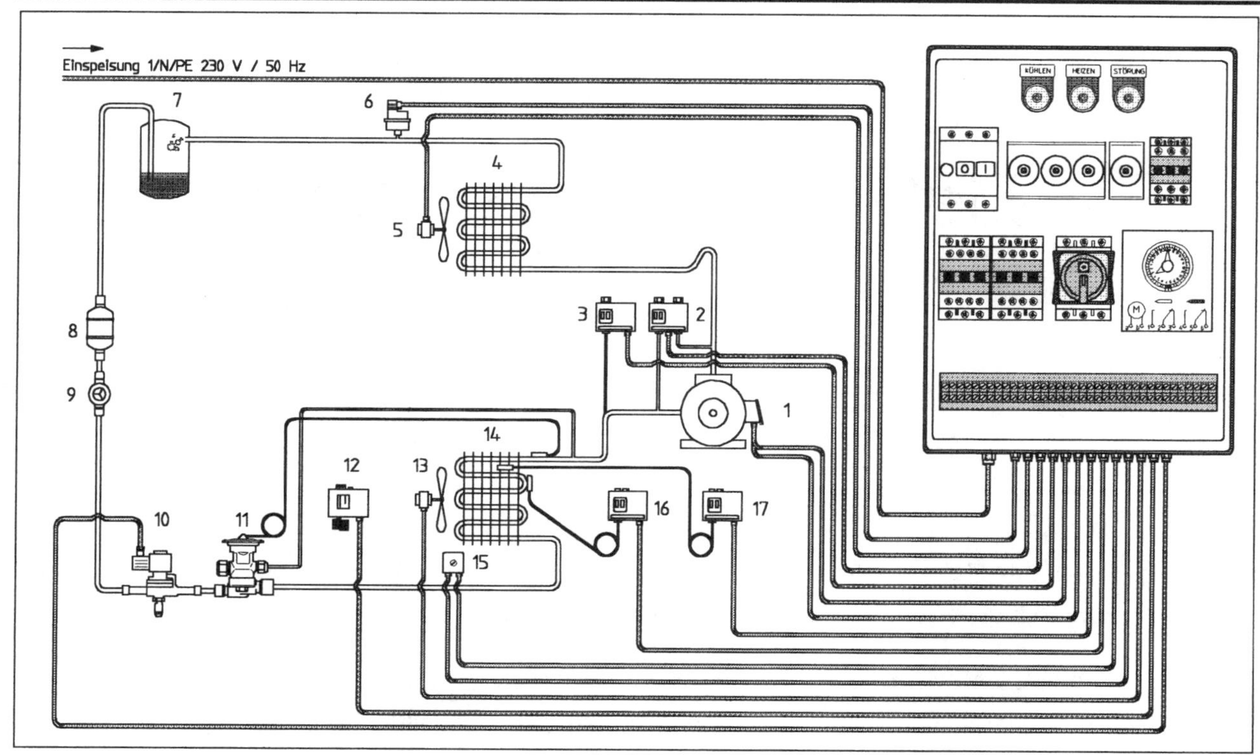

Abb. 7.1

7.1 Schaltungs- und Funktionsanalyse

1. Erstellen Sie eine Stückliste der im Schaltkasten enthaltenen (sichtbaren) Bauteile.
2. Fertigen Sie eine Legende für die elektrische Steuerung an.
3. Vervollständigen Sie den Stromlaufplan des Lastkreises auf Blatt 1, S. 70.
4. In dem Stromlaufplan der Steuerung (Blatt 2) befinden sich mindestens 5 Fehler. Benennen Sie die Fehler und deren Auswirkung.
5. Der defekte Einphasen-Wechselstrommotor M3 (Verflüssiger-Lüfter) soll durch einen *0,09 kW-Drehstrommotor für Y 400 V* ausgetauscht werden.

Zeichnen Sie den Drehstrommotor in **Steinmetzschaltung** in den vorbereiteten Stromlaufplan der Steuerung auf Blatt 3 ein und korrigieren Sie dabei die 5 Fehler.
Beachten Sie die bildliche Darstellung in Abb. 7.1 und den nebenstehenden Auszug aus der Montageanleitung von ALCO (Fig.9).

Fig. 9

Dreiphasenmotor mit Steinmetzschaltung

Verwenden Sie einen Kondensator (C) gemäß den Angaben des Motorherstellers

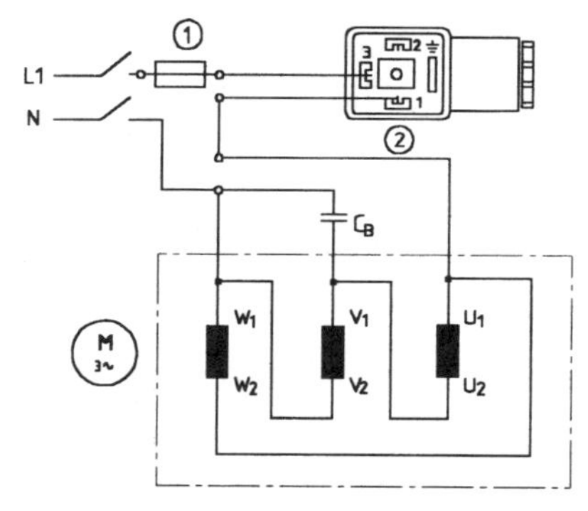

1 Sicherung
2 DIN-Stecker

7.2 Technologie

1. Nennen Sie Anwendungsbereiche für Elektronische Drehzahlregler, die die Motordrehzahl in direkter Abhängigkeit von den Druckänderungen regeln.
2. Nennen Sie die Vorteile der stetig wirkenden Drehzahlregelung von Verflüssigerlüftern.
3. Im Zusammenhang mit elektronischen Reglern in kälte- und klimatechnischen Anlagen fällt oft der Begriff **Elektromagnetische Verträglichkeit**. Was ist darunter zu verstehen ?
4. Was ist bei der Installation zu beachten, damit **Funkstörungen** erst gar nicht auftreten können ?
5. Wie müssen die Wicklungen des *0,09 kW-Drehstrommotors Y 400 V* am 230 V-Einphasennetz geschaltet werden (Begründung)?
6. Muß der Niederdruckschalter B1 auf einen bestimmten Wert eingestellt werden ?
   Gibt es dafür eine Vorschrift ?
7. Wie stellen Sie den Verdampferlüfterthermostaten (NT) ein ?
8. Was sollte bei der Justierung von Drucktransmittern beachtet werden ?

7.3 Technische Mathematik

Die nebenstehende Abb. 7.2 zeigt den prinzipiellen Aufbau eines Drehzahl- bzw. Helligkeitsreglers (Dimmer).
Mit solch einem Wechselstromsteller läßt sich die Stromstärke durch einen Verbraucher (R_L) dadurch beeinf lussen, daß mit Hilfe eines Steuergerätes (in unserem Aufgabenbeispiel ist das die elektronische Schaltung des Drehzahlreglers) die positive und die negative Halbwelle des sinusförmigen Wechselstromes angeschnitten wird (**Phasenanschnitt**).
Dazu sind im Lastkreis zwei antiparallel geschaltete Thyristoren erforderlich. Da bei der Antiparallelschaltung von zwei Thyristoren zwei Steuerkreise und zwei gegeneinander isolierte Kühlkörper erforderlich wären, hat man diese zwei zu einem einzigen Bauteil zusammengefaßt. Dadurch ist der **Triac** entstanden (s. Abb. 7.3).

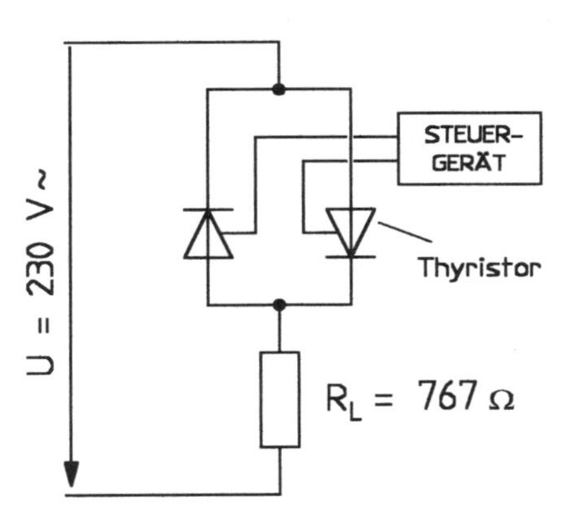

Abb. 7.2 Ersatzschaltbild

Anhand eines Aufgabenbeispiels soll das Prinzip der Phasenanschnittsteuerung verdeutlicht werden.
Dazu wurde die Schaltung wie folgt vereinfacht:

- Statt des Verflüssigerlüftermotors (Motorwicklungen verursachen eine Phasenverschiebung zwischen Strom und Spannung) wurde ein Wirkwiderstand $R_L = 767\ \Omega$ gewählt
- Der Spannungsfall am Triac kann vernachlässigt werden
- Es wird ausschließlich mit Effektivwerten gearbeitet

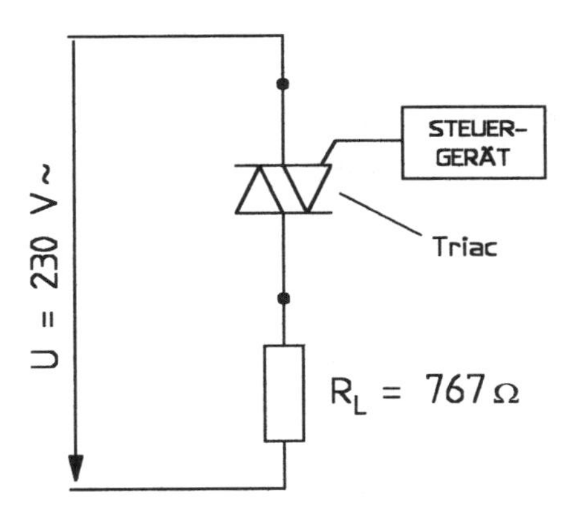

Abb. 7.3 Prinzipschaltbild Drehzahlsteller

1. Der elektronische Drehzahlregler (Steuergerät) ist auf höchste Drehzahl eingestellt, so daß am Verflüssigerlüftermotor die volle Netzspannung anliegt.
   Strom- und Spannungsverlauf sind in Abb. 7.4, S. 71 dargestellt.

   a) Berechnen Sie die Wirkleistung, die der Verflüssigerlüftermotor R_L in diesem Betriebszustand aufnimmt.
   b) Welchen Wert hat der Zündwinkel (auch Steuerwinkel genannt) bei voller Drehzahl ?

2. Der elektronische Drehzahlregler (Steuergerät) wird so eingestellt, daß der Zündwinkel $\alpha = 60°$ beträgt.
   a) Zeichnen Sie den Verlauf von Spannung und Stromstärke in die vorbereiteten Diagramme (Abb. 7.4, S. 71) für den Zündwinkel $\alpha = 60°$ ein, und
   berechnen Sie für diesen Betriebszustand
   b) den Effektivwert der Spannung U_α (in V)
   c) den Effektivwert der Stromstärke I_α (in mA)
   d) die Wirkleistung P_α (in W_{Wirk})

3. Welchen entscheidenden Vorteil hat die Phasenanschnittsteuerung gegenüber einer Spannungsteiler-Schaltung ?

4. Welche Leistung nimmt der Verflüssigerlüfter noch auf, wenn der Zündwinkel α auf 120° erhöht wird ?

<u>Nach Einbau eines Drehstrommotors in Steinmetzschaltung</u>

5. Welche maximale Stromstärke nimmt der 0,09 kW-Drehstrommotor am Einphasennetz auf, wenn sein Leistungsfaktor 0,85 beträgt ?

6. Wieviel an Luftmenge bringen Wechselstromlüfter in etwa in der kleinsten Drehzahlstufe bezogen auf ihre Gesamtluftmenge ?

....

....

7.1.3 Vervollständigen Sie den Stromlaufplan des **Lastkreis**es

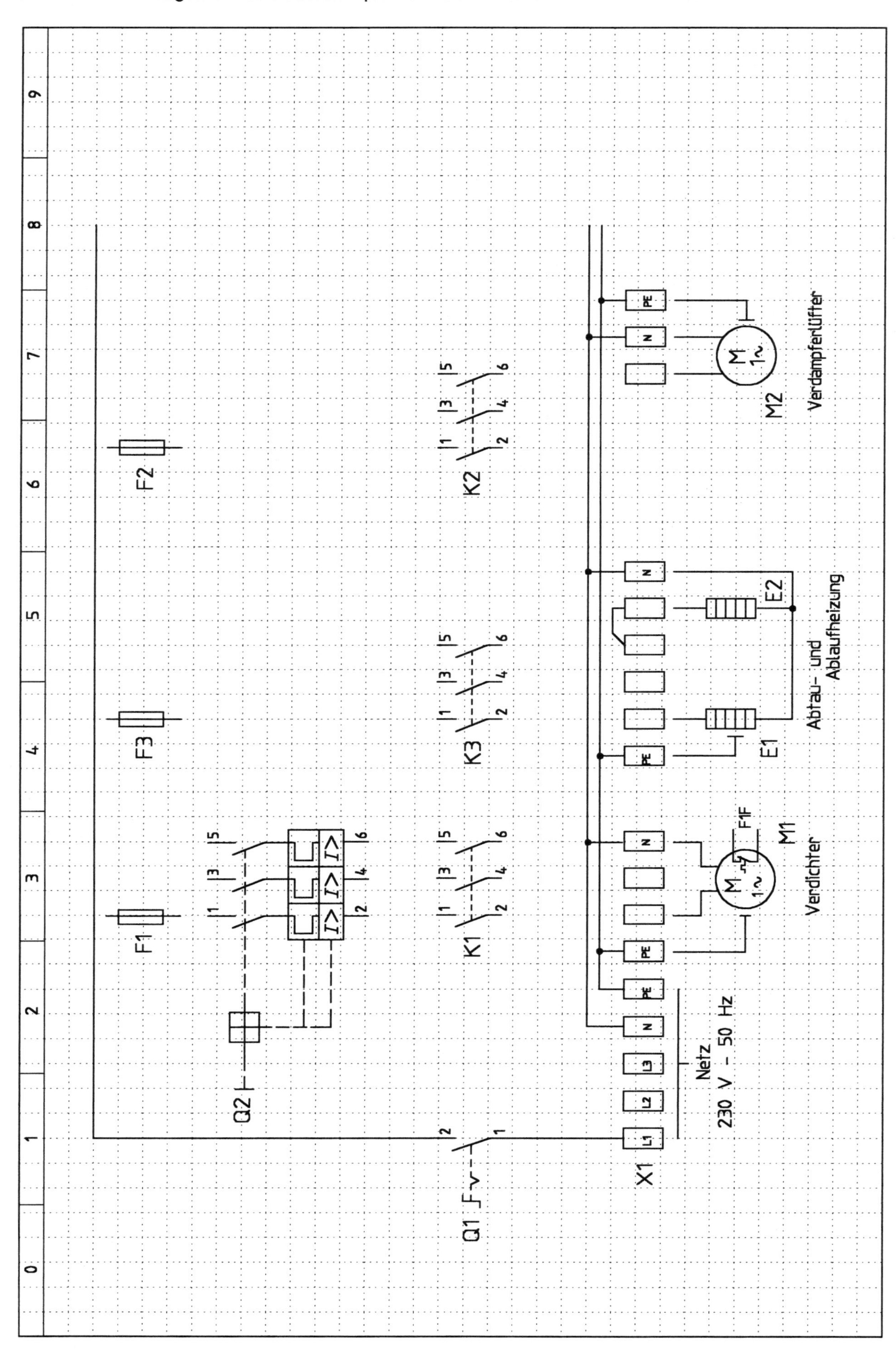

7.1.4 Fehlerhafter Stromlaufplan der Steuerung

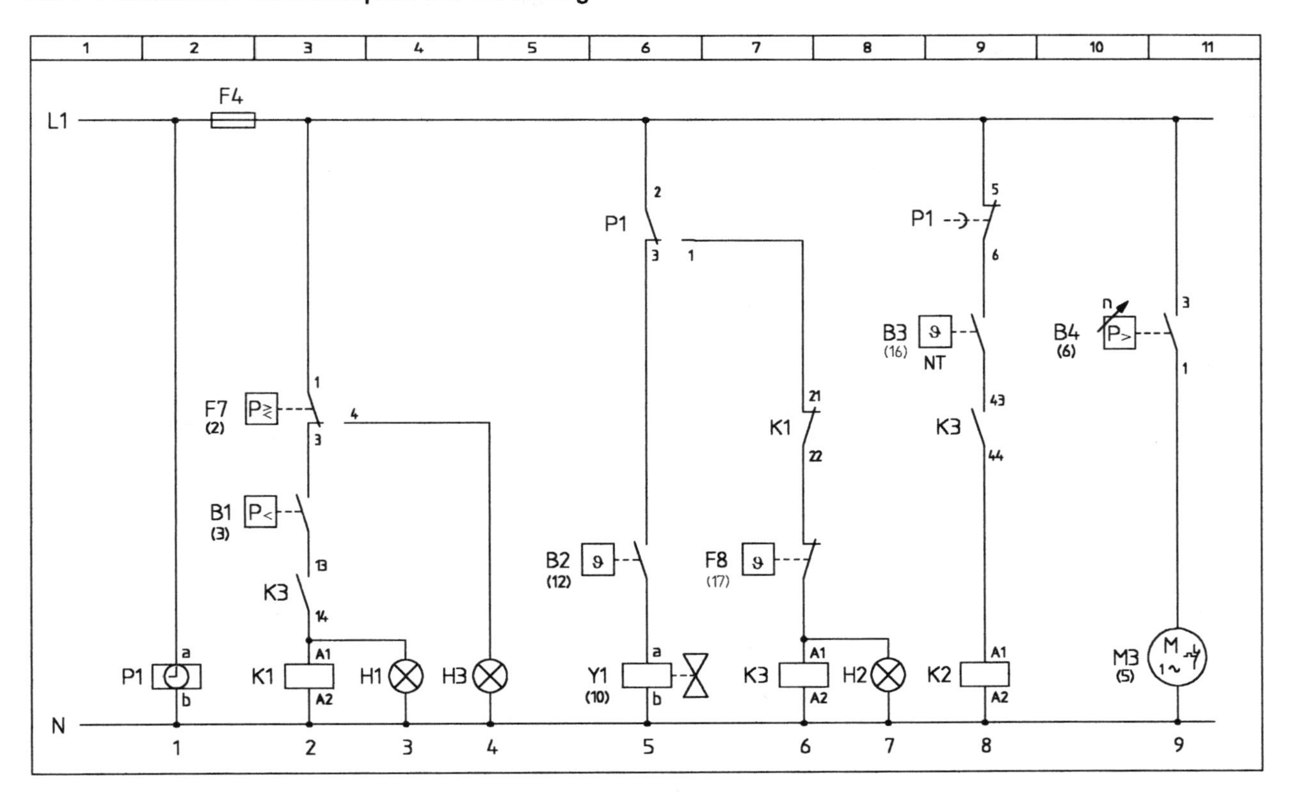

7.3.1 und 2

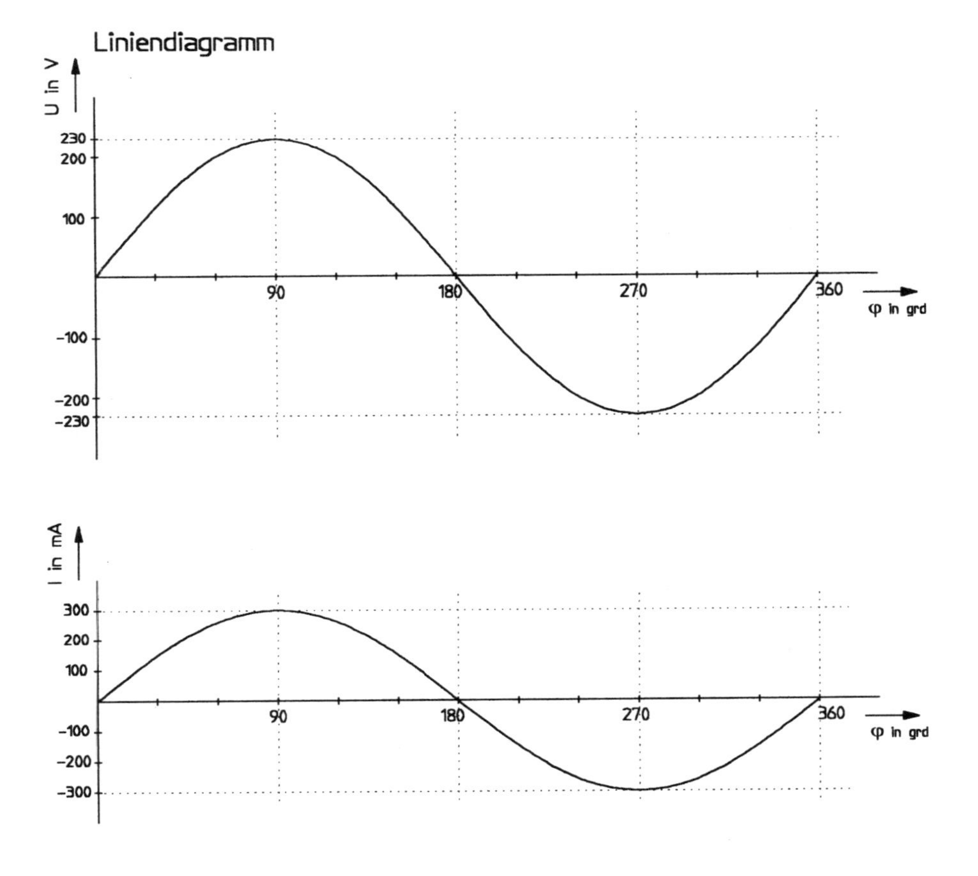

Abb. 7.4: Spannungs- und Stromverlauf am Lastwiderstand R_L

7.1.5 Stromlaufplan der Steuerung mit Drehstrommotor in Steinmetzschaltung

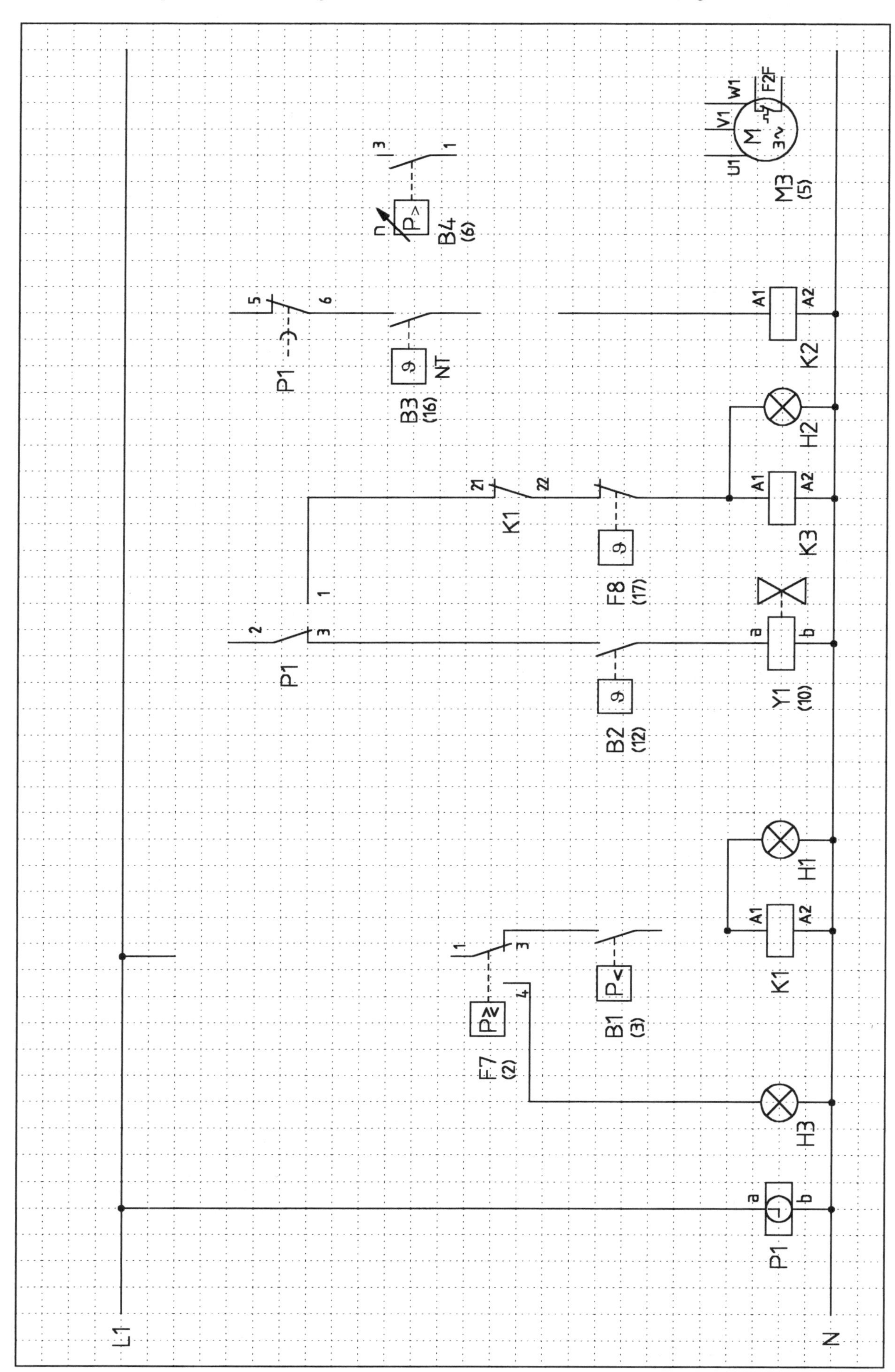

8.1 Schaltungs- und Funktionsanalyse

Abb. 8.1 zeigt die Wicklungen und Anschlussklemmen eines Dahlandermotors. Ebenso den Hauptstromkreis einer **Dahlanderschaltung**.
Auf Blatt 2 (S. 76) ist der unvollständige Stromlaufplan einer Kältesteuerung mit Verflüssigerlüfter-Drehzahländerung mittels Dahlanderschaltung dargestellt.

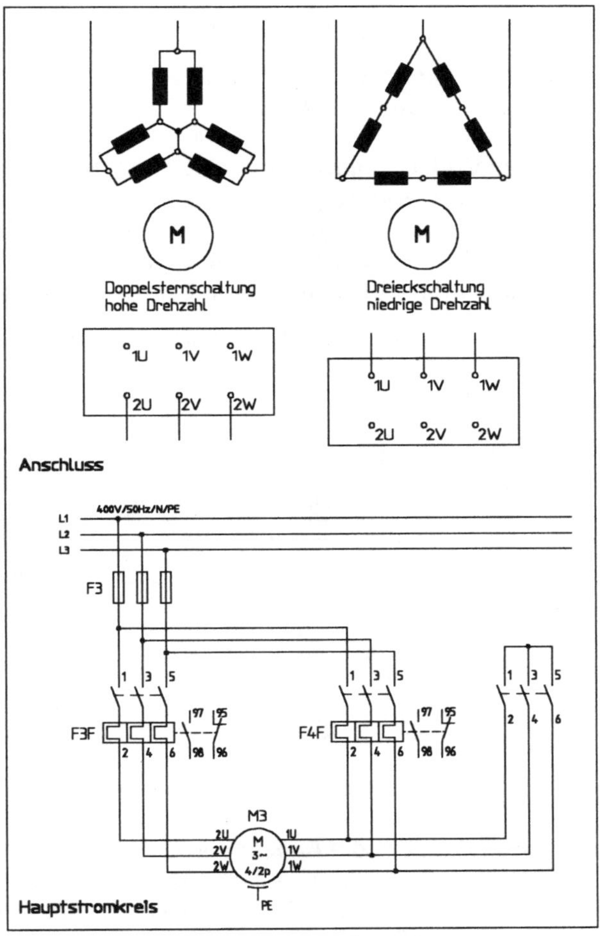

1. Tragen Sie in die Wicklungen des Dahlandermotors die Klemmenbezeichnungen ein (Abb. 8.1 oben).
2. Tragen Sie in in den Hauptstromkreis (Abb. 8.1) die Kennzeichnungen der drei Schütze ein, die den Verflüssigerlüfter schalten (s. Blatt 2, S.76).
3. Tragen Sie auf Blatt 2 die Kontaktbezeichnungen in den Steuerschalter S1 ein.
   a) Wie wird dieser Schalter in Kältesteuerungen genannt ?
   b) Wie wird dieser Schalter nach DIN genannt?
4. Ergänzen Sie den Stromlaufplan der Steuerung auf Blatt 2:
   Es handelt sich um eine **Pump-out Schaltung**. Der Verdampferlüfter soll über den Abtauuhr-Kontakt 4-5-6 angeschlossen werden und nachlaufen, solange der Abpumpvorgang läuft. Nach der Heizperiode soll der Verdampferlüfter über den Abtauuhr-Kontakt verzögert wieder eingeschaltet werden. Ein Nachlauf-Thermostat steht nicht zur Verfügung.
   Zur Steuerung des Verflüssigerlüfters:
   Die niedrige Drehzahl wird mit einem Kontakt des Verdichterschützes angesteuert. Die hohe Drehzahl wird in Abhängigkeit von der Verflüssigungstemperatur mittels Druckschalter B3 geschaltet. Es ist zu beachten, daß nicht direkt von der hohen auf die niedrige Drehzahl zurückgeschaltet werden darf.
5. Entwerfen und zeichnen Sie den Stromlaufplan des Lastkreises auf Blatt 1, S. 75.
   Der Verdichtermotor ist ein Drehstrom-Asynchronmotor mit Kurzschlußläufer, abgesichert über Neozed-Schmelzsicherungen und gegen Überlastung geschützt durch ein Überstromrelais.
   Die Abtauheizung besteht aus drei in Sternschaltung verketteten Heizwiderständen, die mit über die Neozed-Sicherungen des Verdichtermotors abgesichert sind.
   Der Verdampferlüftermotor ist ein Einphasen-Wechselstrommotor, abgesichert über Neozed-Sicherung und gegen Überlastung geschützt durch ein externes Motorschutzrelais.
   Der Verflüssigerlüftermotor ist ein Dreieck/Doppelstern-Drehstrom-Asynchronmotor mit Käfigläufer, abgesichert über Neozed-Sicherungen und gegen Überlastung geschützt durch zwei Überstromrelais (s. Abb. 8.1).

Abb. 8.1

8.2 Technologie

1. Beschreiben Sie die Funktion der hier dargestellten Verflüssigerlüfter-Steuerung (Blatt 2, S. 76).
2. Erklären Sie das Prinzip der Dahlanderschaltung.
3. Was ist bei der Einstellung des Verflüssigungsdruckschalters B3 (S. 76) zu beachten ?
4. Was unterscheidet die Pump-out- von der Pump-down Schaltung ?
5. Wozu dient der Steuerschalter S1 ?
6. Erklären Sie den prinzipiellen Aufbau und die Funktion eines **D**rehstrom-**As**ynchron**m**otors (**DASM**) mit Kurzschlußläufer.

8.3 Technische Mathematik

1. Jeder Widerstand der in Stern geschalteten Abtauheizung hat einen Wert von 53 Ω.
   Das Drehstromnetz hat eine Leiterspannung von 400 V / 50 Hz.
   Berechnen Sie
   a) die Wirkleistungsaufnahme eines Heizwiderstandes
   b) die Wirkleistungsaufnahme aller drei Heizwiderstände
   c) die aufgenommene Stromstärke pro Außenleiter
   d) die Wirkleistungsaufnahme bei Ausfall einer Sicherung (Neutralleiter ist angeschlossen)
   e) die Wirkleistungsaufnahme bei Ausfall einer Sicherung, wenn der N-Leiter nicht angeschlossen ist

2. Der Verdichtermotor M1 (Drehstrom-Asynchron-Motor DASM) hat dieses Leistungsschild

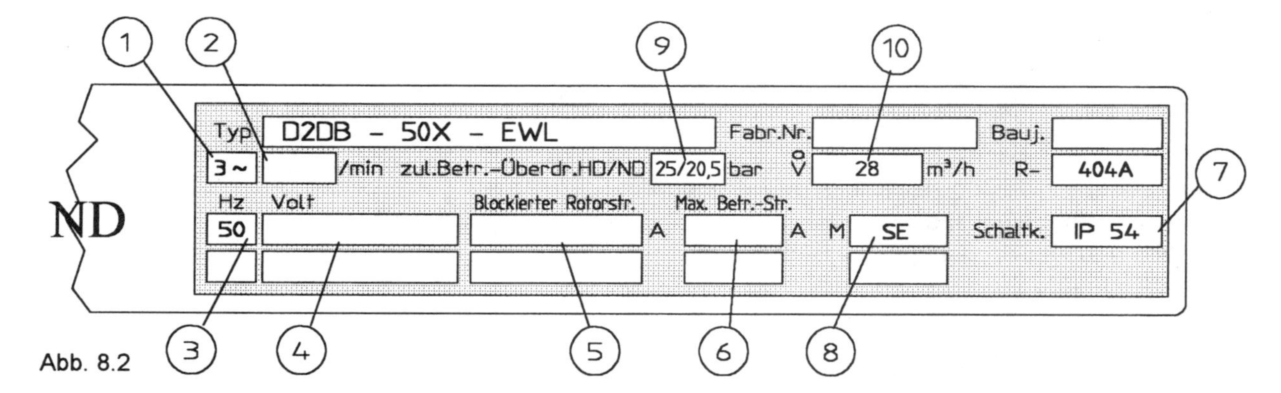

Abb. 8.2

a) Tragen Sie in die Felder (2), (4), (5) und (6) die fehlenden Daten für diesen Motorverdichter-Typ ein. Das erforderliche **Datenblatt** finden Sie im Anhang, S. 258.
b) Erläutern Sie die Angaben in den Feldern 1 bis 10.
c) Wie muß dieser DASM an das 400 V-Drehstromnetz angeschlossen werden ?
d) Für welche maximale Betriebsstromstärke ist dieser Motor ausgelegt ?
e) Welche Wirkleistung (in kW) nimmt dieser Motorverdichter am 400 V / 3~ / 50 Hz–Drehstromnetz bei einer Verflüssigungstemperatur von 50 °C und einer Verdampfungstemperatur von –10 °C auf?
f) Wie groß ist seine Stromaufnahme in diesem Betriebszustand ?
g) Berechnen Sie den Leistungsfaktor cos φ dieses Verdichtermotors für diesen Betriebszustand
h) Welche maximale mechanische Leistung (in PS) gibt dieser Motor an seiner Welle ab (bei einem angenommenen Motor-Wirkungsgrad von 80 %) ?
i) Berechnen Sie das max. Drehmoment (in Nm), das dieser Motor an seiner Welle abgeben kann.
j) Auf welchen Wert muß das Überstromrelais F1F (Blatt 1) eingestellt werden ?

3. Die Abb. 8.3 zeigt die Anschlußklemmen mit den Hersteller-Bezeichnungen

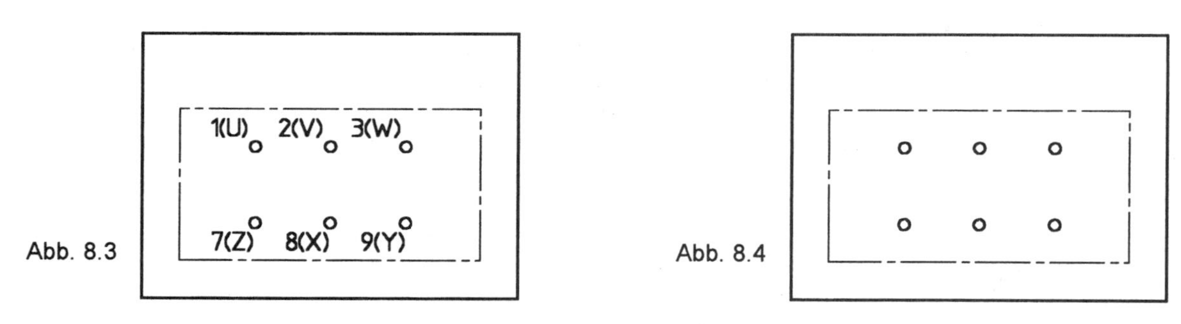

Abb. 8.3 Abb. 8.4

a) Tragen Sie in den Anschlußkasten 8.3 die Brücken für Direktanlauf des in Aufgabe 2 behandelten Motorverdichters und die Anschlüsse der drei Außenleiter ein
b) Tragen Sie auch in Abb. 8.4 die Klemmenbezeichnungen – jedoch nach DIN VDE -, die Brücken für Direktanlauf und die Anschlüsse der drei Außenleiter ein.

4. Berechnen Sie den Ersatzwiderstand für die in Abb. 8.1 dargestellte Dreieckschaltung (niedrige Drehzahl) zwischen den Klemmen 1U – 1V (Hinweis: Alle Wicklungen haben den gleichen Widerstand).

5. Berechnen Sie den Ersatzwiderstand für die in Abb. 8.1 dargestellte Doppelsternschaltung (hohe Drehzahl) zwischen den Klemmen 2U – 2V.

8.1.5 Schaltungs- und Funktionsanalyse – **Lastkreis**

8.1.4 Ergänzen Sie den Stromlaufplan der Steuerung (Verdampferlüfternachlauf plus –verzögerung)

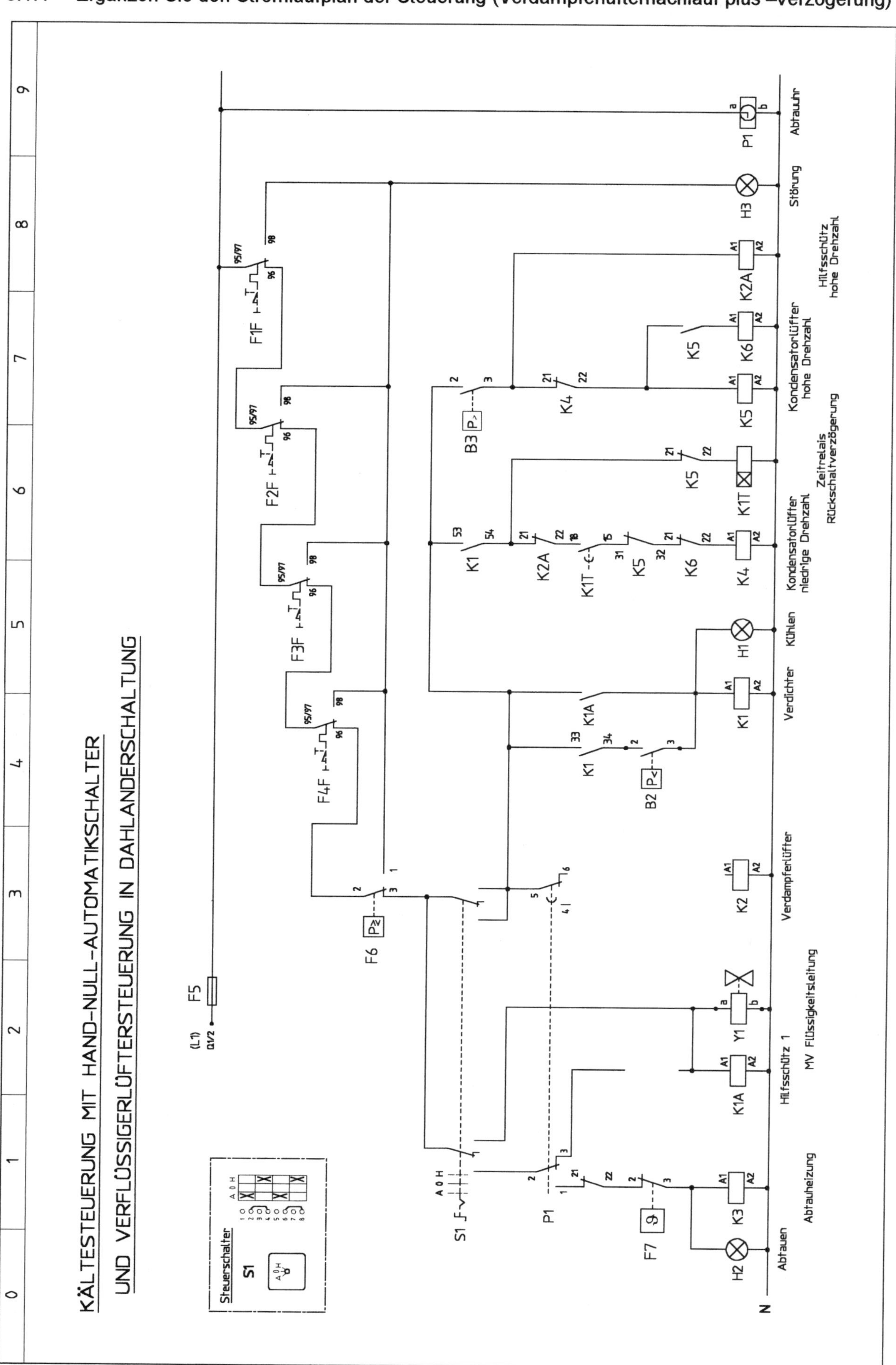

Ein Hersteller von Kältemittelverdichtern schreibt in einem Prospekt über Wicklungsschutz für Motorverdichter u. a. Folgendes:

„**Überstromrelais oder Wickelkopf-Thermostat.** Angenommen, ein Überstromauslöser (Bimetall) ist auf der Basis der gemessenen Stromaufnahme richtig eingestellt. Gut. Was aber, wenn er nach dem Auslösen (selbst ohne Absicht) verstellt wird? Dann ist die Motorwicklung nicht mehr ausreichend geschützt."

In dem gleichen Prospekt ist der nebenstehende Schaltplan (Abb. 9.1) abgebildet.

Der in dieser Kälteanlage (E 9) eingesetzte Verdichter (Bock, Typ AMX 4/466-4) soll im Normal-Kühlbereich zwischen –5 °C und –20 °C Verdampfungstemperatur arbeiten und mit dem Kältemittel R 134a betrieben werden.

Der Elektromotor ist bei diesem exemplarisch behandelten AM–Typ am Verdichter angeflanscht und befindet sich damit außerhalb des Kältemittelkreislaufs.

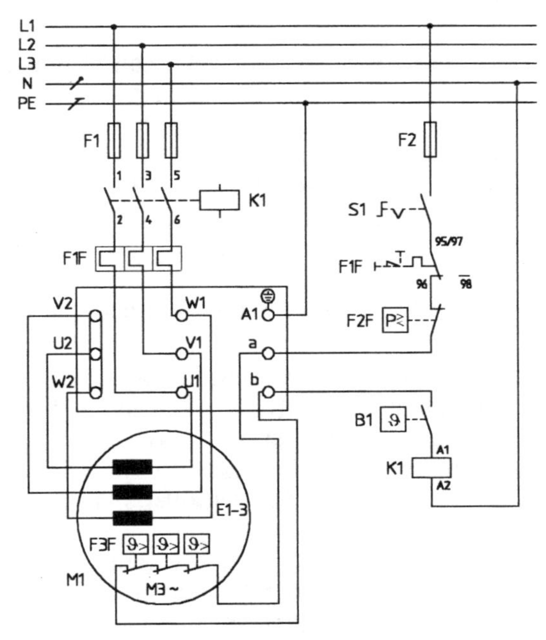

Abb. 9.1

Die technischen Daten für den Verdichter und den Antriebsmotor finden Sie auf S. 79 oben.

9.1 Technologie

1. In welcher Schaltung (Stern *oder* Dreieck) muß dieser Antriebsmotor (Typ 279,5-4) am 400 V / 3~ / 50 Hz–Netz betrieben werden (Techn. Daten s. E 9.3, S. 79) ?
2. Mit welcher Schaltung würden Sie diesen Motor am o. g. Netz anlaufen lassen ?
3. Nennen Sie Aufgabe und Einsatz der Anlaufentlastung in einer Kälteanlage.
4. Zählen Sie 9 Möglichkeiten des Startens von E-Motoren am Drehstromnetz auf und geben Sie an,, welche dieser Verfahren in Kältesteuerungen eingesetzt werden.
5. Erläutern Sie die Funktion der kältetechnischen Bypass-Anlaufentlastung (s. Blatt 2, S. 81).
6. Erläutern Sie die prinzipielle Funktionsweise des Wickelkopf-Thermostaten.
7. Warum sollte zusätzlich zu den Wickelkopf-Thermostaten noch ein Überstromrelais eingesetzt werden ?
8. Nennen Sie Einsatz und Funktion eines Wärmeschutzthermostaten.
9. Welche Gebrauchskategorie nach IEC 947 sollten die Verdichtermotor-Schütze haben, und was sind die Folgen von zu klein dimensionierten Schützen (s. auch Anhang, S. 259) ?
10. Dieser Verdichter ist mit einer Ölsumpfheizung (vgl. K 8.1.1, Aufg. 24) ausgestattet. Geben Sie an,, wie diese Heizung angesteuert werden sollte.
11. Nach welchem Prinzip funktioniert ein ***Soft Start Controller*** (Sanftanlauf-Gerät) ?
12. Welche Vorteile bietet der Sanftanlauf gegenüber den herkömmlichen Anlauf-Schaltungen (z.B. Stern-Dreieck-Schaltung) und welchen Einfluß hat das auf Motor und Motorwicklungen ?
13. Erläutern Sie die Begriffe ‚Einschaltsperre' und ‚Anlauf-Strombegrenzung'.
14. Kann beim Sanft-Anlauf auf eine kältetechnische Anlaufentlastung (Bypass) verzichtet werden ?
15. Beschreiben Sie die Funktion der Abtauuhr KIT.

9.2 Schaltungs- und Funktionsanalyse

1. Entwerfen und zeichnen Sie den Stromlaufplan des Lastkreises auf Blatt 1, S. 80, wenn die folgenden Bedingungen erfüllt sein sollen
   - Aggregat M1 (Pump-down Schaltung), 400 V / 50 Hz – Anlauf über Stern- / Dreieck-Schützschaltung abgesichert durch Neozed-Sicherungen und mit Überstromrelais gegen Überlastung geschützt
   - Verdampferlüfter M2 , 400 V / 50 Hz, 0,5 kW (Neozed-Sicherungen / Überstromrelais / Klixon)
   - Kondensatorlüfter M3, 400 V / 50 Hz, 0,5 kW (Neozed-Sicherungen / Überstromrelais / Klixon)
   - Abtauheizung E1, 400 V / 5,5 kW in Sternschaltung (Neozed-Sicherungen)

2. Vervollständigen Sie den Stromlaufplan der Steuerung (Blatt 2, S. 81) mit Zwangsabtauung (Abtauuhr KIT) sowie
   - Leistungsregelung durch Saugdampfabsperrung (Zylinderabschaltung)
   - Anlaufentlastung (Bypass-Magnetventil)
   - Ölsumpfheizung 230 V / 80 W
   - Wärmeschutzthermostat F8
   - Wicklungsschutz F9 (Wickelkopf-Thermostat)

3. Drei Monate nach Inbetriebnahme der Anlage sind die Kontakte des Netzschützes festgebrannt. Welche Ursache könnte das haben ?
   Der Kältefachbetrieb schlägt dem Kunden vor, zusätzlich eine Sanftanlaufschaltung (VSB Klima-Start W3) mit Einschaltsperre einzubauen.
   Ändern Sie den Stromlaufplan des Lastkreises auf Blatt 3, S. 82 (ohne Darstellung der Abtauheizung und der Lüfter) und den Stromlaufplan der Steuerung auf Blatt 4, S. 83 entsprechend.

4. Benennen Sie alle Bauteile (Abb. 9.2), die durch die Umstellung von Stern- / Dreieckanlauf auf Sanftanlauf eingespart werden können.

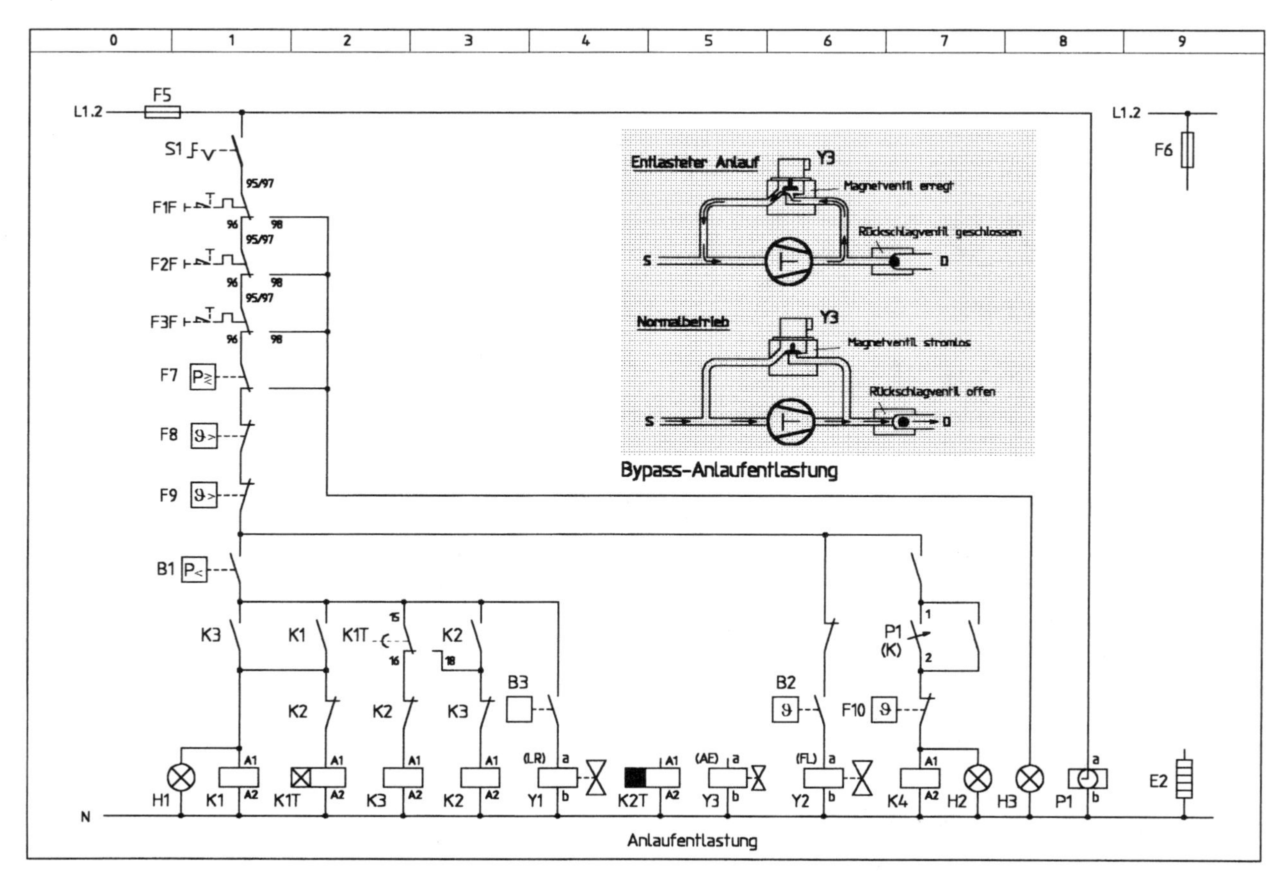

Abb. 9.2

9.3 Technische Mathematik

In der Tabelle **Technische Daten der AM-Motoren** sind für diesen Verdichter (Typ AM 4/466-4) angegeben

- die Läufer-Drehzahl im Nennbetrieb n = 1450 min^{-1}
- die Spannung U = 380 V Δ
- die Frequenz f = 50 Hz
- die maximale aufgenommene Stromstärke I_{max} = 21,5 A
- der ohmsche Widerstand eines Wicklungsstranges bei +20 °C, R_k = 1,15 Ω
- der Anlaufstrom bei blockiertem Rotor I_{AN} = 110 A
- die Isolationsklasse F (155 °C)

Der R 134a-Tabelle entnimmt man bei t_c = 40 °C / t_0 = -15 °C

P_e = 5,09 kW und I = 12,1 A

1. a) Tragen Sie in die bildlich dargestellten D-Asynchronmotoren mit Kurzschlußläufer die fehlenden Außenleiter und die Brücken für 9.3.1) **Sternschaltung** und 9.3.2) **Dreieckschaltung** ein

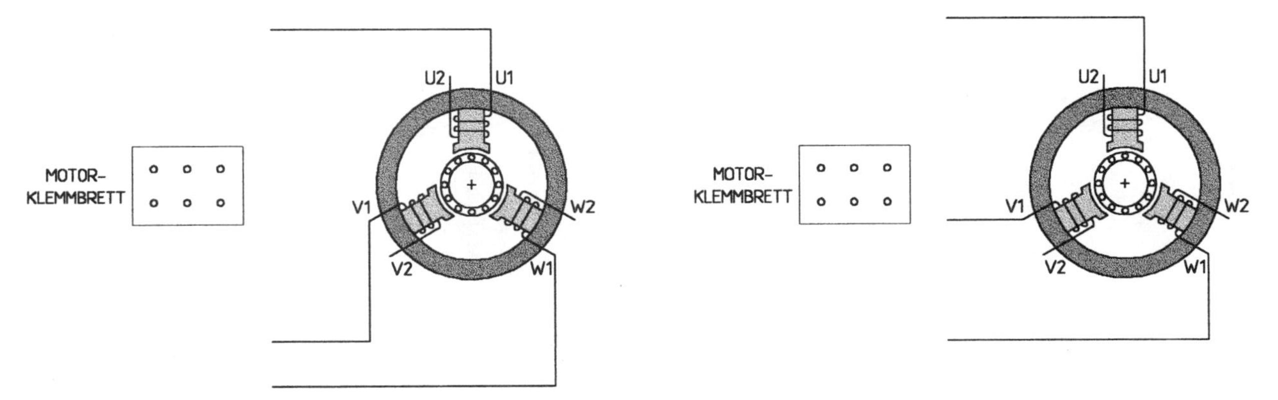

Abb. 9.3.1 Verdichtermotor in Sternschaltung

Abb. 9.3.2 Verdichtermotor in Dreieckschaltung

   b) Tragen Sie in die Motor-Klemmbretter die Außenleiter und Brücken ein
   c) Tragen Sie in beide Abb. je eine Leiter- und eine Strangspannung ein
   d) Zeichnen Sie die 3 Wicklungen dieses Motors als Dreieck und tragen Sie Leiter- und Strangströme ein
   e) Tragen Sie die Betriebsstromstärke in die gezeichnete Dreieckschaltung ein und berechnen Sie die Strangstromstärke (in A). Tragen Sie auch diese als Wert ein.

2. Wie gross ist die **Anlauf-Stromstärke** (in A), wenn dieser Motor in **Sternschaltung** angelassen wird ?
   In der Praxis kann man unter den hier vorliegenden Bedingungen davon ausgehen, daß die Anlauf-Stromstärke 6 mal grösser ist als die Nennstromstärke (s. auch Anhang, S. 259, IEC 947).
   Tragen Sie die ermittelte Anlauf-Stromstärke in Abb. 9.3.1 ein.

3. Welche Stromstärke nimmt dieser D-Motor während des Anlaufens auf, wenn er direkt in Dreieckschaltung anlaufen würde ?
   Tragen Sie die ermittelte Stromstärke in Abb. 9.3.2 ein.

4. Welche **Anlauf-Stromstärke** nimmt dieser D-Motor noch auf, wenn er über ein **Sanftanlauf**-Klima-Start-Gerät (unter den Bedingungen: keine elektronische Anlaufstrombegrenzung / mit kältetechnischer Anlaufentlastung) angelassen wird ?

5. Berechnen Sie für den Arbeitspunkt (t_C = 40 °C / t_0 = -15 °C) den Phasenverschiebungsfaktor cos φ, wenn am Motor eine Spannung von 380 V anliegt (Daten s.o.).

6. Wie würden Sie diesen Motor absichern (Nennstromstärke der NEOZED-Sicherungen in A), und auf welchen Wert (in A) würden Sie das Überstromrelais F1F einstellen (s. Anhang S. 256)?

7. Welcher Leiterquerschnitt (NYM auf Putz) ist erforderlich, wenn die Unterverteilung ca. 20 m vom Schaltkasten dieser Kältesteuerung entfernt ist ?

8. Wie groß ist der Wirkwiderstand eines Motor-Wicklungsstranges (aus Cu) bei einer Temperatur von 80 °C (Daten s.o.)?

9.2.1 Schaltungs- und Funktionsanalyse – Stromlaufplan **Lastkreis**

9.2.2 Vervollständigen Sie den Stromlaufplan der Steuerung mit Zwangsabtauung (KIT) ...

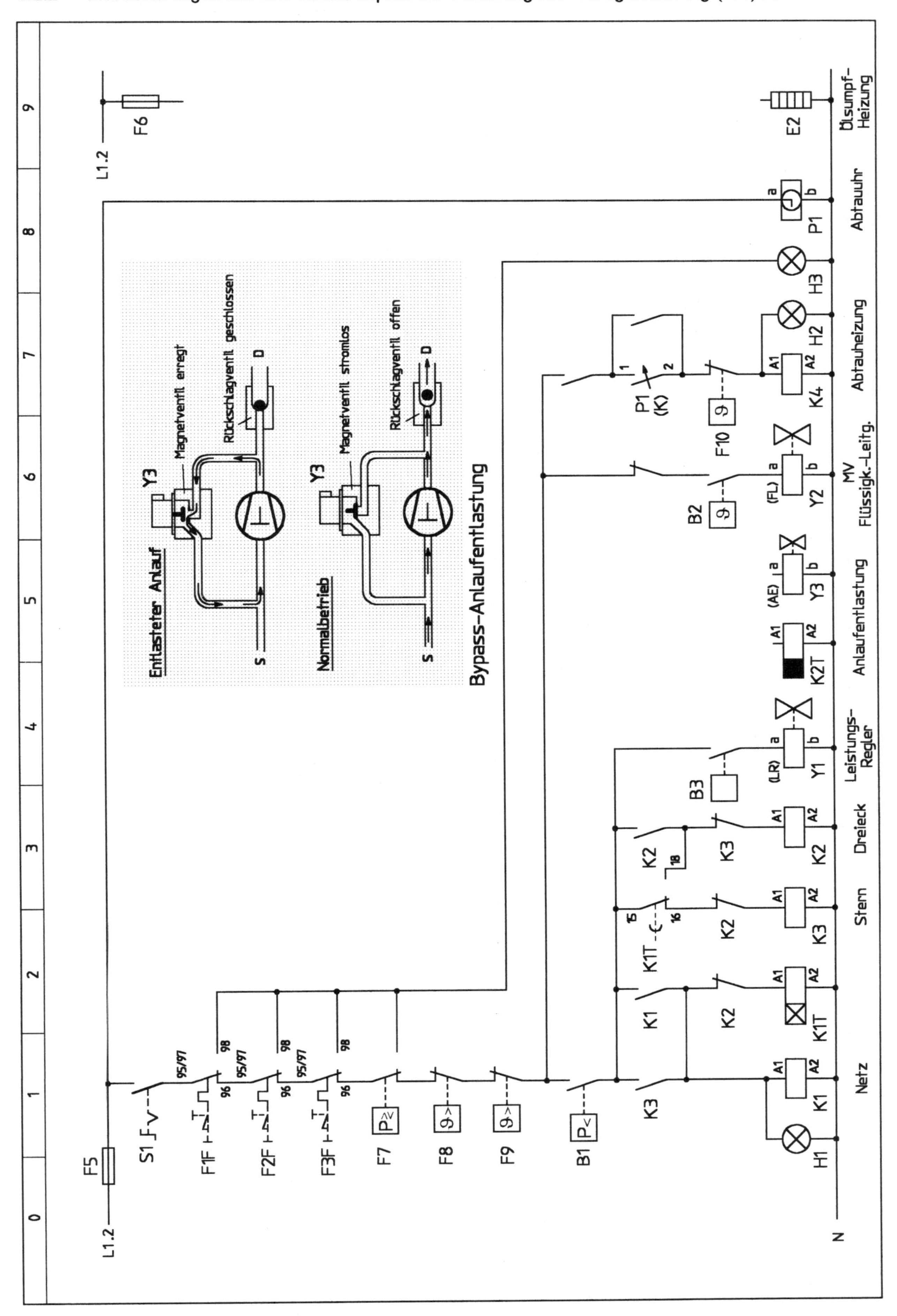

9.2.3 Ändern Sie den Stromlaufplan des **Lastkreises** (ohne Abtauheizung und ohne Lüfter)

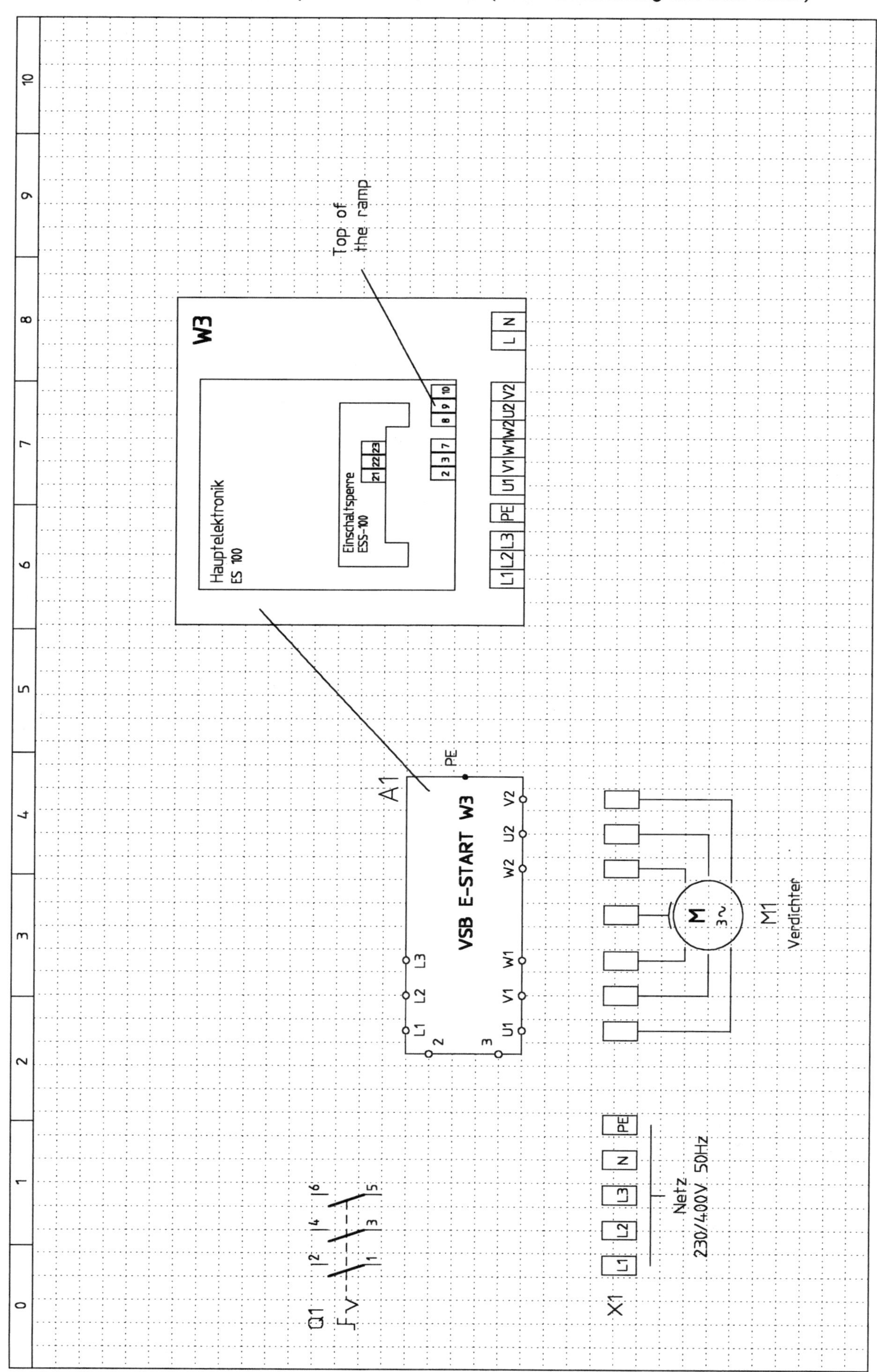

9.2.3 Ändern Sie den Stromlaufplan der **Steuerung** (ohne Abtauheizung und ohne Lüfter)

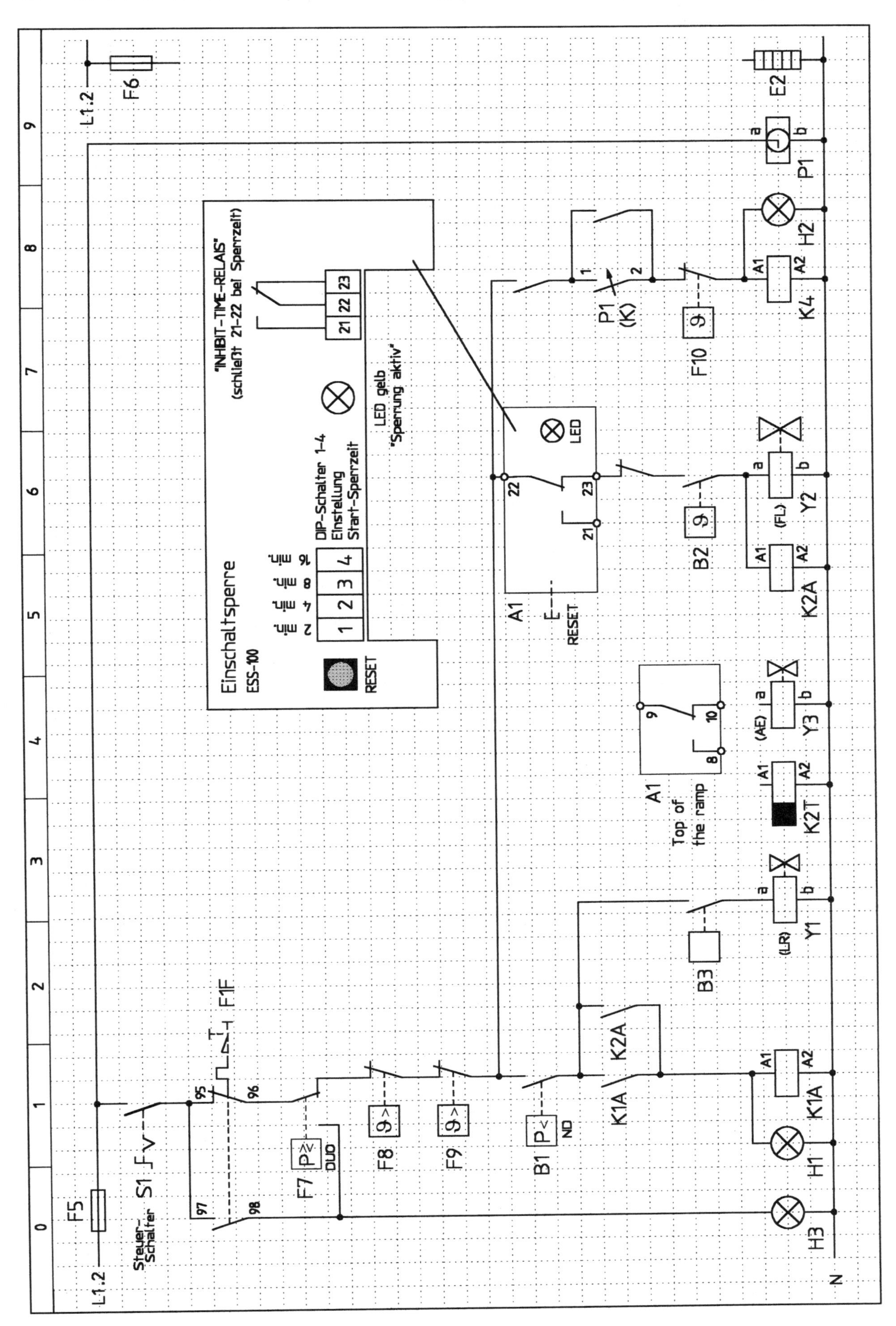

Die auf Blatt 1 (S. 86) komplett dargestellte Kältesteuerung soll für Tiefkühlung eingesetzt werden und folgende Funktion haben:

Abpumpschaltung (Pump-out) mit **Startverzögerung**, **Anlaufentlastung** und **Heißgasabtauung**.

Der separat aufgestellte einstufige halbhermetische Hubkolbenverdichter (Bitzer 4Z-8.2) ist direkt ansaugend und wird durch einen Zusatzlüfter gekühlt.
Zur Sonderausstattung gehören eine Ölsumpfheizung, ein Öldruckdifferenzschalter **MP 55** (Danfoss), eine integrierte Anlaufentlastung und die Motorschutzeinrichtung **INT 69** (Kriwan).

Der Schaltkasten aus Isolierstoff hat die Schutzart **IP 54**.
Hauptschalter und Schütze sind für den **AC-3**-Betrieb ausgelegt.
Die Steuerung ist nach **VDE 0100** und **VDE 0660** gefertigt, sowie TÜV-geprüft.

Auf die Darstellung der Verdampfer- und Verflüssigerlüfter sowie des Zusatzlüfters wurde aus Platzgründen verzichtet.

10.1 Technologie

1. Was versteht man unter einem Teilwicklungsmotor? Wie unterscheidet er sich vom Stern-/Dreieckmotor im Anlaufverhalten ?
2. Warum sollten beide Teilwicklungen eines Teilwicklungsmotors (Partwinding) über *eine gemeinsame* Sicherungsgruppe abgesichert werden ?
3. Wie wird ein Zusatzlüfter schaltungstechnisch angeschlossen und was muß der Kälteanlagenbauer beim Einsatz dieser ‚Zusatzkühlung' beachten ?
4. Welche Aufgabe hat das Hilfsschütz K2A ?
5. Erläutern Sie die prinzipielle Funktionsweise des Internen Motorschutzes INT 69.
6. Wie kann das INT 69 auf Funktion überprüft werden ?
7. Beschreiben Sie die Funktionsweise des elektromechanischen Öldruckwächters MP 55.
8. Wie kann man den Motorverdichter gegen periodisch sich wiederholende Öldruckstörungen während des Betriebes schützen, die aufgrund der Verzögerungseinrichtung des MP 55 nicht erfaßt werden ?
9. Wie wird die Netzform genannt, an der diese Kälteanlage betrieben wird ?
10. Beschreiben Sie, welcher Gefahr ein Mensch ausgesetzt ist, der ein aktives Betriebsmittel der Kälteanlage berührt, z. B. den Verdichter, wenn der Schutzleiter nicht angeschlossen wäre ?
11. Beschreiben Sie die prinzipielle Funktion eines Fehlerstrom-Schutzschalters (FI-Schutzschalter)..
12. Angenommen, diese Anlage würde über einen FI-Schutzschalter betrieben.
    Wie wirkt sich das auf den in Aufgabe 10.1.10) beschriebenen Fehler aus ?

10.2 Schaltungs- und Funktionsanalyse

1. Überprüfen Sie den Verdrahtungsplan (Blatt 1, S. 86) auf Zeichnungsfehler und korrigieren ihn – falls erforderlich.
2. Fertigen Sie eine Legende an.
3. Vervollständigen Sie den Stromlaufplan des Lastkreises auf Blatt 2, S. 87.
4. Vervollständigen Sie den Stromlaufplan der Steuerung auf Blatt 3, S. 88. Tragen Sie die Klemmen ein.
5. Der Öldruckdifferenzschalter (F6) soll schaltungstechnisch so modifiziert werden, daß auch bei Öldruckstörungen während des Betriebes eine direkte Abschaltung erfolgt.

   Integrieren Sie die von Fa. Bitzer vorgeschlagene Schaltung (Abb. 10.1, S. 85) in die Kältesteuerung E 10.
   Benutzen Sie dazu Blatt 4, S. 89.

Die nebenstehende Abb. 10.1 zeigt das Anschlußbild eines Öldruckwächters, wie Fa. Bitzer es zur Modifizierung des elektromechanischen Öldruckwächters (Danfoss MP 55) vorschlägt.

6. Tragen Sie an dieser Stelle die „neuen“ Betriebsmittelkennzeichnungen bezogen auf die Kältesteuerung E 10 ein:

F3 ⇒ F6 (vorhanden)

H1 ⇒ H3 (vorhanden)

zusätzlich erforderlich werden

K1A ⇒

K1T ⇒

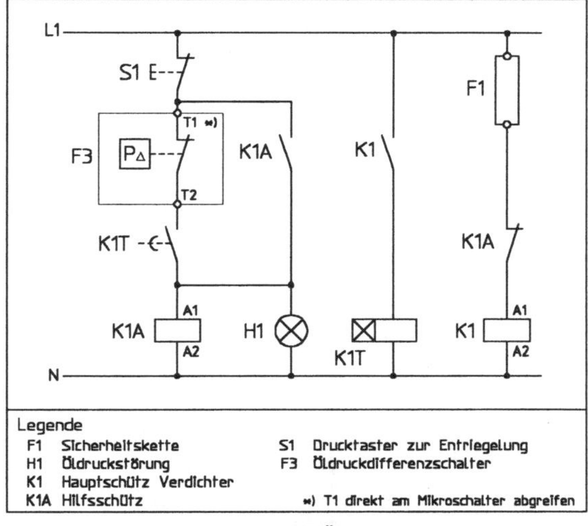

Abb. 10.1: Anschlußschema für Öldruckwächter

10.3 Technische Mathematik

1. Welche Technischen Daten (s. Anhang, S. 256/257) benötigen Sie, um für einen beliebigen Verdichtermotor
   a) die Nennstromstärke des / der Schmelzsicherungen F1
   b) den Einstellstrom I_E des Überstromrelais F1F ...
   c) den Phasenverschiebungsfaktor cos φ und
   d) die Stromstärke im Einschaltaugenblick bestimmen bzw. berechnen zu können ?

2. Bestimmen bzw. berechnen Sie für den in dieser Kältesteuerung E10 eingesetzten Verdichtermotor (4Z-8.2), s. auch Anhang S. 258
   a) die Nennstromstärke der Schmelzsicherungen F1
   b) den Einstellstrom I_E der beiden Überstromrelais F1F und F2F
   c) den Leistungsfaktor cos φ bei max. Wirkleistungsaufnahme und
   d) die Stromstärke im Einschaltaugenblick, wenn der Motor anlaufentlastet über Schütz K1.1 eingeschaltet wird.

3. Der Teilwicklungsmotor M1 ist mit dem Auslösegerät INT 69 ausgestattet, an dessen Meßkreis (Klemmen 1-2, s. Abb. 10.4, S. 87) **6 PTC-Sensoren** (2 Mini-Drillingsfühler) angeschlossen sind.
   a) Zeichnen Sie das Ersatzschaltbild der in den Motorwicklungen eingebetteten 6 Thermistoren
   b) Bestimmen Sie anhand der nebenstehenden PTC-Kennlinie den ungefähren Widerstandswert (in Ω) *eines* PTC-Widerstands bei der Motor-Betriebstemperatur von 80 °C
   c) Der Verdichtermotor hat die Isolierstoffklasse B und damit eine höchstzulässige Dauertemperatur von 130 °C.
   Wie groß ist der Widerstandswert (in kΩ) *eines* PTC-Widerstands bei der **N**enn-**A**nsprech-**T**emperatur ϑ_{NAT} ?
   d) Wie wird die Diode V3 in Abb. 10.4 (S. 87) genannt und welchen Zweck erfüllt sie ?

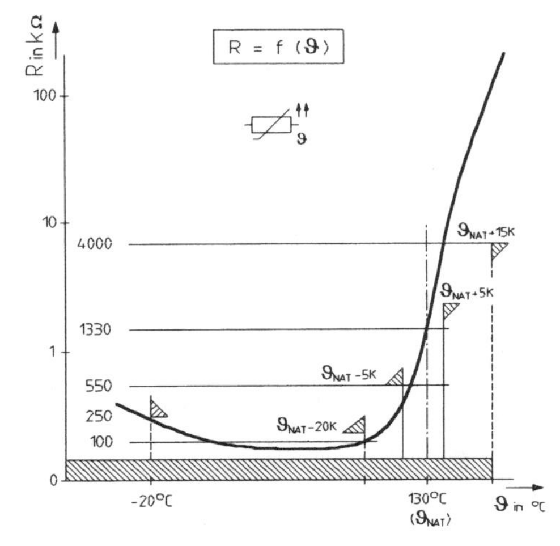

Abb. 10.2: PTC-Kennlinie

4. Die untenstehende Abb. 10.3 zeigt die Schalthysterese des Auslösegerätes INT 69.
   Tragen Sie die ungefähren Widerstandswerte (in kΩ) für den Ausschalt- (130 °C) und den „Wieder“-Einschaltaugenblick (127 °C) ein.

5. Bei der NAT von 130 °C liegt an der Reihenschaltung der 6 Thermistoren eine Gesamtspannung von 15 V=.
   Berechnen Sie die Stromstärke (in mA), die bei dieser Temperatur durch *einen* PTC-Widerstand fließt und die Spannung (in V), die an *einer* „Pille“ abfällt.

6. Wie nennt der Elektroniker die Schaltung in Abb. 10.4 (Blatt 2, S. 87) ?

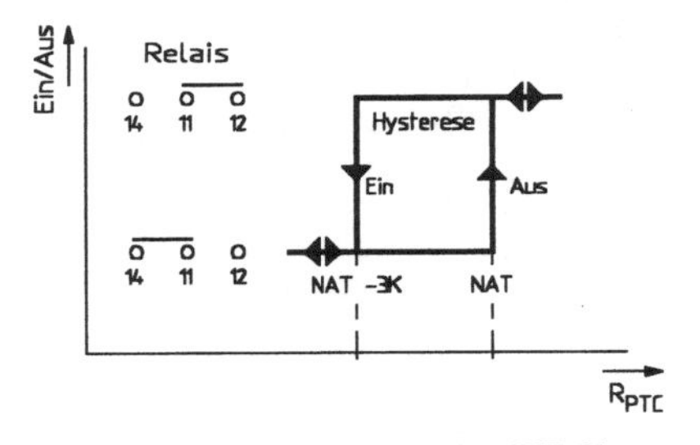

Abb. 10.3: Schalthysterese des INT 69

10.2 Schaltungs- und Funktionsanalyse

1. Überprüfen Sie diesen Verdrahtungsplan auf Zeichnungsfehler und korrigieren ihn – falls erforderlich. Auf die Darstellung der Verdampfer- und Verflüssigerlüfter sowie des Zusatzlüfters wird verzichtet.
2. Fertigen Sie eine Legende an.

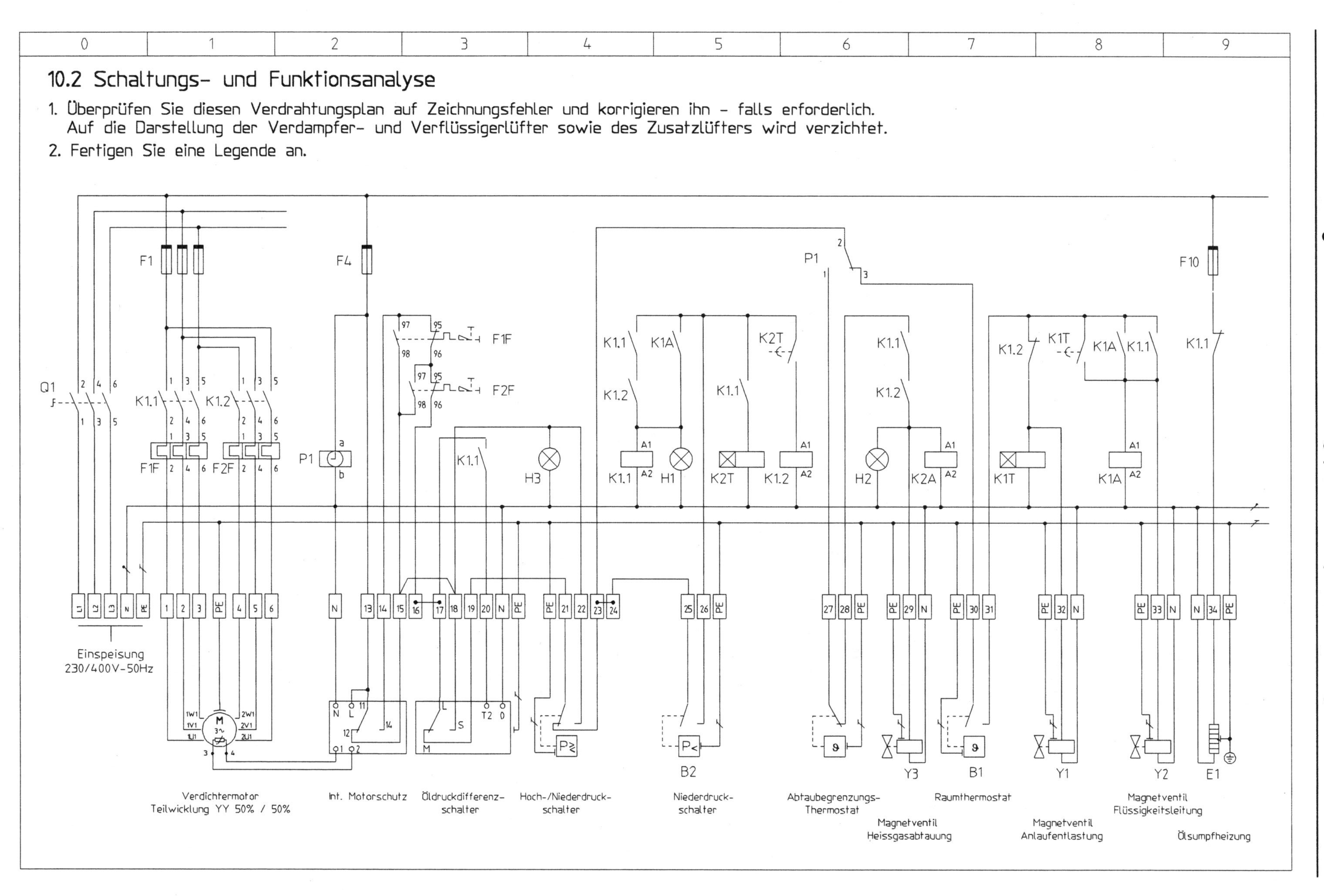

10.2 Schaltungs- und Funktionsanalyse

10.2.3. Vervollständigen Sie den Stromlaufplan des Lastkreises

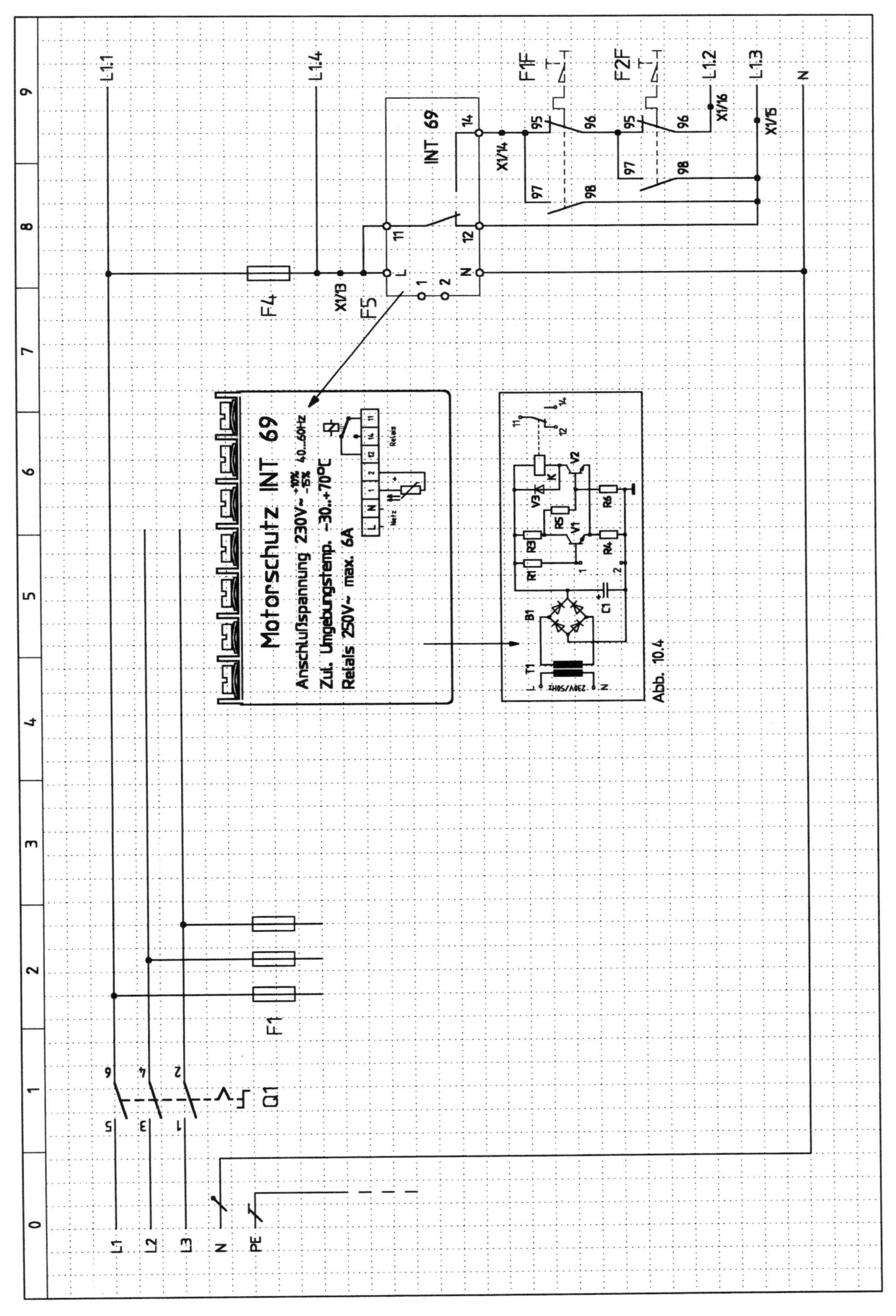

10.2 Schaltungs- und Funktionsanalyse

10.2.4 Vervollständigen Sie den Stromlaufplan der Steuerung (siehe Blatt 1, S. 86)

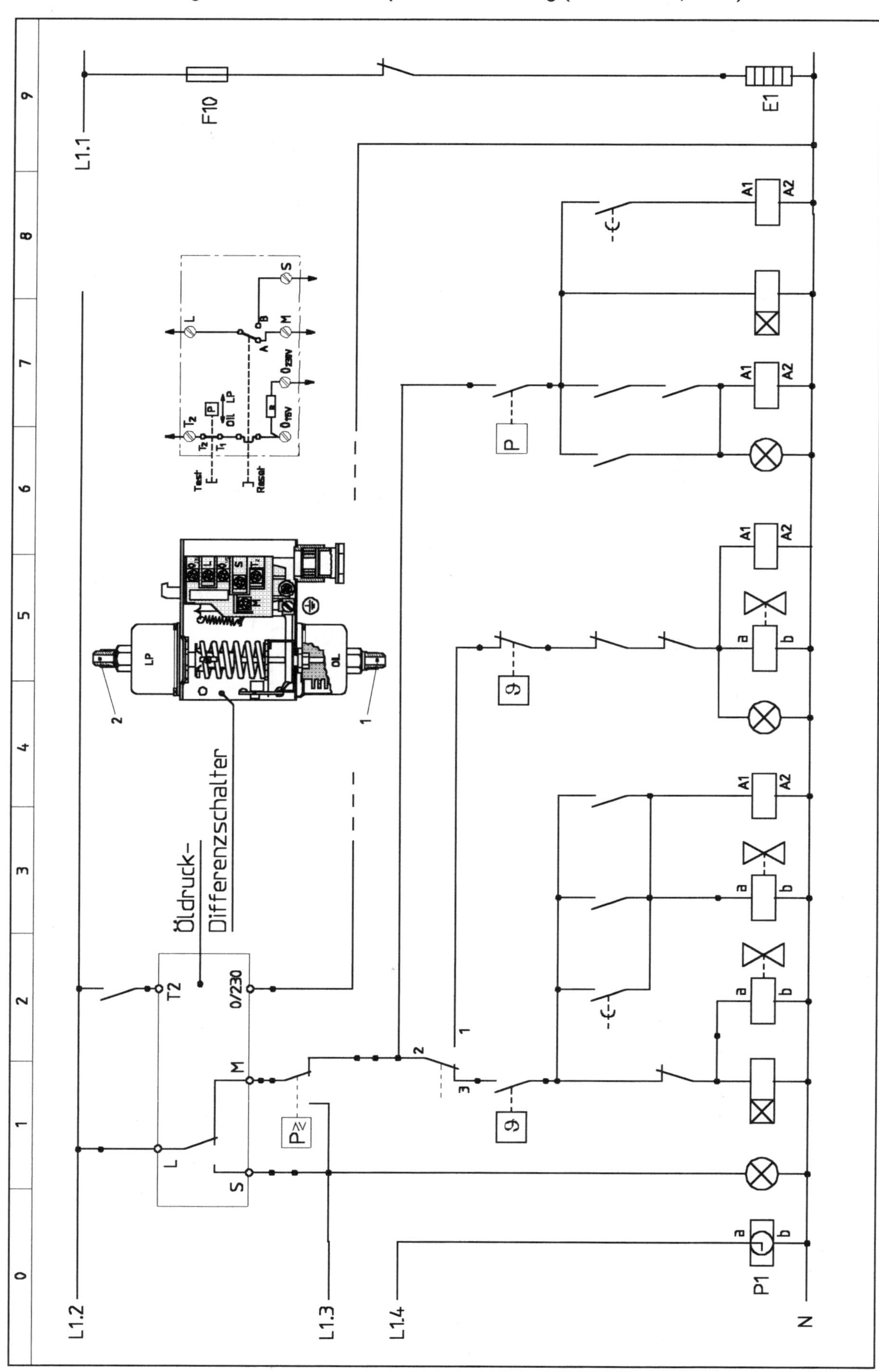

10.2 Schaltungs- und Funktionsanalyse

10.2.5 Modifizieren Sie den Öldruckdifferenzschalter nach Abb. 10.1, S. 85.

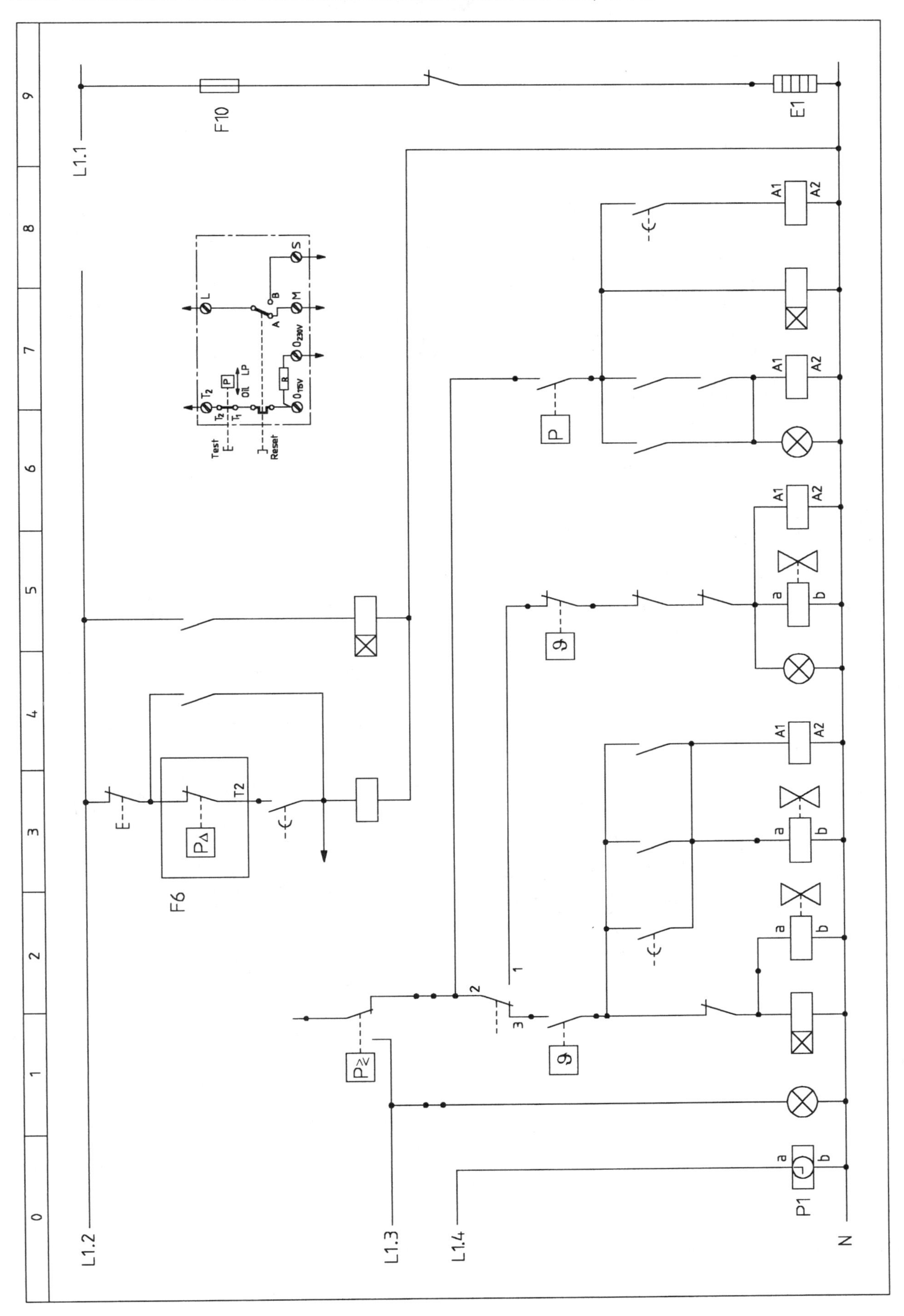

Mittels einer Verdichterauswahl-Software (Abb. 11.1) werden nach Eingabe der entsprechenden Eckdaten die nebenstehenden Verdichter-Typen vorgeschlagen (Ullrich, Bd. II 1993, S. 98).

Der Kälteanlagenbauer trifft die Entscheidung für den **Typ 4G-20.2**.

Der Verdichter soll die folgende Zusatzausstattung haben:
Ölsumpfheizung; **elektronisches Ölüberwachungssystem (OMS)**; **Anlaufentlastung mittels Leistungsregler**; **Zusatzlüftung**; **Druckgasüberhitzungsschutz**; **Motorschutzeinrichtung** mit Zusatzfunktionen (**INT 389**).

Diese Kältesteuerung für Tiefkühlung (R 22) soll mittels eines **Elektronischen Kühlstellenreglers** geregelt werden und die folgenden Bedingungen erfüllen:
Pressostatische Steuerung; **Abpumpschaltung** (Pump-down);
Leistungsregler übernimmt die Funktion der **Anlaufentlastung**; Bypassventil übernimmt die **Vorentlastung**.
Heißgasabtauung mittels **Vierwege-Umschaltventil**.

Bitzer Software
BDA0010

Daten-Vorgabe:			Halbhermetischer Motorverdichter - einstufig - Sauggaskühlung		
Kälteleistung	18.00	kW	Verflüssigungstemperatur	40.0	°C
Kältemittel	R 22		Flüssigkeitsunterkühlung	1.0	K
Verdampfungstemperatur	-27.0	°C	Netzspannung	400	V
Sauggastemperatur	-7.0	°C	Netzfrequenz	50	Hz

Leistungsdaten — Verdichterauswahl

Typ	Kälteleistung [kW]	Leistungsaufnahme [kW]	Stromaufnahme [A]	Leistungszahl
4H-15.2	16.28 / 16.87*	9.15	16.4	1.84*
4G-20.2	18.93 / 19.63*	10.74	19.3	1.83*

* nach ISO-DIS 9309 (DIN 8928)
bei 25°C Sauggastemperatur ohne Flüssigkeitsunterkühlung
\- Zusatzkühlung und/oder eingeschränkte Sauggastemperatur

Einsatzbereich:
Verdampfungstemperatur to [°C] -5 .. -35 **
Verflüssigungstemperatur tc [°C] 10 .. 55
** Einschränkungen je nach tc (siehe Typenblätter No.7500)

Abb. 11.1

Der Part-Winding-Motor soll über einen „**Soft-Part-Winding-Starter**" (SPW-Switch) angelassen werden.

Aus den vorgestellten Auszügen aus Technischen Mitteilungen diverser Firmen soll ein Gesamt-Schaltplan erstellt werden, der die o. g. Bedingungen erfüllt.

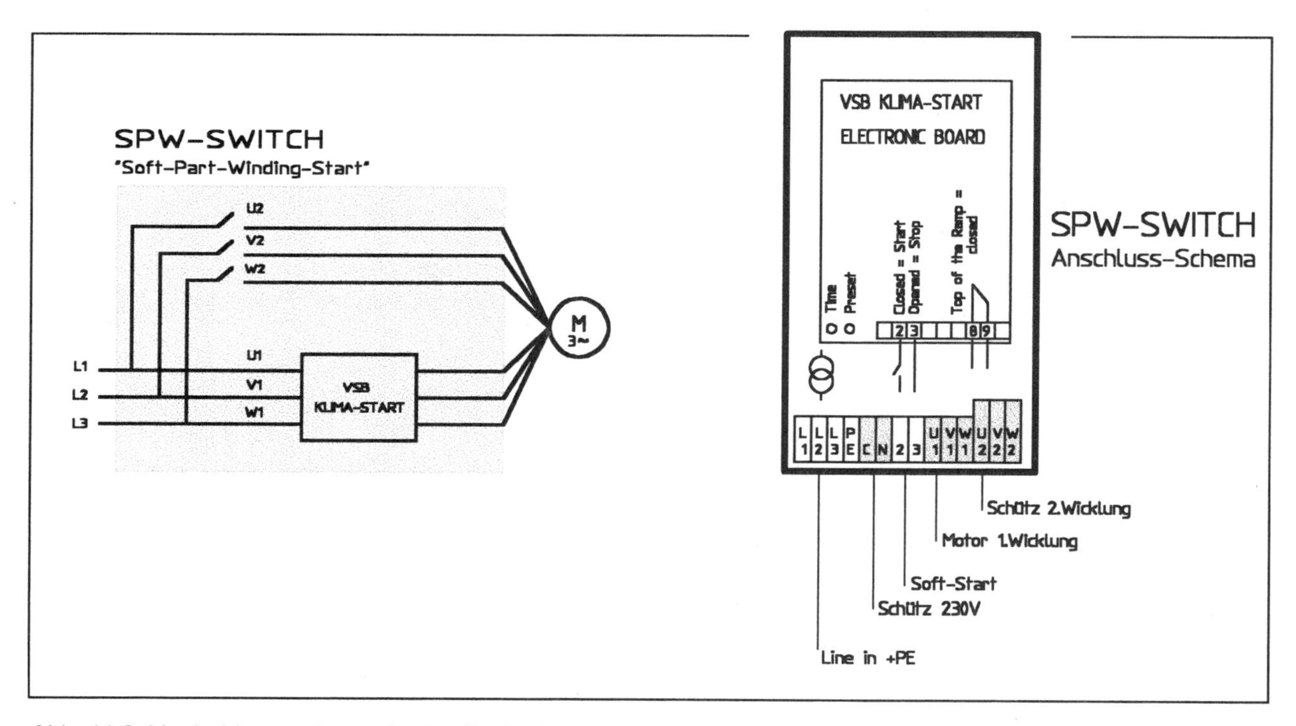

Abb. 11.2: Verdrahtungsschema für Sanftanlauf

Die Daten für den Verdichter-Typ (4G-20.2) finden Sie im Anhang, S. 258.

Sanftanlauf siehe auch Kapitel E 9.

11.1 Technologie

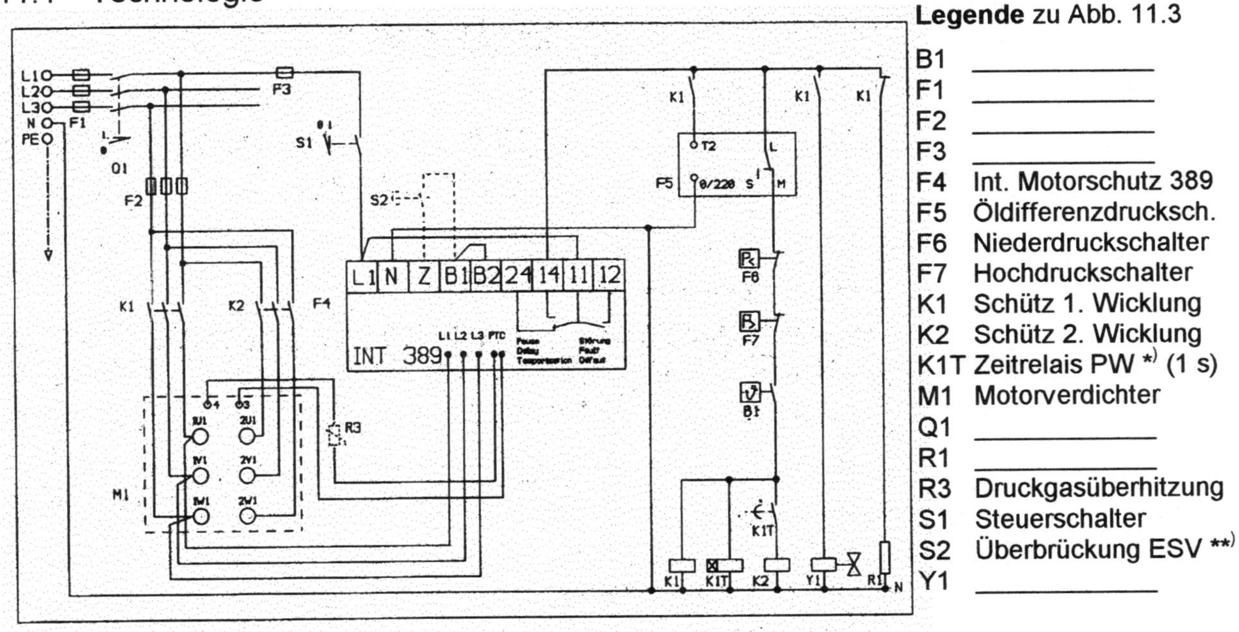

Legende zu Abb. 11.3

B1 ______________
F1 ______________
F2 ______________
F3 ______________
F4 Int. Motorschutz 389
F5 Öldifferenzdrucksch.
F6 Niederdruckschalter
F7 Hochdruckschalter
K1 Schütz 1. Wicklung
K2 Schütz 2. Wicklung
K1T Zeitrelais PW *) (1 s)
M1 Motorverdichter
Q1 ______________
R1 ______________
R3 Druckgasüberhitzung
S1 Steuerschalter
S2 Überbrückung ESV **)
Y1 ______________

Abb. 11.3 Auslösegerät INT 389

*) PW – Partwinding; **) ESV - Einschaltverzögerung

1. Ergänzen Sie die Legende zu Abb. 11.3

2. Welche Zusatzfunktionen bietet das elektronische Schutzgerät INT 389 (Abb. 11.3) gegenüber dem INT 69 ?

Legende zu Abb. 11.4

K1 Schütz erste Wicklung
K2 Schütz zweite Wicklung
K1T Zeitrelais Vorentlastung
K2T Zeitrelais „Part Winding Start“ (1 s)
Y1 Magnetventil Vorentlastung
Y2 Magnetventil Leistungsregler
Y3 Magnetventil Flüssigkeitsleitung
B1 Pressostat Leistungsregler
S1 Steuerschalter Verdichter ein

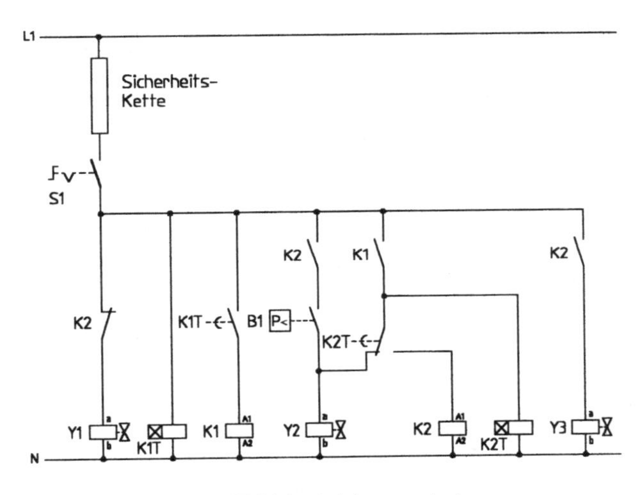

Abb. 11.4: Prinzipschaltbild der Leistungsreduzierung

3. An welcher Position der Sicherheitskette sollte ein internes Motorschutzgerät grundsätzlich eingebaut werden ?

4. Das INT 389 schaltet bei „Phasenasymmetrie“ auf Störung. Was ist unter diesem Begriff zu verstehen ?

5. Wozu dient der Taster S2 (Abb. 11.3) ?

6. Beschreiben Sie die Funktion des Prinzipschaltbildes (Abb. 11.4)

7. Beschreiben Sie den Unterschied zwischen **Anlaufentlastung** und **Vorentlastung**.

8. Welche Vorteile bietet das OMS gegenüber dem mechanischen Öldruckwächter ?

9. Zählen Sie die Vor- und Nachteile der Heißgasabtauung auf.

10. Wie hoch sollte die Abtauzeit bei Heißgasabtauung eingestellt werden ?

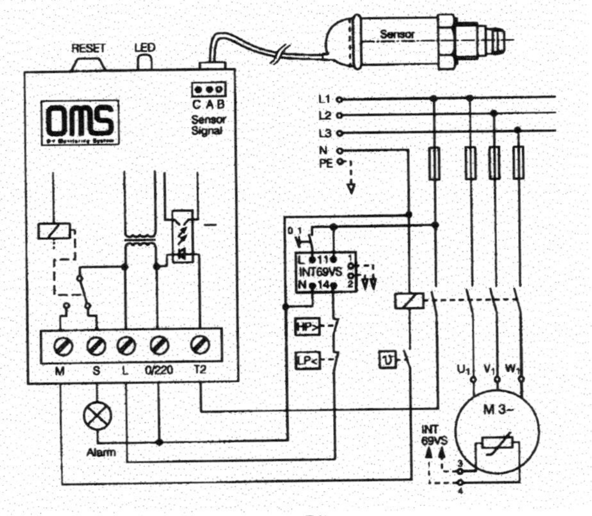

Abb. 11.5: Oil Monitoring System von Bitzer

11.2 Schaltungs- und Funktionsanalyse

Die Steuerung dieser Tiefkühlanlage soll mit den folgenden Komponenten ausgestattet sein:

Sanftanlauf mit SPW-Switch (s. Abb. 11.2)
Motor-Vollschutz plus **Druckgasüberhitzungsschutz** (s. Abb. 11.3)
Leistungsregelung mittels Zylinderabschaltung (s. Abb. 11.4)
Elektronisches **Ölüberwachungssystem (OMS**, s. Abb. 11.5)
Elektronischer Kühlstellenregler (s. Abb. 11.6)

1. Vervollständigen Sie den Stromlaufplan des Lastkreises. Benutzen Sie dazu Blatt 1, S. 93.

2. Beschreiben Sie den programmtechnischen Ablauf des elektronischen Kühlstellenreglers bezogen auf die hier geforderte Kältesteuerung.

3. Vervollständigen Sie den Stromlaufplan der Steuerung. Benutzen Sie dazu Blatt 2, S. 94.

4. Welche Bauteile bzw. Komponenten werden durch den Einsatz eines elektronischen Kühlstellenreglers eingespart ?

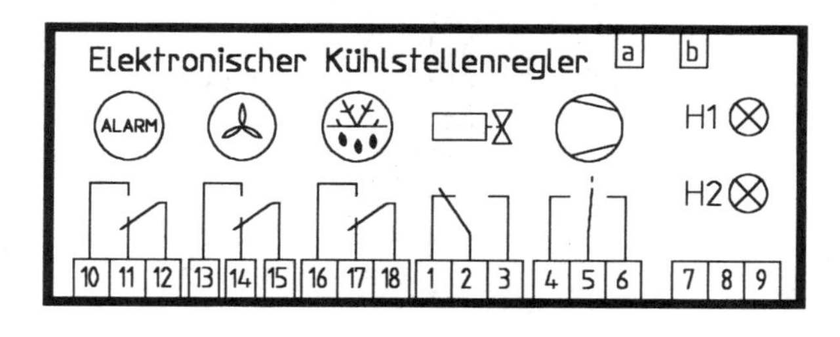

Abb. 11.6

11.3 Technische Mathematik

1. Bestimmen / berechnen Sie mit Hilfe der Datenblätter im Anhang S. 258 (Halbhermetischer Motorverdichter **4G-20.2** / R22)

a) die Nennstromstärke für die Verdichtersicherungen

b) Stromstärke und Wirkleistung für den *Sanftanlauf* und das *Schütz K1.2*

c) die Polpaarzahl des Verdichtermotors

d) den Schlupf des Verdichtermotors in %

2. Berechnen Sie die max. Scheinleistung dieses Motors (in kW_{Schein})

3. Berechnen Sie den Leistungsfaktor $\cos \varphi$ bei max. Wirkleistungsaufnahme, und erläutern Sie den Begriff „Leistungsfaktor".

4. Aus dem nebenstehenden Typenblatt des Verdichters sollen für den in Abb. 11.1 angegebenen Betriebspunkt

a) die Strom- und

b) die Wirkleistungsaufnahme ermittelt und daraus

c) der Leistungsfaktor $\cos \varphi$ berechnet werden.

5. Bestimmen Sie mit Hilfe des nebenstehenden Typenblattes die Wirkleistungsaufnahme dieses Motorverdichters, wenn aufgrund eines technischen Defekts das Schütz für die zweite Teilwicklung nicht zugeschaltet wird. Wieviel Prozent seiner max. Wirkleistung nimmt der Motor dann noch auf ?

6. Beschreiben Sie, was der in Aufg. 5 angenommene Fehler in dieser Kältesteuerung auslösen wird ?

7. Berechnen Sie die max. Blindleistungsaufnahme (in kW_{Blind}).

8. Was versteht man unter Blindleistung ?

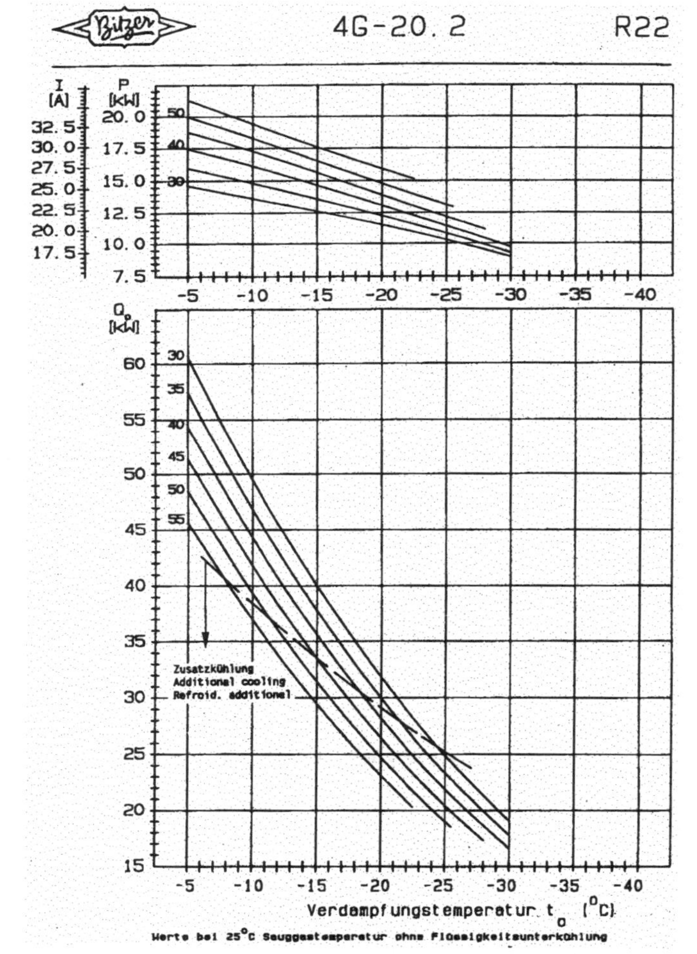

Abb. 11.7: Typenblatt

11.2 Schaltungs- und Funktionsanalyse

11.2.1 Vervollständigen Sie den Stromlaufplan des Lastkreises.

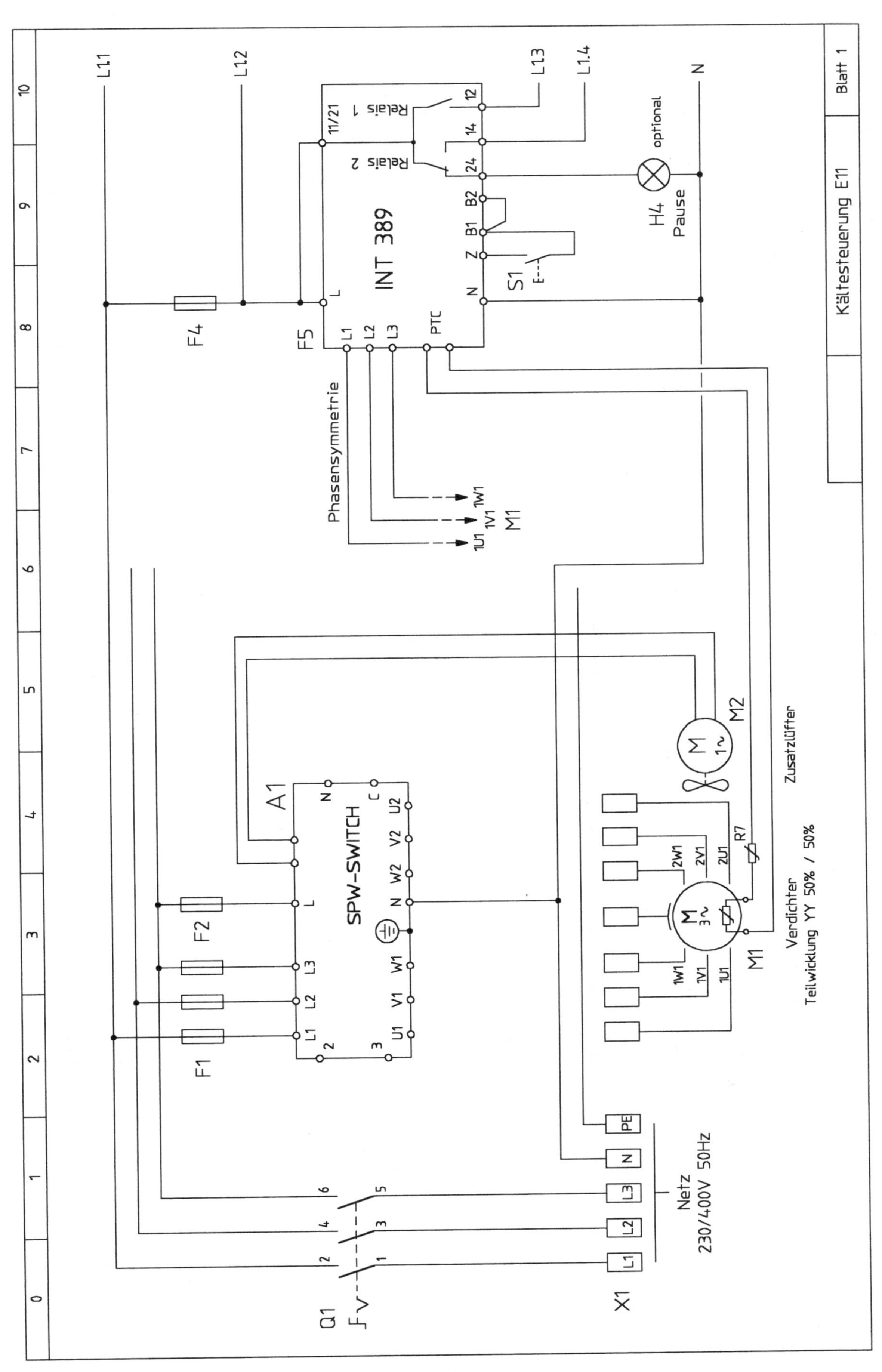

11.2.4 Vervollständigen Sie den Stromlaufplan der Steuerung.

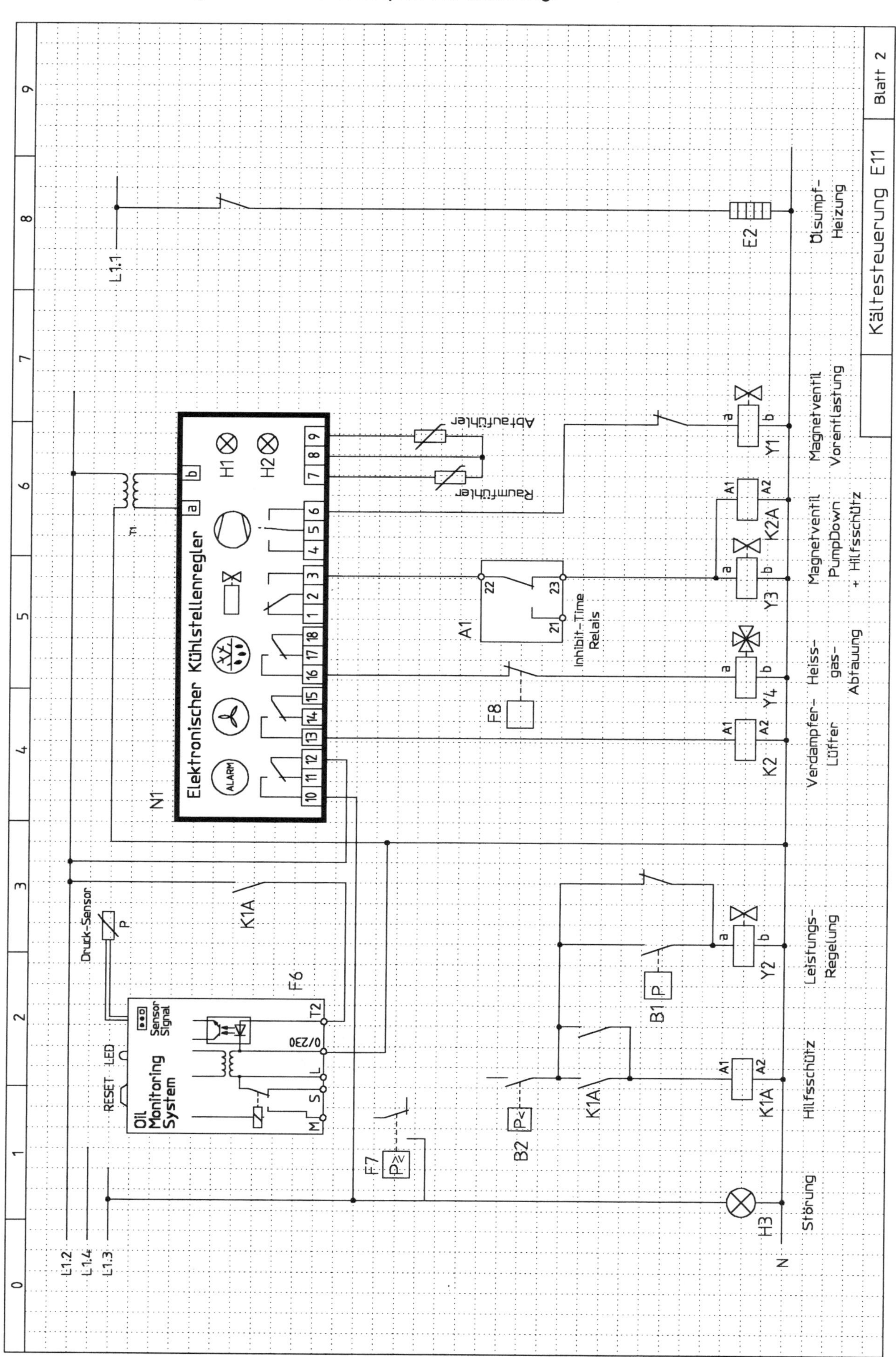

Aus den hier dargestellten Technischen Mitteilungen und Informationen soll in einem Kältelabor zu Testzwecken eine Kältesteuerung entworfen werden, die die folgenden Komponenten enthält:

- Drehzahlgeregelter halbhermetischer Schraubenverdichter (20 bis 87 Hz)
- Frequenzumrichter
- Elektronischer Kühlstellenregler
- Elektronisches Expansionsventil

Auf die Darstellung des Verdampferlüfters und der elektrischen Abtauheizung im Lastkreis soll verzichtet werden. Im Steuerstromkreis sind die Schützspulen dieser Komponenten einzuzeichnen.

Die Economizer-Einrichtung und der Verflüssigerlüfter brauchen nicht dargestellt zu werden.

12.1 Technologie

1. Ergänzen Sie die Legende der in Abb. 12.1 dargestellten Stromlaufpläne.

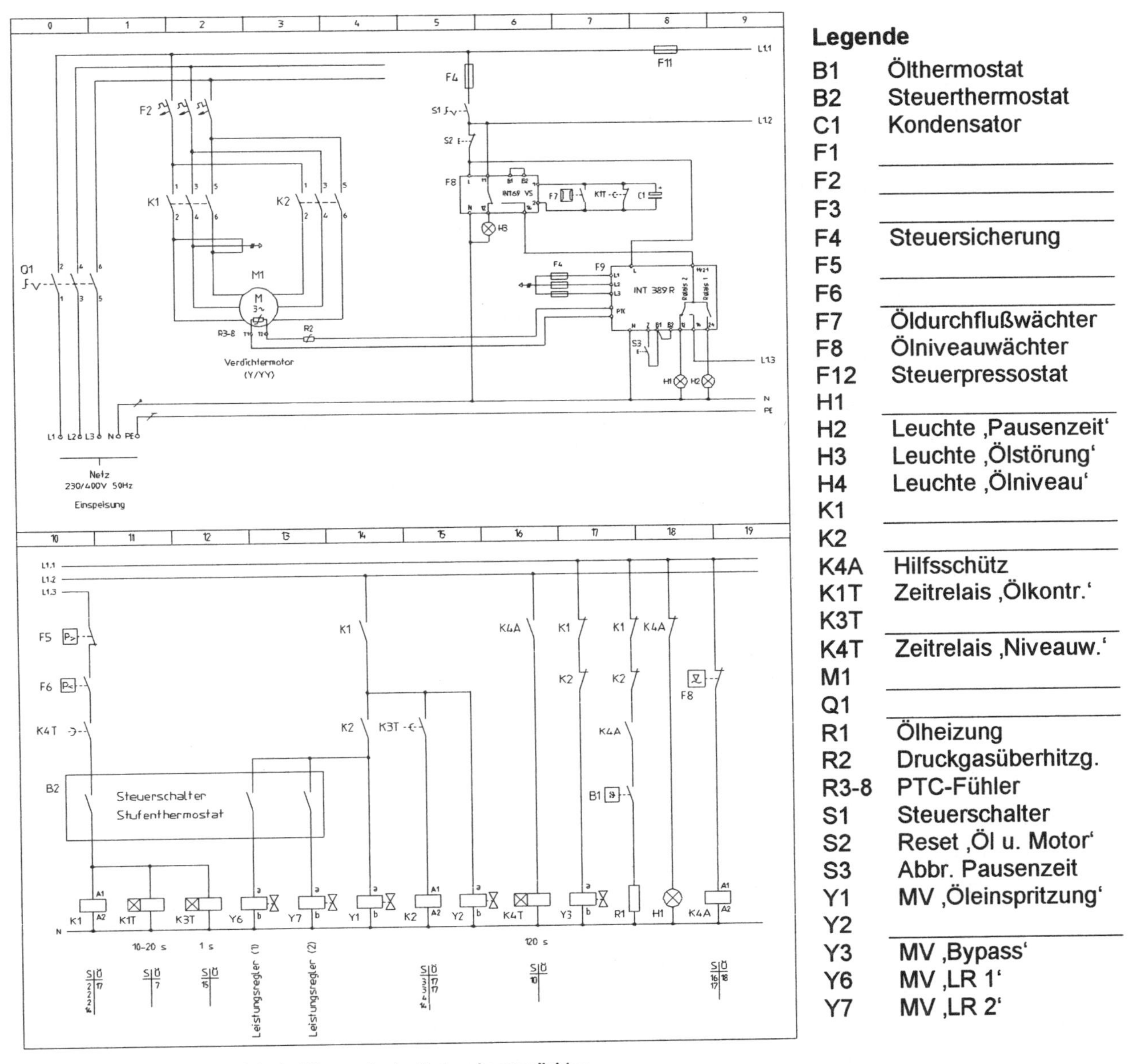

Abb. 12.1 Prinzipschaltbild für halbhermetische Schraubenverdichter

2. Beschreiben Sie die Funktion des INT 69 VS in dieser Schaltung.
3. Von welchen Größen wird die Drehzahl eines Asynchronmotors beeinflußt ?

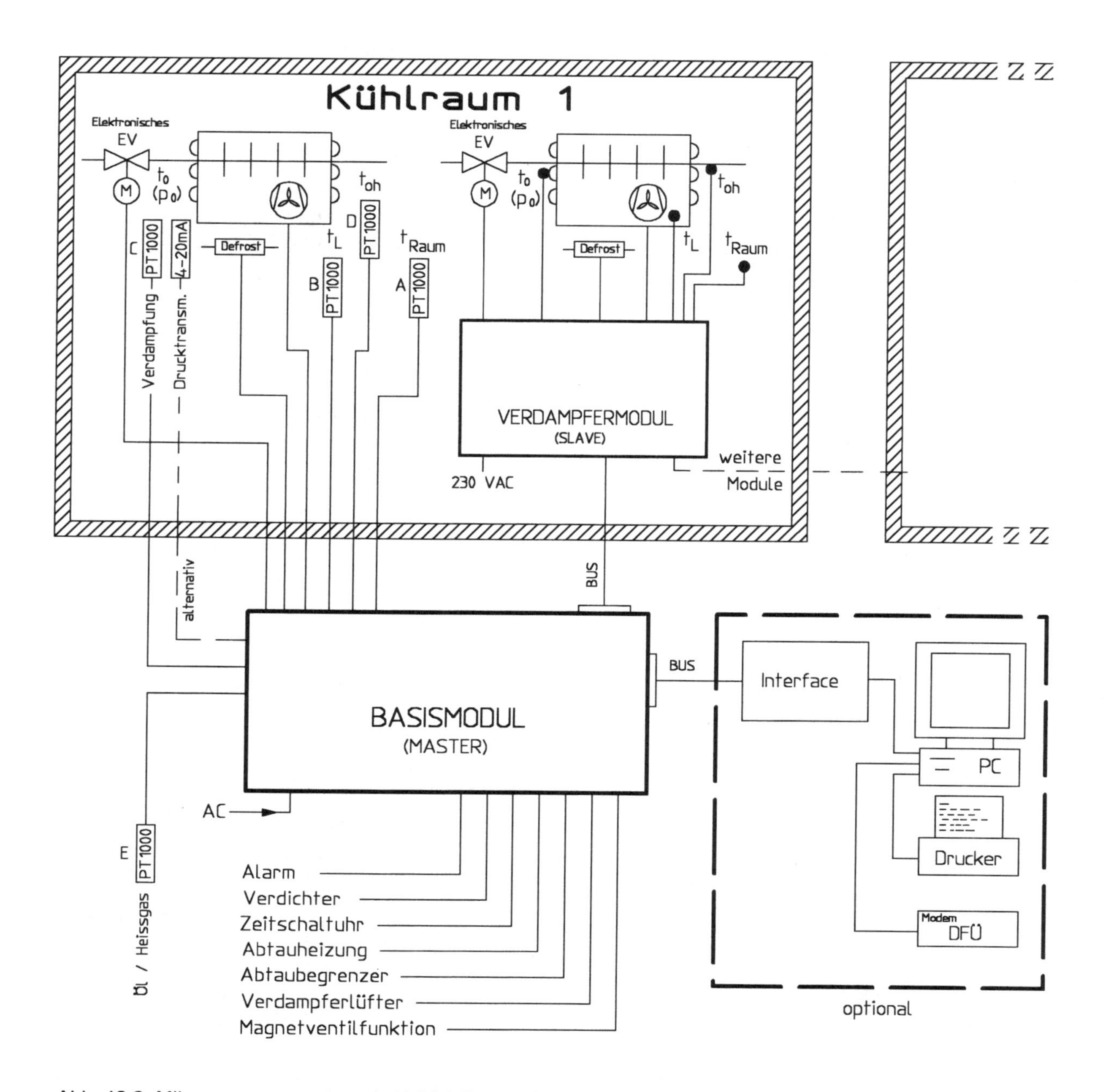

Abb. 12.2: Mikroprozessorgesteuerte Kühlstellenregelung mit elektronischem Expansionsventilsystem

4. Welche Vorteile bietet ein modular aufgebautes System zur Kühlstellenregelung (Abb. 12.2) ?
5. Welche Funktionen bietet ein moderner Kühlstellenregler ?
6. Welche Aufgabe haben die einzelnen Fühler - was verbirgt sich hinter der Bezeichnung „PT 1000" ?
7. Wo sollten die in Abb. 12.2 dargestellten Fühler / Sensoren angebracht werden ?
8. Was bedeuten Begriffe wie MC, CPU, E / A-Schaltungen und BUS-Leitungen ?
9. Erklären Sie die prinzipielle Funktionsweise eines elektronischen Expansionsventils.
10. Nennen Sie Anwendungsmöglichkeiten von Frequenzumrichtern.
11. Welche Anforderungen werden an einen Frequenzumrichter gestellt ?
12. Bei welchen Bauteilen der Kälteanlage ist bei Einsatz eines Frequenzumrichters Vorsicht geboten ?

12.2 Schaltungs- und Funktionsanalyse

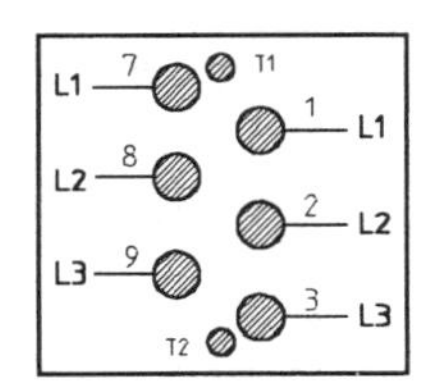

Abb. 12.3

1. Überprüfen und vervollständigen Sie den Stromlaufplan der Steuerung (Blatt 2). Dazu benötigen Sie Blatt 1, S. 98
2. Fertigen Sie eine Legende (Blatt 1 und 2) an.
3. Wie müssen die Brücken im Motoranschlußkasten angebracht sein (Abb. 12.3) ?
4. Welche Vor- und Nachteile bringt der Einsatz von Frequenzumrichtern ?
5. Warum sollte der Störmeldeausgang des Frequenzumrichters (U1) mit in die Sicherheitskette eingebunden werden ?

12.3 Technische Mathematik

Bei dem in dieser Kältesteuerung eingesetzten Schraubenverdichter soll das Motordrehmoment (M in Nm) voll über den gesamten Drehzahlbereich (Sonderbereich 20-87 Hz, der eine individuelle Prüfung erforderlich macht) ausgenutzt werden können.

1. Wieviel Umdrehungen macht das Drehfeld (n_s in 1/min) eines 2-poligen Drehstrom-Asynchronmotors

   a) bei 20 Hz und b) bei 87 Hz ?

   c) Für welche nominelle Spannung müssen die Motorwicklungen ausgelegt sein, wenn der Motor über das gesamte Frequenzband sein volles Drehmoment haben soll – welcher Kennlinie entspricht das in Abb. 12.4 ?

2. Dem Datenblatt für den Verdichter-Typ (HSN 6451-40) kann man u.a. die folgenden Angaben entnehmen:
   $n = 2900\ min^{-1}$; $P_{nominal} = 30\ kW$;
   U = **400 V** (Y/YY / 3~ / 50 Hz); $I_{Bmax} = 65\ A$; andere Spannungen und Stromarten auf Anfrage.

   a) Wieviel Prozent seines max. Drehmoments (M) würde dieser Motor-Typ bei voller Drehzahl (87 Hz) an seiner Welle abgeben (Abb. 12.5) ?

   b) Welche max. Wirkleistung (P in kW) entnimmt dieser Motor-Typ dem Drehstromnetz während des Betriebes, wenn sein Leistungsfaktor (cos φ) 0,9 beträgt ?

3. Bei Verdichtern, deren Motorleistung im gesamten Drehzahlbereich voll genutzt werden soll, müssen die Motorwicklungen am 400 V / 3~ / 50 Hz-Netz für eine Spannung von 230 V ausgelegt werden.

   a) Welche max. Wirkleistung (P in kW) entnimmt dieser Motor (**230 V** Y/YY / 3~ / 50 Hz) dem 400 V-Drehstromnetz bei einer Frequenz von 87 Hz, wenn sein Leistungsfaktor (cos φ) 0,9 beträgt (Abb. 12.6) ?

   b) Welches max. Drehmoment (M in Nm) gibt dieser Motor an seiner Welle ab, wenn sein Wirkungsgrad (η) 85 % beträgt ?

4. Berechnen Sie die aufgenommene max. Blindleistung des 230 V-Motors in kW_{Blind}.
5. Was versteht man unter Blindleistungskompensation – welche Bauteile setzt man zur Kompensation ein ?
6. Ist es ratsam, einen über einen Frequenzumrichter geregelten Motor zu kompensieren ?

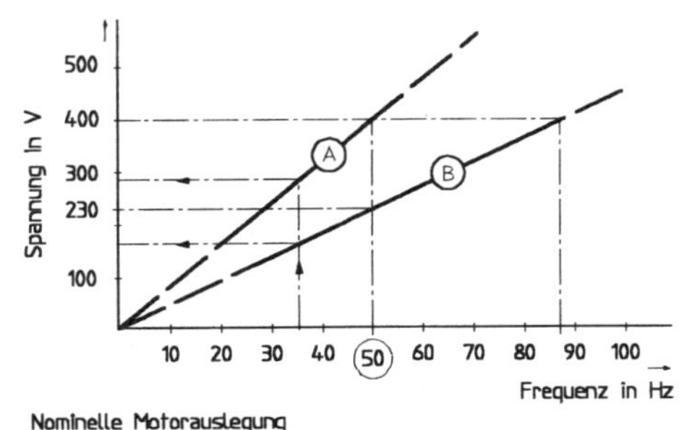

Abb. 12.4: Spannungs- und Frequenzverlauf bei konstantem Drehmoment

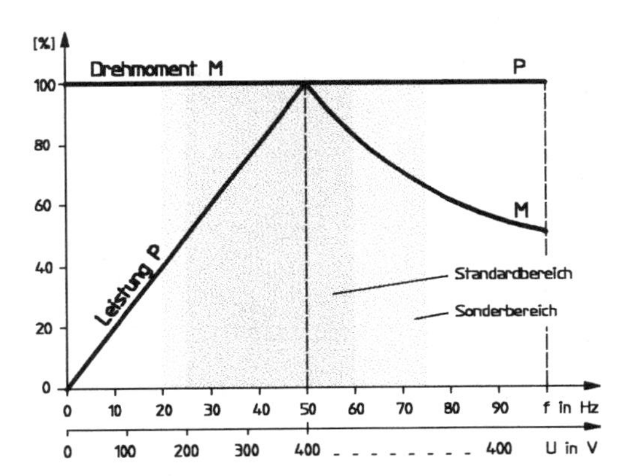

Abb. 12.5: Verlauf von Motordrehmoment (M) und Leistung (P) bei 400 V-Wicklung

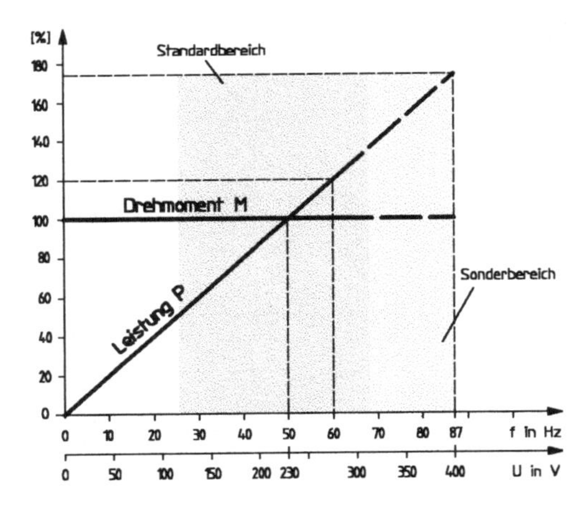

Abb. 12.6: Verlauf von Motordrehmoment (M) und Leistung bei 230 V-Wicklung

Stromlaufplan des Lastkreises

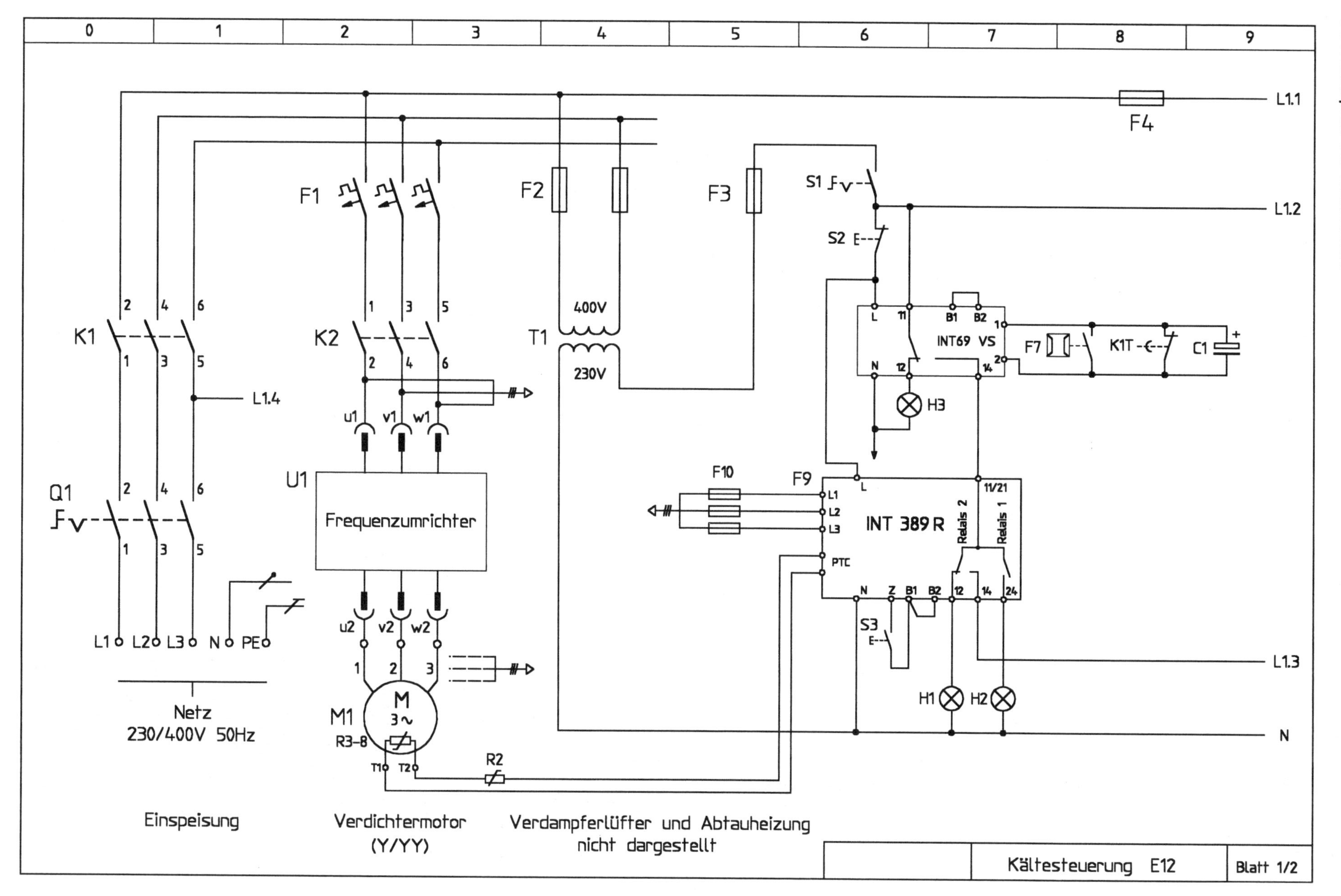

12.2.1 Überprüfen und vervollständigen Sie den Stromlaufplan der Steuerung.

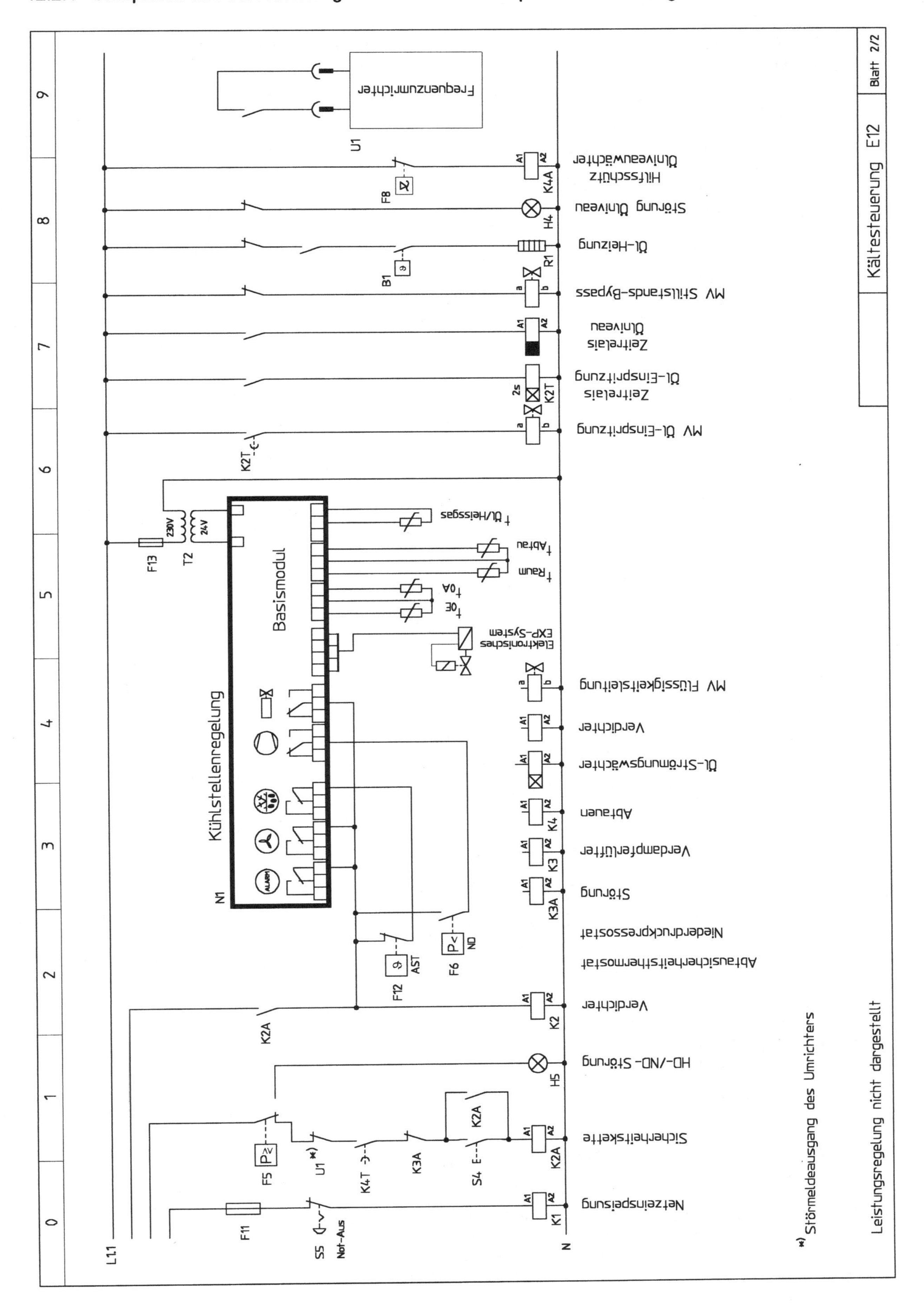

1. Dieses Prinzipschaltbild (Bitzer, 20/2) soll in normgerechter Darstellung nach DIN 40 900 gezeichnet werden. Benutzen Sie dazu die Vorlage Blatt 1, S. 101.
2. Beschreiben Sie, wie das elektronische Schutzgerät INT 69 VS auf einwandfreie Funktion überprüft werden kann.
3. Fertigen Sie eine Legende mit Betriebsmittelkennzeichnung nach DIN 40 719 an.

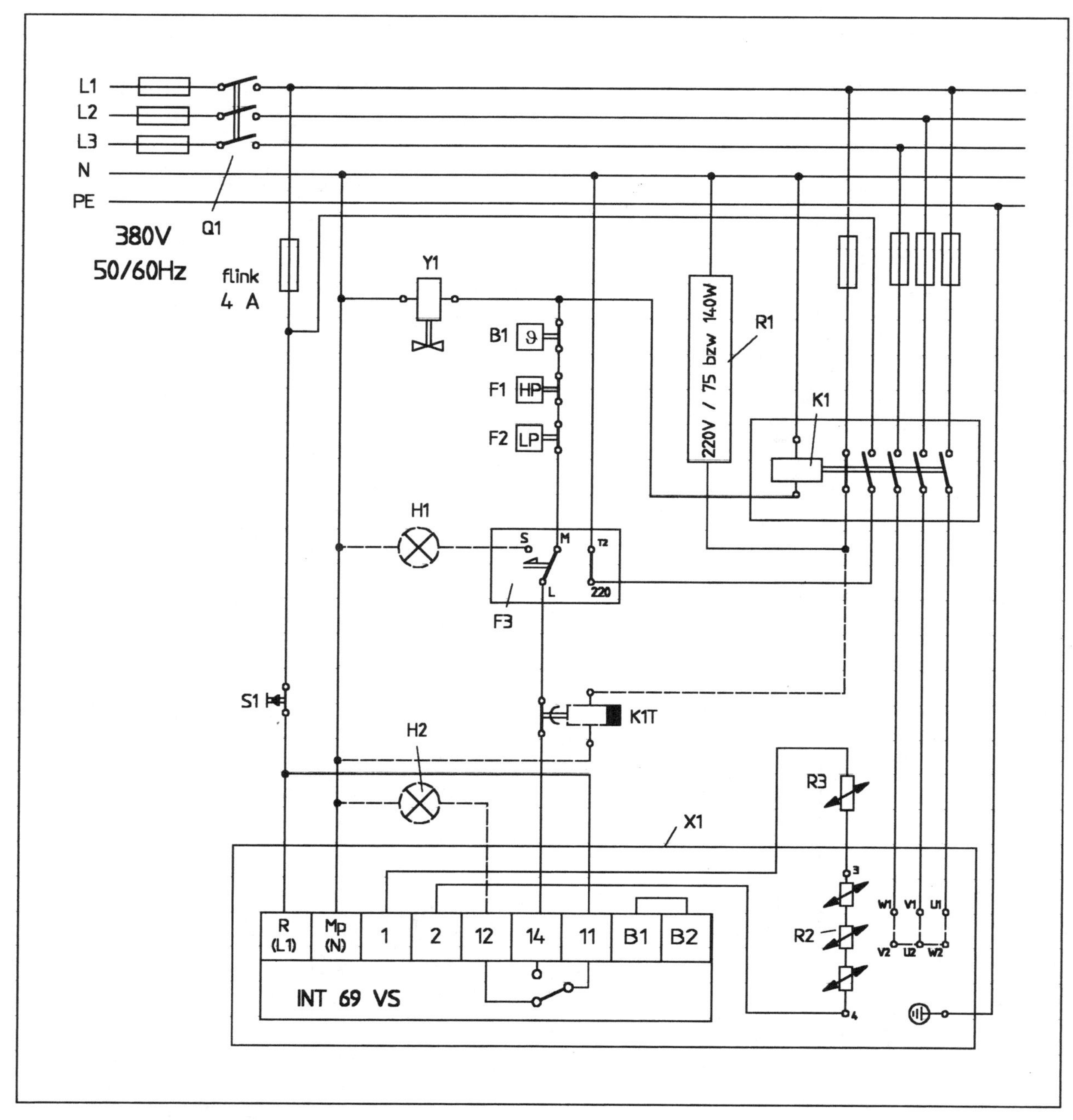

Abb. 13.1: Prinzipschaltbild, Direktanlauf, Thermostatische Steuerung

B1 Thermostat
F1 Hochdruckpressostat
F2 Niederdruckpressostat
F3 Öldrucksicherheitsschalter
H1 Leuchte Öldruckstörung
H2 Leuchte Übertemperatur
K1 Motorschütz
K1T Zeitrelais Wiedereinschaltsperre
Q1 Hauptschalter
R1 Ölsumpfheizung
R2 PTC Motorwicklung
R3 PTC im Zylinderkopf
S1 Entriegelungstaster
X1 Anschlußkasten im Verdichterklemmbrett
Y1 Magnetventil Flüssigkeitsleitung

1. Zeichnen Sie den Stromlaufplan in Anlehnung an DIN 40 900 (Original-Plan s. S. 100).

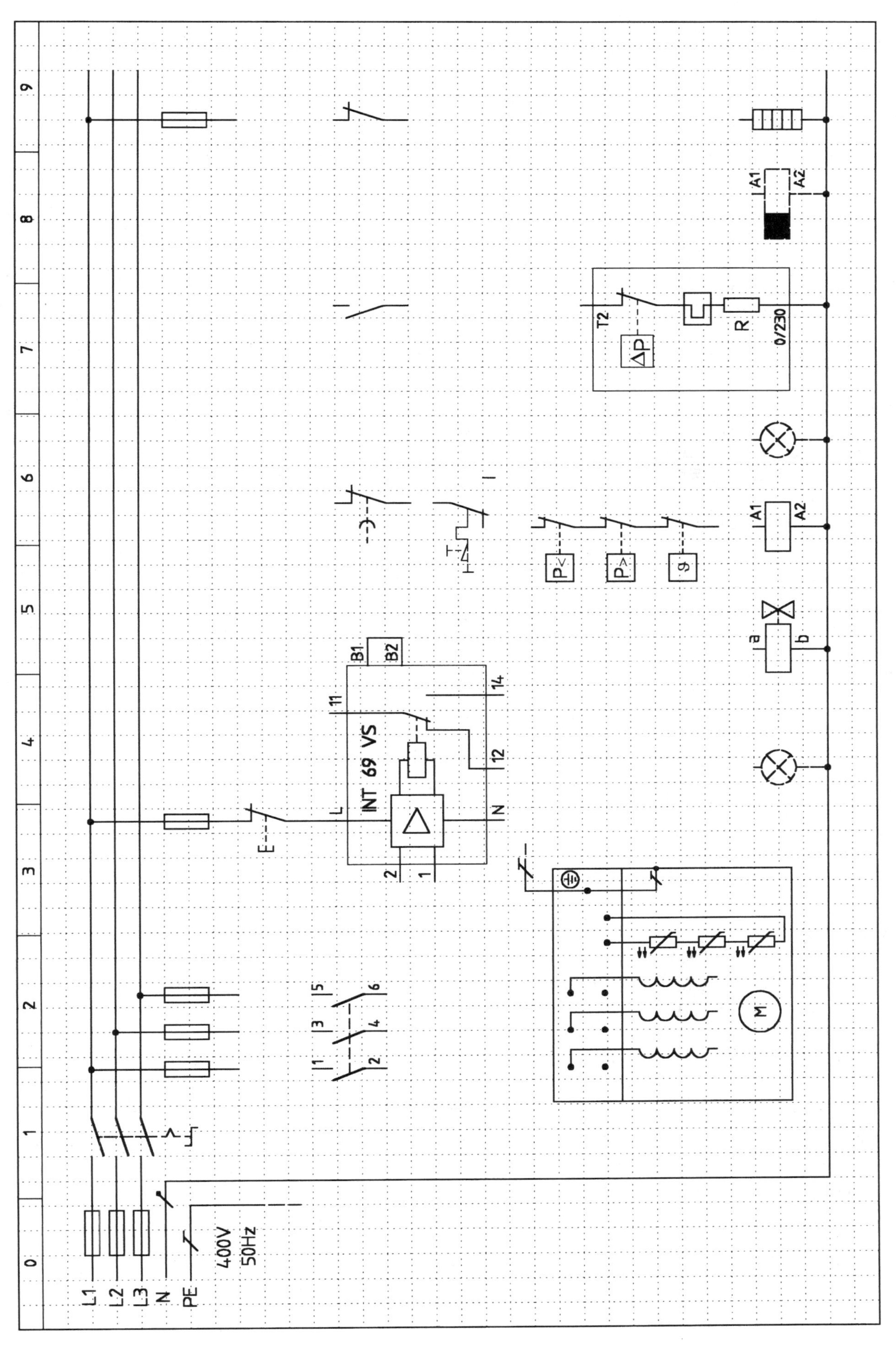

13.2 Original-Schaltschema von DWM Copeland (Demand Cooling)

mit den folgenden Schaltungsvarianten

- Direkt-Anlauf des Verdichtermotors
- Teilwicklungs-Anlauf des Verdichtermotors
- Zusatzlüfter als 1-Phasenmotor mit Betriebskondensator
- Zusatzlüfter als Drehstrom-Asynchronmotor

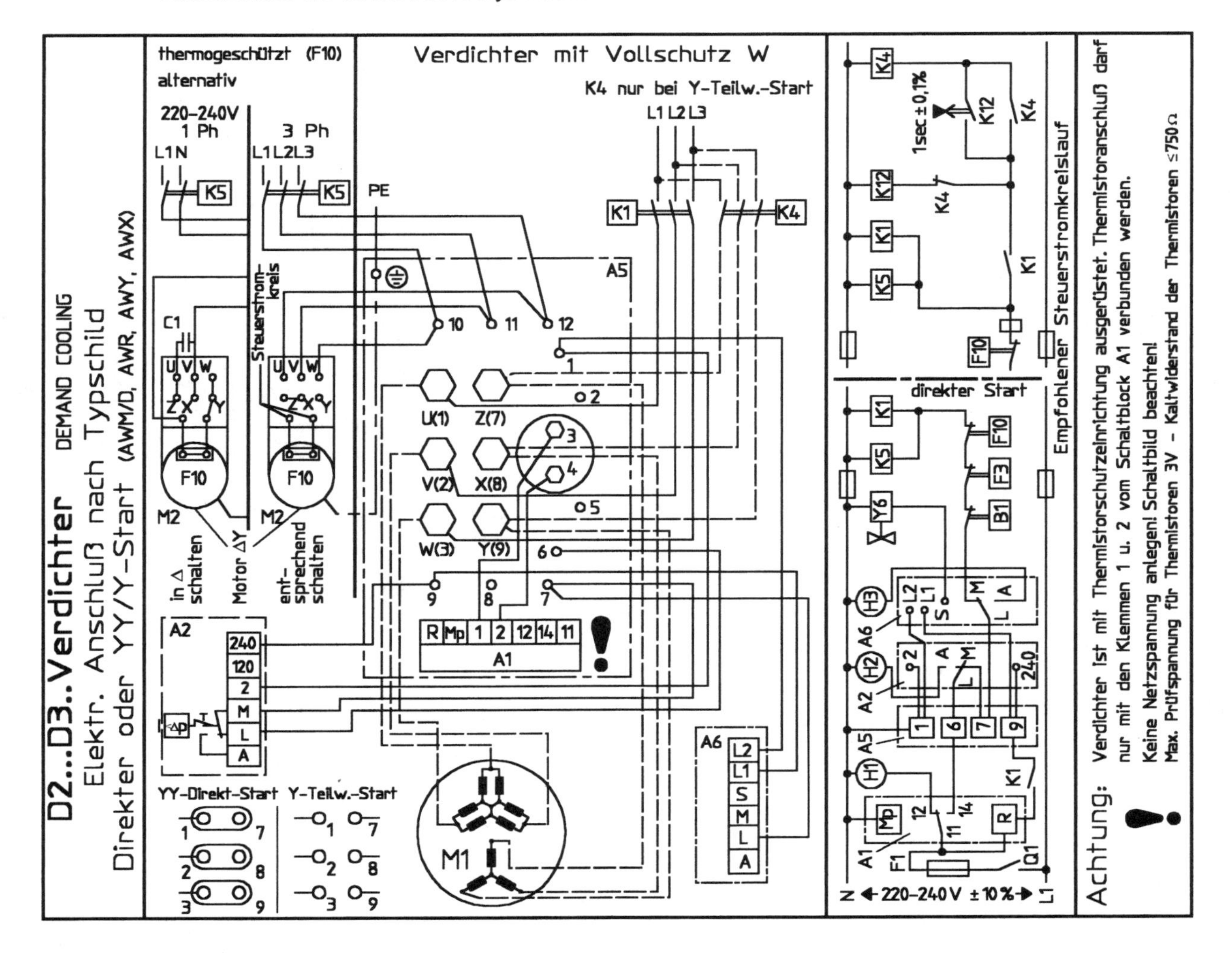

Aufgaben

1. a) Vervollständigen Sie den Stromlaufplan des Lastkreises für Verdichtermotor-Direktstart und Zusatzlüfter als Drehstrommotor. Beide Motoren haben die Spannungsangabe 380-420 V Y – 3 Ph – 50 Hz. Benutzen Sie Blatt 1, S. 103.

   b) Vervollständigen Sie den zugehörigen Stromlaufplan der Steuerung auf Blatt 2, S. 104.

2. a) Vervollständigen Sie den Stromlaufplan des Lastkreises für Verdichtermotor-Teilwicklungsstart und Zusatzlüfter als 1-Phasen-Wechselstrommotor mit Betriebskondensator.
   Der Verdichtermotor hat die Spannungsangabe 380-420 V Y – 3 Ph – 50 Hz - der Zusatzlüftermotor 220-240 V – 1 Ph – 50 Hz.
   Benutzen Sie dazu Blatt 3, S. 105.

   b) Vervollständigen Sie den zugehörigen Stromlaufplan der Steuerung auf Blatt 4, S. 106.

1. a) Vervollständigen Sie den Stromlaufplan des Lastkreises (Original-Plan s. S. 102).

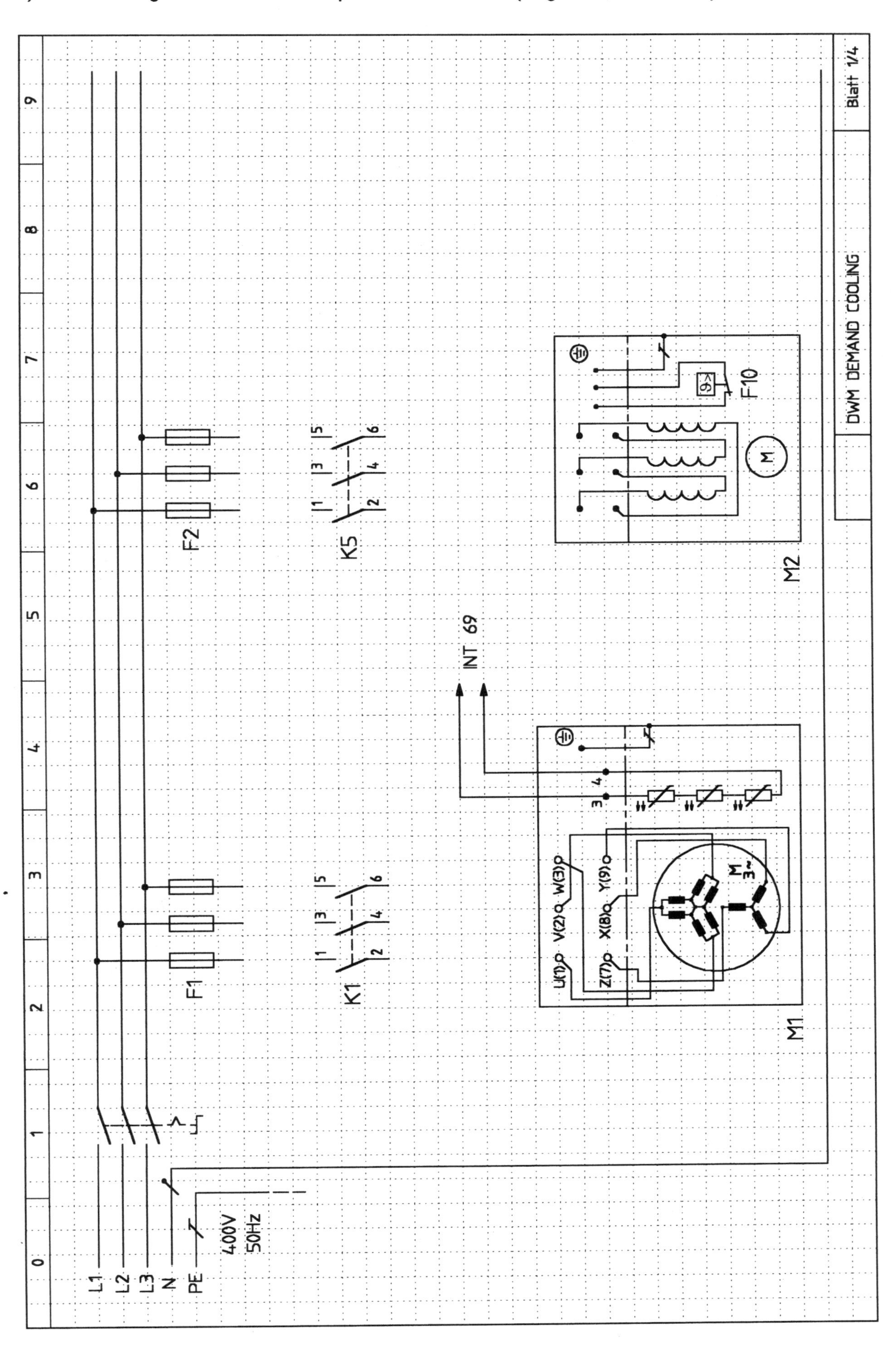

1. b) Vervollständigen Sie den Stromlaufplan der Steuerung (Original-Plan s. S. 102).

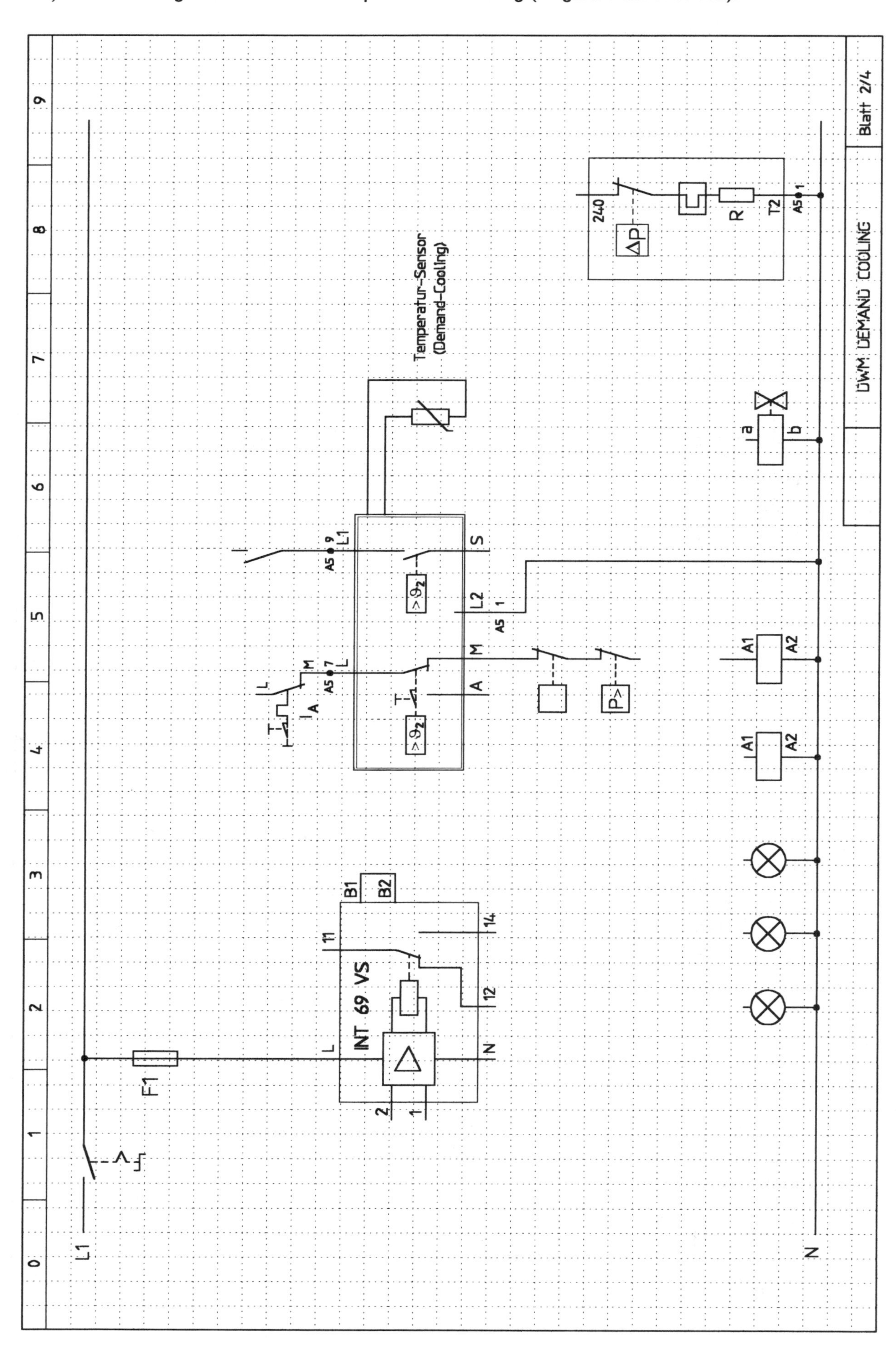

2. a) Vervollständigen Sie den Stromlaufplan des Lastkreises (Original-Plan s. S. 102).

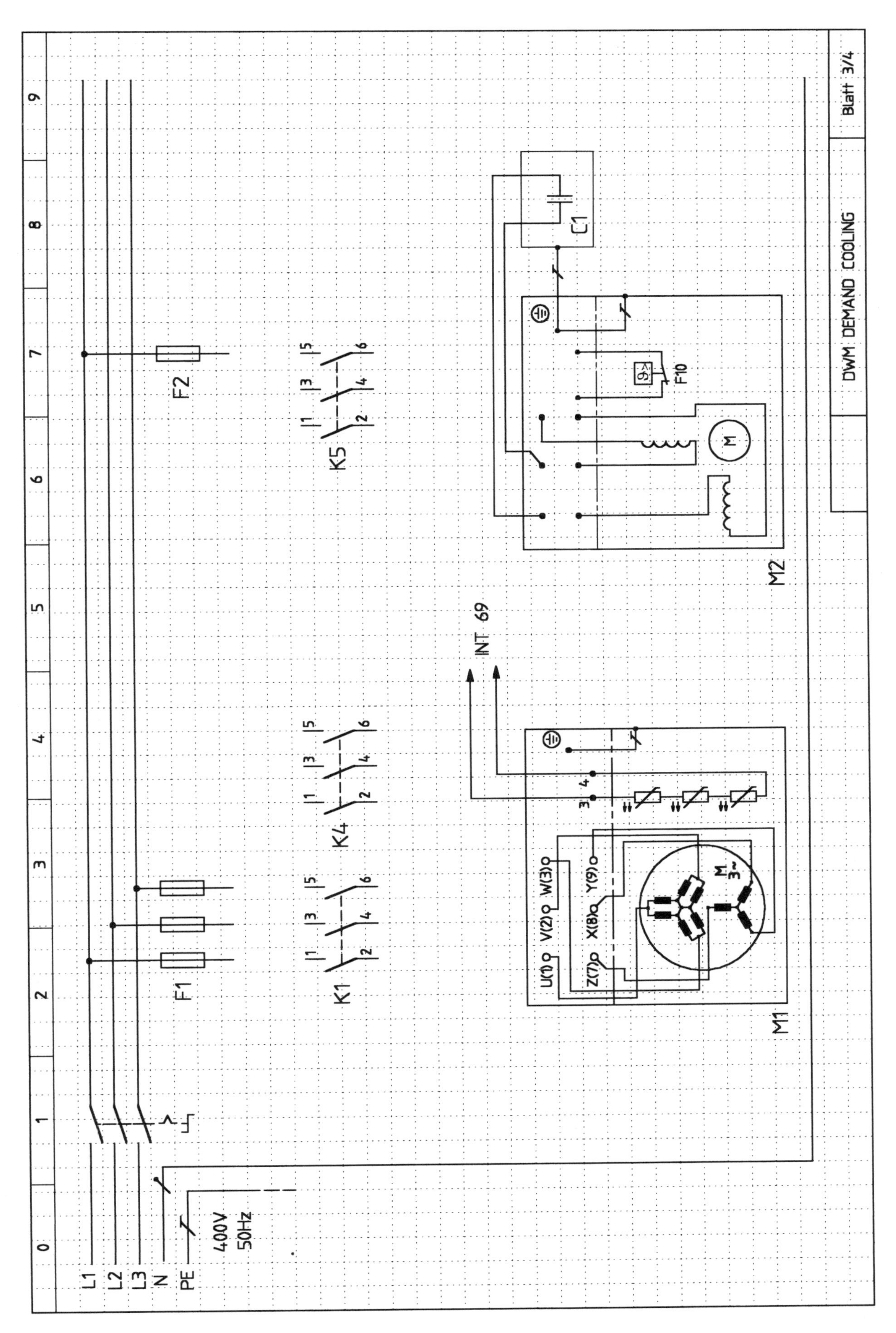

2. b) Vervollständigen Sie den Stromlaufplan der Steuerung (Original-Plan s. S. 102).

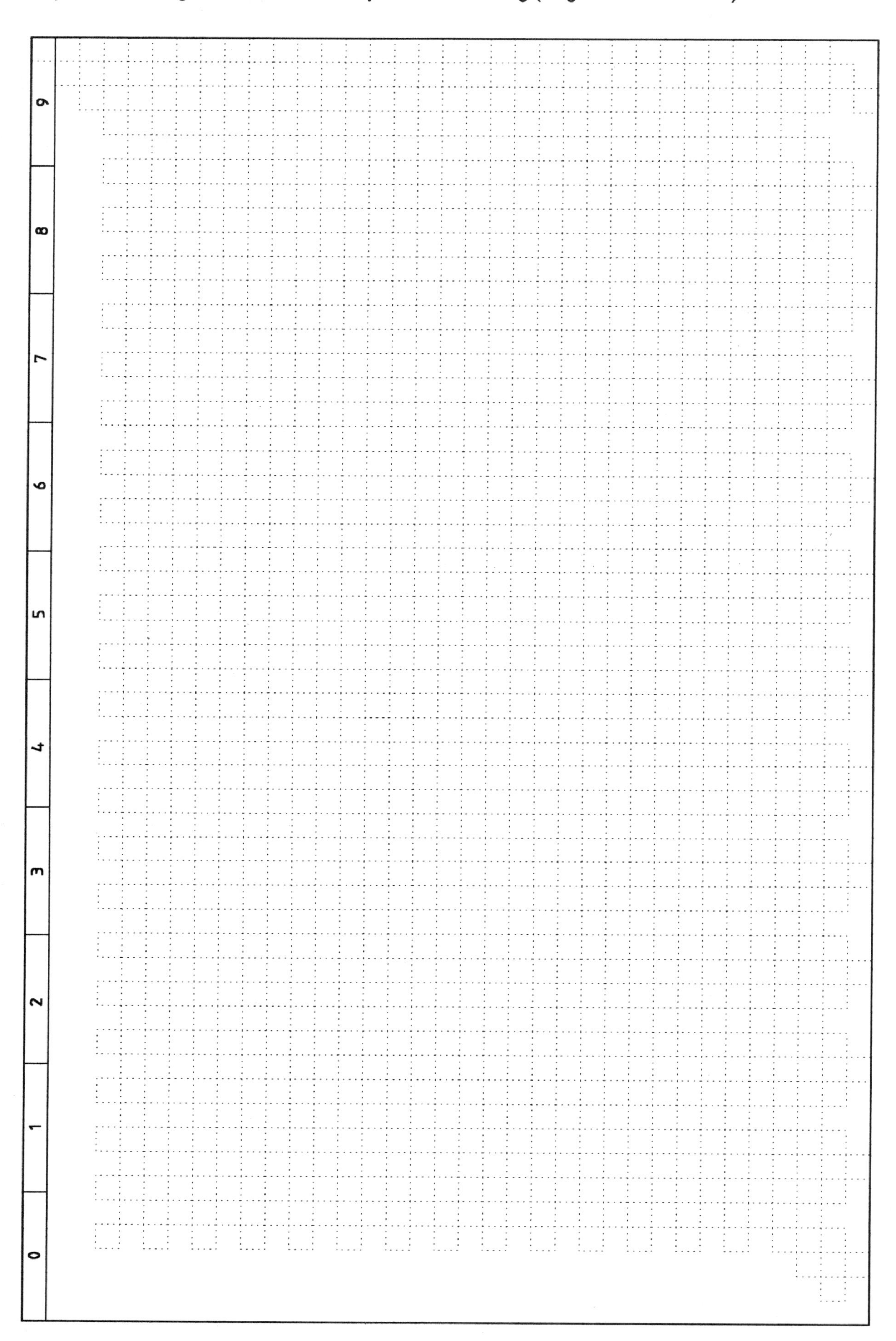

13.3 Schaltschema nach ANSI/CSA (USA)

1. Vervollständigen Sie den Stromlaufplan der Schaltung I normgerecht. Benutzen Sie dazu Blatt 1
2. Vervollständigen Sie den Stromlaufplan der Schaltung II normgerecht. Benutzen Sie dazu Blatt 2
3. Vervollständigen Sie den Stromlaufplan der Schaltung III normgerecht. Benutzen Sie dazu Blatt 3
4. Welche der drei Schaltungen ist für das 400 V-Drehstromnetz (TN-C-S) einsetzbar ?
5. Wie gehen Sie meßtechnisch vor, um die Temperaturfühler auf Funktion zu überprüfen ?
6. Beschreiben Sie die Funktion des „Solid State Module".
7. Der Hersteller gibt die aufgenommene Wirkleistung dieses Verdichtermotors mit 10 PS an. Berechnen Sie die aufgenommene Stromstärke (in A), wenn der cos φ 0,85 beträgt (400 V-Netz).

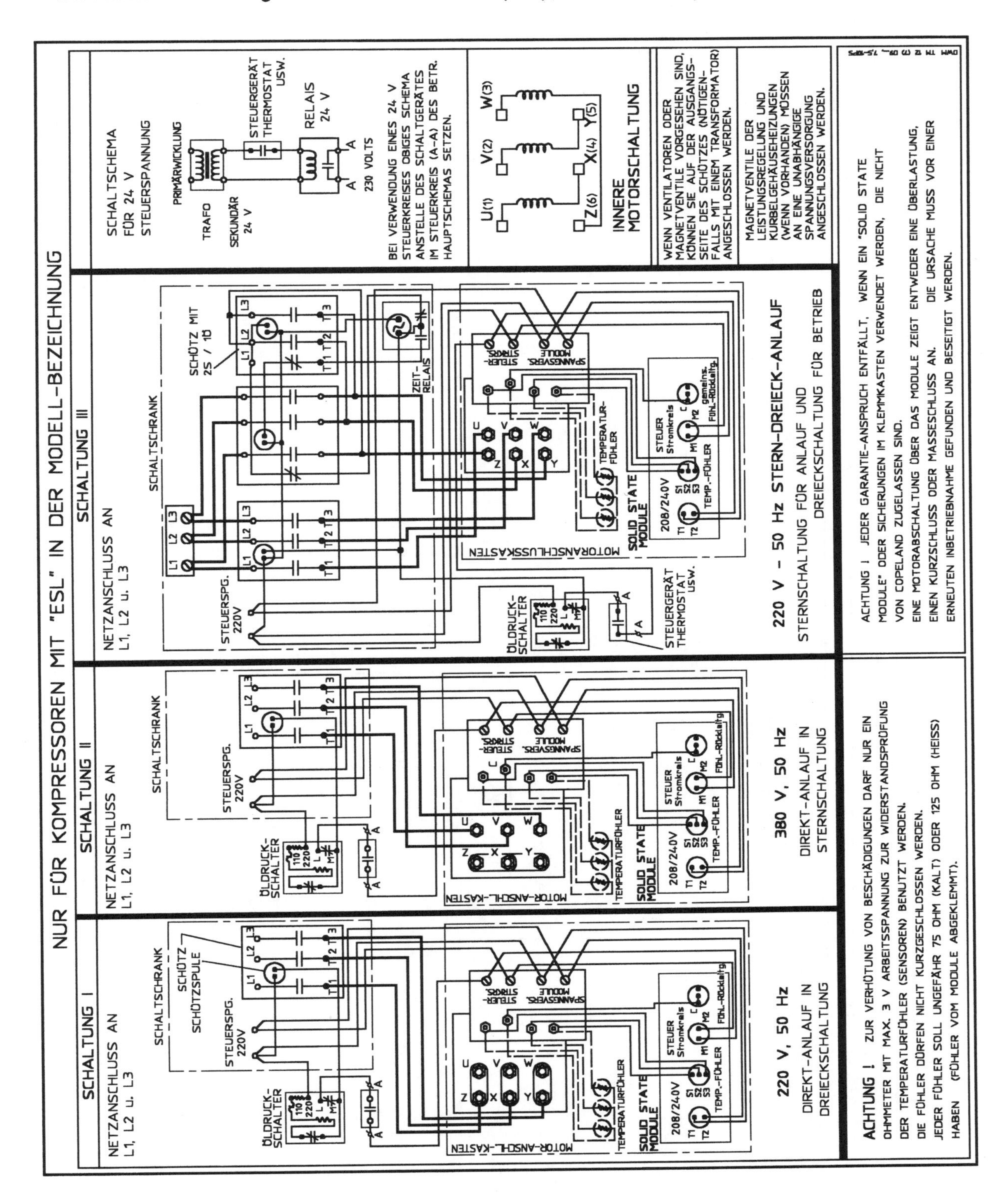

1. Vervollständigen Sie den Stromlaufplan der Schaltung I (Original-Plan s. S. 107).

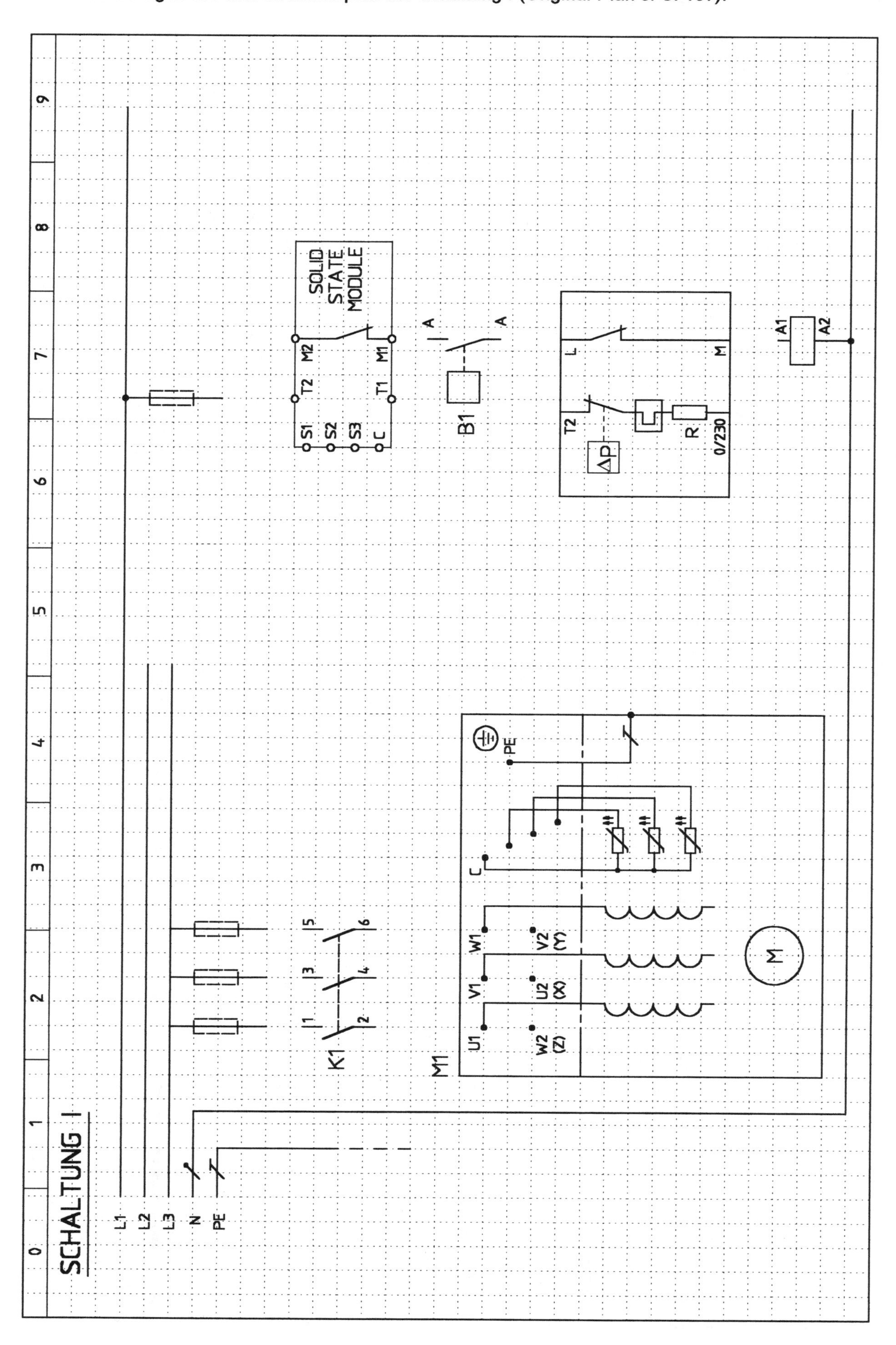

2. Vervollständigen Sie den Stromlaufplan der Schaltung II (Original-Plan s. S. 107).

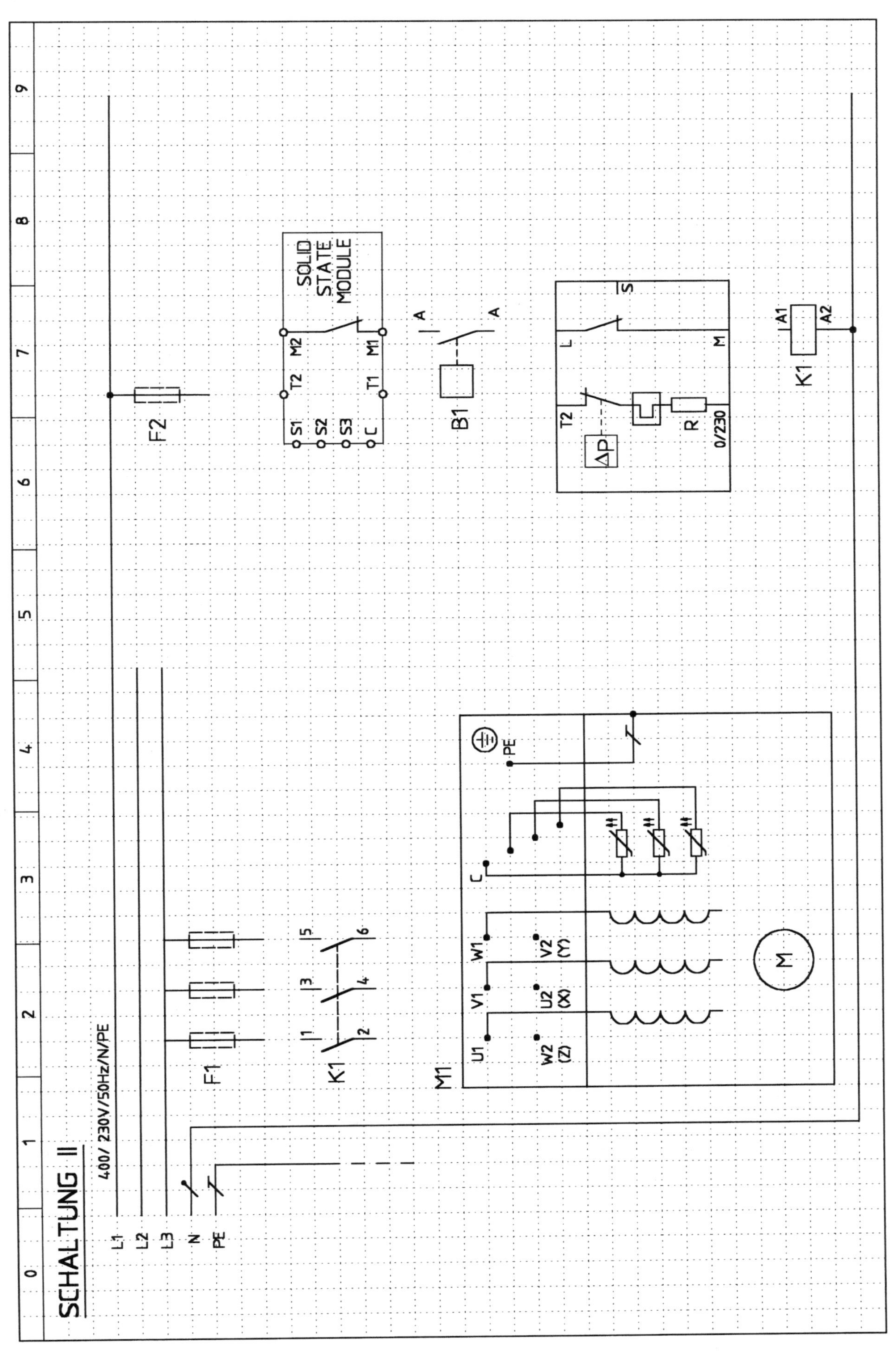

3. Vervollständigen Sie den Stromlaufplan der Schaltung III (Original-Plan s. S. 107).

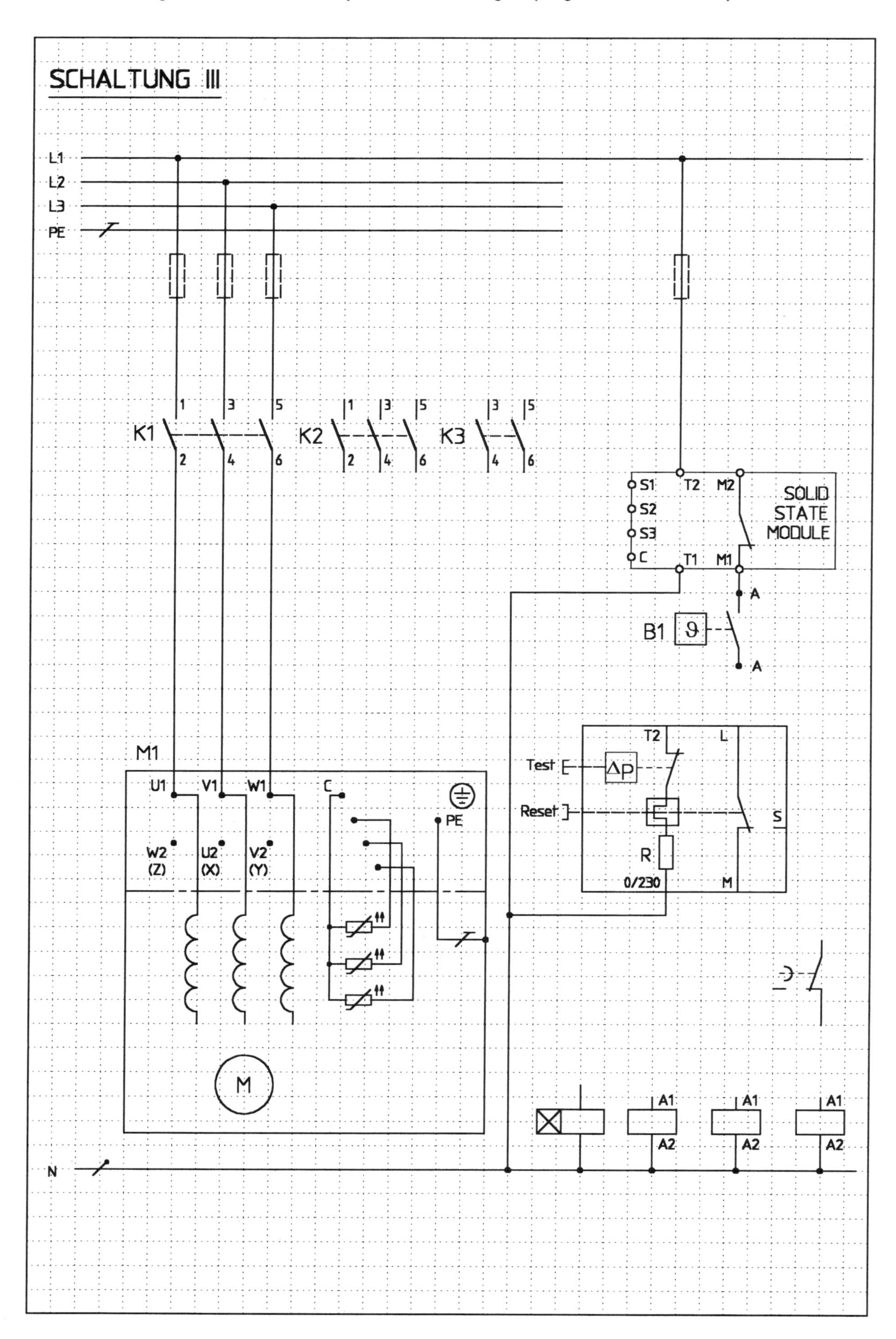

K 7. Der Kältemittelkreisprozeß im lg p, h - Diagramm - Lösungen

K 7.1 Der Aufbau des lg p, h - Diagramms

1. Im lg p, h-Diagramm läßt sich der Kältemittelkreisprozeß besonders übersichtlich darstellen und die für die Berechnung wichtigen Enthalpiedifferenzen lassen sich als Strecken auf der h-Achse abgreifen.

2. Mit der logarithmischen Einteilung läßt sich der in Frage kommende Druckbereich günstig darstellen. Bei R 22 z. B. steigt der Druck im Bereich - 80 °C bis 96,18 °C (kritischer Punkt) von 0,105 bar auf 49,9 bar. Wollte man diesen Druckbereich (49,8 bar) für je 0,1 bar mit 1 cm darstellen, wäre eine fast 5 m lange Skala erforderlich; andererseits würde ein Stauchen auf 20 cm (DIN-A 4-Blatt: 297 mm x 210 mm) den Bereich zwischen z. B. - 40 °C und - 30 °C (ca. 0,6 bar) auf nur 2,4 mm darstellen. Durch die logarithmische Einteilung wird dagegen jeder Temperaturbereich etwa gleich gut dargestellt.

3. Im lg p, h-Diagramm sind folgende Zustandsgrößen zu ermitteln

- der (absolute) Druck p
- die spezifische Enthalpie h
- die spezifische Entropie s
- die Temperatur t
- das spezifische Volumen v
- der Dampfgehalt x

4.

Zustandsgröße	im lg p, h-Diagramm übliche Einheit
Druck p	bar
spezifische Enthalpie h	kJ/kg
spezifische Entropie	kJ/kgK
Temperatur t	°C
spezifisches Volumen v	dm³/kg
Dampfgehalt x	[1]

5.

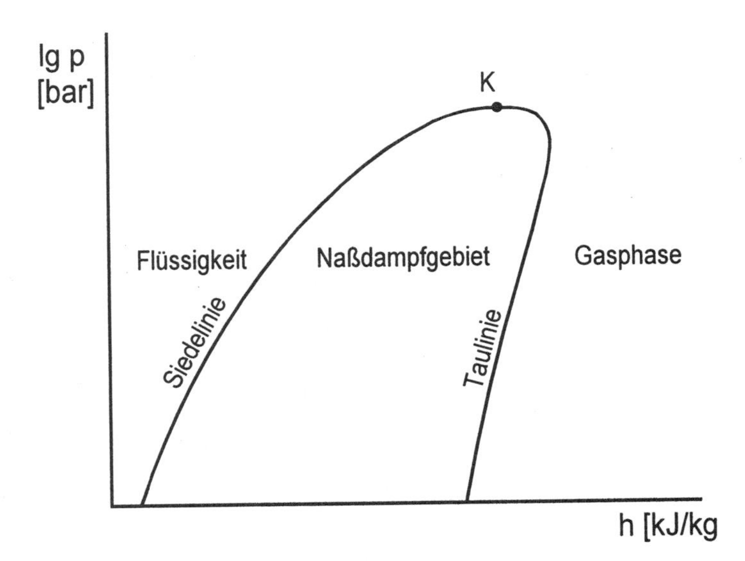

6. Auf der Siedelinie befindet sich das flüssige Kältemittel im Siedepunkt, d. h. jede weitere Energiezufuhr oder die geringste Druckerniedrigung führt zu Dampfbildung (Beginn der Verdampfung). Auf der Taulinie befindet sich das dampfförmige Kältemittel im Taupunkt (trocken gesättigter Dampf, Sattdampf, vgl. K 3.1.1.26), d. h. jede Energieabfuhr.oder die geringste Druckerhöhung führt zu Flüssigkeitsbildung (Beginn der Verflüssigung).

7.

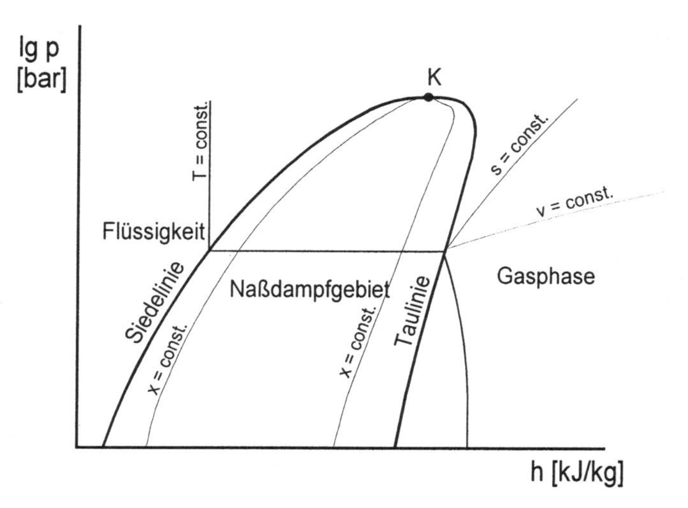

Isotherme = Linie konstanter Temperatur → T = const.
Isentrope = Linie konstanter spezif. Entropie → s = const.
Isochore = Linie konstanten spezif. Volumens → v = const.

8. Isobaren (Linien gleichen Drucks) verlaufen waagerecht, Isenthalpen (Linien gleicher spezif. Enthalpie) senkrecht.

9. Im Naßdampfgebiet verlaufen Isothermen und Isobaren parallel, d. h. zu jeder Temperatur gehört im Naßdampfgebiet (und nur dort!) genau ein bestimmter für das jeweilige Kältemittel charakteristischer Druck.

10. Im Naßdampfgebiet befinden sich siedende Flüssigkeit und gesättigter Dampf. Mit der Größe x wird das Verhältnis der Masse des gesättigten Dampfes zur Masse des Naßdampfes (siedende Flüssigkeit + gesättigter Dampf), der Dampfgehalt, bezeichnet:

$$x = \frac{\text{Masse des gesättigten Dampfes}}{\text{Masse des nassen Dampfes}}$$

Die Masse der siedenden Flüssigkeit wird mit m', die des mit ihr im thermodynamischen Gleichgewicht (gleicher Druck, gleiche Temperatur) befindlichen gesättigten Dampfes mit m'' bezeichnet. So ergibt sich als Definitionsgleichung:

$$x = \frac{m''}{m' + m''}$$

11. a) Siedelinie: x = 0 $[x = \frac{m''}{m' + m''} = \frac{0}{m' + 0} = 0]$, da kein Dampf vorhanden (m'' = 0)

b) Taulinie: x = 1 $[x = \frac{m''}{m' + m''} = \frac{m''}{0 + m''} = 1]$, da keine siedende Flüssigkeit vorhanden (m' = 0).

12. a) In der Dampftafel stehen die Werte des Kältemittels auf der Grenzkurve, also im Siedepunkt (v', h') bzw. im Taupunkt (v'', h''). Alle Werte auf Siede- und Taulinie sind also mit der Dampftafel bei jeder Temperatur abzulesen.
b) Der Wert h' = 200,00 kJ/kg für Flüssigkeit von 0 °C ist willkürlich festgelegt. (vgl. K 3.2.1 Aufg.15)
c) Die Verdampfungsenthalpie (Spalte7) ist die Differenz aus spezif. Enthalpie des Dampfes (Spalte 6) und spezif. Enthalpie der Flüssigkeit (Spalte 5): r = h'' - h'.

13. Um das flüssige Kältemittel vom siedenden Zustand (h') vollständig in Sattdampf (h'') zu überführen, muß die Verdampfungsenthalpie r zugeführt werden: r = h'' - h'. Folglich ist h'' stets größer als h'. Im kritischen Punkt sind beide Werte gleich groß, die spezif. Verdampfungswärme ist 0 kJ/kg und der Dampf geht unmittelbar in Flüssigkeit über, ohne daß eine Volumenänderung eintritt (v' = v'').

14. Die spezifische Verdampfungsenthalpie des Kältemittels beträgt r = h'' - h' = 100 kJ/kg. Wenn 30 % des Kältemittels verdampft sind, beträgt der h-Wert also

$$h = h' + 0{,}3 \cdot r = 100\ \text{kJ/kg} + 0{,}3 \cdot 100\ \text{kJ/kg} = 130\ \text{kJ/kg}$$

Für x = 0,6 beträgt der Wert entsprechend 160 kJ/kg.

15. a) Oberhalb der kritischen Temperatur liegt das Kältemittel auf jeden Fall gasförmig vor (oberhalb T_K ist eine Verflüssigung auch unter Anwendung höchster Drücke nicht möglich).
b) Unterhalb T_K liegt das Kältemittel entweder flüssig (links der Siedelinie) oder als Naßdampf (zwi-schen den Grenzkurven - Naßdampfgebiet) oder gasförmig (rechts der Taulinie) vor.

16. Latente Wärme ist an eine Aggregatzustandsänderung gebunden. Diese findet im Naßdampfgebiet statt.

17. a) Die Überhitzungstabelle gilt für den Bereich rechts der Taulinie, den überhitzen Bereich (Gasphase).
b) Die Überhitzung geht von Sattdampf dieser Temperatur aus, d. h., die Verdampfungstemperatur betrug - 10 °C, und der zugehörige Sättigungsdruck läßt sich auch der Naßdampftabelle entnehmen.

18. In der Dampftafel stehen nur die Werte für Naßdampf. Der Sättigungsdruck des Kältemittels von 10 °C ist viel höher als der des von - 10 °C, d. h. das Kältemittel befindet sich in einem grundsätzlich anderen Zustand. Deswegen weichen trotz gleicher Temperatur die Werte der anderen Zustandsgrößen (v, h, s) voneinander ab:

Beispiel R 134a (Werte aus dem Solkane Berechnungsprogramm):

	t [°C]	p [bar]	v [dm³/kg]	h [kJ/kg]	s [kJ/kgK]
Naßdampf	10	4,151	48,98	402,16	1,7145
von - 10 °C auf + 10 °C überhitzter Dampf	10	2,012	108,46	408,33	1,7904

Diese Werte sind deshalb dem Diagramm oder der Überhitzungstabelle zu entnehmen.

19. Da Flüssigkeiten inkompressibel sind, ist der Einfluß des Drucks vernachlässigbar und es können Enthalpie und Volumen von 27 °C - Flüssigkeit aus der Dampftafel genommen werden. Eine „Unterkühlungstabelle" ist deswegen nicht erforderlich.

20. Am Verflüssigereingang ist das Kältemittel noch überhitzt, so daß der Kältemitteldampf mit 70 °C eine höhere Temperatur hat als die in der Dampftabelle zu $p_{abs} = p_e + p_a$ = 9,2 bar + 1 bar = 10,2 bar gehörige Sättigungstemperatur von ca. 40 °C. Das Manometer zeigt jedoch nur den effektiven Überdruck p_e an.

21. Die (ideale) Verdichtung findet bei konstanter Entropie statt (isentrope Verdichtung).

K 7.2 Vergleichsprozesse

1. Technologie

1.

	Druck [bar]	Temperatur [°C]	spez.Enth. [kJ/kg]	spez.Vol. [dm³/kg]
Verdichten	↑	↑	↑	↓
Enthitzen	→	↓	↓	↓
Verflüssigen	→	→	↓	↓
Unterkühlen	→	↓	↓	↓
Entspannen	↓	↓	→	↑
Verdampfen	→	→	↑	↑
Überhitzen	→	↑	↑	↑

2. Im Verdampferausgangsbereich bis zum Verdichtereingang wird dem bereits verdampften Kältemittel weiter (sensible) Wärme zugeführt.

3. Vom Verdichterausgang bis zum Beginn der Verflüssigung wird dem Kältemittel-Heißgas sensible Wärme entzogen (hauptsächlich in der ersten Verflüssigerzone = Enthitzungszone).

4. Dem bereits verflüssigten Kältemittel wird sensible Wärme entzogen, so daß seine Temperatur unter die Verflüssigungstemperatur t_c sinkt (auf t_{cu}). Dies findet hauptsächlich in der letzen Verflüssigerzone (Unterkühlungszone) statt, aber auch im weiteren Verlauf bis zum Eingang des Drosselorgans (auf t_{E1}), sofern die Umgebungstemperatur tiefer liegt ($t_a < t_{cu}$) sowie evtl. in einem besonderen Unterkühler (vgl. K 8.1.1 Technische Mathematik, Aufg. 7 und 9).

5. Verdampfen und Verflüssigen spielen sich im Naßdampfgebiet ab, und zwar Verdampfen auf einer Isobaren (p_0) von der Siedelinie zur Taulinie (Energiezufuhr) und Verflüssigen entsprechend bei p_c von der Taulinie zur Siedelinie.

6. Überhitzen und Enthitzen rechts der Taulinie (Gasphase), Unterkühlen links der Siedelinie (Flüs-sigkeit)

7.

1 - 2 Verdichten

2 - 2' Enthitzen

2' - 3 Verflüssigen

3 - 4 Entspannen

4 - 1 Verdampfen

x - Drosseldampfanteil

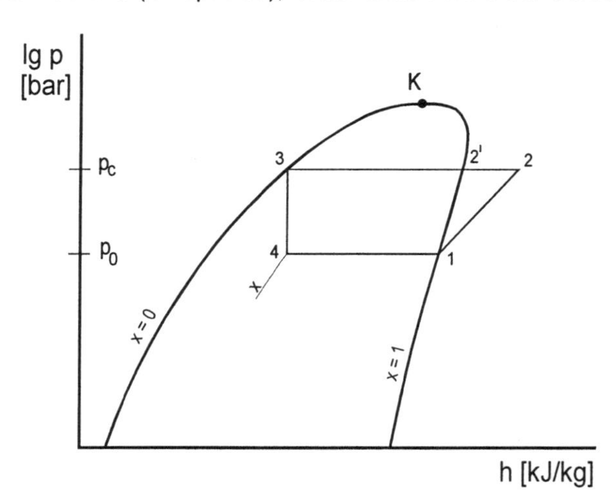

8. Wenn die unter Verflüssigungsdruck p_c stehende Flüssigkeit im Drosselorgan schlagartig auf p_0 entspannt wird, beginnt sie sofort zu sieden, weil ihr Dampfdruck aufgrund ihrer Temperatur (t_3) höher ist als der neue Umgebungsdruck (p_0). Die notwendige Verdampfungswärme entnimmt sie ihrer Umgebung, also sich selbst, d. h. sie kühlt sich dabei ab. Dieser Vorgang endet, wenn die Verdampfungstemperatur $t_0 = t_4$ erreicht ist, denn dann ist wieder ein Gleichgewichtszustand erreicht (p_0, t_0). So werden aus 100 % Flüssigkeit (p_c, t_3) vor dem Drosselorgan z. B. 30 % Dampf und 70 % Flüssigkeit (p_0, t_0) hinter dem Drosselorgan. Der dabei entstehende Dampf wird Drosseldampf genannt.

9. Je größer der Drosseldampfanteil, desto weniger Kältemittelflüssigkeit steht im Verdampfer zur Wärmeaufnahme (in obigem Diagramm Strecke 4 - 1) zur Verfügung. Der Drosseldampfanteil wird kleiner, wenn das Kältemittel nach dem Verflüssigen unterkühlt wird (im Diagramm Punkt 3 weiter links). Dies geschieht in einem ausreichend dimensionierten Verflüssiger oder durch besondere Wärmeübertrager (vgl. K 8.1.1.2 Aufg. 7 und Aufg. 9)

10.

1 - 2 Verdichten
2 - 2' Enthitzen
2' - 3' Verflüssigen
3' - 3 Unterkühlen
3 - 4 Entspannen
4 - 1' Verdampfen
1' - 1 Überhitzen
x Drosseldampfanteil

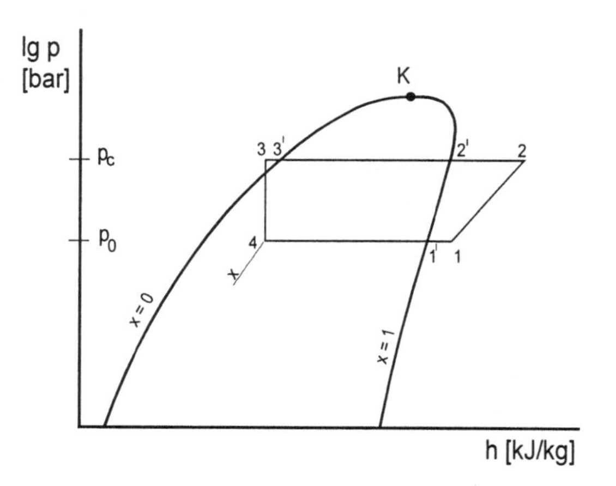

11. a) Im realen Kältemittelkreisprozeß schützt die Überhitzung den Verdichter vor Flüssigkeits-schlägen. Wenn die Temperatur des Sauggases oberhalb der Verdampfungstemperatur liegt, ist das eine Gewähr dafür, daß keine Flüssigkeitsanteile angesaugt werden können. Auch das thermostatische Expansionsventil benötigt eine Überhitzung (Temperaturdifferenz Δt_{0h}), damit es überhaupt regeln kann.
b) Durch die Unterkühlung ist gewährleistet, daß das Kältemittel auf dem Weg zum Drosselorgan nicht schon vorher zu verdampfen beginnt (Druckabfall, vgl. K 7.1 Aufg. 6).

12.

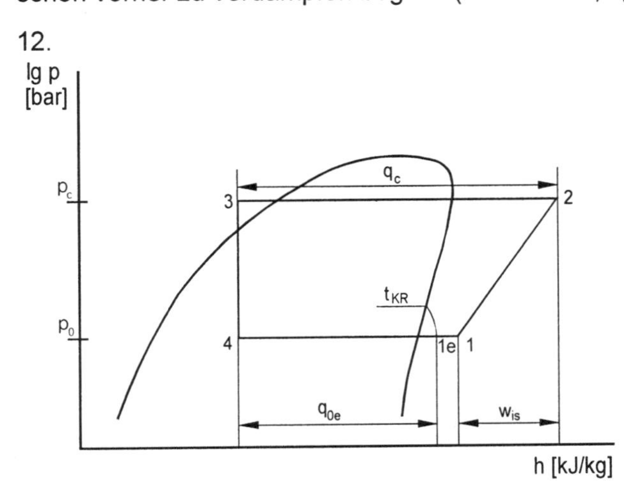

spezif. Verdichtungsarbeit - $w_{is} = h_2 - h_1$

spezif. Nutzkältegewinn - $q_{0e} = h_{1e} - h_4$ [1)]

spezif. Verflüssigerwärme - $q_c = h_2 - h_3$

1) Punkt 1e am Schnittpunkt mit der Kühlraumisothermen t_{KR}, da nur bis zu dieser Temperatur Wärme im Kühlraum (= nützlich) aufgenommen werden kann.

Die entsprechenden Leistungen werden durch Multiplizieren der spezifischen Werte mit dem Kältemittelmassenstrom $\dot{m}_R$ errechnet:

$P_{is} = \dot{m}_R \cdot w_{is}$ Verdichterleistung (isentrope)

$\dot{Q}_{0e} = \dot{m}_R \cdot q_{0e}$ Nutzkälteleistung

$\dot{Q}_c = \dot{m}_R \cdot q_c$ Verflüssigerleistung

13. Die tatsächliche Verdichtung verläuft nicht isentrop, sondern polytrop. Dadurch ist die tatsächliche (indizierte) spezifische Verdichtungsarbeit w_i größer als die isentrope w_{is} des idealen Verdichtungsprozesses.
Das Verhältnis von isentroper zu indizierter spezifischer Verdichtungsarbeit wird als indizierter Gütegrad η_i bezeichnet:

$$\eta_i = \frac{w_{is}}{w_i}$$

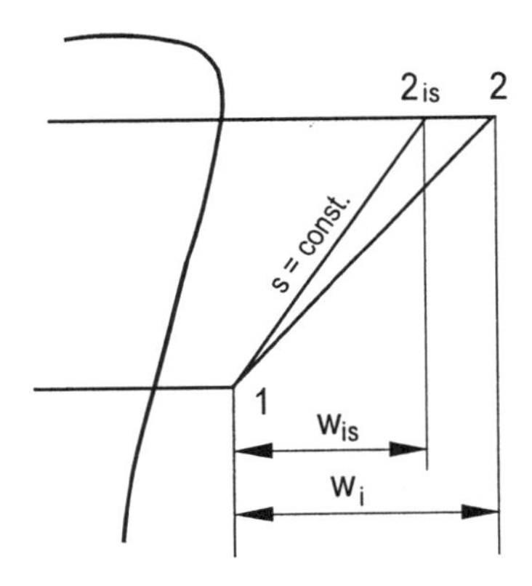

14. Die Kältezahl ε (oder auch Leistungsziffer des Kältemittelkreisprozesses ε_K) ist das Verhältnis von Nutzen zu Aufwand und dient als dimensionslose Zahl der Beurteilung eines Kälte erzeugenden Prozesses. Je größer die Kältezahl, desto günstiger der Prozeß.
Für den isentropen Prozeß aus Aufgabe 12 liegt der Nutzen in dem spezifischen Nutzkältegewinn q_{0e}, der Aufwand in der spezifischen Verdichtungsarbeit w_{is}:

$$\text{Kältezahl} = \frac{\text{Nutzen}}{\text{Aufwand}} = \frac{q_{0e}}{w_{is}} = \frac{h_{1e} - h_4}{h_2 - h_1}$$

15. Der Carnot-Prozeß ist ein nicht realisierbarer idealer Kreisprozeß. Seine Kältezahl berechnet sich zu:

$$\varepsilon_C = \frac{T_0}{T_c - T_0}$$

16. Wenn die Differenz $T_c - T_0$ größer wird, sinkt ε_C, also auch die Kältezahl einer realen Anlage. Folgerung: So niedrig wie möglich verflüssigen, so hoch wie möglich verdampfen. (Temperaturdifferenz $\Delta t = t_c - t_0$ klein halten)

17. Die volumetrische Kälteleistung gibt an, wieviel kJ aufgenommene Wärme 1 m³ des Kältemittels im Ansaugzustand enthält:

$$q_{0v} = \frac{q_{0e}}{v_{V1}} \text{ , in } \frac{kJ}{m^3}$$

2. Technische Mathematik

1.

a)

t_c [°C]	30
t_{cu} [°C]	28
t_0 [°C]	- 30
t_{V1} [°C]	- 20
p_0 [bar]	0,848
p_c [bar]	7,698

b)

h_1 [kJ/kg]	387	
h_2 [kJ/kg]	435	
$h_{3/4}$ [kJ/kg]	238,75	(Tabelle)
v_{V1} [m³/kg]	0,235	
v_2 [m³/kg]	0,03	
v_3 [m³/kg]	0,000836	(Tabelle)
t_2 [°C]	51	
x [%]	35	

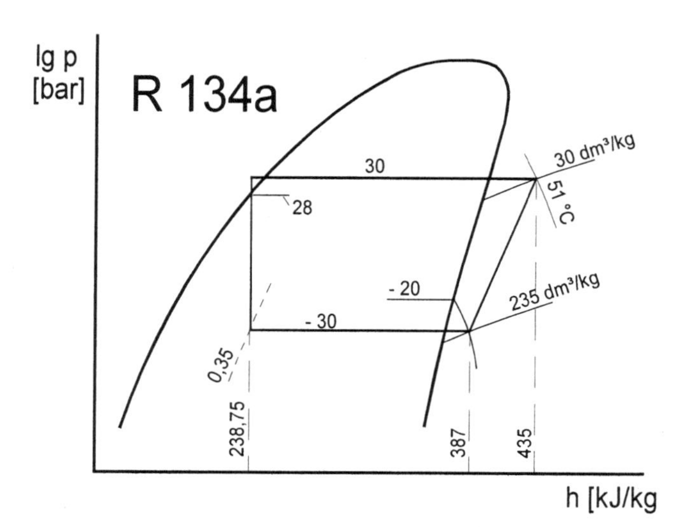

Der Wert für v_3 kann der Tabelle als 0,836 dm³/kg entnommen werden und ist entsprechend umzurechnen.

Der Drosseldampfanteil kann auch berechnet werden: $x = \frac{h_{3/4} - h'_{t_0}}{r_{t_0}} = \frac{238{,}75 - 161{,}4}{217{,}78} = \underline{\underline{0{,}355}}$

c) Da die Flüssigkeit um 2 K auf 28 °C unterkühlt ist, darf der Druck höchstens auf den zugehörigen Sättigungsdruck von p = 7,266 bar fallen.

d) Da die Verdampfungstemperatur unterhalb des Normsiedepunktes (R 134a: - 26,5 °C) liegt, ist der Druck in der Anlage saugseitig unter dem Umgebungsdruck (ca. 1 bar). Es besteht die Gefahr, daß bei Undichtigkeiten Luft und Feuchtigkeit in die Anlage eindringen. Außerdem ergibt sich bei den gegebenen Bedingungen ein recht hohes Druckverhältnis (vgl. K 8.1.1, Technologie Aufg. 11).

e) $q_{0e} = h_{1e} - h_4 = (387 - 238{,}75)\ \text{kJ/kg} = \underline{\underline{148{,}25\ \frac{\text{kJ}}{\text{kg}}}}$ (da hier $h_1 = h_{1e}$ angenommen wurde)

$$w_{is} = h_2 - h_1 = (435 - 387)\ \text{kJ/kg} = \underline{\underline{48\ \frac{\text{kJ}}{\text{kg}}}}$$

$$q_{0v} = \frac{q_{0e}}{v_1} = \frac{148{,}25\ \frac{\text{kJ}}{\text{kg}}}{0{,}235\ \frac{\text{m}^3}{\text{kg}}} = \underline{\underline{630{,}85\ \frac{\text{kJ}}{\text{m}^3}}}$$

f) $\varepsilon = \frac{q_{0e}}{w_{is}} = \frac{h_{1e} - h_4}{h_2 - h_1} = \frac{148{,}25\ \text{kJ/kg}}{48\ \text{kJ/kg}} = \underline{\underline{3{,}1}}$ $\qquad \varepsilon_C = \frac{T_0}{T_c - T_0} = \frac{243\ \text{K}}{303\ \text{K} - 243\ \text{K}} = \frac{243\ \text{K}}{60\ \text{K}} = \underline{\underline{4{,}05}}$

K 8 Die Hauptteile der Kälteanlage - Lösungen

K 8.1 Verdichter und Verbundanlagen

K 8.1.1 Verdichter

1. Technologie

1. Der Verdichter hat die Aufgabe, die Druckdifferenz zwischen Verdampfungsdruck p_0 und Verflüssigungsdruck p_c aufrechtzuerhalten (also den Kältemitteldampf aus dem Verdampfer abzusaugen und zum Verflüssiger zu schieben) sowie die Strömungswiderstände des Rohrleitungssystems der Kälteanlage zu überwinden.

2. Das Kältemittel soll die im Verdampfer aufgenommene Wärme beim Verflüssigen an die Umgebung (Luft oder Wasser) abgeben. Dazu muß der Verflüssigungsdruck p_c so hoch sein, daß die Verflüssigungstemperatur t_c oberhalb der Umgebungstemperatur liegt.
(Prinzipiell könnte man das gerade bei p_0 / t_0 verdampfte Kältemittel auch bei gleichem Druck verflüssigen. Man bräuchte nur ein Kühlmittel, dessen Temperatur unterhalb der Verdampfungstemperatur t_0 liegt. Wenn man das hätte, bräuchte man allerdings keine Kälteanlage, um die Kühlraumtemperatur t_{KR} aufrechtzuerhalten)

3. a) Bei Strömungsverdichtern wird zunächst die Geschwindigkeit des Kältemitteldampfes erhöht, diese (kinetische) Energie anschließend in Druck umgewandelt. Bei Verdrängungsverdichtern wird der Kältemitteldampf in einen geschlossenen Arbeitsraum gebracht. Dort wird der Druck durch Verkleinerung des Volumens erhöht.
b) Strömungsverdichter: z. B. Turboverdichter; Verdrängungsverdichter: z. B. Hubkolbenverdichter

4.

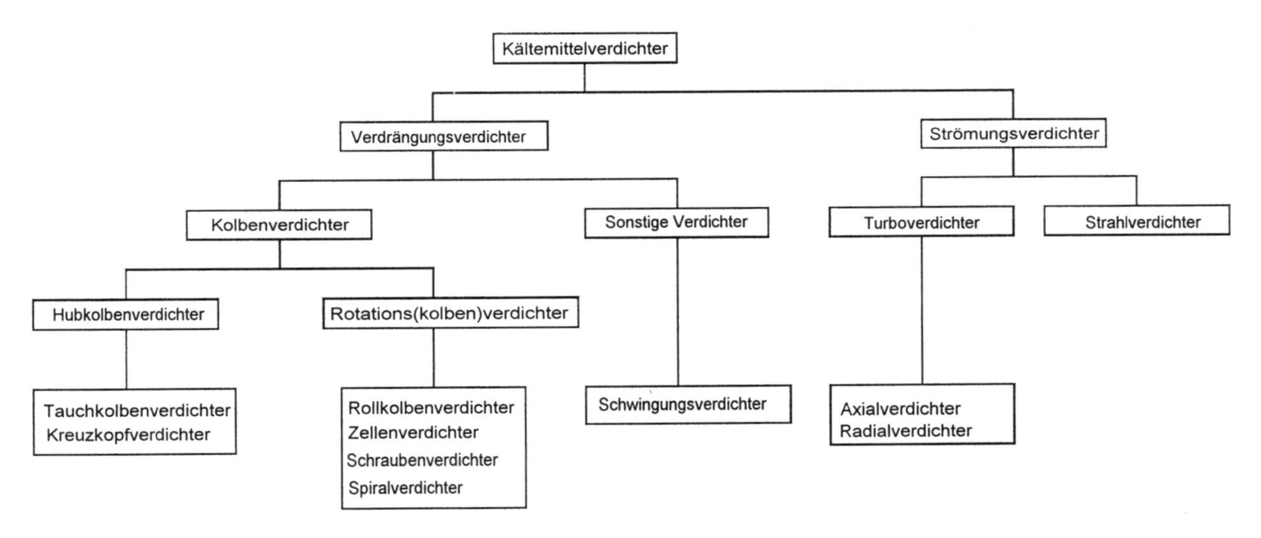

5.

	Hubvolumenstrom ca. [m³/h]
Hubkolbenverdichter	bis 1500
Schraubenverdichter	50 bis 6000
Turboverdichter	500 bis über 10000

6. a) Beim Gleichstromverdichter strömt das Sauggas bei der Abwärtsbewegung des Kolbens aus dem Kurbelgehäuse durch das Saugventil im Kolbenboden in den Zylinderraum. Der Ausschub erfolgt über das Druckventil in der Ventilplatte, so daß das Gas im Zylinder seine Strömungsrichtung nicht ändert (Gleichstrom). Der Wechselstromverdichter hat Saug- und Druckventil gemeinsam in einer Ventilplatte, so daß eine Umkehr der Strömungsrichtung erfolgt.

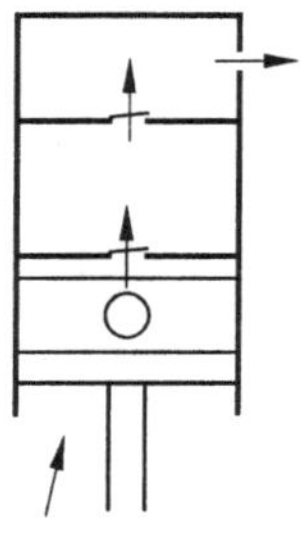

Gleichstromprinzip

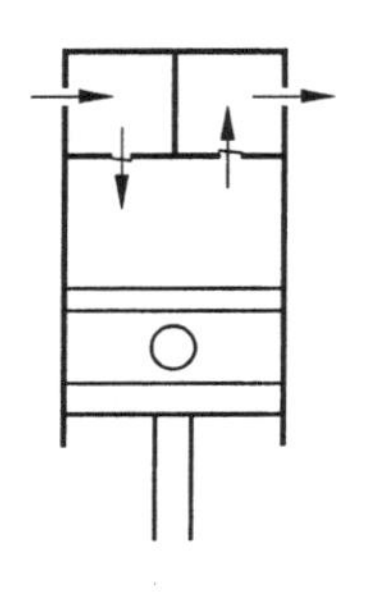
Wechselstromprinzip

b) Gleichstromverdichter sind die ältere Bauart, haben einen höheren Liefergrad, aber auch einen höheren Ölwurf. Wegen der hohen Massenkräfte (schwerer Kolben mit Saugventil) sind sie in der Drehzahl bis auf ca. 600 min^{-1} begrenzt (außerdem noch keine Leichtmetallkolben). Wechselstromverdichter erreichen Dreh-zahlen bis zu 2900 min^{-1} (am 60 Hz-Netz bis 3500 min^{-1}), wodurch kompaktere Verdichter möglich werden. Die Ventile auf der gemeinsamen Ventilplatte sind im Reparaturfall leichter auszutauschen.

7. a)

		Saugventil	Druckventil
1 - 2	Verdichten	zu	zu
2 - 3	Ausschub	zu	auf
3 - 4	Rückexpansion	zu	zu
4 - 1	Ansaugen	auf	zu

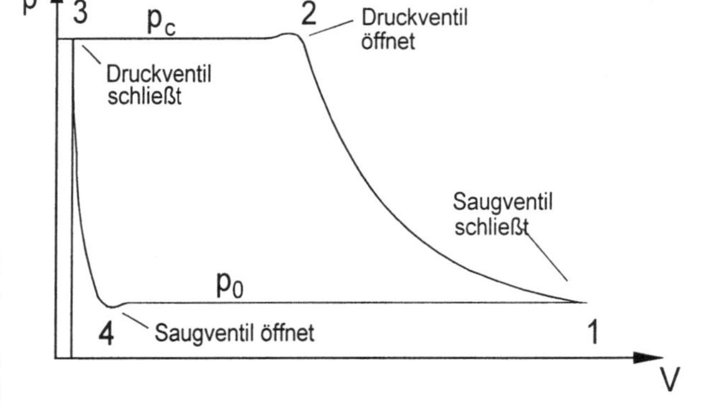

b) Das Volumen zwischen **O.T.** (oberer Totpunkt) und **U.T.** (unterer Totpunkt) ist das **Hubvolumen** des Kolbens.
c) Der Raum zwischen O.T. und Ventilplatte wird als **schädliches Volumen V_S** bezeichnet. Hier verbleibt verdichtetes Kältemittel, das nicht ausgeschoben wird.
d) Die obere Waagerechte (Ausschub) liegt in erster Näherung in Höhe des Verflüssigungsdrucks p_c, die untere beim Verdampfungsdruck p_0. Bei 2 muß das Druckventil durch Überschreiten des Verflüssigungsdrucks zunächst geöffnet werden, entsprechend wird bei 4 der Verdampfungsdruck kurz unterschritten.

8. Sie werden durch die Differenz der Drücke innerhalb und außerhalb des Zylinderraums gesteuert.

9. a) 1 - Ventilplatte, 2 - Schraubenfeder, 3 - Hubfänger,
4 - Druckventillamelle.
b) Die Lamelle ist selbstfedernd.
c) Das gesamte Ventil mit Hubfänger wird von einer starken Feder angepreßt, damit es im Falle eines Flüssigkeitsschlages nach oben ausweichen kann, um Schäden an Kurbeltrieb und Ventil zu vermeiden.

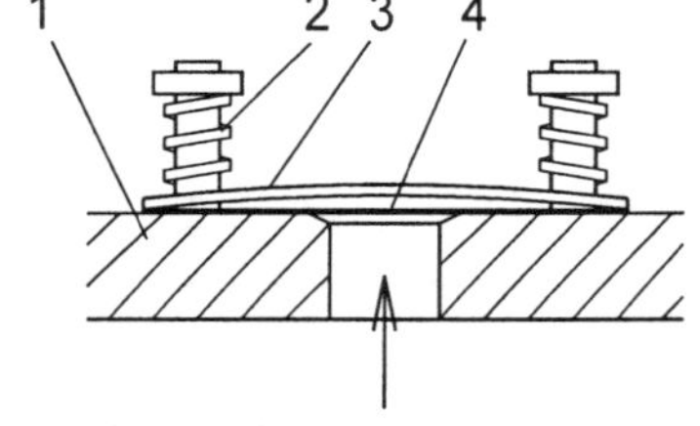

10. Wenn Ventile infolge Verschleiß nicht mehr gut dichten, ist das an mehreren Anzeichen zu erkennen:
- im Stillstand schneller Druckausgleich
- Anlage läßt sich nicht absaugen
- gestiegene Druckrohrtemperatur
- verminderte Kälteleistung, d.h. verlängerte Laufzeit der Anlage.

11. Unter **Druckverhältnis** versteht man den Quotienten aus Verflüssigungsdruck p_c und Verdampfungsdruck p_0. Als Formelzeichen wird dafür auch π genommen, also $\pi = \frac{p_c}{p_0}$. Bei sinkender Verdampfungstemperatur sinkt auch der Verdampfungsdruck, wodurch das Druckverhältnis steigt (ungünstiger wird).

12. Unter **Rückexpansion** versteht man die Entspannung des beim Ausschub im schädlichen Volumen V_S verbliebenen Kältemitteldampfes beim Kolbenrückhub vom Verflüssigungsdruck p_c auf Verdampfungsdruck p_0. Je größer das Druckverhältnis, desto größer die Rückexpansion. Die Rückexpansion bewirkt eine Verringerung des Hubvolumenstroms, weil sich beim Öffnen des Saugventils schon Kältemittel im Zylinderraum befindet.

13. Der relative **schädliche Raum** σ („sigma") ist das Verhältnis vom schädlichen Volumen V_S zum Hubvolumen: $\sigma = \frac{V_S}{V_H}$. Je größer der relative schädliche Raum, desto größer die Rückexpansion.

14. Lamellenventile 1,5 - 3%, konzentrische Ringplattenventile ca. 5%. Bei den konzentrischen Ventilen größerer Verdichter befinden sich wesentlich mehr Ventilbohrungen in der Ventilplatte, die zusammen ein größeres schädliches Volumen V_S beinhalten.

15. Der **geometrische Hubvolumenstrom** $\dot{V}_g$ ist das theoretische Fördervolumen eines Hubkolbenverdichters pro Zeiteinheit. Er wird bei Hubkolbenverdichtern nach der Formel $\dot{V}_g = \frac{i \cdot \pi \cdot d^2 \cdot l_H \cdot n}{4}$ berechnet. Dabei bedeutet i - Anzahl der Zylinder, d - Kolbendurchmesser (Bohrung), l_H - Hub, n - Drehzahl. Einheit m³/h (Katalogangaben) oder m³/s (für Leistungsberechnungen).

16. Der tatsächliche Hubvolumenstrom $\dot{V}_{V1}$ ist geringer als der geometrische durch
- Rückexpansion (vgl. 12.)
- Undichtigkeiten der Ventile
- Lässigkeit zwischen Kolben und Zylinder
- Aufheizen des Saugdampfes an wärmeren Flächen (Zylinderwände, Kolbenboden)
- Drosselverluste an den Ventilen.

17. Der **Liefergrad** λ ist das Verhältnis von tatsächlichem zu geometrischen Hubvolumenstrom:
$\lambda = \frac{\dot{V}_{V1}}{\dot{V}_g}$. Er ist vor allem abhängig vom Druckverhältnis p_c/p_0, dem relativen schädlichen Raum σ und der Baugröße des Verdichters (Zylindergröße). Er kann näherungsweise mit Hilfe des DKV-Arbeitsblattes 3-01 bestimmt werden. (s. Anmerkung zu K 8.1.1 Technische Mathematik, Aufg. 4)

18. Der Liefergrad λ sinkt mit steigendem Druckverhältnis, und ist desto schlechter (kleiner), je größer der relative schädliche Raum σ ist. Größere Zylinder (und damit meistens größere Verdichter) haben einen besseren Liefergrad als kleinere.

19. Durch schadhafte Ventile sinkt der Liefergrad eines Verdichters.

20. Unter **Ölwurf** versteht man das Einbringen von Öl in den Kältemittelkreislauf durch den Verdichter. Der Ölwurf beträgt etwa 1 % (bis zu 3 %) des Kältemittelmassenstroms.

21. Die Schmierstellen des Verdichters (Kurbelwellenlager, Pleuellager usw.) werden von einer Ölpumpe über Ölkanäle mit Schmieröl versorgt. An den Schmierstellen tritt das Öl aus und fließt ins Kurbelgehäuse (Ölsumpf) zurück, wo es über einen Filter (Sieb und Magnetabscheider) von der Ölpumpe wieder angesaugt wird.

22. Bei der **Schleuderschmierung** wird das Öl aus dem Ölsumpf durch eintauchende rotierende Teile (Pleuel, Schwungausgleichsmassen, evtl. besondere Schleuderbleche) bis zu den Schmierstellen geschleudert bzw. fällt dabei in Öltaschen, von denen aus es aufgrund der Schwerkraft zu den Schmierstellen fließt.

23. Bei hermetischen Verdichtern wird das Öl in einer schräg in der stehenden Welle verlaufenden Axialbohrung (oder in Ölförderkegeln) durch Zentrifugalkräfte nach oben an die Schmierstellen befördert.

24. Die **Ölheizung** verhindert das Eindiffundieren von Kältemittel ins Öl während Stillstandsphasen des Verdichters. Wenn der Verdichter nicht arbeitet, kommt es zum Druckanstieg im Kurbelgehäuse, der ein Absorbieren von Kältemittel in Öl begünstigt. Da das Absorptionsvermögen mit steigender Temperatur sinkt, kann ein Beheizen des Öls diesen Vorgang verhindern. Die Ölheizung ist meist nur während Stillstandsphasen des Verdichters eingeschaltet.

25. Das im Stillstand ins Öl diffundierte Kältemittel bewirkt bei der plötzlichen Druckerniedrigung im Kurbelgehäuse während des Anfahrvorgangs ein Aufschäumen des Öls. Mit dem Ölschaum kann die Ölpumpe keinen Druck aufbauen, was der **Öldruckdifferenz-Pressostat** registriert. Er schaltet den Verdichter ab, damit Lagerschäden durch Schmiermittelmangel verhindert werden.

26. Ölmangel durch Leck im Kältemittelkreislauf, durch Ölverlagerung, verstopften Filter. Ölpumpe kann keinen Druck aufbauen, weil sie defekt ist oder ein Lagerschaden (z. B. zu großes Spiel) vorliegt.

27. Im Kurbelgehäuse eines einstufigen Hubkolbenverdichters herrscht Saugdruck (in erster Näherung Verdampfungsdruck p_0). Bei zweistufigen Verdichtern kann das Kurbelgehäuse unter Zwischendruck stehen.

28. Das Heißgas hat trotz höherer Temperatur wegen des hohen Verflüssigungsdrucks p_c ein geringeres spezifisches Volumen als der Saugdampf.

29. Nach der Bauform werden offene, halbhermetische und hermetische Verdichter unterschieden:
a) offene Verdichter: Verdichter und Antriebsmotor bilden zwei getrennte Einheiten. Kennzeichnend für diesen Verdichtertyp ist das offene Verdichtergehäuse, weil die Antriebswelle seitlich aus dem Gehäuse herausgeführt wird.
b) halbhermetische Verdichter: Antriebsmotor und Verdichter haben eine gemeinsame Welle und sind in einem Gehäuse untergebracht, das aber geöffnet werden kann.
c) hermetische Verdichter: Motor und Verdichter sind gemeinsam in einem verschweißten Stahlblechgehäuse (Kapsel) untergebracht.

30. **Offene Verdichter**: Vorteile: robust, universell einsetzbar (z.B. Dieselmotor als Antrieb), für alle Kältemittel geeignet (z. B. NH_3), Drehzahl und damit Leistung über Riemenscheibe variabel, Kältemittelkreislauf kann nicht durch Schäden des Elektromotors beeinträchtigt werden, Motorwärme trägt nicht zur Überhitzung des Kältemittels bei. Nachteile: Wellenabdichtung neigt zu Undichtigkeiten (Wartungskosten), aufwendigere Montage (Ausrichten von Verdichter und Motor erforderlich), höheres Geräuschniveau.

31. **Halbhermetische Verdichter**: Vorteile: weniger Leckagemöglichkeiten, kompakter und leichter als offene Verdichter, problemlose Montage, verminderte Geräuschentwicklung. Nachteile: Schäden im Elektromotor (Wicklungsbrand) verschmutzen bei Sauggaskühlung den gesamten Kältemittelkreislauf mit der Folge aufwendiger Reinigungsmaßnahmen, geringere Variabilität.

32. **Hermetische Verdichter**: Vorteile: geringste Leckagemöglichkeit, besonders leicht, leise und kompakt, einfache Montage, wartungsfrei. Nachteile: E-Motorschaden schädigt Kältemittelkreislauf, keine Teilreparaturen möglich.

33. Ammoniak greift (in Gegenwart von Wasser, und das ist nie ganz auszuschließen) Kupfer an (Wicklungen bestehen normalerweise stets aus Cu) . Auch ist wasserhaltiges NH_3 elektrisch leitend (Kurzschlussgefahr).

34. Der **Trennhaubenverdichter** ist eine Sonderform von Verdichter mit senkrechter Kurbelwelle, dessen Zylinder durch Segmentpleuel in einer einzigen, senkrecht zur Welle liegenden Ebene angeordnet sind (vibrationsarm). Die Antriebswelle wird nach oben durch das Verdichtergehäuse geführt und trägt den Rotor des angeflanschten Elektromotors. Dieser ist jedoch durch eine 0,2 mm starke Haube aus Chrom-Nickel-Stahl vom Stator getrennt, wodurch der kältetechnische Teil des Verdichters gasdicht vom elektrischen abgeschlossen ist. Dadurch kann der Kältemittelkreislauf nicht durch Schäden des Elektromotors beeinträchtigt werden.

35. Der kalte Saugdampf strömt zunächst über die Motorwicklung und nimmt dabei Wärme auf. Die effektive Überhitzungstemperatur am Saugventil erhöht sich beträchtlich (bis zu 40 K). Deswegen steigt auch die Verdichtungsendtemperatur, wodurch der Einsatzbereich eines solchen Verdichters begrenzt wird.

36. **Zusatzkühlung** bedeutet, daß dem Verdichter durch besondere Maßnahmen Wärme entzogen wird, z. B. durch besondere Ventilatoren (Kopflüfter), wasserdurchflossene Leitungen, die um das Verdichtergehäuse gewickelt sind (Kühlschlange), wassergekühlte Zylinderköpfe oder Einspritzung von Kältemittel in die Saugkammer. Typisches Anwendungsbeispiel sind Ammoniakverdichter und die einstufige Tiefkühlung mit R 22, um die Verdichtungsendtemperatur niedrig zu halten.

37. Bei offenen Verdichtern ist eine **Gleitringdichtung** erforderlich, um die Welle gegen das Gehäuse abzudichten.

38. Das Öl dient der Schmierung und Abdichtung und wird durch den im Kurbelgehäuse herrschenden Systemüberdruck zwischen Gleitiring und Gegengleitring nach außen gedrückt. Der Verdichterhersteller Bock gibt als obere Leckagerate 0,05 cm^3 Öl pro Betriebsstunde an.

39. Äußerste Sauberkeit, Gleitringdichtung mit sauberem Kältemaschinenöl einölen, Gleitflächen nicht mit den Fingern berühren, vorsichtig handhaben (Montagevorschriften beachten).

40. - Mangelnde Schmierung durch zu wenig Öl oder zuviel Kältemittel im Öl
- starker Triebwerksverschleiß (dadurch hoher Schmutzanteil im Öl)
- zu großes Axialspiel der Kurbelwelle
- Überhitzen der Dichtung
- starke Schwingungen, z. B. durch Versatz von Kupplung oder Riementrieb
- zu starke Riemenvorspannung
- häufiges Takten
- lange Stillstandszeiten

41. Im Verhältnis zu einem gleichstarken Hubkolbenverdichter ist ein **Schraubenverdichter** kompakter.

42. Bei größeren Schraubenverdichtern stufenlose Leistungsregelung durch Steuerschieber (bis auf 10% herab), hoher Liefergrad, der weniger stark vom Druckverhältnis abhängig ist, einstufig höheres Druckverhältnis realisierbar, geringer Verschleiß (keine Arbeitsventile), Verbundanlagen ölseitig ohne Probleme.

43. Das Öl dient der Schmierung und Abdichtung der berührungsfrei gegeneinander und gegen das Rotorgehäuse laufenden Rotoren. Gleichzeitig kann es, über einen Ölkühler geführt, gezielt Verdichtungswärme abführen, wodurch einstufig sehr große Druckverhältnisse erreicht werden können (z. B. einstufige Tiefkühlung mit Ammoniak). Außerdem wirkt es geräuschdämpfend.

44. Das Druckverhältnis hängt entscheidend von der Größe der Austrittsöffnung an der Stirnseite des Rotorgehäuses ab. Verdichter für den Klimabereich haben ein größeres Fenster als solche für Normal- oder gar Tiefkühlung.

45. Schraubenverdichter haben kein schädliches Volumen, keine Rückexpansion.

46. **Spiralverdichter** (Scroll) sind kompakter und leichter, ruhiger und vibrationsärmer im Lauf, besitzen hohe Drehzahlvariabilität, einen hohen Liefergrad, hohe Betriebssicherheit (keine Ventile) und sind relativ unempfindlich gegen Flüssigkeitsschläge. Weil im Stillstand Druckausgleich herrscht, ist eine Anlaufentlastung nicht erforderlich. Ihre Baugröße ist z. Z. auf 10 - 100 m^3/h Hubvolumenstrom begrenzt. Wegen der thermischen Belastung werden sie vorrangig im Klimabereich eingesetzt. (Es gibt aber auch schon Spiralverdichter zur Tiefkühlung bis – 40 °C.)

47. Zwei ineinander gesteckte Spiralen (eine ortsfest, eine auf einer Kreisbahn) erzeugen mehrere nach innen wandernde Berührungslinien, wobei der eingeschlossene Raum stetig verkleinert wird.

48. a) 1 - Rollkolben, 2 - Rotorwelle mit Exzenter, 3 - Gehäuse, 4 - Schieber, 5 - Saugseite, 6 - Druckseite.

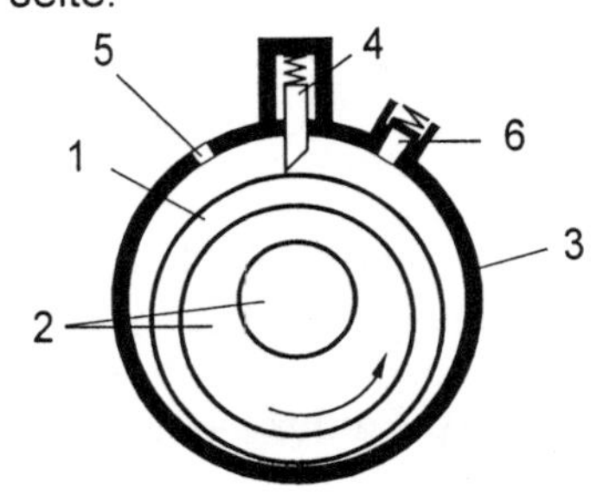

Rollkolbenverdichter (Prinzip)

b) Der Rollkoben rollt, von der Rotorwelle angetrieben, auf der Gehäuseinnenwand ab, wobei ein sichelförmiger Raum entsteht, der durch den Schieber in Saug- und Druckseite unterteilt wird. Die Berührungslinie zwischen Rollkolben und Gehäuse verkleinert den Druckraum stetig, bis der Gegendruck überwunden ist und das Druckventil öffnet.
c) Ein Saugventil ist nicht erforderlich, hoher Liefergrad, da keine Rückexpansion, ruhiger Lauf, kompakt, leicht.
d) Rollkolbenverdichter kommen vor allem in kleineren Klimageräten zum Einsatz.

49. a) 1 - Rotor, 2 - Trennschieber, 3 - Saugseite, 4 - Druckseite.
b) Der Rotor dreht sich um seine dem zylindrischen Gehäuse gegenüber exzentrische Achse, wobei die Trennschieber durch die Fliehkraft an die Zylinderwandung gepreßt werden und mehrere Arbeitsräume entstehen, die in Drehrichtung vom Einlaß zur Druckseite stetig verkleinert werden (Verdichtung).
c) Ruhiger Lauf durch vollständigen Massenausgleich, wenig Verschleißteile, selbsttätige Anlaufentlastung, da Schieber bei geringer Drehzahl noch nicht abdichten (Zentrifugalkraft noch klein), geringes Leistungsgewicht, hoher Liefergrad.

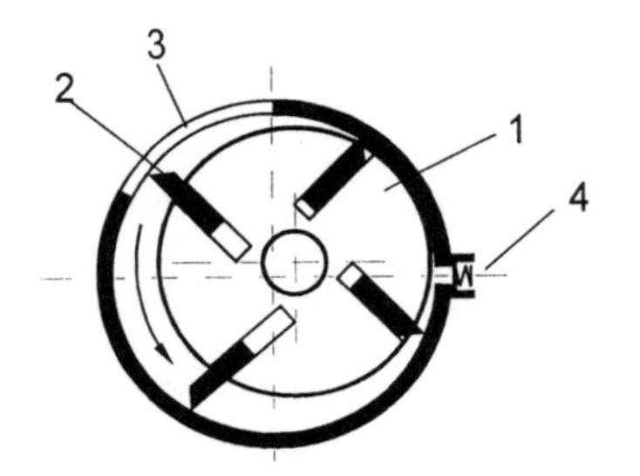

Umlauf- oder Zellenverdichter (Prinzip)

d) Umlaufverdichter kommen vor allem als Vorschaltverdichter (Booster) in Niederdruckstufen mehrstufiger Kälteanlagen zum Einsatz.

50. Im Elektromotor finden Verluste durch Lagerreibung, Widerstandserwärmung der Wicklungen und Ummagnetisierung statt. Dies wird durch den **elektrischen Wirkungsgrad** η_{el} berücksichtigt.
An der Übertragungsstelle können ebenfalls Verluste auftreten - **Übertragungswirkungsgrad** $\eta_{ü}$.
Im Verdichter werden die mechanischen Verluste (Kolben- und Lagerreibung) durch den **mechanischen Wirkungsgrad** η_m berücksichtigt.
Alle mit der Dampfströmung zusammenhängenden Verluste lassen sich im p,V-Diagramm als Unterschied zwischen dem idealen Verlauf des Diagramms (s. Aufg. 7) und dem tatsächlichen (mit dem Indikator aufgenommenen) Verlauf ablesen. Der dies berücksichtigende Wirkungsgrad wird deshalb als **indizierter Gütegrad** η_i bezeichnet.

51.
1. Der elektrische Wirkungsgrad beträgt ca. $\eta_{el} = 0{,}8$. Er ist von der mechanischen Qualität und der Größe der Ummagnetisierungsverluste (je nach Material) des Elektromotors abhängig.
2. Der Übertragungswirkungsgrad beträgt bei Riementrieb $\eta_{ü} = 0{,}85 \ldots 0{,}95$ (Walkarbeit und Schlupf), bei starrer Kupplung ist $\eta_{ü} = 1$ (entfällt).
3. Der mechanische Wirkungsgrad des Verdichters hängt von dessen Größe ab. Größere Verdichter erzielen bessere Werte: $\eta_m = 0{,}85 \ldots 0{,}95$.
4. Der indizierte Gütegrad kann wie der Liefergrad λ näherungsweise mit dem DKV-Arbeitsblatt 3-01 ermittelt werden und ist wie dieser abhängig vom Druckverhältnis, vom relativen schäd-lichen Raum und der Verdichter(Zylinder)größe. Ein typischer Wert ist z. B. $\eta_i = 0{,}8$.

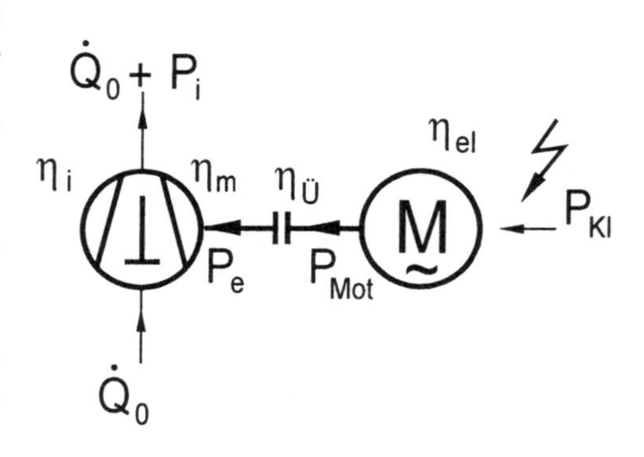

Wirkungsgrade beim offenen Verdichter

52. Die effektive Verdichterleistung P_e wird aus der isentropen Verdichtungsleistung P_{is} nach der Gleichung $P_e = \frac{P_{is}}{\eta_i \cdot \eta_m}$ berechnet.

53.
$$P_{Kl} = \frac{P_{is}}{\eta_i \cdot \eta_m \cdot \eta_Ü \cdot \eta_{el}}$$

54. a) Mit sinkender Verdampfungstemperatur t_0 steigt das Druckverhältnis. Der Liefergrad wird schlechter. Vor allem aber sinkt der Kältemittelmassenstrom $\dot{m}_R$, weil das spezif. Volumen v_{V1} des Kältemittels im Ansaugzustand stark zunimmt. Die volumetrische Kälteleistung q_{0v} nimmt deswegen entsprechend ab.
b) Wiederum steigt das Druckverhältnis, wodurch der Liefergrad λ sinkt. Gleichzeitig steigt der Drosseldampfanteil x, und damit sinkt die Enthalpiedifferenz $q_0 = h_1 - h_4$, also auch die Kälteleistung $\dot{Q}_0 = \dot{m}_R \cdot (h_1 - h_4)$.
c) Die isentrope Verdichterleistung berechnet sich zu $P_{is} = \dot{m}_R \cdot (h_2 - h_1)$. Die Enthalpiedifferenz $h_2 - h_1$ wird zwar mit sinkender Verdampfungstemperatur größer, gleichzeitig nimmt aber der Kältemittelmassenstrom wegen des bei tieferen Verdampfungstemperaturen niedrigeren Druckes und des damit zusammenhängenden größeren spezifischen Volumens ab, und zwar so stark, daß das Produkt insgesamt kleiner wird.
d) Mit steigender Verflüssigungstemperatur t_c nimmt auch die spezifische isentrope Verdichtungsarbeit $w_{is} = (h_2 - h_1)$ zu. Gleichzeitig sinkt der Kältemittelmassenstrom, da wegen des höheren Druckverhältnisses der Liefergrad sinkt. Die Zunahme der spezifischen isentropen Verdichtungsarbeit überwiegt jedoch.
e) Der Verdichter erreicht seine Einsatzgrenze, weil die Verdichtungsendtemperatur t_2 zu hoch wird.
f) Beide Maßnahmen führen zu einer Absenkung der Verdichtungsendtemperatur t_2.
g) Im Diagramm ergibt sich die isentrope Verdichtungsendtemperatur t_2 bei $t_0 = -5$ °C, $t_c = 60$ °C und $t_1 = 25$ °C zu ca. 132 °C.

2. Technische Mathematik

1. a) $\dot{V}_g = \frac{\pi \cdot d^2 \cdot l_H \cdot i \cdot n}{4} = \frac{\pi \cdot (0{,}55\ dm)^2 \cdot 0{,}48\ dm \cdot 4 \cdot 1450}{4 \cdot 60\ s} = 11{,}024\ \frac{dm^3}{s} = \underline{\underline{39{,}7\ m^3/h}}$

b) $n = \frac{4 \cdot \dot{V}_g}{\pi \cdot d^2 \cdot l_H \cdot i} = \frac{4 \cdot 60\ m^3}{60\ min \cdot \pi \cdot (0{,}061\ m)^2 \cdot 0{,}046\ m \cdot 6} = \underline{\underline{1239{,}77\ /\ min}}$

$60\ m^3/h = \frac{60\ m^3 \cdot 1000\ dm^3/m^3}{h \cdot 3600\ s/h} = \underline{\underline{16{,}67\ dm^3/s}}$ oder kürzer $60\ m^3/h = \frac{60}{3{,}6}\ dm^3/s = \underline{\underline{16{,}67\ dm^3/s}}$

	d [mm]	l_H [mm]	i [1]	n [1/min]	$\dot{V}_g$ [dm³/s]	$\dot{V}_g$ [m³/h]
a)	55	48	4	1450	**11,024**	**39,7**
b)	61	46	6	**1239,77**	**16,67**	60

2. Nach $\sigma = \frac{V_S}{V_H}$ gilt es, zunächst das schädliche Volumen zu berechnen und diesen Wert dann durch das Hubvolumen zu teilen. Das schädliche Volumen setzt sich zusammen aus dem Volumen der Druckventilschächte V_{SDV} (denn die Saugventilschächte sind auf der Zylinderseite durch die Ventilzunge versperrt) und dem zwischen Kolben und Ventilplatte verbleibenden Raum im oberen Totpunkt V_{SOT}.

$$V_{SDV} = 2 \cdot \frac{\pi \cdot d^2 \cdot h}{4} = \frac{\pi \cdot (0{,}8\ cm)^2 \cdot 0{,}8\ cm}{2} = 0{,}8042477\ cm^3$$

$$V_{SOT} = \frac{\pi \cdot d^2 \cdot h}{4} = \frac{\pi \cdot (4\ cm)^2 \cdot 0{,}01\ cm}{4} = 0{,}12566\ cm^3$$

$$V_S = V_{SDV} + V_{SOT} = 0{,}9299\ cm^3$$

$$V_H = \frac{\pi \cdot d^2 \cdot h}{4} = \frac{\pi \cdot (4\ cm)^2 \cdot 3{,}8\ cm}{4} = 47{,}75\ cm^3 \qquad \sigma = \frac{V_S}{V_H} = \frac{0{,}93\ cm^3}{47{,}75\ cm^3} = 0{,}01957 \approx \underline{\underline{2\ \%}}$$

3. $\dot{Q}_0 = \lambda \cdot \dot{V}_g \cdot q_{0v} = 0{,}8 \cdot 77\ \frac{m^3}{3600\ s} \cdot 2000\ \frac{kJ}{m^3} = \underline{\underline{34{,}2\ kW}}$

4. Zunächst wird mittels Dampftabelle das Druckverhältnis π bestimmt:

$p_0 = 1{,}33$ bar, $p_c = 7{,}698$ bar $\Rightarrow \pi = \frac{p_c}{p_0} = \frac{7{,}698\ bar}{1{,}33\ bar} = 5{,}78$

a) Mit diesem Wert und den Angaben $\sigma = 0{,}02$ und $\dot{V}_{gZyl} = 12{,}5\ m^3/h$ ermittelt man im DKV-Arbeits-blatt 3-01:

$\lambda = 0{,}88 - 0{,}2 = \underline{0{,}68}$

b) mit $\frac{\eta_i}{\lambda} = 1{,}115$ ergibt sich $\eta_i = \frac{\eta_i}{\lambda} \cdot \lambda = 1{,}115 \cdot 0{,}68 = \underline{0{,}758}$

c) $\dot{V}_{V1} = \dot{V}_g \cdot \lambda = 50\ \frac{m^3}{h} \cdot 0{,}68 = \underline{\underline{34\ \frac{m^3}{h}}}$

Anmerkung: Das DKV-Arbeitsblatt 3-01 wurde in den vierziger Jahren durch Messungen mit Ammoniak (NH_3, R 717) ermittelt. Heutige (schnellaufende) Verdichter ergeben bis zu 20 % bessere Werte. (vgl. Aufg. 8)

5. a) Der Kältemittelkreisprozeß wird ins lg p,h-Diagramm eingetragen, und alle erforderlichen Werte werden abgelesen:

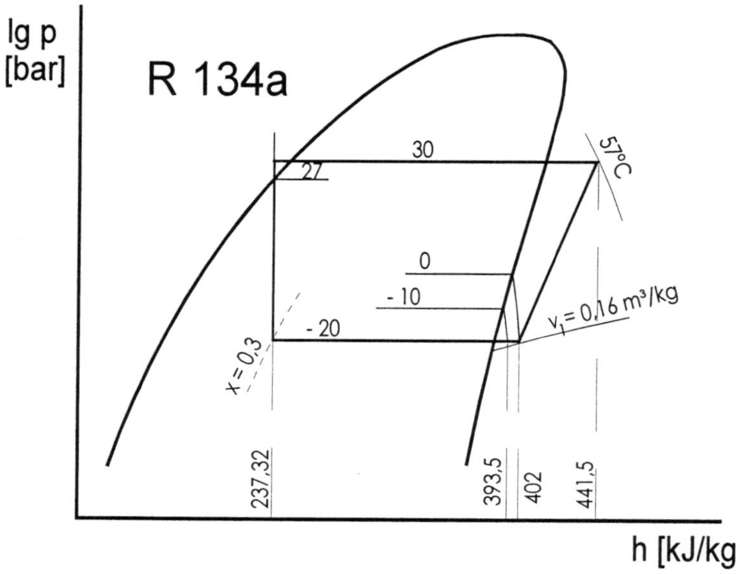

lg p [bar]

R 134a

30 27 0 -10 -20 57°C $v_1 = 0{,}16\ m^3/kg$ x = 0,3

237,32 393,5 402 441,5

h [kJ/kg

h_1	[kJ/kg]	402	
h_{1e}	[kJ/kg]	393,5	
h_2	[kJ/kg]	441,5	
$h_{3/4}$	[kJ/kg]	237,32	(aus Tabelle)
x	[-]	0,3	
v_1	[m³/kg]	0,16	
t_2	[°C]	57	
q_{0e}	[kJ/kg]	156,2	$(h_{1e} - h_4)$
q_{0g}	[kJ/kg]	164,7	$(h_1 - h_4)$
w_{is}	[kJ/kg]	39,5	$(h_2 - h_1)$
p_0	[bar]	1,330	(aus Tabelle)
p_c	[bar]	7,698	(aus Tabelle)

b) $\dot{Q}_{0e} = \dot{m}_R \cdot q_{0e} = 0{,}05\ \frac{kg}{s} \cdot 156{,}2\ \frac{kJ}{kg} = \underline{\underline{7{,}81\ kW}}$

c) $\dot{V}_{V1} = \dot{m}_R \cdot v_1 = 0{,}05\ \frac{kg}{s} \cdot 0{,}16\ \frac{m^3}{kg} = \underline{\underline{0{,}008\ \frac{m^3}{s} = 28{,}8\ \frac{m^3}{h}}}$

d) $q_{0v} = \frac{q_{0e}}{v_1} = \frac{156{,}2\ \frac{kJ}{kg}}{0{,}16\ \frac{m^3}{kg}} = \underline{\underline{976{,}25\ \frac{kJ}{m^3}}}$

e) $\dot{V}_g = \frac{\dot{V}_{V1}}{\lambda} = \frac{28{,}8\ m^3/h}{0{,}74} = \underline{\underline{38{,}9\ \frac{m^3}{h}}}$

f) $P_{is} = \dot{m}_R \cdot w_{is} = 0{,}05\ \frac{kg}{s} \cdot 39{,}5\ \frac{kJ}{kg} = \underline{\underline{1{,}975\ kW}}$

g) $P_e = \frac{P_{is}}{\eta_i \cdot \eta_m} = \frac{1{,}975\ kW}{0{,}8 \cdot 0{,}85} = \underline{\underline{2{,}9\ kW}}$

h) $P_{Kl} = \frac{P_e}{\eta_Ü \cdot \eta_{el}} = \frac{2{,}9\ kW}{1 \cdot 0{,}85} = \underline{\underline{3{,}42\ kW}}$

i) $\dot{Q}_c = \dot{Q}_{0g} + P_i = \dot{m}_R \cdot q_{0g} + \frac{P_{is}}{\eta_i} = 0{,}05\ \frac{kg}{s} \cdot 164{,}7\ \frac{kJ}{kg} + \frac{1{,}975\ kW}{0{,}8} = (8{,}235 + 2{,}47)\ kW = \underline{\underline{10{,}7\ kW}}$

k) $\varepsilon_{Kis} = \frac{q_{0e}}{w_{is}} = \frac{156{,}2\ \frac{kJ}{kg}}{39{,}5\ \frac{kJ}{kg}} = \underline{\underline{3{,}95}}$

l) $\varepsilon_{Ke} = \frac{\dot{Q}_{0e}}{P_{Kl}} = \frac{7{,}81\ kW}{3{,}42\ kW} = \underline{\underline{2{,}28}}$

m) $\varepsilon_{KC} = \frac{T_0}{T_c - T_0} = \frac{253\ K}{303\ K - 253\ K} = \frac{253\ K}{50\ K} = \underline{\underline{5{,}06}}$

6. a) Zunächst ist die bei dieser Laufzeit erforderliche Kälteleistung zu ermitteln (Kühlraum → 16 h/d):

$\dot{Q}_0 = \frac{10\,kW \cdot 24\,h/d}{16\,h/d} = \underline{15\,kW}$ damit ergibt sich der Massenstrom zu:

$\dot{m}_R = \frac{\dot{Q}_0}{q_{0e}} = \frac{15\,kW}{156{,}2\,kJ/kg} = \underline{\underline{0{,}096\ \frac{kg}{s}}}$

b) $\dot{V}_{V1} = \dot{m}_R \cdot v_1 = 0{,}096\ \frac{kg}{s} \cdot 0{,}16\ \frac{m^3}{kg} = \underline{\underline{0{,}015365\ \frac{m^3}{s} = 55{,}3\ \frac{m^3}{h}}}$

$\dot{V}_g = \frac{\dot{V}_{V1}}{\lambda} = \frac{55{,}3\ m^3/h}{0{,}74} = \underline{\underline{74{,}7\ \frac{m^3}{h}}}$

7. a) 1 - Verdichter (Hubkolben, offen), 2 - Verflüssiger (Wärmeübertrager ohne Kreuzung der Fließlinien), 3 - Rippenrohrwärmeübertrager als Flüssigkeits-Saugdampf-Wärmeübertrager, 4 - Thermostatisches Expansionsventil mit äußerem Druckausgleich, 5 - Verdampfer (luftgekühlter Rippenrohrwärmeübertrager)
b) Durch den Wärmeübertrager kommen Sauggas und Flüssigkeit in Wärmekontakt, und es fließt Wärme von der Flüssigkeit zum Sauggas . Dadurch wird die Kältemittelflüssigkeit stärker unterkühlt (Vortei q_0 steigt), gleichzeitig das Sauggas stärker überhitzt (Nachteil: t_{V2} steigt, Kältemittelmassenstrom sinkt, da q_{0v} sinkt).
Bringt man den Fühler des TEV hinter dem Wärmeübertrager an, wird die Überhitzung aus dem Verdampfer heraus in den Wärmeübertrager verlegt, der Verdampfer also besser ausgenutzt (höhere Leistung). In diesem Fall sollte allerdings ein Flüssigkeitsabscheider in der Saugleitung den Verdichter vor Flüssigkeitsschlägen schützen.

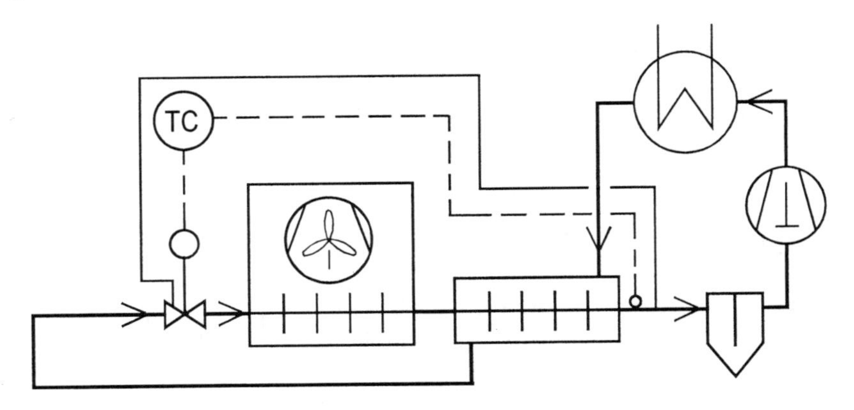

Flüssigkeits-Saugdampf-Wärmeübertrager als Überhitzer zur Leistungsverbesserung des Verdampfers

c) Da in den Leitungen keine Wärmeübertragung stattfindet, kann man davon ausgehen, daß die Eintrittstemperatur des Kältemittels in ein Hauptteil gleich der Austrittstemperatur aus dem vorangegangenen ist. Die Unterkühlungstemperatur am Verflüssigerausgang beträgt also 37 °C, die Unterkühlung gegenüber t_c = 40 °C also 3 K. Die Überhitzung im Verdichtereingangsbereich beträgt also:

20 °C - 10 °C = 10 K.

d) siehe Tabelle

e) Im Diagramm wird zunächst die saugseitige Überhitzung mit den erforderlichen Zwischenpunkten eingetragen, um die Lage des Punkts 3 (Eingang Drosselorgan) bestimmen zu können (Aufg. f), siehe Diagrammskizze und Tabelle 1.

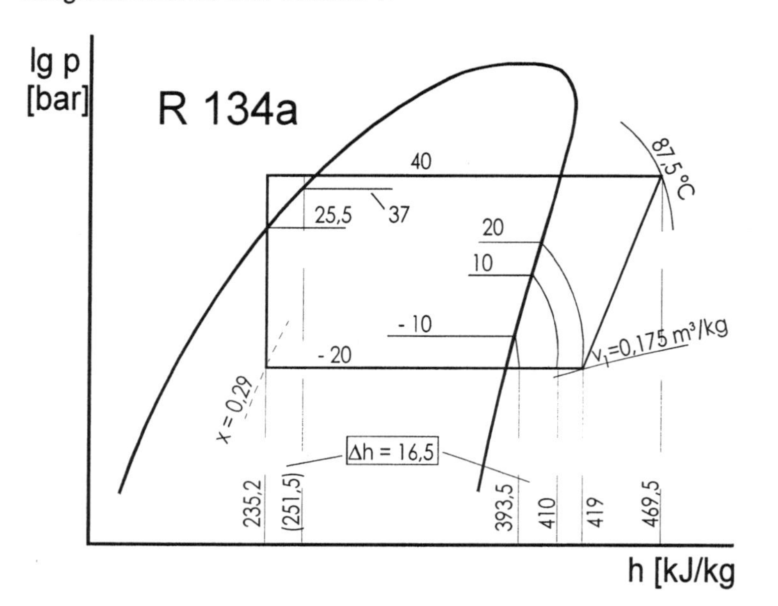

Tabelle 1			
	[°C]	h [kJ/kg]	h [kJ/kg]
t_0	-20	–	–
$t_{0h} = t_{0WÜ1}$	-10	393,5	393,5
$t_{0WÜ2} = t_{V1}$	10	410	entfällt
t_1	20	419	419
t_2	87,5	469,5	469,5
t_c	40	–	–
$t_{c2u} = t_{cWÜ1}$	37	251,7	251,7
$t_{cWÜ2} = t_{E1}$	25,5	235,2	entfällt

f) $\Delta h_Ü = h_{1WÜ2} - h_{1WÜ1}$ = (410 - 393,5) kJ/kg = 16,5 kJ/kg

Damit ergibt sich, da $\Delta h_Ü = \Delta h_U$: $h_3 = h_{3WÜ1} - \Delta h_Ü$ = (251,7 - 16,5) kJ/kg = 235,2 kJ/kg

In der Dampftabelle steht dieser Wert für Flüssigkeit zwischen 25 °C (234,48) und 26 °C (235,90). Durch Interpolieren ergibt sich eine Temperatur der Flüssigkeit vor dem Regelventil t_{E1} = 25,5 °C.

g)
$$q_{0e} = h_{1e} - h_4 = (393{,}5 - 235{,}2)\ \frac{kJ}{kg} = \underline{\underline{158{,}3\ \frac{kJ}{kg}}}$$

$$w_{is} = h_2 - h_1 = (469{,}5 - 419)\ \frac{kJ}{kg} = \underline{\underline{50{,}5\ \frac{kJ}{kg}}}$$

$$q_{0v} = \frac{q_{0e}}{v_1} = \frac{158{,}3\ \frac{kJ}{kg}}{0{,}175\ \frac{m^3}{kg}} = \underline{\underline{904{,}6\ \frac{kJ}{m^3}}}$$

$$\varepsilon = \frac{q_{0e}}{w_{is}} = \frac{158{,}3\ \frac{kJ}{kg}}{50{,}5\ \frac{kJ}{kg}} = \underline{\underline{3{,}13}}$$

h) Werte siehe Tabelle 1
$$q_{0e} = h_{1e} - h_4 = (393{,}5 - 251{,}7)\ \frac{kJ}{kg} = \underline{\underline{141{,}8\ \frac{kJ}{kg}}}$$

w_{is} ergibt sich unverändert zu 50,5 kJ/kg (s.o.) $\quad q_{0v} = \dfrac{q_{0e}}{v_1} = \dfrac{141{,}8\,\frac{kJ}{kg}}{0{,}175\,\frac{m^3}{kg}} = \underline{\underline{810\ \frac{kJ}{m^3}}}$

$$\varepsilon = \frac{q_{0e}}{w_{is}} = \frac{141{,}5\,\frac{kJ}{kg}}{50{,}5\,\frac{kJ}{kg}} = \underline{\underline{2{,}8}}$$

i) Im Vergleich der Werte zeigt sich, daß der spezifische Nutzkältegewinn q_{0e} um ca. 12 % von 141,8 kJ/kg auf 158,3 kJ/kg gestiegen ist. Gleiches gilt für die volumetrische Kälteleistung q_{0v} und die Leistungsziffer ε (Kältezahl). Dabei wurde von der Annahme ausgegangen, daß sich das Sauggas im Verdichtereingangsbereich auf alle Fälle auf t_1 = 20 °C aufheizt. Wenn dies so ist, bietet der Wärmeübertrager nur Vorteile, weil der effektivere Prozeß einen kleineren Verdichter (q_{0v}) und niedrigere Betriebskosten (ε) verspricht. Falls durch den Wärmeübertrager die Verdichtereintrittstemperatur t_{V1} steigt, ist zu prüfen, ob die Verdichtungsendtemperatur t_2 im Rahmen bleibt. Allgemein dürften die Vorteile eines Wärmeübertragers zur Flüssigkeitsunterkühlung bei Kältemitteln mit geringer Verdichtungsendtemperatur (z. B. R 134a) überwiegen.

Tabelle 2

	mit Wärmeübertrager	ohne Wärmeübertrager
q_{0e} [kJ/kg]	158,3	141,8
w_{is} [kJ/kg]	50,5	50,5
q_{0v} [kJ/m³]	904,6	810
ε [-]	3,13	2,8
x [-]	0,29	0,37

8. a) Die Ablesung im Datendiagramm ergibt: $\dot{Q}_0$ = 13,5 kW.

b) Der Prozeß wird ins lg p, h-Diagramm für R 22 eingetragen:

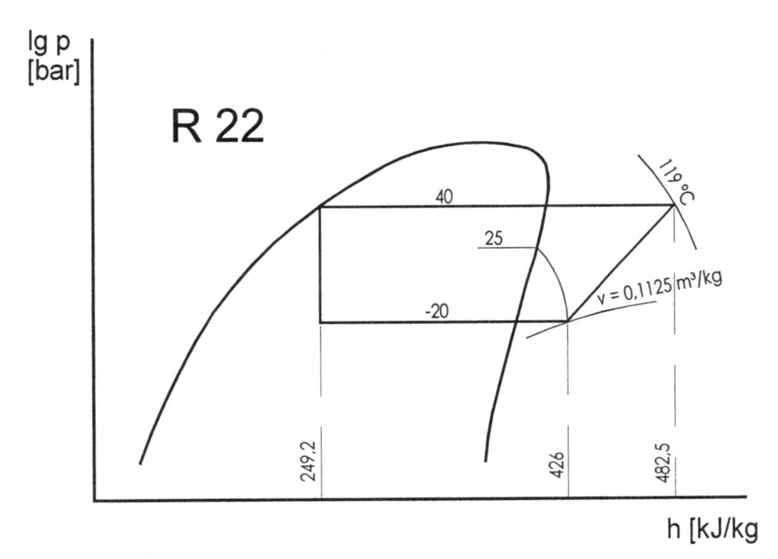

$$\dot{V}_g = \frac{\pi \cdot d^2 \cdot l_H \cdot i \cdot n}{4} = \frac{\pi \cdot (0{,}6\ dm)^2 \cdot 0{,}4\ dm \cdot 4 \cdot 1450}{4 \cdot 60\ s} = 10{,}93\ dm^3/s = \underline{\underline{39{,}36\ m^3/h}}$$

$$q_{0g} = h_1 - h_4 = (426 - 249{,}2)\ \frac{kJ}{kg} = \underline{\underline{176{,}8\ \frac{kJ}{kg}}}$$

$$q_{0v} = \frac{q_{0g}}{v_1} = \frac{176{,}8\ kJ/kg}{0{,}1125\ m^3/kg} = \underline{\underline{1517{,}5\ \frac{kJ}{m^3}}}$$

$$\dot{Q}_{0gth} = \dot{V}_{V1} \cdot q_{0v} = \dot{V}_g \cdot \lambda \cdot q_{0v} = 0{,}01093 \frac{m^3}{s} \cdot 1 \cdot 1517{,}5 \frac{kJ}{m^3} = \underline{\underline{17{,}18\ kW}}$$

c) $\lambda = \frac{\dot{Q}_{0Diagr.}}{\dot{Q}_{0th}} = \frac{13{,}5\ kW}{17{,}18\ kW} = \underline{\underline{0{,}8}}$

d) Zunächst wird das Druckverhältnis bestimmt: $\pi = \frac{p_c}{p_0} = \frac{15{,}269\ bar}{2{,}455\ bar} = 6{,}2$ Damit ergibt sich für $\sigma = 0{,}02$ und ca. 40 m³/h, d. h. 10 m³/h pro Zylinder:

$\lambda = 0{,}88 - 0{,}22 = \underline{\underline{0{,}66}}$

Der Vergleich mit dem tatsächlichen Wert (aus Aufg. c) bestätigt das in der Anmerkung zu Aufg. 4 Gesagte: Der tatsächliche Liefergrad liegt etwa 21 % höher als der mit dem DKV-Arbeitsblatt 3-01 ermittelte.

9. a) Zunächst werden beide Prozesse ins jeweilige lg p, h-Diagramm eingetragen und die Werte ermittelt:

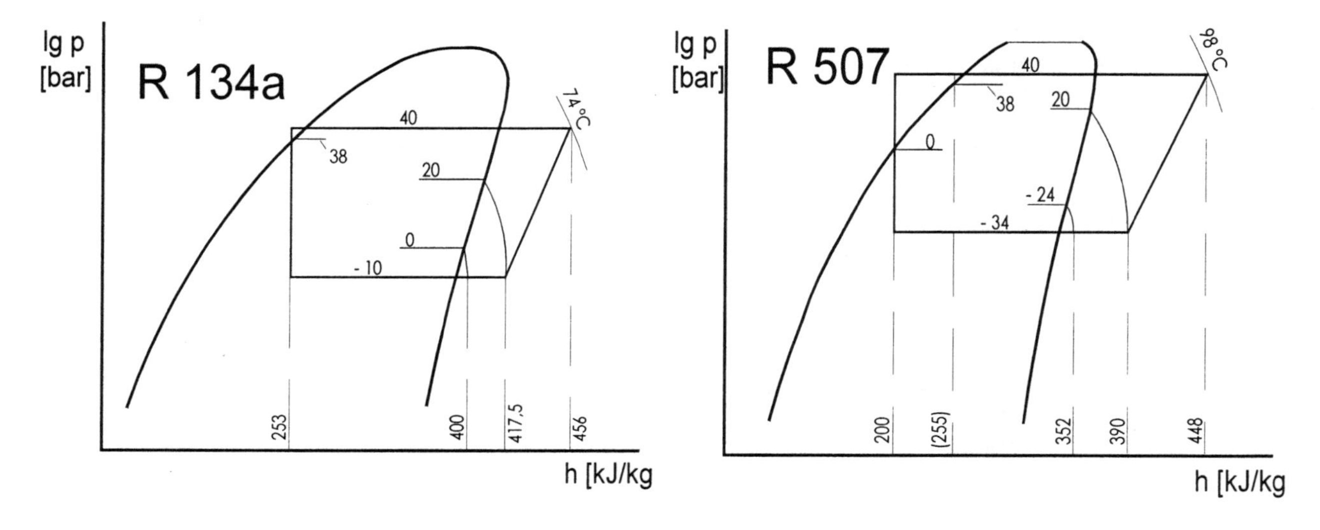

Normalkühlung
Ein Teil der Kälteleistung wird zum Unterkühlen des R 507 im Tiefkühlverbund verwendet

Tiefkühlung
Der eingeklammerte Enthalpiewert gilt für die Anlage ohne zusätzliche Unterkühlung

Die isentrope Kältezahl der Tiefkühlanlage wird einmal ohne, einmal mit Zusatzunterkühlung bestimmt:

ohne Zusatzunterkühlung

$$\varepsilon_{is} = \frac{h_{1e} - h_4}{h_2 - h_1} = \frac{(352 - 255)\ \frac{kJ}{kg}}{(448 - 390)\ \frac{kJ}{kg}} = \frac{97}{58} = \underline{1{,}67}$$

mit Zusatzunterkühlung

$$\varepsilon_{is} = \frac{h_{1e} - h_4}{h_2 - h_1} = \frac{(352 - 200)\ \frac{kJ}{kg}}{(448 - 390)\ \frac{kJ}{kg}} = \frac{152}{58} = \underline{2{,}62}$$

Die Kälteleistung steigt also um den Faktor $\frac{2{,}62}{1{,}67} = 1{,}568$, also um 56,8 %

b) Die zur Unterkühlung erforderliche Enthalpie ist als Produkt aus spezif. Enthalpiedifferenz und Kältemittelmassenstrom zu berechnen. Letzterer muß daher zunächst für die R 507-Anlage bestimmt werden:

$$\dot{m}_R = \frac{\dot{Q}_0}{\Delta h} = \frac{12\ kW}{(352 - 200) \frac{kJ}{kg}} = \underline{0{,}0789\ \frac{kg}{s}}$$

Damit ergibt sich die zum zusätzlichen Unterkühlen nötige Kälteleistung der R 134a - Anlage:

$$\dot{Q}_U = \dot{m}_R \cdot \Delta h_U = 0{,}0789\ \frac{kg}{s} \cdot (255 - 200)\ \frac{kJ}{kg} = \underline{\underline{4{,}34\ kW}}$$

Es sind also (30 + 4,34) kW = 34,34 kW zu installieren.

c) Die Energieeinsparungen ergeben sich aus dem Vergleich der erforderlichen Antriebsleistungen für die gesamte Kühlung ohne bzw. mit Zusatzunterkühlung:

Die isentrope Kältezahl der Normalkühlung beträgt

$$\varepsilon_{is} = \frac{h_{1e} - h_4}{h_2 - h_1} = \frac{(400 - 253)\ \frac{kJ}{kg}}{(456 - 417{,}5)\ \frac{kJ}{kg}} = \frac{147}{38{,}5} = 3{,}8$$

Ohne Zusatzunterkühlung:

Normalkühlung

30 kW werden mit ε = 3,8 erbracht:

$$P = \frac{\dot{Q}_0}{\varepsilon} = \frac{30\ kW}{3{,}8} = 7{,}9\ kW$$

Tiefkühlung

12 kW werden mit ε = 1,67 erbracht:

$$P = \frac{\dot{Q}_0}{\varepsilon} = \frac{12\ kW}{1{,}67} = 7{,}2\ kW$$

Mit Zusatzunterkühlung:

Normalkühlung

34,34 kW werden mit ε = 3,8 erbracht:

$$P = \frac{\dot{Q}_0}{\varepsilon} = \frac{34{,}34\ kW}{3{,}8} = 9{,}0\ kW$$

Tiefkühlung

12 kW werden mit ε = 2,62 erbracht:

$$P = \frac{\dot{Q}_0}{\varepsilon} = \frac{12\ kW}{2{,}62} = 4{,}6\ kW$$

Antriebsleistung	ohne	mit
	Zusatzunterkühlung	
Normalkühlung	7,9 kW	9,0kW
Tiefkühlung	7,2 kW	4,6 kW
Summe	15,1 kW	13,6 kW

Der Energieaufwand sinkt also im Verhältnis $\frac{13{,}6}{15{,}1} = 0{,}90$, also um 10 %.

d) Da die Kältezahl des Tiefkühlverbunds um ca. 57 % gestiegen ist, bedeutet dies, daß weniger Verdichterleistung installiert werden muß. Z. B. kann aus einem Verbund aus drei Verdichtern, der ohne Zusatzunterkühlung erforderlich wäre, nun einer aus zwei werden. Aus dem gleichen Grund können auch die Rohrleitungen dieses Verbunds kleiner dimensioniert werden. Beides bedeutet geringere Investitionskosten.

10. a) Bei tiefen Verdampfungstemperaturen (oder großer Temperaturdifferenz t_c - t_0) wird das für einstufigen Betrieb wirtschaftliche Druckverhältnis p_c/p_0 oder die zulässige Druckdifferenz überschritten, so daß eine Aufteilung der Verdichtung auf zwei oder mehr Stufen erfolgt. In solchen Fällen würde einstufige Verdichtung eine schlechtere Kältezahl ergeben, da die spezif. Verdichtungsarbeit steigt, während die Verdampfungsenthalpie (spezif. Nutzkältegewinn) wegen des höheren Drosseldampfanteils sinkt. Auch würde die angestiegene Verdichtungsendtemperatur zu erhöhtem Verschleiß (Ölkohlebildung an den Arbeitsventilen) führen. Deswegen wird einstufig nur bis zu einem Druckverhältnis von etwa 9 verdichtet bzw. bis zu einer Temperaturdifferenz t_c - t_0 von ca. 50 K bei R 717, ca. 70 K bei R 22.

b) Die Aufteilung der Drosselung bringt einen Enthalpiegewinn für die Verdampfung der Niederdruckstufe, da der Drosseldampf der ersten Stufe vom HD-Verdichter abgesaugt wird. Die Drosselung der ND-Stufe geht dann wieder von der linken Grenzkurve (Siedelinie) aus (im Diagramm Punkt 7).

c) Kältemittelpumpen werden in weitverzweigten Systemen mit vielen (einzeln zu regelnden) Kühlstellen angewendet.

d) Bei Soleumwälzanlagen verschlechtert der Temperatursprung zwischen Sole und Kältemittel im Solekühler die Kältezahl der Anlage.

e) Der hydrostatische Druck der Flüssigkeitssäule verhindert die Vorverdampfung durch die von der Pumpe erzeugte Druckabsenkung im Pumpenansaugrohr. Diese Dampfblasenbildung würde zu Kavitation führen.

f) In den Mitteldruckbehälter fließt durch Leitung A ein Gemisch aus Kältemittelflüssigkeit und Drosseldampf, der sich im Drosselorgan der Hochdruckstufe gebildet hat.
Durch Leitung B wird ebenfalls ein Flüssigkeits-Dampf-Gemisch aus Verdampfer 2 kommend eingeleitet, denn Pumpenumlaufsysteme arbeiten mit 2-4facher Umwälzung, d. h. dem Verdampfer wird etwa dreimal soviel Flüssigkeit zugeführt wie durch Wärmeaufnahme verdampft.
Durch Leitung C wird der überhitzte Kältemitteldampf des ND-Verdichters eingeleitet, der sich bis zur Taulinie enthitzt (Absättigung).
Durch Leitung E fließt flüssiges Kältemittel unter Mitteldruck zum ND-Drosselorgan.
Durch Leitung D wird trocken gesättigter Dampf zum HD-Verdichter abgesaugt.
Dieser setzt sich anteilig zusammen aus dem Drosseldampf der Hochdruckstufe (A), dem abgesättigten Heißdampf der Niederdruckstufe (C) , dem bei dessen Absättigung aus der Flüssigkeit entstehenden Dampf und dem im Verdampfer 2 gebildeten Dampf (B).

g) Im Anfahrvorgang (Kühlraumtemperatur bei Verdampfer 1 hoch, z. B. 0 °C) darf der ND-Verdichter nicht betrieben werden, weil sein Antriebsmotor überlastet würde (vgl. Verdichterdatendiagramm in K 8.1.1, Aufg. 54; bei diesem Verdichter steigt die erforderliche Antriebsleistung von ca. 4 kW bei -30 °C auf ca. 6 kW bei 0 °C). Zunächst läuft also nur der HD-Verdichter an und saugt Verdampfer 1 durch den ND-Verdichter ab. Im Mitteldruckbehälter ist währenddessen wegen der Strömungswiderstände ein höherer Druck als in Verdampfer 1, weswegen von dort keine Kältemittelflüssigkeit zum Verdampfer 1 fließen kann. In diesem Fall wird Ventil II geschlossen, Ventil I geöffnet und solange einstufig direkt in Verdampfer 1 entspannt, bis die Verdampfungstemperatur t_0 einen bestimmten Tiefstwert erreicht hat und der ND-Verdichter unbeschadet anfahren kann.

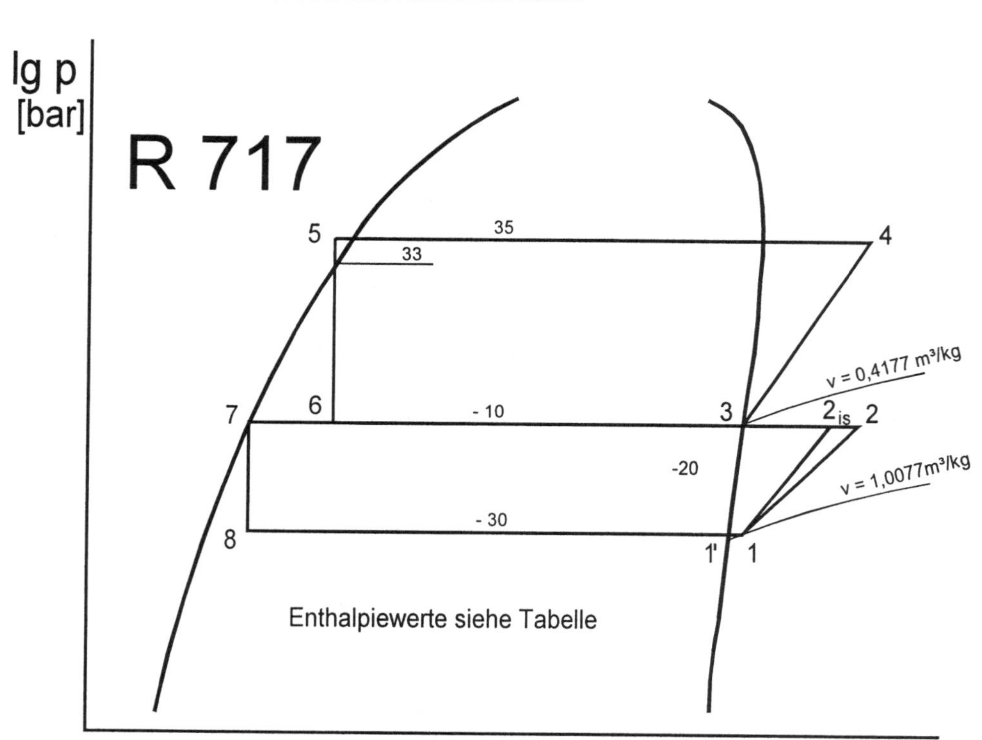

h) Die isentrope Verdichtungsendtemperatur für einstufige Verdichtung ergibt sich zu ca. 170 °C und ist unzulässig hoch.

	[kJ/kg]
$h_{7/8}$	154,47
$h_{5/6}$	352,78
$h_{1'}$	1422,5
h_1	1445,5
h_3	1449,4
h_{2is}	1564

Niederdruckstufe:

$$\dot{Q}_0 = \dot{m}_{ND} \cdot (h_{1'} - h_8) = \frac{\dot{V}_g \cdot \lambda_{ND}}{v_1} \cdot (h_{1'} - h_8)$$

$\Rightarrow$

$$\dot{m}_{ND} = \frac{\dot{Q}_0}{h_{1'} - h_8} = \frac{100\,kW}{(1422{,}5 - 154{,}47)\,kJ/kg} = \frac{100\,kW}{1268{,}23\,kJ/kg} = \underline{\underline{0{,}07886\,\frac{kg}{s}}}$$

$$\dot{V}_{gND} = \dot{m}_{ND} \cdot \frac{v_1}{\lambda_{ND}} = 0{,}07886\,\frac{kg}{s} \cdot \frac{1{,}0077\,m^3}{kg \cdot 0{,}75} = 0{,}1059\,\frac{m^3}{s} = \underline{\underline{381{,}4\,\frac{m^3}{h}}}$$

i) Im Diagramm bzw. exakter mit der Überhitzungstabelle über s_1 = const. läßt sich die Enthalpie im Endpunkt der isentropen Verdichtung mit h_{2is} = 1564 kJ/kg ermitteln. Für eine genaue Energiebilanz des Mitteldruckbehälters wird aber der Wert der tatsächlichen (polytropen) Verdichtung benötigt, der mit Hilfe des indizierten Gütegrads η_i berechnet werden kann:

$$h_2 = h_1 + \frac{h_{2is} - h_1}{\eta_i} = 1445{,}5\,kJ/kg + \frac{(1564 - 1445{,}5)\,kJ/kg}{0{,}8} = \underline{\underline{1594{,}1\,\frac{kJ}{kg}}}$$

k) Energiebilanz Mitteldruckbehälter:

Summe der zugeführten Energieströme (Leitungen A, B und C)	=	Summe der abgeführten Energieströme (Leitungen C, D)

$$\dot{m}_{HD} \cdot h_{5/6} + \dot{Q}_{0m} + \dot{m}_{ND} \cdot h_2 = \dot{m}_{HD} \cdot h_3 + \dot{m}_{ND} \cdot h_{7/8}$$

$$\dot{Q}_{0m} + \dot{m}_{ND} \cdot (h_2 - h_{7/8}) = \dot{m}_{HD} \cdot (h_3 - h_{5/6})$$

$$= \frac{\dot{V}_{gHD} \cdot \lambda_{HD}}{v_3} \cdot (h_3 - h_{5/6})$$

$\Rightarrow$

$$\dot{V}_{gHD} = [\dot{Q}_{0m} + \dot{m}_{ND} \cdot (h_2 - h_{7/8})] \cdot \frac{v_3}{\lambda_{HD} \cdot (h_3 - h_{5/6})}$$

$$= \left[60\,kW + 0{,}07886\,\frac{kg}{s} \cdot (1594{,}1 - 154{,}47)\,\frac{kJ}{kg} \right] \cdot \frac{0{,}4177\,\frac{m^3}{kg}}{0{,}7 \cdot (1449{,}4 - 352{,}78)\,\frac{kJ}{kg}}$$

$$= (60\,kW + 113{,}53\,kW) \cdot 5{,}44139 \cdot 10^{-4}\,\frac{m^3}{kg}$$

$$= 0{,}09442\,\frac{m^3}{s}$$

$$= \underline{\underline{340\,\frac{m^3}{h}}}$$

K 8.1.2 Verbundkälteanlagen und Ölrückführung

1. Bei einer Verbundkälteanlage arbeiten mehrere Verdichter gemeinsam in einem Kältemittelkreislauf. Verbundanlagen kommen besonders in Betracht, wenn mehrere Kühlstellen zu bedienen sind, die nicht immer gleichzeitig Vollast verlangen werden, oder ein großer Verbraucher häufig im Teillastbereich läuft. Typisches Anwendungsgebiet ist der Supermarkt.

2.

- verlustlose Leistungsregelung und optimale Leistungsanpassung durch stufenweises Zu- bzw. Abschalten einzelner Verdichter
- hohe Betriebssicherheit (gegenüber Einzelanlagen bzw. einem großen Verdichter), weil mehrere Verdichter im Einsatz sind, die kaum gleichzeitig ausfallen werden
- größere Kälteleistungen durch mehrere kleinere Serienverdichter (auch hermetische und halbhermetische) bereitstellbar
- Reduzierung des Rohrleitungsnetzes bei mehreren Kühlstellen (Verbundnetz)
- geringe Netzbelastung beim Anlauf durch zeitverzögertes Schalten der Verdichter
- gemeinsame Druckleitung vereinfacht Wärmerückgewinnung
- Energieeinsparung

3. Jeder Verdichter läuft im Teillastbereich nicht so wirtschaftlich wie bei Vollast. Ein großer Verdichter bei 25% Kältelast läuft also energetisch ungünstiger als einer von 4 Verdichtern im Verbund bei Vollast.

4. **Gleichzeitigkeitsfaktor**: Da praktisch nie alle Verbraucher gleichzeitig Vollast verlangen, wird die installierte Kälteleistung um den Gleichzeitigkeitsfaktor kleiner ausgelegt als die Summe der Einzelleistungen. Wenn z. B. im Supermarkt die Summe der Kälteleistungen im Plusbereich 100 kW beträgt, reicht es, ca. 80 kW Verdichterkälteleistung zu installieren, was neben Kosteneinsparungen auch energetische Vorteile mit sich bringt.

Unterkühlung im Tiefkühlbereich: Weil z. B. im Supermarkt Kältleistung sowohl im Plus- (Verkaufsregale) als auch im Minusbereich (Tiefkühlinseln) gefragt ist, kann man die Unterkühlung des Kältemittels im Minusverbund mit verdampfendem Kältemittel des Plusverbunds verbessern. Die Kälteleistung des Plusverbunds steigt dadurch unwesentlich, jedoch bringt die Verbesserung der Unterkühlung von z. B. 30 °C auf 0°C eine erhebliche Verbesserung der Leistungsziffer (Kältezahl) im Minusverbund. Energieeinsparungen (ca. 10 %) sind die Folge.

5.

- Verschmutzungen des Kältemittelkreislaufs (z. B. Wicklungsbrand eines halbhermetischen Verdichters beeinträchtigen die gesamte Verbundkälteanlage)
- ein Ausfall des gesamten Verbunds (s.o.) betrifft alle Kühlstellen
- große Kältemittelfüllmenge bedeutet im Falle einer Havarie große Kältemittelemission
- größerer regeltechnischer Aufwand.

6. Da eine Verbundkälteanlage eine relativ große Kältemittelfüllmenge enthält, ist eine Kältemittel-Warnanlage zur Überwachung angebracht. Im Leckagefall kann durch rechtzeitige Meldung die Kältemittelemission erheblich reduziert werden.

7. Die von dem einzelnen Verdichter ins System eingebrachte Ölmenge steht kaum jemals genau im Gleichgewicht mit der dem Verdichter aus dem System zugeführten Ölmenge. So besteht die Gefahr, daß einzelne Verdichter durch Ölmangel Schaden nehmen.

8.

1. Öl- und Gasverbund (nur bei einfachen Anlagen, wenn die Ausführung erprobt ist)
2. Ölstandsreguliersystem mit Abscheider und Sammelgefäß, druckseitig
3. Ölstandsregulierung saugseitig (fabrikseitig bei einigen Herstellern von Verbundkältesätzen).

9. a)

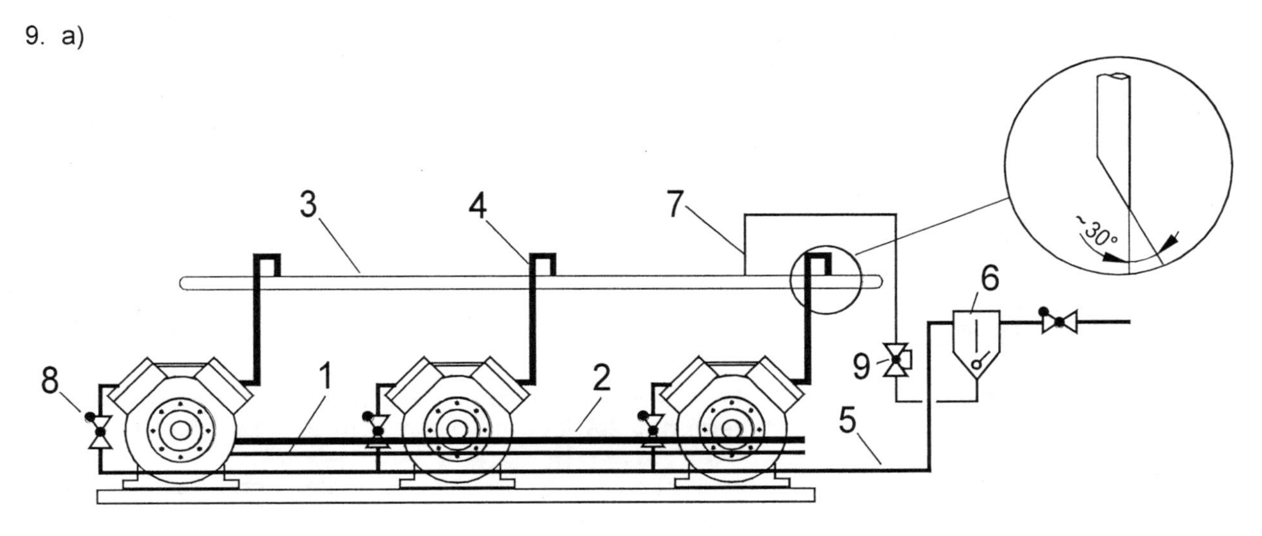

Ölstandsausgleich mit Öl- und Gasverbund (Prinzip)

1 - Ölausgleichsleitung
2 - Gasausgleichsleitung
3 - Saugsammelleitung
4 - Einzelsaugleitung
5 - Druckleitung
6 - Ölabscheider
7 - Ölrückführungsleitung
8 - Rückschlagventil
9 - Absperrventil

b) Die Ölausgleichsleitung soll den Ölstand in den einzelnen Verdichtern auf gleichem Niveau halten. Die Gasausgleichsleitung soll auftretende Druckunterschiede in den Kurbelgehäusen der einzelnen Verdichter ausgleichen, weil ein Druckstau im Kurbelgehäuse eine unzulässige Absenkung des Ölspiegels zur Folge haben könnte. (Eine Druckdifferenz von nur 0,005 bar bewirkt ein Ölspiegelunterschied von ca. 5,5 cm und ist selbst bei baugleichen Verdichtern nicht völlig auszuschließen)
Die Ausgleichsleitungen müssen ausreichend dimensioniert sein und sind waagerecht zu verlegen, insbesondere ohne Biegung nach unten (Gasleitung, Flüssigkeitssack) bzw. oben (Ölleitung, Dampfsack). Umgekehrte Krümmungen sind problemlos. Die Leitungen werden, falls nicht besondere Anschlüsse vorhanden sind (bei größeren Verdichtern), an die Ölschaugläser bzw. die Öleinfüllstutzen angeschlossen (über Adapter). Zur Überwachung des Ölstands sind, falls die Adapter nicht mit Ölschaugläsern ausgerüstet sind, solche in der Leitung vorzusehen.
Absperrventile in den Leitungen erleichtern Servicearbeiten am Verbund (Austausch einzelner Verdichter).
c) In diesem Fall muß der Gasausgleich oberhalb des Ölspiegels im Verbindungsrohr stattfinden und ist gefährdet, wenn vorübergehend hoher Ölstand auftritt. Der Verdichterhersteller Bitzer empfiehlt deshalb selbst bei einem Verbund zweier kleiner Verdichter die zusätzliche Gasausgleichsleitung.
d) Die Verdichter sind in absolut gleicher Höhe zu montieren (Rahmen).
e) Bei einfachen Anlagen kann auf die Ölrückfuhrung des Systems vertraut werden, wenn das Rohrsystem ordnungsgemäß dimensioniert und verlegt wurde und keine Tiefkühlung oder überflutete Verdampfung vorliegt.
f) In der Saugsammelleitung sollen die Druckunterschiede zwischen den einzelnen Saugleitungen ausgeglichen werden, was bei höherer Strömungsgeschwindigkeit nicht zuverlässig gewährleistet ist.
g) Die Einzelsaugleitungen sind als angeschrägte Tauchrohre (s. Detailskizze) von oben in die Saugsammelleitung einzusetzen und führen dann mit Gefälle zu den Verdichtern. Auf diese Weise bekommt jeder Verdichter im Betrieb die richtige Mischung aus Kältemittel und Öl und kann im Stillstand nicht durch einfließendes Öl überflutet werden.
h) Die Rückschlagventile in den Einzeldruckleitungen sollen verhindern, daß Kältemittel in abgeschaltete Verdichter rückkondensiert.
i) Diese Variante ist zu bevorzugen, weil bei Einzelabscheidern das Öl direkt in den jeweiligen Verdichter (saugseitig) eingespeist wird, was eine individuellere Ölversorgung gewährleistet.

10. a) 1 - Ölabscheider, 2 - Ölrückführleitung, 3 - Ölvorratsbehälter, 4 - Differenzdruckventil, 5 - Ölrückführleitung zum Verdichter, 6 - Ölspiegelregulator, 7 - Druckausgleichsleitung.
b) Das im Ölabscheider (1) anfallende Öl wird in den Ölvorratsbehälter (3) geleitet, der durch eine Druckausgleichsleitung (7) über Differenzdruckventil (4) ca 1,4 bar höheren Druck als die Saugleitung hat. Von dort fließt das Öl zu den einzelnen Verdichtern, wo es durch Ölspiegelregulatoren (6) (Schwimmerregelung) nach Bedarf eingespeist wird.

c) Es wird empfohlen, die Leitungen strömungssymmetrisch zu verlegen (nicht eingezeichnet): In T-Stücke nur vom Stamm aus hinein, damit sich die Strömung am Querbalken gleichmäßig in beide Richtungen aufteilt. Bei Aufteilung einer Leitung auf zwei Stränge sollte die Querschnittsfläche etwa konstant bleiben (s. Skizze: Da die freien Strömungsquerschnitte durch das Quadrat des jeweiligen Innendurchmessers repräsentiert werden, ergibt sich hier folgendes Bild: Querschnitt 100 teilt sich auf in 64 + 36, anschließend teilt sich 64 in 36 + 36).
d) Es besteht sonst die Gefahr, daß bei schadhaftem Rückschlagventil rückkondensierendes Kältemittel bzw. Öl in den Raum des Zylinderkopfes gelangt (Flüssigkeitsschläge).

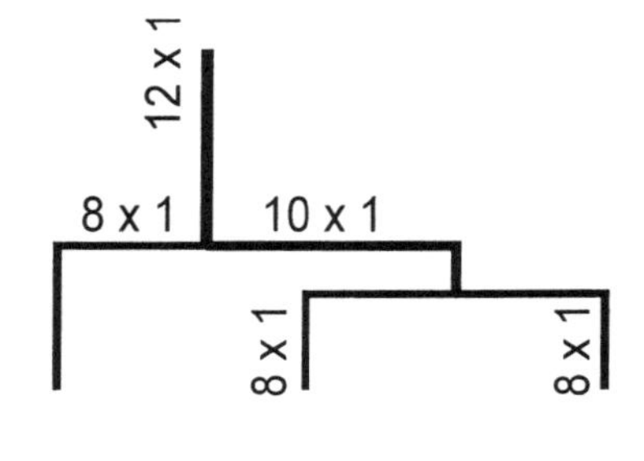

Strömungssymmetrie

11. Ein Großteil der Laufzeit einer Verbundkälteanlage wird eine kleinere bis mittlere Kälteanforderung auftreten, die **Grundlast**, die von nur einem Verdichter erfüllt werden kann, dem Grundlastverdichter.

12. Durch automatische Umschaltung der Grundlast soll die Laufzeit der beteiligten Verdichter (und damit ihr Verschleiß, die erforderliche Wartung) vergleichmäßigt werden (**Grundlastwechsel**). Auch die Ölstandsnivellierung kann dadurch begünstigt werden.

13. Eine im Stillstand des betreffenden Verdichters weiterlaufende Zusatzkühlung erhöht die Gefahr der Rückkondensation von Kältemittel im Zylinderkopf und mindert die Leistung der Ölheizung, wodurch sich Kältemittel im Öl anreichern kann.

14. Die Verdichter werden abhängig vom Druck in der Saugsammelleitung geschaltet.

15. Das Schaltgerät muß eine **neutrale Zone** besitzen, d. h. daß bei Gleichgewicht von Verdampfer- und Verdichterleistung eine Ruhestellung erreicht wird. Bei verstärkter bzw. verminderter Kälteanforderung erfolgt ein stufenweises Zu- bzw. Abschalten der Verdichter mit Zeitverzögerung (Schritt- oder Stufenschaltwerk).
Wenn z.B. durch erhöhte Kälteanforderung der Druck steigt, schließt ein Kontakt und ein weiterer Verdichter wird zugeschaltet. Stellt sich innerhalb der Zeitverzögerung ein neuer Gleichgewichtszustand ein, bewegt sich der Schalter in seine neutrale Zone (Mittelstellung). Ist dieser Gleichgewichtszustand noch nicht erreicht, wird nach einer gewissen Zeit der nächste Verdichter dazugeschaltet.
Die Vorlaufverzögerung (Zuschalten) ist größer als die Rücklaufverzögerung (Abschalten), z. B. 3 min Vorlauf, 20 s Rücklauf. Damit soll verhindert werden, daß Verdichter längere Zeit bei zu niedrigem Saugdruck arbeiten, wodurch sie außerhalb ihres Anwendungsbereichs geraten können. Diese Funktionen werden heute durch elektronische Verbundregler übernommen.

16. Das trotz des Ölabscheiders in den Kältemittelkreislauf eingebrachte Öl kann aus dem überfluteten Verdampfer bzw. dem nachgeschalteten Abscheider nicht mit dem Sauggas zum Verdichter zurückgeführt werden. Es muß deshalb ein Ölaustreiber installiert werden.

17. a) 1 - Verdampfer (überflutet), 2 - Ölaustreiber, 3 - Heizung, 4 - Absperrventil, offen plombiert, 5 - Rückschlagventil mit Bypassbohrung, 6 - Schwimmerschalter, 7 - Thermostat, 8 - Thermometer
b) ca. 3 % Öl im Kältemittel
c) Vom Verdampfer strömt eine gewisse Menge Kältemittel/Öl-Gemisch (9) durch den Bypass des Rückschlagventils in den Ölaustreiber. Hier wird durch Beheizen das Kältemittel aus dem Öl ausgetrieben, wodurch der Druck im Behälter ansteigt, bis der Kältemitteldampf (10) die Druckdifferenz zum Verdampfer überwindet und zurückströmt (periodischer Vorgang). Das vom Kältemittel befreite Öl wird nach Bedarf zum Verdichter zurückgeführt.
d) Mit besonderen Wärmeübertragern kann auch durch Kältemittelflüssigkeit oder Druckdampf beheizt werden.
e) Bei Ammoniak-Anlagen wird das Öl wegen der hohen Verdichtungsendtemperatur und dem gegenüber FCKW hohen Wasseranteil thermisch und chemisch höher belastet. Die entsprechenden Verunreinigungen soll der Feinstfilter reduzieren.

K 8.2 Drosselorgane und Flüssigkeitsverteiler

1. Drosselorgane

1.

p_0	= Verdampfungsdruck
t_0	= Verdampfungstemperatur
t_{01}	= Verdampfungstemperatur am Verdampfereingang
t_{02}	= Verdampfungstemperatur am Verdampferende
t_{02h}	= Überhitzungstemperatur am Verdampferausgang am Sitz des TEV-Fühlers
t_{0h}	= Überhitzungstemperatur in der Saugseite
p_c	= Verflüssigungsdruck
t_c	= Verflüssigungstemperatur
t_{ch}	= Überhitzungstemperatur in der Druckseite
t_{c1h}	= Überhitzungstemperatur am Verflüssigereingang
t_{V1}	= Überhitzungstemperatur am Verdichtereingang
t_{V2}	= Überhitzungstemperatur am Verdichterausgang
t_2	= Verdichtungsendtemperatur am Druckarbeitsventil (höchste Überhitzungstemperatur)
t_{c2u}	= Unterkühlungstemperatur am Verflüssigerausgang
t_{cu}	= Unterkühlungstemperatur in der Flüssigkeitsleitung
$t_{E1} = t_{Eu}$	= Unterkühlungstemperatur am Eingang in das Expansionsventil
t_{E2}	= Verdampfungstemperatur am Ausgang des Expansionsventils ($t_{E2} = t_{01}$, wenn Einfacheinspritzung ohne Flüssigkeitsverteiler gegeben ist.)

Δt_{0h}	= Überhitzung des Saugdampfes	$\Delta t_{0h} = t_{0h} - t_0$
Δt_{ch}	= Überhitzung des Druckgases	$\Delta t_{ch} = t_{ch} - t_c$
Δt_{cu}	= Unterkühlung des flüssigen Kältemittels	$\Delta t_{cu} = t_c - t_{cu}$
Δt_{Eu}	= Unterkühlung des flüssigen Kältemittels vor dem Expansionsventil	$\Delta t_{Eu} = t_c - t_{Eu}$
Δt_{ohS}	= statische Überhitzung des TEV	
$\Delta t_{ohÖ}$	= Öffnungsüberhitzung des TEV	
Δt_{ohA}	= Arbeitsüberhitzung des TEV	$\Delta t_{ohA} = \Delta t_{ohS} + \Delta t_{ohÖ}$

2. Das Drosselorgan hat die Aufgabe, den Druck des Kältemittels von Verflüssigungsdruck p_c auf Verdampfungsdruck p_0 zu senken (Drosselung, Entspannung), so daß die Verdampfungstemperatur t_0 unter der Kühlstellentemperatur liegt.

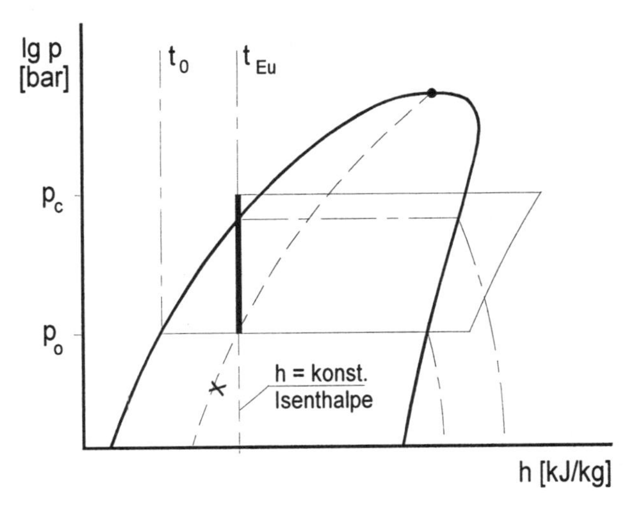

Drosselvorgang im lg p, h-Diagramm

3. **Drosseldampf** entsteht als Folge der Druckabsenkung beim Durchgang des flüssigen Kältemittels durch die Drosselstelle des Drosselorgans (z.B. Düsenringspalt). Der bei dieser Teilverdampfung entstehende Dampfanteil wird Drosseldampf genannt. (vgl. K 7.2.8)

4. Die Temperaturabsenkung ist durch die Verdampfung eines Teils des Kältemittels zu erklären. Beim Drosselvorgang findet eine innere Wärmeübertragung statt. (vgl. K 7.2.8)

5. Durch größeres Druckverhältnis und kleinere Unterkühlung des flüssigen Kältemittels vergrößert sich der Dampfgehalt x des aus dem Drosselorgan austretenden Naßdampfes, man spricht von größerem Drosseldampfanteil bzw. größeren Drosselverlusten. (vgl. K 7.2.9)

6. Durch eine weitere Verengung des Düsenringspaltes fällt der Verdampfungsdruck p_0, steigt der Drosseldampfanteil x und vergrößert sich die Überhitzung Δt_{0h} der aus dem Verdampfer austretenden Kältemitteldämpfe.

7. Das AEV hält im Betrieb den Verdampfungsdruck p_0 konstant. Im Stillstand schließt es, weil ein Teil des restlichen Kältemittels verdampft und p_0 als Schließdruck unter der Ventilmembran ansteigt.

8. Das AEV schließt bei steigender Kühllast, um den ansteigenden Verdampfungsdruck konstant zu halten. Weil nun trotz gestiegenen Wärmeeinfalls weniger Kältemittel zur Verdampfung ansteht, steigt die Überhitzung an und der Verdampfer wird schlechter beaufschlagt. Die Abkühlzeit verlängert sich.
Das AEV erfüllt zwar sein regelungstechnisches Ziel, p_0 konstant zu halten. Im Hinblick auf die Abführung hoher Kühllast reagiert es aber gerade falsch, da es in dieser Situation weiter schließt.

9. Kälteanlagen mit AEV dürfen nur mit einem Verdampfertemperaturwächter gesteuert werden, weil nur dieser wegen seiner Fühleranordnung im Ausgangsbereich des Verdampfers das Fortschreiten der Naßdampfzone bei fallender Kühllast bemerkt. Dadurch werden Flüssigkeitsschläge verhindert, die im Zusammenhang mit der weiteren Öffnung des AEVs bei fallender Kühllast drohen.

10. Das Thermostatische Expansionsventil regelt die Überhitzung. Im Betriebszustand übt die Überhitzung und damit der Fühlerdruck den Haupteinfluß auf das Regelungsverhalten eines TEVs aus. Im Anlagenstillstand hat der Verdampfungsdruck im Zusammenwirken mit dem Druck der Regulierfeder den Haupteinfluß auf das Regelungsverhalten (Pump-down-Schaltung ausgenommen).
Der Fühlerdruck wirkt in Öffnungsrichtung, während der Verdampfungsdruck und der Druck der Regulierfeder in Schließrichtung wirken: $\mathbf{p_{F\ddot{u}hler} = p_0 + p_{Feder}}$.

11. Die **statische Überhitzung** Δt_{0hs} ist notwendig, damit der in Schließrichtung wirkende Druck der Einstellfeder gerade überwunden wird, wodurch die Öffnung des TEVs unmittelbar bevorsteht.
Die **Öffnungsüberhitzung** $\Delta t_{0h\ddot{O}}$ dient zur Öffnung des TEVs entsprechend der Höhe der momentanen Kühllast vom Öffnungsbeginn bis zur Nennleistung.
Beide zusammen ergeben die **Arbeitsüberhitzung** Δt_{0hA}, das ist die am Verdampferausgang meßbare Überhitzung, deren Größe sich in direkter Abhängigkeit von der Größe der Kühllast einstellt.

12.	Δt_{0hA}	=	Δt_{0hS}	+	$\Delta t_{0h\ddot{O}}$
Vollast	7K	=	4K	+	3K
Teillast	5K	=	4K	+	1K

Da die Öffnungsüberhitzung von 3 K auf 1 K gesunken ist, beträgt die Teillast ein Drittel der Nennleistung, also 33%.

13. Die $\Delta t_{0h\ddot{O}}$ stellt sich direkt proportional zur Höhe der Kühllast ein.

14. Zur Aussteuerung des TEVs vom Öffnungsbeginn (Δt_{0hS} ist erreicht) bis zur Nennleistung ist eine weitere Fühlererwärmung (Öffnungsüberhitzung $\Delta t_{0h\ddot{O}}$) erforderlich, damit der ansteigende Federdruck überwunden wird. Kleine Öffnungsüberhitzung bis zum Erreichen der Nennleistung des Ventils bedeutet hohe Ansprechempfindlichkeit.

15. Das TEV braucht die Arbeitsüberhitzung am Fühler (Verdampferausgang) als sensible Temperaturänderung (Regelgröße x), damit es auf veränderte Kühllast mit einer entsprechend der Höhe der Kühllast modifizierten Kältemitteleinspritzmenge (Stellgröße y) reagieren kann.

16.

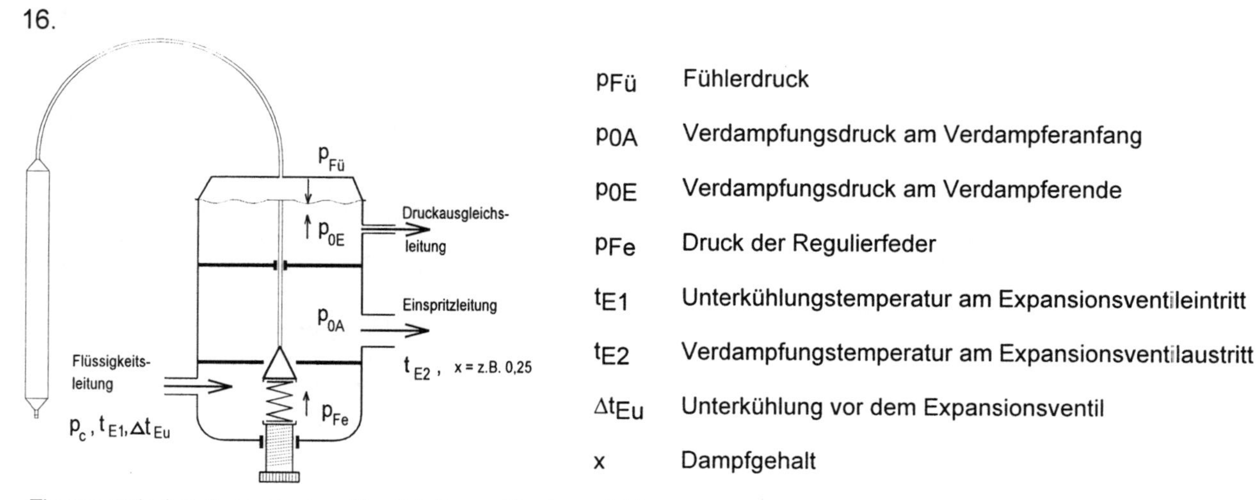

Thermostatisches Expansionsventil mit äußerem Druckausgleich

17. Beim TEV mit äußerem Druckausgleich kann der hohe Verdampfungsdruck vom Verdampferanfang p_{0A} durch die eingebaute Trennwand mit Stopfbuchse nicht mehr als starke Schließkraft unter der Membran wirksam werden wie beim TEV mit innerem Druckausgleich. Über die Druckausgleichsleitung wird der um den Druckabfall im Verdampfer (und im Verteiler) verminderte Verdampfungsdruck vom Ende des Verdampfers p_{0E} als schwächere Schließkraft unter die Membrane geleitet. Diese schwächere Schließkraft ermöglicht eine kleinere Öffnungskraft und damit geringeren Fühlerdruck bzw. geringere Überhitzung am Verdampferausgang. Dadurch wird mehr Kältemittel eingespritzt und die Arbeitsüberhitzung am Verdampferende wird auf einem Normalwert gehalten, der gute Verdampferausnutzung garantiert.

18. Bei einem TEV mit innerem Druckausgleich ist die Werkseinstellung der statischen Überhitzung um den Betrag des im Verdampfer vorhandenen Druckgefälles (in K) sinngemäß vergrößert. Zur Öffnung des TEVs wäre dann eine größere Arbeitsüberhitzung erforderlich. Dadurch verschlechtert sich die Verdampferausnutzung.

19. Der Druckabfall im Verdampfer überschreitet einen Wert von ca. 0,2 bar (genaue Werte in Abhängigkeit des Kältemittels und der Verdampfungstemperatur sind den Festlegungen der TEV-Hersteller zu entnehmen), z. B. Verdampferrohrlänge ist größer ca. 30 m, Mehrfacheinspritzung durch Flüssigkeitsverteiler (Ein Flüssigkeitsverteiler zuzüglich Verteilerleitungen weist einen größeren Druckabfall als 0,2 bar auf).

20. Eine gewünschte Verdampfungstemperatur t_0 kann nur durch die richtige Größenzuordnung eines Verdampfers zu einem Verdichter erreicht werden. Da das TEV ein Regler für die Verdampferüberhitzung ist, kann auch keine Verdampfungstemperatur t_0 durch das TEV eingestellt oder geregelt werden. Dies wird auch dadurch offensichtlich, daß bei TEV-gespeisten Anlagen der sich einstellende Verdampfungsdruck eine direkte Abhängigkeit zur Höhe der Kühllast aufweist.
Wollte man die Auswirkung eines zu kleinen Verdichters oder eines zu großen Verdampfers durch sehr hoch eingestellte statische Überhitzung oder kleinere Düse korrigieren, ergäbe sich zwar tendenziell ein tieferer Verdampfungsdruck, dies hätte aber sehr hohe Arbeitsüberhitzung am Verdampfer, noch größere Ansaugüberhitzung, schlechtere Saugdampfkühlung und stark vergrößerte Verdichtungsendtemperatur zur Folge.

21. Δt_{Vda} = 3 K; t_{02} = –10 °C; t_{02h} = –3 °C; Es wurde ein TEV mit äußerem Druckausgleich verwendet, da bei dem großen Druckabfall im Verdampfer die Höhe der Arbeitsüberhitzung Δt_{0hA} auch bei hoher Kühllast den Normalwert von 7 K nicht überschreitet. Bei einem TEV mit innerem Druckausgleich wäre die Arbeitsüberhitzung Δt_{0hA} um den Betrag der Temperaturdifferenz (Druckdifferenz) des Verdampfers (im Beispiel 3 K) auf 10 K erhöht.

22. Lösung c) - t_{02}

23. $\Delta t_{0hA} = t_{02h} - t_{02}$; Die Überhitzungstemperatur am Verdampferausgang t_{02h} wird mit elektronischem Thermometer am isolierten Fühler gemessen. Die Verdampfungstemperatur am Verdampferende t_{02} wird über den Druck (Feinmeßmanometer am Verdampferausgang) bestimmt.

24. Der Kälteanlagenbauer mißt die Arbeitsüberhitzung Δt_{0hA} . In den Katalogblättern der Ventilhersteller wird die Werkseinstellung der statischen Überhitzung Δt_{0hS} angegeben.

25.

a) In Auswertung gebräuchlicher Dampftafeln wird das Kältemittel R134a ermittelt. (1,64 bar ⇔ – 15 °C)
b) Der Druckabfall im Verdampfer beträgt 0,52 bar. Wegen des großen Druckabfalles wurde ein TEV mit äußerem Druckausgleich gewählt.
c) Die mittlere Trennwand im Ventil verhindert, daß der hohe Druck vom Verdampferanfang p_{0A} als starke Schließkraft unter der Membran wirken kann. Damit wirkt der um den Druckabfall im Verdampfer verminderte Verdampfungsdruck p_{0E} als schwächere Schließkraft unter der Membran.

d)

1,39 bar ($p_{Fü}$)	Öffnungsdruck
1,12 bar (p_{0E}) + 0,27 bar (p_{RF}) = 1,39 bar	Schließdrücke

e) Die Arbeitsüberhitzung beträgt 5 K ($\Delta t_{0hA} = t_{02h} - t_0 = -19$ °C – (–24 °C) = 5 K)

f) Bei 5 K Arbeitsüberhitzung bzw. 1 K Öffnungsüberhitzung liegt eine geringe Kühllast vor, die nur etwa ein Drittel der Nennleistung des Ventils mobilisiert.

26.

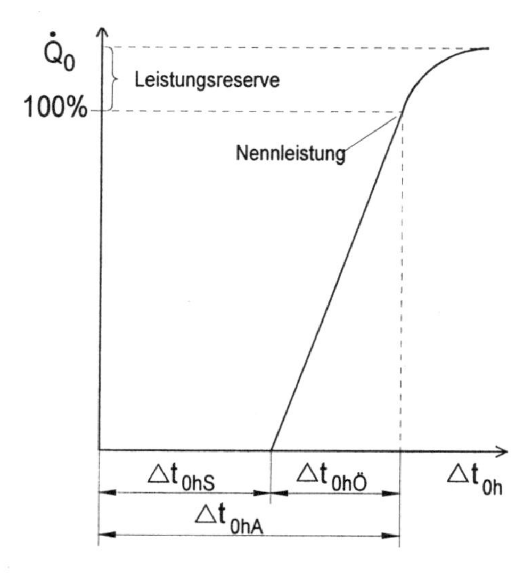

Kennlinie eines Thermostatischen Expansionsventils

27. Auf der Basis der Werkseinstellung der statischen Überhitzung wird bei einer Arbeitsüberhitzung von 7 K die Nennkälteleistung des Ventils erreicht. Darüber hinaus besteht noch eine Leistungsreserve, die durch weitere Öffnungsüberhitzung mobilisiert wird.
Bei völlig entspannter Feder muß mit dem Austritt von flüssigem Kältemittel aus dem Verdampfer und demzufolge mit Flüssigkeitsschlägen gerechnet werden, da die statische Überhitzung als Grundüberhitzung nicht mehr eingestellt ist. Außerdem schließt das Ventil im Stillstand nicht mehr, da die Federkraft als Schließkraft fehlt.
Bei zu stark vorgespannter Feder ist eine hohe statische Überhitzung eingestellt. Dadurch wird eine große Arbeitsüberhitzung am Fühler des TEVs verlangt, um Öffnung zu bewirken. Die Folge ist schlechte Verdampferausnutzung. Wegen der verminderten Kältemitteleinspritzmenge fällt der Verdampfungsdruck, dadurch steigt das Druckverhältnis und außerdem verschlechtert sich die Saugdampfkühlung. Durch die höhere Ansaugüberhitzung steigt die Verdichtungsendtemperatur, wodurch ebenfalls Verdichterschäden zu erwarten sind.

28. Bei fallender Kühllast wird die Arbeitsüberhitzung wegen des geringen Wärmeeinfalls kleiner, wodurch der Fühlerdruck sinkt und das Ventil etwas weiter schließt. Im Endeffekt wird der Verdampfungsdruck p_0 kleiner, weil weniger Kältemittel eingespritzt wird. Die Arbeitsüberhitzung Δt_{0hA} wird sich entsprechend der kleineren Kühllast auf einen kleineren Wert einstellen, da nur noch eine minimale Öffnungsüberhitzung $\Delta t_{0hÖ}$ notwendig ist, um eine der kleinen Kühllast entsprechende Menge Kältemittel einzuspritzen.

29. Bei steigender Kühllast steigt die Überhitzung und damit der Fühlerdruck momentan stärker an. Dadurch öffnet das TEV etwas weiter und die Überhitzung fällt wieder etwas ab, stellt sich aber schließlich auf einen höheren Arbeitsüberhitzungswert ein, der der höheren Kühllast entspricht. Durch die vergrößerte Kältemitteleinspritzmenge ergibt sich im Zusammenwirken mit der hohen Wärmebelastung des Verdampfers ein vergrößertes Dampfvolumen und damit ein höherer Verdampfungsdruck.

30. Nach dem Ausschalten des Verdichters verdampft ein Teil des im Verdampfer vorhandenen restlichen flüssigen Kältemittels. Dadurch steigt der Verdampfungsdruck p_0 als Schließdruck unter der Ventilmembrane an, wodurch die Ventile im Verdichterstillstand schließen.

31. Das R 134a-Ventil wird unter seiner Membran vom höheren Druck des R 22 in Schließrichtung belastet. Dadurch ist das Ventil in der Tendenz sehr weit geschlossen. (oder: die für R 134a vorgesehene Fühlerfüllung entwickelt im R 22-Kreislauf zu wenig Öffnungsdruck).

32.

- Montage des TEV-Fühlers am Verdampferausgang durch Fühlerklemme mit gutem metallischem Kontakt und Linienberührung an der Saugleitung innerhalb des Kühlraumes.
- Fühler möglichst am waagerechten Rohr anbringen
- Fühler isolieren, damit er nur von der Überhitzungstemperatur in der Saugleitung beeinflußt wird.
- Bei Saugrohren $\geq$ 22 mm $\varnothing$ empfiehlt sich die seitliche Anbringung des Fühlers im Winkel von ca. 45° unterhalb der Waagerechten zur Rohrmitte.
- Bei Saugrohren < 22 mm $\varnothing$ ist der Fühler oben auf der Saugleitung anzuordnen.
- Fühler nicht in die Nähe großer Massen setzen.
- Fühler in Strömungsrichtung vor Anschluß des äußeren Druckausgleiches montieren.
- Fühler immer am Ausgang des zugehörigen Verdampfers und nie an einer gemeinsamen Saugsammelleitung mehrerer Verdampfer montieren.

33. Zu 1.) Vor der senkrecht aufsteigenden Saugleitung fehlt der Ölsiphon. Dadurch werden Ansammlungen von Öl-Kältemittelgemisch an der Fühleranbringungsstelle begünstigt und die Reaktion des Fühlers wird träger. Außerdem führt die bei u.U. absinkendem Saugdruck einsetzende Verdampfung des im Öl gelösten Kältemittelanteils durch fallende Fühlertemperatur zu verfälschten Meßwerten der Überhitzung.

Zu 2.) Der Fühler darf in Flußrichtung gesehen nicht nach dem Anschluß des äußeren Druckausgleichs montiert werden. Dadurch würde er bei undichter innerer Stopfbuchse des TEVs mit äußerem Druckausgleich unbeabsichtigt durch überströmendes Kältemittel abgekühlt werden. Dies würde zu verminderter Kältemitteleinspritzmenge führen.
Zu 3.) Der Abgang für den Anschluß der Impulsleitung für den äußeren Druckausgleich darf nicht nach unten gerichtet sein, da in diesem Falle einfließendes Öl die Druckausgleichsleitung verschließen würde. Die Folge wäre eine mangelhafte Weiterleitung der um den Verdampferdruckabfall verringerten Druckinformation p_{0E} unter die Membrane des TEVs. In der Tendenz würde sich ein höherer Druck unter der Ventilmembrane einstellen, der größeren Öffnungsdruck ($p_{FÜ}$) und damit größere Arbeitsüberhitzung erfordern würde. Dies hätte eine schlechtere Verdampferausnutzung zur Folge.

34. Gasfüllung, Flüssigfüllung, Adsorptionsfüllung.

35. Damit sich das Kondensat im Fühler und nicht im Steuerkopf des Ventils bzw. in der Kapillare bildet, muß der Fühler immer die kälteste Stelle des Thermosystems sein. Ist diese Bedingung z. B. bei starker Unterkühlung nicht eingehalten, weil das einfließende stark unterkühlte Kältemittel zu wenig Wärme in den Ventilkörper einbringt, kommt es zur Füllungsverlagerung in den Steuerkopf des Ventils. Dadurch fehlt die Füllung im Fühler und das Ventil entwickelt trotz steigender Fühlertemperatur keinen Öffnungsdruck, wodurch es geschlossen bleibt. Durch Eisbildung am Ventil, Isolierung des Ventils oder Fühlertemperaturanstieg durch Heißgasabtauung kann ebenfalls Füllungsverlagerung in den Steuerkopf auftreten.

36. Bei starker Unterkühlung kann die Temperatur des Steuerkopfes des TEVs kälter als die Fühlertemperatur werden. Beim TEV mit Adsorptionsfüllung ist auch unter dieser Bedingung nicht zu befürchten, daß das inerte Gas der Fühlerfüllung (Adsorptiv) an der kalten Membran des Steuerkopfes auskondensieren kann, weil es sich temperaturabhängig nur an das Adsorbens des Fühlers (Feststoff) verlagern kann.

37. Um das flinke Regelverhalten einer Gasfüllung zu dämpfen, bewirkt ein im Fühler untergebrachter chemisch neutraler Füllkörper (Thermoballast) ein schnelleres Schließen bei Temperaturabsenkung und langsameres Öffnen bei Temperaturerhöhung am Fühler. Damit kann die Qualität der Regelung der Verdampferüberhitzung verbessert werden.

38. Flüssigfüllungen reagieren träge, weil erst die großvolumige Füllung abgekühlt bzw. erwärmt werden muß, bevor Kondensation bzw. Verdampfung im Fühler einsetzt und sich im Endeffekt der zur neuen Fühlertemperatur zugehörige Sättigungsdruck des Steuerkältemittels zeitverzögert einstellt.

39. Bei Kreuzfüllungen kreuzen sich die Dampfdruckkurven von Anlagenkältemittel und Fühlerfüllung. Dadurch wird über einen weiten t_0 - Bereich eine konstante statische Überhitzung garantiert.

40. Ein Thermostatisches Expansionsventil mit **MOP** läßt den Verdampfungsdruck nur bis zu einem bestimmten gewählten Maximalwert ansteigen. Konstruktiv handelt es sich um ein TEV mit Gasfüllung, in dessen Thermostatischem System eine entsprechend der Höhe des maximal zulässigen Verdampfungsdruckes begrenzte Füllmenge eingefüllt ist.
Oberhalb des maximal zulässigen Verdampfungsdruckes ist die begrenzte Fühlerfüllung bei einer bestimmten Fühlertemperatur verdampft. Bei weiterem Temperaturanstieg am Fühler ist dann kein bedeutsamer Anstieg des Fühlerdruckes mehr möglich, wodurch keine weitere Öffnung des TEVs erfolgen kann und der Verdampfungsdruck im Anlagenbetrieb den gewünschten Maximalwert nicht überschreitet.
Hinweis: Bei der Adsorptionsfüllung gibt es ein MOP-ähnliches Verhalten.

MOP = maximum operating pressure (Maximaler Arbeitsdruck)

41. Druckbegrenzte Ventile verhindern, daß der Verdampfungsdruck im Verdampfer über einen gewählten Maximalwert (MOP) ansteigt. Ein TEV mit MOP schützt einen leistungsbegrenzten Motor vor zu hohem Verdampfungsdruck p_0 und in der Folge vor zu hohem Verflüssigungsdruck p_c und damit vor Überlastung durch zu hohe Stromaufnahme. Die Druckbegrenzung sollte 0,5 bis 1 bar oberhalb der festgelegten Verdampfungstemperatur liegen. Damit ist noch genügend Leistungsreserve beim Anfahren und nach Abtauphasen vorhanden, um die entstandene hohe Kühllast in angemessen kurzer Zeit abführen zu können.

42. Am gewählten MOP ist die begrenzte Fühlerfüllung gerade verdampft. Dadurch ergibt sich bei weiterer Fühlererwärmung kein weiterer Anstieg des Fühlerdruckes. Deswegen ist das Ventil bei Verdampfungsdrücken oberhalb des MOP geschlossen.

43. Beim Anfahren der Anlage muß der im Anlagenstillstand entstandene hohe Verdampfungsdruck erst bis auf den entsprechend dem MOP-Punkt maximal zulässigen Verdampfungsdruck abgesaugt werden. Bei Unterschreitung dieses Maximalwertes öffnet das Ventil dann erstmalig und spritzt gerade so viel Kältemittel in den Verdampfer ein, daß der maximal zulässige Verdampfungsdruck nicht überschritten wird. Die Verdampferbefüllung ist demzufolge bei hoher Kühllast unvollständig und bewirkt eine sehr große Arbeitsüberhitzung. Dadurch läuft die Anlage mit verminderter Verdampferkälteleistung, wodurch sich die Abkühlung der Kühlstelle verzögert. Mit absinkender Kühllast fällt dann der Verdampfungsdruck unter den MOP-Punkt, wodurch die normale Überhitzungsregelung des Ventils beginnt.

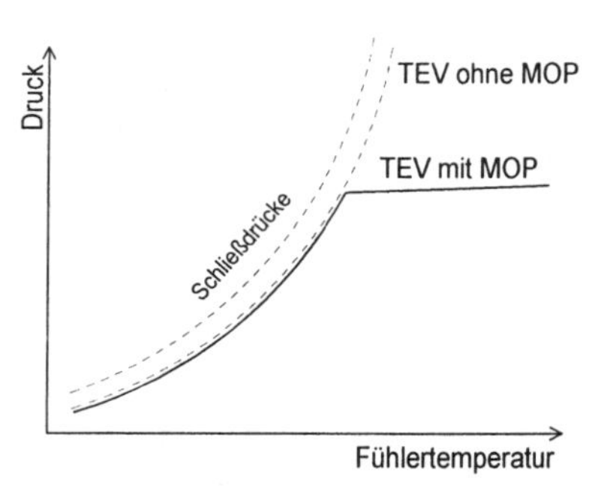

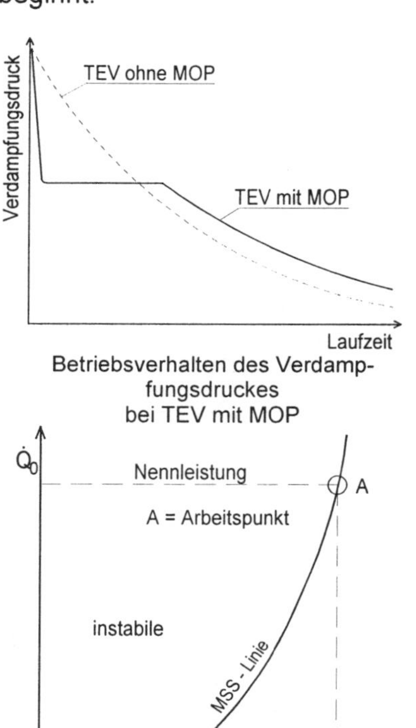

Betriebsverhalten des Verdampfungsdruckes bei TEV mit MOP

Grenzwertliniendiagramm eines Verdampfers mit MSS-Linie als Grenzwertlinie

44. Wird die Druckbegrenzung MOP zu tief gewählt, so wird während der Phase hoher Kühllast entschieden zu wenig Kältemittel eingespritzt, wodurch sich die Abkühlung der Kühlstelle sehr verzögert. Außerdem tritt eine starke Überhitzung des Saugdampfes ein. Es dauert dann sehr lang, bis der normale Betriebspunkt erreicht ist, weil das Ventil bis zur Unterschreitung des MOP vorerst wie ein AEV arbeitet.

45. Bei Einstellung einer kleineren Überhitzung stellt sich ein etwas höherer MOP ein, weil in der Tendenz mehr Kältemittel eingespritzt wird.

46. Ein Biflow-Ventil ist ein TEV mit äußerem Druckausgleich und Gasfüllung, das den Drosselvorgang und die Regelungsfunktion der Überhitzung in beiden Durchflußrichtungen ermöglicht. Es wird zum Beispiel in Wärmepumpenanlagen für Sommer- und Winterbetrieb mit Umschaltung durch 4-Wege-Umkehrventil eingesetzt. Dort wird es zur Speisung sowohl des inneren als auch des äußeren Wärmeübertragers eingesetzt, wodurch die Rohrleitungsführung einfacher wird.

47. Auf der Grenzwertlinie ist zu jeder Kälteleistung eines Verdampfers die zugehörige Grenzwertüberhitzung aufgetragen, bei der die zur jeweiligen Kühllast maximal mögliche Kältemittelmenge eingespritzt wird, die gerade noch keine periodischen Änderungen (Regelschwingungen) der Überhitzung hervorruft. Die Grenzwertüberhitzung ist die minimale stabile Überhitzung. Wird im Zustand der minimalen stabilen Überhitzung die eingespritzte Kältemittelmenge geringfügig erhöht, so wird die Überhitzung instabil und aus dem Verdampfer tritt periodisch unverdampftes Kältemittel aus, aus dem kein kältetechnischer Nutzen mehr gezogen werden kann. Das Ansaugen von flüssigem Kältemittel führt in der Folge sehr oft zu Verdichterschäden.
Links von der Linie der minimalen stabilen Überhitzungs-Signale (MSS-Linie) fährt der Verdampfer infolge zu großer Kältemitteleinspritzmenge mit instabiler Überhitzung. Auf der MSS-Linie wird die optimale Kältemittelmenge eingespritzt. Unter dieser Bedingung wird im Arbeitspunkt die Nennleistung als höchste Verdampferkälteleistung erreicht. Rechts der MSS-Linie wird zu wenig Kältemittel eingespritzt, wodurch die Überhitzung auf stabile größere Werte oberhalb des MSS-Signals ansteigt. Dadurch wird der Verdampfer zunehmend unvollständig ausgelastet. Hinweis: Neben höherer Kühllast bewirkt auch stärkere Bereifung einen Anstieg des MSS-Signals.

48. a) Die Ventilkennlinie verläuft durch den Arbeitspunkt des Verdampfers ohne die MSS-Linie in Richtung des instabilen Bereiches zu durchbrechen. Das Ventil regelt mit der richtigen Düsengröße und der Werkseinstellung von 4K statischer Überhitzung die vom Verdampfer bei Vollast geforderte Mindestüberhitzung von 7K. Damit ist die Ventilzuordnung optimal.
b) Die werkseitig eingestellte Überhitzung des Ventils unter a) ist verringert worden, wodurch im oberen Leistungsbereich starke Regelschwingungen auftreten (Flüssigkeitsschläge).
c) Ein geringfügig zu großes Ventil wurde durch Vergrößerung der statischen Überhitzung an den Arbeitspunkt des Verdampfers angepaßt. worden.
d) Die Ventilkennlinie verläuft im stabilen Bereich des Grenzwertliniendiagramms. Da die Düse zu klein gewählt wurde, stellen sich im Teillastbereich zwar konstante, aber zu große Überhitzungwerte ein. Bei

Vollast fährt der Verdampfer extrem große Überhitzungen, die im Diagramm nicht darstellbar sind. Tendenziell ist der Verdampfungsdruck zu tief, weil zu wenig Kältemittel eingespritzt wird.

49. Unter **hunting** versteht man ein fortwährendes Öffnen und Schließen des TEV aufgrund von Regelschwingungen. Bei einer zu großen Düse z. B. kommt Flüssigkeit in den Fühlerbereich, weswegen das Ventil schließt. Nach einer Weile öffnet es wieder und der Vorgang beginnt von neuem. Abhilfe bringt in diesem Fall der Einbau einer kleineren Düse.

50. Das TEV regelt nur im Arbeitspunkt eine Überhitzung entsprechend des MSS-Signals des Verdampfers. Bei Kühllast unterhalb der Verdampfernennleistung regelt das TEV eine größere Überhitzung als die MSS-Linie des Verdampfers als Minimalwert angibt. Dabei wird tendenziell etwas zu wenig Kältemittel eingespritzt. Deswegen ergibt sich unterhalb des Arbeitspunktes in der Tendenz schlechtere Verdampferausnutzung und damit verminderte Kälteleistung. Der Verdampfungsdruck liegt demzufolge etwas zu tief und begünstigt stärkere Entfeuchtung der Kühlraumluft mit verstärkter Bereifung des Verdampfers. Die Ursache dafür liegt in der von der Ventilfederkraft vorgegebenen statischen Überhitzung, die für eine stabile Regelfunktion bei Teillast notwendig ist.

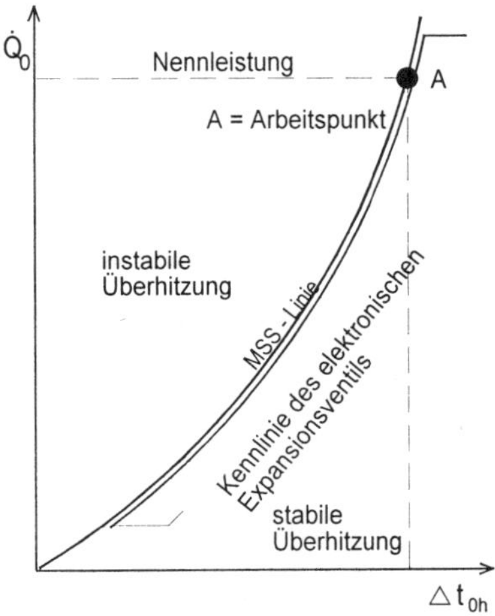

Verdampferspeisung mit elektronischem Drosselorgan

51. Ein elektronisches Drosselorgan regelt die eingespritzte Kältemittelmenge derartig, daß die zu jeder möglichen Kühllast und zu jedem Bereifungsgrad momentan mögliche minimale stabile Überhitzung auf der Grenzwertkurve des Verdampfers erkannt und einzuregeln versucht wird (Selbstadaptierendes Regelverhalten).
Dadurch wird stets die größtmögliche Kältemittelmenge eingespritzt, die kleinstmögliche Überhitzung erzielt und der höchstmögliche Verdampfungsdruck gefahren. Das ergibt größtmögliche Kälteleistung des Verdampfers, größtmögliche Kälteleistungszahl und ge-ringstmögliche Entfeuchtung der zu kühlenden Luft. Infolge des minimierten Reifansatzes ergibt sich eine verlängerte Standzeit bis zur Einleitung einer notwendigen Abtauung.

52. Ein EEV ermöglicht hohe relative Luftfeuchtigkeit φ, weil mit der höchstmöglichen Verdampfungstemperatur t_0 gefahren wird, die Taupunktunterschreitung also klein bleibt.

53. Durch den großen Verstellbereich seines Ventilsitzes ist ein elektronisches Drosselorgan mit Schrittmotor (Egelhof) oder ein elektronisches Drosselorgan mit magnetisch kontrollierter Schwebestel-lung der Ventilnadel (Stäfa) in der Lage, auch bei abgesenktem Verflüssigungsdruck durch weite Öffnung des Ventils eine ausreichende Befüllung des Verdampfers zu gewährleisten.
Pulsbreitenmodulierte elektronische Drosselventile (Danfoss) kompensieren kleinere am Ventil anliegende Druckdifferenzen durch Verlängerung der Öffnungszeit innerhalb der vorgegeben Periodenzeit.

54. Die Kühlraumtemperatur (Lufteintritt) ist im Verlauf der Kühlperiode kontinuierlich gesunken und repräsentiert nun einen Zustand niedriger Kühllast.
Die Kältemitteleinspritzmenge (Öffnungsgrad) hat sich durch die fallende Kühllast systematisch verkleinert.
Die Kältemitteleintrittstemperatur t_{01} und die Kältemittelaustrittstemperatur t_{02h} haben sich infolge der niedrigen Kühllast und der verminderten Kältemitteleinspritzmenge verringert.
Es hat sich eine kleine Arbeitsüberhitzung eingestellt, die dem mit fallender Kühllast absinkenden MSS-Wert des Verdampfers Rechnung trägt.
Durch Finden und Stabilisieren des jeweiligen MSS-Wertes auf der Grenzwertlinie wird mit der kleinstmöglichen Überhitzung und dadurch größtmöglichen Verdampfungstemperatur gefahren. Dadurch verringert sich die Eintrittstemperaturdifferenz, die mittlere Lamellen-Oberflächentemperatur stellt sich tendenziell höher ein, wodurch die Luftabkühlung als Differenz zwischen Luftein- und Luftaustrittstemperatur, die Taupunktunterschreitung und die Entfeuchtung der Luft verringert wird.
Das Ende der Laufperiode steht unmittelbar bevor.

55. Bei mikroprozessorgesteuerten Kälteanlagen kann z. B. bei fallender Kühllast durch drehzahlgeregelte Verflüssigerventilatoren ein proportional abgesenkter Verflüssigungsdruck bzw. durch einen drehzahlgeregelten Verdichterantriebsmotor eine angepaßte Verdichtersaugleistung zu höherer Kälteleistungszahl und damit zu einer energetischen Gesamtoptimierung der Kälteanlage beitragen.

56.
- Große Druckdifferenz am Ventil bewirkt größere Ventilleistung (hoher Kältemitteldurchsatz).
- Große Unterkühlung bringt größere Kälteleistung des Ventils, weil weniger Drosseldampf entsteht.
- Hohe Verdampfungstemperatur ermöglicht größere Kälteleistung (weniger Drosseldampf).

57. Bei der Kreuzgegenstromdurchflutung trifft warme Kühlraumluft mit der Lufteintrittstemperatur t_{L1} auf den Verdampferausgang. Dadurch ist der Kältemitteldampf auf kurzer Strecke überhitzt und es steht eine längere Verdampfungszone zur Verfügung.

58. Liegt die Verdampfungstemperatur bei durchbereiftem Verdampfer im Beharrungszustand nicht im gewünschten Bereich, so paßt die Verdichtergröße nicht zur Verdampfergröße.

59. Die Bestimmung des Korrekturfaktors $\mathbf{f_T}$ erfolgt auf der Basis der Verdampfungstemperatur t_0 = – 28 °C und der Unterkühlungstemperatur t_{Eu} = 32 °C (Temperatureinflüsse). Mit Hilfe der Korrekturfaktortabelle FLICA ergibt sich durch Interpolation $\mathbf{f_T = 2{,}09}$.
Die Bestimmung des Korrekturfaktors $\mathbf{f_{\Delta p}}$ erfolgt auf der Basis des am Ventil vorhandenen Druckgefälles $\mathbf{\Delta p_{Ventil}}$. $\mathbf{\Delta p_{Ventil} = p_c - p_0 - \Sigma\Delta p}$. $\mathbf{\Delta p_{Ventil}}$ = 16,6 bar – 2,27 bar – 1,88 bar = $\underline{12{,}45 \text{ bar}}$. Mit Hilfe der Korrekturfaktortabelle FLICA ergibt sich durch Interpolation $\mathbf{f_{\Delta p} = 0{,}807}$.
Die erforderliche Nennleistung des TEVs berechnet sich nach der Formel $\dot{Q}_{0N} = \dot{Q}_0 \times f_T \times f_{\Delta p}$

$\dot{Q}_0 = 7{,}2 \text{ kW} \times 2{,}09 \times 0{,}807 = \underline{12{,}14 \text{ kW}}$.
Aus der Nennleistungstabelle ergibt sich für das Kältemittel R404A die Düsengröße 4,5 mit einer Nennleistung von 12,4 kW. Wegen Mehrfacheinspritzung wird ein TEV mit äußerem Druckausgleich (X) verwendet. Zum Schutz des Verdichterantriebsmotors wird der Standard-MOP A – 18 °C gewählt.
Die Bezeichnung des TEVs lautet: TMV - X - BL - R404A - A-18 - 10 × 12. (10 × 12 Rohranschlüsse)

60. Bei einer Kapillare mit einem bestimmten Innendurchmesser wird durch eine bestimmte Länge ein Strömungswiderstand hervorgerufen, der einem gewünschten Druckabfall vom Verflüssigungsdruck auf den Verdampfungsdruck entspricht.

61. a) Durch zu große Kapillarlänge erhöht sich der Strömungswiderstand und damit die Drosselwirkung, wodurch weniger flüssiges Kältemittel in den Verdampfer gelangt. Dadurch stellt sich ein niedriger Verdampfungsdruck p_0 ein und am Verdampferausgang steigt die Überhitzung an. Die Saugdampfkühlung des Verdichterantriebsmotors verschlechtert sich. Bei extremer Unterfüllung des Verdampfers bildet sich am Verdampferanfang hartes festes Eis.
b) Große lichte Weite des Kapillarrohres bewirkt nur eine geringe Drosselwirkung, wodurch mehr Kältemittel eingespritzt wird. Dadurch stellt sich ein höherer Verdampfungsdruck p_0 ein und die Überhitzung Δt_{0h} am Verdampferausgang wird geringer oder nicht mehr erreicht. (Die gleiche Wirkung hat eine zu kurze Kapillare.)
c) Überhöhte Kältemittelfüllung bewirkt durch Rückstau von flüssigem Kältemittel in den Verflüssiger einen Anstieg des Verflüssigungsdruckes p_c. Dadurch erhöht sich die am Drosselorgan anstehende Druckdifferenz, und es wird mehr Kältemittel eingespritzt, wodurch der Verdampfungsdruck p_0 und damit auch die Kühlraumtemperatur steigen. Die Überhitzung Δt_{0h} am Verdampferausgang wird geringer oder nicht mehr erreicht. Mit steigendem Verflüssigungsdruck p_c erhöht sich die Stromaufnahme, wodurch das Motorschutzrelais (Klixon) ansprechen kann.

62. Bei einer Kälteanlage mit Kapillare findet im Verdichterstillstand ein Druckausgleich zwischen der Verflüssigerdruckseite und der Verdampferdruckseite statt. Dieser Druckausgleich ermöglicht den Einsatz eines Verdichterantriebsmotors mit niedrigem Anlaufmoment.

63. Durch den bei Kapillaranlagen nach Ausschalten des Verdichters eintretenden Druckausgleich wird alles flüssige Kältemittel in den Verdampfer gedrückt. Ein Saugdom als Flüssigkeitsabscheider verhindert das Ansaugen von flüssigem Kältemittel während des Anfahrens.

64. Das aus dem Verflüssiger in das Hochdruckschwimmergehäuse einfließende flüssige Kältemittel erhöht dort den Flüssigkeitsstand und hebt den Schwimmer des Hochdruckschwimmerventiles an. Dadurch wird der Ventilsitz geöffnet, das Kältemittel entspannt und in den überflutet arbeitenden Verdampfer geleitet (Auslaufregler). Eine Überfüllung des Verdampfers kann dadurch nicht eintreten, da die Kältemittelfüllmenge genau definiert ist. Bei Kältemittelmangel stellt sich eine tiefere Verdampfungstemperatur ein.

65. Bei der Füllstandsüberwachung durch Schwimmerschalter und Magnetventil bewirkt ein dem Magnetventil nachgeordnetes Handdrosselventil den Drosselvorgang. Mit diesem Handdrosselventil wird der Kältemittelstrom der Kälteleistung angepaßt.

2. Mehrfacheinspritzung / Flüssigkeitsverteiler

1. Bei der Mehrfacheinspritzung wird die große Verdampferrohrlänge eines Verdampfers höherer Kälteleistung in mehrere kürzere gleich lange parallelgeschaltete Fluten (Pässe) aufgeteilt. Deswegen ergibt sich für die parallelgeschalteten Fluten ein geringerer Druckabfall. Da die parallelgeschalteten Verdampferfluten durch ein mehr oder weniger stark mit Druckabfall behaftetes Flüssigkeitsverteilsystem mit

Verteilerleitungen gespeist werden müssen, das im günstigsten Fall (Küba-CAL-Verteiler) immer noch 0,5 bar Druckabfall aufweist, ist bei Mehrfacheinspritzung immer ein TEV mit äußerem Druckausgleich zu verwenden.

2. Ein Flüssigkeitsverteiler muß den im Drosselorgan gebildeten Naßdampf (Flüssigkeit und Dampf) gleichmäßig auf die zu speisenden Einzelverdampferschlangen verteilen.
Beim **Staudüsenverteiler** wird ein großer Teil der Druckenergie durch Wirbelbildungen nach der Verteilerdüse aufgezehrt. Durch diese Verwirbelung wird eine gleichmäßige Verteilung von Flüssigkeits- und Dampfanteilen auf die abgehenden Verteilerrohre erreicht. Der hohe Druckabfall im Verteiler verringert die am Drosselventil zur Verfügung stehende Druckdifferenz stark, wodurch sich für die gleiche Kälteleistung ein größeres Ventil (größere Düse) ergeben wird. Der Druckabfall des Staudüsenverteilers beträgt ca. 3 bar, der der Verteilerleitungen ca. 0,5 bar. Damit bewirkt das Staudüsenverteilungssystem ca. 3,5 bar Druckabfall.
Der **Venturiverteiler** besteht aus einem konvergierenden und aus einem divergierenden Strömungsbereich. Der konvergierende Teil bewirkt Zunahme der Strömungsgeschwindigkeit zum Zwecke homogener Gemischverteilung und damit ansteigenden Druckabfall. Im divergierenden Teil vermindert sich die hohe Strömungsgeschwindigkeit unter Rückwandlung von Strömungsenergie in Druckenergie. Deswegen ist der Gesamtdruckabfall kleiner als beim Staudüsenver-teiler. Der Druckabfall von Venturiverteiler und Verteilerleitungen beträgt ca. 1 bar.

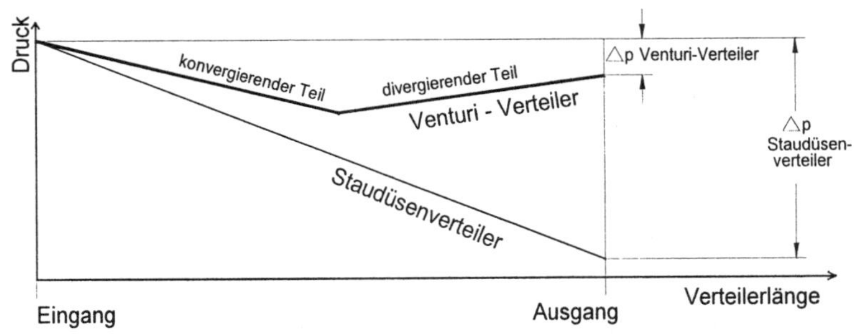

Druckabfall des Venturi-Verteilers und Staudüsenverteilers

3. Im **CAL-Verteiler** wird der aus dem Drosselorgan stammende Naßdampf im Gegensatz zu den herkömmlichen Verteilern vorerst in seine flüssige und in seine gasförmige Phase getrennt. Das flüssige Kältemittel strömt bereits unterhalb des Flüssigkeitsspiegels durch Schlitze in die Verteilerleitungen, während der Kältemitteldampf von oben in die Verteilerrohre eintritt. Zur Gewährleistung einer gleichmäßigen Verteilung von Flüssigkeit und Dampf ist der Verteiler senkrecht anzuordnen. Durch die beim CAL-Verteiler besonders gleichmäßige Flüssigkeitsverteilung auf die einzelnen Pässe läßt sich das Drosselorgan besser einstellen, wodurch sich eine geringere Arbeitsüberhitzung und damit höhere Verdampferleistung einstellt. Wegen des minimalen Druckabfalls des CAL-Verteilers steht am Drosselorgan eine größere Druckdifferenz zur Verfügung. Der Druckabfall von CAL-Verteiler und Verteilerleitungen beträgt ca. 0,5 bar.

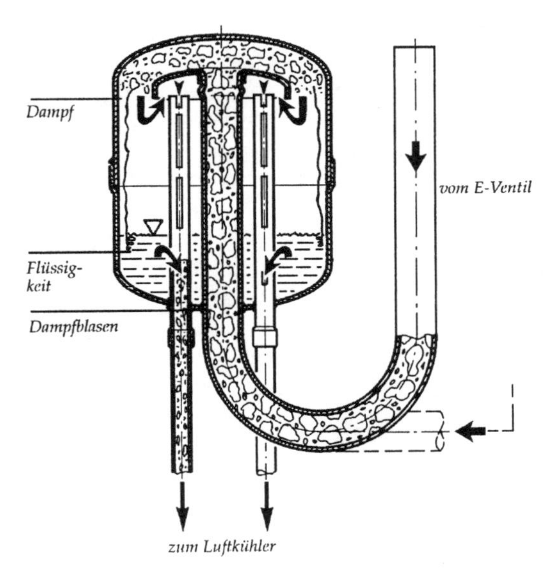

Küba-CAL-Verteiler

4.

a) Einzelverdampfer oder Pässe gleicher Länge verwenden.
b) Gleiche Wärmebelastung aller Einzelverdampfer durch gleichmäßige Verteilung der zu kühlenden Luft (keine Querströmung, sondern nur Parallelströmung der Luft zu den Verdampferfluten zulassen).
c) Verteiler senkrecht anordnen mit Abgängen nach oben (unten).
d) Die Verteilerleitungen müssen gleichen Druckabfall haben, indem ihre Längen, ihre Durchmesser und ihre Biegeradien gleich sind.

5. In den Paß, dessen Verteilerleitung einen kleineren Druckabfall und damit einen kleineren Strömungswiderstand hat, strömt mehr Kältemittel ein. Diese größere Kältemittelmenge ist bis zum Paß-ende noch nicht vollständig verdampft. Dadurch sinkt die Überhitzung am TEV-Fühler und das TEV schließt etwas weiter, wodurch dieser Paß nun die optimale Füllung bekommt, aber alle anderen Pässe zu wenig Kältemittel erhalten.

K 8.3 Verdampfer

1. Technologie

1. Der Verdampfer hat die Aufgabe, den Gesamtwärmestrom, der sich aus der Kältelastberechnung und der Betriebszeit der Kältemaschine pro Tag ergibt, aufzunehmen.

2. Der Gesamtwärmestrom bewirkt, daß das unter Siededruck im Verdampferrohr befindliche flüssige Kältemittel verdampft und vom flüssigen in den dampfförmigen Zustand übergeht.

3. Das Kältemittel kann nur dann verdampfen, wenn sein Sättigungsdruck p_0 und die zugehörige Siedetemperatur t_0 so niedrig sind, daß sie unterhalb der Kühlstellentemperatur (Kühlraumtemperatur, Flüssigkeitstemperatur) liegt. Nur dann kann ein Wärmestrom von der Kühlstelle zum Kältemittel fließen.

4. Die Arbeitsüberhitzung am Verdampferausgang ist durch die Temperaturdifferenz zwischen der Sättigungstemperatur (Verdampfungstemperatur) und der Überhitzungstemperatur am Verdampferausgang gekennzeichnet. (vgl. K 8.2.1, Aufg. 22 - 24)

5. Zur Bestimmung der Arbeitsüberhitzung benötigt man ein Saugdruckmanometer mit Sättigungstemperaturanzeige für das entsprechende Kältemittel zum Messen der Sättigungstemperatur und ein Thermometer zum Messen der Überhitzungstemperatur am Verdampferausgang. (vgl. K 8.2.1, Aufg. 24)

6. Verdampfer können mit den Verdampfungsarten Trockenexpansion und Behältersieden (Blasenverdampfung) betrieben werden.

7. Für die Trockenexpansion ist kennzeichnend, daß im Verdampferrohr eine Strömungsgeschwindigkeit vorliegt (Strömungssieden).

8. Für das Behältersieden ist kennzeichnend, daß im Verdampfer eine stehende Flüssigkeit vorliegt, durch die die Dampfblasen durch Auftrieb nach oben steigen.

9. Nach dem Verwendungszweck unterscheidet man als Verdampferarten Luftkühler und Flüssigkeitskühler.

10. Verdampferarten, die als Luftkühler betrieben werden können, sind Rippenrohrverdampfer, Rollbondverdampfer und Steilrohrverdampfer.

11. Verdampferarten, die als Flüssigkeitskühler betrieben werden können, sind Bündelrohrverdampfer, Koaxialverdampfer und Plattenverdampfer.

12. Verdampfer zur Luftabkühlung mit Trockenexpansion

Vorteile	Nachteile
- Geringe Kältemittelfüllmenge	- Relativ kleiner Wärmedurchgangskoeffizient
- gute Regelbarkeit durch thermostatische Expansionsventile	- große Verdampferflächen.

13. Verdampfer zur Flüssigkeitsabkühlung mit Behältersieden

Vorteile	Nachteile
- Relativ große Wärmedurchgangskoeffizienten	- Große Kältemittelfüllmengen
- kleine Verdampferflächen	- träges Regelverhalten.

14. Bei Verdampfern zur Luftabkühlung mit Verdampfungstemperaturen über 0 °C kann ein kleiner Lamellenabstand gewählt werden, weil die Rohroberflächentemperatur ebenfalls größer 0 °C ist und damit eine Reif- oder Eisbildung am Verdampferrohr und an den Lamellen auszuschließen ist.

15. Bei Verdampfungs- und Lufttemperaturen unter 0 °C ist ein ausreichend großer Lamellenabstand zu wählen, damit bei der aus der Luftfeuchtigkeit auftretenden Reif- und Eisbildung am Verdampferrohr der Luftduchsatz noch gewährleistet ist.

16. Von den Herstellern werden folgende Einsatzbereiche der einzelnen Lamellenabstände empfohlen:
Lamellenabstand LA = 4,5 mm
- Anlagen mit Verdampfungstemperaturen > 0 °C
- Räume mit kleiner Temperaturdifferenz ΔT (5 bis 6 K)
- Gefrierlagerräume mit geringen Feuchtigkeitsanfall, Flaschenkühlung.

Lamellenabstand LA = 7,0 mm
- Fleischabkühlräume, Tiefkühlräume, Gefrierräume.

Lamellenabstand LA = 12,0 mm
- Räume mit hohem Feuchtigkeitsanfall und Verdampfungstemperaturen unter -3 °C
- Anlagen, die aus versorgungstechnischen Gründen nur nachts abgetaut werden dürfen.

17.

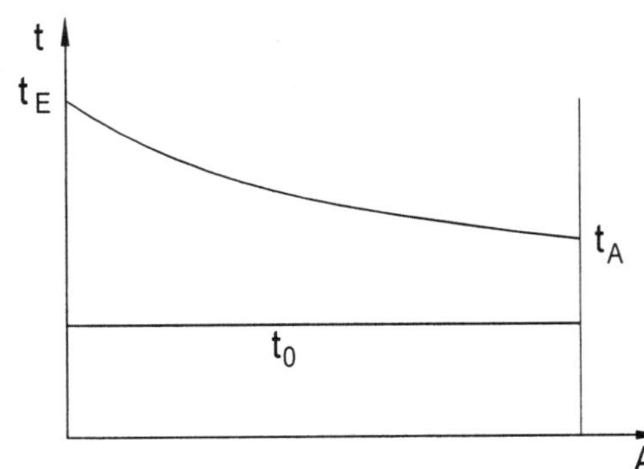

Temperatur im Verdampfer - qualitativ

t_E - Eintrittstemperatur des zu kühlenden Mediums
t_A - Austrittstemperatur des zu kühlenden Mediums
t_0 - Verdampfungstemperatur

18. Während des Verdampfungsvorganges im Naßdampfgebiet bleiben Druck und Temperatur konstant, deshalb ergibt sich im t, A - Diagramm die Verdampfungstemperatur als waagerechte Linie.

19. Die Gleichung für die mittlere logarithmische Temperaturdifferenz ergibt sich zu:

$$\Delta Tm = \frac{\Delta T\,max - \Delta T\,min}{\ln \frac{\Delta T\,max}{\Delta T\,min}}$$

mit

$\Delta T_{max} = t_E - t_0$
$\Delta T_{min} = t_A - t_0$

20. Die Gleichung für die Berechnung der Verdampferleistung lautet:

$$\dot{Q}_0 = k \cdot A \cdot \Delta T_m$$

dabei bedeutet

k - Wärmedurchgangskoeffizient in W/m²K
A - die gesamte äußere Wärmeübertragerfläche des Verdampfers in m²
ΔT_m - die mittlere logarithmische Temperaturdifferenz.

21. Die Verdampferleistung steigt

a) mit größer werdender Fläche,
b) mit größer werdender Temperaturdifferenz,
c) mit größer werdendem Wärmeduchgangskoeffizenten.

22. Die Verdampferleistung ist von folgenden Faktoren abhängig:

- der gesamten äußeren Kühloberfläche
- der Breite und Tiefe des Verdampfers
- der Strömungsgeschwindigkeit der Luft
- dem Luftvolumenstrom
- der Strömungsgeschwindigkeit des Kältemittels
- dem Rohrabstand und Rohrdurchmesser
- der Rohranordnung
- dem Lamellenabstand
- den verwendeten Werkstoffen des Verdampfers.

23. Der Wärmedurchgangskoeffizient k gibt an, welcher Wärmestrom in Watt pro 1 m² Kühloberfläche und pro 1 K treibender Temperaturdifferenz übertragen werden kann.

24. Die Einhaltung der relativen Luftfeuchtigkeit in Kühlräumen ist von der Temperaturdifferenz zwischen Verdampfungs- und Kühlraumtemperatur abhängig .

25. Kleine Temperaturdifferenz zwischen Verdampfungs- und Kühlraumtemperatur ergibt eine hohe Luftfeuchtigkeit der Kühlraumluft. (vgl. K 13.2, Aufg. 21)

26. Große Temperaturdifferenz zwischen Verdampfungs- und Kühlraumtemperatur ergibt eine niedrige Luftfeuchtigkeit der Kühlraumluft. (vgl. K 13.2, Aufg. 21)

27. Bei der Festlegung eines Verdampfers für eine Kühlaufgabe sind zu berücksichtigen:

- das zu verwendende Kältemittel
- die Kühlraumtemperatur
- die Verdampfungstemperatur
- der Lamellenabstand
- die Verdampferleistung
- die Luftfeuchtigkeit im Kühlraum
- die Blasweite des Ventilators
- der Luftvolumenstrom.

28. Bei der Bestimmung eines Verdampfers für die Flüssigkeitskühlung sind zu berücksichtigen:

- das Kältemittel
- der Wassermassenstrom
- die Wasseraustrittstemperatur
- die Dichte des Wassers
- die Verdampferleistung
- die Wassereintrittstemperatur
- die Verdampfungstemperatur
- die spezifische Wärmekapazität der Flüssigkeit.

29. Bei Verdampfern, die zur Abkühlung von Wasser eingesetzt werden, ist darauf zu achten, daß das Wasser nicht einfrieren kann, d.h. Verdampfungstemperatur größer 0 °C wählen, evtl. Verdampfungsdruckregler am Verdampferaustritt und einen Strömungswächter an der Wassereintrittseite montieren.

30. Die Gleichung zur Bestimmung der Kältelast für einen Verdampfer zur Wasserkühlung lautet:

$$\dot{Q}_0 = \dot{V}_W \cdot \rho_W \cdot c_W \cdot \Delta T_W$$

dabei bedeutet

$\dot{Q}_0$ - Kältelast in kW,
$\dot{V}_W$ - Wasservolumenstrom in m³/s
ρ_W - Dichte des Wassers in kg/m³
c_W - spezifische Wärmekapazität des Wassers in kJ/kgK.

31. Die Kälteleistung des Verdampfers zur Luftkühlung wird mit folgender Gleichung ermittelt:

$$\dot{Q}_0 = k \cdot A \cdot \Delta T_m$$

32. Ein starker Reif- bzw. Eisansatz bei einem luftkühlenden Verdampfer bewirkt einen kleiner werdenden Wärmedurchgangskoeffizienten k. Dies hat einen Leistungsabfall des Verdampfers zur Folge. (vgl. K 13.2, Aufg. 10 - 12)

33. Starke Schmutz- und Kalkablagerungen bewirken ein Absinken des Wärmedurchgangskoeffizienten, was einen Leistungsabfall des Verdampfers zur Folge hat.

34. Die in der Praxis angewandten Verfahren zur Verdampferabtauung sind:

- Abtauen durch Ventilatornachlauf
- Abtauen mit elektrischer Widerstandsheizung
- Abtauen mit heißem Kältemitteldampf.

35. Abtauen mit Ventilatornachlauf kann nur angewendet werden, wenn die Kühlraumtemperatur nicht unter ca. + 3 °C liegt. Ist die Kühlraumtemperatur erreicht, wird die Kältemaschine abgeschaltet (Raumthermostat, Niederdruckpressostat). Der Verdampferventilator läuft so lange weiter, bis eine vorher höher gewählte Temperatur im Verdampferpaket erreicht ist, bei der der Verdampfer abgetaut ist. Bei

Erreichen dieser gewählten Temperatur wird der Ventilator durch einen Nachlaufthermostaten abgeschaltet. Bei steigender Kühlraumtemperatur schaltet die Kältemaschine wieder ein, wobei der Ventilator noch außer Betrieb ist. Damit kann Restfeuchtigkeit an den Verdampferrohren anfrieren, so daß kein Wasser in den Kühlraum gefördert wird. Danach wird der Verdampferventilator in Betrieb genommen (Verdampferlüfter-Verzögerung).

36. Beim Abtauen mittels elektrischer Widerstandsheizung befinden sich die Heizstäbe sowohl im Verdampferblock als auch unterhalb der Tropfwanne sowie eine Schlauchheizung im Abflußrohr zum Ableiten des Tauwassers. Der Abtauvorgang wird in der Stillstandphase der Kältemaschine durch z. B. eine Zeitschaltuhr eingeleitet, und zwar auch dann, wenn kein Abtaubedarf besteht. Die Kälteanlage wird dabei vielfach mit einer Pump-Down-Schaltung betrieben, wobei der Abtauvorgang so eingeleitet wird, daß zunächst bei laufender Kälteanlage das Magnetventil in der Flüssigkeitsleitung geschlossen wird. Anschließend wird das im Verdampfer befindliche Kältemittel abgesaugt, wodurch ein Druckanstieg im Verdampfer ausgeschlossen wird. Die Kälteanlage wird dann über den Niederdruckpressotaten abgeschaltet und die Heizung eingeschaltet. Eine zu hohe Aufheizung des Verdampfers wird durch einen Abtausicherheitsthermostaten verhindert. Moderne mirkroprozessorgesteuerte Abtauverfahren sind für die Bedarfsabtauung vorgesehen und leiten den Abtauvorgang über Temperaturmessungen erst dann ein, wenn wirklich Abtaubedarf besteht. (vgl. K 10.2, Aufg. 28 - 30)

37. Das einfachste Verfahren des Abtauens mit heißem Kältemitteldampf besteht darin, den von der Druckleitung des Verdichters kommenden heißen Kältemitteldampf durch eine Heißdampfrohrleitung, in der sich ein Magnetventil befindet, zum Verdampfereingang in Strömungsrichtung zwischen Expansionsventil und Verdampfereintritt zu führen. Der Abtauvorgang wird so eingeleitet, daß das Magnetventil in der Flüssigkeitsleitung schließt und gleichzeitig das Magnetventil der Heißdampfleitung öffnet. Der in den Verdampfer eintretende heiße Kältemitteldampf kühlt sich sehr schnell ab, teilweise bis zur Verflüssigung, und wird als Kaltdampf wieder vom Kältemittelverdichter angesaugt. Der Abtauvorgang ist sehr kurz und dauert je nach Verdampfergröße nur wenige Minuten. (vgl. K 15, Aufg. 4)

38. Bei beiden Schaltungen wird zunächst das Magnetventil in der Flüssigkeitsleitung geschlossen und der Verdampfer abgesaugt. Bei der Pump-Down-Schaltung kann der Verdichter bei Druckanstieg erneut absaugen, bei Pump-Out nicht. Hier ist Wiedereinschalten nur über Raumthermostat bzw. nach Beendigung des Abtauvorgangs möglich (vgl. E 8).
Sinn der Schaltungen ist in jedem Fall, den Verdampfer vor Stillstandsphasen von Flüssigkeit zu entleeren, damit beim Erwärmen (z. B. elektr. Abtauung) kein (unzulässig) hoher Druck entsteht.

2. Technische Mathematik

1.

a) $$\Delta Tm = \frac{\Delta T\max - \Delta T\min}{\ln \frac{\Delta T\max}{\Delta T\min}} = \frac{10\,K - 5\,K}{\ln \frac{10}{5}} = \underline{\underline{7{,}2\,K}}$$

b) $$\dot{Q}_0 = k \cdot A \cdot \Delta T_m \Rightarrow A = \frac{\dot{Q}_0}{k \cdot \Delta T_m} = \frac{7000\,W}{35\,\frac{W}{m^2K} \cdot 7{,}2\,K} = \underline{\underline{27{,}77\,m^2}}$$

2.

a) Für Tiefkühlräume wird ein Lamellenabstand von LA = 7 mm gewählt.

b) Aus dem Diagramm $\Delta T = f(t_0, \varphi)$ ergibt sich ein ΔT von 6,1 K

c) Die Verdampfungstemperatur ergibt sich aus:

$\Delta T = t_R - t_0$

$\Rightarrow \quad t_0 = t_R - \Delta T = -18\,°C - 6{,}1\,K = \underline{-24{,}1\,°C}$

d) DT1 = 1,2 x ΔT = 1,2 x 6,1 K = $\underline{\underline{7{,}32\,K}}$

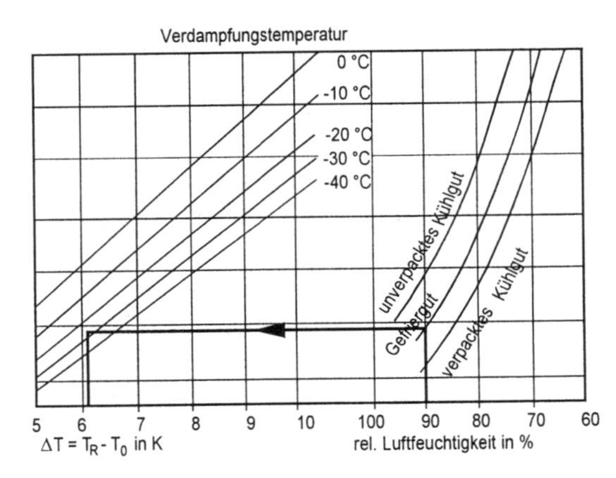

e) $DT1 = t_{L1} - t_0$

$\Rightarrow$ $t_{L1} = DT1 + t_0 = \underline{\underline{7{,}32}}\ K + (-24{,}1\ °C)$
$= -16{,}78\ °C \approx \underline{\underline{-17\ °C}}$

f) Mit den Werten für DT1 = 7,32 K und $\dot{Q}_0$ = 8 kW ergibt sich aus dem Auswahldiagramm der Verdampfertyp SGB(E) 73. Seine Kühloberfläche beträgt 67,7 m² (Katalogangabe).

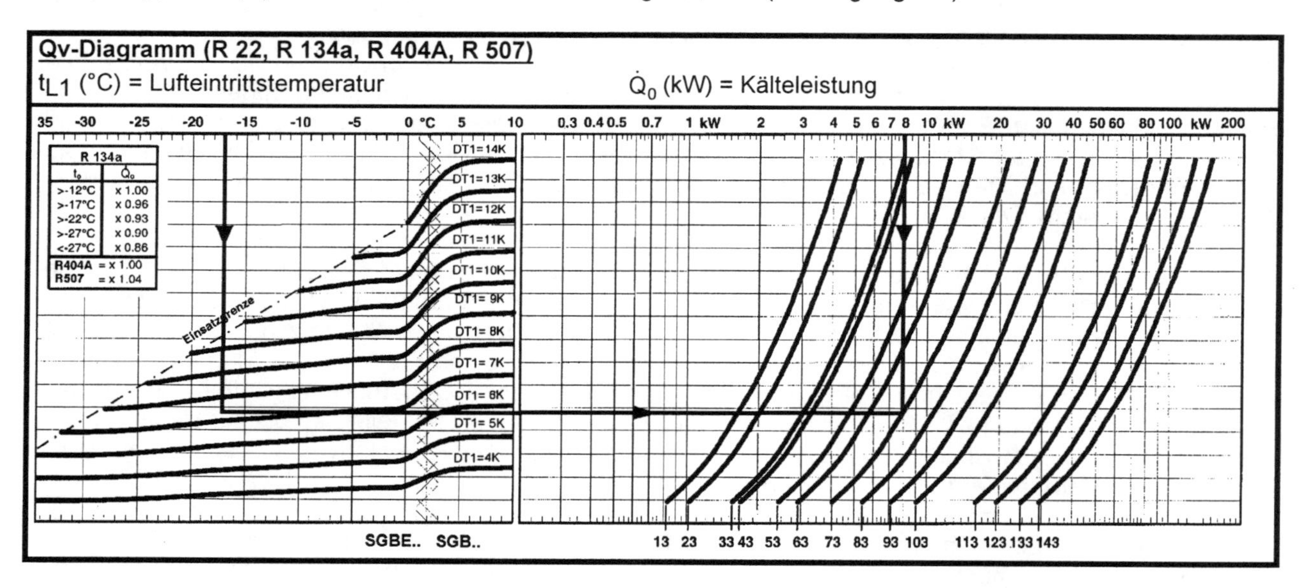

3. a) Wassermasse im Behälter:

$$m = \rho \cdot V = \rho \cdot \frac{d_i^2 \cdot \pi \cdot h}{4} = 1000\ \frac{kg}{m^3} \cdot \frac{(1m)^2 \cdot \pi \cdot 1{,}5\,m}{4} = \underline{\underline{1178{,}1\,kg}}$$

b)
$$Q = m_W \cdot c_W \cdot \Delta T_W = 1178{,}1\,kg \cdot 4{,}19\ \frac{kJ}{kgK} \cdot (8 - 4)\,K = \underline{\underline{19744{,}9\,kJ}}$$

c)
$$\dot{Q}_0 = \frac{Q}{\tau} = \frac{19744{,}9\,kWs \cdot h}{0{,}5\,h \cdot 3600\,s} = \underline{\underline{10{,}97\,kW}}$$

d)
$$\Delta Tm = \frac{\Delta T\,max - \Delta T\,min}{\ln \frac{\Delta T\,max}{\Delta T\,min}} = \frac{10\,K - 6\,K}{\ln \frac{10}{6}} = \underline{\underline{7{,}83\,K}}$$

e) Die erforderliche Rohrlänge des Glattrohrverdampfers ergibt sich durch Umstellen der Gleichung

$$\dot{Q}_0 = k \cdot A \cdot \Delta T_m = k \cdot d_a \cdot \pi \cdot l \cdot \Delta T_m \text{ zu:}$$

$$l = \frac{\dot{Q}_0}{k \cdot d_a \cdot \pi \cdot \Delta T_m} = \frac{10970\,W}{290\ \frac{W}{m^2K} \cdot 0{,}015\,m \cdot \pi \cdot 7{,}83\,K} = \underline{\underline{102{,}52\,m}}$$

f) $l = n \cdot \pi \cdot d_m$ (n = Anzahl der Windungen)

$$\Rightarrow\ n = \frac{l}{\pi \cdot d_m} = \frac{102{,}52\,m}{\pi \cdot 0{,}8\,m} = \underline{\underline{40{,}79}}$$

4. a) Da die Betriebsbedingungen von den Nennbedingungen abweichen, müssen die erforderlichen Umrechnungsfaktoren ermittelt werden:

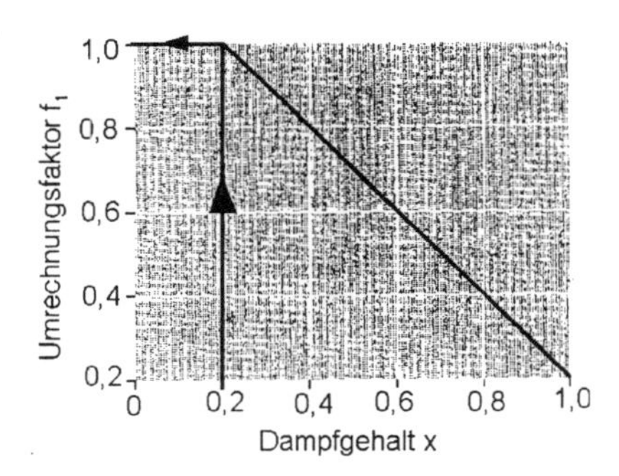

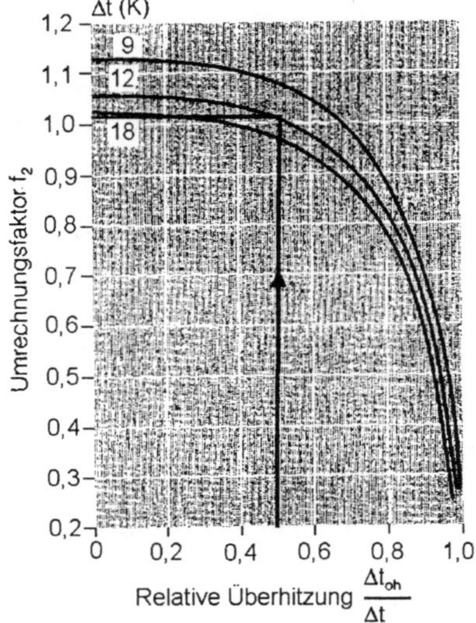

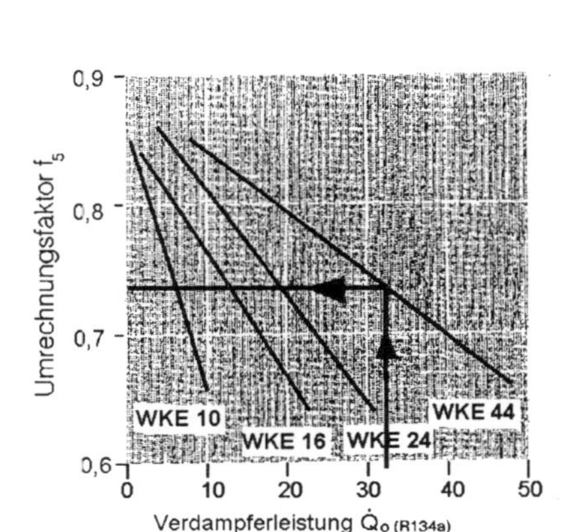

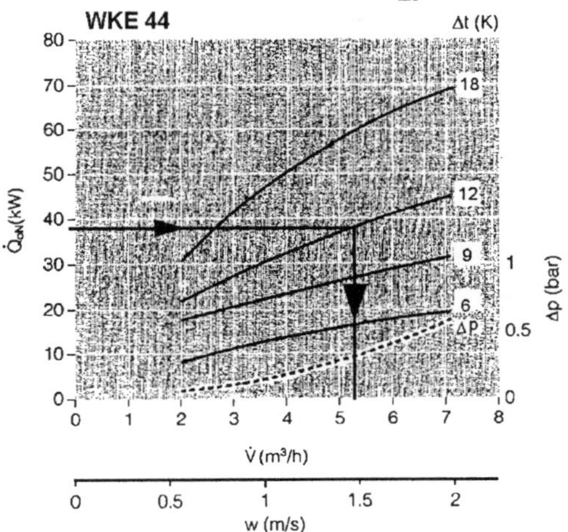

Die Umrechnungsfaktoren betragen also:

f_1 für x = 0,2 $\rightarrow f_1 = 1,0$

f_2 mit $\Delta t = t_{W1} - t_0 = +20\,°C - 8\,°C = 12\,K$, $\Delta t_{0h} = 6\,K$, $\frac{\Delta t_{0h}}{\Delta t} = \frac{6\,K}{12\,K} = 0,5$ ergibt $f_2 = 1,01$

f_3 wird mit $t_0 = 8\,°C$ durch Extrapolieren zu 1,12 (der Umrechnungsfaktor f_3 sinkt pro 4 K um 0,06, das zeigt die Ablesung bei $t_0 = -4°C$. Eine Erhöhung um 8 K ergibt also einen Faktor $f_3 = 1,0 + 0,12 = 1,12$)

f_4 entfällt, da reines Wasser gekühlt wird. $\rightarrow f_4 = 1,0$

f_5 gilt für die Umrechnung auf R 134a $\rightarrow f_5 = 0,735$

$$\dot{Q}_{0N} = \frac{\dot{Q}_0}{f_1 \cdot f_2 \cdot f_3 \cdot f_4 \cdot f_5} = \frac{32\,kW}{1,0 \cdot 1,01 \cdot 1,12 \cdot 1,0 \cdot 0,735} = \underline{\underline{38,5\,kW}}$$

Mit Δt = 12 K und 38,5 kW ergeben sich aus den Leistungsdiagramm des **WKE 44** unter Betriebsbedingungen folgende Werte:

Wasser-Volumenstrom 5,3 m³/h
wasserseitiger Druckabfall Δp = 0,3 bar

b) Die Temperaturdifferenz des Wasser beträgt: $\Delta t = \frac{\dot{Q}_0}{\dot{m} \cdot c} = \frac{32\,kW}{5300\,\frac{kg}{3600s} \cdot 4,19\,\frac{kJ}{kgK}} = 5,2\,K$

so daß sich die Wasseraustrittstemperatur t_{W2} ergibt zu:

$t_{W2} = t_{W1} - \Delta t = 20\ °C - 5{,}2\ K = \underline{\underline{14{,}8\ °C}}$

5. a) Der Kältebedarf ist von vielen Faktoren abhängig, z. B.:

- Wärmeeinfall aus der Luft (wiederum abhängig von Luftbewegung, Luftfeuchtigkeit, Lufttemperatur)
- Wärmeeinfall durch Sonneneinstrahlung (Strahlungsintensität, Strahlungswinkel je nach Sonnenstand, Abschirmung usw.)
- Wärmestrom aus dem Erdreich
- Kältebedarf zur Erneuerung des Eises.

b) Die Rohre werden mit Kältemittelflüssigkeit beschickt - überflutete Verdampfung.

c) In Ltg. A wird flüssiges NH_3 (p_0, t_0) zu den Pistenrohren gepumpt, und zwar mehr als zur Wärmeaufnahme nötig ist, z. B. die dreifache Menge. In Ltg. B fließt folglich ein Flüssigkeits-Dampf-Gemisch wieder zum Abscheider zurück.

d) Im Abscheidesammler wird das von der Piste kommende Flüssigkeits-Dampf-Gemisch getrennt. Der Dampf wird vom Verdichter abgesaugt. Die Flüssigkeit sammelt sich unten und steht zum erneuten Umlauf zur Verfügung. Der oberhalb angeordnete Dampfdom gewährleistet, daß die Strömungsgeschwindigkeit über der Flüssigkeit bestimmte Werte nicht überschreitet, damit keine Flüssigkeitströpfchen in die Saugleitung mitgerissen werden.

e) Der Kältebedarf setzt sich aus dem einfachen Kältebedarf und dem zur Erneuerung des Eises zusammen:

einfacher Kältebedarf: $\dot{Q} = q \cdot A = 1500 \dfrac{kJ}{m^2 \cdot 3600\ s} \cdot 20\ m \cdot 30\ m = \underline{250\ kW}$

Kältebedarf zur Erneuerung des Eises:

$$\dot{Q} = \dot{m} \cdot (c_W \cdot \Delta t_W + q + c_E \cdot \Delta t_E) = \frac{900\ kg \cdot 1\ m^3}{m^3 \cdot 3600\ s} \cdot \left(4{,}19 \frac{kJ}{kgK} \cdot 16\ K + 335 \frac{kJ}{kg} + 2{,}15 \frac{kJ}{kgK} \cdot 3{,}5\ K\right) = \underline{102{,}39\ kW}$$

Gesamtkältebedarf: $250\ kW + 102{,}39\ kW = \underline{\underline{352{,}39\ kW}}$

f) Die Rohrlänge ergbt sich durch Umstellen der Gleichung $\dot{Q} = k \cdot A \cdot \Delta t$ mit $A = \pi \cdot d_a \cdot l$

$$l = \frac{\dot{Q}_0}{k \cdot d_a \cdot \pi \cdot (t_{Eis} - t_0)} = \frac{352390\ W}{85 \frac{W}{m^2K} \cdot 0{,}040\ m \cdot \pi \cdot 6\ K} = \underline{\underline{5498{,}49\ m}}$$

g) Anzahl der zu verlegenden Rohre für 30 m Länge:

$n = \dfrac{l}{30\ m} = \dfrac{5498{,}49\ m}{30\ m} = \underline{\underline{183{,}28}}$ Es werden also 184 Rohre verlegt.

h) Ihr Abstand (Mitte - Mitte) auf der 20 m - Seite beträgt dann:

$a = \dfrac{20\ m}{183} = 0{,}1093\ m = \underline{\underline{10{,}9\ cm}}$

Der Zwischenraum von Rohraußenwand zu Rohraußenwand beträgt also:

$\delta = 109\ mm - 40\ mm = \underline{\underline{89\ mm}}$

K 8.4 Verflüssiger

1. Technologie

1. Der Verflüssiger hat die Aufgabe, die vom Kältemittel im Verdampfer aufgenommene Wärme sowie das Wärmeäquivalent der dem Kältemittel im Verdichter zugeführten Arbeit an die Umgebung (z. B. Wasser, Luft) abzuführen.

2. Das Kältemittel kann nur verflüssigen, wenn sein Druck (p_c) so hoch ist, daß die zugehörige Sättigungstemperatur (t_c) oberhalb der Umgebungstemperatur (t_a) liegt. Nur dann fließt ein Wärmestrom ($\dot{Q}_c$) vom Kältemittel zum umgebenden Medium.

3. Er ist um das Wärmestromäquivalent der dem Kältemittel im Verdichter zugeführten Leistung größer. ($\dot{Q}_c = \dot{Q}_0 + P$)

4. Der Verflüssiger befindet sich auf der Hochdruckseite, zwischen Verdichter und Sammler (falls vorhanden) bzw. Drosselorgan.

5. Druckleitung (Heißgasleitung): vom Verdichter zum Verflüssiger
Kondensatleitung: vom Verflüssiger zum Sammler oder falls dieser nicht vorhanden ist:
Flüssigkeitsleitung: vom Verflüssiger zum Drosselorgan.

6. Enthitzungszone, Verflüssigungszone, Unterkühlungszone.

7. Enthitzungszone: Das vom Verdichter kommende Heißgas wird unter Abgabe sensibler Wärme auf Verflüssigungstemperatur t_c abgekühlt.
Verflüssigungszone: Der Kältemitteldampf mit der Verflüssigungstemperatur t_c wird unter Abgabe latenter Wärme zu Kältemittelflüssigkeit der gleichen Temperatur (Aggregatzustandsänderung).
Unterkühlungszone: Dem bereits verflüssigten Kältemittel wird weiter sensible Wärme entzogen, so daß seine Temperatur unter Verflüssigungstemperatur sinkt auf Unterkühlungstemperatur t_{cu}.

8.

	Druck	Temperatur
Enthitzungszone	konstant	sinkt
Verflüssigungszone	konstant	konstant
Unterkühlungszone	konstant	sinkt

Anmerkung: Strömungswiderstand (Druckabfall) vernachlässigt.

9.

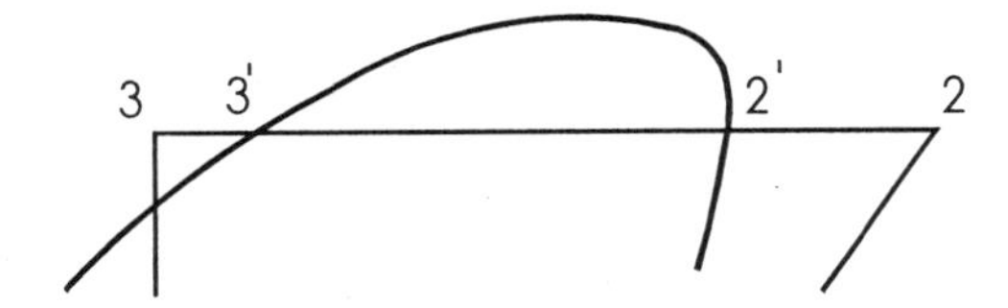

Enthitzen: 2 – 2'

Verflüssigen: 2' – 3'

Unterkühlen: 3' – 3

10. In einem Gegenstromwärmeübertrager fließen die wärmeübertragenden Medien (z. B. Wasser und Kältemittel) in entgegengesetzter Richtung aneinander vorbei. Dadurch ist stets eine relativ hohe Temperaturdifferenz zwischen beiden gewährleistet, wodurch sich ein guter Nutzungsgrad ergibt (gilt für alle Wärmeübertrager). Im speziellen Fall des Verflüssigers bedeutet es, daß das bereits verflüssigte Kältemittel in der Unterkühlungszone mit dem noch kalten Kühlmittel in Wärmekontakt kommt, wodurch eine gute Unterkühlung erreicht wird. Beim Kreuzgegenstromprinzip kreuzen sich die Fließlinien im Gegenstrom.

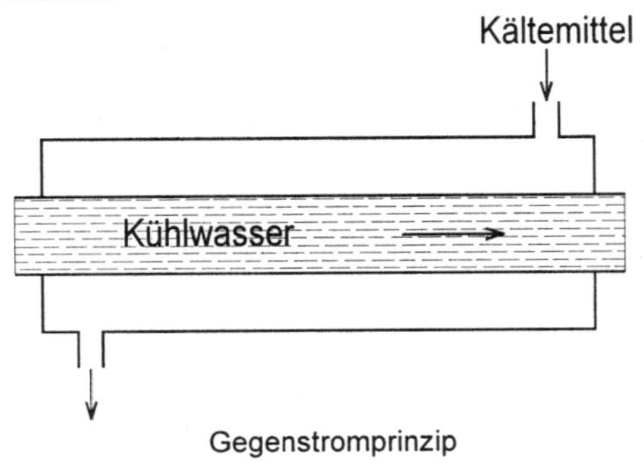

Gegenstromprinzip

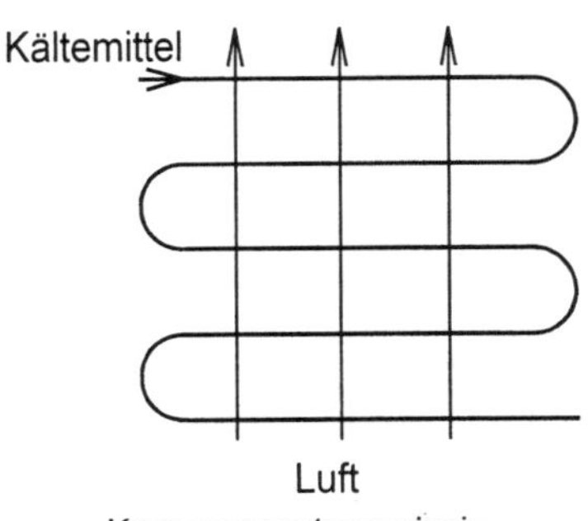

Kreuzgegenstromprinzip

11. Luftgekühlte Verflüssiger, wassergekühlte Verflüssiger, Verdunstungsverflüssiger.

12. Vorteile: Das Kühlmittel Luft steht kostenlos zur Verfügung. Die Verflüssiger sind leicht zu warten und unempfindlich.
Nachteile: Die Verflüssigungstemperatur ist stark von der Lufttemperatur abhängig (Sommerspitze), was evtl. besonderen Regelaufwand bedeutet. Besonders Verflüssiger mit Axialventilatoren können eine erhebliche Schallemission verursachen. Wegen des rel. schlechten Wärmeübergangs zur Luft ist eine große Fläche erforderlich

13. Vorteile: Wegen des besseren Wärmeübergangs an Wasser sind wassergekühlte Verflüssiger kompakter als luftgekühlte. Ihre Verflüssigungstemperatur ist nicht wetterabhängig und durchweg niedriger als die luftgekühlter Verflüssiger.
Nachteile: Wasserkosten, aufwendigere Wartung (Reinigung).

14. Wasserrückkühlbetrieb bedeutet, daß das den Verflüssiger durchlaufende Wasser anschließend ein Wasserrückkühlwerk (Kühlturm) durchfließt, wo es wieder auf Verflüssigereintrittstemperatur gekühlt wird, indem es zum Teil verdunstet. Danach fließt es zum Verflüssiger zurück. Dadurch wird Kühlwasser gespart.

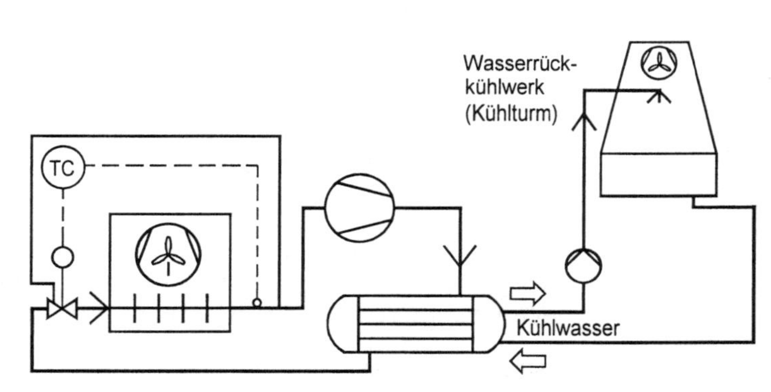

Wassergekühlter Verflüssiger mit Wasserrückkühlung

15.

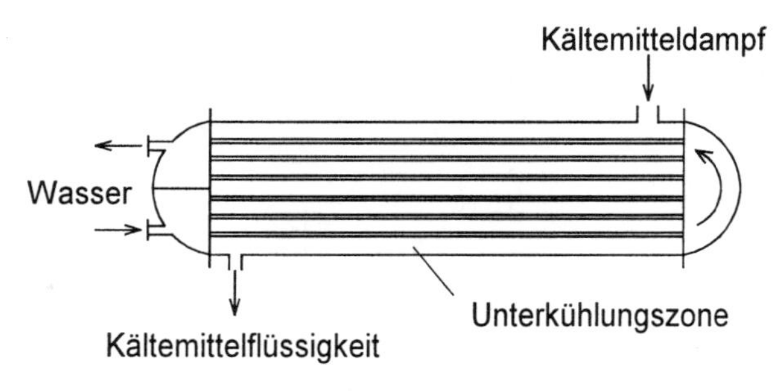

Röhrenkessel(Bündelrohr)verflüssiger (Prinzip)

16. Bei diesem Verflüssiger sammelt sich das verflüssigte Kältemittel im unteren Teil des Kessels, so daß ein separater Sammler meist nicht erforderlich ist. (Allerdings wird dadurch die Verflüssigerleistung reduziert)

17. Mehr Umlenkungen, also längere Wasserwege, bedeuten mehr Druckabfall und eine geringere mittlere Temperaturdifferenz. Bei Netzwasserbetrieb spielt der Druckabfall keine so große Rolle, gleichzeitig wird dem teuren Wasser möglichst viel Wärme übertragen (Wasserersparnis). Bei Kühlturmbetrieb muß eine Pumpe den Druckabfall Δp überwinden (Energiebedarf steigt mit Δp), außerdem wird das Wasser ja nicht abgeleitet, sondern nach Rückkühlung wieder verwendet.

18. Beim Verdunstungsverflüssiger werden die Kältemittel führenden Rohre mit Wasser besprüht, das sich unterhalb in einer Wanne sammelt und wieder nach oben gepumpt wird, während gleichzeitig im Gegenstrom Frischluft nach oben geführt wird, wodurch ein kühlender Verdunstungseffekt entsteht. Da die Verdunstungsenthalpie des Wassers hoch ist, wird nur wenig des im Kreislauf geführten Wassers verbraucht.

19. a) Wasserersparnis b) niedrigere Verflüssigungstemperatur, da nur ein Temperaturschritt zwischen Verflüssigungstemperatur und Verdunstungstemperatur vorliegt (beim Rückkühlwerk sind es zwei).

20.

1 - Luftaustritt
2 - Tropfenabscheider
3 - Kältemitteleintritt (Heißgas)
4 - Verflüssiger
5 - Kältemittelaustritt (Flüssigkeit)
6 - Zusatzwassereintritt mit Schwimmerregler
7 - Wasserumwälzpumpe
8 - Lufteintritt
9 - Wassersprühdüsen
10 - Enthitzersystem
11 - Axialventilator

21. Es sind längere Kältemittelleitungen erforderlich (Gefahr der Vorverdampfung in der Flüssigkeitsleitung, größere Füllmenge). Das Rohrleitungssystem eines Verdunstungsverflüssigers ist besonders bei aggressiver Luft Korrosion ausgesetzt und schlechter zu reinigen als die Wasserrohre eines Röhrenkesselverflüssigers.

22. a) Es werden nicht Kältemittel führende Rohre durch Wasserversprühen/Verdunstung gekühlt, sondern das Wasser kühlt sich in einem offenen Prozeß durch teilweise Verdunstung selbst. Es handelt sich also um ein Wasserrückkühlwerk.
b) 1 - Luftaustritt 2 - Axialventilator 3 - Tropfenabscheider 4 - Wasserzulauf 5 - Austauschkörper 6 - Lamellen 7 - Wasserablauf 8 - Sieb 9 - Zusatzwassereintritt mit Schwimmerregler 10 - Lufteintritt 11 - Wassersprühdüsen.

23. a) Die Leistungsregelung erfolgt über den Luftstrom (z. B. 2 Ventilatordrehzahlen, von der Kühlwassertemperatur über Thermostat gesteuert)
b) Wird der Kühlturm (Wasserrückkühlwerk) während des Winters außer Betrieb genommen, muß er entleert werden, um ein Einfrieren der Anlage zu vermeiden. Solange im Betrieb Wärmeaustausch stattfindet, besteht keine Vereisungsgefahr, insbesondere wenn ein Heizelement im Ablauf kurze Stillstandsphasen überbrückt oder der Kühlturm sich in einen frostsicher aufgestellten Wasserpuffer (evtl. auch im Sommer zum Abpuffern von unterschiedlichen Leistungsanforderungen sinnvoll) entleert. Beim Verdunstungsverflüssiger kann unterhalb bestimmter Umgebungstemperaturen auf Wasser verzichtet werden, weil die Leistung reiner Luftkühlung ausreicht.

24. a) Durch den im Gegenstrom geführten Luftstrom wird trotz eines Tropfenabscheiders ein gewisser Anteil der umlaufenden Wassermenge mitgerissen und muß ergänzt werden (Windverluste).
b) Durch die fortwährende Verdunstung eines Teils der umlaufenden Wassermenge würde eine allmähliche Anreicherung mit Kalk und Salzen erfolgen. Deswegen wird stets ein Teil des Umlaufwassers durch Frischwasser ersetzt wird (Abschlämmung).

25. Es ist auf ausreichende und unbehinderte Frischluftzufuhr zu achten sowie darauf, daß die Ventilatorströmung nicht behindert wird (z.B. enge Räume, Wände).

26. Statisch belüftet bedeutet Luftkühlung ohne Ventilator, d.h. Luftbewegung nur durch Konvektion (z. B. Kühlschrank) . Dies Prinzip ist nur für kleine Leistungen geeignet (bis ca. 220 W).

27. Die Verflüssigungstemperatur liegt, gemessen an der Umgebungstemperatur, zu hoch. Mögliche Ursache: Verschmutzung, Lüfterschaden.

28. a) t_c liegt zu hoch im Vergleich zu t_{W2}. b) Verschmutzung der Rohre, dadurch schlechterer Wärmeübergang.

29. a) luftgekühlt: $\Delta T = t_c - t_{L1}$: 12 - 15 K (t_{L1} = Lufteintrittstemperatur = Umgebungstemperatur)
b) wassergekühlt: $\Delta T = t_c - t_{W2}$: 5 - 7 K (t_{W2} = Wasseraustrittstemperatur).

30.

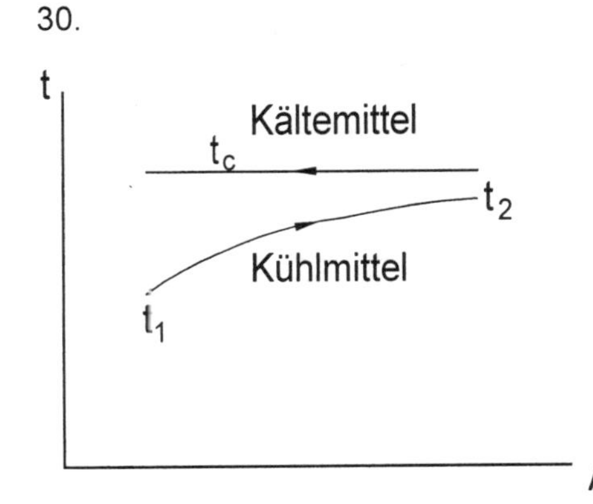

31. Zunächst besteht eine große Temperaturdifferenz zwischen Kälte- und Kühlmittel, wodurch ein großer Wärmestrom fließt. Dadurch wird die Differenz aber stetig kleiner und somit auch der die Temperaturdifferenz verkleinernde Wärmestrom, so daß die Temperaturänderung immer langsamer erfolgt.

32. Diese mittlere logarithmische Temperaturdifferenz wird durch folgende Gleichung erfaßt:

$$\Delta Tm = \frac{\Delta T\,max - \Delta T\,min}{\ln \frac{\Delta T\,max}{\Delta T\,min}} \qquad (\Delta T_{max} = t_c - t_1 \quad , \quad \Delta T_{min} = t_c - t_2)$$

33. Bei Verflüssigerverschmutzung verschlechtert sich der k-Wert, und deswegen steigt nach der Gleichung $\dot{Q}_c = A \cdot k \cdot \Delta T_m$ die Temperaturdifferenz zwischen dem verflüssigenden Kältemittel und dem Kühlmittel. Da aber die Temperatur des Kühlmittels nicht sinkt, steigt t_c und damit p_c.
Bei höherem Verflüssigungsdruck p_c steigt der Drosseldampfanteil, der Verdampfer wird schlechter beaufschlagt, leistet weniger und die Laufzeit der Anlage erhöht sich, um die anfallende Wärmemenge abzufahren. Längere Laufzeit bedeutet aber höhere Belastung des Verdichters.

Der Verdichter wird außerdem mechanisch (p_c steigt) und thermisch (t_{V2} steigt) stärker belastet, wodurch sich seine Lebensdauer verkürzt. Erhöhte Verdichtungsendtemperatur begünstigt gleichzeitig Reaktionen zwischen Öl und Kältemittel.
Durch den höheren Verflüssigungsdruck steigt auch der Leistungsbedarf des Verdichters und das Verhältnis von Nutzen zu Aufwand sinkt. Die Anlage läuft unwirtschaftlicher.

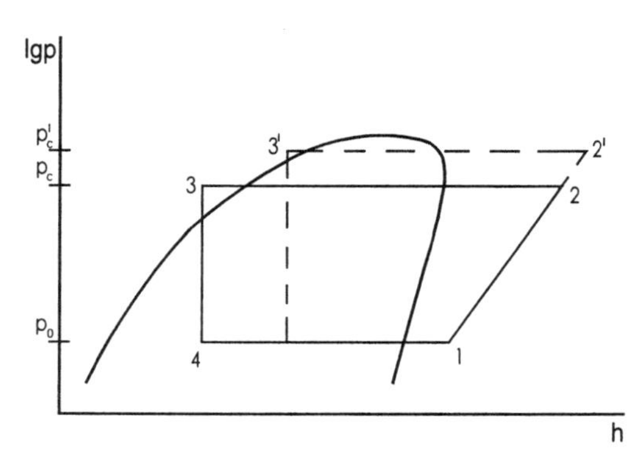

Verflüssigerverschmutzung im lgp, h-Diagramm

34. Die Anlage kann nicht funktionieren. Die Lufttemperatur ist 2 K über der zu p_c = 9 bar gehörigen Verflüssigungstemperatur von t_c = 20 °C. Das Kältemittel kann also nicht verflüssigen, bestenfalls bis auf 22 °C abgekühlt werden.
Anmerkung: In einer realen Anlage würde sich in diesem Fall der Druck auf der Verflüssigerseite erhöhen, weil der Verdichter ständig Kältemitteldampf nachschiebt, der nicht verflüssigt wird. Dadurch würde ebenfalls die zugehörige Verflüssigungstemperatur steigen, so dass schließlich ein Gleichgewichtszustand erreicht würde, z.B. bei p_c = 13,5 bar, entsprechend t_c = 35 °C. Die jetzt vorliegende Temperaturdifferenz von 13 K bewirkt einen ausreichenden Wärmestrom vom Kältemittel zur Umgebung und liegt im Normalbereich (vgl. Aufg. 29).

35. Ein Verflüssigungssatz ist ein Maschinensatz zur Umwandlung von Kältemittel-Niederdruckdampf in Kältemittel-Flüssigkeit, bestehend aus Kältemittelverdichter, Antriebsmotor, Verflüssiger und Zubehör, fabrikmäßig zusammengebaut (CECOMAF C14-00).

36. Vorteile: kurze Druckleitung, Verflüssigerlüfter kühlt Motor gleich mit, schnelle Montage.
Nachteile: Evtl. treten im Maschinenraum hohe Temperaturen auf , so daß eine Maschinenraumbelüftung vorzusehen ist.

37. Ein Mehrkreisverflüssiger ist kältemittelseitig in mehrere getrennte Kreisläufe unterteilt, so daß mehrere Kältemittelkreisläufe auf einen Verflüssiger arbeiten (kostensparend, z. B. Supermarkt).

38. Bei einer Kaskadenschaltung arbeiten zwei (oder mehr) Kältemaschinen mit verschiedenen Kältemitteln so hintereinander, daß der Verdampfer der oberen Kaskadenstufe gleichzeitig Verflüssiger der unteren Kaskadenstufe ist. Dieser gemeinsame Wärmeübertrager wird oft auch als Verdampfer-Verflüssiger bezeichnet.

39. Ein Koaxial-Verflüssiger besteht aus einem Kältemittel führenden Mantelrohr, in das ein wasserführendes beripptes Kernrohr eingezogen ist. Die schraubenförmige Bauart ergibt eine sehr kompakte Bauweise, das reine Gegenstromprinzip eine gut Unterkühlung, hohe Kältemittelgeschwindigkeiten im Ringraum zwischen Mantel- und Kernrohr ergeben gute Wärmedurchgangskoeffizienten.

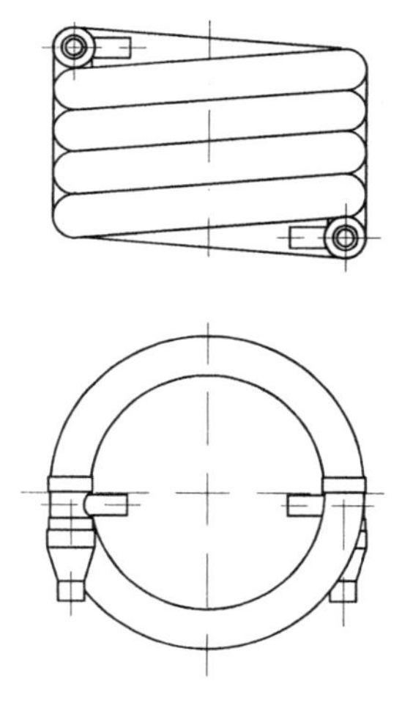

Koaxial-Wärmeübertrager

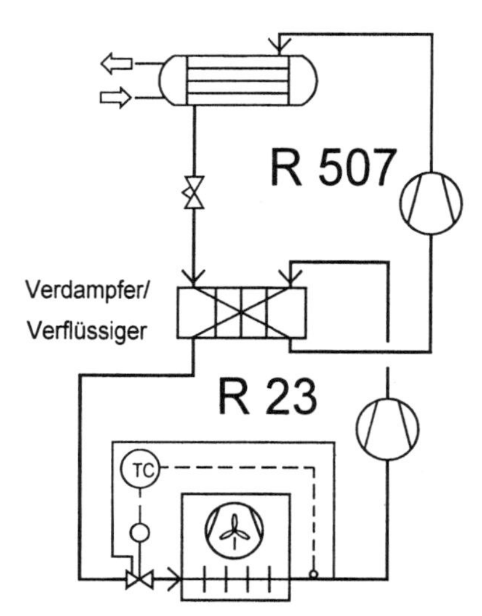

Kaskaden-Kälteanlage

2. Technische Mathematik

1.

a) $\Delta T_m = \dfrac{15\,K - 9\,K}{\ln \dfrac{15\,K}{9\,K}} = \underline{\underline{11{,}74\,K}}$

b) $\dot{Q}_c = A \cdot k \cdot \Delta T_m = 3{,}55\,m^2 \cdot 30\,\dfrac{W}{m^2 \cdot K} \cdot 11{,}74\,K = \underline{\underline{1250\,W}}$

c) $h_1 = 42{,}5$ kJ/kg , $h_2 = 48{,}5$ kJ/kg , $\rho_{L2} = 1{,}174$ kg/m³

d) $\dot{m}_L = \dfrac{\dot{Q}_c}{\Delta h} = \dfrac{1{,}250\,\dfrac{kJ}{s}}{6\,\dfrac{kJ}{kg}} = \underline{\underline{0{,}2083\,\dfrac{kg}{s} = 750\,\dfrac{kg}{h}}}$

e) $\dot{V}_{L2} = \dfrac{\dot{m}_L}{\rho_{L2}} = \dfrac{0{,}2083\,kg/s}{1{,}174\,kg/m^3} = 0{,}177\,m^3/s = \underline{\underline{637\,\dfrac{m^3}{h}}}$

f) $\dot{m}_L = \dfrac{\dot{Q}_c}{c_{pL} \cdot \Delta T} = \dfrac{1{,}250\,\dfrac{kJ}{s}}{1\,\dfrac{kJ}{kg \cdot K} \cdot 6\,K} = \underline{\underline{0{,}2083\,\dfrac{kg}{s}}}$, $\dot{V}_{L2} = \dfrac{\dot{m}_L}{\rho_{L2}} = \dfrac{0{,}2083\,kg/s}{1{,}2\,kg/m^3} = 0{,}1736\,m^3/s = \underline{\underline{625\,\dfrac{m^3}{h}}}$

g) $\dfrac{625}{637} = 0{,}98 \rightarrow$ Abweichung etwa 2 % (allein wegen des ungenaueren Wertes für die Luftdichte)

2. $\dot{Q}_c = \dot{m}_W \cdot c_W \cdot \Delta T = \dfrac{6\,kg}{60\,s} \cdot 4{,}19\,kJ/kgK \cdot 12\,K = \underline{\underline{5{,}028\,kW = 5028\,W}}$

3. $\dot{m}_W = \dfrac{\dot{Q}_c}{c \cdot \Delta t} = \dfrac{100\,kW}{4{,}19\,\dfrac{kJ}{kgK} \cdot 10\,K} = 2{,}386\,kg/s = \underline{\underline{8{,}59\,\dfrac{m^3}{h}}}$

4. a) $\dot{m}_W = \dfrac{\dot{Q}_c}{c \cdot \Delta t} = \dfrac{100\,kW}{4{,}19\,\dfrac{kJ}{kgK} \cdot 5\,K} = 4{,}77\,kg/s \rightarrow \underline{\underline{17{,}18\,\dfrac{m^3}{h}}}$

b) (Wasserdampftabelle, 20 °C: r = 2453,4 kJ/kg)

$\dot{m}_{WV} = \dfrac{\dot{Q}_C}{\Delta h} = \dfrac{100\,kW}{2453{,}4\,kJ/kg} = 0{,}04076\,kg/s \rightarrow \underline{\underline{0{,}1467\,\dfrac{m^3}{s}}}$

c) $2 \cdot \dot{m}_{WV} + 0{,}002 \cdot \dot{m}_W = 2 \cdot 0{,}04076\,kg/s + 0{,}002 \cdot 4{,}77\,kg/s = 0{,}09106\,kg/s = \underline{\underline{0{,}3278\,\dfrac{m^3}{h}}}$

d) $$\frac{0{,}3278}{8{,}59} = 0{,}038 = 3{,}8\,\% \rightarrow \underline{\underline{97{,}2\,\%\ \text{Ersparnis}}}$$

5.

a) $$\Delta T_m = \frac{15\,K - 4\,K}{\ln \frac{15K}{4K}} = 8{,}32\,K$$

$$\dot{Q}_c = A \cdot k \cdot \Delta T_m = \pi \cdot d \cdot l \cdot k \cdot \Delta T_m \quad \Rightarrow \quad l = \frac{\dot{Q}_c}{\pi \cdot d \cdot k \cdot \Delta T_m} = \frac{1200\,W}{\pi \cdot 0{,}015\ m \cdot 400 \frac{W}{m^2\,K} \cdot 8{,}32\,K} = \underline{\underline{7{,}65\ m}}$$

b) $$\dot{Q}_c = \dot{m}_W \cdot c_W \cdot \Delta t_W \quad \Rightarrow \quad \dot{m}_W = \frac{\dot{Q}_c}{c_W \cdot \Delta t_W} = \frac{1{,}2\ kW}{4{,}19 \frac{kJ}{kgK} \cdot 11\,K} = 0{,}026036 \frac{kg}{s}$$

$$\dot{V} = A \cdot w \quad \Rightarrow \quad w = \frac{\dot{V}}{A} = \frac{\dot{m}_W \cdot v}{\frac{\pi}{4} \cdot (D^2 - d^2)} = \frac{0{,}026036 \frac{kg}{s} \cdot 1 \frac{dm^3}{kg}}{\frac{\pi}{4} \cdot (0{,}2^2 - 0{,}15^2)\ dm^2} = 1{,}89 \frac{dm}{s} = \underline{\underline{0{,}189 \frac{m}{s}}}$$

6.

a) Lösungsansatz: zugeführter Wärmestrom = abgeführter Wärmestrom.

$$\dot{Q}_{zu} = \dot{m} \cdot c \cdot \Delta t_{Fl} \quad \text{mit} \quad \dot{m} = \rho \cdot A \cdot w\,, \quad \text{also} \quad \dot{Q}_{zu} = \rho \cdot \frac{d_i^2 \cdot \pi}{4} \cdot w \cdot c \cdot \Delta t_{Fl}\,.$$

Die spezif. Wärmekapazität c wird mittels Dampftabelle ermittelt:

35 °C h' = 248,81 kJ/kg
36 °C h' = 250,26 kJ/kg

Δh = 1,45 kJ/kg $\Rightarrow$ c = 1,45 kJ/kgK = 1450 J/kgK

$$\dot{Q}_{ab} = A \cdot k \cdot \Delta T = \pi \cdot d_a \cdot l \cdot k \cdot \Delta T$$

durch Gleichsetzen:

$$\rho \cdot \frac{d_i^2 \cdot \pi}{4} \cdot w \cdot c \cdot \Delta t_{Fl} = \pi \cdot d_a \cdot l \cdot k \cdot \Delta T$$

und Umstellen nach Δt_{Fl} ergibt sich:

$$\Delta t_{Fl} = \frac{4 \cdot d_a \cdot l \cdot k \cdot \Delta T}{\rho \cdot d_i^2 \cdot w \cdot c} = \frac{4 \cdot 0{,}01m \cdot 1m \cdot 7 \frac{W}{m^2K} \cdot 15\,K}{1168 \frac{kg}{m^3} \cdot (0{,}008\,m)^2 \cdot 0{,}5 \frac{m}{s} \cdot 1450 \frac{J}{kg\,K}} = \underline{\underline{0{,}0775\,K}}$$

b) $$l = \frac{1K}{0{,}0775\,K\,/\,m} = \underline{\underline{12{,}9\,m}}$$

K 8.5 Rohrleitungen

1. Technologie

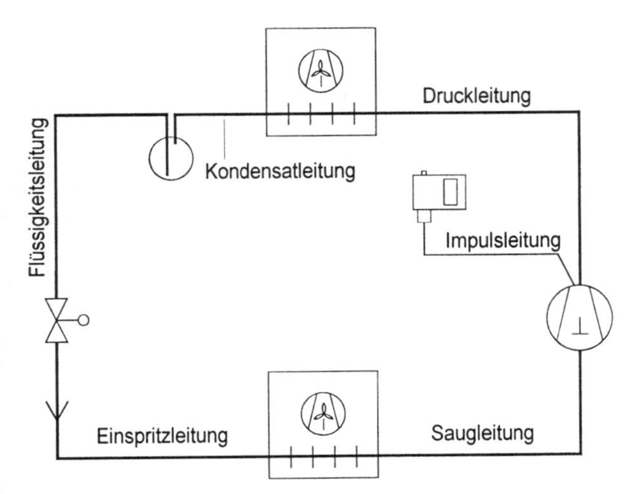

1. Die **Saugleitung** führt vom Verdampfer zum Verdichter. Sie befördert leicht überhitzten Kältemitteldampf (Saugdampf) und verschlepptes Kältemaschinenöl.
Die **Druckleitung** führt vom Verdichter zum Verflüssiger. In ihr werden stark überhitzter Kältemitteldampf (Druckgas) und vom Verdichter ausgeworfenes Öl transportiert.
Die **Kondensatleitung** (Verflüssigerleitung) führt vom Verflüssiger zum Sammler. In ihr findet eine Zweiphasengegenströmung statt, bei der flüssiges Kältemittel mit geringen Ölanteilen in den Sammler gelangt und Kältemitteldampf aus dem Sammler in den Verflüssiger zurückströmen kann, wenn Kältemittel im Sammler bevorratet werden soll. Wegen der Zweiphasengegenströmung beträgt die Strömungsgeschwindigkeit nur etwa 0,3 m/s bis 0,5 m/s.
In der **Flüssigkeitsleitung** wird flüssiges unterkühltes Kältemittel mit geringem Ölanteil vom Sammler zum Drosselorgan transportiert.
In der **Einspritzleitung** wird Naßdampf mit einem Dampfgehalt von z. B. x = 0,25 in Zweiphasengleichströmung vom Drosselorgan zum Verdampfer transportiert.
Die **Impulsleitung** dient zur Übertragung des Druckes vom Kältemittelkreisprozeß zu Steuer- und Regelorganen. In ihr erfolgt kein Stofftransport.

2. Der in der Einspritzleitung zu transportierende Naßdampf mit einem Dampfgehalt von z. B. x = 0,25 hat durch den Drosseldampfanteil ein größeres spezifisches Volumen als reines flüssiges Kältemittel. Deswegen ist die Einspritzleitung im Durchmesser größer auszulegen als die Flüssigkeitsleitung.

3.

Kältemittel	Saugleitung	Druckleitung	Flüssigkeitsleitung	Kondensatleitung
Sicherheitskältemittel	6 - 12	6 - 15	0,3 - 1,2	0,3 - 0,5
NH_3	15 - 20	16 - 25	0,5 - 2,0	0,3 - 0,5

4. Der Kältemittelmassenstrom ist in allen Rohrleitungen eines Kältemittelkreislaufes gleich groß. Der Volumenstrom $\dot{V}$ wird durch die Größe des spezifischen Volumens v des Kältemittels in der jeweiligen Leitung bestimmt und ist dadurch in den einzelnen Leitungen unterschiedlich groß. Dadurch und durch die unterschiedlichen Strömungsgeschwindigkeiten (vgl. Aufg.3) ergeben sich für die einzelnen Leitungen verschieden große Rohrquerschnitte.

5. Die Rohrleitung sollte so kurz wie möglich und mit der kleinstmöglichen Anzahl von Bogen und Einbauteilen verlegt werden, damit der Druckabfall gering bleibt.
Druckverluste in den Leitungen bewirken geringeren Kältemittelmassenstrom, höhere spezifische Verdichtungsarbeit w, fallende Kälteleistungszahl ε und dadurch geringere Kälteleistung der Anlage.

6. Gemäß der Formel zur Berechnung des Druckabfalls: $\Delta p = \lambda \cdot \frac{l}{d_i} \cdot \frac{\rho}{2} \cdot w^2$ wächst der Druckabfall mit dem Quadrat der Strömungsgeschwindigkeit w. Kleinere Rohrleitungen führen zu hohen Strömungsgeschwindigkeiten und diese zu großen Druckverlusten in der Rohrleitung. (vgl. K 2.2.1.11)

7. Die Druckdifferenz wird zweckmäßig als Temperarturdifferenz angegeben, weil die effektive Sättigungstemperatur an einer folgenden Komponente auf der Basis der Sättigungstemperatur in der vorangestellten Komponente abzüglich der eingetretenen Temperaturdifferenz errechnet wird.
Die Sättigungstemperatur am Saugstutzen des Verdichters ergibt sich zum Beispiel aus der realen Verdampfungstemperatur im Verdampfer von - 30 °C abzüglich einem Druckabfall in der Saugleitung entsprechend 1K Temperaturdifferenz zu - 31°C.

8. a) Mit fallender Verdampfungstemperatur sinkt die Dichte des Kältemitteldampfes und damit auch die Triebkraft für den kleinwelligen Öltransport an der Rohrinnenwand.
b) Bei großen Rohrweiten ist die Strömungsgeschwindigkeit in Wandnähe durch die Rohrreibung besonders gering. Diese beiden Erscheinungen verlangen in der Tendenz einen Anstieg der Mindestströmungsgeschwindigkeit, damit die Ölförderung in einer steigenden Saugleitung gewährleistet ist.
c) w_{min} = 7 m/s

9. Bei der Rohrleitungsdimensionierung sollte in der Saugleitung und in der Druckleitung eine Temperaturdifferenz von 1 bis 2 K nicht überschritten werden. Zu große Temperaturdifferenzen (Druckabfälle) führen zur Verkleinerung der Verdichterkälteleistung und damit zu einer geringeren Anlagenkälteleistung, was die Verwendung eines größeren und teureren Verdichters mit erhöhten Energiekosten zur Folge hat, wenn die ursprünglich geforderte Anlagenkälteleistung erbracht werden soll.

10. Der Druckabfall (Temperaturdifferenz) in der Flüssigkeitsleitung darf höchstens so groß sein, wie das flüssige Kältemittel vor dem Drosselorgan maximal unterkühlt werden kann, sonst tritt Vorverdampfung ein. Diese führt wegen mangelhafter Verdampferbefüllung zur Kälteleistungsminderung und verursacht außerdem erhöhten Verschleiß am Ventilsitz des Thermostatischen Expansionsventils. Wegen erhöhter Sauggasüberhitzung und verminderter Sauggaskühlung vergrößert sich der Verdichterverschleiß. (Als Empfehlung gelten ca. 0,5 K als Druckabfall in der Flüssigkeitsleitung.)

11.

t_0 = – 5°C	⇒	p_0 = 5,128 bar	t_0 = – 40°C	⇒	p_0 = 1,322 bar
t_0 = – 6°C	⇒	p_0 = 4,961 bar	t_0 = – 41°C	⇒	p_0 = 1,263 bar
Δt = 1 K	⇒	Δp = 0,167 bar	Δt = 1 K	⇒	Δp = 0,059 bar

Bei tiefer Verdampfungstemperatur t_0 entspricht schon ein sehr kleiner Druckabfall in der Saugleitung einer Temperaturdifferenz von 1 K.

12. Kleiner Strömungsquerschnitt der Saugleitung bewirkt steigende Strömungsgeschwindigkeit w.
⇒ steigender Strömungswiderstand
⇒ steigender Druckabfall Δp
⇒ steigendes spezifisches Volumen im Ansaugzustand v_1
⇒ fallende Dichte der angesaugten Dämpfe
⇒ fallender Kältemittelmassenstrom
⇒ fallende Kälteleistung
Aber kleiner Strömungsquerschnitt bewirkt durch die große Strömungsgeschwindigkeit guten Öltransport. (vgl. Band 1, K 2.2.2.5)

13. Bei zu geringem Strömungsquerschnitt der Flüssigkeitsleitung steigt die Strömungsgeschwindigkeit w und damit auch der Druckabfall Δp.
Dadurch sinkt eventuell der Druck in der Leitung unter den zur Temperatur des flüssigen Kältemittels zugehörigen Sättigungsdruck ab, was Vorverdampfung in der Flüssigkeitsleitung bewirkt.

14.
1. Druckabfall durch Strömungswiderstand gerader Leitungen
2. Druckabfall durch Strömungswiderstand von Einbauteilen
3. Druckabfall durch hydrostatischen Druck

15. Da 1m Flüssigkeitssäule beim Kältemittel R 134a bei 35 °C etwa einem Druckabfall Δp von 0,114 bar entspricht, verstärkt sich bei fallender Flüssigkeitsleitung der Druck vor dem Drosselorgan um ca. 0,57 bar. Dadurch wird die Gefahr der Vorverdampfung verringert.
Bei senkrecht nach oben führender Flüssigkeitsleitung hingegen vermindert sich der vor dem Drosselorgan vorhandene Druck um ca. 0,57 bar. Dadurch kann bei ungenügender Unterkühlung Δt_{Eu} bereits eine Vorverdampfung in der Flüssigkeitsleitung durch Unterschreitung des Sättigungsdruckes des flüssigen Kältemittels eintreten.

16. Bei größerer Unterkühlung Δt_{Eu} steigt der spezifische Nutzkältegewinn q_{0e}. Dadurch kann der Kältemittelmassenstrom tendenziell kleiner werden, denn $\dot{m}_R = \dot{Q}_0 \ / \ q_{0e}$. Bei kleinerem Kältemittelmassenstrom können die notwendigen Rohrleitungsdurchmesser in der Tendenz kleiner ausfallen. Entscheidende Vorteile größerer Unterkühlung sind jedoch die Vergrößerung des spezifischen Nutzkältegewinns und die Verhinderung der Vorverdampfung in der Flüssigkeitsleitung bei vorhandenem Druckabfall.

17. Kältemittelmangel bewirkt fallenden Verdampfungsdruck p_0. Mit fallenden Verdampfungsdruck wird auch die Dichte des angesaugten Kältemitteldampfes kleiner. Dadurch verschlechtert sich der Öltransport an der Rohrinnenwand der Saugleitung, was zu Ölmangel im Verdichter führen kann.

18. Doppelsteigrohre (**Splitting**) in Saugleitungen können bei Verdichtern mit Leistungsregelung und bei Verbundkälteanlagen eingesetzt werden. Hier fällt bei einer Leistungsminderung des Verdichters oder Verbundes bis auf eine Restsaugleistung von z. B. 25 % auch die Strömungsgeschwindigkeit in der auf Vollast ausgelegten Saugleitung auf 25 % ab. Dadurch wird der Öltransport gefährdet.
Die dünne Steigleitung A ist so zu bemessen, daß sie bei Minimalleistung die Ölförderung bei der gewünschten Mindestströmungsgeschwindigkeit gewährleistet. Bei Teillastbetrieb reicht die Strömungsgeschwindigkeit in der weiten Steigleitung B nicht aus. Dadurch füllt sich die Ölfalle allmählich mit Öl und verschließt die Steigleitung B. Nun erfolgt die Absaugung mit genügender Geschwindigkeit über die Steigleitung A, wodurch der Öltransport wieder gewährleistet ist.
Bei Umschaltung auf Vollastbetrieb wird das Öl aus der Ölfalle über die Steigleitung B mitgerissen und der Dampf- und Öltransport erfolgt über beide Steigleitungen. Nach erfolgter Zusammenführung beider Teilsteigleitungen ist der ursprüngliche Saugleitungsdurchmesser fortzuführen. Zur Vermeidung von Ölschlägen sollte die Ölfalle nicht zu groß ausgeführt werden.

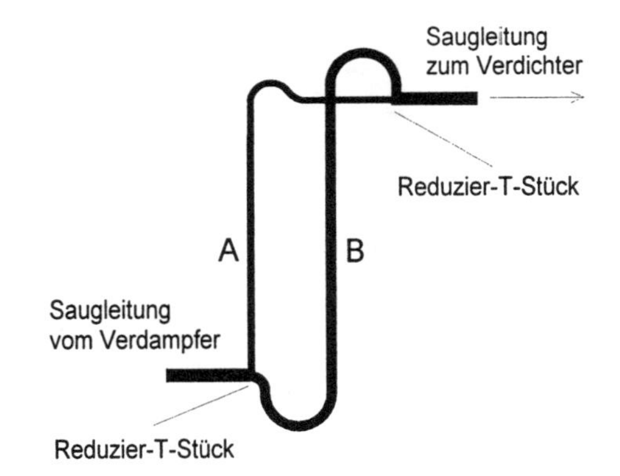

Doppelte Saugsteigleitung (Splitting)

19. Durch den kleineren Strömungsquerschnitt in der Steigleitung ergibt sich bei Vollast ein hoher Druckverlust, wodurch die Kälteleistung sinkt.

20. Druckleitungen sollen mit Gefälle zum Verflüssiger verlegt werden, weil nach dem Abschalten des Verdichters die Druckleitung allgemein schneller abkühlt als der Verflüssiger. Die Folge ist, daß Kältemittel aus dem Verflüssiger in die Druckleitung kondensiert. Dieses Kondensat fließt infolge des Gefälles in den Verflüssiger zurück, wodurch Ventilschäden beim Anlauf des Verdichters verhindert werden.

21. Ein Rückschlagventil in der Druckleitung eines im Stillstand kälter als der Verflüssiger stehenden Verdichters soll Rückkondensation von Kältemitteldampf in den kälteren Verdichter verhindern.
Diese Lösung ist nicht optimal, weil der geringste Schmutz das Rückschlagventil im Stillstand undicht und damit wirkungslos werden läßt. Außerdem ist im Betrieb ständig eine Druckdifferenz vorhanden.
Eine Alternative wäre der Einbau einer starken Kurbelwannenheizung, wodurch die Rückkondensation vom Kältemitteldampf in den Verdichter verhindert wird.
Auch geeignete Verlegung der Druckleitung am Verdichter schützt in diesem Fall (vgl. K 8.1.2, Aufg. 10).

22.

1. Verhinderung von Schwitzwasserbildung
2. Vermeidung hoher Ansaugüberhitzung und dadurch zu hoher Verdichtungsendtemperatur t_2.
3. Möglichkeit, einen in der Tendenz kleineren Verdichter zu installieren, da keine in die Saugleitung unnütz eingeflossene Wärme abgeführt werden muß, bzw. das spezifische Volumen im Ansaugzustand nicht unnötig vergrößert wird.

23. Die Flüssigkeitsleitung sollte nur dann isoliert werden, wenn die Gefahr der Wärmeeinwirkung besteht. Durch Erwärmung der Flüssigkeitsleitung würde die erreichte Unterkühlung verringert werden und es könnte zur Vorverdampfung kommen.

24. Die Druckleitung sollte bei Wärmepumpen und bei Wärmerückgewinnung isoliert werden, damit keine Nutzwärme verlorengeht.

25.
1. Die Einspritzleitung verläuft außerhalb des Kühlraumes.
2. Die Einspritzleitung versorgt ausgehend von einem Maschinensatz (Außengerät) mehrere Deckenluftgeräte (Innengeräte).

26. Dampfsäcke sind nach oben gerichtete U-förmige Leitungsausbiegungen in Flüssigkeitsleitungen. Sie dürfen nicht vorkommen, weil die Flüssigkeitssäule dort abreißen kann. Ein mit Dampf gefüllter Dampfsack stört die kontinuierliche blasenfreie Flüssigkeitsströmung zum Drosselorgan.

27. Unter Vorverdampfung versteht man, daß sich schon in der Flüssigkeitsleitung (also vor der eigentlichen Verdampfung im Verdampfer) Dampfblasen bilden. Vorverdampfung tritt als fehlerhafte Erscheinung in der Flüssigkeitsleitung dann ein, wenn der Druck in der Leitung durch den Druckabfall unter den Sättigungsdruck des flüssigen Kältemittels absinkt oder die Unterkühlung durch Wärmeeinfall in die Flüssigkeitsleitung zu stark abnimmt.
(Hinweis: Im Gegensatz zur Vorverdampfung, die in der Flüssigkeitsleitung nicht eintreten darf, ist die Drosseldampfbildung in der Drosselstelle des Drosselorgans unvermeidlich.)

28. a) Kälteleistungsverlust; b) Kavitation im Ventilsitz des TEV.

29. Zur Verhinderung der Vorverdampfung bei vorhandenen Druckabfall sollte durch genügend große Unterkühlung Δt_{Eu} der Sättigungsdruck des flüssigen Kältemittels unter den vor dem Drosselorgan noch vorhandenen Druck abgesenkt werden. Im dargestellten Beispiel liegt der Sättigungsdruck des unterkühlten flüssigen Kältemittels mit 17,7 bar noch weit unter dem durch den Druckabfall von 0,4 bar auf 18,2 bar abgesenkten Druck in der Flüssigkeitsleitung vor dem Drosselorgon. Deshalb tritt keine Vorverdampfung auf.

Flüssigkeitsleitung R 507 mit Druckabfall 0,4 bar und genügend großer Unterkühlung

$$p_c = 40\ °C \qquad \Delta t_{Eu} = 2\ K \qquad \rightarrow\ t_{Eu} = 38\ °C \qquad \rightarrow 17{,}7\ bar$$

$$\updownarrow$$

$$t_c = 18{,}6\ bar \qquad \Delta p = 0{,}4\ bar \qquad \rightarrow\ p_{\text{vor dem Drosselorgan}} = 18{,}2\ bar$$

Im lg p, h-Diagramm wird deutlich, daß der vorhandene Druckabfall von 0,4 bar wegen der ausreichend großen Unterkühlung noch nicht in das Naßdampf-gebiet führt:

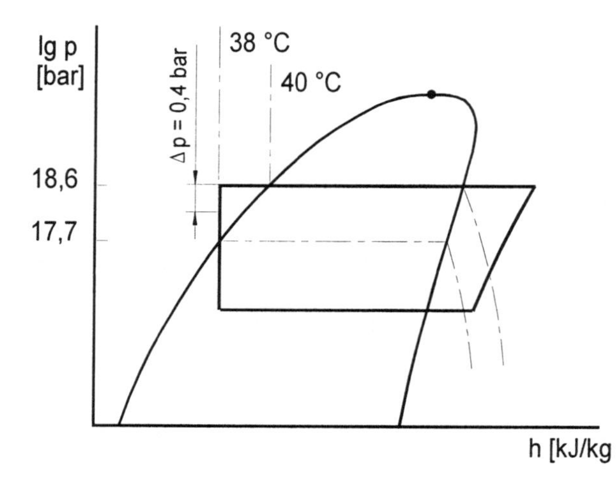

30. Das flüssige Kältemittel hat vor dem Drosselorgan die Unterkühlungstemperatur 34 °C. Zur Flüssigkeitstemperatur 34 °C gehört gemäß Dampftafel für R 134a ein Sättigungsdruck von 8,622 bar. Da vor dem Drosselorgan durch den Druckabfall Δp = 0,365 bar nur noch ein Druck von p_{E1} = 8,5 bar herrscht, das flüssige Kältemittel aber mit dem Dampfdruck von 8,622 bar verdampfen will, entsteht Vorverdampfung. Die Unterkühlung vor dem Drosselorgan Δt_{Eu} = 1 K reicht nicht aus, um Vorverdampfung zu verhindern.

31. In den falschen Abzweigen werden mitgerissene Dampfblasen im T-Stück nach oben wandern. Dadurch wird der Verdampfer an diesem Abzweig weniger gut mit flüssigen Kältemittel versorgt.
Bei den richtigen Abzweigen verteilen sich Dampfblasen gleichmäßig. Als Regel gilt: In das T-Stück stets senkrecht von unten oder oben hinein und aus dem T-Stück stets aus seinem waagerechten Abgängen heraus.

32. Horizontal führende Saugleitungen sollen bei trockener Verdampfung mit Gefälle von mindestens 3 mm/m zum Verdichter hin verlegt werden. Dies unterstützt den Öltransport.
Flüssigkeitssäcke sind in der Saugleitung zu vermeiden, weil bei ihrer zyklischen Ent-leerung die Gefahr von Flüssigkeitsschlägen besteht.
Bei überfluteten Verdampfern oder Anlagen mit Kältemittel-Pumpenbetrieb spielt die Ölrückführung durch die Saugleitung keine Rolle. Hier soll ein leichtes Gefälle gegen die Strömungsrichtung bewirken, daß bei Teillast oder Stillstand flüssiges Kältemittel zurückfließen kann.

33. Die Ölfalle am Verdampferausgang vermeidet Flüssigkeitsansammlungen in der Nähe des Fühlers des Thermostatischen Expansionsventils. Dadurch wird Trägheit im Regelverhalten des TEVs unterbunden. Vor der aufsteigenden Saugleitung oder Druckleitung dient die Ölfalle als Hilfsmittel zur Ölförderung.

Ölsiphon

In die Ölfalle hineingesaugtes, hineingeflossenes und aus der Steigleitung zurückgeflossenes Öl verringert in dieser langsam den freien Leitungsquerschnitt. Dadurch erhöht sich die Dampfgeschwindigkeit solange, bis das angesammelte Öl-Kältemittel-Gemisch erneut mitgerissen wird. Zur Vermeidung von Flüssigkeitsschlägen sollte die Ölfalle nicht zu groß ausgelegt werden.

34. Aufsteigende Einzelsaugleitungen sind nur von oben in die gemeinsame Sammelsaugleitung einzubinden, damit das Öl nicht in die aufsteigenden Leitungen zurückfließen kann.

35. Der Anfangspunkt einer steigenden Saugleitung ist immer als Ölfalle auszubilden.
An der Mündung einer Saugsteigleitung in eine oberhalb verlaufende Sammelsaugleitung ist immer ein Überbogen von oben in die Sammelsaugleitung einzubinden, damit das Öl nicht in die Saugsteigleitung zurückfließen kann.

36.
1. Die Ölfalle hält die Umgebung des TRV-Fühlers frei von Öl-Kältemittel-Gemisch und dient zur Ölförderung.
2. Der Übergang der aufsteigenden in die horizontale Saugleitung könnte eventuell auch als Überbogen ausgebildet sein, damit Ölrückfluß noch besser vermieden wird.
3. Der Überbogen verhindert Ölrückfluß in die Saugsteigleitung
4. Die nach oben geführte Rohrschleife verhindert eventuelle Überflutung des Verdichters im Stillstand.

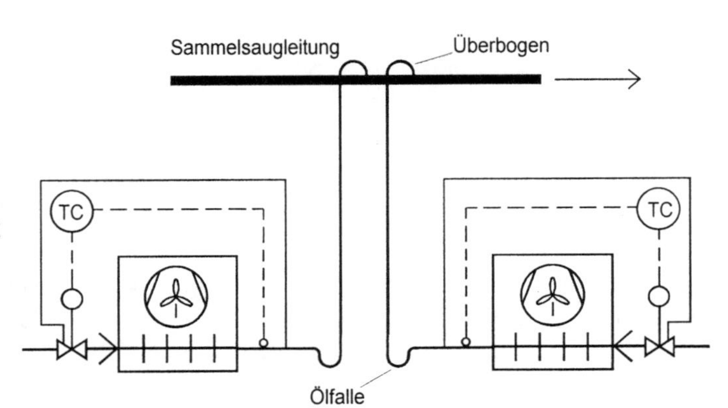

37. 1- Rohrleitung für Kältemittel, 2 - Kältemittel R 290, Propan, 3 - Saugleitung in der 1. Stufe, 4 - brennbares Kältemittel der Gruppe 3.

38.

Wasser	- grün	Kältemittel - brennbar	- gelb mit roter Spitze
Luft	- blau	flüssiges Kühlgut	- braun
Kältemittel	- gelb	Sole	- violett

Beispiele für flüssiges Kühlgut: Milch, Bier, Fruchtsäfte, Wein, Öl

2. Technische Mathematik

1. Berechnung der zu einem K äquivalenten Druckdifferenz:

$t_0 = -8$ °C $t_0 = -9$ °C		$p_0 = 2{,}171$ bar $p_0 = 2{,}088$ bar
Diff. = 1 K	⇔	0,083 bar

$$\Delta T = \frac{\Delta p}{\Delta p_{\text{pro K}}} = \frac{0{,}1\,\text{bar}}{0{,}083\,\frac{\text{bar}}{\text{K}}} = \underline{\underline{1{,}2\,\text{K}}}$$

$\Rightarrow \Delta p_{\text{pro K}} = 0{,}083$ bar/K

2.

	Außen-∅ x Wanddicke	freier Querschnitt in m^2	Außen-∅ x Wanddicke
Strang 1	Anzahl 12 x 1 2mal 12 x 1	0,0000785 ⇒ 0,0001570	⇒ **<u>16 x 1</u>** (1)
Ziel	2 mal 12 x 1 + 15 x 1	⇒ 0,0001570 ⇒ 0,0001327 0,0002897	⇒ **<u>22 x 1</u>** (2)

3.

$$\rho_{R134a} = \frac{1}{v_{R134a}} = \frac{1}{0{,}857\,\frac{dm^3}{kg}} = 1{,}167\,\frac{kg}{dm^3}$$

$$\Delta p_{R134a} = \rho \cdot g \cdot h = \frac{1167\,kg \cdot 9{,}81\,m \cdot 1\,m}{m^3 \cdot s^2}$$

$$= 11448\,\frac{kg\,m}{s^2} \cdot \frac{1}{m^2} = 11448\,\frac{N}{m^2}$$

$$= 11448\,Pa = 0{,}11448\,bar = \underline{\underline{0{,}114\,bar}}$$

$$\rho_{R507} = \frac{1}{v_{R507}} = \frac{1}{0{,}992\,\frac{dm^3}{kg}} = 1{,}008\,\frac{kg}{dm^3}$$

$$\Delta p_{R507} = \rho \cdot g \cdot h = \frac{1008\,kg \cdot 9{,}81\,m \cdot 1\,m}{m^3 \cdot s^2}$$

$$= 9889\,\frac{kg\,m}{s^2} \cdot \frac{1}{m^2} = 9889\,\frac{N}{m^2}$$

$$= 9889\,Pa = 0.09889\,bar = \underline{\underline{0{,}099\,bar}}$$

4.a) Ermittlung der Art der Strömung: $Re = \frac{w \cdot d_i}{\nu} = \frac{10\,m \cdot 0{,}050\,m \cdot s}{s \cdot 1{,}1394 \cdot 10^{-6}\,m^2} = \underline{\underline{438982}}$ $(Re_{kr} = 2320)$

Es liegt turbulente Strömung vor, weil die ermittelte Reynoldszahl über $Re_{kr} = 2320$ liegt. Die vorhandene turbulente Strömung bewirkt gegenüber der laminaren Strömung einen starken Wärmeübergang an der inneren Rohrwandung. Aus dieser Sicht empfiehlt sich eine Isolierung der Saugleitung.

b) Berechnung von w_{kr}: $w_{Kr} = \frac{Re_{kr} \cdot \nu}{d_i} = \frac{2320 \cdot 1{,}1394 \cdot 10^{-6}\,m^2}{0{,}050\,m \cdot s} = 52868 \cdot 10^{-6}\,m/s = \underline{\underline{0{,}053\,m/s}}$

Unterhalb eines Strömungsgeschwindigkeitswertes von w = 0,053 m/s wäre laminare Strömung mit tendenziell geringerem Druckabfall vorhanden. Diese niedrige Strömungsgeschwindigkeit würde aber Saugleitungen mit sehr großem Durchmesser verlangen, in denen wegen der extrem niedrigen Strömungsgeschwindigkeit die durch die Strömung wirkenden Triebkräfte des Öltransportes praktisch gegen Null gingen.

c) Berechnung des Saugleitungsdurchmessers bei w_{kr}:

$$\dot{V}_{SL} = A \cdot w;\ \dot{V}_{SL} = \frac{d_i^2 \cdot \pi \cdot w_{1'}}{4};\ \dot{V}_{SL} = \frac{(0{,}050\,m)^2 \cdot \pi \cdot 10\,m}{4 \cdot s} = \underline{\underline{0{,}019635\,m^3/s}}$$

$$d_i = \sqrt{\frac{4 \cdot \dot{V}_{SL}}{\pi \cdot w_{1'krit}}} = \sqrt{\frac{4 \cdot 0{,}019635\,m^3 \cdot s}{\pi \cdot 0{,}053\,m \cdot s}} = \sqrt{0{,}4717\,m^2} = 0{,}6868\,m = \underline{\underline{687\,mm}}$$

Beim errechneten Rohrinnendurchmesser von 687 mm wäre laminare Strömung vorhanden. Dieses Ergebnis besitzt praktisch keine Relevanz, da die entstehenden hohen Materialkosten und der dann nicht mehr stattfindende Ölrücktransport in keiner Weise mit einem theoretisch geringeren Druckverlust aufzurechnen wären.

5. $\Delta p = \lambda \cdot \frac{l}{d} \cdot \frac{\rho}{2} \cdot w^2$ Nebenrechnung: $\rho = \frac{1}{v} = \frac{1}{72{,}38\,\frac{dm^3}{kg}} = 0{,}0138\,\frac{kg}{dm^3} = \underline{\underline{13{,}8\,\frac{kg}{m^3}}}$

$$\Delta p = 0{,}03 \cdot \frac{20\,m}{0{,}05\,m} \cdot \frac{13{,}8\,kg}{2\,m^3} \cdot (10\,\frac{m}{s})^2 = 0{,}03 \cdot \frac{20\,m}{0{,}05\,m} \cdot \frac{13{,}8\,kg}{2\,m^3} \cdot 100\,\frac{m^2}{s^2} = 8280\,\frac{kgm}{s^2} \cdot \frac{1}{m^2} = 8280\,Pa$$

$\underline{\underline{\Delta p = 0{,}083\,bar}}$

Berechnung der zu einem K äquivalenten Temperaturdifferenz:

$t_0 = -12\ °C$		$p_0 = 3{,}306$ bar
$t_0 = -13\ °C$		$p_0 = 3{,}189$ bar
Diff. = 1 K	⇔	0,177 bar

$$\Delta T = \frac{\Delta p}{\Delta p_{pro\,K}} = \frac{0{,}083\ \text{bar}}{0{,}117\ \frac{\text{bar}}{\text{K}}} = \underline{\underline{0{,}71\,\text{K}}}$$

$\Rightarrow \Delta p_{pro\,K} = 0{,}117$ bar/K

6 a) $\Delta p = \lambda \cdot \frac{l}{d_i} \cdot \frac{\rho}{2} \cdot w^2$

$$\Delta p = 0{,}03 \cdot \frac{20\ \text{m}}{0{,}050\ \text{m}} \cdot \frac{9{,}747\ \frac{\text{kg}}{\text{m}^3}}{2} \cdot (10\ \frac{\text{m}}{\text{s}})^2 = 0{,}03 \cdot \frac{20\ \text{m}}{0{,}050\ \text{m}} \cdot \frac{9{,}747\ \text{kg}}{2\ \text{m}^3} \cdot 100\ \frac{\text{m}^2}{\text{s}^2} = 5848\ \frac{\text{kgm}}{\text{s}^2} \cdot \frac{1}{\text{m}^2} = 5848\ \frac{\text{N}}{\text{m}^2}$$

$\Delta p = \underline{\underline{5848\ \text{Pa}}}$

b) $\Delta p = \sum \zeta \cdot \frac{\rho}{2} \cdot w^2 = (5 \cdot 0{,}15 + 3{,}5) \cdot \frac{9{,}747\ \text{kg}}{2\ \text{m}^3} \cdot (10\ \frac{\text{m}}{\text{s}})^2 = \underline{\underline{2071\,\text{Pa}}}$

$\Delta p_{ges} = 5848\ \text{Pa} + 2071\,\text{Pa} = \underline{\underline{7919\ \text{Pa}}} = \underline{\underline{0{,}0792\ \text{bar}}}$

c) Berechnung der zu einem K äquivalenten Temperaturdifferenz:

$t_0 = -10\ °C$		$p_0 = 2{,}008$ bar
$t_0 = -11\ °C$		$p_0 = 1{,}930$ bar
Diff. = 1 K	⇔	0,078 bar

$$\Delta T = \frac{\Delta p}{\Delta p_{pro\,K}} = \frac{0{,}0792\ \text{bar}}{0{,}078\ \frac{\text{bar}}{\text{K}}} = \underline{\underline{1{,}02\ \text{K}}}$$

$\Rightarrow \Delta p_{pro\,K} = 0{,}078$ bar/K

7. R 404A - Anlage

a) $A_1 \cdot w_1 = A_2 \cdot w_2 \Rightarrow \quad w_2 = \frac{A_1 \cdot w_1}{A_2} = \frac{0{,}0002011\,\text{m}^2 \cdot 0{,}8\ \text{m}}{0{,}0000503\ \text{m}^2 \cdot \text{s}} = \underline{\underline{3{,}2\ \frac{\text{m}}{\text{s}}}}$

b) $\Delta p = \lambda \cdot \frac{l}{d_i} \cdot \frac{\rho}{2} \cdot w^2 = 0{,}03 \cdot \frac{10\ \text{m}}{0{,}008\ \text{m}} \cdot \frac{0{,}994\ \text{kg}}{2\ \ \text{dm}^3} \cdot \left(3{,}2\ \frac{\text{m}}{\text{s}}\right)^2 = 0{,}03 \cdot \frac{10\ \text{m}}{0{,}008\ \text{m}} \cdot \frac{0{,}994\ \text{kg} \cdot 1000}{2\ \ \text{m}^3} \cdot \left(3{,}2\ \frac{\text{m}}{\text{s}}\right)^2$

$= 190848\ \frac{\text{kg} \cdot \text{m}}{\text{s}^2} \cdot \frac{1}{\text{m}^2} = 190848\ \text{Pa} = \underline{\underline{1{,}90848\ \text{bar}}}$

Berechnung der zu einem K äquivalenten Temperaturdifferenz:

$t_c = 40\ °C$		$p_c = 18{,}255$ bar
$t_c = 35\ °C$		$p_c = 16{,}170$ bar
Diff. = 5 K	⇔	2,085 bar

$$\Delta t_{Eu} = \frac{\Delta p}{\Delta p_{pro\,K}} = \frac{1{,}908\ \text{bar}}{0{,}417\ \frac{\text{bar}}{\text{K}}} = \underline{\underline{4{,}58\ \text{K}}}$$

$\Rightarrow \Delta p_{pro\,K} = 0{,}417$ bar/K

In der Flüssigkeitsleitung mit dem kleineren Strömungsquerschnitt steigt die Strömungsgeschwindigkeit stark an. Die aus wirtschaftlichen Gründen empfohlene Srömungsgeschwindigkeit von 0,3 - 1,2 m/s ist weit überschritten.

Der Nachteil dieser hohen Strömungsgeschwindigkeit ist ein großer Druckabfall, der die Vorverdampfung in der Flüssigkeitsleitung sehr begünstigt. Zur Verhinderung der Vorverdampfung ist eine große Unterkühlung des flüssigen Kältemittels notwendig .

8. Berechnungen zu den Kältemittelleitungen einer R 507 - Kälteanlage

a) Rohrleitungsberechnung - Bestimmung der umlaufenden Kältemittelmasse

$$q_{0e} = h_{1e} - h_4 = 352{,}96\ \text{kJ/kg} - 251{,}84\ \text{kJ/kg} = \underline{\underline{101{,}12\ \text{kJ/kg}}}$$

$$\dot{m}_R = \frac{\dot{Q}_0}{q_{0e}} = \frac{10\ \text{kW}}{101{,}12\ \text{kJ/kg}} = 10\frac{\text{kJ}}{\text{s}} \cdot \frac{1\ \text{kg}}{101{,}12\ \text{kJ}} = \frac{10\ \text{kJ} \cdot \text{kg}}{101{,}12\ \text{kJ} \cdot \text{s}} = \underline{\underline{0{,}099\ \text{kg/s}}}$$

Bestimmung der Saugleitung

$$\dot{V}_{SL} = \dot{m}_R \cdot v_{1e} = 0{,}099\frac{\text{kg}}{\text{s}} \cdot 0{,}08569\frac{\text{m}^3}{\text{kg}} = \underline{\underline{0{,}00848\ \text{m}^3/\text{s}}}$$

$$d_{iSL} = \sqrt{\frac{4 \cdot \dot{V}_{SL}}{\pi \cdot w_{SL}}} = \sqrt{\frac{4 \cdot 0{,}00848\ \text{m}^3 \cdot \text{s}}{\pi \cdot 10\ \text{m} \cdot \text{s}}} = \sqrt{0{,}00108\ \text{m}^2} = 0{,}0328\ \text{m} = \underline{\underline{33\ \text{mm}}} \qquad \Rightarrow \text{gewählt}\ \underline{\underline{\varnothing\ 35\ \times 1{,}5}}$$

Bestimmung der Druckleitung

$$\dot{V}_{DL} = \dot{m}_R \cdot v_2 = 0{,}099\frac{\text{kg}}{\text{s}} \cdot 0{,}0138\frac{\text{m}^3}{\text{kg}} = \underline{\underline{0{,}00137\ \text{m}^3/\text{s}}}$$

$$d_{iDL} = \sqrt{\frac{4 \cdot \dot{V}_{DL}}{\pi \cdot w_{DL}}} = \sqrt{\frac{4 \cdot 0{,}00137\ \text{m}^3 \cdot \text{s}}{\pi \cdot 11\ \text{m} \cdot \text{s}}} = \sqrt{0{,}00015857\ \text{m}^2} = 0{,}0126\ \text{m} = \underline{\underline{13\ \text{mm}}} \qquad \Rightarrow \text{gewählt}\ \underline{\underline{\varnothing\ 15\ \times 1}}$$

Bestimmung der Flüssigkeitsleitung

$$\dot{V}_{FL} = \dot{m}_R \cdot v_3 = 0{,}099\frac{\text{kg}}{\text{s}} \cdot 0{,}000996\frac{\text{m}^3}{\text{kg}} = \underline{\underline{0{,}00009860\ \text{m}^3/\text{s}}}$$

$$d_{iFL} = \sqrt{\frac{4 \cdot \dot{V}_{FL}}{\pi \cdot w_{FL}}} = \sqrt{\frac{4 \cdot 0{,}0000986\ \text{m}^3 \cdot \text{s}}{\pi \cdot 0{,}8\ \text{m} \cdot \text{s}}} = \sqrt{0{,}0001569\ \text{m}^2} = 0{,}0125\ \text{m} = \underline{\underline{13\ \text{mm}}} \qquad \Rightarrow \text{gewählt}\ \underline{\underline{\varnothing\ 15\ \times 1}}$$

b) Berechnung der effektiven Strömungsgeschwindigkeit in der ausgewählten Saugleitung $\underline{\underline{\varnothing\ 35\ \times 1{,}5}}$.

$$\rho = \frac{1}{v} = \frac{1}{0{,}08893\ \frac{\text{m}^3}{\text{kg}}} = \underline{\underline{11{,}245\ \text{kg/m}^3}}; \quad \text{mit } q_{0e} = 101{,}12\ \text{kJ/kg [aus Aufg. a)]}$$

$$w_{SLeff} = \frac{\dot{Q}_0 \cdot 4}{q_{0e} \cdot \rho_R \cdot d_i^2 \cdot \pi} = \frac{10\ \text{kJ} \cdot \text{kg} \quad \cdot \quad \text{m}^3 \quad \cdot \quad 4}{\text{s} \cdot 101{,}12\ \text{kJ} \cdot 11{,}245\ \text{kg} \cdot (0{,}032\ \text{m})^2 \cdot \pi} = \underline{\underline{10{,}9\ \text{m/s}}}$$

Wegen des etwas kleineren wirksamen Strömungsquerschnittes der ausgewählten Saugleitung ergibt sich eine etwas größere Strömungsgeschwindigkeit. Dadurch verbessert sich der Ölrücktransport.

c) Berechnung von Δp und Δt der Saugleitung $\varnothing$ 35 x 1,5

Druckabfall in gerader Rohrleitung

$$\Delta p = \lambda \cdot \frac{l}{d_i} \cdot \frac{\rho}{2} \cdot w^2 = 0{,}03 \cdot \frac{10\,m}{0{,}032\,m} \cdot \frac{11{,}245\,kg}{2 \cdot m^3} \cdot \left(10{,}9\,\frac{m}{s}\right)^2 = 6263\,\frac{kg \cdot m}{s^2} \cdot \frac{1}{m^2} = \underline{\underline{6263\,Pa}}$$

Druckabfall in Einbauteilen

$$\Delta p = \sum \zeta \cdot \frac{\rho}{2} \cdot w^2 = (6 \cdot 0{,}15 + 3{,}5) \cdot \frac{11{,}245\,kg}{2\;m^3} \cdot (10{,}9\,\frac{m}{s})^2 = \underline{\underline{2939\,Pa}};$$

Gesamtdruckabfall $\quad \Delta p_{ges} = 6263\,Pa + 2939\,Pa = 9202\,Pa = \underline{\underline{0{,}092\,bar}}$

Berechnung der zu 1 K äquivalenten Temperaturdifferenz:

$t_0 = -28$ °C		$p_0 = 2{,}293$ bar
$t_0 = -29$ °C		$p_0 = 2{,}202$ bar
Diff. = 1 K	$\Leftrightarrow$	0,091 bar

$$\Delta T = \frac{\Delta p}{\Delta p_{pro\,K}} = \frac{0{,}092\,bar}{0{,}091\,\frac{bar}{K}} = \underline{\underline{1K}}$$

$\Rightarrow \Delta p_{pro\,K} = 0{,}091$ bar/K

Der Verdichter arbeitet somit bei einer Verdampfungstemperatur von −29 °C.

d) Berechnung des Druckabfalles in der gewählten Flüssigkeitsleitung $\underline{\varnothing\ 15\ \ x\ 1}$

Berechnung der effektiven Strömungsgeschwindigkeit in der ausgewählten Flüssigkeitsleitung w_{FLeff}

$$\rho = \frac{1}{v} = \frac{1}{0{,}0009964\,\frac{m^3}{kg}} = \underline{\underline{1004\,kg/m^3}}$$

$$w_{FLeff} = \frac{\dot{Q}_0 \cdot 4}{q_{0e} \cdot \rho_R \cdot d_i^2 \cdot \pi} = \frac{10\,kJ \cdot kg \quad \cdot \quad m^3 \quad \cdot \quad 4}{s \cdot 101{,}12\,kJ \cdot 1004\,kg \cdot (0.013\,m)^2 \cdot \pi} = \underline{\underline{0{,}74\,m/s}}$$

Berechnung des Druckabfalls der geraden Rohrleitung zzgl. äquivalenter Rohrlängen der Einbauteile

$l_{ges} = 6\,m + 4\,m + 2{,}1\,m + 1{,}95\,m + 0{,}7\,m + 5 \times 0{,}25\,m = \underline{16\,m}$

$$\Delta p = \lambda \cdot \frac{l_{ges}}{d_i} \cdot \frac{\rho}{2} \cdot w^2 = 0{,}03 \cdot \frac{16\,m}{0{,}013\,m} \cdot \frac{1004\,kg}{2 \cdot m^3} \cdot \left(0{,}74\,\frac{m}{s}\right)^2 = 10150\,\frac{kg \cdot m}{s^2} \cdot \frac{1}{m^2} = \underline{\underline{10150\,Pa}}$$

Berechnung des Druckabfalls in der senkrecht steigenden Rohrleitung

$$\Delta p = \rho \cdot g \cdot h = 1004\,\frac{kg}{m^3} \cdot 9{,}81\,\frac{m}{s^2} \cdot 4\,m = \underline{\underline{39397\,Pa}}$$

Gesamtdruckabfall

$$\Delta p_{ges} = (\Delta p_{Ltg} + \Delta p_{Bauteile}) + \Delta p_{Steigltg} + \Delta p_{MV};$$

$$\Delta p_{ges} = 10150\,Pa + 39397\,Pa + 16000\,Pa = 65547 = \underline{\underline{0{,}655\,bar}}$$

e) Berechnung der notwendigen Mindestunterkühlung
Berechnung der zu 1 K äquivalenten Temperaturdifferenz:

t_c = 40 °C		p_c = 18,610 bar
t_c = 39 °C		p_c = 18,164 bar
Diff. = 1 K	⇔	0,446 bar

$\Rightarrow \Delta p_{pro\,K} = 0{,}446$ bar/K

$$\Delta t_{Eu} = \frac{\Delta p}{\Delta p_{pro\,K}} = \frac{0{,}655\ \text{bar}}{0{,}446\ \frac{\text{bar}}{\text{K}}} = \underline{\underline{1{,}47\ \text{K}}}$$

Die vorhandene Unterkühlung von 4 K ist entscheidend höher als die Mindestunterkühlung von 1,47 K und deswegen vollkommen ausreichend.

9. NR.: $\rho = \frac{1}{v} = \frac{1}{0.09477\ \frac{m^3}{kg}} = \underline{\underline{10{,}55\ kg/m^3}}$

$$a)\ w = \frac{\dot{Q}_0 \cdot 4}{q_{0N} \cdot \rho_R \cdot d_i^2 \cdot \pi} = \frac{20\ \text{kJ} \cdot 4 \cdot \text{kg} \cdot \text{m}^3}{\text{s} \cdot 101{,}57\ \text{kJ} \cdot 10{,}552\ \text{kg} \cdot (0.050\ \text{m})^2 \cdot \pi} = \underline{\underline{9{,}5\ \text{m/s}}}$$

Bei Vollast beträgt die Strömungsgeschwindigkeit 9,5 m/s.
Bei einer Teillast von 33% der Vollast beträgt die Strömungsgeschwindigkeit in der steigenden Saugleitung nur noch 3,17 m/s. Durch diese niedrige Strömungsgeschwindigkeit ist der Öltransport in der steigenden Saugleitung nicht mehr gewährleistet. Die Saugleitung ∅ = 54 x 2 wird wie folgt gesplittet:

b) Berechnung der engen Steigleitung A:

$$d_i = \sqrt{\frac{4 \cdot \dot{V}_{SL}}{\pi \cdot w}}; \quad d_{iA} = \sqrt{\frac{4 \cdot 0{,}33 \cdot \dot{V}_{SL}}{\pi \cdot w}} = \sqrt{\frac{4 \cdot 0{,}33 \cdot 69{,}58\ \text{m}^3 \cdot \text{s}}{\pi \cdot 7\ \text{m} \cdot 3600\ \text{s}}} = 0{,}034\ \text{m}; \quad \underline{\underline{d_{iA} = 34\ \text{mm}}}$$

Mit d_{iA} = 34 mm wird im Hinblick auf genügend hohe Strömungsgeschwindigkeit in der engeren Steigleitung A die Rohrdimension ∅ 35 x 1,5 gewählt. Dadurch stellt sich eine noch etwas über 7 m/s liegende Strömungsgeschwindigkeit ein.

Berechnung der weiten Steigleitung B:
Für Vollast gilt:

$$\dot{V}_{SL} = \dot{V}_{SLA} + \dot{V}_{SLB}$$
$$A_{SL} = A_{SLA} + A_{SLB}$$

$$A_{SLB} = A_{SL} - A_{SLA}$$
$$= A_{SL\,\varnothing 54x2} - A_{SL\,\varnothing 35x1,5}$$
$$= 0{,}0019635\ m^2 - 0{,}0008042\ m^2$$
$$A_{SLB} = \underline{0{,}0011593\ m^2}$$

Die Querschnittsfläche A_{SLB} entspricht der Querschnittsfläche der Rohrdimension ∅ 42 x 1,5.
Die Basis-Saugleitung ∅ 54 x 2 wird in die beiden Steigleitungen ∅ 35 x 1,5 und ∅ 42 x 1,5 aufgesplittet und nach Überwindung des Höhenunterschiedes wieder als ∅ 54 x 2 weitergeführt.

K 8.6 Änderung von Betriebskenngrößen

1. Grundlagen

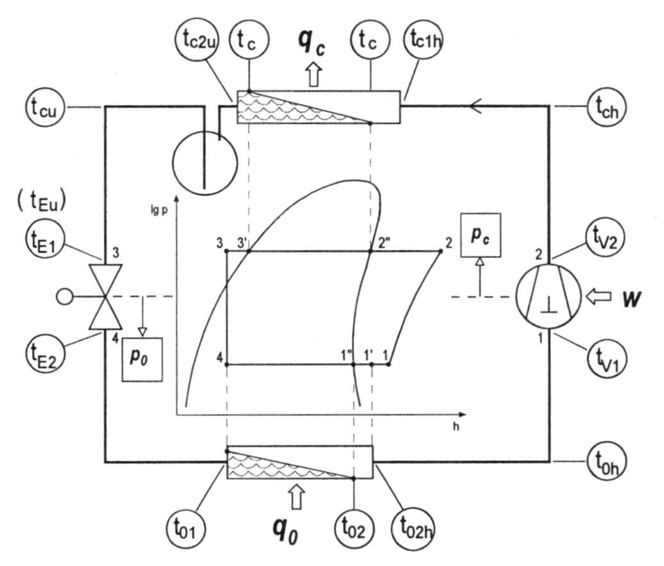

1. s. nebenstehende Skizze.

2. Die Verdampfung von flüssigem Kältemittel und die Überhitzung von trockengesättigtem Dampf bewirken sinngemäß eine Volumenvergrößerung, die wegen des konstanten inneren Verdampfervolumens eine Druckvergrößerung bewirken würde. Andererseits wird durch die Absaugwirkung des Verdichters eine Druckabsenkung im Verdampfer bewirkt. Der sich dabei einstellende Gleichgewichtsdruck wird mit **Verdampfungsdruck p_0** bezeichnet. Diesem Verdampfungsdruck p_0 ist gemäß der Damfdruckkurve des verwendeten Kältemittels die **Verdampfungstemperatur t_0** zugeordnet. (vgl. K 3.1.1, Aufg. 30)

3. In einem Verdampfer kommt die Verdampfung zum Stillstand, nachdem der Verdichter ausgeschaltet wurde. Durch einströmende Wärme vom Kühlraum findet dann nur noch so lange Verdampfung statt, bis das Kältemittel die Umgebungstemperatur endgültig angenommen hat und der sich über dem flüssigen Kältemittel einstellende Druck gleich dem Sättigungsdruck ist, der zur Siede- oder Sättigungstemperatur gehört (Dampftabelle). Dann befinden sich Kühlraum und Verdampfer im thermischen Gleichgewicht. Dies ist aber erst bei vollkommener Angleichung der Kältemittelflüssigkeitstemperatur an die Kühlraumtemperatur endgültig. Tatsächlich dürfte dieser Zustand in einer realen Anlage nicht auftreten. (vgl. K 3.1, Aufg. 30)

4. Der Verdichter fördert laufend Druckgas (stark überhitzten Kältemitteldampf) in den Verflüssiger, was für sich betrachtet druckerhöhend wirkt. Andererseits schrumpft das Gasvolumen im Verflüssiger in der ersten Zone durch die Abführung der Überhitzungswärme und ganz besonders durch die eigentliche Kondensation in der 2. Zone des Verflüssigers. Der sich dabei einstellende Gleichgewichtsdruck wird mit **Verflüssigungsdruck p_c** bezeichnet. Ihm ist entsprechend der Dampfdruckkurve die **Verflüssigungs-temperatur t_c** zugeordnet.

5. In einem laufenden Kältemittelkreisprozeß stellt sich im Verdampfer eine tiefe Verdampfungstemperatur ein, wenn durch einen großen Verdichter ein genügend niedriger Gleichgewichtsdruck (Verdampfungsdruck p_0) über dem flüssigen Kältemittel aufrechterhalten wird.

6. In der Niederdruckseite hat das verbliebene flüssige Kältemittel die Temperatur des Kühlraumes angenommen. Diese Temperatur bestimmt gemäß der Dampfdruckkurve des Kältemittels den Druck im Verdampfer. Ebenso hat das in der Hochdruckseite im Sammler oder im Verflüssiger vorhandene flüssige Kältemittel die Temperatur des Maschinenraumes angenommen. Gemäß Dampfdrucktabelle be-stimmt auch hier die Temperatur des flüssigen Kältemittels den Druck in der Hochdruckseite.
(vgl. K 3.1.1, Aufg. 30/31)

2. Beispiele von Einflüssen,die zu Veränderungen bei Betriebskenngrößen führen

1. Die Überhitzung Δt_{0h} und die Überhitzungstemperatur am Ausgang des Verdampfers t_{02h} erhöhen sich, weil die Verdampfung jetzt durch die größere Wärmemenge schon früher beendet ist und bis zum Ende des Verdampfers eine längere Überhitzungszone wirksam werden kann.
Der Verdampfungsdruck p_0 wird geringfügig größer, weil das Kältemittel durch die schnellere Verdampfung wesentlich mehr überhitzt werden kann, wobei der Kältemitteldampf sein Volumen vergrößert.
Der Verflüssigungsdruck p_c steigt, weil mehr Wärme abzuführen ist und sich nach $\dot{Q}_c = A \cdot k \cdot \Delta T_m$ die Temperaturdifferenz ΔT_m zwischen dem verflüssigenden Kältemittel und dem Kühlmittel erhöht (A und k konstant). Da aber die Temperatur des Kühlmittels nicht sinkt, steigt t_c und damit p_c. (vgl. K 8.4.1, 33)
Die Verdichtungsendtemperatur t_2 und damit auch die Druckstutzentemperatur t_{V2} und die Überhitzung auf der Hochdruckseite Δt_{ch} steigen etwas an, weil die Ansaugüberhitzung größer war.
Der spezifische Kältegewinn q_0 in kJ/kg wird größer, weil der Kältemitteldampf insbesondere durch die größere Überhitzung im Verdampfer mehr Wärme aufgenommen hat.

2. Der Verdampfungsdruck p_0 steigt an, weil mehr Dampf entstehen kann.

Am Verdampferausgang tritt keine Überhitzung Δt_{0h} mehr auf, weil die Verdampfungszone bis zum Verdichteransaugstutzen reicht. Es wird trockengesättigter Dampf angesaugt. Bei sich verringernder Kühllast am Verdampfer muß mit dem Ansaugen von flüssigem Kältemittel gerechnet werden (Flüssigkeitsschläge beschädigen die Ventilplatte).
Die Überhitzung auf der Hochdruckseite Δt_{ch} und die Verdichtungsendtemperatur t_2 werden geringer, weil die Ansaugüberhitzung Δt_{0h} kleiner war.
Der Verflüssigungsruck p_c wird etwas größer, weil mehr Kältemittel zu verflüssigen und mehr Wärme abzuführen ist.

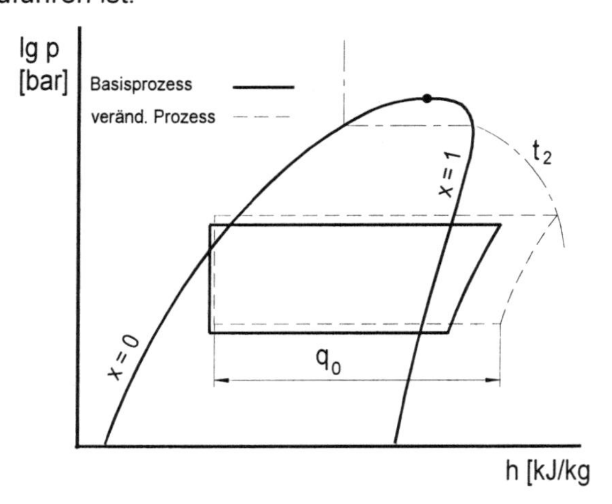

Auswirkung stark gestiegener Kühllast

Auswirkung erhöhter Kältemitteleinspritzung

3. Der Verflüssigungsdruck p_c sinkt stark ab, weil der Kältemitteldampf schneller kondensiert. Damit fällt auch die Verflüssigungstemperatur t_c.
Der Kältemittelmassenstrom $\dot{m}_R$ wird geringer, weil der niedrigere Verflüssigungsdruck p_c zu wenig Kältemittel durch den fest eingestellten Düsenringspalt des Drosselorgans hindurchdrückt.
Der Verdampfungsdruck p_0 fällt, weil infolge des am Drosselventil vorhandenen kleineren Druckgefälles zu wenig Kältemittel in den Verdampfer eingespritzt wird.
Die Überhitzung im Verdampfer Δt_{0h} wird größer, weil zu wenig Kältemittel eingespritzt wird.
Die Unterkühlung am Verflüssigerausgang Δt_{cu} wird geringfügig größer, weil die Verflüssigung früher beendet ist und dadurch eine größere Unterkühlungszone zur Verfügung steht.

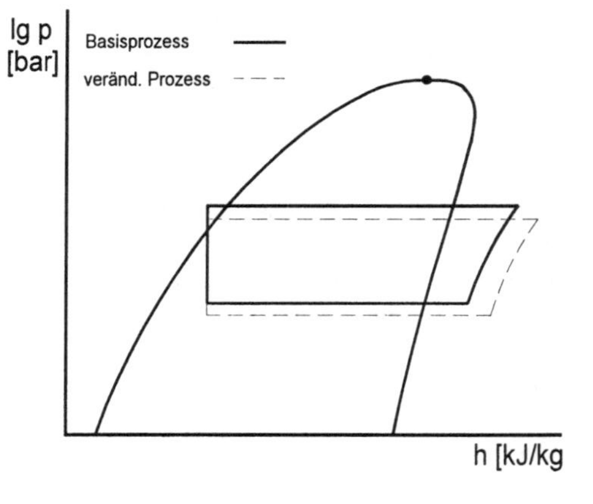

4. Bei steigendem Druckverhältnis verringert sich die Kälteleistung des Verdichters, weil sich die negative Auswirkung des schädlichen Raumes verstärkt, wodurch der Liefergrad fällt. Bei steigendem Druckverhältnis vergrößert sich die Kälteleistung des Drosselorganes, weil durch das höhere Druckgefälle ein größerer Kältemitteldurchsatz durch den Düsenringspalt bewirkt wird.

5. Durch die starke Unterkühlung Δt_{cu} schrumpft das Flüssigkeitsvolumen um einen für den Anlagenbetrieb vollkommen unbedeutenden Prozentsatz, weshalb sich der Verflüssigungsdruck p_c praktisch nicht verändert.
Mit steigender Unterkühlung Δt_{cu} verkleinert sich der Drosseldampfanteil im Düsenringspalt. Deswegen vergrößert sich der Nutzkältegewinn im Verdampfer.

6. Durch die höhere Ansaugüberhitzung vergrößert sich das spezifische Volumen des Kältemitteldampfes am Verdichtereingang. Dadurch verringert sich der Kältemittelmassenstrom, was zur Verkleinerung der Verdampferkälteleistung führt. Folglich ist zur Bewältigung der Kühlaufgabe eine verlängerte Anlagenlaufzeit notwendig.

7. Durch verschlechterte Wärmeabgabe am Verflüssiger
   - steigt der Verflüssigungsdruck p_c,
   - vergrößert sich der Drosseldampfanteil x,
   - erhöht sich die Verdichtungsendtemperatur t_2,
   - vergrößert sich die spezifische Verdichtungsarbeit w,
   - verkleinert sich der Nutzkältegewinn q_{0e} und
   - verkleinert sich die Kälteleistungszahl ε.

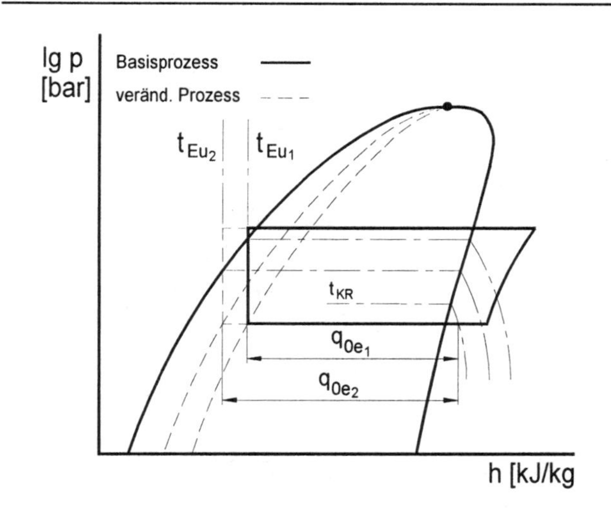

Auswirkung stärkerer Unterkühlung

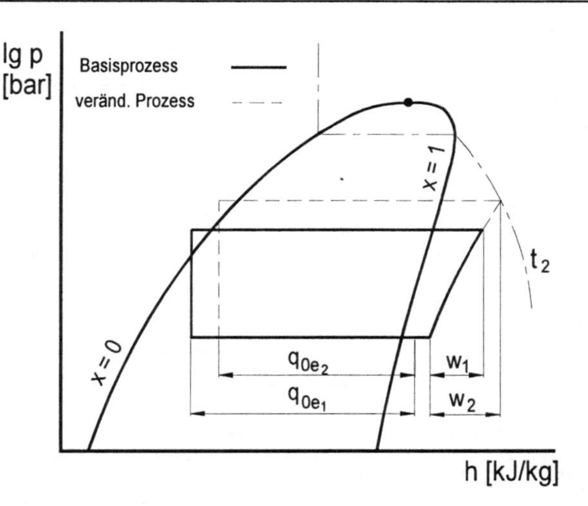

Auswirkung von Verflüssigerverschmutzung

8. Bei jeder genannten Fehldimensionierungen stellen sich Verdampfungsdruck und Verdampfungstemperatur zu tief ein.

9. Mit dem Kältemittel R 507 wird unter den genannten Einsatzbedingungen die 2,33-fache Verdichterkälteleistung bzw. die 2,18-fache Verdampferkälteleistung $\dot{Q}_{0\ nutz}$ im Vergleich zum Kältemittel R 134a erzielt. Mit R 507 ergeben sich trotz seiner geringfügig kleineren Verdampfungswärme vor allem wegen seiner entscheidend größeren Dampfdichte im Ansaugzustand und des dadurch größeren Kältemittelmassenstromes die höheren Kälteleistungswerte. Dies drückt sich auch in der besseren Kälteleistungszahl aus. (Hinweis: R 134a ist als Kältemittel für Tiefkühlung nicht geeignet.)

3. Änderung von Betriebskenngrößen <u>ohne Eingriff regelnder Glieder</u> (einfacher Kältemittelkreisprozeß mit Handdrosselventil)

1. Veränderung der Wärmeabgabemöglichkeit der Flüssigkeitsleitung

Wirkung auf ⇒	Δt_{Eu}	q_0	Δt_{0h}
höhere Wärmeabgabe der Flüssigkeitsleitung	↑	↑	↓

2. Veränderung der Wärmeeinwirkung auf die Saugleitung

Wirkung auf ⇒	Δt_{0h}	Δt_{ch}	$\dot{m}_R$	p_c	q_0	w	t_2
stärkere Wärmeeinwirkung auf die Saugl.	↑	↑	↓	↑	↑	↑	↑

4. Änderung von Betriebskenngrößen <u>mit Eingriff regelnder Glieder</u>

1. Drosselung durch Thermostatisches Expansionsventil (TEV)

1.1. Veränderung der Kühllast bei TEV

Wirkung auf ⇒	momentane Δt_{0hA}	resultierende Ventilsitzöffnung	$\dot{m}_R$	p_0	p_c	neue Δt_{0hA}
größere Kühllast	↑↑	↑	↑	↑	↑	↑
kleinere Kühllast	↓↓	↓	↓	↓	↓	↓

1.2. Veränderung der Düsengröße des TEV

Wirkung auf ⇒	$\dot{m}_R$	Δt_{0hA}	resultierende Ventilsitzöffnung
zu große Düse	↑	↓	↓
zu kleine Düse	↓	↑	↑

1.3. Reaktionen des TEV zu Beginn und Ende der Kühlperiode (ohne pump-down)

Wirkung auf ⇒	p_0	$\dot{m}_R$	resultierende Ventilsitzöffnung	p_c
Verdichter EIN	↓	↑	↑	↑
Verdichter AUS	↑	↓	geschlossen	↓

1.4. Verhalten des TEV bei Störeinflüssen

Wirkung auf ⇒	Δt_{0hA}	p_0	resultierende Ventilsitzöffnung	$\dot{m}_R$	p_c
verstopfte Druckausgleichsleitung	↑	↓	↓	↓	↓
entwichene Fühlerfüllung	↑	↓↓	↓↓	↓↓	↓
verstopftes Feinsieb	↑	↓	↑	↓	↓
lockerer TEV-Fühler	↓	↑	↑	↑	↑
falscher Einsatz bei tiefersiedendem Kältemittel	↑	↓	↓	↓	↓
MOP zu tief gewählt	↑	↓	↓	↓	↓

2. Automatisches Expansionsventil (Konstantdruckexpansionsventil , AEV)

Wirkung auf ⇒	momentaner p_0	resultierende Ventilsitzöffnung	$\dot{m}_R$	resultierender p_0	Δt_{0h}
größere Kühllast	↑↑	↓	↓	Sollwert	↑↑
kleinere Kühllast	↓↓	↑	↑	Sollwert	↓↓
Verdichter AUS	↑	↓	Null	↑↑	Null

3. Drosselung mit Kapillare (Beachtung der minimalen Eigenregelung)

Wirkung auf ⇒	p_c	$\dot{m}_R$	Δt_{0h}	Δt_{ch}	p_0
große Kühllast	↑	↑	↑	↑	↑
zu große Kältemittelfüllmenge	↑	↑	↓	↓	↑
zu starke Kühlung des Verflüssigers	↓	↓	↑	↑	↓

4. Verflüssigungsdruckregelung mit druckgesteuertem Kühlwasserregulierventil (WRV)

Wirkung auf ⇒	momentaner p_c	Ventilsitzöffnung desWRV	$\dot{m}_W$	resultierender p_c
hohe Kühllast am Verdampfer	↑	↑	↑	Sollwert
zu warmes Kühlwasser	↑↑	↑	↑	Sollwert
zu wenig Kühlwasser verfügbar	↑↑	↑↑	konst.	↑↑

5. Verdampfungsdruckregler

Wirkung auf ⇒	momentaner p_0 im Verdampfer	Ventilsitzöffnung des Saugdruckr.	resultierender p_0 im Verdampfer	p_0 am Saugstutzen	Δt_{0h} am Saugstutzen
zu große Verdichtersaugleistung	↓	↓	Sollwert	↓	↑

6. Startregler

Wirkung auf ⇒	Ventilsitzöffnung des TEV	p_0 im Verdampfer	Durchlaß des Startreglers	p_0 am Verdichtersaugstutzen
hohe Kühllast beim Anfahren	↑↑	↑↑	↓	Sollwert

7. Verflüssigungsdruckregler am Verflüssigerausgang in Verbindung mit Sammlerdruckregler im Bypass von der Druckleitung zur Kondensatleitung

Wirkung auf ⇒	momentaner p_c im Verflüssiger	Ventilsitzöffnung des Verflüssigungsdruckreglers	Ventilsitzöffnung des Sammlerdruckreglers	resultierender p_c im Verflüssiger	resultierender Sammlerdruck
luftgekühlter Verflüssiger zu stark gekühlt	↓	↓	↑	Sollwert	Sollwert

K 9 Sonstige Bauteile im Kältemittelkreislauf - Lösungen

Filtertrockner

1. a) Adsorbieren von Feuchtigkeit
   b) Filtern von festen Verunreinigungen aus dem Kreislauf wie z.B.: Späne, Schlacke, Zunder, Ölschaum und Ölharz
   c) Binden von Säure

2. Hoher Restfeuchtigkeitsgehalt des Kältemittels kann durch Eisbildung zu verschlossener TEV-Düse führen sowie zur Bildung von Säure, die die Motorwicklung zerstört und Korrosion an Anlagenteilen hervorruft (z. B. Kupferplattierung).

3.
   1. Kieselgele (Silicagele, SiO_2) haben bestes Wasseraufnahmevermögen bei hohem Feuchtigkeitsgehalt des Kältemittels und sind deshalb besonders in der Inbetriebnahmephase wirksam.
   2. synthetische Zeolithe (Molekularsiebe, Natrium-Aluminium-Silikat) haben allgemein hohes Wasseraufnahmevermögen, das auch nach Inbetriebnahme bei geringem Feuchtigkeitsgehalt des Kältemittels noch für gute Trocknung sorgt.
   3. Aktives Aluminiumoxid (Al_2O_3) hat das höchste Säurebindungsvermögen.

4. Die trocknende Wirkung der Molekularsiebe beruht darauf, daß die Wassermoleküle auf Grund ihres kleinen effektiven Durchmessers von $2{,}8 \cdot 10^{-10}\,m$ in die Poren des Trockenmittels mit dem zusammensetzungsabhängigen Durchmesser von $3 - 5 \cdot 10^{-10}\,m$ eindringen können und dort festgehalten werden. Die Kältemittelmoleküle können wegen ihres größeren Durchmessers die Poren nicht belegen und strömen an den Molekularsiebkügelchen vorbei.

5. $\Delta p_{Filtertrockner}$ = 0,07 - 0,14 bar

6.
   1. großes Adsorptionsvermögen für Wasser und Säurebindungsvermögen
   2. große Filteroberfläche zur Aufnahme von festen Verunreinigungen
   3. hohe Abriebfestigkeit
   4. keine Chemische Reaktion mit Kältemittel, Öl und Baustoffen der Anlage

7. Durch die geringe Strömungsgeschwindigkeit in der Flüssigkeitsleitung ergibt sich eine lange Kontaktzeit des Kältemittels mit dem Trockenmittel, also gute Trockenwirkung. Da letztere mit sinkender Temperatur steigt, empfiehlt sich der Einbau nach einem evtl. vorhandenen Unterkühler bzw. im Kühlraum vor dem TEV.

8. Der zylindrische Filtertrocknerblockeinsatz muß zur Nutzbarmachung der großen Eintrittsoberfläche von außen nach innen durchströmt werden. Dadurch wird der Block bei Verstopfung auch nicht gesprengt.
Seltener anzutreffende Schüttguttrockner müssen zur Minimierung des Abriebs senkrecht von oben nach unten durchflossen werden.
Bei Filtertrocknern mit 2 Durchflußrichtungen (Anwendung bei Funktionsumschaltung der Wärmeübertrager zur Vereinfachung des Rohrleitungssystems mögl.) wird durch integrierte Rückschlagventile bewirkt, daß der Block immer von außen nach innen durchströmt und dadurch bereits abgelagerter Schmutz nicht wieder ausgespült wird.

9. Der Filtertrockner soll bei Sättigung durch Schmutz, Feuchtigkeit oder Säure und bei jedem Eingriff in ein hermetisches System gewechselt werden.
Eine Sättigung mit Schmutz ist durch eine fühlbare Temperaturdifferenz zwischen Trocknerein- und Trocknerausgang, die im Extremfall bis zur äußeren Bereifung führt oder durch Blasen im Schauglas zu diagnostizieren, die von eingetretener Vorverdampfung herrühren.
Die Sättigung mit Feuchtigkeit ist durch ein Schauglas mit Feuchtigkeitsindikator zu erkennen.
Eine Sättigung mit Säure ist durch einen Öl-Säuretest festzustellen.

10. Der „burn out"-Filtertrockner ist ein Saugleitungsfiltertrockner mit hohen Anteilen Al_2O_3 und damit hohem Säurebindungsvermögen. Er wird nach einem Motorbrand eingesetzt.

11. Bei der Inbetriebnahme einer weitverzweigten Verbundkälteanlage empfiehlt sich der Einbau eines Saugleitungsfilters mit austauschbaren Blockeisätzen, um Schmutz, Metallspäne, Lotreste und Feuchte zu binden. Nach erfolgreichem Einlauf der Anlage verbleibt nur der leere Behälter in der Saugleitung, wodurch im Anlagenbetrieb kein zusätzlicher Druckabfall auftritt. Bei einem eventuellen Ausfall durch Motorbrand kann hier der Einsatz eines säurebindenden Blockeinsatzes erfolgen.

12. Eingelötete Einwegtrockner, die mit Feuchtigkeit gesättigt sind, dürfen nicht ausgelötet, sondern müssen aus der Flüssigkeitsleitung herausgeschnitten werden. Dadurch wird vermieden, daß sie die adsorbierte Feuchtigkeit durch Erwärmung wieder an das Kreislaufinnere abgeben.

Schauglas

13. Mögliche Ursachen sind:
- Kältemittelmangel in der Anlage
- großer Druckabfall, z. B. durch Bauteile, verstopften Filtertrockner
- mangelnde Unterkühlung
- Wärmeeinstrahlung, die die Unterkühlung rückgängig macht.

14. Der Trockner ist mit Wasser gesättigt und muß gewechselt werden.

15. Bei größeren Rohrdurchmessern sollte das Schauglas in einer Bypassleitung über einem waagerechten Stück der Flüssigkeitsleitung angeordnet werden. Die Bypassleitung sollte dabei derartig angeschnitten und eingelötet sein, daß die Dampfblasen zwangsläufig in die Bypassleitung eintreten müssen. Durch die damit verminderte Strömungsgeschwindigkeit im Schauglas werden Dampfblasen sicherer angezeigt und der Erosionsverschleiß am Indikator wird vermindert.

Ventile

16. Der k_v-Wert einer Armatur ist der Volumenstrom Wasser in m^3/h, der bei 1 bar Druckdifferenz, einem bestimmten Öffnungshub und bei einer Wassertemperatur von + 5 bis + 30 °C durch sie hindurchfließt. Der k_{v100}-Wert ist der k_v-Wert beim Nennhub 100, bei dem die Armatur als voll geöffnet zu betrachten ist.

17. Das Kugelabsperrventil (Kugelabsperrhahn) verursacht praktisch keinen Druckabfall.

18. Vor der Verstellung eines Absperrventils mit Stopfbuchse muß die Stopfbuchspackung gelockert werden.

19. Das Rückschlagventil in der Druckleitung bei Anlaufentlastung soll in der Entlastungsphase den Übertritt flüssigen Kältemittels aus dem Sammler in die Saugleitung verhindern.

20. Bei einem zu groß ausgelegten Rückschlagventil wird der Ventilteller durch den Gasstrom nicht kontinuierlich auf Abstand zum Ventilsitz gehalten, sondern schlägt periodisch auf den Ventilsitz auf. Abgesehen von der Geräuschbelästigung kann der Ventilteller dadurch beschädigt werden.

21. Zwischen Sicherheitsventil und dem zu sichernden Anlagenteil dürfen keine Absperrmöglichkeiten bestehen. Bei Anlagenteilen, die während der Prüfung des Sicherheitsventils nicht entleert werden können und für die eine Schutzfunktion weiterbestehen muß, eignet sich ein Wechselventil mit 2 Sicherheitsventilen, wodurch immer 1 Sicherheitsventil zum Schutz der Anlage in Funktion verbleibt.

Magnetventil

22. Magnetventile in Arbeitsstromausführung öffnen bei erregter Spule, bleiben unter Stom geöffnet und schließen bei Unterbrechung des Stromkreises selbsttätig. Im Gegensatz dazu ist das nach der Ruhestromausführung arbeitende Magnetventil im erregten Zustand geschlossen.

23. Beim direktgesteuerten Magnetventil wird die magnetische Kraft der Spule auf den Magnetanker übertragen, der das Öffnen und Schließen des Ventilsitzes direkt bewirkt. Im Gegensatz dazu dient die magnetische Kraft der Spule des servogesteuerten Magnetventils nur zum Öffnen oder Schließen eines Pilotsitzes. Die am Hauptsitz zur Betätigung von Stellkolben oder Membran notwendige Energie wird vom durchströmenden Medium aufgebracht und äußert sich in Form eines bestimmten Druckabfalles.

24. Bei großer Nennleistung des Magnetventils erreicht die Schließkraft durch große Fläche der Hauptdüse und möglicherweise große Öffnungsdruckdifferenz einen hohen Wert. Dies würde beim Öffnen eine größere magnetische Spulenzugkraft erfordern. Deswegen werden größere Leistungen in servogesteuerter Ausführung gefertigt.

25. Zum Öffnen des Magnetventils muß die Spule durch Stromfluß erregt werden. Dadurch wird der Anker in die Spule hinaufgezogen und öffnet die Pilotdüse. Der über der Membran vorhandene Druck verringert sich nun infolge Kältemittelübertritts durch die offene Pilotdüse in Richtung Austrittsseite des Ventils. Da der Durchmesser der Pilotdüse größer als der Durchmesser der Ausgleichsöffnung in der Membran ist, wird der Druck schneller durch die offene Pilotdüse entlastet als er sich durch die Ausgleichsöffnung oberhalb der Membran wieder aufbauen kann. Die zwischen Ein- und Ausgang bestehende Druckdifferenz drückt die Membran vom Ventilsitz weg, wodurch der Querschnitt geöffnet wird.

Soll das Ventil schließen, darf die Spule nicht mehr erregt sein. Dadurch fällt der Anker und verschließt die Pilotdüse. In der Folge baut sich über die Ausgleichsöffnung der Membran der Eintrittsdruck oberhalb der Membran auf. Dadurch wird die Membran nach unten gedrückt und verschließt den Ventilsitz.

26. Servogesteuerte Magnetventile benötigen einen Mindestdruckabfall von 0,05 bar, um zu öffnen bzw. geöffnet zu bleiben. Wird dieser Mindestdruckabfall infolge Überdimensionierung des Magnetventils oder bei leistungsgeregelten Anlagen unterschritten, kommt es zum Schließen des Ventils, wodurch Funktionsstörungen und Pulsationen in der Kälteanlage entstehen können.

27. Die Nennleistung des Magnetventils im Betriebspunkt ergibt sich zu: $\dot{Q}_N = \dot{Q}_0 \cdot K_t \cdot K_{\Delta p}$
Aus der Korrekturfaktortabelle ALCO wird wie folgt ausgewählt:
Der Korrekturfaktor K_t für Betriebstemperatur ergibt sich mit den Randbedingungen $t_0 = -15$ °C und $t_{cu} = 40$ °C zu $K_t = 1{,}10$.
Der Korrekturfaktor $K_{\Delta p}$ für den gewählten Druckabfall von 0,15 bar ergibt sich zu: $K_{\Delta p} = 1{,}0$.

$$\dot{Q}_N = 23\ \text{kW} \cdot 1{,}10 \cdot 1{,}0 = \underline{25{,}3\ \text{kW}}$$

Das ergibt mit der Nennleistungstabelle ALCO das Magnetventil 200 RB 6 mit der Katalog-Nennleistung $\dot{Q}_{NK} = 27{,}3$ kW.

Da die Katalog-Nennleistung $\dot{Q}_{NK}$ größer als die für den Betriebspunkt berechnete Nennleistung $\dot{Q}_N$ ist, wird die tatsächliche Druckdifferenz etwas kleiner ausfallen.
In der Nennleistungstabelle ALCO werden die Ventilnennleistungen auf $t_0 = +4$ °C, $t_c = +38$ °C und einen Standarddruckabfall $\Delta p_N = 0{,}15$ bar bezogen.

Die tatsächliche Druckdifferenz im Betriebspunkt Δp_B berechnet sich zu $\Delta p_B = \Delta p_N \cdot \frac{\dot{Q}_N^2}{\dot{Q}_{NK}^2}$

$$\Delta p_B = 0{,}15\ \text{bar} \cdot \frac{(25{,}3\ \text{kW})^2}{(27{,}3\ \text{kW})^2} = \underline{0{,}129\ \text{bar}}$$

Die tatsächliche Druckdifferenz ist größer als die zur Öffnung des Ventils notwendige Mindestdruckdifferenz von 0,05 bar.

28. Das Vierwegeumschaltventil kann zur Umkehrung des Kältemittelkreislaufs bei Heißgasabtauung durch Funktionsumschaltung der Wärmeübertrager dienen.

Flexibler Metallschlauch

29. Flexible Metallschläuche können nur Bewegungen aufnehmen, die rechtwinklig zu ihrer Achse verlaufen.

Ölabscheider

30. Der Einbau eines Ölabscheiders sollte unter folgenden Bedingungen erfolgen:
Kältemittel mit Mischungslücke, Verbundanlagen, Teillastbetrieb des Verdichters, überflutete Verdampfung, Anlagen mit langen Saug- und Drucksteigleitungen.

31. Der Ölabscheider wird unmittelbar nach dem Verdichter in die Druckleitung eingebaut. Die Abscheidung des Ölnebels aus dem Druckgas wird durch Verminderung der Strömungsgeschwindigkeit, mehrfache Umlenkung des Gasstromes an Schikanen oder durch Separierung im Ölkonzentrator (Mehrfachsieb, Metallwolle) herbeigeführt. Mit steigendem Ölstand öffnet ein Schwimmerventil auf dem Boden des Ölabscheiders und der im Abscheider vorhandene Verflüssigungsdruck drückt das Öl in das unter Verdampfungsdruck stehende Kurbelgehäuse zurück. Bei Verbundanlagen wird das abgeschiedene Öl vorerst in einem Ölsammelbehälter bevorratet, bevor die Ölspiegelregulatoren das Öl auf die einzelnen Verdichter verteilen (vgl. K 8.1.2, Aufg. 8f.).

32. Die Isolierung und eventuell zusätzliche Beheizung des Ölabscheiders kann bei kaltem Aufstellungsort oder im Teillastbetrieb erforderlich sein, um im Anlagenstillstand die Kondensation von Kältemittel im Ölabscheider zu verhindern.

33. Der Ölabscheider ist vor der Montage mit der vom Hersteller angegebenen Ölmenge vorzufüllen. Durch das Vorfüllen wird ein Ölstand erreicht, bei dem die Öffnung des Schwimmerventils etwa bevorsteht. Dieser Ausgleich der zurückgehaltenen Ölmenge verhindert das Absinken des Ölstandes im Verdichter.

34. Eine ständig heiße Ölrückführungsleitung deutet auf einen hängenden Schwimmer oder einen Fremdkörper zwischen Nadel und Düse hin. Die Folge ist ständiger Übertritt von Heißgas in das Kurbelgehäuse, wodurch Kälteleistungverlust eintritt, die Verdichtungsendtemperatur ansteigt und starke Ölaufheizung zu Triebwerksschäden führen kann. Eine zu große Ölfüllmenge im Verdichter kann zu gleichen Erscheinungen führen.

35. Da ein Ölabscheider keine vollständige Abscheidung des Ölnebels aus dem Druckgas erreichen kann, sind Saug- und Druckleitungen so zu gestalten, daß der Transport des nicht abgeschiedenen Öles gewährleistet ist.

36. Der Ölabscheider bewirkt durch seinen Strömungswiderstand einen Druckabfall, der leistungsmindernd wirkt.

Flüssigkeitsabscheider

37. Der Einbau eines Flüssigkeitsabscheiders in die Saugleitung vor dem Verdichter ist zweckmäßig, wenn flüssiges Kältemittel stoßartig oder in größeren Mengen in die Saugleitung gelangen kann. Diese Gefahr besteht z.B. bei überflutet arbeitenden Verdampfern, aber auch in Anlagen mit trockener Verdampfung, bei denen durch ihre Betriebsweise flüssiges Kältemittel aus dem Verdampfer austreten kann, wie z.B. bei der Heißgasabtauung.
Ein Flüssigkeitsabscheider schützt den Verdichter vor Flüssigkeitsschlägen, vor Ölverdünnung und Aufschäumen des Öles und damit vor Ölverschleppung.

38. Das Abscheiden der Flüssigkeit erfolgt durch Verringerung der Saugdampfgeschwindigkeit. Dadurch sammelt sich das flüssige Kältemittel am Boden des Abscheiders, verdampft durch Wärmeeinstrahlung und wird als Dampf im oberen Teil des Abscheiders abgesaugt. Das am Boden zurückbleibende Öl-Kältemittel-Gemisch wird durch eine im abgehenden Saugrohr-U-Bogen unten befindliche mit einem Feinsieb vor Verstopfung geschützte Schnüffelbohrung feindosiert abgesaugt.

39. Der heißgasbeheizte Flüssigkeitsabscheider wird bei tiefen Verdampfungstemperaturen eingesetzt. Er vermeidet bei tiefem Verdampfungsdruck eine starke Abkühlung des zurückgebliebenen Öles. Dadurch wird die Viskosität des Öles niedrig gehalten und die Ölabsaugung durch die Ölschnüffelbohrung ist gewährleistet.

40. Ein Muffler wird im Anschluß an ein parallel zur Kurbelwelle verlegtes flexibles Rohrleitungsstück der Druckleitung mit Hilfe zweier separater Abstützungen eingefügt. Er dämpft die aus den periodischen Hüben des Verdichters herrührenden Druckgaspulsationen (Heißgasschwingungen) durch mehrfache Umlenkung des Gasstromes.

41. Schalldämpfer müssen waagerecht oder in Flußrichtung senkrecht nach unten eingebaut werden, damit das abgeschiedene Öl nicht zum Zylinderkopf zurücklaufen kann.

Kühlwasserregulierventil

42. Das Kühlwasserregulierventil soll den Verflüssigungsdruck p_c konstant halten und verändert dementsprechend den Kühlwasserzufluß zum Verflüssiger. Nach dem Ausschalten des Verdichters läßt es zunächst noch Wasser durch den Verflüssiger strömen. Dadurch sinkt der Verflüssigungsdruck, wodurch das Ventil den Wasserdurchfluß absperrt.

Flüssigkeits-Saugdampf-Wärmeübertrager Siehe K 8.1.1, Technische Mathematik, Aufg. 7

Sammler

43. Der Sammler dient als Vorratsbehälter für flüssiges Kältemittel und gleicht den in den einzelnen Betriebsphasen unterschiedlichen Kältemittelbedarf aus. Er muß bei Reparaturen die gesamte Kältemittelfüllung aufnehmen können, ohne daß Flüssigkeitsdruck auftritt. Außerdem dient der Kältemittelsammler als Flüssigkeitsverschluß der abgehenden Flüssigkeitsleitung und zur Freihaltung der Verflüssigerfläche, wenn gewährleistet ist, daß das Kondensat frei in den Sammler abfließen kann.

44. Der stehende Sammler ermöglicht mit einer kleineren minimalen Füllmenge eine ausreichende Versorgung der abgehenden Flüssigkeitsleitung mit flüssigem Kältemittel. Durch die kleinere Flüssigkeitsoberfläche wird die Wärmeübertragung vom Sattdampf zur unterkühlten Flüssigkeit geringer, die Unterkühlung also nicht so stark rückgängig gemacht.

K 10 Regelung der Kälteanlage - Lösungen

K 10.1 Grundlagen der Regelungstechnik

1. Unter **Regeln** versteht man einen Vorgang, bei dem eine zu regelnde Größe erfaßt, fortlaufend mit einer Führungsgröße verglichen und in Abhängigkeit dieses Vergleichs der Führungsgröße angeglichen wird.
Unter **Steuern** versteht man das Einstellen einer bestimmten Größe.

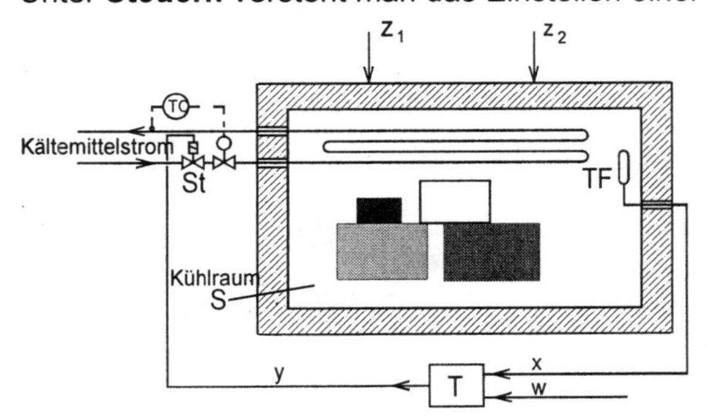

2. **Regelgröße x** (*Istwert*) ist die zu regelnde Größe, hier die Kühlraumtemperatur, die vom Temperaturfühler TF erfaßt wird.
Stellgröße y ist die Größe, mit der die Regelgröße beeinflußt werden kann, hier die Stellung des Magnetventils. Man kann auch sagen, die Stellgröße ist die Größe , mit der die Störeinflüsse bekämpft werden.
Störgröße z ist die Größe, die eine Regelung notwendig macht, weil sie die Regelgröße von ihrem Sollwert abweichen läßt. Störgrößen hier sind z. B. Einstrahlung, Warenbeschickung usw.
Führungsgröße w (*Sollwert*) ist ein vorgegebener Wert, dem die Regelgröße x angeglichen werden soll, in diesem Fall also die am Thermostaten T eingestellte gewünschte Kühlraumtemperatur.
Regelstrecke S ist der Teil der zu regelnden Anlage, in dem die Regelgröße konstant zu halten ist, hier der Kühlraum.
Das **Stellglied** ist das Organ innerhalb des Regelkreises, das einen Energie- oder Massenstrom steuert (hier den Kältemittelmassenstrom). Bei dieser Regelung ist das Stellglied ein Magnetventil.
Der Thermostat hat die Aufgabe, die Regelgröße durch gezielte Änderungen der Stellgröße an den gewünschten Sollwert anzugleichen, indem er den Kältemittelmassenstrom durch Schalten des Magnetventils ein- oder ausschaltet. Im Thermostat wird also die Regelgröße x (Kühlraumtemperatur) mit der Führungsgröße w (eingestellter Sollwert) verglichen.

3. Einstrahlung durch Wände, Decken, Boden, Abkühlung eingebrachter Ware, Atmungswärme, Wärme durch Luftwechsel, Personen, Hilfsmaschinen, Beleuchtung, Abtauen.

4.

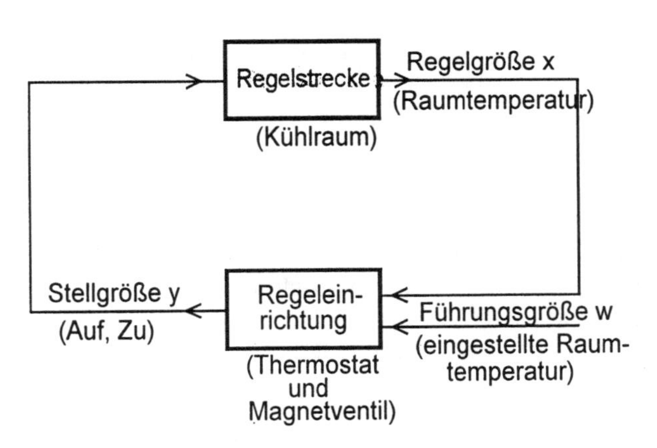

Das Signalflußbild zeigt einen geschlossenen Wirkungskreislauf, in dem die zu regelnde Größe als wirkende Größe auftritt, also liegt eine Regelung vor.

5. Bei einer unstetigen Regelung führt ein stetiges (gleichmäßig sich änderndes) Eingangssignal zu einem unstetigen (sprunghaften) Ausgangssignal. Bei einer stetigen Regelung ergibt ein stetiges Eingangs- ein stetiges Ausgangssignal.

6. Es handelt sich um eine unstetige Regelung, weil die stetig sich ändernde Fühlertemperatur zu einem sprunghaft sich ändernden Ausgangssignal (Kältemittelmassenstrom ein/aus) führt.

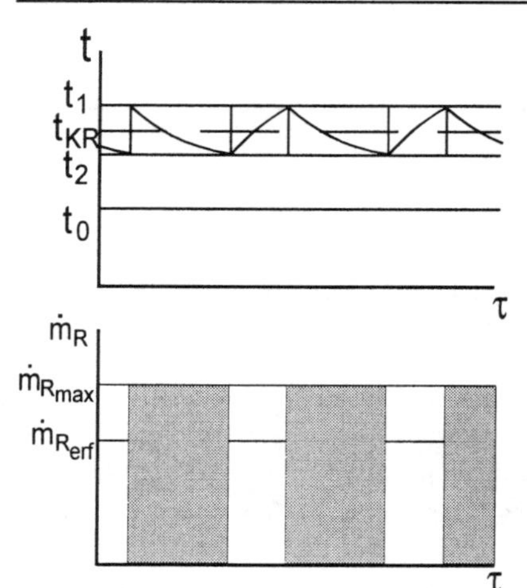

7. Wenn die Kühlraumtemperatur den Wert t_1 erreicht hat, schaltet der Thermostat das Magnetventil auf "Auf", die Temperatur sinkt. Bei Erreichen des unteren Wertes t_2 schaltet der Thermostat erneut ("Zu") und die Kühlraumtemperatur steigt wieder an. Solange das Magnetventil geöffnet ist, fließt der maximale Kältemittelmassenstrom. Da dieser größer ist als der erforderliche, würde der Kühlraum zu sehr abkühlen, und der Thermostat muß abschalten.

8. Nachteil ist die ungenaue Regelung, z. B. läßt sich die Raumtemperatur so nur in einem Bereich von 2 bis 4 Kelvin konstant halten. Vorteile dagegen: geringer Preis, einfacher Aufbau, robust, fast wartungsfrei.

9. Vorteil: genauere Regelung, Nachteil: aufwendiger, höhere Kosten.

10. Die Bezeichnung Zweipunktregler ergibt sich aus der Tatsache, daß der Regler nur zwei Betriebszustände kennt, nämlich "An" und "Aus" bzw. "Auf" und "Zu", die Stellgröße also zwischen zwei Punkten springt, wodurch auch die Regelgröße zwischen zwei Grenzwerten schwankt.

11. Thermostate, Pressostate, Hygrostate, Schwimmerschalter.

12. Automatisches Expansionsventil, Thermostatisches Expansionsventil, druckgesteuerte Verflüssigungsdruckregler, Heißgasbypassregler .

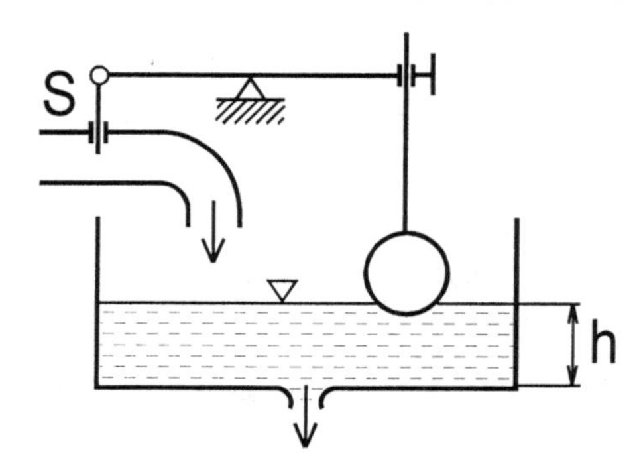

Füllstandshöhenregelung als Proportional-Regler

13. Bei dieser Regelung führt eine steigende Abflußmenge zum Absinken des Flüssigkeitsspiegels und damit zum weiteren Öffnen des Schiebers S und umgekehrt. Die Höhendifferenz des Flüssigkeitsspiegels (d.h. die Änderung der Regelgröße) ist der Änderung der Schieberstellung (d.h. der Änderung der Stellgröße) proportional - Proportionalregler (P-Regler). Damit aber eine Änderung der Schieberstellung entstehen kann, muß eine Flüssigkeitsstandänderung vorliegen, d.h., bei steigender Abflußmenge würde sich eine etwas ge-ringere Füllhöhe, bei sinkender eine etwas größere Höhe einstellen (bleibende Regelabweichung). Der P-Regler kann nur mit einer bleibenden Regelabweichung regeln.

14. Die Überhitzungsregelung am Verdampfer mittels TEV bildet ebenfalls einen Regelkreis.

K 10.2. Regelung in der Kälteanlage

1. a) Ein - Aus - Regelung (unstetig)
   b) Drehfrequenz-Verstellung mit Frequenzumformer (stetig)
   c) Drehfrequenz-Verstellung mit Polumschaltung (unstetig)
   d) Zylinderabschaltung (unstetig)
   e) Aufteilen auf mehrere Verdichter (Verbund) (unstetig)
   f) Heißdampf bypassen (stetig).

2. Der Heißgas-Bypass ist energetisch besonders ungünstig, weil der Verdichter bei reduzierter Kälteleistung mit voller Leistung weiterläuft. Der Überschuß wird durch den Bypass abgeleitet.

3.
   a) Die Ein-Aus-Regelung ist die preiswerteste, hat ca. 95 % Wirkungsgrad. Wegen der hohen Schalthäufigkeit entsteht aber starker Verschleiß, der die Lebensdauer des Verdichters herabsetzt. (Der Verdichterhersteller *Bock* läßt je nach Verdichtergröße max. 28 (kleine Verd.) - 10 (große Verd.) Schaltungen pro Stunde zu)
   b) Drehfrequenzverstellung mit Frequenzumformer ist eigentlich die eleganteste Methode, weil im Bereich von ca. 25 Hz bis 60 Hz mit 100 % Wirkungsgrad gearbeitet wird. Dem minimalen Verschleiß am Verdichter stehen die hohen Kosten gegenüber. Frequenzumformer sind leistungsmäßig nach oben begrenzt.

c) Die Polumschaltung ist eine preiswerte, einfache und sichere Regelung mit ca. 94 % Wirkungsgrad.

d) Auch die Zylinderabschaltung ist relativ preiswert, bedingt aber durch den geringeren Wirkungsgrad von ca. 86 % einen höheren Energieverbrauch.

4. Grenzen der Drehzahlabsenkung werden durch die Schmierung gesetzt. Unterhalb einer gewissen Drehzahl würde der Schmierfilm in den Gleitlagern nicht mehr ausreichen.

5. Dahlanderschaltung.

6. Überströmen des Kältemitteldampfes von der Druck- zur Saugseite, Schließen der Saugdampfbohrung, Abheben der Saugventilplatte.

7. Heißgasbypass von der Druck- zur Saugseite des Verdichters, Heißgasbypass von der Druck- zur Saugseite mit thermostatischer Nacheinspritzung, Kaltdampfbypass vom Sammler zur Saugseite des Verdichters, Heißgasbypass von der Druckseite des Verdichters in den Verdampfereingang.

8.

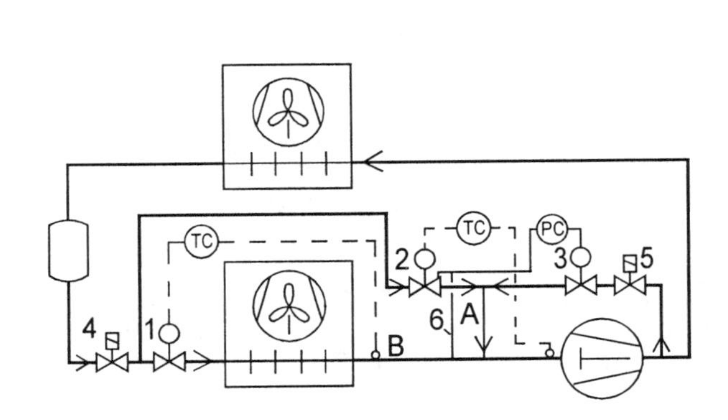

Heißgas-Bypass-Regelung - Variante A

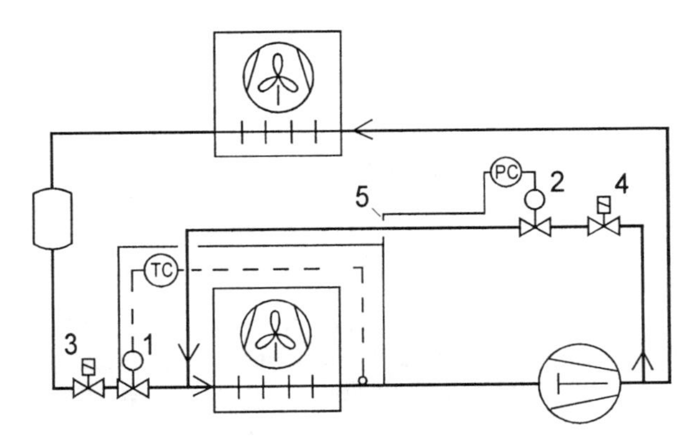

Heißgas-Bypass-Regelung - Variante B

a) A: Heißgas-Bypass von der Druckseite zur Saugseite mit thermostatischer Nacheinspritzung. B: Heißgas-Bypass von der Druckseite in den Verdampfereingang.

b) Sie haben die Aufgabe, die Verdichterleistung zu regeln bzw. einer gesunkenen Kälteanforderung anzupassen. Wenn weniger Wärme in den Verdampfer einströmt, schließt das TEV etwas weiter, dadurch sinkt der Verdampfungsdruck und damit der Druck am Verdichtereingang. Das Bypassventil öffnet, wenn ein bestimmter eingestellter Wert unterschritten wird, läßt Heißgas überströmen und hält so den Druck aufrecht (P-Regler). Der Verdichter schaltet nicht über ND-Wächter ab, schaufelt aber gewissermaßen Blindleistung. Bei A wird zusätzlich bei Bedarf durch ein thermostatisches Nacheinspritzventil Kältemittel eingespritzt, um die Sauggastemperatur nicht zu hoch werden zu lassen.

c) A: 1 - Thermostatisches Expansionsventil mit innerem Druckausgleich, 2 - Thermostatisches Nacheinspritzventil mit äußerem Druckausgleich, 3 - Heißgas-Bypass-Ventil, 4 - Magnetventil (Flüssigkeitsleitung), 5 - Magnetventil (Bypass), 6 - Druckausgleichsleitung
B: 1 - Thermostatisches Expansionsventil mit äußerem Druckausgleich, 2 - Heißgas-Bypass-Ventil, 3 - Magnetventil (Flüssigkeitsleitung), 4 - Magnetventil (Bypass), 5 - Druckausgleichsleitung

d) Regelgröße ist jeweils der Druck am Verdichtereingang (Saugdruck).

e) Das thermostatische Nacheinspritzventil überwacht die Sauggastemperatur. Wird sie zu hoch, kommt es zur Einspritzung flüssigen Kältemittels, das sich mit dem Heißgas vermischt und die Temperatur senkt. In Leitung A fließt dann ein Gemisch aus Heißgas und verdampfender Kältemittelflüssigkeit, in B natürlich Saugdampf.

f) B hat den Vorteil, daß es nicht so leicht zu Ölrückführungsproblemen aus dem Verdampfer kommen kann. Bei A sinkt der Massenstrom (und damit die Strömungsgeschwindigkeit) im Verdampfer evtl. so stark ab, daß die Ölrückführung nicht mehr gewährleistet ist, bei B reagiert das Thermostatische Expansionsventil auf die durch das Heißgas hervorgerufene größere Überhitzung mit größerem Massenstrom, so daß die Strömungsgeschwindigkeit nicht so stark sinkt.

g) Die Anlagen lassen sich nur absaugen, wenn das Magnetventil in der Bypassleitung geschlossen ist, da sonst das Bypass-Ventil öffnen würde, um den Saugdruck aufrecht zu erhalten.

h) Leitung A soll schräg gegen die Strömungsrichtung von Leitung B einmünden, um eine gute Durchmischung der beiden Medien zu erzielen.

9. Regelung A verhindert, daß der Verdampfungsdruck (und damit die Verdampfungstemperatur) unter einen eingestellten Wert sinkt. Der vom Eingangsdruck gesteuerte Regler öffnet bei steigendem bzw. schließt bei fallendem Druck.
Regelung B schützt den Verdichter vor zu hohem Saugdruck, z. B. nach längeren Betriebspausen oder Abtauphasen (Startregelung). Der vom Ausgangsdruck gesteuerte Regler öffnet erst, wenn der Saugdruck auf den eingestellten maximalen Wert gefallen ist (heute vielfach durch MOP-Ventil ersetzt).

10. a) Das Konstantdruckventil dient hier als Verdampfungsdruckregler. Es wirkt gewissermaßen als Drossel und hält so im Verdampfer 1 die höhere Verdampfungstemperatur von 0 °C aufrecht, obwohl der Verdichter einen Saugdruck erzeugt, der - 10 °C entspricht.
b) Das Rückschlagventil in der Saugleitung des Verdampfers mit der tieferen Temperatur hat die Aufgabe, zu verhindern, daß im Stillstand Kältemittel zum kälteren Verdampfer strömt.

11. Bei größeren Leistungen werden nicht direkt-, sondern pilotgesteuerte Ventile eingesetzt. Bei einem pilotgesteuerten Ventil wird das Hauptventil von einem Pilotventil über eine Pilotleitung angesteuert.

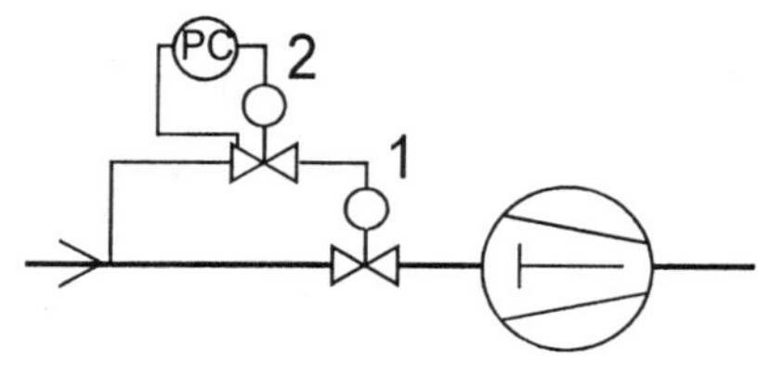

Pilotgesteuerte Verdampfungsdruckregelung (1 Hauptventil, 2 Pilotventil)

12.

Wassergekühlte Verflüssiger:	Kühlwasserregler (stetig) (vgl. K 9, Aufg. 42)
Luftgekühlte Verflüssiger:	Luftstromregelung durch Schalten von Ventilatoren (unstetig) Luftstromregelung durch Verstellen von Klappen (stetig) Luftstromregelung durch Drehzahlverstellung der Ventilatoren (stetig) Anstauen von Kältemittel (stetig).

13. Zu hoher Verflüssigungsdruck: erfordert mehr Leistung des Antriebsmotors, senkt die Kälteleistung des Verdichters, belastet den Verdichter thermisch und mechanisch höher, kann das Drosselorgan aus seinem Regelbereich treiben. Zu niedriger Verflüssigungsdruck: vermindert die Durchflussleistung des Drosselorgans und damit die Verdampferleistung.

14. Alle Bauteile der Kälteanlage sind für bestimmte Betriebsbedingungen ausgelegt. Insbesondere die Leistung des thermostatischen Expansionsventils hängt stark von der Druckdifferenz zwischen Eintrittsdruck (p_c) und Austrittsdruck (p_0) ab. Wenn p_c stark absinkt, fließt weniger Kältemittel in den Verdampfer, als der Verdichter absaugt. Der Druck im Verdampfer fällt und es kann zur ND-Abschaltung wegen Kältemittelmangel kommen.

15. Anwendung bei Wärmerückgewinnung, Winter-Sommer-Regelung. Durch Anstauen flüssigen Kältemittels im Verflüssiger verringert sich dessen zur Wärmeübertragung verfügbare Fläche. Nach der Gleichung $\dot{Q}_c = A \cdot k \cdot \Delta T_m$ wird also, da A kleiner wird, ΔT_m ansteigen, und da die Temperatur des Kühlmittels (Luft) davon unberührt bleibt, wird t_c ansteigen, damit also auch p_c.

16. a) Der HP-Regler verhindert ein zu starkes Absinken des Verflüssigungsdruckes.

b) Wenn der Verflüssigungsdruck unter einen fest eingestellten Wert (entsprechend t_c = 30 °C) sinkt, wird der Durchgang vom Verflüssiger (engl. Condensator) zum Sammler (Receiver) gedrosselt, so daß Kältemittel im Verflüssiger angestaut wird und p_c nicht weiter abfällt.

c) Im selben Maße wie der Durchgang C - R gedrosselt wird, öffnet B - R und hält den Sammler unter genügend hohem Druck.

d) Kältemittelfüllmenge und Sammler einer so geregelten Anlage müssen so viel größer bemessen sein, daß trotz Anstauens noch genügend Kältemittel im Sammler vorliegt bzw. bei entleertem Verflüssiger im Sammler ausreichend Raum für das Kältemittel vorhanden ist.

e) Eine vergleichbare Verflüssiger-Konstantdruck-Regelung läßt sich mit einem Konstantdruckventil (1) in der Kondensatleitung und einem Rückschlagventil (2) in einem Bypass zum Verflüssiger erzielen:

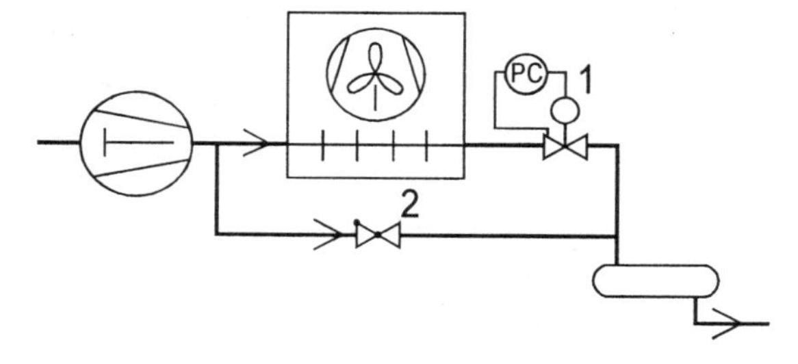

(2) kann auch ein weiteres Konstantdruckventil (Sammlerdruckregler) sein

Verflüssigungsdruckregelung mit Bypass zum Sammler zum Aufrechterhalten des Sammlerdrucks

17. Ein Thermostat (Temperaturschalter) ist ein temperaturgesteuertes Schaltgerät, das abhängig von der Temperatur seines Fühlers einen elektrischen Kontakt öffnet oder schließt. - Beispiele:

Raumthermostat:	schaltet den Verdichter oder das Magnetventil (Abpumpschaltung) abhängig von der Raumtemperatur.
Verdampferthermostat:	steuert Kältemaschinen mit Kapillarrohr-Einspritzung bzw. automatischem Expansionsventil, um zu verhindern, daß flüssiges Kältemittel zum Verdichter gelangt.
Lüfternachlauf-Thermostat:	schaltet den Verdampferlüfter beim Abtauen durch Lüfternachlauf.
Verdampferlüfterverzögerungs-Thermostat	schaltet den Verdampferlüfter nach dem Abtauen beim Kühlen verzögert ein, damit keine Wassertröpfchen in den Raum geblasen werden.
Abtaubegrenzungs-Thermostat:	beendet die Abtauperiode bei elektrischer oder Heißgasabtauung.

18. Bei der Plazierung der Fühler für o.a. Thermostate ist zu beachten:

Raumthermostat:	Plazierung des Fühlers nicht direkt in Türnähe, Lampennähe oder im Luftaustritt des Verdampfers.
Verdampferthermostat:	Fühler mit gutem metallischen Kontakt am Verdampferrohr im letzten Drittel des Verdampfers, damit die Überhitzung genügend groß bleibt (Flüssigkeitsschläge).
Lüfternachlauf-Thermostat:	Fühler im Verdampfer an der Stelle mit dem höchsten Reifansatz.
Verdampferlüfterverzögerungs-Thermostat	Fühler im letzten Drittel des Verdampfers, damit auch die letzten Wassertröpfchen anfrieren.
Abtaubegrenzungs-Thermostat:	Fühler im Verdampferpaket an der Stelle, die zuletzt abtaut.

19. An der Skala des Temperaturwächters sind einzustellen:

Bereichsskala:	Einschalttemperatur	→ -16 °C
Differenzskala:	Schaltdifferenz	→ 4 K

Bei steigender Temperatur steigt der Fühlerdruck, das Wellrohr schiebt den Kontakt nach oben, der Verdichter muß also über Kontakt 4 (ein)geschaltet werden.

20. Ein **Pressostat** (Druckschalter) ist ein druckgesteuertes Schaltgerät, das abhängig von dem ihm durch die Impulsleitung zugeführten Druck einen elektrischen Kontakt öffnet oder schließt.

21. Zwischen Kältemittelkreislauf und Sicherheitseinrichtung dürfen nach VBG 20 keine Absperreinrichtungen eingebaut sein, die Pressostaten müssen also stets in direkter Verbindung zum Kältemittelkreislauf stehen (Ausnahmen davon s. K 12, Frage 10). Nach DIN 8975, Teil 6 sind derartige Sicherheitseinrichtungen mit Leitungen von mindestens 4 mm Innendurchmesser anzuschließen. Die Anschlußleitungen sind so zu verlegen, daß die Messung nicht durch einfließendes Öl verfälscht wird.

22. Ein Bruch des äußeren oder inneren Wellrohrs führt zu vorgezogener Verdichterabschaltung. Dadurch erfüllen diese Druckschalter die Anforderung an Sicherheitsdruckwächter, auch bei Wellrohrbruch noch sicher abzuschalten.

23. Der **Öldruckdifferenz-Pressostat** (Öldruck-Sicherheitsschalter) überwacht den zur Aufrechterhaltung der Schmierung nötigen Öldruck, der stets höher als der Saugdruck (im Kurbelgehäuse) sein muß. Sinkt die Differenz zwischen Öldruck und Saugdruck unter einen bestimmten Wert, schaltet der Öldruckdifferenz-Pressostat nach einer Zeitverzögerung den Verdichter ab. Der Anschluß erfolgt am Kurbelgehäuse (LP - Low Pressure) und an der Ölpumpe (HP - High Pressure).

24. 1. Kurzes Absinken der Druckdifferenz, was noch keinen Ausfall der Schmierung verursacht, führt nicht zum Abschalten des Verdichters. 2. Während des Anfahrvorgangs ist zunächst noch keine Druckdifferenz aufgebaut. Der Öldruckschalter würde hierbei sonst abschalten.

25. Ausfallen der Schmierung ist eine ernste Störung, deren Ursache es erst zu ermitteln gilt.

26. Schaltgeräte im Kältemittelkreislauf und ihre Schaltweisen:

Schaltgerät	reagiert auf	schaltet was?	wie?
Saugdruckwächter	bei fallendem Verdampfungsdruck p_0	Verdichter	Aus
Sicherheitsüberdruckwächter	bei steigendem Verflüssigungsdruck p_c	Verdichter	Aus
Verdampferlüfternachlauf-Thermostat	bei steigender Verdampfertemperatur	Verdampferlüfter	Aus
Verdampferlüfterverzögerungs-Thermostat	bei fallender Verdampfertemperatur	Verdampferlüfter	Ein
Abtautemperaturwächter bei Funktionsumschaltung	bei steigender Kondensattemp. in der Bypassltg. um das TEV	Umschalten des Vierwegeventils auf	Kühlen
Öldruck-Sicherheitsschalter (mit Zeitglied)	bei fallendem $p_{Öleff}$ nach Ablauf der Aufheizzeit des Bimetalls	Verdichter	Aus

27. Abtauen nach Zeitschaltuhr (nach festem Zeitplan) und Bedarfsabtauung.

28. Abtauungen nach Zeitschaltuhr, d.h. nach festem Plan, finden auch statt, wenn kein Bedarf (kein störender Reif) vorliegt. Sie kosten damit unnötig Energie und erwärmen den Kühlraum und das Kühlgut sinnlos. Bedarfsabtauungen sparen also Energie.

29. Wenn der Verdampfer zunehmend bereift, verschlechtert sich der Wärmeübergang an die Luft, sinkt seine Leistung, nimmt er weniger Wärme auf. Dadurch steigt einerseits die Kühlraumtemperatur (also auch t_{L1}), andererseits sinkt die Verdampfungstemperatur (t_0). Letztere wird durch den Fühler im Wärmeleitrohr des Verdampferpakets erfaßt. Die Temperaturdifferenz $\Delta t = t_{L1} - t_0$ wird also größer.
Darüber hinaus gestattet der Fühler im Verdampferpaket eine Aussage über den Abtauverlauf (s. Folgeaufgabe)

30. Verlauf B kennzeichnet großen Reifansatz, weil die Lufttemperatur längere Zeit bei 0 °C verharrte, d. h. daß hier längere Zeit latente Wärme zugeführt wurde (Schmelzen des Eises). Bei A hat offensichtlich nur eine dünne Reifschicht vorgelegen.
Die Länge der Abschmelzzeit wird vom Mikroprozessor registriert. In Abhängigkeit ihrer Länge wird entschieden, ob in festem Zeitabstand vorgegebene Abtauungen ausgelassen werden.

31. Ein **Hygrostat** dient zur Konstanthaltung der relativen Luftfeuchtigkeit. Er steuert Be- bzw. Entfeuchtungseinrichtungen.

32. Eine **Hygrotherm-Steuerung** besteht aus einem Hygrostaten und einem Thermostaten. Wenn z. B. im Winter wegen des geringeren Wärmeeinfalls und der damit verbundenen kürzeren Laufzeit des Verdichters ein Fleischkühlraum weniger entfeuchtet wird und das Fleisch durch Vermehrung hygrophiler Bakterien schmierig zu werden droht, schaltet der Hygrostat eine Heizung an, wodurch der Thermostat die Kältemaschine einschaltet, so daß beim nötig gewordenen Kühlen wieder entfeuchtet wird.

33. Ein **Niveauregler** ist ein Flüssigkeitsstand-Regler (Schwimmerregler). Beispiele: ND-Schwimmerregler als Niveauregler für überflutete Verdampfer/Abscheider, HD-Schwimmerregler als Abflußregler bei Anlagen mit nur einem Verflüssiger und einem Verdampfer, elektronischer Schwimmerschalter zum Betätigen des Magnetventils bei überfluteter Verdampfung mit von Hand eingestelltem Drosselventil.

K 11 Montage, Inbetriebnahme, Wartung und Entsorgung - Lösungen

1. Die Montage einer Kälteanlage besteht im Wesentlichen aus:

- Aufstellen der Komponenten
- Ausrichten
- Rohrleitungsmontage
- Montage der Schalt- und Regelgeräte
- Wärmedämmung
- Elektroinstallation
- Prüfung
- Inbetriebnahme

2. Unter Körperschall versteht man die Schallausbreitung in festen Stoffen, hier also die Übertragung der Schwingungen des Verdichters z. B. auf die Gebäudedecke, die Konsole.
Gegenmaßnahmen sind z. B.

- besondere Fundamente (nur bei großen Verdichtern)
- elastische Lagerung (Schwingmetallelemente, Federn)
- Unterlegen geeigneter Gummiplatten

3. Bei direktgekuppelten offenen Verdichtern muß die Verdichterwelle sorgfältig zur Antriebswelle ausgerichtet werden (fluchten), weil sonst Schäden durch Schwingungen auftreten. Bei riemengetriebenen Verdichtern sind die Wellen parallel auszurichten, damit keine Schäden an Riemen und Lagern verursacht werden. Bei unruhigem Lauf des Verdichters infolge einer Unwucht der Kupplung oder auch der Riemenscheibe wird meist die Wellenabdichtung in Mitleidenschaft gezogen, was zu Kältemittelverlusten führt.

4. Das Kupplungsspiel wird an drei um 120 ° versetzten Stellen mit einer Fühllehre gemessen. Die Messung ist in mehreren Stellungen der Kupplung zu wiederholen. Um zu gewährleisten, daß die beiden Kupplungshälften nicht nur parallel, sondern auch zentrisch laufen, sind sie mittels Haarlineal auszurichten. Mit einer feststehenden Meßuhr, die vorsichtig an den äußeren Umfang der sich drehenden Kupplungshälften herangeführt wird, kann festgestellt werden, ob die Kupplung "schlägt".

5. Auf die ordnungsgemäße Umkleidung des Riementriebes und des Verflüssigerlüfters bzw. der Kupplung durch Schutzgitter ist zu achten. Das Schutzgitter darf nur mit Hilfe von Schraubenschlüsseln abnehmbar sein.

6. Durch die Schaufelkrümmung der Lüfterflügel wird die Drehrichtung vorgegeben. Beim Anschluß des E-Motors muß auf die Drehrichtung geachtet werden.

7. Der Abstand des Verflüssigers von der Wand muß mindestens 20 cm betragen.
Wenn möglich, ist bei größeren Einheiten ein Abluftkanal vom Verflüssiger ins Freie zu führen. Es ist für genügend Frischlufteintritt zum Maschinenaufstellungsort zu sorgen, da sonst die entstehende Raumtemperatur für die Kühlung des Verflüssigers nicht mehr ausreicht.
Staubige, dem Witterungseinfluß und direkter Sonnenbestrahlung ausgesetzte Plätze sind für das Aufstellen von Verflüssigungssätzen ungeeignet.
Es muß möglich sein, den Verflüssiger auf eine einfache Weise durch Abbürsten zu reinigen.
Die Richtung der Kühlluft ist so zu wählen, daß die gesamte Verflüssigerfläche wirksam wird. Bei quadratischer Kühlfläche sollte die Luft durch den Verflüssiger gedrückt werden, bei länglicher Bauform ist die Luft durch den Verflüssiger zu saugen, wobei die Anbringung von Luftleitblechen vorteilhaft ist.

8. Die einfache Reinigung der wasserführenden Rohre von einer Seite des Verflüssigers muß gewährleistet sein. Bei Platzmangel kann evtl. das Einführen der Reinigungsbürste durch einen Mauerdurchbruch ermöglicht werden.
Grundsätzlich ist die Kühlwasserleitung so zu verlegen, daß die Wasserrohre des Verflüssigers auch während des Stillstandes der Kältemaschine gefüllt bleiben, um die Korrosionswirkung einwirkender Luft zu vermeiden. Aus Gründen der besseren Unterkühlung des verflüssigten Kältemittels ist der Wassereintritt stets unten und der -austritt oben anzuordnen.
Wird das Kühlwasser durch eine Pumpe gefördert, so muß die Zuleitung höher als der Verflüssiger verlegt werden oder vor dem Eintritt in den Verflüssiger eine Schleife erhalten, um den Rückfluß des Wassers durch die Pumpe zu verhindern. Einfacher ist es, in die Zuleitung eine zuverlässige Rück-schlagklappe zu montieren.

Der Anschluß automatisch arbeitender Kälteanlagen an die Wasserleitung soll durch einen flexiblen Wasserschlauch von ca. 20 cm Länge erfolgen, um die bei schwankendem Wasserdruck durch das automatisch arbeitende Wasserregulierventil verursachten sogenannten Wasserschläge zu kompensieren. Die Schwingungen, die dabei entstehen, pflanzen sich bei starrem Anschluß im Leitungsnetz fort und erzeugen störende Geräusche.

9. Am Aufstellungsort ist für ausreichende Be- und Entlüftung zu sorgen.
Bei Ammoniak-Kälteanlagen ist die Abluftöffnung oben im Maschinenraum anzuordnen, die Zuluft tritt in Fußbodennähe ein. Alle anderen gebräuchlichen Kältemittel erfordern einen Luftaustritt unten und einen Lufteintritt oben.
Transport und Demontage der Verdichter müssen auch im kleinsten Maschinenraum möglich sein. Hebezeuge müssen angebracht werden können, sofern sie nicht stationär im Raum eingebaut sind.
Sämtliche Ventile der Kälteanlage sind so anzuordnen, daß sie ohne Unfallgefahr zugänglich sind. Dabei ist darauf zu achten, daß sich die Bedienungselemente in handlicher Lage befinden, um die insbesondere bei großen Ventilen erforderliche Kraftanstrengung zu verringern.
Bei den nachträglich auszuführenden Isolierarbeiten der kalten Rohrleitungen ergeben sich oftmals schwierig zugängliche Stellen und Wärmebrücken. Der notwendige Abstand zwischen den Rohren und den übrigen Gegenständen im Raum für das Anbringen der Isolierung ist einzuhalten. Beim Bau der Anlage darf dieser Punkt vom Monteur nicht vernachlässigt werden.
Meßgeräte, Manometer und Thermometer sind so anzubringen, daß sie leicht ablesbar und auswechselbar sind.
Zugangswege sind freizuhalten.
Die Wärmeabgabe der aufgestellten Kältemaschinen und Apparate mit den dazugehörigen Rohrleitungen beeinflußt die Raumtemperatur am Aufstellungsort. Die Auswahl der elektrischen Geräte und Motoren hat den unter Berücksichtigung der vorgesehenen Lüftung zu erwartenden Raumtemperaturen Rechnung zu tragen.

10. Bei der Montage der Verdampfer mit Konsolen an der Wand oder Decke ist für eine ausreichende Befestigung mit Gewindestangen aus Polyamid zu sorgen.
Wärmebrücken sind unbedingt zu vermeiden !
Die Drehrichtung der Verdampferlüfter ist zu kontrollieren und beim elektrischem Anschluß zu berücksichtigen.
Die Tauwasserabflußleitung ist so kurz wie möglich zu halten und ausreichend zu bemessen. Bei Kühlräumen mit Raumtemperaturen kleiner 0 °C ist der Tauwasserabfluß zu beheizen (Schlauchheizung).
Das Einspritzorgan ist gut zugänglich zu montieren, insbesondere die Stellschraube des TEV.

11. Bei Tiefkühlräumen ist im Fußbodenbereich auf einen ausreichenden Unterfrierschutz zu achten. Dies kann bei einer Fertigteil-Tiefkühlzelle ein vorgeschriebener Abstand zwischen festem Fußboden und dem Boden der Tiefkühlzelle sein.
Bei großen Kühlhäusern mit betoniertem Fußboden wird eine Heizung im Fußbodenbeton verlegt, um Frostaufbrüche zu verhindern (Heizung elektr. oder mit anderem Wärmeträger).

12. Bei der Dachaufstellung von Verflüssigern ist bei
- luftgekühlten Verflüssigern, wie auch bei Außenaufstellung darauf zu achten, daß die Schallschutzbedingungen eingehalten werden (dies ist besonders dann wichtig, wenn in der Nähe bewohnte Gebäude vorhanden sind).
- wassergekühlten Verdunstungsverflüssigem, darauf zu achten, daß im Maschinenraum gut sichtbar der Hinweis angebracht wird, daß im Winterhalbjahr bei Außentemperarturen unter + 5 °C das Wasser abgelassen oder dem Wasser ein Gefrierschutzmittel zugemischt wird.

13. Variante B ist zu bevorzugen, weil der gezogene Trumm unten ist. Dadurch vergrößert sich der Umschlingungswinkel, wodurch der Schlupf verringert wird, der Wirkungsgrad steigt. Bei Variante A (gezogenes Trumm oben) wird der Umschlingungswinkel durch den schlaffen unteren Trum tendenziell verkleinert.

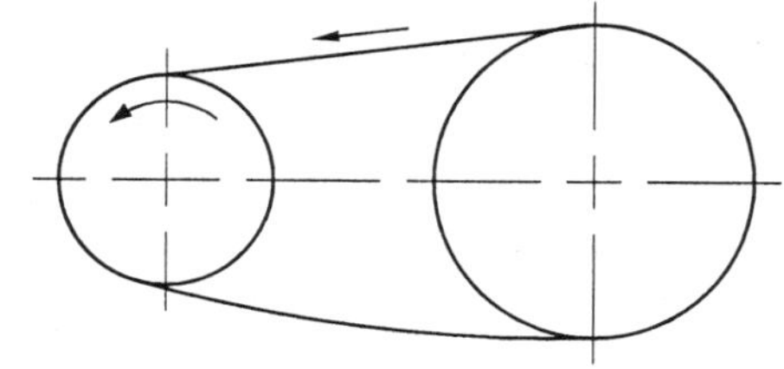

Riementrieb - Variante A

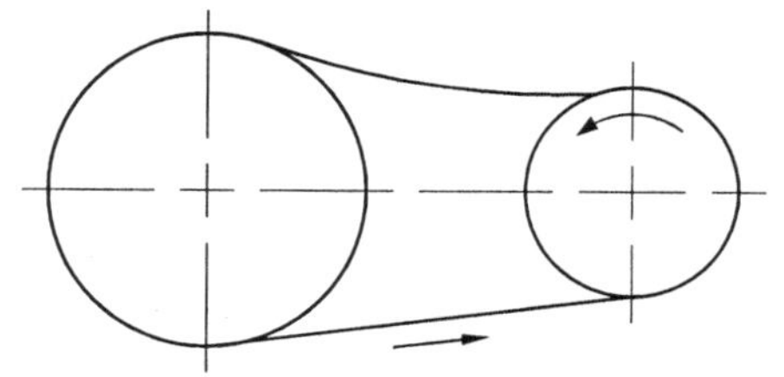

Riementrieb - Variante B

14. **Grundsätze der Leitungsführung**:

- keine Gassäcke in Flüssigkeitsleitungen
- keine Flüssigkeitssäcke in Gasleitungen
- Leitungen dürfen das freie Profil von Flucht- und Verkehrswegen nicht einschränken
- bei Kältemitteln der Gruppe 2 und 3 keine lösbaren Verbindungen in Verkehrsbereichen
- Sicherung gegen mechanische Beschädigung
- spannungsfreie Montage
- thermische Längenänderung darf nicht zu unzulässigen Spannungen führen
- Schutz gegen Wärmeeinfall
- möglichst kurze Leitungswege
- gute Zugänglichkeit, z. B. einschließlich Dämmung 100 mm Abstand zwischen Leitungen, 120 mm von Wänden, Decken
- Platz für Wärmedämmung berücksichtigen
- die Werkstoffe der Rohrleitungen müssen für das Kältemittel geeignet sein.

15. Bei der Verwendung von Flanschverbindungen ist darauf zu achten, daß die Flanschverbindung stets über Kreuz anzuziehen ist, um einen gleichmäßigen Anpreßdruck zu erhalten.
Bei der Verwendung von **glatten** Flanschen an unzugänglichen Stellen sind Dichtungen einzulegen, deren äußerer Durchmesser nur um die Schraubendicke kleiner ist, als der Schraubenkreisdurchmesser. Dadurch wird ein Verrutschen der Dichtung während des Zusammenbaues verhindert.

16. Bei Rohrdurchführungen durch Wände ist eine Berührung des Mauerwerkes zu vermeiden. Günstig ist es, den Wanddurchbruch mit einem Futterrohr zu versehen, durch das die Rohrleitung ohne Schwierigkeiten frei geführt werden kann. Der Zwischenraum zwischen Rohrleitung und Futterrohr ist ausreichend zu isolieren.
Bei allen Wanddurchbrüchen ist die mögliche Kondenswasserbildung zu berücksichtigen. Durch Schwitzwasser entstehen sehr leicht größere Schäden an den Wänden und der Raumisolierung. Rohrverschraubungen und Ventile dürfen nicht in der Isolierung liegen.

17. Bei weitverzweigten Rohrleitungssystemen und langen Rohrleitungen sollten in angemessenen Abständen in allen Leitungen Absperrventile angeordnet werden, um für die Wartung, den Service sowie den Störfall nur den Leitungsteil außer Betrieb nehmen zu können, in dem die entsprechenden Arbeiten ausgeführt werden müssen.

18. Die zu verbindenden Rohrleitungsenden müssen vor dem Verbinden „freiwillig" in der richtigen Position verharren, sind also entsprechend radial und axial auszurichten. Eine nicht spannungsfrei erstellte Verbindung neigt im Betrieb zu Undichtigkeiten und Bruch. Es ist in diesem Sinne unzulässig z. B. eine nicht fluchtende Flanschverbindung zunächst mit Gewalt in Position zu bringen, bevor die Schrauben eingebracht werden können.

19. In die Rohre eingedrungene Schmutzpartikel können zu Betriebsstörungen der Kälteanlage führen. Aus dem gleichen Grund sind fertiggestellte Rohrleitungsabschnitte vor Verschmutzung zu schützen. Auch sind bestimmte Grundsätze beim Verarbeiten der Rohre zu beachten, z. B. Löten unter Schutzgas. (Vgl. hierzu Band 1, S. 76, Nr. 28)

20. Prüfung der Druckfestigkeit (Druckprobe), Dichtheitsprüfung, Funktionsprüfung der Sicherheitseinrichtungen, Prüfung der Ordnungsgemäßheit der Gesamtanlage (Sichtprüfung), gegebenenfalls Schweißnahtprüfung.
Die Prüfung ist zu dokumentieren, die Prüfbescheinigung aufzubewahren.

21. Der mindest zulässige Betriebsüberdruck bestimmt sich durch 32 °C für die ND- und 55 °C für die HD-Seite (vgl. K 12, Aufg. 8). Laut Dampftabelle entsprechen dem 8,15 bar bzw. 14,9 bar (absolut!). Da gemäß VBG 20 die Sicherheitseinrichtungen so einzustellen sind, daß sie ein Überschreiten des zulässigen Betriebsüberdrucks um mehr als 10 % verhindern, ist eine Druckprobe mit p_e = 7,15 bar x 1,1 also ca. 8 bar (ND) bzw. p_e = 13,9 bar x 1,1 also ca. 15,3 bar sinnvoll. (DIN 8975, Teil 6 gibt den Faktor 1,0 an, EN 378 1,0 bis 1,3)
Zur Durchführung der Druckprobe sind erforderlich: Stickstoff (trocken) in Druckflasche, Druck-Reduzierstation, Druckmeßgerät, Lecksuchgerät, für die Standprobe (Dichtheit) auch Thermometer.

22. Grobe Undichtigkeiten (z. B. eine nicht richtig angezogene Verschraubung) lassen sich schon so erkennen, ohne Berstgefahr, mit geringem Stickstoffverlust.

23. Bei der Seifenblasenmethode werden die in Frage kommenden Stellen mit einer Seifenlösung benetzt. An Leckstellen bilden sich Blasen.
Bei der Halogenschnüffelmethode wird der Detektor eines elektronischen Lecksuchgeräts an die fraglichen Stellen gehalten. Ein Leck kann nur aufgespürt werden, wenn bei der Druckprobe ca. 10 % Kältemittel beigemengt werden. Diese Methode gilt als empfindlicher. Sie darf nicht bei den von der FCKW-Halon-Verbotsverordnung erfaßten Kältemitteln angewendet werden, weil das beigemengte Kältemittel in jedem Fall anschließend an die Atmosphäre abgegeben wird (vgl. Bd.1, K 6.3, Aufg. 31).

24. Falls die angegebenen Temperaturen auch für die Anlage selbst gelten (wovon man nicht immer ausgehen kann), ist die Anlage im Rahmen der Ablesegenauigkeit des Manometers dicht. Das beweist eine Kontrollrechnung (Gasgesetze):

$$p_2 = p_1 \cdot \frac{T_2}{T_1} = 21\,\text{bar} \cdot \frac{282\,\text{K}}{301\,\text{K}} = 19{,}67\,\text{bar} \Rightarrow p_{e2} = 18{,}67\ \text{bar} \cong 18{,}7\ \text{bar}$$

25. Durch das Evakuieren werden Fremdgase (Luft aus den Rohren, Stickstoff aus dem werksseitig damit geschützten Verdichter) und Feuchtigkeit entfernt.

26. Wenn der Druck in der Anlage unter den Sättigungsdruck des Wassers bei Umgebungstemperatur gesenkt wird, beginnt Wasser zu sieden und wird dampfförmig abgesaugt. Der Sättigungsdruck ist temperaturabhängig und beträgt z. B. bei 20 °C p_{DS} = 23,37 hPa (Dampftabelle H_2O). Voraussetzung ist also, daß die Vakuumpumpe in der Lage ist, den erforderlichen Druck zu unterschreiten.

27. **Grundregeln beim Evakuieren**:

- Druckabfall zwischen Vakuumpumpe und Anlage minimieren: Saugschlauch kurz und ausreichend groß, nicht über Schraderventil absaugen; bei Kapillarrohranlagen zweiten Evakuierungs-anschluß am Filtertrockner vorsehen
- Vakuummeter möglichst weit vom Anschluß der Pumpe an die Anlage installieren, damit der Druck in der Anlage, nicht an der Pumpe gemessen wird
- Anlage bzw. zu evakuierende Teile möglichst warm halten (hoher Partialdruck des Wasserdampfes)
- Druckwächter nicht mit evakuieren, da die Membran durch den Unterdruck verformt werden kann
- Absolut-Vakuummeter verwenden oder bei Relativ-Vakuummeter den aktuellen Luftdruck berücksichtigen (vgl. Bd. 1, K 2.1.3, Aufg. 20 - 22)
- Vakuumpumpe regelmäßig prüfen, rechtzeitig Öl wechseln
- Endvakuum mindestens 1 hPa in der Anlage

28. Die Anlage ist entweder undicht oder der Luftdruck ist um 4 hPa gesunken. Auch eine Überlagerung aus Undichte und Luftdruckänderung ist möglich. Der durch eine Temperaturänderung hervorgerufene Druckunterschied (in Aufg. 12 ca. 6 %) spielt bei diesem geringen Absolutdruck keine Rolle mehr.
Kritik: Wenn bei Verwendung eines Relativ-Vakuummeters nicht der aktuelle Luftdruck berücksichtigt wird, ist die Trocknung nicht sicher (bei z. B. p_a = 1022 hPa beträgt der absolute Druck in der Anlage in diesem Fall $p_{abs} = p_e + p_a$ = - 999 hPa + 1022 hPa = 21 hPa; Wasser von 18 °C würde erst bei Absenkung unter p = 20,62 hPa verdampfen).
Das Beispiel zeigt außerdem, daß eine Vakuumstandprobe mit Relativ-Vakuummeter ohne Berücksichtigung des Luftdruckes (Barometer) wenig aussagekräftig ist.

29. Nur ein Druckanstieg von unter 1 hPa in 24 h kann je nach Anlagengröße akzeptiert werden. Dabei gilt: je größer die Anlage, desto kleiner der noch zu akzeptierende Druckanstieg.

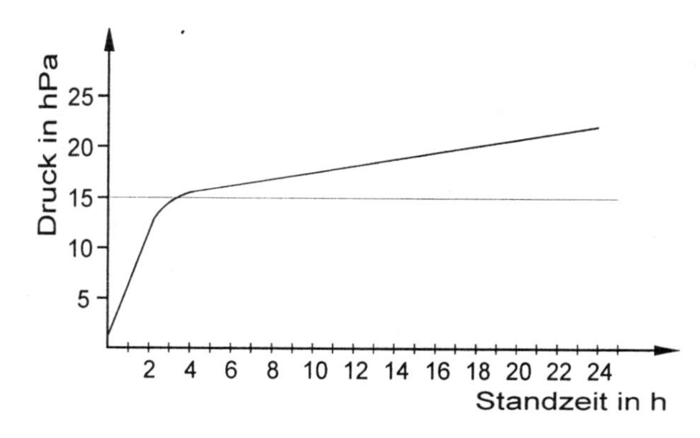

30. Die Anlage ist wasserhaltig und undicht. Der Druck ist zunächst relativ schnell auf den zu 13 °C gehörigen Wasserdampfdruck von 15 hPa gestiegen (Wasser ist teilweise verdampft). Anschließend ist der Druck langsamer weiter gestiegen. Der Anstieg um 6 hPa in 20 h ist aber inakzeptabel und als Undichtigkeit zu werten. Der Kurvenverlauf weist auf ein schwer zu findendes kleines Leck hin. Die Druckprobe muß evtl. wiederholt werden.

31.

Fall 1: stark undicht → erneute Lecksuche, Druckprobe; Beachte: es können mehrere kleine Lecks vorliegen.

Fall 2: wasserhaltig, aber dicht → Trocknung fortsetzen.

Fall 3: trocken und dicht → Anlage fertig zum Befüllen.

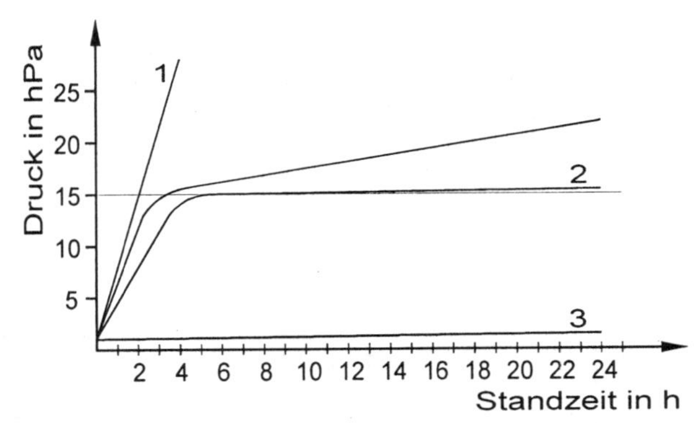

32. Die Verdichter sind werksseitig sorgfältig getrocknet und druckgeprüft. Ein Verbinden mit dem noch Luft enthaltenden System würde zu Feuchtigkeitsaufnahme des Öls führen. Dies gilt besonders für die bei modernen HFKW erforderlichen Esteröle.

33. Es wird nicht einmal und längere Zeit auf Enddruck evakuiert, sondern nach Erreichen von ca. 10 hPa das Vakuum mit trockenem Stickstoff gebrochen (auf 1 bar), anschließend erneut evakuiert bis auf 1 hPa. Wegen der guten Feuchtigkeitsaufnahme des trockenen Stickstoff ist diese Trocknung effektiver.

34. Mögliche Ursachen sind
- eine Undichte in der Anlage
- Wasser (Druck sinkt nur bis zum Haltepunkt = p_{DS})
- Öl hat zu viel Kältemittel absorbiert (Ölheizung?)
- Vakuumpumpe überholungsbedürftig oder zu klein relativ zur Anlage

35. Thermostate, Druckwächter, Schaltuhr, Zeitglieder, Überstromrelais, Drehrichtung des Motors, der Lüftermotoren, ggf. Riemenspannung prüfen, Kühlwasserregler, Abtau- und Ölheizung, Öldrucksicherheitsschalter.

36. Als Erfahrungswerte des Anteils von flüssigem Kältemittel werden folgende Werte angegeben:

Bauteil	**Anteil des flüssigen Kältemittels**
luftgekühlte Verflüssiger	50 % bis 60 %
luftgekühlte Verflüssiger bei Anstauregelung	100 %
wassergekühlte Verflüssiger	30 % bis 40 %
Verdampfer mit Trockenexpansion (Vollast)	20 % bis 25 %
Verdampfer mit Trockenexpansion (Teillast 25 %)	35 % bis 40 %
Verdampfer überflutet	80 % bis 90 %

37. Bei der Entspannung des Kältemittels auf den extrem niedrigen Druck (von evtl. unter 1 hPa) entstehen derart tiefe Temperaturen, daß es zu Materialrissen kommen kann.

38. Das Füllen mit flüssigem Kältemittel in den Sammler erfolgt vor allem bei größeren Füllmengen. Nicht azeotrope Kältemittelgemische (vgl. Bd. 1, S. 115, Nr. 29) müssen flüssig befüllt werden, weil die Dampfphase eine von der Flüssigkeit abweichende Zusammensetzung hat.
Kleine Kälteanlagen werden meist dampfförmig in den Seitenanschluß des Saugabsperrventils befüllt.

39. Verdampfungstemperatur t_0, Kühlraumtemperatur t_{KR}, Sauggastemperatur t_{V1}, Verflüssigungstemperatur t_c, Umgebungstemperatur t_a bzw. Kühlwassertemperaturen t_{W1}, t_{W2}, Druckgastemperatur t_{V2}, Öltemperatur. Die Dokumentation dieser Daten erleichtert eine spätere Fehlersuche bei Störungen.

40. Bei Verdichtern mit Leistungsregelung durch Frequenzumrichter kann es bei bestimmten Dreh-zahlen zu Schwingungen durch Resonanz kommen. Diese kritischen Drehzahlen müssen bei Inbetriebnahme ermittelt und am Frequenzumrichter ausgeblendet werden. Sie werden dann im Betrieb überfahren, damit es nicht zu Schäden am Rohrleitungssystem und am Verdichter kommt (z. B Abriß von Leitungen).

41. Kälteanlagen unterliegen einem Verschleiß (nur Haushaltskühlgeräte gelten als wartungsfrei). Regelmäßige Inspektion beugt Schäden vor und dient der wirtschaftlichen Betriebsweise.

42.
- Kontrolle der Anzeigegeräte, Regler und Sicherheitsschalter,
- Ölstands- und Öldruckkontrolle, Ölprüfung, ggf. Wechsel

- Dichtheitsprüfung
- Reinigungsarbeiten (z. B. Verflüssiger)
- Wechsel der Arbeitsventile bei größeren Hubkolbenverdichtern
- u.a.

43.

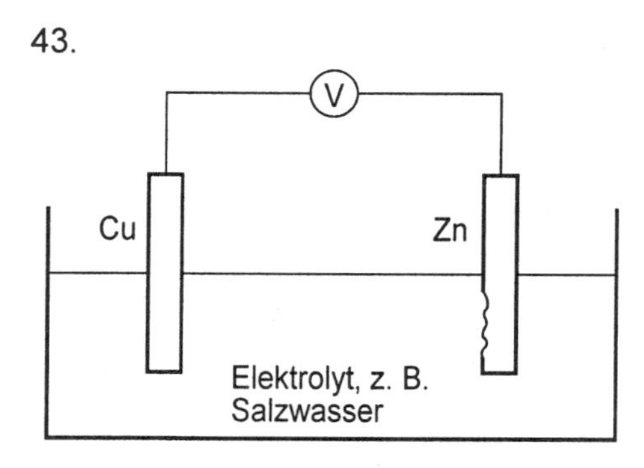

Galvanisches Element

Elektrochemische Korrosion kann auftreten, wenn verschieden edle Metalle ein galvanisches Element bilden (Anwesenheit eines Elektrolyten, elektr. leitende Verbindung), wobei das unedlere Metall zerstört wird.
Die Abb. zeigt ein galvanisches Element aus Kupfer und Zink. Das unedlere Metall, hier Zink, geht in Lösung. Entsprechend ihrem Lösungsverhalten lassen sich die Metalle in einer **Spannungsreihe der Metalle** ordnen.

44. Das Normalpotential gegenüber Wasserstoff der genannten Metalle beträgt von edel zu unedel:

vom edleren → zum unedleren					
Cu	Sn	Fe	Zn	Al	Mg
+ 0,34 V	- 0,14 V	- 0,44 V	- 0,76 V	-1,66 V	- 2,40 V

45. Die Opferanode besteht aus einem unedlen Metall (meist Magnesium). Sie verhindert die Zerstörung des Behälters durch elektrochemische Korrosion, indem sie selbst als der unedlere Teil des elektrochemischen Prozesses in Lösung geht.

46. Bei Anwesenheit eines Elektrolyten, z. B. Regenwasser, kann es zur Bildung eines galvanischen Elements kommen (Kontaktkorrosion). Das unedlere Aluminiumniet wird zerstört, die Verbindung lockert sich.

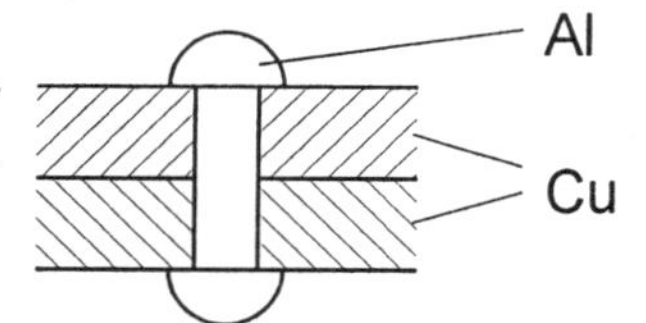

47. **Kavitation** (Hohlsog) ist die Bildung und anschließende schlagartige Kondensation von Dampfblasen in strömenden Flüssigkeiten. Bei Kreiselpumpen (Kühlwasserpumpen, Kälteanlagen mit Pumpenumlaufbetrieb) kann es in der Nähe der Eintrittskanten der Laufradschaufeln durch Absinken des statischen Drucks zu Dampfblasenbildung kommen. Wenn der Druck wieder ansteigt, fallen diese Blasen in sich zusammen, wobei winzige, scharf gebündelte Flüssigkeitsstrahlen mit hoher Geschwindigkeit entstehen. Diese Mikrostrahlen können Metalle zerstören (porige Anfressungen, Zerstörung).

48. Unter **Kupferplattierung** versteht man die Ablagerung von Kupfer vornehmlich an bewegten Eisenteilen innerhalb des Verdichters, z. B. Lagern, Ventilen, Kolben. Mit zunehmender Schichtdicke wird nicht nur das Lagerspiel verringert, sondern auch die Schmierung behindert. Ausfall des Verdichters ist die Folge.

49. Die Kupferabscheidung steigt mit zunehmendem Ölharzgehalt und steigender Temperatur. Wasser und Verunreinigungen fördern die Ölharzbildung im Kältemittelkreislauf. Verwendung hochwertigen Öls, Ölkontrolle, ggf. Ölwechsel, saubere Montage (Flußmittel sparsam verwenden), sorgfältige Trocknung der Anlage, Filtertrocknerwechsel, regelmäßige Reinigung des Verflüssigers [t_{V2} (!)] beugen also der Kupferplattierung vor.

50. **Hydrolyse** bedeutet allgemein die Spaltung eines Moleküls durch Reaktion mit Wasser. Esteröle können im Kältemittelkreislauf bei Anwesenheit von Feuchtigkeit zu Teilestern zerlegt werden. Diese Partialester sind schädlich (keine Schmierwirkung, Korrosion).

51. System reinigen, frisches Öl, Saugleitungsfilter (Burn-out-Filter) montieren, Säuretest des Öls...

52. Kältemittel sortenrein absaugen, damit es dem Recycling zugeführt werden kann.
Öl von halogenhaltigen Kältemitteln kann nicht wiederaufgearbeitet werden (ist kein normales Altöl) und ist zu entsorgen (Fachbetrieb).

K 12 Sicherheitstechnische Bestimmungen - Lösungen

Im Zusammenhang mit diesem Thema wird auf das Kapitel **K 6.3 Sicherheit beim Umgang mit Kältemitteln, Umweltschutz** in Band 1 dieses Werkes, S. 51 ff. verwiesen.

1. Unfallverhütungsvorschrift VBG 20, DIN 8975, Druckbehälterverordnung.

2. Kälteanlagen arbeiten mit Kältemitteln, die in einem geschlossenen Kreislauf zirkulieren und durch Verdampfen Wärme aufnehmen, die sie nach Druckerhöhung durch Verflüssigen abgeben.
Bei Kühleinrichtungen wird die Kälteleistung entweder durch Kälteträger (vgl. K 13. 4) oder durch Änderung des Aggregatzustandes des Kühlmittels nicht im geschlossenen Kreislauf erbracht. Beispiele: Flüssiger Stickstoff (flüssige Luft, flüssiges Kohlenstoffdioxid) wird in einen Raum oder Apparat eingebracht und dort verdampft, Trockeneis (vgl. K 13.5).

3. Gruppe 1: Nicht brennbare Kältemittel ohne erhebliche gesundheitsschädigende Wirkung auf den Menschen, z. B. R 134a
Gruppe 2: Giftige oder ätzende Kältemittel oder solche, deren Gemisch mit Luft eine untere Explosionsgrenze von mindestens 3,5 Vol.-% hat, z. B. R 717 (Ammoniak, NH_3)
Gruppe 3: Kältemittel, deren Gemisch mit Luft eine untere Explosionsgrenze von weniger als 3,5 Vol.-% hat, z. B. R 170 (Ethan)

4.
Gruppe 1: R 404A, R 407C, R 507, R 744 (Kohlenstoffdioxid, CO_2)
Gruppe 2: R 32, R 143a, R 152a, R 764 (Schwefeldioxid, SO_2)
Gruppe 3: R 290 (Propan), R 600a (Isobutan)

5. VBG 20, § 5, Abs. 1:
1. Hersteller, Lieferer oder Importeur
2. Typ, Baujahr oder Erzeugnisnummer
3. Kältemittel
4. Füllgewicht in kg
5. zulässiger Betriebsüberdruck
6. Hinweis auf Eigensicherheit der Anlage, falls zutreffend
7. Warnzeichen W 01 „Warnung vor feuergefährlichen Stoffen“ bei Kältemitteln bzw. Kältemittelgemischen der Gruppe 3

6. VBG 20, § 5, Abs. 2: Bei Kälteanlagen, die folgende Füllmengen überschreiten: Gruppe 1 bis 10 kg, Gruppe 2 bis 2,5 kg Gruppe 3 bis 1 kg Füllmenge sind dies
1. Hersteller, Lieferer oder Importeur
2. Typ
3. Fabriknummer
4. Baujahr
5. Volumenstrom
6. Verdichterenddruck (Überdruck) in Bar
7. Drehzahl

7. Sicherheitseinrichtungen gegen Drucküberschreitung müssen so bemessen und eingestellt sein, daß in jedem Teil der Anlage eine Überschreitung des zulässigen Betriebsüberdrucks um mehr als 10 % verhindert wird. Sie sind gegen Änderung der Einstellung durch Unbefugte zu sichern, und dürfen gegenüber dem Kältemittelkreislauf nicht absperrbar sein (Ausnahme: Wechselventile und kleinere Anlagen, die bestimmte Füllmengen nicht überschreiten, vgl. VBG 20, § 7, Abs. 5).

8.
32 °C für die Niederdruckseite der Kälteanlage (Stillstandstemperatur)
43 °C für die Hochdruckseite der Kälteanlage, wassergekühlt
55 °C für die Hochdruckseite der Kälteanlage, luftgekühlt
63 °C für die Hochdruckseite der Kälteanlage unter erschwerten Bedingungen

Dies sind die für den üblichen Einsatz angenommenen Temperaturen. Die sich für das jeweilige Kältemittel ergebenden Sattdampfdrücke werden durch Aufrunden als zulässige Betriebsüberdrücke für die Bemessung der Kälteanlagenteile genormt. Sie sind in einer Tabelle in DIN 8975 Teil 1 aufgeführt.

9. Nach der Tabelle aus DIN 8975 Teil 1 gelten für die genannten Fälle folgende zulässige Betriebsüberdrücke:
a) Ammoniak, wassergekühlt - 16 bar
b) Propan, luftgekühlt - 19 bar.
Da maximal 10 % Drucküberschreitung erlaubt sind, ergeben sich für a) 17,6 bar, für b) 20,9 bar.

10. Nach VBG 20 § 7, Abs. 5 darf zwischen Kältemittelkreislauf und der Sicherheitseinrichtung gegen Drucküberschreitung eine Absperreinrichtung eingebaut sein, wenn entweder

durch das Betätigen der Absperreinrichtung zwangläufig andere gleichwertige Sicherheitseinrichtungen in Funktion gesetzt werden (sog. Wechselventile) oder

bei Anlagen mit Hubkolben-, Drehkolben-, Membran- und anderen Verdrängungsverdichtern, die in jeder absperrbaren Druckstufe jeweils mit nur einem bauteilgeprüften Sicherheitsdruckwächter als Sicherheitseinrichtung ausgerüstet sind,
- der Hubvolumenstrom der einzelnen Verdichter 50 m³/h nicht übersteigt und
- das Füllgewicht begrenzt ist (je nach Kältemittelgruppe: Gr. 1: 100 kg, Gr. 2: 25 kg, Gr. 3: 1 kg)

Diese betriebsmäßig nicht betätigbare Absperreinrichtung muß bestimmte Bedingungen erfüllen, nämlich in Offenstellung blockiert und mit einer Einrichtung und Plombe gegen unbefugtes Verstellen gesichert sein, wobei die Plombe die eindeutig identifizierbare Kennzeichnung eines Sachkundigen tragen muß.

11. Die Absicherung der Einstellung kann z. B. durch Verplombung oder durch Sicherungsblech erfolgen.

12. a) Ein bauteilgeprüfter Sicherheitsdruckwächter reicht aus, wenn der Hubvolumenstrom 50 m³/h nicht übersteigt und je nach Kältemittelgruppe bestimmte Füllmengen nicht überschritten werden, und zwar Gr. 1: 100 kg, Gr. 2: 25 kg, Gr. 3: 2,5 kg (gilt für alle Verdrängungsverdichter).
b) Außerdem darf kein absperrbarer Behälter, in dem Flüssigkeitsdruck auftreten kann, und kein Rohrleitungsabschnitt, der allseitig betriebsmäßig absperrbar ist und Kältemittel in nur flüssigem Zustand führen kann, vorhanden sein. Sind solche oder andere Anlagenteile vorhanden, in denen Flüssigkeitsdruck (z. B. Verdrängungspumpen) oder unzulässig hoher Druck durch Wärmeeinwirkung entstehen kann, benötigen sie eine separate Sicherheitseinrichtung.

13. Bei diesen Anlagenteilen ist eine Überströmeinrichtung oder ein Sicherheitsventil ohne Anlüfthebel oder eine Berstsicherung erforderlich (DIN 8975 Teil 7, Abschnitt 7.1.2.4)

14. Wenn das in der Gesamtanlage enthaltene Flüssigkeitsvolumen bei 20 °C mindestens 10 % ge-ringer ist als das absperrbare Volumen des Sammlers (Behälters), wird ein Auftreten von Flüssigkeitsdruck nicht angenommen.

15. R 134a-Flüssigkeit hat laut Dampftabelle bei 20 °C ein spezif. Volumen von 0,816 dm³/kg. 12 kg nehmen also ein Volumen von $V = m \cdot v = 12\,\text{kg} \cdot 0{,}816\,\frac{\text{dm}^3}{\text{kg}} = 9{,}792\,\text{dm}^3$ ein. Da dieses Volumen 90 % des Sammlervolumens überschreitet, müßte eine Sicherheitseinrichtung oder ein größerer Sammler vorgesehen werden. Dieser müßte mindestens ein Volumen von $\frac{9{,}792\,\text{dm}^3}{0{,}9} = 10{,}88\,\text{dm}^3$ besitzen.

16. Durch die Wärmeeinwirkung der elektrischen Abtauheizung kann der Kältemitteldampf im durch Magnetventil und Verdichter abgesperrten Raum (Verdampfer + Rohrleitung) einen Druck aufbauen (gemäß Gasgesetz, Druck proportional der Thermodynamischen Temperatur). Deswegen sind hier zwei Sicherheitseinrichtungen erforderlich, z. B. zwei Sicherheitstemperaturbegrenzer oder zwei Sicherheitsdruckbegrenzer oder ein Sicherheitstemperaturbegrenzer und ein anderer Grenzwertgeber (Zeit oder Druck), siehe DIN 8975, Teil 7, Abschnitt 7.5.2 .

17. a) ein gegendruckunabhängiges, bauteilgeprüftes Überstömventil, welches den effektiven Volumenstrom des Verdichters abblasen kann, und ein bauteilgeprüfter Sicherheitsdruckbegrenzer
b) zwei gegendruckunabhängige Sicherheitsdruckbegrenzer, davon mindestens einer nur mit Werkzeug rückstellbar, in Verbindung mit einer Überströmeinrichtung von der Druckseite in die Saugseite, in einen Auffangbehälter oder ins Freie.

18. Sicherheitsdruckwächter (DWK) verhindern eine Drucküberschreitung, indem Sie die Anlage abschalten und erst nach Druckabsenkung um die eingestellte Schaltdifferenz wieder einschalten. Sicherheitsdruckbegrenzer (DBK) schalten die Anlage ebenfalls ab, verriegeln aber gleichzeitig gegen selbsttätiges Wiedereinschalten. Sie müssen zurückgestellt werden (von Hand oder mittels Werkzeug).

19. DBK sind Sicherheitsdruckbegrenzer, die von Hand entriegelt werden können (Reset-Knopf). SDBK sind Sicherheitsdruckbegrenzer, die nur mit Werkzeug entriegelbar sind, z. B. befindet sich der Reset-Knopf unter der Abdeckung des Bauteils, die mit Werkzeug entfernt werden muß.

20. Betriebsmäßig absperrbare Ventile werden im normalen Betrieb der Anlage zeitweise geschlossen, z. B. Rückschlagventile, Magnetventile. Betriebsmäßig nicht absperrbare Ventile werden im Normalbetrieb der Anlage nicht geschlossen z. B. das Druckabsperrventil am Verdichter. Es ist dadurch vor unbefugtem Schließen gesichert, daß es eines speziellen Werkzeugs zum Verstellen bedarf (Kälte-Knarre). Weitere Sicherungsmöglichkeiten sind Sperre, Hülse, Kappe oder Bügel, die nur mittels Werkzeug entfernbar und bei Bedarf verplombbar sind. (VBG 20, § 9)

21. Nein, da Unbefugte ohne weiteres das Handrad vom Bügel nehmen, aufstecken und so das Ventil betätigen können. Das Handrad muß entweder gesondert gesichert werden (z. B. Schloß) oder die Ventilspindel ist zu verplomben (VBG 20, DA zu § 9, Abs. 1).

22. Druckentlastende Sicherheitseinrichtungen schalten nicht die Anlage ab, um der Drucküberschreitung vorzubeugen, sondern gestatten dem unter Druck stehenden Kältemittel auszuweichen. Beispiele sind Überströmventile (z. B. von der Druck- zur Saugseite, auch innerhalb des Verdichters), Abblasventile (ins Freie), Berstsicherungen, Sollbruchstellen .

23. Da dieser Druckschalter nicht als Sicherheitseinrichtung gegen unzulässige Drucküberschreitung eingesetzt wird, muß er nicht bauteilgeprüft sein. Darunter ist eine Prüfung nach DIN-Norm oder VdTÜV-Merkblatt durch eine anerkannte Prüfstelle zu verstehen (DIN 8975, T 7, Abschnitt 9). (In Katalogen, Betriebsanweisungen findet man z. B. den Hinweis „TÜV-geprüft")

24. Wenn durch die Beschaffenheit der Anlage sichergestellt ist, daß der zulässige Betriebsüberdruck nicht überschritten werden kann, gilt eine Anlage als eigensicher und benötigt keine Sicherheitseinrichtung. Dies gilt aber nur für Anlagen mit einer Füllmenge bis zu 2,5 kg Kältemittel der Gruppe 1, bis zu 1,5 kg der Gruppe 2 bzw. bis zu 1 kg der Gruppe 3. Gegen Drucküberschreitung eigensichere Kälteanlagen sind als solche zu kennzeichnen (DIN 8975, T 7, Abschnitt 6.4).

25. Eigensicherheit kann durch verschiedene Maßnahmen erreicht werden, z. B.
a) der Verdichter erreicht vor Auftreten des zulässigen Betriebsüberdrucks einen Beharrungszustand, weil sein schädlicher Raum entsprechend groß ist
b) der Motor-Verdichter blockiert wegen Überbeanspruchung
c) ein internes Überströmventil entlastet die Hochdruck- zur Niederdruckseite u.a. (vgl. DIN 8975, Teil 7, Abschnitt 6.3)

26. Die Reparatur ist selbstverständlich zugelassen, nicht jedoch das einfache Nachfüllen. Es darf nur vollständig neu befüllt werden, und zwar mit dem Kältemittel und der Füllmenge laut Typenschild. Dementsprechend ist nach der Reparatur zu verfahren. (DIN 8975, T 7, Abschnitt 6.5)

27. Ein begehbarer ortsfester Kühlraum bis 10 m² Grundfläche muß von innen zu öffnen sein, wenn nicht verriegelt oder abgeschlossen ist. Dies gilt auch für ortsbewegliche begehbare Kühlräume, unabhängig von der 10 m²-Grenze, z. B. für den Laderaum eines Kühlfahrzeugs von 12 m² (VBG 20 § 14, Abs. 2).

28. Ortsfeste begehbare Kühlrüme dieser Größe (> 10 m²) müssen jederzeit verlassen werden können (auch wenn von außen verriegelt worden ist). (VBG 20 § 14, Abs. 1)

29. Ein derartiges Kühlhaus (> 20 m², unter - 10 °C) muß jederzeit verlassen werden können und über eine Notrufeinrichtung verfügen, die unabhängig vom allgemeinen Stromversorgungsnetz und erkennbar ist. (VBG 20, § 14, Abs. 3)

30. Zu einem Flüssigkeitsschlag kann es kommen, wenn der Verdichter flüssiges Kältemittel ansaugt. Da Flüssigkeiten nicht kompressibel sind, kann im Zylinderraum befindliche Flüssigkeit beim Hochfahren des Kolbens zur Zerstörung der Ventile bzw. der Ventilplatte führen mit der Gefahr der Kältemittelfrei-setzung.

31. Abscheider oder Vorabscheider in der Saugleitung unmittelbar vor dem Verdichter verhindern das Ansaugen von Flüssigkeit. Abhebbare Arbeitsventile verringern die Gefahr eines Schadens, falls dennoch Flüssigkeit eintritt (vgl. Druckventil, S. 118).

32. Ob ein Maschinenraum erforderlich ist, hängt wesentlich von der Füllmenge der Kälteanlage und der Gruppe des verwendeten Kältemittels, aber auch vom Kälteübertragungssystem und dem Aufstellungsbereich (Zutritt nur für Befugte oder nicht, Untergeschoß oder Obergeschoß) ab. Dazu gibt es eine O, M - Tabelle als Anlage der VBG 20.

Gruppe 1: Im Bereich **O**, (Zutritt nur für befugte Personen) ist kein besonderer Maschinenraum erforderlich, wenn die Kältemittelfüllmenge einer Kälteanlage den Wert $c \cdot V$ kg im Untergeschoß nicht übersteigt. Dabei ist c ein für das jeweilige Kältemittel in der Anlage der VBG 20 angegebener Faktor und V das Volumen des Aufstellungsraums. Im Obergeschoß ist die Kältemittelfüllmenge unbeschränkt, wenn Zutritt nur für Befugte erlaubt ist.

Gruppe 2: Für Ammoniak (als typischen Vertreter der Gruppe 2) gilt die Füllmengengrenze von 10 kg im Bereich **O** und 2,5 kg im Bereich **M** (Zutritt nicht auf Befugte beschränkt).

Gruppe 3: Im Bereich **O** (Zutritt nur für befugte Personen) ist die Kältemittelfüllmenge im Untergeschoß auf 1 kg, im Obergeschoß auf 5 kg beschränkt, wenn der Aufstellungsort kein besonderer Maschinenraum ist.

33. Wenn sich alle Kältemittel führenden Teile im Maschinenraum, der nicht im Untergeschoß liegt, befinden, oder wenn alle Kältemittel führenden Teile im Freien liegen, besteht auch bei Kältemitteln der Gruppe 3 keine Füllmengenbeschränkung.

34. a) Der Faktor c für R 134a beträgt 0,5 kg/m³; das Raumvolumen beträgt

$$V = 2{,}5\,m \cdot 3\,m \cdot 2{,}2\,m = 16{,}5\,m^3$$

Die Kältemittelfüllmenge ist also begrenzt bei: $0{,}5\ \frac{kg}{m^3} \cdot 16{,}5\,m^3 = \underline{\underline{8{,}25\,kg}}$.

b) Laut O, M - Tabelle darf eine Kälteanlage mit Kältemittel der Gruppe 3 (hier R 290, Propan) im Untergeschoß höchstens 1kg Kältemittel enthalten, unabhängig davon, ob der Zutritt auf Befugte beschränkt ist oder nicht.

c) Die UEG für Propan beträgt lt. Anhang 1 der VBG 20 1,7 % oder 31 g/m³.
Für den angegebenen Kellerraum ist sie also erreicht bei:

$$m = 16{,}5\,m^3 \cdot 31\ \frac{g}{m^3} = 511{,}5\,g = \underline{\underline{0{,}5115\,kg}}$$

Wenn weniger als diese Menge austritt, bildet sich, gleichmäßige Verteilung im Raum vorausgesetzt, noch kein zündfähiges Gemisch.

d) Die OEG für Propan beträgt lt. Anhang 1 der VBG 20 10,9 % oder 200 g/m³.
Für den angegebenen Kellerraum ist sie also erst erreicht bei:

$$m = 16{,}5\,m^3 \cdot 200\ \frac{g}{m^3} = 3300\,g = \underline{\underline{3{,}3\,kg}}$$

Wenn die gesamte Füllung von 1kg austritt, besteht also immer noch Explosionsgefahr.

35. Laut Anhang 1 der VBG 20 hat R 134a eine 3,52fach höhere Dichte als Luft (1,293 kg/m³). Die Normdichte von R 134a beträgt demnach:

$$1{,}293\ \frac{kg}{m^3} \cdot 3{,}52 = \underline{\underline{4{,}55\ \frac{kg}{m^3}}}$$

Der MAK-Wert von R 134a beträgt 1000 Vol.-ppm. Für den Kellerraum aus Aufg. 34 mit einem Volumen von 16,5 m³ wird dieser Grenzwert also erreicht bei

$$16{,}5\ m^3 \cdot \frac{1000}{1000000} = \frac{16{,}5\,m^3}{1000} = \underline{0{,}0165\ m^3}$$

Nach $m = \rho \cdot V$ ergibt sich

$$m = 4{,}55\ \frac{kg}{m^3} \cdot 0{,}0165\ m^3 = 0{,}075\ kg = \underline{\underline{75\ g}}$$

36. Maschinenräume

- müssen so eingerichtet sein, daß freiwerdende Kältemittel abgeführt werden können und ein Übertritt von Gasen in Nebenräume, Treppenhäuser usw. vermieden wird
- für Kälteanlagen mit Kältemitteln der Gruppe 3 müssen dichte Fußböden, Wände und Decken besitzen
- für Kälteanlagen mit Kältemitteln der Gruppe 3 dürfen nicht an Räume grenzen, in denen sich regelmäßig Personen aufhalten
- müssen bei Gefahr schnell verlassen werden können (z. B. Notausgang, der direkt ins Freie führt)
- müssen außerhalb einen Not-Aus-Schalter haben
- müssen von ungefährdeter Stelle ihre Belüftung einschalten lassen können.

37. Formel (1) dient zur Berechnung des nach § 17 VBG 20 erforderlichen Lüftungsquerschnitts A bei natürlicher Lüftung. Dieser Lüftungsquerschnitt muß zu öffnen sein und direkt ins Freie führen.

Formel (2) dient zur Berechnung des nach § 17 VBG 20 erforderlichen Luftstroms $\dot{V}$ bei mechanischer Lüftung. Dieser Luftstrom muß von außerhalb des gefährdeten Bereichs einschaltbar sein.

In beiden Formeln bedeutet G das Füllgewicht der Anlage in kg. Bei mehreren Anlagen in einem Raum wird die Anlage mit dem größten Füllgewicht zugrundegelegt.

38. Das Füllgewicht der größten Anlage beträgt 240 kg.

a) $A = 0{,}14 \times G^{1/2} = 0{,}14 \times 240^{1/2} = 2{,}17\ (m^2)$

Für natürliche Lüftung ist also ein Querschnitt von 2,17 m² erforderlich.

b) $\dot{V} = 50 \times G^{2/3} = 50 \times 240^{2/3} = 1931\ (m^3/h)$

Für mechanische Lüftung ist also ein Volumenstrom von 1931 m³/h erforderlich.

39. Kältemittel entwickeln in der offenen Flamme gesundheitsgefährdende Zersetzungsprodukte.

K 13 Kälteanwendung - Lösungen

K 13.1 Eis

1. Technologie

1. Durch seine hohe Schmelzenthalpie von 335 kJ/kg kann Eis beim Schmelzen viel Wärme aufnehmen, ohne seine Temperatur von 0 °C zu verändern. Wasser als Rohstoff steht preiswert zur Verfügung und kann als Schmelzprodukt leicht abgeführt werden.

2.
 1. Abkühlen von Wasserzulauftemperatur auf 0 °C (sensibel)
 2. Erstarren bei 0 °C (latent)
 3. Unterkühlen von 0 °C auf Eistemperatur (z. B. - 5 °C) (sensibel)

3. Von den 3 Phasen der Eiserzeugung besteht der anteilig größte Kältebedarf (ca. 85 %) beim Erstarren.

4.

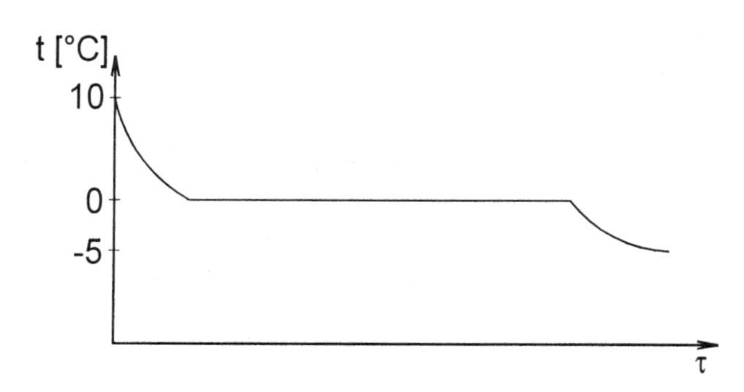

5.
 a) Lebensmittelfrischhaltung (Fisch, Gemüse)
 b) Lebensmittelindustrie (z. B. Zusatz während des Kutterns zum Herstellen von Brät in Fleischfabriken, Zusatz beim Schnellkneten in Brotfabriken)
 c) Bauindustrie (Zusatz beim Betonmischen, um Abbindewärme abzuführen)
 d) chemische Industrie (Abfuhr von Wärmestößen bei chemischen Reaktionen, Laboratorien)

6. *Matteis*: Beim Gefrieren von Wasser scheiden sich darin gelöste Mineralsalze und Luft aus, wodurch milchig aussehendes Eis entsteht. *Klareis*: Luft und gegebenenfalls Mineralsalze werden beim Gefrieren entfernt, das Eis wird durchsichtig. *Kristalleis*: ein völlig klares Eis aus entmineralisiertem und gut entlüftetem Wasser (Produktionsmengen unbedeutend).

7. Das Wasser muß während des Gefrierens bewegt werden, z. B. durch Rüttelstäbe, Schaukelbewegung, Lufteinblasen, dadurch wird die gelöste Luft ausgeschieden.

8. Die gelösten Salze werden während des Gefrierens zum Blockeiskern geschoben und würden durch ihre Konzentration eine Trübung bewirken. Wird der noch ungefrorene Kern abgesaugt und durch Frischwasser ersetzt, ist auch der Blockeiskern nahezu klar.

9. Blockeis, Röhreneis, Scherben(Schuppen)eis.

10. Blockeiserzeugung im Solebad, Blockeiserzeugung durch Direktverdampfung (z. B. Rapid-Ice-Verfahren)

11. Die mit Wasser gefüllten Eiszellen (4) hängen in einem Behälter (Eiserzeuger - 1), in dem sich durch einen Verdampfer (3) gekühlte Sole (5) befindet, die von einem Rührwerk (2) in Bewegung gehalten wird (guter Wärmeübergang). Wenn der Gefriervorgang abgeschlossen ist, werden die Eiszellen (meist mehrere auf einem Rahmen montiert) herausgehoben und in lauwarmes Wasser getaucht, wodurch die äußere Eisschicht antaut. Beim anschließenden Kippen rutschen die Eisblöcke (12,5 kg oder 25 kg) aus den konisch geformten Zellen.

12. Sole: unkomplizierter Aufbau, geringer spezifischer Kältebedarf (da Abtauen mit Wasser, relativ hohe Verdampfungstemperatur). Direktverdampfung: wesentlich kürzere Gefrierzeit, keine korrosive Sole, kompaktere Anlage.

13. Vorteil: Blockeis läßt sich gut lagern und transportieren. Nachteil: Für den Gebrauch muß es erst zerkleinert werden (Eismühle).

14. Zwischen scharfkantigen Eisstücken herrscht durch das Gewicht des darüberliegenden Eises eine hohe Flächenpressung (Druck). Durch die damit verbundene Gefrierpunkterniedrigung schmelzen die Kanten zu kleinen Flächen und der Druck nimmt wieder ab. Weil das Eis unterkühlt ist, kann es jetzt wieder gefrieren und bildet Klumpen.

15. Durch Schleuderketten oder mechanische Eisrechen.

16.

1 - Kältemitteleintritt
2 - Kältemittelaustritt
3 - Wasserzufluß
4 - Sprühdüse
5 - Schabemesser
6 - Verdampferraum (Hohlzylinder)

In einem Hohlzylinder verdampft Kältemittel. Durch einen langsam rotierenden Sprüharm wird innen Wasser aufgebracht, das sofort gefriert. Das nachfolgende Schabemesser löst das Eis in Schuppen ab.

17. Das Lösen der Eisschuppen erfolgt mechanisch und nicht durch z. B. Heißgasabtauen, so daß keine zusätzliche Wärme abgeführt werden muß. Da nur eine dünne Eisschicht erzeugt wird, liegt stets ein guter Wärmeübergang vor.

18. a) Mit einem kleinen Kälteaggregat läßt sich über einen längeren Zeitraum Eis erzeugen, das beim Abschmelzen für eine kurze Zeit eine große Kälteleistung bereitstellen kann. Anspeichern während der Zeiten niedriger Stromtarife spart Kosten.
b) 1 - Kältemittelaustritt, 2 - Kältemitteleintritt, 3 - Verdampferrohre zum Eisspeichern, 4 - Rührwerk, 5 - Behälter, 6 - Eiswasserpumpe, 7 - Wärmeübertrager, der die Wärme der zu kühlenden Flüssigkeit auf das Eiswasser überträgt, 8 - zu kühlende Flüssigkeit. Eine Verdampferschlange (oder Plattenverdampfer) taucht in einen Behälter mit Wasser. An den Rohren bildet sich beim Anspeichern eine Eisschicht. Bei Kälteanforderung wird das Eiswasser von einer Pumpe zum Verbraucher geführt und fließt nach Wärmeaufnahme wieder in den Behälter zurück. Dabei schmilzt das Eis an den Rohren wieder ab.
c) Das Rührwerk (nur bei Kälteanforderung in Betrieb) bewirkt eine gute Durchmischung des Wassers, so daß eine gleichmäßige Temperaturverteilung erreicht wird, und sorgt gleichzeitig für einen besseren Wärmeübergang vom Wasser zum Eis. (Moderne Anlagen erzeugen eine Umwälzung auch durch Einblasen von Luft.)
d) Milchkühlung, Brauereien, Klimaanlagen (Anspeichern von Eiswasser während der Niedrigtarif-Periode) usw.

19. a) Die Eispeicherplatten hängen nicht im Wasser, sondern innerhalb eines Eisturms über dem Eiswasservorrat und werden mit Wasser berieselt, so daß sich eine Eisschicht bildet. Ist eine bestimmte Schichtdicke (ca. 10 mm) erreicht, wird mit Heißgas kurz abgetaut (Eisernte) und das Eis fällt in den Vorratsbehälter, wo es zerbricht und bei Kältebedarf zum Abschmelzen zur Verfügung steht.
b) Durch das Abtauen bei einer Schichtdicke von wenigen Millimetern wird der Wärmeübergang zwischen Platte und Wasser weniger behindert als bei größeren Schichtdicken (Eis ist ein relativ schlechter Wärmeleiter). Die große Oberfläche der ins Wasser gefallenen Eisscherben ermöglicht eine hohe Abschmelzleistung. Das Verfahren spart also Energie und Zeit. Die Turmbauweise ist zusätzlich platzsparend.

20. Flo-Ice ist ein pumpfähiges Gemisch aus feinen Eiskristallen und Wasser (oder Sole), also ein Kälteträger mit Aggregatzustandsänderung. Durch den Latentanteil der Eiskristalle ist die spezifische Kälteleistung wesentlich höher als von kaltem Wasser bzw. Sole, wodurch kleinere Leitungsdurchmesser und Wärmeübertrager ermöglicht werden.

2. Technische Mathematik

1. a)

1. Abkühlen: $Q = m \cdot c_W \cdot \Delta t = 500\,\text{kg} \cdot 4{,}19\,\text{kJ/kgK} \cdot 10\,\text{K} = 20950\,\text{kJ}$

2. Erstarren: $Q = m \cdot q = 500\,\text{kg} \cdot 335\,\text{kJ/kg} = 167500\,\text{kJ}$

3. Unterkühlen: $Q = m \cdot c_{Eis} \cdot \Delta t = 500\,\text{kg} \cdot 2{,}1\,\text{kJ/kgK} = 5250\,\text{kJ}$

Zusammen: $\underline{\underline{193700\,\text{kJ}}}$

b) $Q_{prakt} = Q_{th} \cdot 1{,}25 = \underline{\underline{242125\,kJ}}$ (25 % Verlust → Faktor 1,25)

c) $q = \frac{Q}{m} = \frac{242125\,kJ}{500\,kg} = \underline{\underline{484{,}25\,kJ/kg}}$

2. a)

1. Abkühlen: $Q = 39\,kg \cdot 4{,}19\,kJ/kgK \cdot 15K = 2451{,}15\,kJ$
2. Erstarren: $Q = 39\,kg \cdot 335\,kJ/kg = 13065{,}00\,kJ$
3. Unterkühlen: $Q = 39kg \cdot 2{,}1kJ/kgK \cdot 5\,K = 409{,}50\,kJ$

Zusammen: $\underline{\underline{15925{,}65\,kJ}}$ (= 100 %)

b) $\frac{Q_{prakt}}{Q_{th}} = \frac{5{,}4\,kWh \cdot 3600\,\frac{s}{h}}{15925{,}65\,kJ} = \frac{19440\,kJ}{15925{,}65\,kJ} = 1{,}2206 \Rightarrow \underline{\underline{22\,\%\ Verlust}}$ (1 kWs = 1 kJ)

3. a) $Q = 1{,}05 \cdot \rho \cdot V \cdot c \cdot \Delta t = 1{,}05 \cdot 1{,}025\,kg/dm^3 \cdot 1000\,dm^3 \cdot 3{,}84\,kJ/kgK \cdot 31K = 128116{,}8\,kJ$
($m = \rho \cdot V$; 5 % Verlust → Faktor 1,05)

$$\dot{Q} = \frac{Q}{\tau} = \frac{128116{,}8\,kJ}{1{,}5\,h \cdot 3600\,\frac{s}{h}} = \underline{\underline{23{,}725\,kW}}$$

b) $$\dot{Q} = \frac{128116{,}8\,kJ}{8\,h \cdot 3600\,\frac{s}{h}} = \underline{\underline{4{,}45\,kW}}$$

c) $$m = \frac{Q}{q} = \frac{128116{,}8\,kJ}{335\,\frac{kJ}{kg}} = \underline{\underline{382{,}44\,kg}}$$

4. a) Speicherzeit 5 h: $\dot{Q} = \frac{Q}{\tau} = \frac{1{,}1 \cdot 10^6\,kJ}{5\,h \cdot 3600\,\frac{s}{h}} = \underline{\underline{61{,}1\,kW}}$

b) $m = \frac{Q}{q} = \frac{1{,}1 \cdot 10^6\,kJ}{335\,\frac{kJ}{kg}} = \underline{\underline{3283{,}6\,kg}}$

c) $$m = \rho \cdot V = \rho \cdot \frac{\pi}{4} \cdot \left(D^2 - d^2\right) \cdot l$$

$$\Rightarrow l = \frac{4\,m}{\pi \cdot \rho \cdot (D^2 - d^2)} = \frac{4 \cdot 3283{,}6\,kg}{\pi \cdot 0{,}9\,\frac{kg}{dm^3} \cdot [(0{,}88\,dm)^2 - (0{,}38\,dm)^2]} = 7373{,}56\,dm = \underline{\underline{737{,}36\,m}}$$

5. a) $d_m = \frac{d + D}{2} = \frac{18\,mm + 62\,mm}{2} = 40\,mm$ (mittlerer Durchmesser der Eisschicht),

b = 22 mm (Eisdicke)

$V = \pi \cdot d_m \cdot b \cdot l = \pi \cdot 0{,}4\,dm \cdot 0{,}22\,dm \cdot 2000\,dm = 552{,}92\,dm^3$

$m = \rho \cdot V = 552{,}92\,dm^3 \cdot 0{,}9\,kg/dm^3 = \underline{\underline{497{,}63\,kg}}$

b) $$\dot{Q}_S = \frac{Q}{\tau_S} = \frac{m \cdot q}{\tau_S} = \frac{497{,}63\,kg \cdot 335\,kJ/kgK}{8 \cdot 3600\,s} = \underline{\underline{5{,}788\,kW}}$$

c) $\dot{Q}_A = \dot{Q}_S \cdot \frac{\tau_S}{\tau_A} = 5{,}788\,\text{kW} \cdot \frac{8\,\text{h}}{2\,\text{h}} = \underline{\underline{23{,}15\,\text{kW}}}$

6. a) $V_{Rohr} = \frac{\pi}{4} \cdot d^2 \cdot l = \frac{\pi}{4} \cdot (0{,}018\,\text{m})^2 \cdot 200\,\text{m} = 0{,}05089\,\text{m}^3$

$V_{ges} = V_W + V_{Rohr} = 1{,}7\ \text{m}^3 + 0{,}05089\ \text{m}^3 = 1{,}75089\ \text{m}^3$

$h = \frac{V_{ges}}{A} = \frac{1{,}75089\,\text{m}^3}{1{,}4\,\text{m} \cdot 1{,}2\,\text{m}} = \underline{\underline{1{,}0422\,\text{m}}}$

b) Volumenänderung durch Eisvolumen – Wasservolumen für 497,63 kg (aus Aufg. 5):

$$\Delta V = V_{Eis} - V_W = \frac{m_{Eis}}{\rho_{Eis}} - \frac{m_{Eis}}{\rho_W} = \frac{497{,}63\,\text{kg}}{0{,}9\,\text{kg}/\text{dm}^3} - \frac{497{,}63\,\text{kg}}{1\,\text{kg}/\text{dm}^3} = 552{,}92\,\text{dm}^3 - 497{,}63\,\text{dm}^3 = 55{,}292\,\text{dm}^3$$

$V_{ges} = V_W + V_{Rohr} + \Delta V = 1{,}75089\ \text{m}^3 + 0{,}055292\ \text{m}^3 = 1{,}80618\ \text{m}^3$

$h = \frac{V_{ges}}{A} = \frac{1{,}80618\,\text{m}^3}{1{,}4\,\text{m} \cdot 1{,}2\,\text{m}} = \underline{\underline{1{,}0751\,\text{m}}}$ ($\Delta h = 32{,}9$ mm)

7. a) $m_{Eis} = \rho \cdot V_{Eis} = 2 \cdot 0{,}9\,\text{g}/\text{cm}^3 \cdot (2{,}5\,\text{cm})^3 = 28{,}125\,\text{g}$

Nach dem Prinzip des Archimedes verdrängen die Eiswürfel 28,125 g Getränk entsprechend 28,125 cm³.

Sie kosten: $28{,}125\,\text{cm}^3 \cdot \frac{500\,\text{Pf}}{200\,\text{cm}^3} = \underline{\underline{70{,}3\,\text{Pf}}}$

b) Energiekosten: Kältebedarf $Q = q \cdot m = 600\ \frac{\text{kJ}}{\text{kg}} \cdot 0{,}028125\,\text{kg} = 16{,}875\,\text{kJ}$

$$W_{el} = \frac{W_{is}}{\eta_i \cdot \eta_m \cdot \eta_Ü \cdot \eta_{el}} = \frac{Q}{\varepsilon_{is} \cdot \eta_i \cdot \eta_m \cdot \eta_Ü \cdot \eta_{el}} = \frac{16{,}875\,\text{kJ}}{3 \cdot 0{,}95 \cdot 0{,}85 \cdot 1 \cdot 0{,}8} = 8{,}7\,\text{kJ}$$

Kosten: $8{,}7\,\text{kJ} \cdot \frac{25\,\text{Pf}}{3600\,\text{kJ}} = 0{,}06\,\text{Pf}$ denn 1 kWh = 3600 kWs = 3600 kJ

Wasserkosten: $0{,}028125\,\text{kg} \cdot \frac{500\,\text{Pf}}{1000\,\text{kg}} = 0{,}014\,\text{Pf}$

Gesamtkosten: 0,06 Pf + 0,014 Pf = $\underline{\underline{0{,}074\ \text{Pf}}}$

8. a) $m_{Pl} = \rho \cdot V = \rho \cdot l \cdot b \cdot 2\delta = 0{,}9\ \frac{\text{kg}}{\text{dm}^3} \cdot 14\ \text{dm} \cdot 14\,\text{dm} \cdot 2 \cdot 0{,}05\,\text{dm} = \underline{\underline{17{,}64\,\text{kg}}}$

b) Ein Erntezyklus dauert (7 + 1) min, also 8 min. In 8 h = 480 min finden also $\frac{480}{8} = 60$ Zyklen statt:

$m_{ges} = 40 \cdot 60 \cdot m_{Pl} = \underline{\underline{42336\,\text{kg}}}$

c) $Q = m_{ges} \cdot q = 42336\,\text{kg} \cdot 335\,\text{kJ} = 14182560\,\text{kJ} = \underline{\underline{3939{,}6\,\text{kWh}}}$

d) $\dot{Q}_S = \frac{Q \cdot 1{,}05}{\tau_S} = \frac{3939{,}6\,\text{kWh} \cdot 1{,}05}{7\,\text{h}} = \underline{\underline{619\ \text{kW}}}$ (Speicherzeit 60 Zyklen zu 7 min ergibt 7 Std.)

e) $\dot{Q}_A = \frac{Q}{\tau_A} = \frac{3939{,}6\,\text{kWh}}{1{,}25\,\text{h}} = \underline{\underline{3151{,}68\,\text{kW}}}$ (75 min = 1 h 15 min = 1,25 h)

K 13.2 Kühlen von Luft

1. Technologie

1. Die Luft dient als Kälteträger, d.h. sie überträgt innerhalb des Kühlraums die Kälte vom Kühlsystem (z. B. Verdampfer) auf das Kühlgut (z. B. Fleisch, Gemüse) bzw. streng genommen die Wärme vom Kühlgut zum Kühlsystem.

2. Das Kühlgut erfordert eine bestimmte Lagertemperatur t und meist eine bestimmte relative Luftfeuchtigkeit φ. Zusätzlich dürfen empfindliche Kühlgüter (z. B. Pflanzen, Blumen) nicht mit zu hoher Luftgeschwindigkeit beaufschlagt werden.

3. Klimabereich (Kühlflächentemperatur t_V stets über 0 °C),
Normalkühlung (t_V unter oder über 0 °C, ggf. pendelnd),
Tiefkühl- oder Gefrierbereich (t_V stets unter 0 °C).

4. Luftkühler sind in der Regel Lamellenverdampfer. Die wirksame Verdampferoberfläche wird durch auf das glatte Verdampferrohr aufgeschobene dünne Bleche, die Lamellen, vergrößert. Die Lamellen müssen fest auf den Rohren sitzen, um einen guten Wärmeübergang zu gewährleisten.

5. Durch die Lamellen vergrößert sich die Wärme abgebende Außenoberfläche des Verdampfers, wodurch seine Leistung auf der (äußeren) Luftseite der auf der (inneren) Kältemittelseite angeglichen wird. Die Wärmeübergangszahl α_i auf der Kältemittelseite (verdampfendes Kältemittel) ist ca. 20 - 50 mal so groß wie die auf der Luftseite α_a. Durch die Lamellen kann dieses ungünstige Verhältnis zum Teil ausgeglichen werden.

6. Der Lamellenabstand richtet sich nach dem Feuchteanfall im Kühlraum. Für Räume mit hohem Feuchteanfall werden größere Lamellenabstände gewählt, um nicht zu häufig abtauen zu müssen.

7. Die anfallende Feuchte ist abhängig von

- der Feuchteabgabe des Kühlguts. Besonders Obst, Fleisch und Gemüse geben ständig Feuchtigkeit an die Umgebungsluft ab, Flaschen, Konserven und verpackte Ware dagegen kaum.
- der Luftfeuchtigkeit und Temperatur der Umgebungsluft, die durch Lufterneuerung bzw. Türöffnen in den Kühlraum kommt. Warme Luft mit hoher relativer Luftfeuchtigkeit enthält besonders viel Wasserdampf.
- der Luftwechselzahl, die angibt, wie oft die Kühlraumluft täglich erneuert wird. Diese ist insbesondere abhängig von der Kühlraumgröße, aber auch von der Kühlraumtemperatur. Ein kleiner Kühlraum tauscht bei einmaligem Türöffnen relativ mehr Luft aus als ein großer. Ein Tief-kühl(Lager)raum wird normalerweise nicht so häufig betreten wie ein Normalkühlraum.
- der Temperaturdifferenz zwischen Raum- und Verdampfungstemperatur. Je größer diese Differenz, desto größer durch den Dampfdruckunterschied der Feuchteanfall.

8.

Klimabereich	unter 4,5 mm
Normalkühlung mit geringem Feuchteanfall	4 - 6 mm
Tiefkühlräume, Fleischkühlräume, Gefrierräume	6 - 10 mm
Tiefkühlräume mit hohem Feuchteanfall, Schockräume	12 mm

9. Die Leistung eines Wärmeübertragers ist nach $\dot{Q} = A \cdot k \cdot \Delta t$ proportional der Wärmeübertragungsfläche (A). Bei geringerem Lamellenabstand befinden sich mehr Lamellen im Verdampferpaket, wodurch die Fläche größer ist.

10. Eine dünne Reifschicht läßt zunächst die Leistung steigen, weil die rauhe Oberfläche turbulentere Strömungsverhältnisse verursacht, wodurch der Wärmeübergang verbessert wird. Wenn sich durch Reifansatz der freie Querschnitt zwischen den Lamellen weiter verringert, sinkt die Luftdurchtrittsgeschwindigkeit und damit der k-Wert. Der zusätzliche Wärmeleitwiderstand der Reifschicht vermindert ebenfalls die Wärmedurchgangszahl (k-Wert). Nach $\dot{Q} = A \cdot k \cdot \Delta t$ sinkt also die Leistung des Verdampfers.

11. Die Verdampfungstemperatur t_0 sinkt, denn nach $\dot{Q} = A \cdot k \cdot \Delta t$ muß bei A = const. zur Aufrechterhaltung der Leistung $\dot{Q}$ die Temperaturdifferenz Δt steigen, wenn der k-Wert wegen der Bereifung sinkt. Da die Raumtemperatur t_R konstant bleiben soll, muß t_0 sinken, damit die Temperaturdifferenz $\Delta t = t_R - t_0$ steigen kann.

12. Bei gesunkener Verdampfungstemperatur t_0 (s. Aufgabe 11) sinkt die Kälteleistung des Verdichters (vgl. Verdichterdatendiagramm in K 8.1.1, Aufg. 55, S. 8). Dies führt zu schlechterer Kältezahl und wird durch längere Laufzeit ausgeglichen. Beides erhöht den Energieaufwand bei der Kühlung.

13. Bei stiller Kühlung wird die Luft nicht durch einen Ventilator zwangsweise bewegt, sondern allein durch freie Konvektion. Stille Kühlung findet nur noch wenig Anwendung, z. B. für empfindliche Kühlgüter und bei kleinen Leistungen.

14. Verdampfer für stille Kühlung sind bei gleicher Leistung wegen des schlechteren Wärmeübergangs (geringere Luftgeschwindigkeit) größer (Platzbedarf) und damit materialaufwendiger und teurer als Hochleistungsverdampfer. Andererseits kompensiert der Lüfter 5 bis 10 % der Kälteleistung, was bei Verdampfern mit konvektiver Luftbewegung entfällt.

15. Die durch die Schwerkraft bedingte Luftströmung zwischen Rohren und Lamellen soll nicht behindert werden (besonders bei Reifansatz).

16. Bei saugender Anordnung wird die Kühlraumluft zunächst über das Verdampferpaket gesaugt und dann in den Kühlraum geblasen, bei drückender Anordnung passiert die Kühlraumluft zunächst den Ventilator, der sie dann durch das Verdampferpaket drückt.

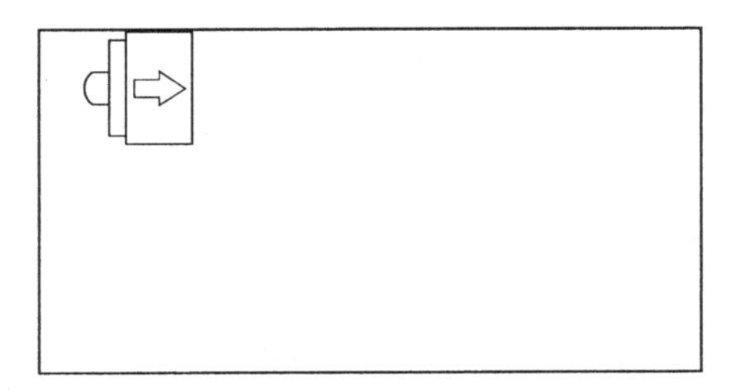

Ventilator in drückender Anordnung

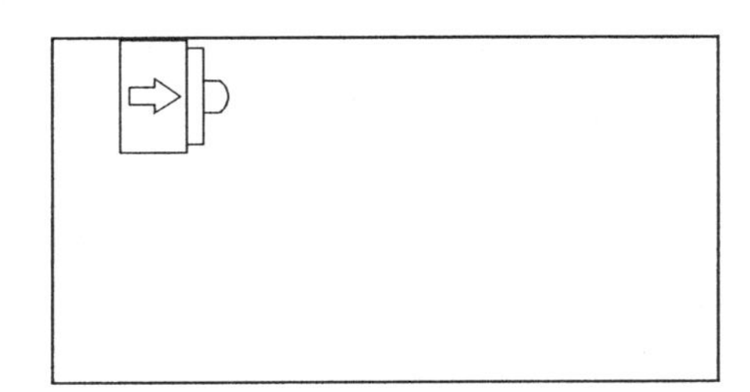

Ventilator in saugender Anordnung

17. Bei saugender Anordnung wird das Verdampferpaket gleichmäßiger mit Luft beaufschlagt, wodurch ein besserer Wärmeübergang gewährleistet ist (auch bei Abtauung) - Energieeinsparung. Zur Erhöhung der Wurfweite werden häufig Gleichrichter hinter die Ventilatoren eingebaut. Bei der drückenden Anordnung (meist nur noch bei flachen Deckenverdampfern mit schräg eingebauten Ventilatoren) wirkt das Lamellenpaket als Gleichrichter.

18. Die Luftströmung des Verdampferventilators (Ansaugen und Ausblasen) soll möglichst nicht behindert werden. Es ist also auf Mindestabstände von der Wand (Montageanleitung) und freie Ausblasstrecke zu achten (nicht auf die Tür blasen, keine Hindernisse im Ausblas, z. B. Kistenstapel usw.).

19. Die Geschwindigkeit der Luft am Verdampferaustritt beträgt etwa 2,5 m/s. Die Wurfweite gibt an, wie weit der Primärluftstrom (der aus dem Verdampfer gerichtet austretende Luftstrom) reicht, wobei noch ca. 0,5 m/s Strömungsgeschwindigkeit vorhanden sein soll. Der Primärluftstrom wird nicht direkt auf das Kühlgut geleitet, sondern strömt möglichst ungehindert darüber an der Decke entlang. Dabei findet eine stetige Vermischung mit dem unterhalb über die Ware streichenden Sekundärluftstrom statt, der zum Verdampfer zurückfließt (Luftwalze).

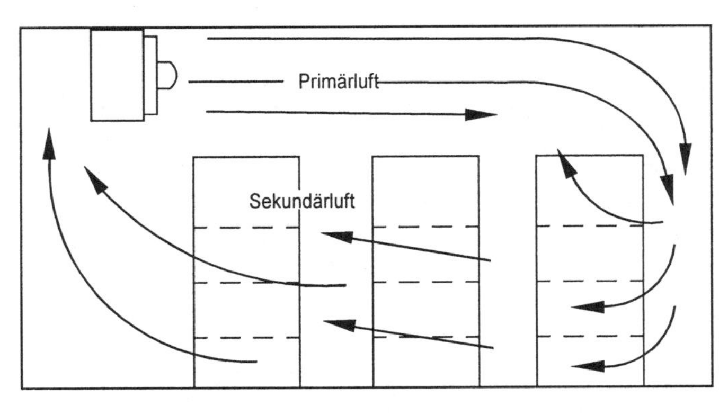

20. Die Blasweite des Verdampfers verringert sich, die Luftwalze erfaßt nicht den gesamten Kühlraum und es bilden sich Wärmenester, deren Temperatur evtl. 5 Kelvin über der eigentlich geforderten Kühlraumtemperatur liegt. Eine Lösung wäre hier ein Tieferlegen des Verdampfers (möglichst mit Verkleidung der von der Decke hängenden Balken, damit sich zwischen ihnen keine Luftwirbel bilden - also eine aufwendige Baumaßnahme) oder Textilschläuche zur gezielten Luftführung. Der Druck des Lüfters (Δp ca. 30 Pa) reicht aus, um die Textilschläuche zu füllen.

21. Große Temperaturdifferenz bei zum Ausgleich kleiner Fläche ergibt starke Entfeuchtung, also geringere relative Luftfeuchtigkeit und umgekehrt. (vgl. K 4.1, Aufg. 28/29)

22. Bei zu hoher relativer Luftfeuchtigkeit schaltet ein Hygrostat die Heizung ein, so daß die Kälteanlage stärker entfeuchtet (längere Laufzeit).

23. Wenn bei Stillstand der Kälteanlage der Ventilator im Bedarfsfall weiterläuft, wird durch die relativ wärmere Luft von z. B. + 4 °C die Bereifung abgeschmolzen und somit die Kühlraumluft befeuchtet. Gleichzeitig kann so die gespeicherte Kälte des Reifes zur Kühlung genutzt werden. Somit ergibt sich eine Energieeinsparung und Befeuchtung (sog. Latentwärmeprogramm des Kübatron QKL-Reglers).

24. Hohe Ventilatordrehzahl (= hohe Luftgeschwindigkeit) ergibt guten Wärmeübergang (→ großer k-Wert), also stellt sich nach $\dot{Q} = A \cdot k \cdot \Delta t$ eine relativ hohe Verdampfungstemperatur t_0 ein (geringe Temperaturdifferenz Δt). Bei geringerer Ventilatordrehzahl ergibt sich entsprechend ein schlechterer k-Wert, größere Temperaturdifferenz Δt, also tiefere Verdampfungstemperatur t_0 und somit stärkere Entfeuchtung. In der Praxis läßt sich dieser Effekt ausnutzen, wenn der zweistufige Lüfter über einen Hygrostaten angesteuert wird, z. B. Drehzahlabsenkung auf 50 % bei zu hoher Luftfeuchtigkeit.

2. Technische Mathematik

1. a) Aus dem h,x-Diagramm ergeben sich folgende Werte (Index 1 Anfangszustand = Außenluft, Index 2 Endzustand = Innenluft):

h_1	kJ/kg	56
h_2	kJ/kg	11,5
Δh	kJ/kg	44,5
x_1	g/kg	12
x_2	g/kg	3,8
Δx	g/kg	8,2
ρ_{L2}	kg/m³	1,28

b) $\dot{V}_L = V_{KR} \cdot n_{LW} = 5{,}5\,m \cdot 4{,}3\,m \cdot 2{,}5\,m \cdot 25/d = \underline{\underline{1478{,}125 \frac{m^3}{d}}}$

c) $\dot{m}_L = \dot{V}_L \cdot \rho_{L2} = 1478{,}125 \frac{m^3}{d} \cdot 1{,}28 \frac{kg}{m^3} = \underline{\underline{1892 \frac{kg}{d}}}$

d) $\dot{Q}_{LW} = \dot{m}_L \cdot \Delta h = 1892 \frac{kg}{86400\,s} \cdot 44{,}5 \frac{kJ}{kg} = 0{,}9745\,kW = \underline{\underline{974{,}5\,W}}$

e) $\dot{m}_W = \dot{m}_L \cdot \Delta x = 1892 \frac{kg}{d} \cdot 8{,}2 \frac{g}{kg} = 15514{,}4 \frac{g}{d} = \underline{\underline{15{,}514 \frac{kg}{d}}}$

K 13.3 Kühlen von Flüssigkeiten

1. Technologie

1. Ein **Kälteträger** ist (ein Fluid, hier) eine Flüssigkeit, die den Transport der Wärme von der Kühlstelle zum Verdampfer der Kälteanlage übernimmt, d. h. ein Kälteträger dient der Kälteübertragung. Als Kälteträger kommen neben Luft (vgl. K 13.2) z. B. Wasser, wäßrige Salzlösungen, salzfreie wäßrige Lösungen und andere Flüssigkeiten, z. B. Trichlorethylen (C_2HCl_3) zum Einsatz.

2. Direkte Kühlung kann sich z. B. verbieten, wenn Explosionsgefahr besteht, falls das Kältemittel in Kontakt mit dem Kühlgut kommt. Ammoniak würde in der Lebensmittelindustrie die Ware bei Leckage verderben oder ist in der Supermarktkühlung aus Sicherheitsgründen für den Verkehrsbereich nicht erlaubt. Aber auch technische Gründe können für den Einsatz eines Kälteträgers sprechen, z. B. können weitverzweigte Anlagen durch eine vormontierte Kompaktanlage mit relativ geringer Kältemittelfüllung versorgt werden.

3. Ein Kälteträger sollte

- im Gefrierpunkt mindestens 5 Kelvin tiefer liegen als die zur Kühlung notwendige Verdampfungstemperatur des Kältemittels
- eine gute Wärmeleitfähigkeit besitzen (bessere Wärmeübertragung, kleine Wärmeübertragerflächen)
- geringe Viskosität bei tiefen Temperaturen haben (geringe Pumpenleistung, bessere Wärmeübertragung)
- einen hohen Siedepunkt haben, damit im Stillstand der Anlage nichts verdunstet
- nicht korrosiv und toxikologisch unbedenklich sein

Einen idealen Kälteträger für alle Anwendungsbereiche gibt es nicht.

4. Wasser hat mit 4,19 kJ / kgK die höchste spezifische Wärmekapazität aller Kälteträger ohne Aggregatzustandsänderung (vgl. K 13.1.1, Aufg. 20). Bei allen anderen Kälteträgern dieser Art ist das Produkt aus $\rho \cdot c$ kleiner und damit die erforderliche Pumpen- oder Rührwerksleistung größer. Durch seinen Gefrierpunkt ist der Anwendungsbereich von Wasser auf Temperaturen über 0 °C beschränkt. Wo jedoch indirekte Kühlung bei Temperaturen oberhalb 0 °C nötig ist, ist es der ideale Kälteträger. Typisches Anwendungsgebiet ist die Klimatechnik (Kaltwassersatz).

5. Luftkühlung (bis ca. 40°C),
Verdunstungskühlung (bis ca. 24 °C)
Kältemaschine mit Durchlaufkühlung (bis ca. 4 °C)
Kältemaschine mit Eiswasser (bis ca. 1 °C)
Kältemaschine mit Sole (unterhalb ca. 1 °C).

6. Wasser mit Temperaturen nahe 0 °C wird als **Eiswasser** , wäßrige Salzlösungen, z. B. von Kochsalz (NaCl), Kalziumchlorid ($CaCl_2$), Magnesiumchlorid ($MgCl_2$), werden als **Sole** bezeichnet. Der Begriff Sole wird allerdings auch für salzfreie wäßrige Lösungen (z. B. mit Glyzerin, $C_3H_5(OH)_3$, Propylenglykol, $C_3H_6(OH)_2$, Ethylenglykol, $C_2H_4(OH)_2$) und andere Kälteträger auf organischer Basis (z. B. Trichlorethylen, s. o.) verwendet. Zur Unterscheidung von Sole bezeichnet man Wasser als Kälteträger bei höheren Temperaturen auch als „Süßwasser".

7. Bei größeren wassergekühlten Kälteanlagen wird das den Verflüssiger durchlaufende Wasser in einem Kühlturm (Wasserrückkühlwerk) gekühlt, indem es teilweise verdunstet. Bei einem Verdunstungsverflüssiger werden die Verflüssigerrohrschlangen durch verdunstendes Wasser gekühlt. (vgl. K 8.4.1, Aufg. 18 ff.)

8. Bei der **Durchlaufkühlung** wird einer Flüssigkeit in einem einmaligen Durchlauf durch einen Kühler Wärme entzogen (offener Kreislauf).
Bei der **Umlaufkühlung** wird eine Flüssigkeit, die als Kälteträger dient, in einem geschlossenen Kreislauf in einem Wärmeübertrager zunächst gekühlt und nimmt in einem weiteren Wärmeübertrager wieder Wärme auf. Der Kreislauf wird durch eine Pumpe in Gang gehalten.

9. Ein **Kaltwassersatz** ist eine kompakte, im Lieferwerk betriebsfertig montierte Kälteanlage zur Erzeugung von kaltem Wasser als Kälteträger (z. B. in Klimaanlagen).

10. **Abkühlung**: ohne Änderung des Aggregatzustands, z. B. Wasserrückkühlung, Bier, Milch, Sole usw.

Ausscheidungskühlung: Lösungen werden so weit abgekühlt, daß Bestandteile in fester Form an der Kühlfläche ausscheiden, z. B. Ausscheiden von Paraffin aus Öl, Gefrierkonzentration von Säften, Meerwasserentsalzung usw.

Erstarrungskühlung: z. B. Eiserzeugung (vgl. K 13.1)

11. a) $\dot{Q}_0 = \dot{Q} + P = \dot{m} \cdot c \cdot (t_2 - t_1) + P$

b) In der Pumpe wird dem Kälteträger Pumpenarbeit zugeführt. Dadurch erhöht sich seine innere Energie, weshalb $t_{2'}$ höher ist als t_2.

c) In jedem Fall muß der Verdampfer die Summe aus Kühllast und Wärmestromäquivalent der Pumpenleistung abführen. Bei Anordnung im Rücklauf fließt der Kälteträger aber mit geringerer Eintrittstemperatur in den Wärmeübertrager 1, wodurch dessen Leistung ($\dot{Q}$ proportional Δt) höher ist.

d) Bei größeren Netzen spielen Wärmeverluste durch Einstrahlung eine Rolle. Diese sind abhängig vom k-Wert, der Temperaturdifferenz und der Einstrahlfläche.

2. Technische Mathematik

1. $$\dot{Q} = \dot{m} \cdot c \cdot \Delta t = \rho \cdot \dot{V} \cdot c \cdot \Delta t = 1100 \frac{kg}{m^3} \cdot 13 \frac{m^3}{7200\,s} \cdot 3{,}2 \frac{kJ}{kg \cdot K} \cdot 22\,K = \underline{\underline{139{,}82\,kW}}$$

2. a) $$\dot{m} = \frac{\dot{Q}}{c \cdot \Delta t} = \frac{785\,kW}{4{,}19\,kJ/kgK \cdot 6\,K} = 31{,}225 \frac{kg}{s} = \underline{\underline{112410{,}5 \frac{kg}{h}}}$$

b) $$w = \frac{\dot{V}}{A} = \frac{4 \cdot \dot{V}}{d^2 \cdot \pi} = \frac{4 \cdot 31{,}225 \frac{dm^3}{s}}{(1{,}5\,dm)^2 \cdot \pi} = 17{,}669 \frac{dm}{s} = \underline{\underline{1{,}767 \frac{m}{s}}}$$

c) $$P = \frac{\dot{V} \cdot \Delta p}{\eta} = \frac{31{,}225 \cdot 10^{-3} \frac{m^3}{s} \cdot 3 \cdot 10^5 \frac{N}{m^2}}{0{,}7} = 13382 \frac{Nm}{s} = \underline{\underline{13{,}38\,kW}}$$

d) $$\Delta t = \frac{P}{\dot{m} \cdot c} = \frac{13{,}38\,kW}{31{,}225 \frac{kg}{s} \cdot 4{,}19 \frac{kJ}{kg \cdot K}} = \underline{\underline{0{,}102\,K}}$$

e) $$\frac{13{,}38\,kW}{785\,kW} = 0{,}01704 = \underline{\underline{1{,}7\,\%}}$$

3. a) $\dot{m}_{W1} = \frac{9000\,kg}{3600\,s} = 2{,}5\,kg/s$ damit ergibt sich die Gesamtkühlleistung zu:

$$\dot{Q} = \dot{m}_{W1} \cdot c \cdot \Delta t = 2{,}5 \frac{kg}{s} \cdot 4{,}19 \frac{kJ}{kg \cdot K} \cdot 64\,K = \underline{\underline{670{,}4\,kW}}$$

Für die weitere Rechnung bleibt das Produkt $\dot{m}_{W1} \cdot c$ zweckmäßigerweise im Arbeitsspeicher des Ta-schenrechners:

b) $$\dot{Q} = \dot{m}_{W1} \cdot c \cdot \Delta t = 2{,}5 \frac{kg}{s} \cdot 4{,}19 \frac{kJ}{kg \cdot K} \cdot 28\,K = \underline{\underline{293{,}3\,kW}}$$

c) $\dot{Q} = \dot{m}_{W1} \cdot c \cdot \Delta t = 2{,}5\,\frac{kg}{s} \cdot 4{,}19\,\frac{kJ}{kg \cdot K} \cdot 17\,K = \underline{\underline{178\,kW}}$

d) $\dot{Q}_0 = \dot{m}_{W1} \cdot c \cdot \Delta t = 2{,}5\,\frac{kg}{s} \cdot 4{,}19\,\frac{kJ}{kg \cdot K} \cdot 19\,K = 199\,kW \approx \underline{\underline{200\,kW}}$

e) $\varepsilon = \frac{\dot{Q}_0}{P} = 5 \quad \Rightarrow \quad P = \frac{\dot{Q}_0}{5} = 40\,kW \quad \rightarrow \quad \dot{Q}_C = \dot{Q}_0 + P = \underline{\underline{240\,kW}}$

f) $\dot{m}_{W2} = \frac{\dot{Q}_C}{c \cdot \Delta t} = \frac{240\,kW}{4{,}19\,\frac{kJ}{kg \cdot K} \cdot 7\,K} = \underline{\underline{8{,}18\,\frac{kg}{s}}}$

g) Der gesamte vom Verdunstungskühler abzuführende Wärmestrom setzt sich zusammen aus der Nutzkühlleistung (aus dem Prozeß), der Verflüssigerleistung (der Kälteanlage) und der Pumpenleistung:

$\dot{Q}_{ges} = 178\text{ kW} + 240\text{ kW} + 10\text{ kW} = \underline{\underline{428\text{ kW}}}$

h) $t_m = \frac{\dot{m}_{W1} \cdot t_{W1} + \dot{m}_{W2} \cdot t_{W2}}{\dot{m}_{W1} + \dot{m}_{W2}}$ vereinfacht: $t_m = \frac{2{,}5 \cdot 42\,°C + 8{,}18 \cdot 32\,°C}{2{,}5 + 8{,}18} = \underline{\underline{34{,}3\,°C}}$

i) Wasserdampftabelle 20 °C: r = 2453,4 kJ/kg

Verdunstungswasserstrom: $\dot{m}_{Wv} = \frac{\dot{Q}_{ges}}{r} = \frac{428\,kW}{2453{,}4\,\frac{kJ}{kg}} = \underline{0{,}17445\,\frac{kg}{s}}$

Windverluste: $\dot{m}_{Wind} = 0{,}002 \cdot 10{,}68\,\frac{kg}{s} = \underline{0{,}02136\,\frac{kg}{s}}$

Ergänzungswassermenge: $2 \cdot \dot{m}_{Wv} + \dot{m}_{Wind} = 0{,}37026\,\frac{kg}{s} = \underline{\underline{1333\,\frac{kg}{h}}}$

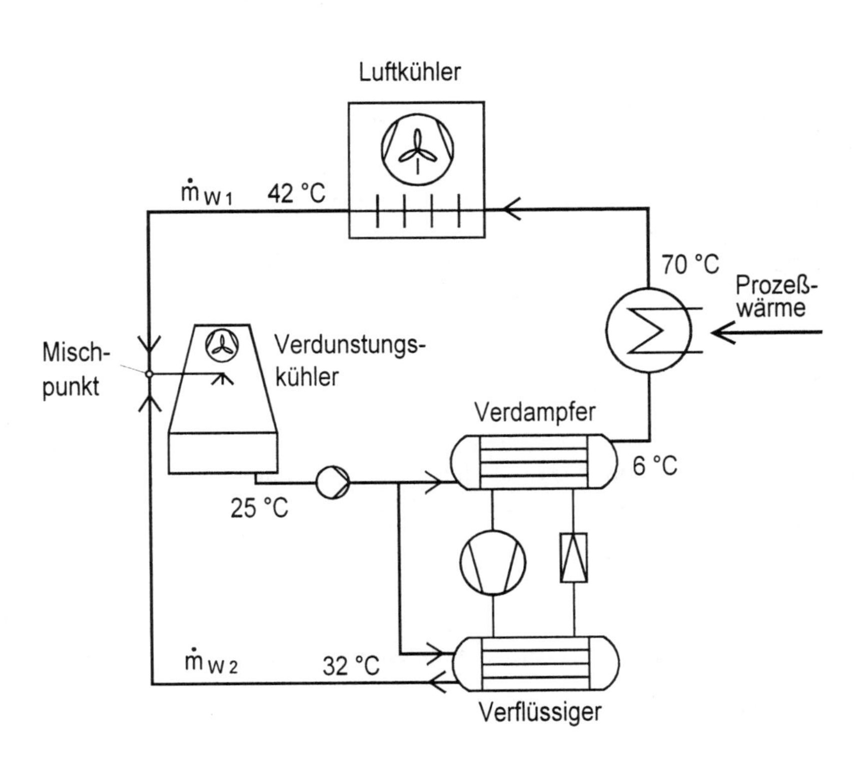

K 13.4 Kühlen und Kühllagern von Lebensmitteln

1. Kühlen bzw. **Kühllagern** von Lebensmitteln dient der Frischhaltung, d. h. die Lebensmittel werden vor dem Verderb geschützt und behalten länger ihren Nähr- und Genußwert. Gekühlte Lebensmittel sind frische Lebensmittel und werden als Frischware gehandelt. Kühllagerung findet im Bereich unter 13 °C (Transporttemperatur grüner Bananen) bis an den Gefrierpunkt der gelagerten Produkte statt.

2. Lebensmittel verändern sich bzw. verderben durch Vermehrung von Mikroorganismen (Bakterien, Hefen, Schimmel), durch chemische (Oxidation) oder physikalische (Änderung des Wassergehalts) Vorgänge. Häufig wirken diese Vorgänge zusammen und beeinflussen sich gegenseitig.

3. Gefrieren von Lebensmitteln dient der Konservierung (Haltbarmachung) über einen längeren Zeit-raum. Dabei wird das im Lebensmittel vorhandene Wasser größtenteils zu Eis gefroren (Temperatur unter Gefrierpunkt). Gefrorene Lebensmittel sind keine Frischware. Durch den Gefriervorgang können starke Veränderungen im Zellgewebe pflanzlicher und tierischer Produkte hervorgerufen werden (vgl. K 13.5.1).

4. Physikalische Verfahren: Sterilisieren, Pasteurisieren, Trocknen; chemische Verfahren: Salzen, Räuchern, Einsäuern, Zuckern.

5. Durch Kühlen werden die natürlichen Eigenschaften der Lebensmittel am wenigsten verändert.

6. Chemische und mikrobiologische Vorgänge verlaufen bei tieferen Temperaturen langsamer. Bakterien vermehren sich weniger schnell. Selbst bei kältetoleranten Bakterien kommt das Wachstum unterhalb - 10 °C zum Stillstand.

7. Mikroorganismen finden auf der warmen und feuchten Fleischoberfläche ideale Lebensbedingungen und können sich schnell vermehren. Durch die schnelle Kühlung wird ihre Entwicklung zeitig unterbunden bzw. verzögert. Auch die Gewichtsverluste lassen sich durch Schnellkühlung verringern.

8. Bei -1 °C bis +1°C und ca. 90 % rel. Luftfeuchtigkeit 2 bis 4 Wochen.

9. Wenn die rel. Luftfeuchtigkeit zu niedrig ist, trocknet das Fleisch aus.

10. Bei zu hoher Luftfeuchtigkeit vermehren sich hygrophile Bakterien auf der Fleischoberfläche. Das Fleisch wird schmierig.

11. Das Geflügel wird nach der Verarbeitung in Eiswasser getaucht. Dadurch erfolgt eine schnelle Abkühlung. Allerdings nimmt es dabei Wasser und Keime aus dem nach kurzer Zeit kontaminierten Kühlwasser auf.

12. Die Lagerdauer von Geflügel beträgt 7 bis 10 Tage bei -1 °C bis +1 °C.

13. Unter **Kühlkette** versteht man die Gesamtheit aller Kälteanwendungsmaßnahmen von der Erzeugung über den Transport bis zur Verteilung an den Endverbraucher.
Milch wird noch auf dem Hof möglichst innerhalb von zwei Stunden nach dem Melken von Melktemperatur 35 °C auf ca. 4 °C abgekühlt. Nach dem Pasteurisieren erfolgt die Lagerung bei einer Temperatur von ca. 6 °C . Sowohl der Transport vom Hof zur Molkerei als auch der von dort zum Supermarkt (Kühlregal) erfolgt gekühlt.

14. Die Kühlkette war unterbrochen, wahrscheinlich beim Transport.

15. Die durch Unterbrechung der Kühlkette erlittenen Schäden sind irreversibel und kumulativ, d.h. sie sind nicht rückgängig zu machen und addieren sich. Die Qualitätsverluste sind abhängig von der Unterbrechungszeit und der darin erreichten Temperatur. Es ist also zwecklos, z. B. einmal beim Transport zu warm gewordenes Geflügel anschließend tiefer zu kühlen, um die entstandenen Schäden wieder rückgängig zu machen, weil dies unmöglich ist.

16. Durch das Eis wird der Fisch gekühlt (0 bis 2 °C) und feucht gehalten (Austrocknungsschäden). Er ist bei fachgerechter Beeisung je nach Art und Ausgangszustand 5 bis 15 Tage haltbar.

17. Wenn Eis aus Seewasser verwendet wird, ist der Fisch bei ca. -1 °C sogar 8 bis 20 Tage haltbar.

18. Äpfel, Birnen, Kartoffeln und Kohl sind unter günstigen Bedingungen mehrere Monate lagerbar, empfindlicher sind dagegen Beerenobst, grüne Erbsen und Bohnen sowie Salat.

19. Genußreifes Obst ist optimal reif und zum baldigen Verbrauch bestimmt. Die Kaltlagerung unterbricht die weitere Reifung (Stoffwechselvorgänge, Atmung) nicht, sondern verzögert sie nur. Dementsprechend muß das Obst entsprechend unreif geerntet werden, weil es während der Kaltlagerung nachreift.

20. Früchte, die einen guten Nährboden für Schimmelpilze bilden, werden trockener gelagert, z. B. Himbeeren, Süßkirschen. Salate und Kernobst werden feuchter gelagert, um Austrocknung (Schrumpfen und Welken) zu vermeiden.

21. Bei einem CO_2-Lager für Obst bzw. Gemüse wird der Kühlraum mit gasdichtem Wärmeschutz ausgeführt, wodurch im Laufe der Lagerzeit durch Atmung der Sauerstoffgehalt ab- und der Kohlenstoffdioxid(CO_2)gehalt zunimmt. Dadurch wird die Reifung gegenüber einfacher Kühlung zusätzlich verlangsamt.

22. Bei der **CA-Lagerung** (controlled atmosphere), einer Sonderform der Gaslagerung für Obst bzw. Gemüse, wird im Kühlraum die Zusammensetzung der Atmosphäre kontrolliert, insbesondere der Gehalt an Sauerstoff (O_2), Kohlenstoffdioxid (CO_2) und Stickstoff (N_2) eingestellt, z. B. 3 % CO_2, 3 % O_2, 94 % N_2. Auch das bei der Reifung entstehende Ethylen (C_2H_4) darf bestimmte Grenzwerte nicht überschrei-ten. Dadurch kann die Atmungsgeschwindigkeit des Obstes gesteuert werden. Die Kühlräume sind gasdicht und werden während der Kühlperiode nicht geöffnet bzw. nach dem Öffnen vollständig entleert.

23. Bei der Kaltlagerung veratmet das Obst bzw. Gemüse Sauerstoff zu Kohlenstoffdioxid, wodurch die eingestellte Atmosphäre in ihrer Zusammensetzung verändert wird. Scrubber absorbieren CO_2 und dienen so zur Abführung des überschüssigen Kohlenstoffdioxids aus dem Kühllagerraum. Auch überschüssiges Ethylen kann entfernt werden.

24. Dem Kühlgut (z. B. Salat, Pilze, Kohl) wird Wärme durch verdampfendes Wasser im Vakuum entzogen, indem in einem geschlossenen Zylinder der Druck auf den erforderlichen Wert (Wasserdampftabelle) abgesenkt wird. Zweckmäßigerweise wird das Kühlgut vorher mit Wasser besprüht, damit die Austrocknung geringer ist.

25. Bei der Auslagerung kann es durch Taupunktunterschreitung an der Oberfläche des Kühlgutes zu Feuchtigkeitsbildung kommen. Empfindliches Kühlgut würde dadurch schnell verderben, weswegen die Temperatur des Kühlgutes schrittweise heraufgesetzt werden muß. Auch Reiferäume für Obst können diese Funktion erfüllen.

K 13.5 Gefrieranlagen und -verfahren, Transportkühlung

1. Technologie

1. Gefrieren ist ein Teilvorgang bei der Herstellung von Gefriergut (Abkühlen, Gefrieren, Unterkühlen).

2. Das sind Produkte, die in einem Gefrierprozeß nach bewährten Verfahren auf - 18 °C oder tiefer gefroren und anschließend bei - 18 °C oder tiefer gelagert werden.

3. Beim langsamen Gefrieren wachsen große Eiskristalle in den Zellen, die das Zellgewebe mechanisch verletzen, was zu Qualitätsverlusten (Saftverlust) führt. Schnelles Gefrieren ergibt ein feines, gleichmäßiges Gefüge von Eiskristallen. Die Zellen bleiben unverletzt.

4. Kontaktgefrieren, Gefrieren im Kaltluftstrom, Gefrieren in Flüssigkeiten, Gefrieren in verdampfenden Flüssigkeiten, Gefriertrocknung.

5. a)

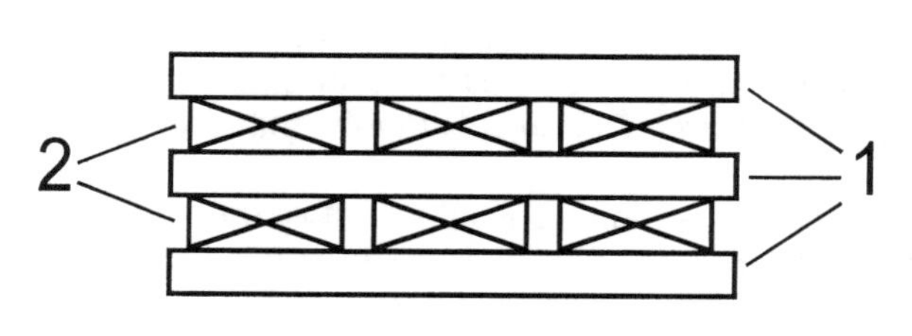

Gefrieren zwischen waagerechten Platten (Prinzip)
1 - Gefrierplatten 2 - Gefriergut

b) Vorteil: Durch den direkten Kontakt zwischen Platten und Ware kommt es zu einem guten Wärmeübergang mit der Folge kurzer Gefrierzeit. Nachteil: Guter Wärmeübergang ergibt sich nur bei regelmäßig geformter Ware.
c) Butter, Fischfiletstücke, Fertiggerichte.

6. Vorteile: Auch unregelmäßig geformte Ware kann durch Kaltluft gefroren werden. Praktisch jeder wärmegedämmte Raum ist geeignet (geringe Investitionen). Nachteile: Der schlechtere Wärmeübergang zwischen Luft und Ware erfordert eine größere Temperaturdifferenz und damit eine tiefere Verdampfungstemperatur (- 40 °C bis - 45 °C), um die Gefrierzeit gering zu halten. Die aus gleichem Grund hohe Luftgeschwindigkeit erfordert hohe Ventilatorleistung, die von der Kältemaschine mit abzuführen ist.

7. Ein Gefriertunnel ist eine kontinuierlich und automatisch arbeitende Gefrieranlage für große Leistungen (bis über 10000 kg/h), in der Lebensmittel im Kaltluftstrom tiefgefroren werden.

8. a)

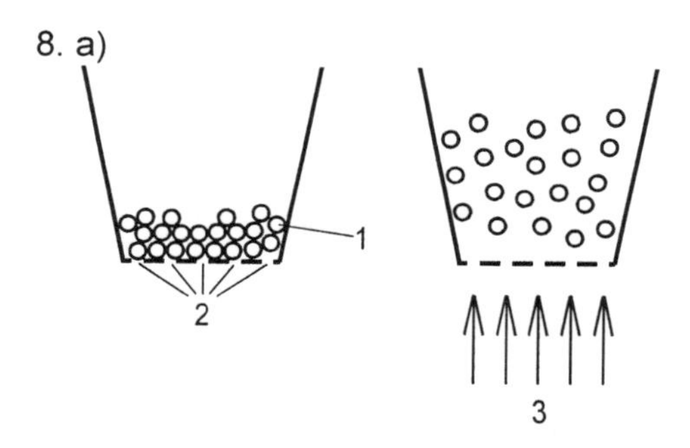

Wirbelbett- oder Wirbelschichtverfahren (Prinzip)

Schüttgut (1) wird in einem Behälter, der unten mit Lufteintrittsöffnungen (2) versehen ist, durch eingeblasene kalte Luft (3) aufgewirbelt und gefroren.
b) kleinstückiges Gut wie Erbsen, Karottenwürfel, Pommes frites, Beeren.
c) Schnelles Durchfrieren, da die Teilchen allseitig von schnell strömender kalter Luft umspült werden. Weitertransport der Ware durch Luftstrom erspart mechanische Transporteinrichtungen.

9. a) Eintauchen in kalte Flüssigkeit, b) Besprühen mit kalter Flüssigkeit.

10. Vorteile: Guter Wärmeübergang auch bei unregelmäßig geformter Ware, damit also kurze Gefrier-zeit. Nachteile: Bei unverpackter Ware Hygieneprobleme, Temperaturgrenze bei - 21 °C (Schmelzpunkt des Kochsalz-Wasser-Eutektikums).

11. a) Die Ware muß verpackt sein, damit sie nicht mit der Sole in Berührung kommt (Schrumpffolien, Metallformen).
b) Die tiefere Soletemperatur ermöglicht kürzere Gefrierzeiten.

12. Flüssigstickstoff (N_2), flüssiges Kohlenstoffdioxid (CO_2).

13. Vorteile: Sehr kurze Gefrierzeit („Schockfrosten"), dadurch wenig Aroma-, Geschmacks- und Gewichtsverluste. Nachteil: Hohe Kosten, da N_2 bzw. CO_2 nach Aufnahme der Wärmeenergie an die Atmosphäre abgegeben werden.
Dies Verfahren wird deswegen nur bei hochwertiger Ware eingesetzt, wo die Vorteile die hohen Kosten rechtfertigen.

14. a) 1 - Vakuum-Trockenkammer,
2 - Heizplatten,
3 - gefrorene Lebensmittel,
4 - Kondensator,
5 / 6 - Kältemittelein-/austritt,
7 - Vakuumpumpe.

b) Das Produkt wird zunächst tiefgefroren und dann im Vakuum unter genau dosierter Wärmezufuhr getrocknet. Dabei sublimiert das Eis zu Wasserdampf (wird abgesogen), und es bleibt ein kaum geschrumpftes, feinporiges Produkt mit 70 % - 90 % geringerem Gewicht zurück.

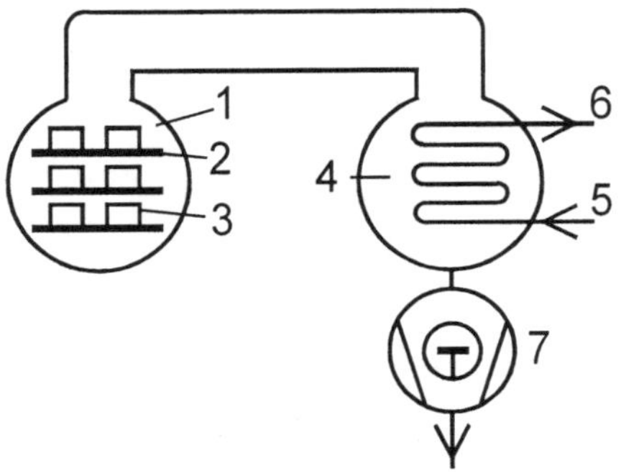

Prinzip der Gefriertrocknung

c) Vorteile: Der Prozeß ist weitgehend umkehrbar, d.h. durch Wasserzufuhr kommt das Produkt seinem Ausgangszustand sehr nahe (Gefüge, Geschmack, Geruch). Konservierung durch Wasserentzug auch bei wärmeemfindlichen Produkten möglich. Produkte haben geringes Gewicht und sind ohne Kühlung lagerfähig. Nachteile: Hohe Kosten. Aufwendige Verpackung notwendig (Licht, Luft, Feuchtigkeit müssen ausgeschlossen werden).

d) Pharmazeutische Produkte (Antibiotika, Impfstoffe, Viren, Vitamine...), Lebensmittel (Kaffee, Fleisch, Krabben, Pilze...).

15. Trockeneis, eutektische Kältespeicher, verdampfende Flüssigkeiten, Verdichter-Kälteanlage.

16. Trockeneis ist gefrorenes Kohlenstoffdioxid (CO_2). Es sublimiert (geht direkt vom festen in gasförmigen Aggregatzustand über) unter Normaldruck bei - 78,9 °C unter Aufnahme von 573,6 kJ/kg spezifischer Sublimationswärme.

17. Die tiefe Sublimationstemperatur erlaubt auch die Transportkühlung tiefgefrorener Ware. Es hinterläßt keine Rückstände bei der Sublimation (CO_2 entweicht an die Umgebungsluft). Es besitzt große Kälteleistung, bezogen auf Volumen und Gewicht (handelsübliches Trockeneis hat eine Dichte von ρ = 1,4 kg/dm³). Trockeneis ist nicht brennbar, geschmack- und geruchlos, die mit CO_2 angereicherte Laderaumluft schützt Ware zusätzlich vor Luft(Sauerstoff)einwirkung und verhindert Bakterienwachstum.

18. a) Laderaumluft wird durch einen thermostatisch geschalteten Ventilator über einen Trockeneisspeicher geführt und dort gekühlt.
b) Kältemittel befindet sich in einem geschlossenen Kreislauf (Schwerkraftprinzip). Die Raumkühlung erfolgt über einen thermostatisch gesteuerten überfluteten Verdampfer, der Verflüssiger wird mit Tro-ckeneis gekühlt.

19. An Wänden und Decken des Laderaums sind Rohre / Platten angebracht, die mit eutektischer Sole gefüllt sind und in denen Verdampferrohre verlaufen. Die Sole wird z. B. nachts gefroren, indem die Verdampferrohre an eine zentrale Kälteanlage angeschlossen oder durch ein fahrzeugeigenes Aggregat mit billigem Nachtstrom gekühlt werden, und kann dann tagsüber die einfallende Wärme bei konstanter Temperatur aufnehmen.

20. Bei einem bestimmten Mischungsverhältnis (eutektischer Punkt) verhält sich eine Salzlösung (Kochsalz in Wasser) wie ein Reinstoff. Sie friert bzw. schmilzt bei einer bestimmten Temperatur (nicht in einem Temperaturbereich) und entmischt sich nicht. Der Schmelzpunkt eutektischer Solen hängt von der Zusammensetzung ab und liegt zwischen - 4 °C und - 37 °C.

21. Vorteile: einfache Handhabung, geringe Betriebskosten (Nachtstrom). Nachteile: Die eutektische Sole ist auf einen bestimmten Gefrierpunkt eingestellt, der nicht verändert werden kann, hohes Gewicht, begrenzte Kapazität.

22. Verteilerverkehr.

23. Sie sind unabhängiger (kein Nachfüllen von Eis, Trockeneis, kein Anspeichern von Kälte), für verschiedene Lagertemperaturen einsetzbar und haben (Antriebsenergie vorausgesetzt) unbegrenzte Betriebsdauer.

24. Antrieb mit separatem Benzin- oder Dieselmotor, Antrieb mit Elektromotor, der von einem Generator versorgt wird (Generator über Keilriemen vom Fahrzeugmotor angetrieben, E-Motor kann bei Fahrzeugstillstand auch vom Netz versorgt werden), Antrieb über eine Ölhydraulik.

2. Technische Mathematik

1. a) $Q = m \cdot \Delta h + m \cdot c \cdot \Delta T = m \cdot (\Delta h + c \cdot \Delta T) = 80\,kg \cdot \left(573{,}6\,\frac{kJ}{kg} + 0{,}84\,\frac{kJ}{kgK} \cdot 78{,}9\,K\right) = \underline{\underline{51190\,kJ}}$

b) $\dot{Q}_{th} = A \cdot k \cdot \Delta T$ mit $A = 2 \cdot (10\,m \cdot 2{,}4\,m + 10m \cdot 2{,}8\,m + 2{,}4\,m \cdot 2{,}8\,m) = 117{,}44\,m^2$

$$\dot{Q} = \dot{Q}_{th} \cdot 1{,}1 = 117{,}44\,m^2 \cdot 0{,}5\,\frac{W}{m^2K} \cdot 20\,K \cdot 1{,}1 = 1291{,}84\,W$$

$$\dot{Q} = \frac{Q}{\tau} \Rightarrow \tau = \frac{Q}{\dot{Q}} = \frac{51190 \cdot 10^3\,J}{1291{,}84\,\frac{J}{s}} = 39625\,s = \underline{\underline{11h}}$$

2.

$\dot{Q}_{th} = A \cdot k \cdot \Delta T$ mit $A = 2 \cdot (6\,m \cdot 2{,}4\,m + 6\,m \cdot 2{,}7\,m + 2{,}4\,m \cdot 2{,}7\,m) = 74{,}16\,m^2$

$$\dot{Q} = \dot{Q}_{th} \cdot 1{,}2 = 74{,}16\,m^2 \cdot 0{,}4\,\frac{W}{m^2K} \cdot 45\,K \cdot 1{,}2 = 1601{,}86\,W$$

$$Q = \dot{Q} \cdot \tau = 1{,}60186\,kW \cdot 12\,h \cdot 3600\,\frac{s}{h} = 69200\,kJ$$

$$m = \frac{Q}{q} = \frac{69200\,kJ}{285\,\frac{kJ}{kg}} = \underline{\underline{242{,}8\,kg}}$$

K 13.6 Wärmepumpe und Wärmerückgewinnung

K 13.6.1 Wärmepumpe

1. Technologie

1. Eine Wärmepumpe ist eine Maschine, die Wärmeenergie bei niedriger Temperatur aufnimmt und durch Zufuhr von Hilfsenergie bei höherer Temperatur wieder abgibt (= Kältemaschine, vgl. CECOMAF 10-00).

2. Eine Kühlmaschine nimmt Nutzenergie unterhalb der Umgebungstemperatur auf, eine Wärmepumpe gibt Nutzenergie oberhalb der Umgebungstemperatur ab. Eine Wärmepumpe ist also eine Kältemaschine, die zur Nutzung des bei höherer Temperatur abgegebenen Wärmestroms betrieben wird. (CECOMAF 10-02)

3. Luft, Wasser, Erdboden, sonstige Wärmequellen, z. B. warme Industrieabwässer.

4. Sie sollte eine möglichst hohe Temperatur haben, so daß eine kleine Temperaturdifferenz zwischen der gewünschten Nutzwärme und der Wärmequelle besteht. Sie sollte jederzeit die benötigte Wärmemenge liefern können. Ihre Temperatur sollte möglichst konstant bleiben. Die Kosten zu ihrer Erschließung sollten möglichst niedrig liegen. Das die Wärme transportierende Medium sollte die Wärmetauscher nicht angreifen oder negativ beeinflussen (Korrosion, Verschmutzung, Vereisung).

5. Elektromotor, Verbrennungsmotor (Gas-, Dieselmotor).

6. Luft/Luft-Wärmepumpen, Luft/Wasser-Wärmepumpen, Wasser/Luft-Wärmepumpen, Wasser/Was-ser-Wärmepumpen, Erdreich/Luft-Wärmepumpen, Erdreich/Wasser-Wärmepumpen.

7. Vorteile: Luft ist frei verfügbar, liefert in technischen Grenzen jede benötigte Wärmemenge. Nachteile: Bei größtem Wärmebedarf (Winter) ist ihre Temperatur am niedrigsten, bei Temperaturen um 0 °C gibt es Abtauprobleme, bei Schneefall besteht Gefahr völliger Verdampfervereisung, hoher Platzbedarf.

8. **Grundwasser**: Vorteile: Temperatur relativ konstant und mit 10 - 15 °C auch recht hoch, geringer Platzbedarf. Nachteile: nicht überall und bei Wassermangel nicht ständig verfügbar, meist hohe Anlagekosten wegen der erforderlichen Brunnenbohrung. **Oberflächenwasser**: Vorteile: geringe Anlage- und Betriebskosten, wenig Platzbedarf. Nachteile: nicht überall und bei Wassermangel nicht ständig verfügbar, Temperatur im Winter evtl. zu niedrig.

9. Vorteile: ständig verfügbar, geringe Betriebskosten, Temperatur schwankt (in der üblichen Tiefe von ca. 1,2 m), von kurzen Kälteeinbrüchen unbeeinflußt, mit der Jahreszeit, allerdings phasenverschoben, so daß am Ende der Heizperiode noch relativ hohe Temperaturen zu erwarten sind. Nachteile: nicht überall verfügbar, hohe Anlagekosten, Reparaturen an der wärmeaufnehmenden Rohrschlange praktisch unmöglich, Sole als Zwischenmedium (meist üblich) ergibt weiteren Temperatursprung zu t_0.

10. Wenn Wärmepumpen nicht den gesamten Wärmebedarf decken können, ist eine zweite, meist konventionelle Heizung als Zusatz erforderlich, man spricht von einem bivalenten (zweiwertigen) System.

11. Vorteil: mehr Heizenergie bei gleichem Primärenergieeinsatz (spart also Primärenergie, vermindert somit sekundäres Treibhauspotential, da weniger fossile Brennstoffe verbraucht werden, vgl.18.) Nachteil: höhere Anlagen- und Wartungskosten.

12. Wenn mit dem Austreten von Kältemittel zu rechnen ist (auch in Spuren), muß der Heizkessel, sofern er seine Verbrennungsluft aus dem gleichen Raum bezieht, abgeschaltet werden, weil es sonst zu Korrosionsschäden im Kessel durch Verbrennungsprodukte des Kältemittels (HCl, HF) kommen kann.

13. Die Leistungszahl ist allgemein definiert als das Verhältnis von Nutzen zu Aufwand (auch bei einer Kühlmaschine), bei einer Wärmepumpe gilt also $\varepsilon_{WP} = \frac{\dot{Q}_{WP}}{P}$, wobei $\dot{Q}_{WP}$ die Wärmeleistung der Wärmepumpe ist (in erster Näherung also $\dot{Q}_c$). Für den isentropen Wärmepumpenprozeß gilt dementsprechend $\varepsilon_{WPis} = \frac{h_2 - h_3}{h_2 - h_1}$. Die Leistungszahl der Wärmepumpe wird auch als Wärmezahl (analog zur Kältezahl) bezeichnet.

14. Die Leistungszahl sinkt, die Wärmepumpe arbeitet weniger effizient, weil die Verdichterleistung im Verhältnis zum aufgenommenen Wärmestrom steigt.

15. $\varepsilon_{WP} = \varepsilon_K + 1$ Das bedeutet, daß z. B. eine Wärmepumpe mit der Leistungszahl 4,2 (Wärmezahl) als Kühlmaschine die Leistungszahl 3,2 (Kältezahl) hat.

16. $\varepsilon_{WPC} = \frac{T_C}{T_C - T_0}$

Anmerkung: Der Carnot-Prozeß ist ein nicht realisierbarer Idealprozeß. Die Leistungszahl tatsächlicher Wärmepumpen erreicht ca. 50 - 60 % von ε_{WPC}.

17. Bei Wärmepumpen, die mit Verbrennungsmotoren angetrieben werden, wird auch noch die Abwärme des Antriebsmotors weitgehend genutzt, weswegen vorrangig das Verhältnis von abgegebener Wärmemenge zu zugeführter Primärenergie zur Bewertung herangezogen wird:

$$\text{Heizzahl} = \frac{\text{abgegebene Wärmemenge}}{\text{zugeführte Primärenergie}}$$

18. Da im Kraftwerk bei der Erzeugung elektrischer Energie etwa 65 % Verluste durch Abwärme entstehen, also nur 35 % der eingesetzten Primärenergie zum Antrieb der Wärmepumpe zur Verfügung stehen, ergibt erst eine Leistungszahl um $\varepsilon_{WP} = 3$ den gleichen Effekt wie direktes Verfeuern des Primärenergieträgers (Öl, Gas). Das wird durch das folgende Energieflußbild (Sankey-Diagramm) verdeutlicht:

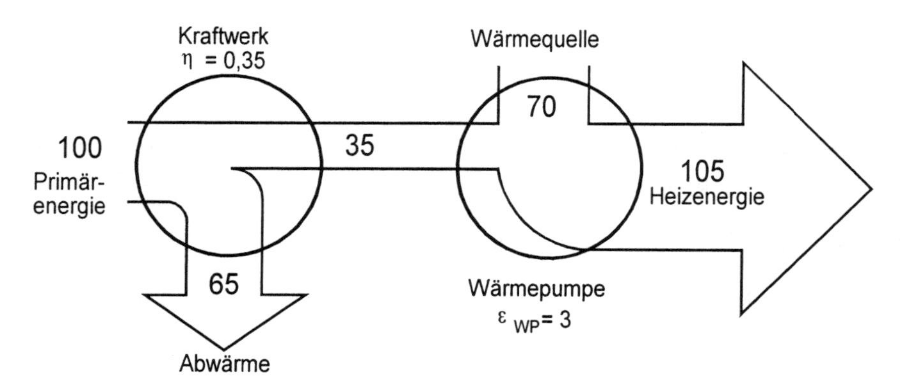

19. Die Abwärme eines Verbrennungsmotors geht überwiegend in die Abgase, aber auch ins Kühlwasser und ins Schmieröl, so daß sie durch entsprechende Wärmeübertrager der Heizenergie zugeführt werden kann.

20. Der 2. Hauptsatz der Wärmelehre lautet in einer seiner Formulierungen:
Wärme kann nie von selbst von einem Körper niederer Temperatur auf einen Körper höherer Temperatur übergehen.
Eine Wärmepumpe transportiert zwar Wärme vom niederen zum höheren Temperaturniveau, aber dies geschieht nicht von selbst, sondern unter Zufuhr von Hilfsenergie (Verdichterarbeit). Insofern liegt kein Widerspruch zum 2. Hauptsatz der Wärmelehre vor.

2. Technische Mathermatik

1. Berechnung der Energieströme:

a) Dieselmotor: $100 \cdot 0{,}38 = 38 \Rightarrow$ 38 Antrieb für die Wärmepumpe, 62 Abwärme

b) Abwärmenutzung: $62 \cdot 0{,}775 = 48(,05) \Rightarrow 62 - 48 = 14$ an die Umgebung, 48 zu Heizzwecken

c) Wärmepumpe: $\dot{Q}_{WP} = \varepsilon_{WP} \cdot P = 4 \cdot 38 = 152 \Rightarrow 152 - 38 = 114$ aus der Wärmequelle

d) Heizenergie: 152 + 48 = 200

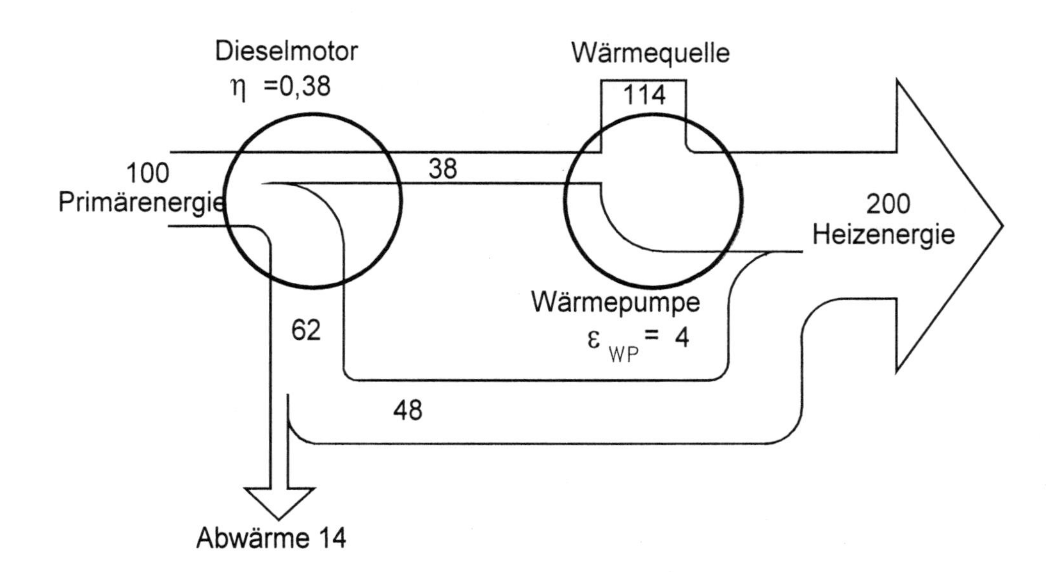

Die Heizzahl beträgt $\frac{200}{100} = 2$, d.h. es wird doppelt soviel Heizenergie abgegeben wie Primärenergie aufgewendet wird.

2.

$$\dot{Q}_c = 12\,\text{kW} + 4\,\text{kW} = 16\,\text{kW}$$

$$\varepsilon_{WP} = \frac{\dot{Q}_c}{P} = \frac{16\,\text{kW}}{4\,\text{kW}} = \underline{\underline{4}}$$

3.

$$\varepsilon_{WP} = \frac{\dot{Q}_c}{P} = \frac{\dot{Q}_c}{\dot{Q}_c - \dot{Q}_o} = \frac{18\,\text{kW}}{4\,\text{kW}} = \underline{\underline{4{,}5}}$$

4.

$$\varepsilon_{WP} = 5 \Rightarrow \varepsilon_K = 4$$

$$P = \frac{\dot{Q}_o}{\varepsilon_K} = \frac{16\,\text{kW}}{4} = \underline{\underline{4\,\text{kW}}}$$

$$\dot{Q}_c = \dot{Q}_o + P = 16\,\text{kW} + 4\,\text{kW} = \underline{\underline{20\,\text{kW}}}$$

5. a) h_1 =72 kJ/kg, h_2 = 22,5 kJ/kg, Δh = 49,5 kJ/kg, ρ_1 = 1,153 kg/m³

b) $\dot{Q}_o = \dot{m}_L \cdot \Delta h = \rho_1 \cdot \dot{V}_1 \cdot \Delta h = 1{,}153\,\frac{\text{kg}}{\text{m}^3} \cdot \frac{12000\,\text{m}^3}{3600\,\text{s}} \cdot 49{,}5\,\frac{\text{kJ}}{\text{kg}} = \underline{\underline{190{,}25\,\text{kW}}}$

c) $\varepsilon_{WP} = 3 \Rightarrow \varepsilon_K = 2 \Rightarrow P = \frac{\dot{Q}_o}{2} \Rightarrow \dot{Q}_c = \dot{Q}_o + P = 1{,}5\dot{Q}_o = \underline{\underline{285{,}37\,\text{kW}}}$

$$d)\ \dot{Q} = \dot{m}_W \cdot c_W \cdot \Delta t_W \Rightarrow \dot{m}_W = \frac{\dot{Q}}{c_W \cdot \Delta t_W} = \frac{285{,}37 \frac{kJ}{s}}{4{,}19 \frac{kJ}{kgK} \cdot 35\,K} = 1{,}946 \frac{kg}{s} = \underline{\underline{7005\,kg/h}}$$

Es können also theoretisch etwa 7000 Liter stündlich erwärmt werden.

6.

$$\dot{Q}_o = 0{,}5 \cdot 70 \cdot \frac{84000\,kJ}{86400\,s} = 34\,kW \quad (1d = 86400\,s)$$

$$P = \frac{\dot{Q}_o}{\varepsilon_{WP} - 1} = \frac{\dot{Q}_o}{2{,}5} = \frac{34\,kW}{2{,}5} = 13{,}6\,kW$$

$$\dot{Q}_c = \dot{Q}_o + P = 34\,kW + 13{,}6\,kW = \underline{\underline{47{,}6\,kW}}$$

7.a)

$$\text{Gasmotor: } P_{zu} = \frac{11\,kWh \cdot 10}{1h} = 110\,kW$$

$$P_{ab} = \eta \cdot P_{zu} = 0{,}30 \cdot 110\,kW = 33\,kW$$

$$P_{Verlust} = P_{zu} \cdot (1 - \eta) = 110\,kW \cdot 0{,}7 = 77\,kW$$

davon als Heizleistung nutzbar 85 %: $\dot{Q}_{Heiz} = 0{,}85 \cdot 77\,kW = 65{,}45\,kW$

Wärmepumpe: $P_{zu} = 33\,kW$

$$Q_c = P_{zu} \cdot \varepsilon_{WP} = 33\,kW \cdot 4 = 132\,kW$$

Gesamte Heizleistung: 133 kW + 65,45 kW = $\underline{\underline{198{,}45\text{ kW}}}$

b) $$\text{Heizzahl} = \frac{198{,}45\,kW}{110\,kW} = \underline{\underline{1{,}8}}$$

c) $$\dot{m}_W = \frac{\dot{Q}}{c_W \cdot \Delta t_W} = \frac{198{,}45 \frac{kJ}{s}}{4{,}19 \frac{kJ}{kgK} \cdot 15\,K} = 3{,}1575 \frac{kg}{s} = \underline{\underline{11367\,kg/h}}$$

d) $$\dot{Q} = 0{,}94 \cdot 110\,kW = \underline{\underline{103{,}4\,kW}}$$

8. a) $$\varepsilon_{WPC} = \frac{T_C}{T_C - T_0} = \frac{323\,K}{40\,K} = 8{,}075 \Rightarrow \varepsilon_{WP} = 0{,}545 \cdot 8{,}075 = \underline{4{,}4} \Rightarrow \varepsilon_K = 3{,}4$$

b) $$P = \frac{\dot{Q}_o}{\varepsilon_K} = \frac{77{,}3\,kW}{3{,}4} = 22{,}7\,kW \Rightarrow \dot{Q}_c = \dot{Q}_o + P = 77{,}3\,kW + 22{,}7\,kW = \underline{\underline{100\,kW}}$$

K 13.6.2 Wärmerückgewinnung

1. Technologie

1. Unter Wärmerückgewinung versteht man die Nutzung der im Rahmen eines Kälteerzeugungsprozesses abzuführenden Wärmeenergie (anstatt sie an die Umgebung abzuführen).

2.

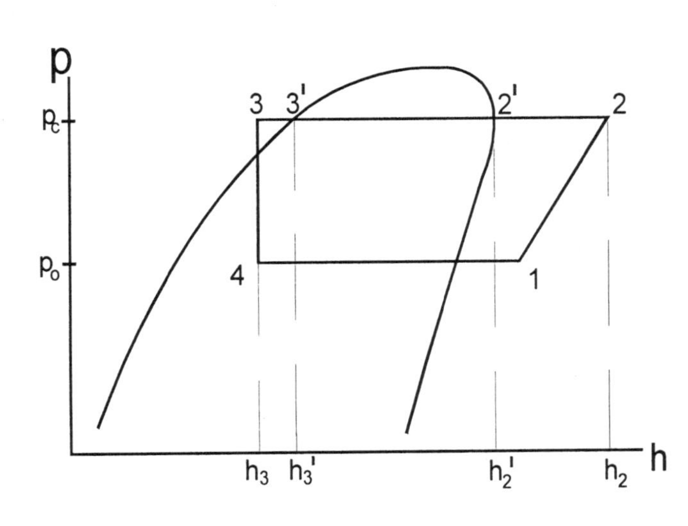

Enthitzen: 2 - 2'
Verflüssigen: 2' - 3'
Unterkühlen: 3' - 3

Zurückgewonnen werden können die spezifische Enthitzungswärme (h_2 - $h_{2'}$), die spezifische Verflüssigungswärme ($h_{2'}$ - $h_{3'}$) und die spezifische Unterkühlungswärme ($h_{3'}$ - h_3).

3. Milchkühlung, Brauereien, Schlachthöfe, Fleischereien. Hier muß gekühlt werden, und gleichzeitig besteht Bedarf an warmem Brauchwasser zu Reinigungszwecken.
Abwärmenutzung bei Kältetrocknern (Entfeuchten der Luft durch Kühlen mit Wasserausscheidung, anschließendes Wiedererwärmen mit der Verflüssigerwärme), Supermärkte.

4. Der Unterschied besteht darin, daß eine Wärmepumpe nur zur Nutzung der oberhalb der Umgebungstemperatur abgegebenen Wärme betrieben wird, während eine Wärmerückgewinnungs-Anlage in erster Linie zur Nutzung der unterhalb der Umgebungstemperatur aufgenommenen Wärme, also als Kälteanlage betrieben wird. Die Nutzung der Verflüssigerwärme ist nur zusätzlicher energiesparender Nebeneffekt.

5.

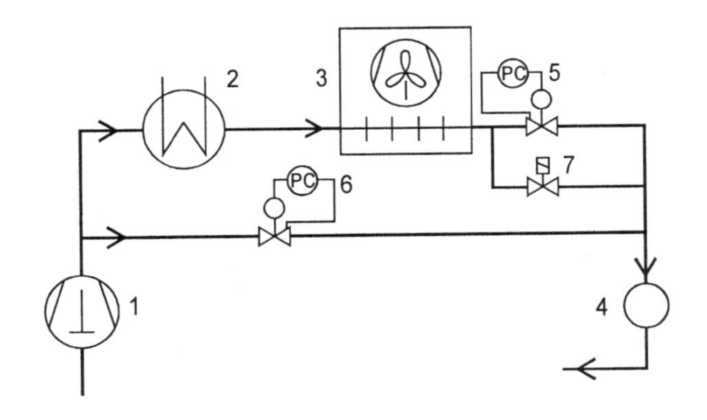

1 - Verdichter,
2 - Wärmerückgewinnungsverflüssiger,
3 - Anlagenverflüssiger,
4 - Sammler,
5 - Verflüssigungsdruckregler ,
6 - Sammlerdruckregler,
7 - Magnetventil.

Wärmerückgewinnungsverflüssiger in Serienschaltung

6. Dieses Konstantdruckventil als Verflüssigungsdruckregler gibt dem Wärmerückgewinnungsverflüssiger Vorrang vor dem Anlagenverflüssiger. Es schließt bei fallendem und öffnet bei steigendem Druck: Bei großem Wärmebedarf (p_c sinkt) wird Kältemittel im Anlagenverflüssiger angestaut, so daß dieser außer Kraft gesetzt wird (keine Wärmeübertragungsfläche), in der Anfahrphase (Brauchwasser noch kalt) wird sogar der Wärmerückgewinnungsverflüssiger teilweise geflutet, um p_c aufrechtzuerhalten. Bei sinkendem Wärmebedarf (p_c steigt) wird der Anlagenverflüssiger zunehmend entleert und übernimmt entsprechend die Verflüssigung des Kältemittels (vgl. K 10.2.12).
Anmerkung: Der Verflüssigungsdruckregler kann auch zwischen WRG- und Anlagenverflüssiger angeordnet werden.

7. Wenn der Verflüssigungsdruckregler (5) anstaut (schließt) und gleichzeitig Kältemittel aus dem Sammler abfließt, kann der Druck im Sammler soweit sinken, daß die Druckdifferenz am Expansionsventil nicht mehr für dessen ordnungsgemäße Funktion ausreicht. In diesem Fall öffnet das vom Aus-

gangsdruck gesteuerte Konstantdruckventil und läßt Kältemittelheißgas in den Sammler strömen. (Diese Funktion kann auch auf einfachere Weise von einem Differenzdruckventil wahrgenommen werden.)

8. Damit kann der Verflüssigungsdruckregler (5) umgangen, also außer Kraft gesetzt werden. So vermeidet man seinen Druckabfall (wenn z. B. kein Wärmebedarf besteht, muß p_c nicht geregelt werden).

9. Vorteile: unkomplizierte Schaltung ohne Gefahr der Kältemittelverlagerung, Kältemittel fließt auch ohne Gefälle von den Verflüssigern zum Sammler. Nachteile: große Kältemittelmenge erforderlich, hoher Druckabfall über beide Verflüssiger.

10. Parallelschaltung von Wärmerückgewinnungs- und Anlagenverflüssiger.

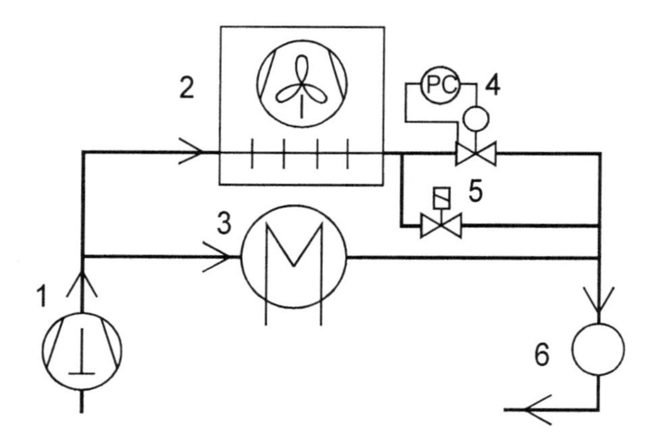

Wärmerückgewinnungsverflüssiger in Parallelschaltung

1 - Verdichter,
2 - Anlagenverflüssiger,
3 - Wärmerückgewinnungsverflüssiger,
4 - Verflüssigungsdruckregler,
5 - Magnetventil,
6 - Sammler.

11. Vorteile: Geringerer Druckabfall (energiesparend), kein Sammlerdruckregler erforderlich, da der vom Regler eingestellte Verflüssigungsdruck über den Wärmerückgewinnungsverflüssiger auf den Sammler wirkt, geringere Kältemittelmenge erforderlich, da der Wärmerückgewinnungsverflüssiger nicht geflutet werden kann. Nachteile: Schaltung komplizierter, insbesondere um zu gewährleisten, daß beide Verflüssiger durchströmt werden, Gefälle von den Verflüssigern zum Sammler erforderlich, Heißgas strömt in geringem Maße durch den Wärmerückgewinnungsverflüssiger zum Sammler, kondensiert dort und verringert so die Unterkühlung.

12. Durchlaufverfahren: Kältemittel und Wasser treten in einem Gegenstromwärmeübertrager in Wärmekontakt. Speicherverfahren: Die abzuführende Wärmemenge erwärmt einen Wasservorrat in einem Brauchwasserspeicher.

13. Durchlaufverfahren: Vorteil: kein Speicher erforderlich, Nachteil: Wenn nicht konstant Warmwasser benötigt wird, kann nicht die gesamte verfügbare Wärme genutzt werden. Speicherverfahren: Vorteil: Auch bei ungleichmäßigem Wärmebedarf (Warmwasser wird zum Reinigen meist zu bestimmten Zeiten benötigt, z. B. abends) kann die gesamte verfügbare Wärmemenge mittels eines geeigneten Speichers genutzt werden.

14. direkt: Der Wärmerückgewinnungsverflüssiger befindet sich im Brauchwasserspeicher (Rohrschlange), indirekt: Der Wärmerückgewinnungsverflüssiger überträgt die Wärme auf ein Zwischenmedium, das sie im Brauchwasserspeicher wieder abgibt.

15. direkte Wärmeübertragung: Vorteil: guter Wirkungsgrad, Nachteil: Öl und Kältemittel können ins Brauchwasser gelangen (z. B. bei Undichtigkeiten durch Korrosion), Brauchwasserspeicher sollte in der Nähe der Kälteanlage stehen, da sonst zu lange Kältemittelleitungen nötig sind.
indirekte Wärmeübertragung: Vorteil: Öl und Kältemittel können nicht ins Brauchwasser gelangen, höchstens ins Zwischenmedium. Nachteil: Zwei Wärmeübergänge (Temperaturdifferenzen) verschlechtern den Wirkungsgrad, zusätzliche Investitions- und Energiekosten (Wärmeübertrager, Umwälzpumpe).

16. Hierzu sagt die DIN 1988, Teil 4 : Bei Beachtung bestimmer Höchstmengen für FCKW (R22 - 0,80 kg) und wenn im Kältemittelkreislauf nur solche Schmiermittel verwendet werden, die keine Gefährdung des Verbrauchers durch Genuß des Trinkwassers im Schadensfall erwarten lassen, ist der Einbau von korrosionsbeständigen, gesicherten Wärmeaustauschern möglich. Bei Überschreiten der Höchstmengen ist eine Entgasungsvorrichtung am Brauchwasserspeicher vorzusehen, die verhindert, daß Kältemittel durch die Trinkwasserleitungen in die Wohnräume gelangt.

17. Die Anlage ist als Kälteanlage konzipiert, die unter bestimmten Betriebsbedingungen ihre Aufgabe, etwas zu kühlen, optimal erfüllt. Erhöhte man um höherer Brauchwassertemperaturen willen die Verflüssigungstemperatur, würden Kälteleistung und Lebensdauer der Anlage ab- sowie Leistungsaufnahme und Anlagenlaufzeit zunehmen. Die Anlage liefe wesentlich unwirtschaftlicher, so daß eine separate Erwärmung des Brauchwassers günstiger wäre.

18. a) Enthitzungswärme mit einem getrennten Wärmeübertrager nutzen (Enthitzung findet auf höherem Temperaturniveau statt)
b) Wärmerückgewinnung nur zur Vorerwärmung des Brauchwassers, z. B. bis auf 30 °C, weitere Erwärmung mit konventionellem Heizkessel oder elektrisch.

19. Aufgrund von Verlusten kommt nicht die gesamte aufgenommene elektrische Leistung als äquivalenter Wärmestrom ins Kältemittel, besonders bei offenen Verdichtern.

20. a) Wenn t_0 sinkt bzw. t_c steigt, verringert sich die Kältezahl, die Anlage nimmt mehr Leistung auf im Verhältnis zum Nutzen und somit steigt das Verhältnis von Verflüssiger- zu Verdampferleistung, f_1 wird größer.
b) Bei sauggasgekühlten Verdichtern gibt es weniger Wärmeverluste, da die Motor- und Verdichterabwärme vom Kältemittel aufgenommen wird.
c) Bei so hoher Verflüssigungstemperatur würde wegen der hohen saugseitigen Überhitzung des Kältemittels (durch die Aufnahme der Motor- und Verdichterabwärme) eine zu hohe druckseitige Überhitzung (Verdichtungsendtemperatur) entstehen.

2. Technische Mathematik

1.

a) $\dot{Q}_c = \dot{Q}_o \cdot f_1 = 10\,kW \cdot 1{,}5 = 15\,kW$ (f_1 aus Tabelle)

$$\dot{m}_W = \frac{\dot{Q}_c}{c_W \cdot \Delta t_W} = \frac{15\,kW}{4{,}19\,\frac{kJ}{kgK} \cdot 25\,K} = 0{,}143\,kg/s$$

$$m_W = \dot{m}_W \cdot \tau = 0{,}143\,\frac{kg}{s} \cdot 15\,h \cdot 3600\,\frac{s}{h} = \underline{\underline{7732{,}7\,kg}}\ \text{(täglich)}$$

b) $\dot{Q}_Ü = \dot{Q}_c \cdot 0{,}2 = 15\,kW \cdot 0{,}2 = 3\,kW$

$$m_W = \frac{\dot{Q}_Ü \cdot \tau}{c_W \cdot \Delta t_W} = \frac{3\,kW \cdot 15\,h \cdot 3600\,\frac{s}{h}}{4{,}19\,\frac{kJ}{kgK} \cdot 50\,K} = \underline{\underline{773{,}27\,kg}}\ \text{(täglich)}$$

c) $\dot{Q}_K = \dot{Q}_c - \dot{Q}_Ü = 15\,kW - 3\,kW = 12\,kW$

$$m_W = \frac{12\,kW \cdot 15\,h \cdot 3600\,\frac{s}{h}}{4{,}19\,\frac{kJ}{kgk} \cdot 25\,K} = 6186\,kg$$

(diese Wassermenge läßt sich täglich mit der Verflüssigungswärme vorerwärmen)

Entscheidend ist, wieviel davon der Enthitzer auf Endtemperatur bringen kann:

$$m_W = \frac{3\,kW \cdot 15\,h \cdot 3600\,\frac{s}{h}}{4{,}19\,\frac{kJ}{kgK} \cdot 25\,K} = \underline{\underline{1546{,}5\,kg}}$$

K 14 Weitere Verfahren der Kälteerzeugung - Lösungen

K 14.1 Absorptionskälteanlagen

1. **Absorption** nennt man die Aufnahme von Gasen / Dämpfen durch Flüssigkeiten oder feste Körper. **Adsorption** nennt man das Festhalten (Anlagern) von Gas- oder Flüssigkeitsmolekülen (oder in Flüssigkeiten gelösten Molekülen fester Stoffe) an der Oberfläche eines festen Stoffes.

2. Das Absorptionsvermögen nimmt mit steigendem Druck zu (und umgekehrt: Nach dem Öffnen der Mineralwasserflasche (Druck sinkt auf Umgebungsdruck) bilden sich spontan Gasbläschen, weil das Absorptionsvermögen gesunken ist). Mit steigender Temperatur sinkt das Absorptionsvermögen (und umgekehrt: Ist die Mineralwasserflasche beim Öffnen kalt, schäumt es nicht so stark).

3. Ammoniak löst sich begierig in Wasser (= Absorption, 1 Liter Wasser kann bei 0 °C über 1000 Liter NH_3 absorbieren). Die Löslichkeit sinkt mit steigender Temperatur (Austreiben durch Beheizen).

4. a) - c) s. Abbildung:

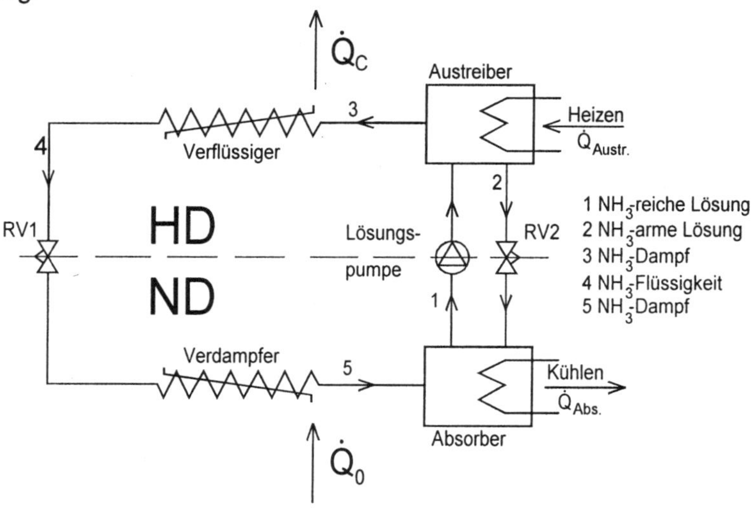

Prinzip der Absorptionskälteanlage mit Ammoniak / Wasser

d) Im Absorber muß gekühlt werden, da beim Absorbieren die Temperatur der Lösung steigt und ihr Lösungsvermögen sinkt. Durch die Kühlung wird das Absorptionsvermögen also erhöht. Im Austreiber muß geheizt werden, um das Kältemittel NH_3 aus der Lösung auszutreiben.

e) Wärmestrombilanz: $\dot{Q}_o + \dot{Q}_{Austr} = \dot{Q}_c + \dot{Q}_{Abs}$ (Pumpenleistung vernachlässigt)

f) Im Absorber wird der im Verdampfer entstandene Ammoniakdampf von NH_3-armer Lösung absorbiert Mit einer Lösungspumpe wird die entstandene NH_3-reiche Lösung vom niedrigen Absorberdruck auf den hohen Austreiberdruck gebracht und zum Austreiber gefördert. Dort wird der reichen Lösung Wärme zugeführt, das Absorptionsvermögen sinkt, und Ammoniak wird ausgetrieben. Die nun NH_3-arme Lösung wird über ein Regelventil RV 2 (Druckdifferenz) wieder zum Absorber zurückgeleitet (Lösungskreislauf). Der ausgetriebene NH_3-Dampf wird von Wasserdampfanteilen gereinigt (Dephlegmator, Rektifikator, nicht eingezeichnet), so daß Ammoniak von 99,8 % Reinheit in den Verflüssiger strömt. Das verflüssigte Ammoniak strömt über ein Regelventil (RV 1) zum Verdampfer und nimmt dort durch Verdampfen Wärme auf. Von dort strömt der Dampf aufgrund der Druckdifferenz wieder zum Absorber (Kältemittelkreislauf).

5. Bei einer Verdichterkälteanlage erfolgt die Verdichtung des Kältemitteldampfes mechanisch. Bei einer AKA wird diese Aufgabe durch die Bauteile des Lösungskreislaufs, also ohne Zufuhr mechanischer Energie, nur durch Wärmeenergie, übernommen.

6. Die aus dem Austreiber kommende warme NH_3-arme Lösung überträgt im Gegenstrom ihre Wärme auf die vom Absorber kommende kalte NH_3-reiche Lösung, so daß im Absorber weniger Wärme abgeführt und vor allem im Austreiber weniger Wärme zugeführt werden muß.

7. Wasser / Lithiumbromidlösung.(H_2O / LiBr)

8. **NH_3 / H_2O**: Vorteile: Einsatzbereich bis - 60 °C (einstufig.), große Verdampfungsenthalpie des Kältemittels NH_3, gute Wärme- und Stoffübergangsverhältnisse, normale Stähle verwendbar, Nachteile: flüchtiges Lösungsmittel macht Rektifikation erforderlich, hohe Drücke, Kältemittel toxisch.

H_2O / LiBr Vorteile: Verdampfungsenthalpie des Kältemittels Wasser sehr hoch, niedrige Drücke, keine Rektifikation erforderlich, da LiBr nicht flüchtig, Stoffpaar weder toxisch noch entflammbar, Nachteile: Gefrierpunkt des Kältemittels Wasser nicht unterschreitbar, extrem niedriges Vakuum erfordert absolute Dichtheit, LiBr sehr aggressiv in Verbindung mit Luftsauerstoff.

9. Betriebe mit Kraft/Wärme/Kältekopplung (Brauereien, Zuckerfabriken), chemische Industrie (häufig hohe Abwärme und gleichzeitig Kältebedarf), überall, wo billig Wärme zu Verfügung steht und gleichzeitig Kältebedarf besteht, Wärmepumpen.

10. Vorteile: hohe Betriebssicherheit, geringer Wartungs-/Reparaturaufwand, kaum Verschleiß, ölfreier Betrieb, geräuscharme Arbeitsweise, geringer Bedarf an elektrischer Energie (5 - 10 % im Vergleich zur Verdichterkälteanlage), tiefe Temperaturen einstufig erreichbar bei direkter Befeuerung mit Öl / Gas (NH_3). Nachteil: hohe Investitionskosten.

11. a) 1- Austreiber (Kocher), 2 - Wasserabscheider, 3 - Verflüssiger, 4 - Verdampfer, 5 - Gaswärmeübertrager, 6 - Absorber, 7 - Flüssigkeitswärmeübertrager, 8 - Heizung, 9 - Thermosyphonpumpe
b) A: NH_3-Dampf, B: NH_3 flüssig, C: NH_3-reiches Gas, D: NH_3-armes Gas, E: NH_3-reiche Lösung, F: NH_3-arme Lösung, G: NH_3-Dampf mit Wasserdampfanteilen
c) Vom Verflüssiger (3) strömt flüssiges Ammoniak zum Verdampfer (4), wo es auf NH_3- armen Wasserstoff mit geringem NH_3-Partialdruck trifft, so daß es bei tiefer Temperatur verdampft. Dadurch reichert sich das Hilfsgas mit Kältemitteldampf an, und das Gasgemisch sinkt aufgrund seiner höheren Dichte zum Absorber (6) ab. Im Gaswärmeübertrager (5) kühlt es dabei das wärmere, vom Absorber kommende NH_3-arme Hilfsgas. Die im Gegenstrom durch den Absorber rieselnde NH_3-arme Lösung nimmt das Kältemittel auf und reichert sich dabei an. Das NH_3-arme Hilfsgas strömt wieder zum Verdampfer zurück (Ltg. D). Die reiche Lösung fließt über einen Wärmeübertrager (7), wobei sie von der vom Austreiber zurückfließenden, wärmeren NH_3-armen Lösung Wärme aufnimmt, zum Austreiber (1). Dort wird das Kältemittel durch Beheizen ausgetrieben und strömt nach oben in den Flüsssigkeitsabscheider, wo mitverdampfte Wasseranteile kondensieren und zurückfließen. Reiner Ammoniakdampf strömt nun zum Verflüssiger, um dort bei hohem Druck zu verflüssigen.

12. Der Wasserstoff wirkt druckausgleichend. Durch seine Anwesenheit ist der Gesamtdruck überall gleich hoch, und dennoch ist der Ammoniak-Partialdruck im Verflüssiger hoch und im Verdampfer niedrig. Für einen Gesamtdruck von z. B. 12 bar ergeben sich etwa folgende Partialdrücke :

Druck in bar bei:	Ammoniak	Wasserstoff	Wasserdampf	Summe
A	12	0	0	12
B	12	0	0	12
C	3	9	0	12
D	1	11	0	12
G	10,5	0	1,5	12

13. Schon vor dem eigentlichen Austreiber wird die Lösung aufgeheizt, so daß sich Gasblasen bilden, die die Lösung nach oben reißen (Thermosyphonwirkung).

14. Nach Ammoniak-Dampftabelle beträgt der Sättigungsdruck bei 31 °C 12,02 bar, also verflüssigt das Ammoniak in diesem Fall bei ca. 31 °C.

15. Bei einer Verdichterkälteanlage würde diese Verflüssigungstemperatur zu einer viel zu hohen Verdichtungsendtemperatur führen, beim Absorptionsprinzip gibt es keinen mechanischen Verdichter.

16. Das vom Absorber kommende NH_3-arme Gas ist relativ warm (beim Absorbieren wird Wärme frei) und würde die Leistung des Verdampfers mindern.

17. Weil die Absorptionsfähigkeit mit steigender Temperatur sinkt, sollte der Temperaturunterschied zwischen Absorber und Austreiber möglichst groß gehalten werden. Durch diesen Wärmeübertrager muß weniger Wärme im Austreiber zugeführt werden, und gleichzeitig steigt die Absorptionsfähigkeit im Absorber.

18. Haushaltskühlschränke (geringer Marktanteil) , Kleinkühlgeräte (20 - 100 Liter) für Freizeit / Camping, Hotels, Transport von Blutkonserven.

19. Vorteile: geräusch- und vibrationsfreier Betrieb, keine mechanisch bewegten Teile (Abnutzung), Austreiber kann mit verschiedenen Wärmequellen beheizt werden (Gas, elektrisch mit Netz- und Batteriebetrieb, Kerosin)
Nachteil: höherer Energieverbrauch gegenüber Verdichterkühlschränken.

20. Da sich in dem System Wasserstoff unter hohem Druck befindet, besteht Explosionsgefahr. Die Anwesenheit von Zündquellen ist niemals auszuschließen (brennende Zigarette, heiße Metallteile).

K 15 Technische Kommunikation - Lösungen

Bei allen Lösungen der Fließbilder wurde streng nach der DIN 8972 T 1+2 (Fließbilder kältetechnischer Anlagen) und der DIN 19227 (Entwurf v. 2. 90 , Messen,Steuern, Regeln - Graphische Symbole und Kennbuchstaben für die Prozeßleittechnik, Darstellung von Aufgaben) gezeichnet. Den Veröffentlichungen auf europäischer Ebene ist zu entnehmen, daß die RI-Fließbild Norm überarbeitet wird. Damit werden hoffentlich auch die vorhandenen Unstimmigkeiten beseitigt. Als Hilfsmittel wurde die *Lindner- Schablone* benutzt. Das Begleitbuch ist nur bedingt einsetzbar, da hier viele Darstellungsvorschläge angegeben werden, die nicht der Norm entsprechen.

So wird z.B. für das TEV m.ä.D. im EMSR-Kreis (TP-pC) angegeben. Diese Buchstabenkombination sieht weder die alte noch die neue im Entwurf vorliegende Norm vor. Die Darstellung eines TEV m.ä.D. ist in der Norm leider von der Funktion her falsch dargestellt (die Druckausgleichsleitung muß auf der Ausgangsseite des Ventils angeschlossen sein). Da dieses Ventil als Anwendungsbeispiel aber direkt angegeben ist, sollte es konsequenterweise auch so (falsch) übernommen werden.

1. Lösungsvorschlag

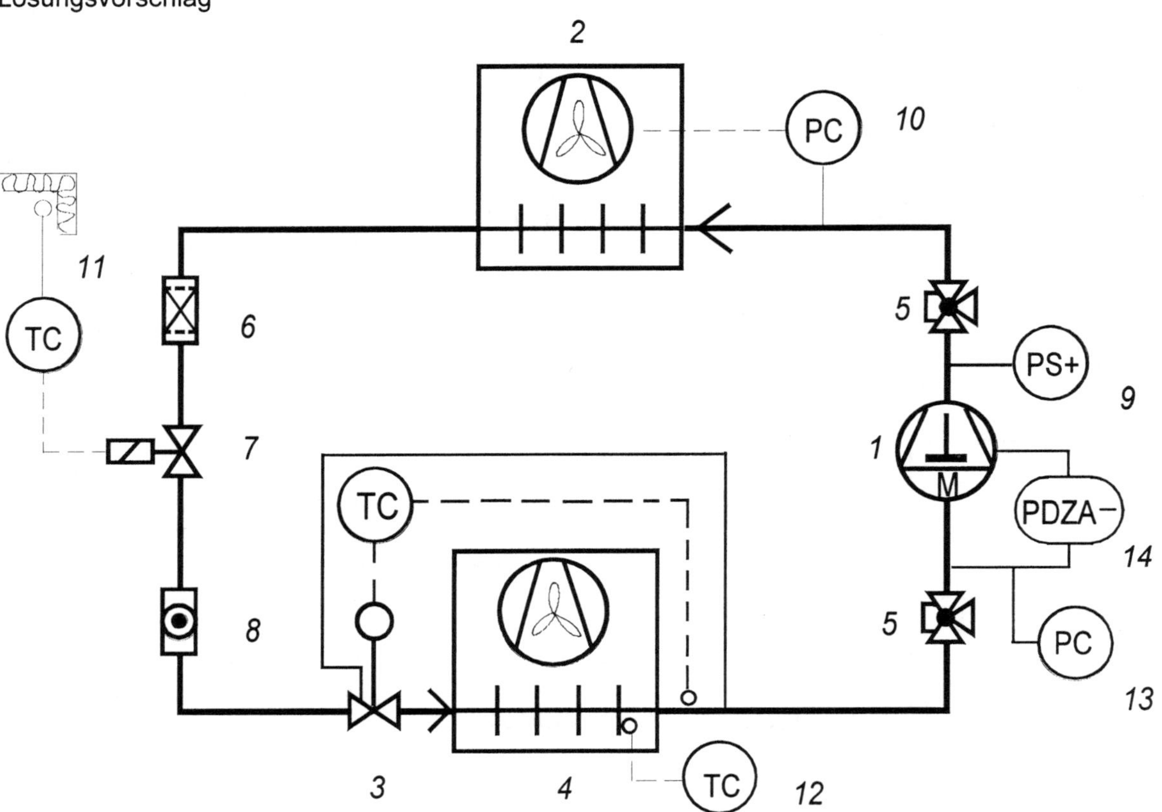

Legende:

1 - Sauggasgekühlter Hubkolbenverdichter
2 - luftgekühlter Rippenrohrverflüssiger
3 - TEV mit äußerem Druckausgleich
4 - luftgekühlter Rippenrohrverdampfer
5 - 3-Wege-Kappenabsperrventil
6 - Filtertrockner
7 - Magnetventil
8 - Schauglas mit Indikator
9 - Hochdruckbegrenzer
10 - Druckaufnehmer für elektron. Drehzahlregelung
11 - Raumthermostat
12 - Verdampferthermostat zur Lüftersteuerung
13 - Niederdruckwächter
14 - Öldifferenzdruckschalter

Regelungstechnisch wurden folgende Annahmen getroffen:
Ein Raumthermostat steuert das Magnetventil. Der Niederdruckwächter schaltet den Verdichter.
Der Pressostat in der Hochdruckseite wurde als Begrenzer angenommen.

2. Lösungsvorschlag

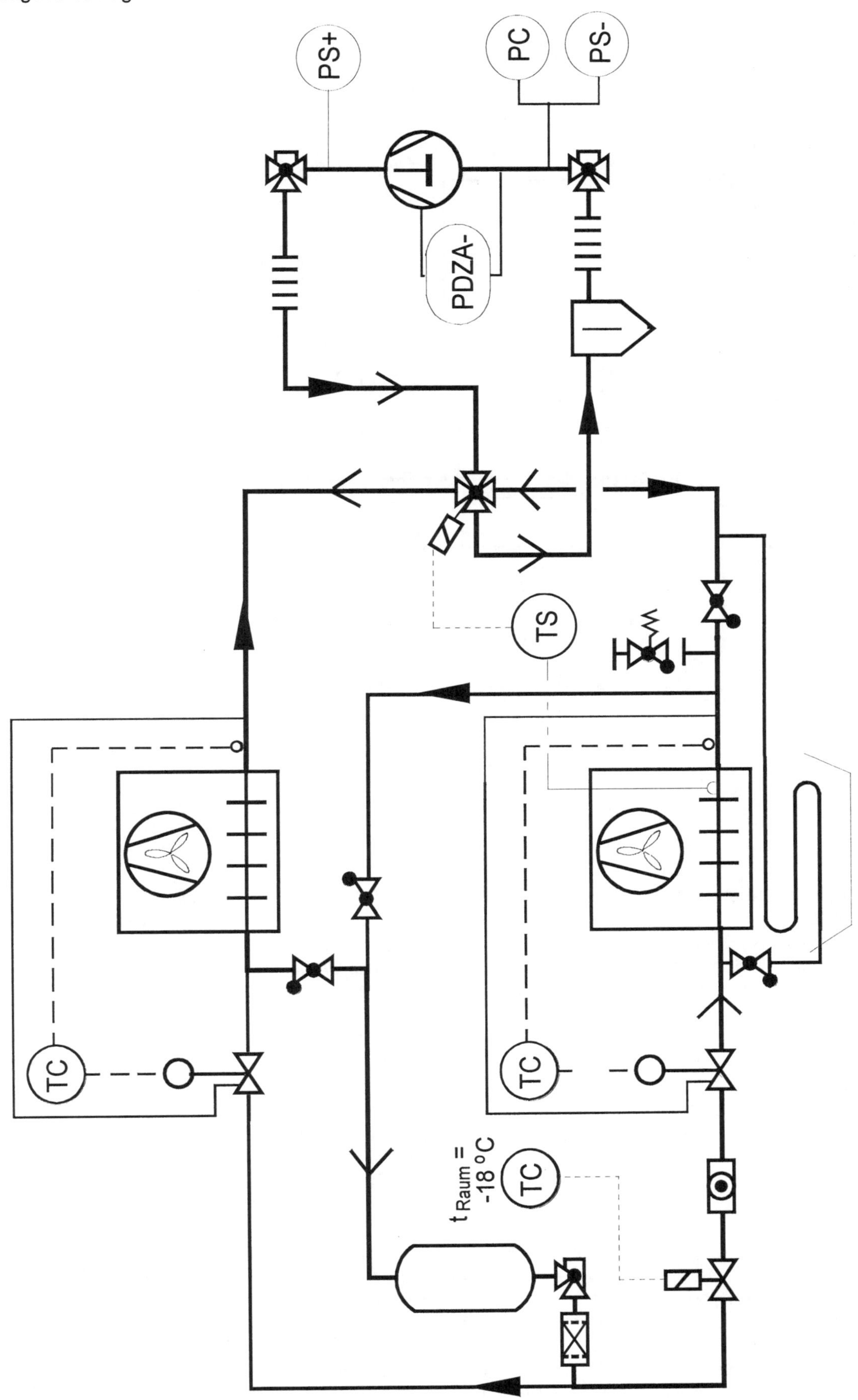

3. Lösungsvorschlag

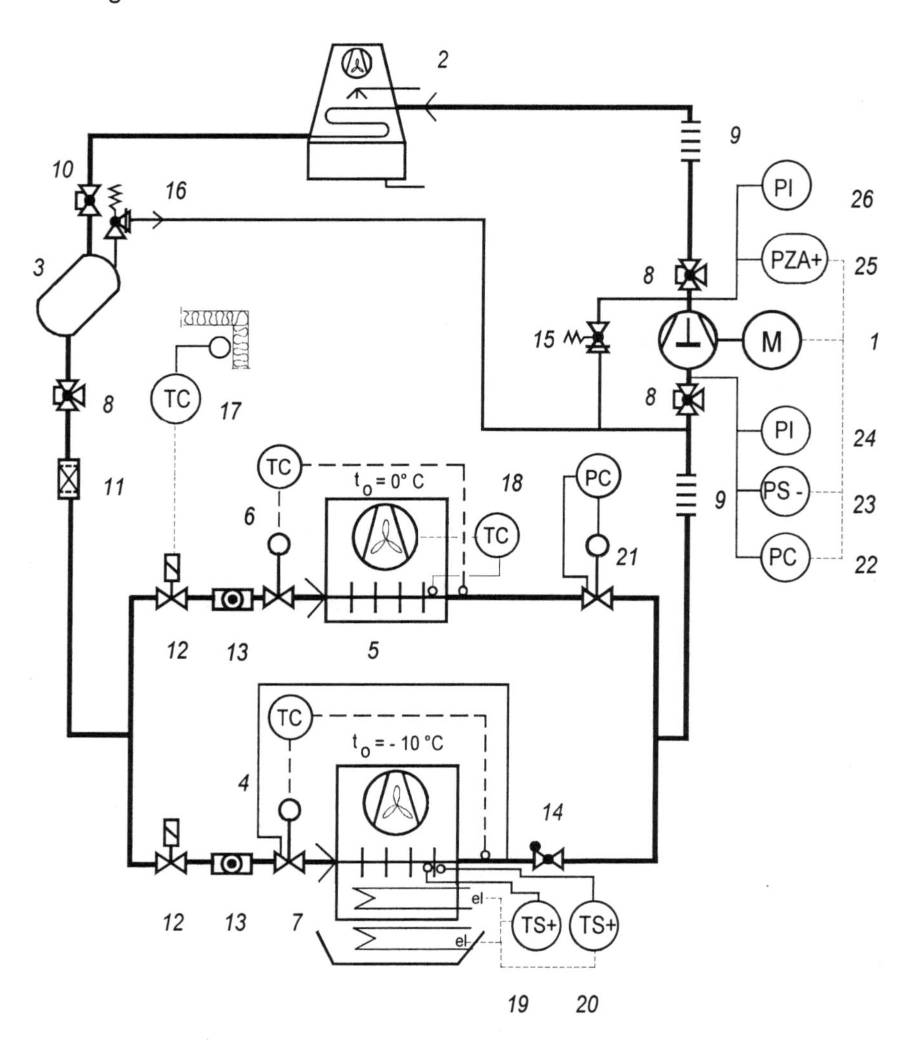

Legende:

1 - Hubkolbenverdichter mit externem E-Motor
3 - Sammler
5 - luftgekühlter Rippenrohr-Verdampfer
7 - luftgekühlter Rippenrohr-Verdampfer mit Mehrfacheinspritzung u. elektr. Abtauung
10 - Kappenabsperrventil
12 - Magnetventil
14 - Rückschlagventil
16 - Überströmventil-Eckform
18 - Verdampferthermostat
20 - Abtaubegrenzungsthermostat
22 - Niederdruckwächter zur Steuerung des Dahlander-Motors
25 - Sicherheitsdruckbegrenzer mit Alarm

2 - Verdunstungsverflüsssiger
4 - TEV mit äußerem Druckausgleich
6 - TEV mit innerem Druckausgleich
8 - Drei-Wege-Kappen-Absperrventil
9 - Schwingungsdämpfer
11 - Filtertrockner
13 - Schauglas mit Indikator
15 - gegendruckunabhängiges Überströmventil
17 - Raumthermostat
19 - Abtausicherheitsthermostat
21 - Verdampfungsdruckregler
23 - Saugdruckbegrenzer
24 - Saugdruckmanometer
26 - Hochdruckmanometer

Die VBG 20 sieht für das Kältemittel R 134 a mit einer Füllmenge m = 110 kg als Sicherheitseinrichtung gegen Drucküberschreitung nach § 7/1 die Möglichkeiten 1b,c od. d vor (vgl. K 12). Gewählt wurde 1b, da das gegendruckunabhängige Überströmventil (15) inzwischen auf dem Markt verfügbar ist.
Der beidseitig absperrbare Sammler ist nach DA § 7, Abs.1 Nr. 4 mit einer Überströmeinrichtung (16) zu versehen, da bei dem knapp bemessenen Sammler nicht auszuschließen ist, daß er bei Raumtemperatur mit mehr als 90 % flüssigem Kältemittel gefüllt sein kann.(Vgl. K 12 Aufg. 12)
Nach VBG 20 § 8 müssen bei der Kältemittelmenge >100 kg Druckanzeigeeinrichtungen vorhanden sein.
Der PC-Saugdruckregler (22) wirkt auf den Motor mit Dahlanderschaltung als Leistungsregulierung.

4. Lösungsvorschlag

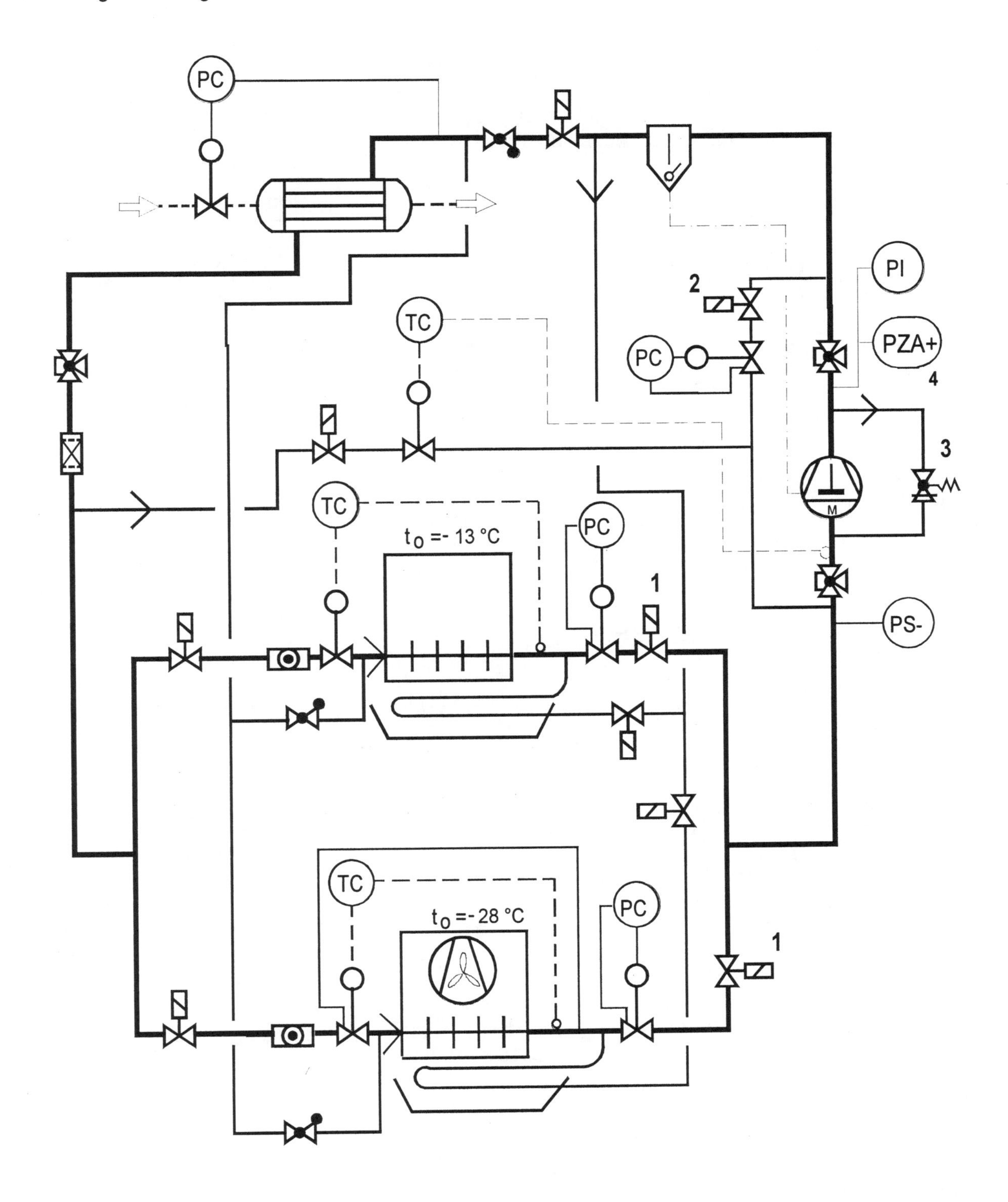

Die Magnetventile (1) sind beim Abtauen bei der entsprechenden Kühlstelle geschlossen. Dadurch wird verhindert, daß der Kältemitteldampf direkt wieder vom Verdichter angesaugt wird.
Das Magnetventil im Heißgasbypass soll ein Überströmen von Dampf von der Saug- in die Druckseite bei der *Pump-out*-Schaltung verhindern.
Die Nacheinspritzung in den Bypass soll die Sauggastemperatur verringern.
Die Sicherheitsanforderung nach VBG 20 wird mit der Überströmeinrichtung (3) und dem Sicherheitsdruckbergrenzer (4) erfüllt (VGB 20 DA zu § 7 Abs. 1 /b).

5. Lösungsvorschlag

Die Sicherheitseinrichtungen gegen Drucküberschreitung erfordern nach VBG 20 DA zu § 7 Abs.1 Lösungen nach 1b, c od. d (1a ist nicht zulässig, da Propan zur Kältemittelgruppe 2 gehört). Gewählt wurde 1c. Die Überströmeinrichtung ist bereits im *Maneurop*-Verdichter eingebaut. Sie öffnet nach Prospektangabe bei einer Druckdifferenz von 30-35 bar und schließt bei einem Δp unter 8 bar automatisch wieder. Deshalb sind nur zwei Sicherheitsdruckbegrenzer erforderlich.

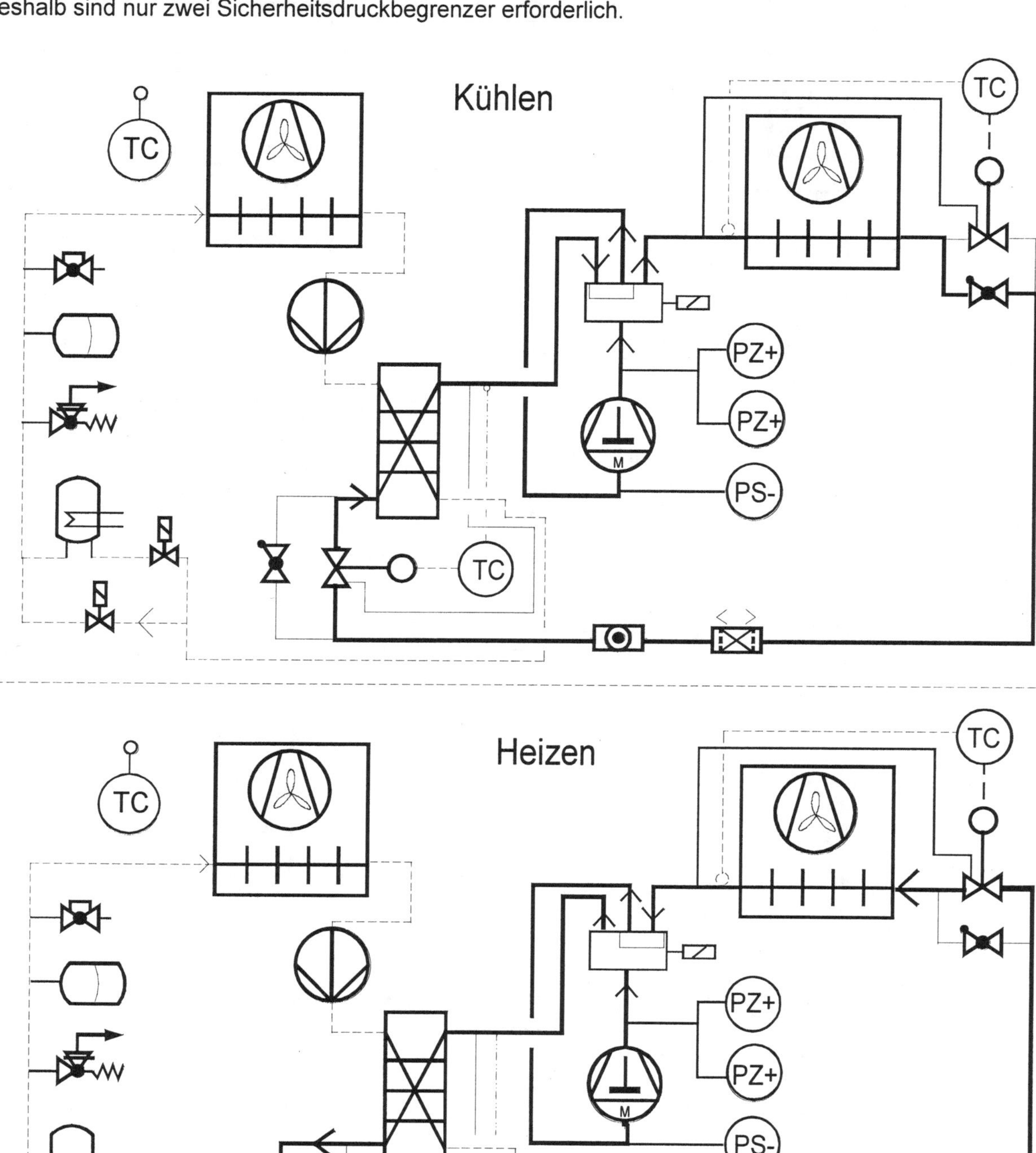

Der Filtertrockner (1) muss für beide Fließrichtungen geeignet sein. Sonst könnte die nebenstehende Lösung gewählt werden.

6. Lösungsvorschlag

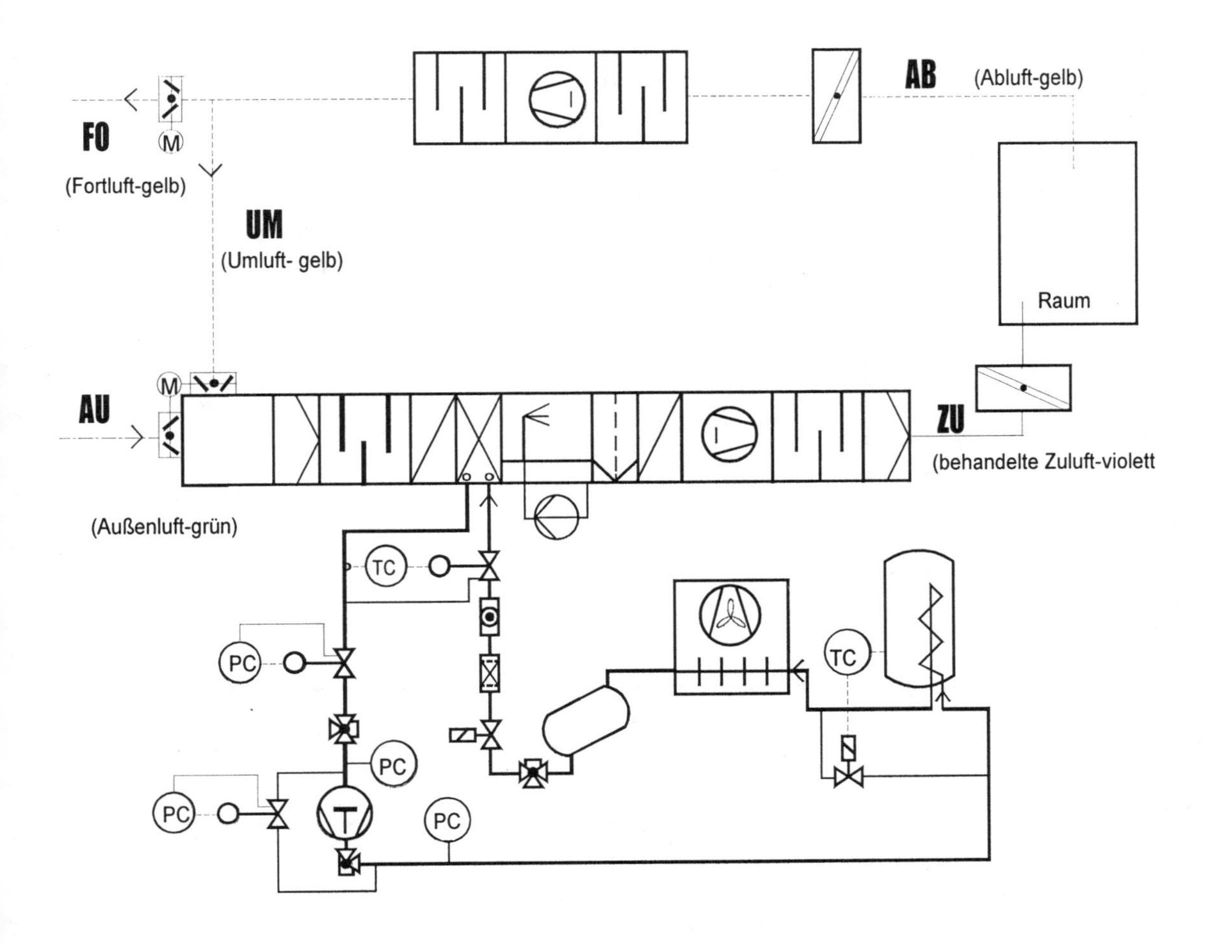

7. Lösung auf der folgenden Seite

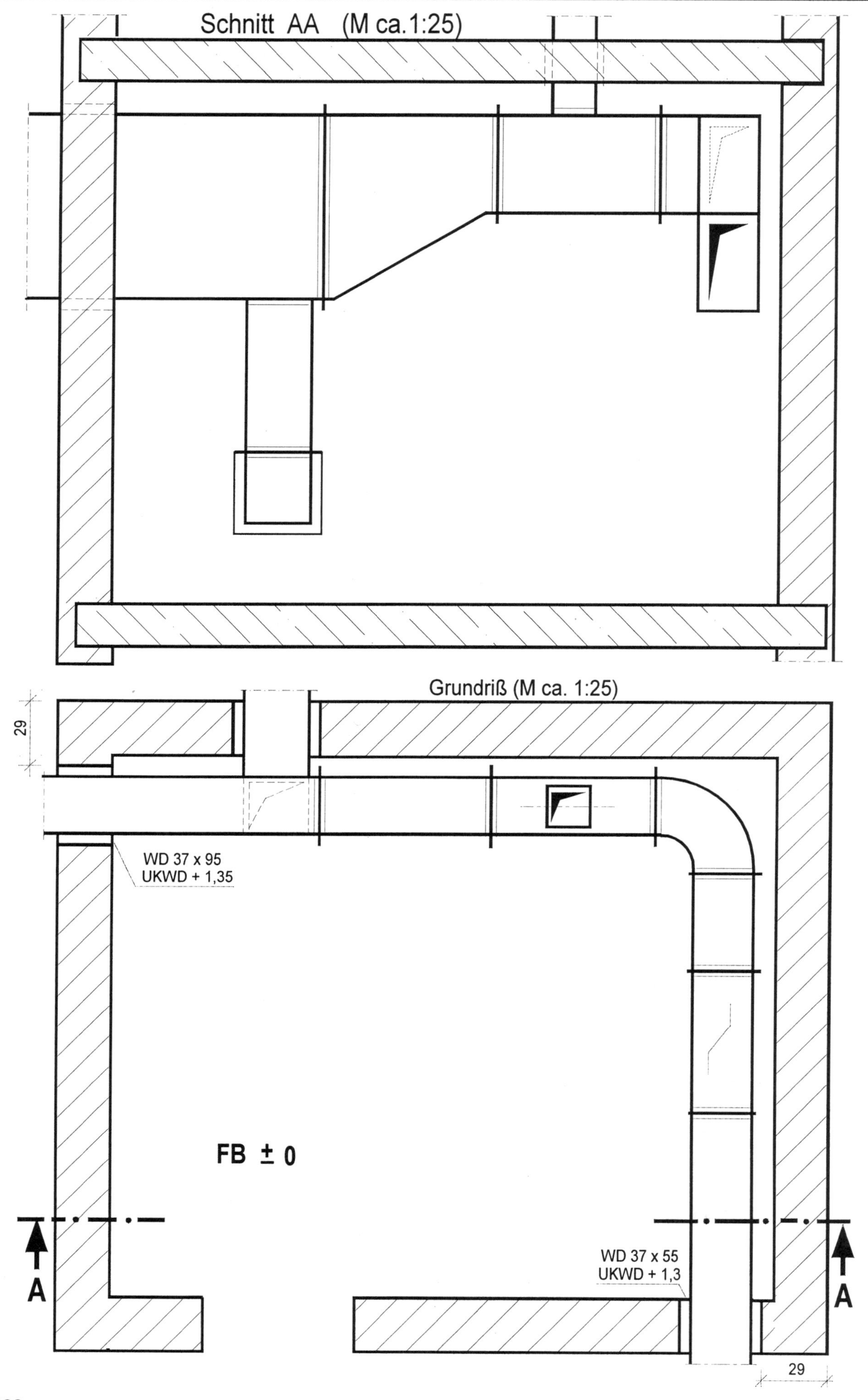
Schnitt AA (M ca.1:25)
Grundriß (M ca. 1:25)
29
WD 37 x 95
UKWD + 1,35
FB ± 0
A
A
WD 37 x 55
UKWD + 1,3
29

8. a) Die Zuluft (grün) durch die 6 Dralldurchlässe. Die Abluft (gelb) durch die Lüftungsgitter an den Stirnseiten des Raumes.

b) Die Zuluft kommt von unten (Schnitt AA) durch einen Versorgungsschacht, gelangt durch eine Feuerschutzklappe in den Konferenzraum und wird hier durch 6 Dralldurchlässe in den Raum geleitet.

Die Abluft wird an den Stirnseiten angesaugt, wird dann ebenfalls durch eine Feuerschutzklappe in dem Versorgungsschacht nach unten geleitet. Im Grundriß durch das nebenstehende Symbol zu erkennen.

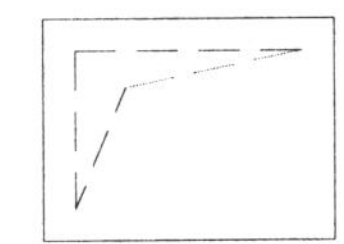

c) Rund, mit einem Durchmesser von 250 mm (Grundriß Mittellinie im Kanal, Schnitt BB)

d) 630 bedeutet die Luftmenge in m^3/h; 3,6 die Luftgeschwindigkeit in m/s; 250 der Kanaldurchmesser.

$$A_{Rohr} = \frac{d^2 \cdot \pi}{4} = \frac{250^2 \, mm^2 \cdot \pi}{4} = 49086 \, mm^2 = 0{,}049 \, m^2$$

$$\text{Luftgeschwindigkeit: } w_{Luft} = \frac{\dot{V}}{A} = \frac{630 \, m^3/h}{0{,}049 m^2} = 12857 \, \frac{m}{h} = 3{,}57 \, \frac{m}{s}$$

e) 280 = Kanalbreite (im Grundriß sichtbar), 250 Kanaltiefe; 1260 die Luftmenge, die durch den Kanal strömt im m^3/h, 5 = Geschwindigkeit in m/s

$$A_{Kanal} = 280 \text{ mm x } 250 \text{ mm} = 70\,000 \text{ mm}^2 = 0{,}07 \text{ m}^2$$

$$w_{Luft} = \frac{\dot{V}}{A} = \frac{1260 \, m^3/h}{0{,}07 \, m^2} = 18000 \, \frac{m}{h} = 5 \, \frac{m}{s}$$

f) Nein, an beiden Stirnseiten werden **je** 630 m^3 angesaugt.

g) Abluft 150 m^3, sie wird über einen Dachlüfter geleitet (Schnitt AA). Die Zuluft kommt durch die gekürzten Türen.

h) Nein, die Gesamtluftbilanz im Konferenzraum ist ausgeglichen, die Werte im großen Kreis sagen aus, Zuluft (oben) 1260 m^3, Abluft 1260 m^3. Kontrolle auch über die Luftmengenangaben in den Kanälen.

1260 (Zuluft)
1260 (Abluft)

i) Im Abluftkanal kommt noch ein weiterer Kanal (100/150) aus dem „Lager" hinzu. Um die Luftge- schwindigkeit nicht größer werden zu lassen, muß der Querschnitt größer werden.

j) Die Abluft kommt von links; der Kanal ist 250 mm hoch und 180 mm tief. Ein Übergangsstück sorgt dafür, daß der Kanal unter der Zuluft nur 150 mm hoch, dafür aber 300 mm tief ist. So ist eine bestimm-te Raumhöhe gewährleistet.

k) Im Schnitt BB sind Höhenmaße angegeben. Die Oberkante Fußboden liegt demnach auf einer Höhe von 3850 mm. Da auf dem vorliegenden Plan der Nullpunkt nicht angegeben ist, kann die Frage nicht nicht genau beantwortet werden. Auf der Gesamtzeichnung (nicht abgedruckt) ist die OK Kellerboden mit Null angegeben, demnach liegt der Konferenzraum im Erdgeschoß. Raumhöhe: (UK-Rasterdecke) 6850 mm - 3850 mm (OK Fußboden) = 3000 mm = 3 m.

l) s. nebenstehende Zeichnung

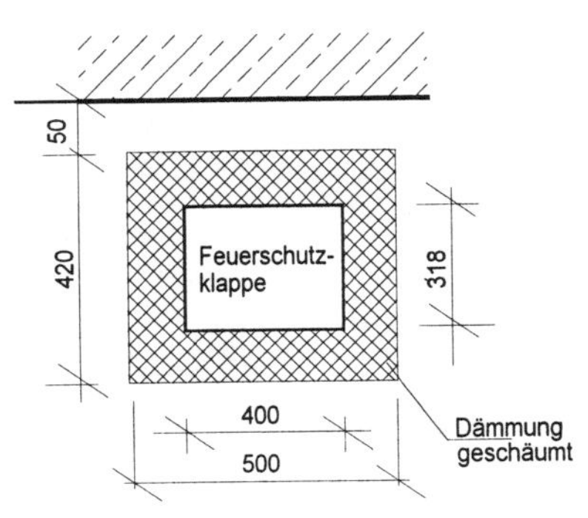

m) Ja, Endstück der Zuluft.

n) Detailzeichnung, dient als Vergrößerung.

E - Lösungsvorschläge

E 7 Kältesteuerung 7

7.1 Schaltungs- und Funktionsanalyse

1. Stückliste der sichtbaren Bauteile im Schaltkasten (Abb. 7.1, S. 68)

3 Stck. Meldeleuchten
1 Stck. Motorschutzschalter
1 Stck. Neozed Sicherungselement 3-pol.
1 Stck. Neozed Sicherungselement 1-pol.
1 Stck. Hilfsschütz
2 Stck. Last- bzw. Leistungsschütz
1 Stck. Hauptschalter 3-pol.
1 Stck. Abtauuhr KKT
1 Stck. Klemmleiste

2. **Legende**

B1	Niederdruckschalter
B2	Raumthermostat
B3	Verdampferlüfter-Nachlaufthermostat
B4	Verflüssigerlüfter-Druckschalter
C_B	Betriebskondensator für Drehstrommotor in Steinmetzschaltung
E1	Abtauheizung
E2	Ablaufheizung
F1F	Klixon Verdichtermotor
F2F	Klixon Verflüssigerlüfter D-Motor
F1	Sicherung Verdichter
F2	Sicherung Abtau- und Ablaufheizung
F3	Sicherung Verdampferlüfter
F4	Steuersicherung
F7	Hoch-/Niederdruckpressostat
F8	Abtaubegrenzungthermostat
H1	Kühlen
H2	Heizen
H3	Störung
K1	Verdichterschütz
K2	Verdampferlüfterschütz
K3	Abtauheizungsschütz
M1	Verdichter
M2	Verdampferlüfter
M3	Verflüssigerlüfter
P1	Abtauheizung
Q1	Hauptschalter
Q2	Motorschutzschalter
X1	Klemmleiste
Y1	Magnetventil Flüssigkeitsleitung

3. Stromlaufplan des Lastkreises (Blatt 1, S. 70)

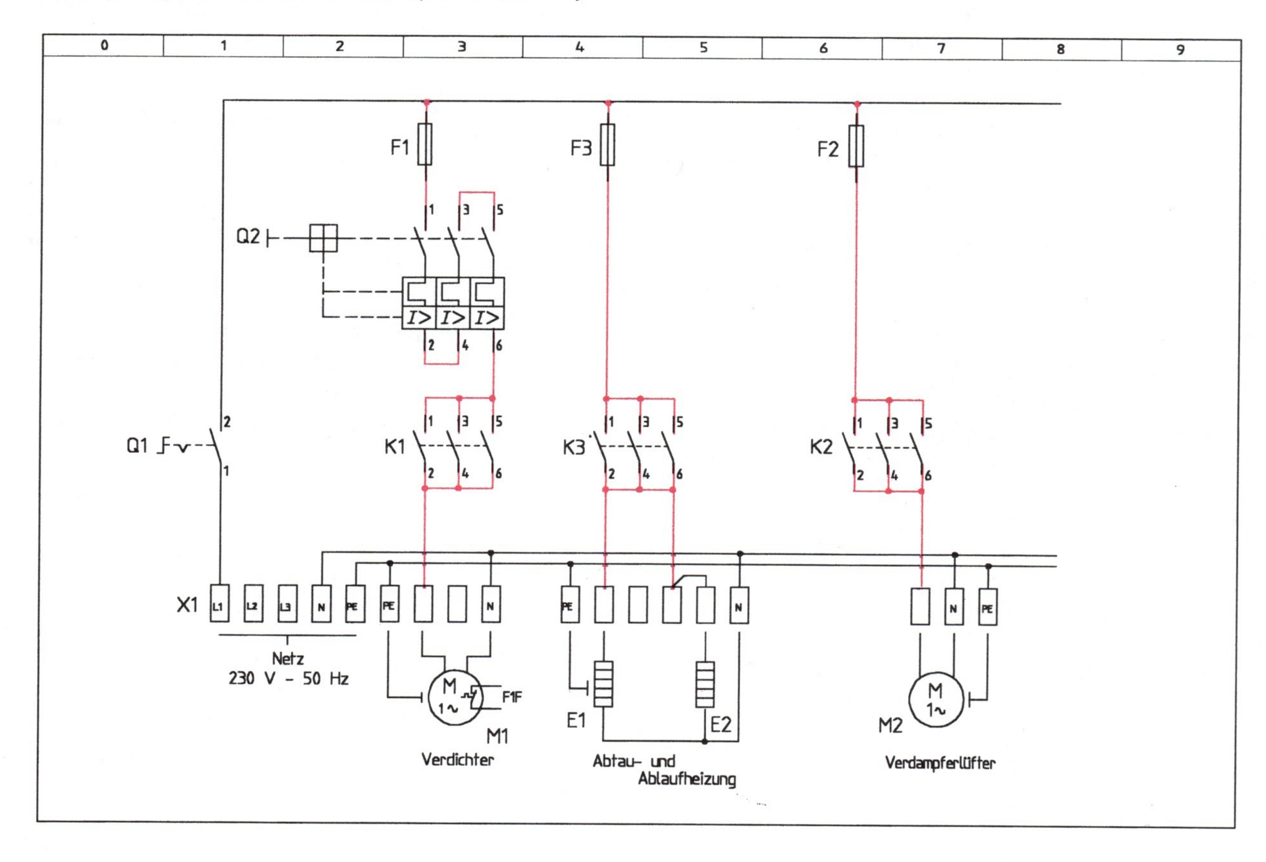

7.1.4 In dem Stromlaufplan der Steuerung befinden sich folgende Fehler:

- Die Steuersicherung F4 muß sich am Anfang des Steuerstromkreises befinden
- In Stromkreis 3 (Sicherheitskette) fehlte der interne Motorschutzschalter des Verdichtermotors
- Schützkontakt K3 (Heizungs-Schütz) in Strkr. 3 muß Öffner statt Schließer sein
- Stromkreise 6 und 7 müssen hinter der Sicherheitskette liegen
- Strkr. 9 (Verdampferlüfter-Schütz) sollte hinter der Sicherheitskette liegen
- Schützkontakt K3 (Heizungs-Schütz) in Strkr. 9 muß Öffner statt Schließer sein
- Strkr. 11 (Kondensatorlüfter) sollte hinter der Sicherheitskette liegen

7.1.5 Stromlaufplan der Steuerung mit Drehstrom-Kondensatorlüfter in **Steinmetzschaltung** (Blatt 3)

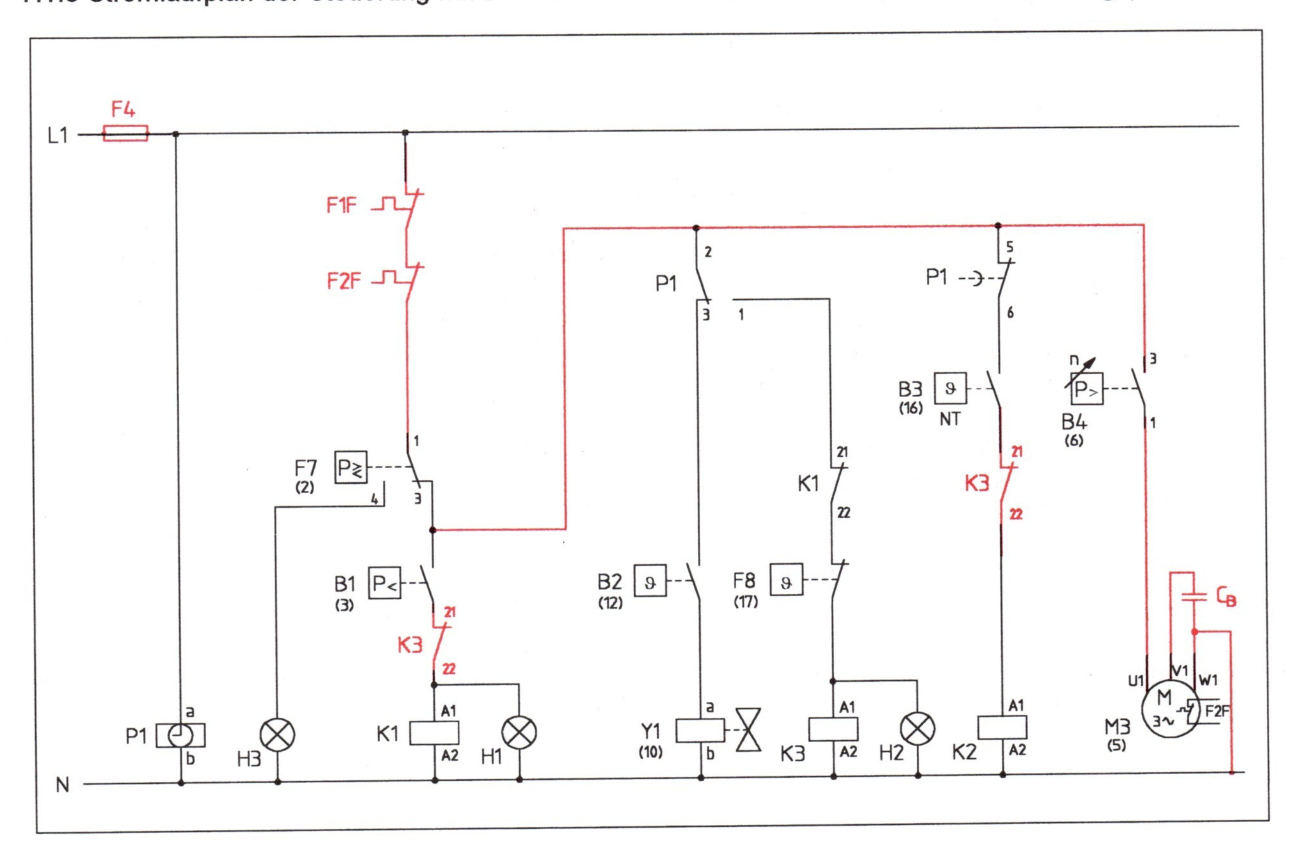

7.2 Technologie

1. Die elektronische Drehzahlregelung ist besonders geeignet für Lüftermotoren an luftgekühlten Verflüssigern und luftgekühlten Verflüssigungssätzen, in Klimageräten und Wärmepumpen.

2. Durch eine stetig wirkende Drehzahlregelung kann der Verflüssigungsdruck nahezu konstant gehalten werden. Dadurch stabilisiert sich das Regelverhalten des Expansionsventils.
Energieeinsparung durch Optimierung der Kälteleistung und Ausschalten bzw. Leistungsreduzierung der Lüfter im Teillastbetrieb.
Verminderung des Geräuschpegels im Teillast- und/oder Nachtbetrieb.
Einfache Nachrüstung an bestehende Anlagen.
Einfache Handhabung

3. **Elektromagnetische Verträglichkeit (EMV)** und **Funkentstörung**:
   „Elektrische Systeme sind elektromagnetisch verträglich, wenn sie in elektromagnetisch verschmutzter Umgebung zufriedenstellend arbeiten und andere elektrische Einrichtungen in der Umgebung nicht unzulässig beeinflussen" (Tabellenbuch Elektrotechnik, S. 254).

   Eine Störung kann sich leitungsgebunden oder durch elektromagnetische Abstrahlung ausbreiten. Die schädlichste Wirkung für Regelsysteme geht normalerweise von leitungsgebundenen Störungen aus.
   Mögliche Störquellen sind:
   - Prellende Kontakte beim Schalten von Lasten
   - Abschalten induktiver Lasten (Schütze, Motoren, Magnetventile, ...)
   - Ungünstige Leitungsführung, zu kleine Querschnitte
   - Wackelkontakte
   - Getaktete Leistungsstufen (Frequenzumrichter, ...)
   - Phasenanschnittsteuerungen, Drehzahlsteller

4. <u>Abhilfe</u>: z.B. parallel zur Schützspule (Störquelle) ein RC-Glied schalten.
   Grundregeln für die Installation
   Möglichst keine Störquellen zulassen, das heißt, eine Entstörung durchführen und die Störpegel minimieren. Ein Entstörmittel ist um so wirkungsvoller, je näher es an der Störquelle eingesetzt wird.
   Ein nicht entstörtes Schaltschütz erzeugt leicht Störpulse mit 3 kV Störspannung. Bei Spulen an Wechselspannung wird oft eine RC-Kombination eingesetzt (s. nebenstehende Abbildung).

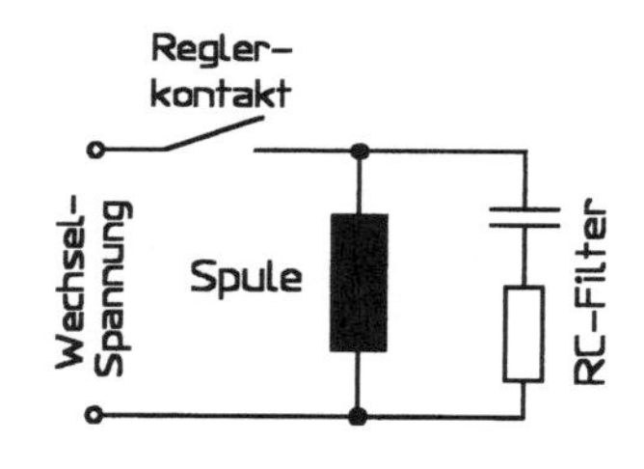

5. Die Wicklungen dieses Drehstrommotors müssen am 230 V-Einphasennetz in **Dreieck** geschaltet werden. Begründung: Dieser Motor (Y 400 V) ist so ausgelegt, daß er seine Nenndrehzahl und Nennleistung nur erreicht, wenn an jeder seiner Wicklungen eine Spannung von 230 V anliegt.

6. Einstellen des Niederdruckschalters

   Der Niederdruckpressostat muß oberhalb 0 bar (ca. 0,2 bar) eingestellt werden, weil die Anlage sich sonst ins Vakuum saugen und damit Feuchtigkeit in die Anlage gelangen würde. Zu hoch sollte der Niederdruckschalter nicht eingestellt werden, weil er die Anlage dann vorzeitig – vor Erreichen der erforderlichen Verdampfungstemperatur – abschalten würde.
   Eine Vorschrift gibt es dafür nicht.

7. Einstellen des Verdampferlüfterthermostaten

   Ausschalten immer unterhalb der Raumtemperatur, weil der Lüfter sonst nicht zuschaltet, was die Verdampferleistung verringern würde.
   Einschalten unter 0° C ist günstig, weil dann keine Wassertröpfchen in den Raum geblasen werden.

8. Drucktransmitter justieren

   Die Justierung des Drucktransmitters erfolgt grundsätzlich im Werk. Eine nachträgliche Justierung führt in den meisten Fällen zu Problemen.

7.3 Technische Mathematik

1. a) geg.: Liniendiagramme mit Effektivwerten (Abb. 7.4, S. 71)
   ges.: Wirkleistung P in W

   $P = U \cdot I \cdot \cos\varphi = 230\ \text{V} \cdot 0{,}3\ \text{A} \cdot 1 = \underline{\underline{69\ \text{W}}}$

   b) <u>Zündwinkel α = 0°</u>

2. a)

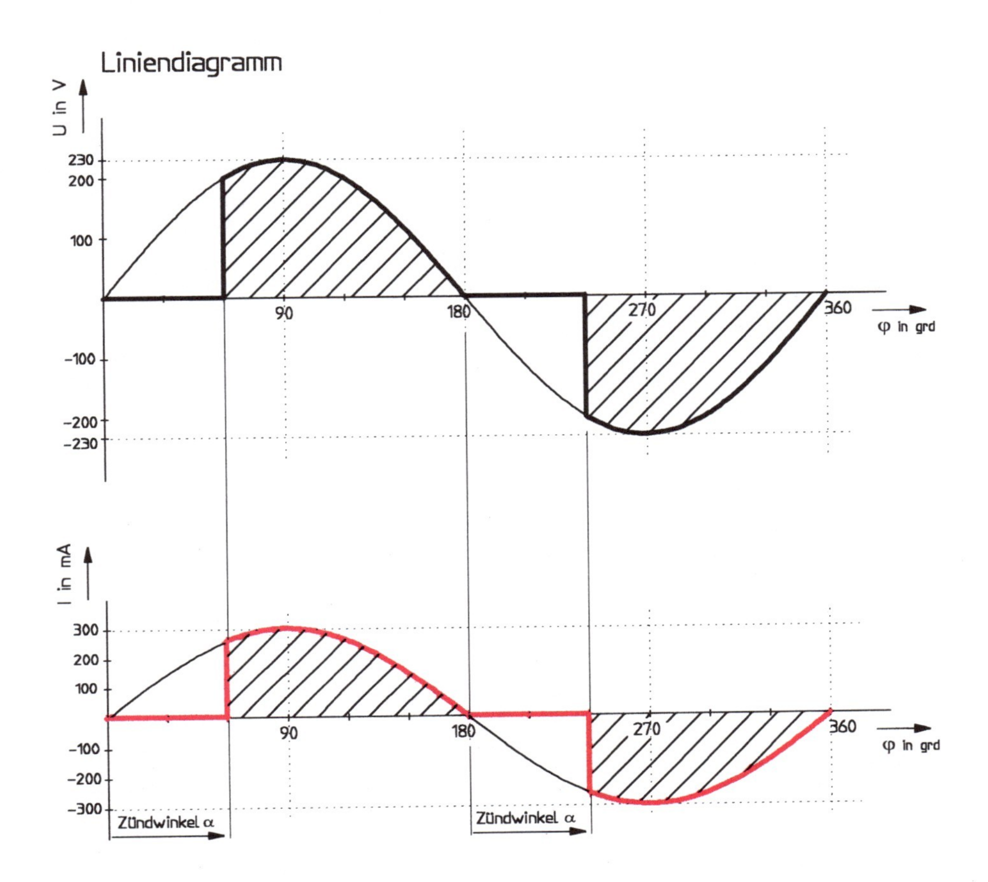

b) $U_\alpha = U \cdot \sqrt{1 - \frac{\alpha}{180°} + \frac{\sin 2\alpha}{2\pi}} = 230\ \text{V} \cdot \sqrt{1 - \frac{60°}{180°} + \frac{\sin 120°}{2\pi}} = \underline{206{,}3\ \text{V}}$

c) $I_\alpha = I \cdot \sqrt{1 - \frac{\alpha}{180°} + \frac{\sin 2\alpha}{2\pi}} = 0{,}3\ \text{A} \cdot \sqrt{1 - \frac{60°}{180°} + \frac{\sin 2 \cdot 60°}{2\pi}} = \underline{0{,}27\ \text{A}}$

(siehe Formeln für Elektrotechniker, Europa-Lehrmittel, S. 44, Wechselstromsteller mit Triac)

d) $P_\alpha = U_\alpha \cdot I_\alpha = 206{,}3\ \text{V} \cdot 0{,}27\ \text{A} = \underline{\underline{55{,}7\ \text{W}}}$

5. geg.: P_{zu} = 90 W
   U = 230 V
   cos φ = 0,85

   ges.: I_{max} in A

   $P_{zu} = U \cdot I \cdot \cos\varphi$

   $I = \frac{P_{zu}}{U \cdot \cos\varphi}$

   $I = \frac{90\ \text{W}}{230\ \text{V} \cdot 0{,}85}$

   $\underline{\underline{I_{max} = 0{,}46\ \text{A}}}$

3. Beim Phasenanschnitt kann die Stromflußzeit durch den Verbraucher und damit seine Leistung nach Bedarf gesteuert werden.
   Beim Spannungsteiler würde die nicht benötigte Leistung am Vorwiderstand in nutzlose Wärme umgesetzt.

4. U_α = 101,7 V; I_α = 0,13 A; P_α = <u>13,5 W</u>

6. Wechselstromlüfter bringen in der kleinsten Stufe ca. ein Drittel ihrer Gesamtluftmenge.

8.1 Schaltungs- und Funktionsanalyse

1. Eintrag in Abb. 8.1

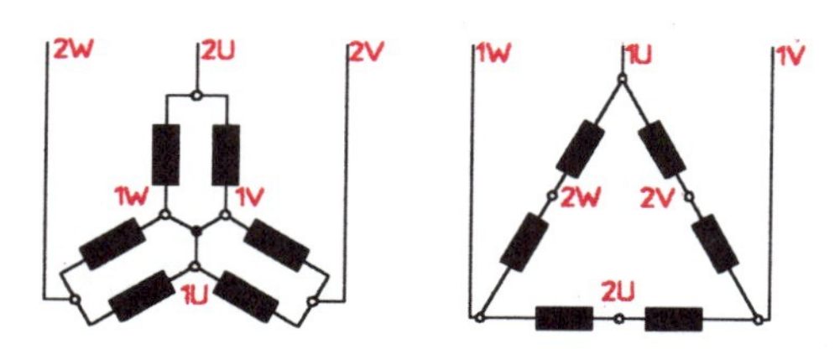

2. Eintrag in Abb. 8.1

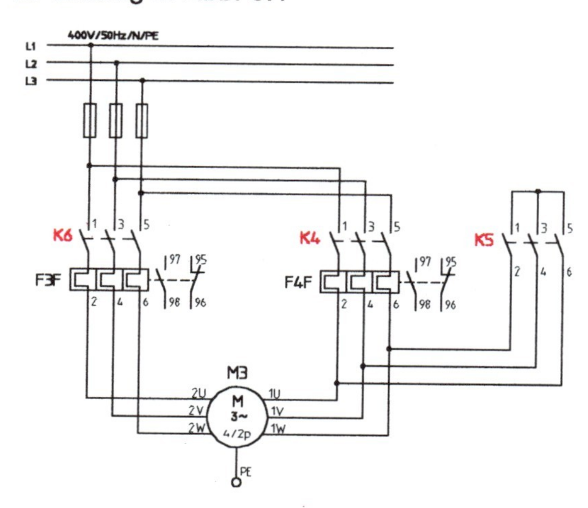

3 a)
Im Kälteanlagenbau wird dieser Schalter (S1) **Hand-Null-Automatik Schalter** genannt.
Er wird dort eingesetzt, wo z. B. bei Service-Arbeiten ein Kühlprozeß in Gang gesetzt werden soll, obwohl der Kontakt des Raumthermostaten geöffnet ist und / oder die Abtauuhr eine Zwangsabtauung eingeleitet hat. Der Hand-Null-Automatikschalter überbrückt den Raumthermostaten und schaltet das Heizungsschütz ab.

Es ist darauf zu achten, daß in der Null-Stellung der gesamte Steuerstromkreis (außer der Abtauuhr) abgeschaltet ist. Aus diesem Grunde ist dieser Steuerschalter 2-polig ausgelegt.

3 b) Nach DIN 40 900 wird dieser Schalter **Mehrstellungsschalter, zweipolig** genannt.

5. Stromlaufplan des Lastkreises (Blatt 1, S. 75)

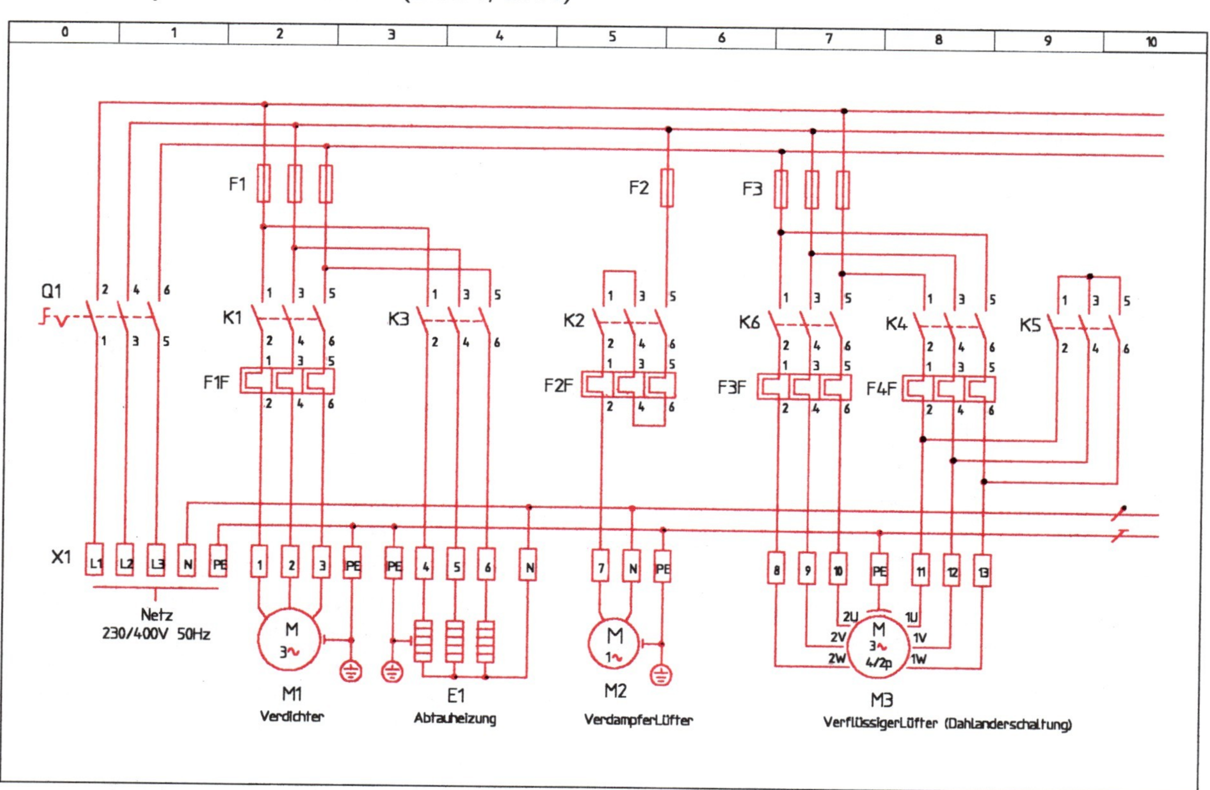

Beim Anschluß des Verflüssigerlüftermotors (Dahlander) sollte unbedingt auf die richtige Phasenfolge geachtet werden, damit der Motor in beiden Drehzahlstufen die gleiche Drehrichtung hat.

Die Drehrichtung eines Drehstrom-Asynchronmotors wird durch Tausch von 2 Außenleitern geändert.

8.1.3 und 8.1.4) Stromlaufplan der Steuerung in aufgelöster Darstellung (Blatt 2, S. 76)

Die Kontaktbezeichnung für den Hand-Null-Automatikschalter entnehmen Sie der kleinen Tabelle

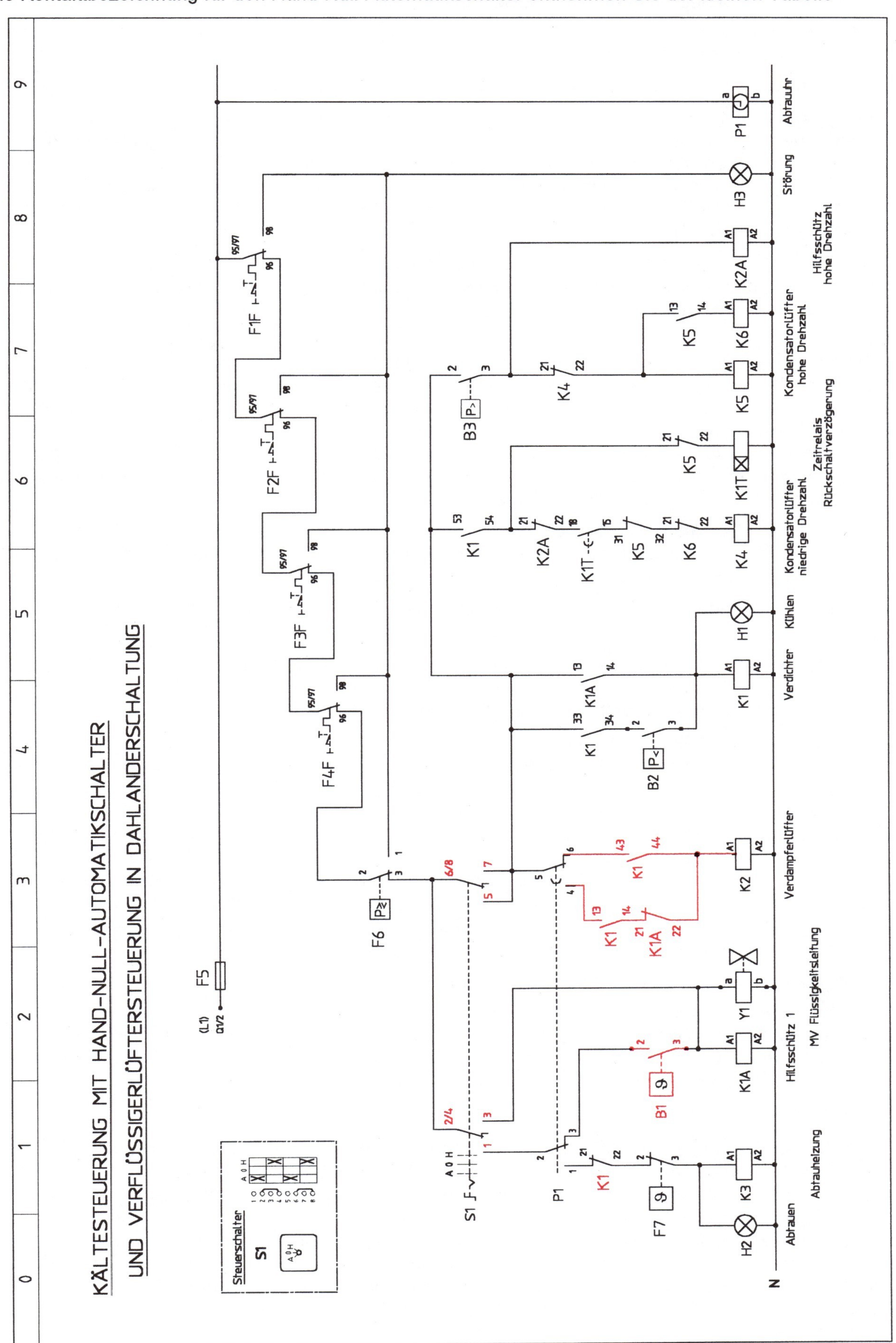

8.2 Technologie

1. Verflüssigerlüfter-Steuerung in Dahlanderschaltung

   Der Schließer des Verdichterschützes K1 $_{43\text{-}44}$ schaltet die niedrige Drehzahlstufe des Verflüssigerlüfters. Der Verflüssigerlüfter läuft in der niedrigen Drehzahl nur dann, wenn auch der Verdichter läuft.

   In Abhängigkeit des Verflüssigungsdruckes schaltet der Druckschalter B3 die hohe Drehzahlstufe.

   Betriebszustand 1: Verdichter läuft und Kondensatorlüfter dreht mit niedriger Drehzahl
   Fordert der Drucksckschalter B3 infolge zu hoher Verflüssigungstemperatur eine größere Luftmenge an, wird das Hilfsschütz K2A erregt und dessen Kontakt 21-22 schaltet im Strompfad 6 das Schütz K4 ab. Der Öffner-Kontakt K4 $_{21\text{-}22}$ im Strompfad 7 schließt. Dadurch kann das Kondensatorlüfterschütz für hohe Drehzahl K6 anziehen und das „Sternschütz" K5 einschalten. Der Motor ist in Doppelstern geschaltet (s. Abb. 8.1).

   Betriebszustand 2: Verdichter und Verflüssigerlüfter sind ausgeschaltet
   Steigt der Verflüssigungsdruck so weit, daß der Druckschalter B3 schaltet, zieht zuerst K6 und dann K5 an $\Rightarrow$ hohe Drehzahl.

   Betriebszustand 3: Verdichter läuft und Verflüssigerlüfter dreht mit hoher Drehzahl
   Sinkt der Verflüssigungsdruck so weit, daß der Kontakt 2-3 des Druckschalters B3 öffnet, fallen die Schütze K2A, K6 und K5 ab. Der Lüftermotor bleibt solange abgeschaltet, bis das über den Öffner-Kontakt K6 $_{21\text{-}22}$ erregte anzugsverzögerte Zeitrelais mit seinem Kontakt K1T $_{15\text{-}18}$ das Schütz K4 (niedrige Drehzahl) einschaltet.
   Ein verzögertes Rückschalten ist erforderlich, da besonders bei Käfigläufermotoren ein Bremsstrom entsteht, der noch größer ist als der Anlaufstrom. Die durch den Bremsstrom erzeugte Wärme könnte die Isolierung der Motorwicklungen zerstören.

   Betriebszustand 4: Verdichter steht und Verflüssigerlüfter dreht mit hoher Drehzahl
   Sinkt der Verflüssigungsdruck so weit, daß der Kontakt 2-3 des Druckschalters B3 öffnet, so fallen die Schütze K2A, K6 und K5 ab und der Kondensatorlüfter wird abgeschaltet.

   Die Schütze für hohe und die für niedrige Drehzahl müssen gegeneinander verriegelt sein.

2. Prinzip der Dahlanderschaltung
   „Eine Drehstromwicklung in Dahlanderschaltung ist so gestaltet, daß sich mit *einer* Wicklung durch Umschalten der Wicklungsteile zwei Polzahlen realisieren lassen.
   Die Drehzahlen stehen immer im Verhältnis 2:1." (Bieneck, S. 262).

3. Einstellen des Verflüssigungsdruckschalters B3
   Wird der Verflüssigerlüfter in Abhängigkeit vom Verflüssigungsdruck ein- und ausgeschaltet, so muß die Schalthysterese des Druckschalters groß genug eingestellt werden, um ein häufiges Ein- und Ausschalten des Lüfters zu vermeiden.
   Bei der Frage nach einem höheren oder tieferen Einstellwert (z.B. bei 40° C ein, bei 30° C aus oder bei 35° C ein und bei 25° C aus) erweist sich ein tieferer Einstellwert als günstiger, weil der Verdichter ein nicht so hohes Druckverhältnis p_c / p_0 überwinden muß, was zu Leistungsverlusten führt (Liefergrad wird schlechter). Außerdem wird der spez. Kältegewinn geringer, da der Dampfanteil am Ende der Expansion ansteigt. Der Ausschaltwert muß immer unter der Raumtemperatur liegen, weil sonst eine Vorverdampfung im Sammler stattfinden könnte.

4. Unterschied Pump-down- und Pump-out Schaltung

   Bei der Pump-down Schaltung sind während *einer* Abschaltperiode mehrere Abpumpzyklen möglich. Bei der Pump-out Schaltung dagegen wird durch den Einsatz eines zusätzlichen Hilfsschützes erreicht, daß nach einem einmaligen Abpumpen und Abschalten des Verdichters keine weiteren Abpumpzyklen mehr möglich sind (vgl. Schittenhelm, S. 190).

5. Steuerschalter: Antwort siehe S: 228 oben

6. „DASM bestehen aus einem Ständer (Stator) mit Drehstromwicklung und einem Läufer (Rotor), der meist als Kurzschlußläufer, in Ausnahmefällen als Schleifringläufer ausgeführt ist.
   Die 6 Spulenanschlüsse der Ständerwicklung sind auf ein Klemmbrett geführt. Je nach Lage der Brücken erhält man die Y- oder Δ-Schaltung.
   DASM sind Drehfeldmotoren; sie arbeiten nach dem Induktionsprinzip.
   Im Ständer wird durch die 3-phasige Wechselspannung ein Drehfeld der Drehzahl n_s erzeugt. Das rotierende Magnetfeld erzeugt in den Läuferstäben Ströme und damit ein Magnetfeld.
   Das Ständerfeld zieht das Läuferfeld mit sich; der Läufer dreht sich mit der Drehzahl n."
   (Bieneck 1994, S. 260).

1. geg.: $R_{Str} = 53\ \Omega$
   $U = 400\ V$
   $\cos\varphi = 1$

   Ges.: a) P_{Str} in W_{Wirk}
   b) P in W_{Wirk}
   c) I in A
   d) P_2 in W_{Wirk} mit N
   e) P_2 in W_{Wirk} ohne N

a) $P_{Str} = \frac{U_{Str}^2}{R_{Str}} = \frac{U^2}{3 \cdot R_{Str}} = \frac{400^2\ V^2}{3 \cdot 53\ \Omega} \approx \underline{\underline{1000\ W}}$

b) $P = 3 \cdot P_{Str} = 3 \cdot 1000\ W \approx \underline{\underline{3000\ W}}$

c) $P = \sqrt{3} \cdot U \cdot I \cdot \cos\varphi \Rightarrow I = \frac{P}{\sqrt{3} \cdot U \cdot \cos\varphi}$

$I = \frac{3000\ W}{\sqrt{3} \cdot 400\ V \cdot 1} = \underline{\underline{4{,}33\ A}}$

d) $P_2 = 2 \cdot P_{Str} = 2 \cdot 1000\ W = \underline{\underline{2000\ W}}$

e) $P = \frac{U^2}{2 \cdot R_{Str}} = \frac{400^2\ V^2}{2 \cdot 53\ \Omega} \approx \underline{\underline{1510\ W}}$

---

2. geg.: Typenschild / Datenblatt
   DAS-Motor in Stern an
   $U_{mittel} = 400\ V / 50\ Hz$
   $n = 1450\ min^{-1}$
   $I_{Betr.max} = 11{,}5\ A$
   $\eta = 80\ \%$

   ges.: a) Übertragung Datenblatt → Typenschild
   b) Interpr. der Daten
   c) Anschluss / Verkettung
   d) $I_{Betr.max}$ in A
   e) P_{zu} (t_c = 50 °C; t_0 = -10 °C) in kW_{Wirk}
   f) I bei t_c = 50 °C; t_0 = -10 °C in A
   g) $\cos\varphi$
   h) P_{abmax} in PS
   i) M_{max} in Nm
   j) I_{Einst} an F1F

a)

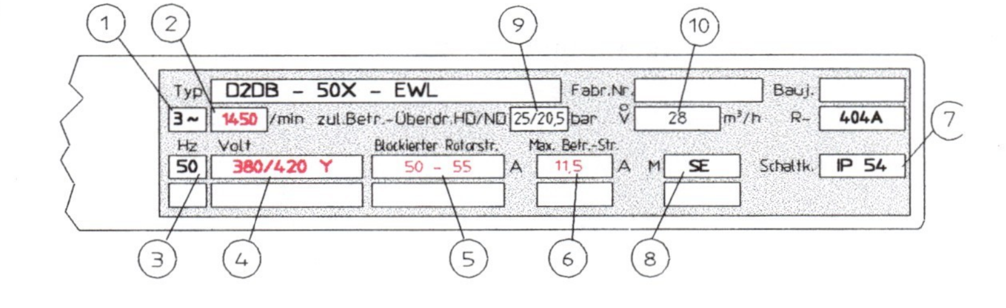

b) (1) **3~**: 3 Phasen ⇒ Drehstrommotor
(2) und (3) **1450 / min** und **50 Hz**: Rotor-Drehzahl 1450 / min und Drehfeld-Drehzahl n_s = f / p = 50 Hz / 2 = 1500 / min ⇒ **DASM**
(4) **380/420 V Y**: Dieser DASM *muß* am 400 V / 3~ / 50 Hz-Netz in **Sternschaltung** betrieben werden. Die Spannungsschwankungen dürfen zwischen 380 und 400 V plus einer Toleranz von ±10 % betragen, ohne daß der Motor Schaden nimmt.
(5) **Blockierter Rotorstrom**: Das ist der Strom, der bei Nennspannung an einem Motorverdichter mit blockiertem Rotor 4 Sekunden nach dem Einschalten gemessen wird (vgl. Technische Mitteilung 09, DWM Copeland).
(6) **Maximaler Betriebsstrom**: Der Strom, der bei Nennspannung unter den vom Hersteller zugelassenen ungünstigsten Betriebsbedingungen gemessen wird.
(7) **IP 54**: Internationaler Schutz gegen schädliche Staubablagerungen im Innern (staubgeschützt) und Schutz gegen Spritzwasser aus allen Richtungen.
(8) **M SE**: Angabe über den E-Motorhersteller
(9) **25/20,5 bar**: Maximale Betriebsüberdrücke, Hochdruckseite (HD) 25,0 bar; Niederdruckseite (ND) 20,5 bar (Stillstand)
(10) **V 28 m³/h**: Volumenstrom, theoretisch bei 50 Hz

c) aufgrund der Spannungsangabe 380/420 V Y muß dieser DASM in **Sternschaltung** angeschlossen werden, da seine Wicklungen für die Strangspannung von $400\ V/\sqrt{3}$ – also 230 V – ausgelegt sind.

d) laut Datenblatt bzw. Typenschild $\mathbf{I_{Bmax} = 11{,}5\ A}$

e) aus Datenblatt: $\mathbf{P_{zu} = 6515\ W_{Wirk}}$

f) aus Datenblatt: $\mathbf{I_B = 11{,}2\ A}$

g) $P = \sqrt{3} \cdot U \cdot I \cdot \cos\varphi \Rightarrow \cos\varphi = \frac{P}{\sqrt{3} \cdot U \cdot I}$

$\underline{\underline{\cos\varphi}} = \frac{6515\ W}{\sqrt{3} \cdot 400\ V \cdot 11{,}2\ A} = \underline{\underline{0{,}84}}$

h) $\eta = \frac{P_{ab}}{P_{zu}} \Rightarrow P_{ab} = \eta \cdot P_{zu} = 0{,}8 \cdot 6515\ W = \underline{5212\ W}$

$1\ PS = 0{,}736\ kW \Rightarrow \underline{\underline{P_{ab} \approx 7\ PS}}$ (Pferdestärken)

i) $P_{ab} = \frac{n \cdot M}{9549} \Rightarrow \underline{\underline{M}} = \frac{9549 \cdot 5{,}212\ kW}{1450\ min^{-1}} = \underline{\underline{34{,}32\ Nm}}$

j) Das Überstromrelais ist auf **11,5 A** einzustellen

8.3.3 Anschlußkasten

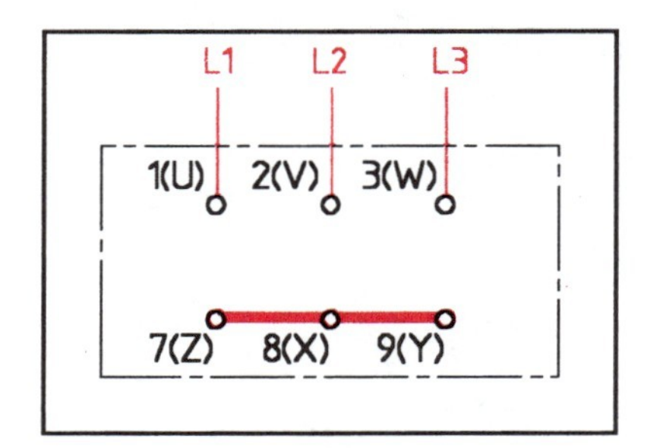

Abb. 8.3 a) Hersteller

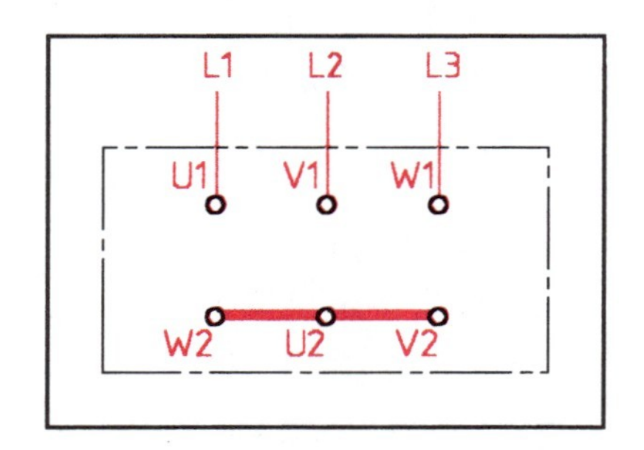

Abb. 8.3 b) DIN VDE

8.3.4 Gesamtwiderstand R_g

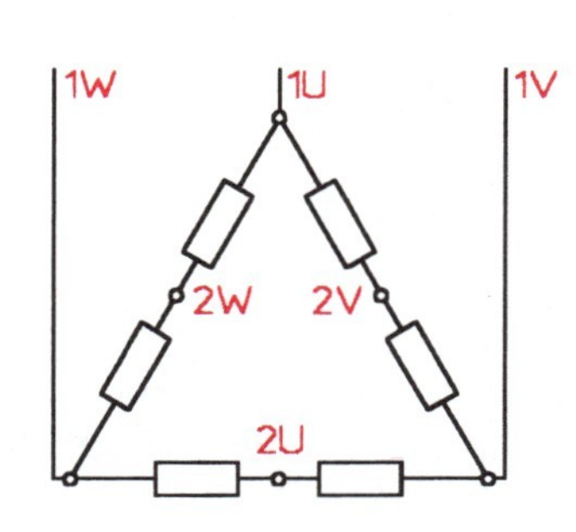

$\Rightarrow$ Ersatzschaltbild

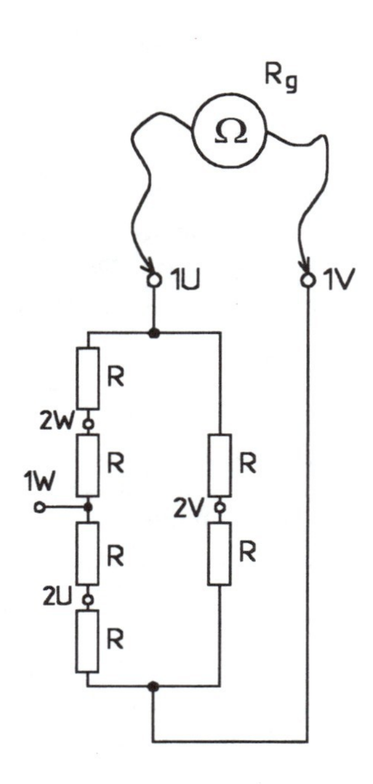

$$\frac{1}{R_g} = \frac{1}{2 \cdot R} + \frac{1}{4 \cdot R}$$

$$\frac{1}{R_g} = \frac{2}{4 \cdot R} + \frac{1}{4 \cdot R} \Rightarrow \frac{1}{R_g} = \frac{3}{4 \cdot R} \Rightarrow R_g = \frac{4}{3} \cdot R$$

8.3.5 Gesamtwiderstand

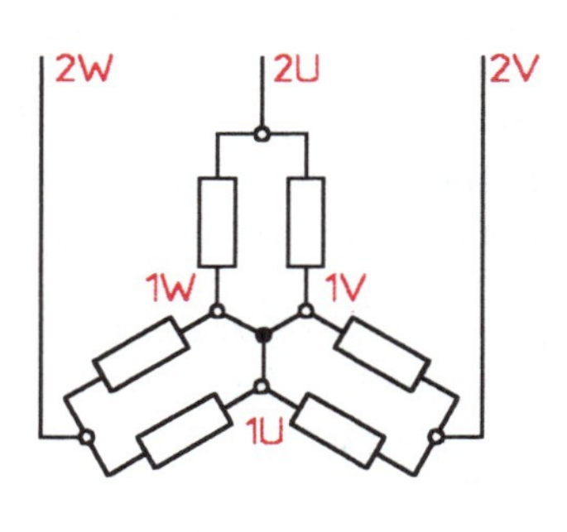

$\Rightarrow$ Ersatzwiderstand

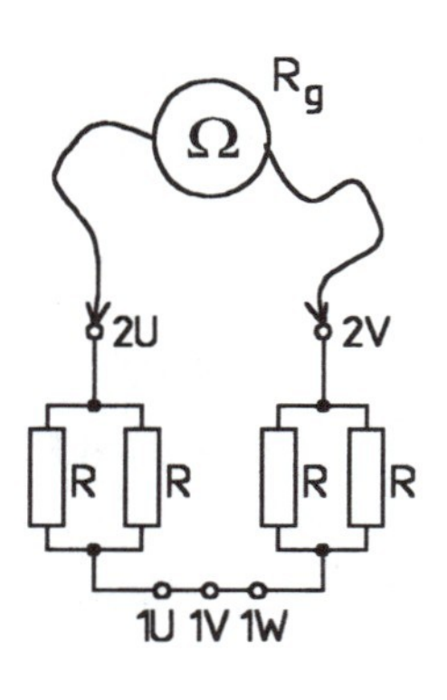

$$R_g = \frac{R \cdot R}{R + R} + \frac{R \cdot R}{R + R}$$

$$R_g = \frac{R^2}{2 \cdot R} + \frac{R^2}{2 \cdot R} \Rightarrow R_g = \frac{2 \cdot R^2}{2 \cdot R} \Rightarrow R_g = R$$

9.1 Technologie

1. Der D-Motor (Typ 279,5-4) ist laut Datenblatt für 380 V Δ ausgelegt, d.h. während des Betriebes müssen an den Motorwicklungen 380 V anliegen, damit der Motor seine volle Leistung abgeben kann: **Dreieckschaltung**

2. **Stern- / Dreieckschaltung**

3. **Aufgabe der Anlaufentlastung**
Beim direkten Anfahren eines Hubkolbenverdichters muß die Antriebsmaschine ein sehr hohes Drehmoment überwinden. Die Anlaufentlastung hat die Aufgabe, dieses Anlaufmoment zu verringern.

Einsatz der Anlaufentlastung
Antrieb durch Elektromotor
Stern-Dreieck-Start:
Um Anlaufstromspitzen zu verringern, schreiben E-Werke ab bestimmten Nennleistungen eine Anfahrentlastung vor, z. B. den Stern-Dreieck-Anlauf. Dabei verringert sich in der Sternstufe der Anlaufstrom (und damit auch das Anlaufdrehmoment) auf etwa 40% des Nennwerts. Hier ist eine Anlaufentlastung des Verdichters nötig. Ohne sie würde der Motor in der Sternstufe gar nicht anlaufen oder nicht auf Nenndrehzahl kommen.

4. **Direktanlauf** - **Stern- / Dreieckanlauf** (mit Unterbrechung) -
Stern- / Dreieckanlauf (ohne Unterbrechung) - **Teilwicklungsanlauf** (PartWinding)
Widerstandsanlauf - **Transformatoranlauf** - **Drosselanlauf** - **Sanftanlauf** (Phasenanschnitt)
Frequenzanlauf (Frequenzumrichter).
In Kältesteuerungen: Direktanlauf; Stern-Dreieck-Anlauf; Teilwicklungsanlauf; Widerstandsanlauf; Sanftanlauf; Frequenzanlauf.

5. **Funktion der kältetechnischen Anlaufentlastung** (Bild 'Bypass-Anlaufentlastung', Blatt 2, S. 81)
Beim Start des Verdichters erhält ein Magnetventil über ein Zeitrelais Spannung und öffnet einen Bypass zwischen Druck- und Saugseite. Gleichzeitig schließt ein Rückschlagventil in der Druckleitung und verhindert ein Rückströmen von Kältemittel aus dem Verflüssiger.

6. **Wickelkopf-Thermostat**: In jede der 3 Stränge der Motorwicklung ist ein unverstellbarer Wickelkopf-Thermostat eingelegt. Diese in Reihe geschalteten Bimetall-Thermostaten kontrollieren die Temperatur in der Wicklung und öffnen, sobald der zulässige Wert überschritten wird. Die Steuerleitung (Sicherheitskette) wird unterbrochen, und das Verdichterschütz fällt ab. Die Wiedereinschaltung geschieht nach dem Abkühlen des Motors.

7. Das **Motorschutzrelais** bietet eine zusätzliche Sicherheit (insbesondere bei Ausfall einer Phase während des Anlaufens), und bei einem Defekt eines oder mehrerer Wickelkopf-Thermostaten muß nicht sofort der komplette Stator ausgetauscht werden.

8. Ein **Wärmeschutzthermostat** schützt den Verdichter vor thermischer Überlastung (die z.B. bei hohen Druckverhältnissen auftreten kann).
Es ist ein Thermokontaktschalter, der bei Erreichen eines fest eingestellten Wertes den Verdichter abschaltet.

9. Gebrauchskategorie nach IEC 947: Käfigläufermotoren: Anlassen, Ausschalten während des Laufes ⇒ **AC-3**.
Bei zu klein dimensionierten Schützen können die Kontakte verschweißen. Dadurch kann z.B. ein Thermoschutz, der in den Steuerstromkreis eingreift, wirkungslos werden, weil das Schütz nicht öffnet.

10. Die Heizung muß grundsätzlich durch einen Hilfskontakt des Verdichterschützes (oder parallel geschalteten Hilfsschütz) an einem getrennten Strompfad angeschlossen sein. Sie darf unter keinen Umständen direkt in die Sicherheitskette integriert sein.
Einige Verdichterhersteller empfehlen, die Ölsumpfheizung separat abzusichern (Bitzer).

11. **Sanftanlauf-Geräte** arbeiten nach dem Prinzip der Phasenanschnittsteuerung (s. E 7.3 Technische Mathematik). Während des Anlaufens wird die Spannung am Motor kontinuierlich erhöht. Dadurch kann der Anlaufstrom auf ein absolutes Minimum reduziert werden.

12. **Vorteile** gegenüber herkömmlichen Anlauf-Schaltungen: Weniger Installationsaufwand, Wegfall des Zeitrelais, Wegfall der Stern-Dreieck- oder Teilwicklungs-Schütze, Wegfall der kältetechnischen Anlaufentlastung möglich.
Mit einer zusätzlichen kältetechnischen Anlaufentlastung ist es möglich, die Anlaufstromspitzen auf den ca. 1,5- bis 2-fachen Nennstrom zu reduzieren (3 – 8fache bei Direktstart).
Ohne kältetechnische Anlaufentlastung beträgt der Anlaufstrom ca. das 2,5- bis 3,5-fache des Nennstromes.

Das sind ca. 20 - 40 % weniger als bei Stern-Dreieck und Teilwicklungsstart (s. Aufg. 9.3.6)..

Durch den Einsatz von Sanftanlauf-Geräten wird die Lebensdauer der Motorwicklungen und damit die des Elektromotors vervielfacht:
- Reduzierter Einschaltstrom bewirkt eine Temperaturreduzierung der Wicklung
- Die magnetischen Zugkräfte reduzieren sich, d.h. der Wickelkopf wird mechanisch und elektrisch nicht so stark belastet
- Die Drehmomentstöße werden verhindert, dieses reduziert den Verschleiß bei Motor und Antrieb

13. Durch die **Einschaltsperre** wird vermieden, daß der Verdichter zu häufig startet. Ein erneuter Start wird erst nach Ablauf einer einstellbaren Sperrzeit freigegeben und damit ein „Takten“ des Kompressors verhindert.
Die gewünschte Sperrzeit kann mit Hilfe von DIP-Schaltern zwischen 0 und 30 Minuten in 2-Minuten-Schritten eingestellt werden.
Anlaufstrombegrenzung: „Mit dem Soft-Starter kann ein beliebiger Maximalwert als Anlaufstrom eingestellt werden, der dann während der gesamten Anlaufzeit nicht überschritten wird. Da Strom und Drehmoment direkt voneinander abhängig sind, kann mit diesem Funktionsprinzip der Anlaufstrom auf das absolute Minimum eingestellt werden. ...“ (vgl. KK 5/94, S. 320)

14. Beim Sanftanlauf kann auch ohne kältetechnische Anlaufentlastung angefahren werden. Der Anlaufstrom beträgt dann etwa das 2,5- bis 3,5-fache des Motor-Nennstroms, mit Anlaufentlastung um das 1,5- bis 2,5-fache.

15. Die KIT hat zwei Schaltkontakte (Wechsler), von denen der mit (K) bezeichnete Kontakt – Kurzzeitkontakt – eine fest eingestellte Schaltdauer von 7 Minuten hat. Diesem Kontakt ist ein Selbsthaltekontakt des Heizungsschützes parallelgeschaltet. Während der ersten 7 Minuten (Schaltdauer des Kurzzeitkontaktes) kann der Abtauvorgang nur durch den Abtausicherheitsthermostat (F10) beendet werden.
Der zweite mit (L) bezeichnete Kontakt – Langzeitkontakt – bestimmt die maximale Abtauzeit, die zwischen 10 und 60 Minuten betragen kann.

9.2 Schaltungs- und Funktionsanalyse

9.2.1 Stromlaufplan des **Lastkreises**

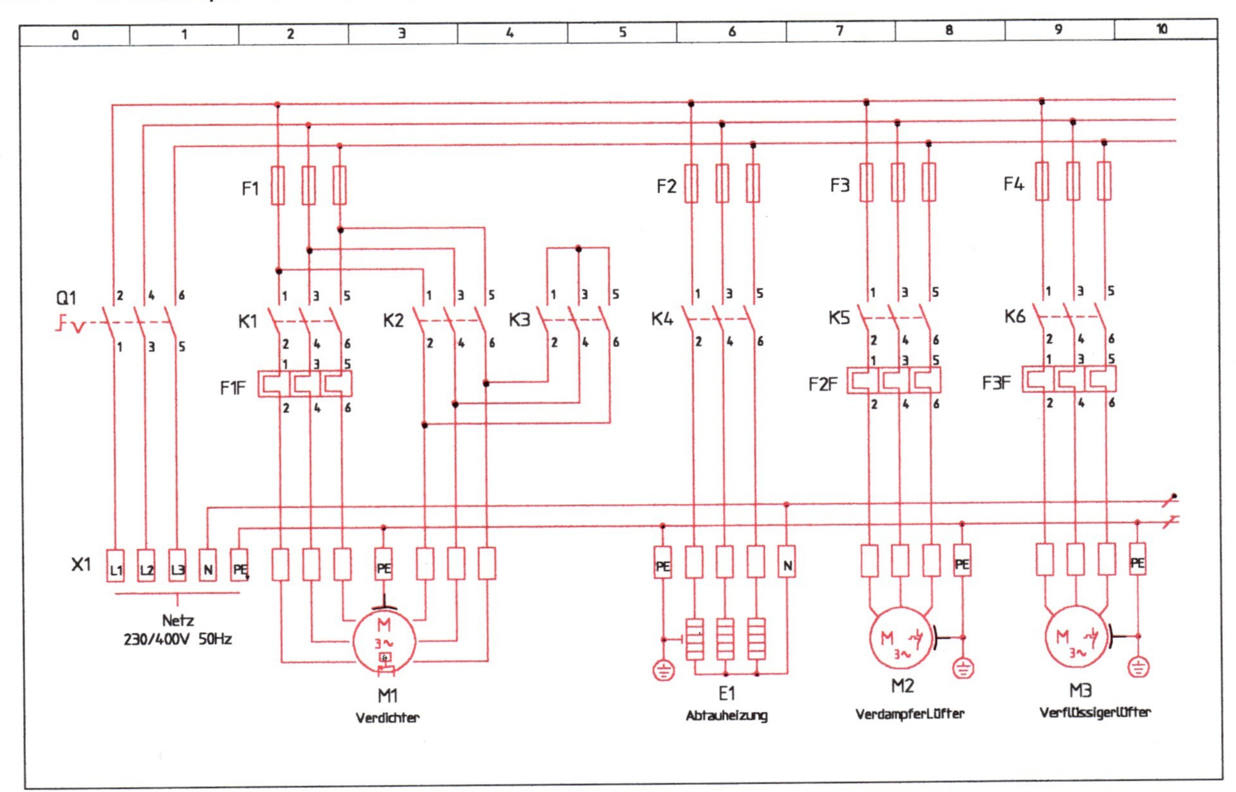

9.2.2. Stromlaufplan der **Steuerung**

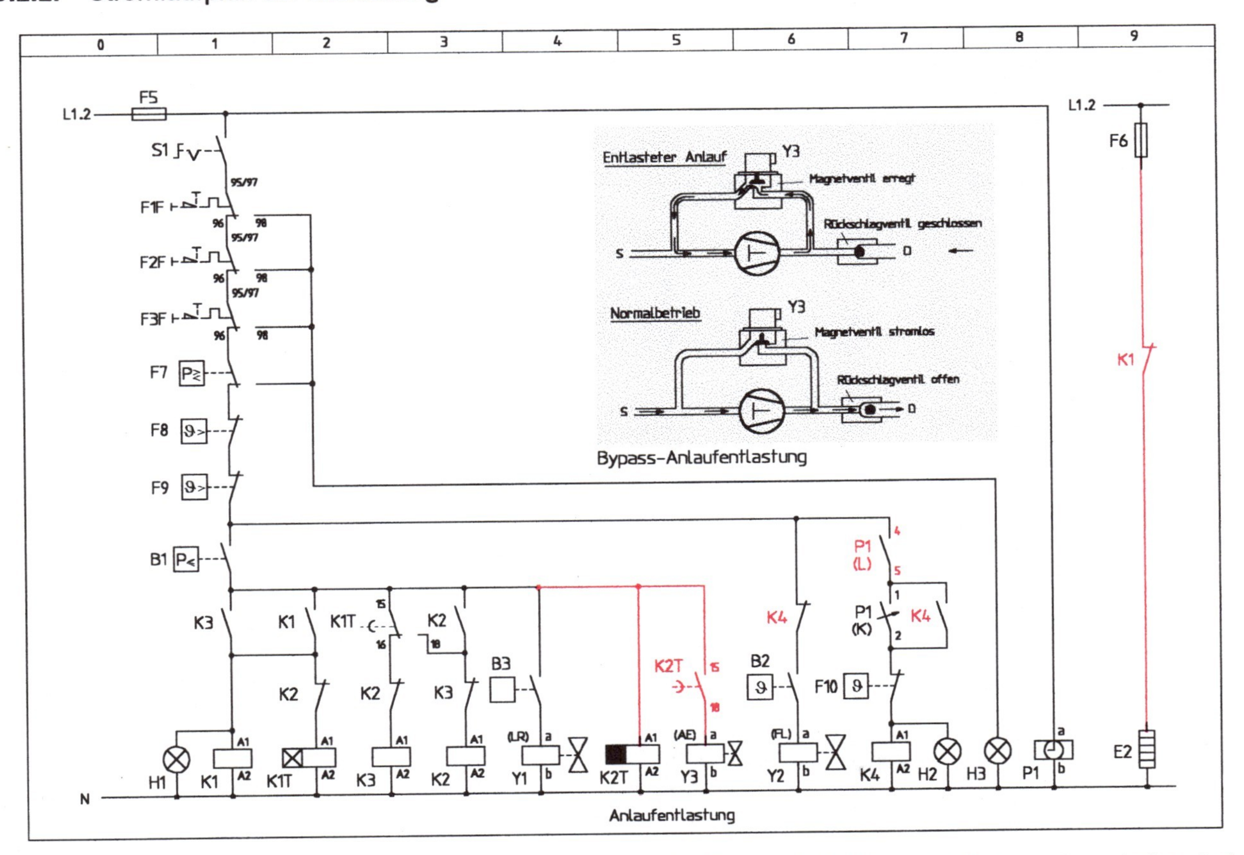

9.2.4 Folgende Bauteile können eingespart werden: K1T und K3; K1 und K2 brauchen keine Leistungsschütze, sondern nur Hilfsschütze zu sein. Theoretisch könnte die kältetechnische Anlaufentlastung, d.h. auch K2T und Y3 entfallen.

9.2.3 Häufigste Ursache festgebrannter Schützkontakte ist die falsche Dimensionierung der Kontakte – außerdem die falsche Gebrauchskategorie: AC 1 statt AC 3 bei Induktionsmotoren

Stromlaufplan des **Lastkreis**es

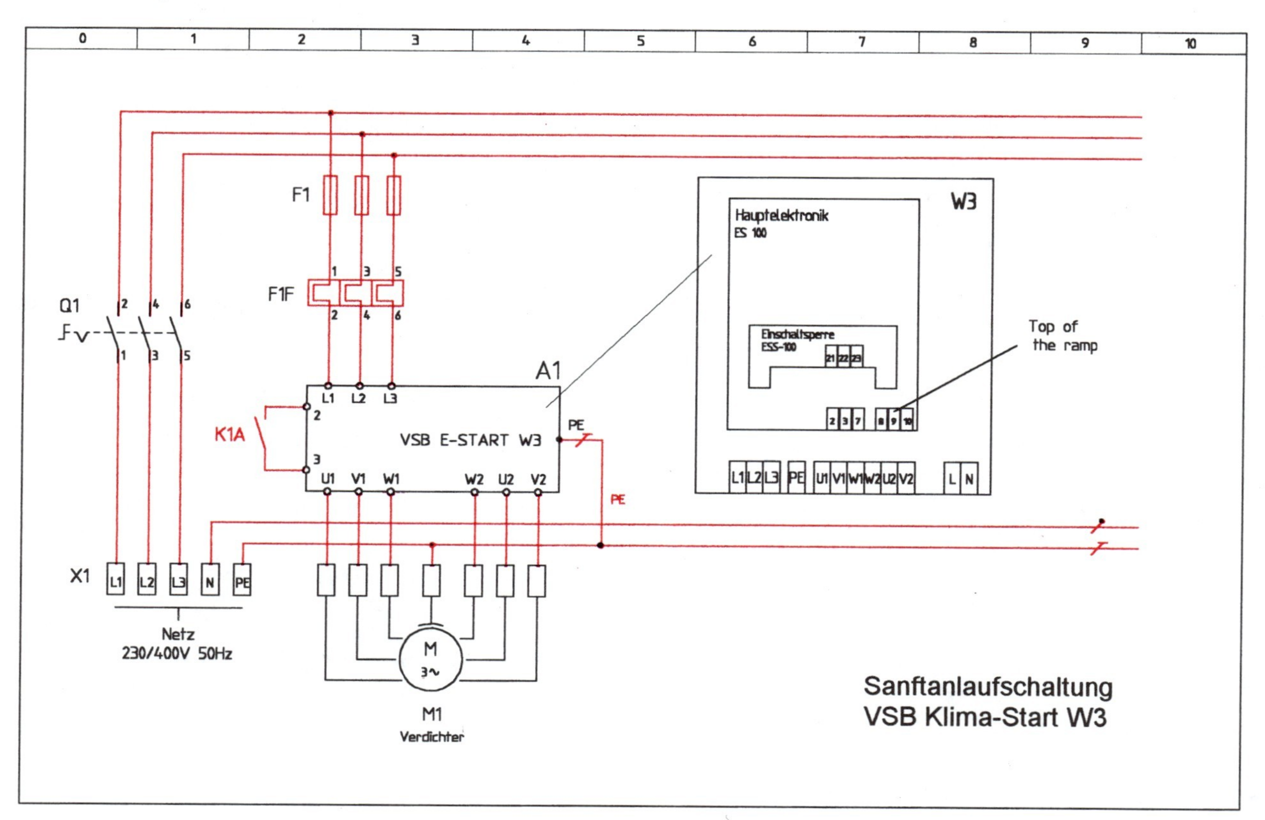

· Stromlaufplan der **Steuerung**

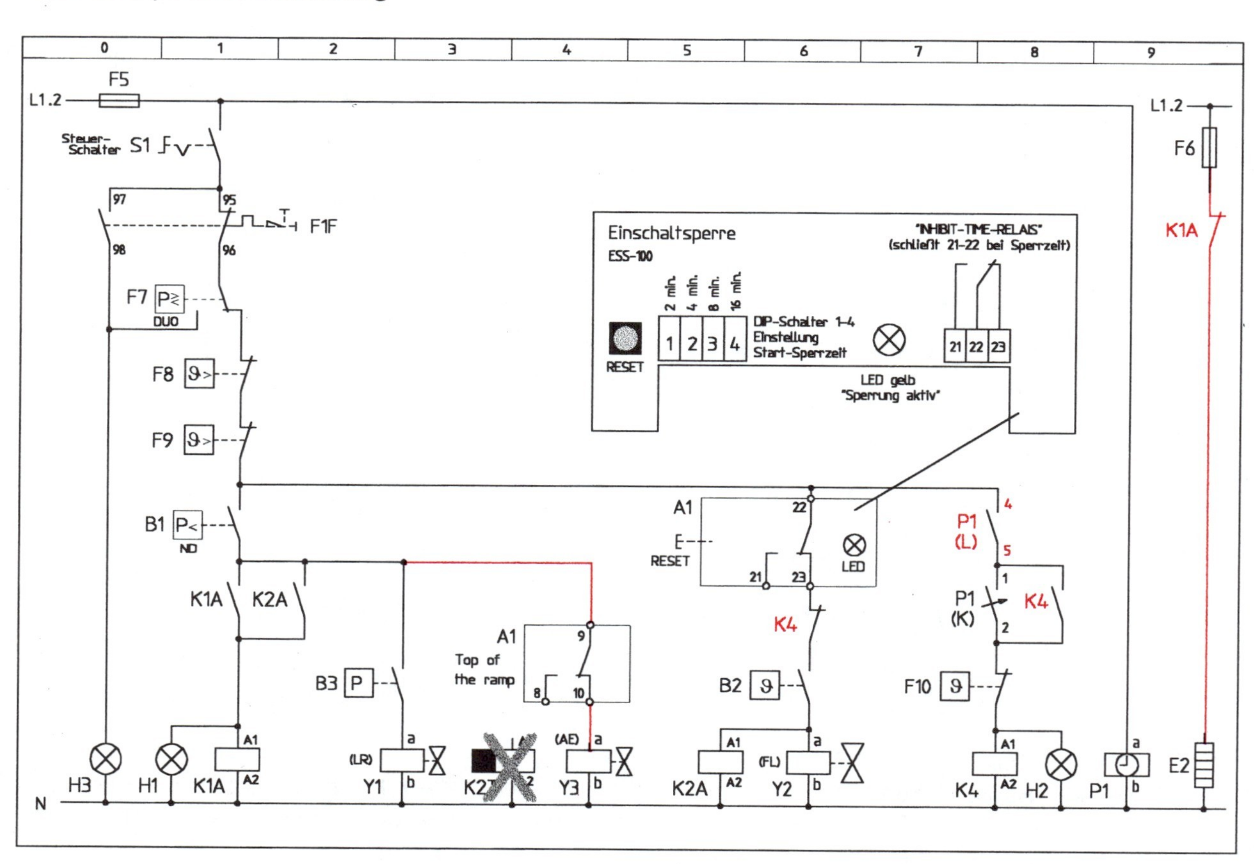

9.3 Technische Mathematik

1. D-Asynchronmotor mit Kurzschlußläufer in bildlicher Darstellung plus Klemmbretter

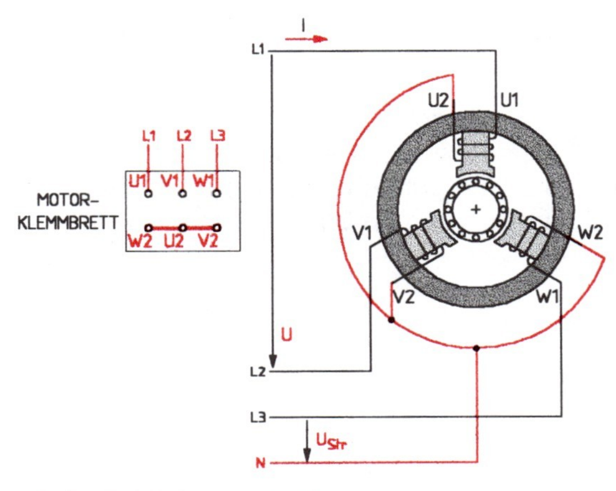

Abb. 9.3.1 **Sternschaltung**

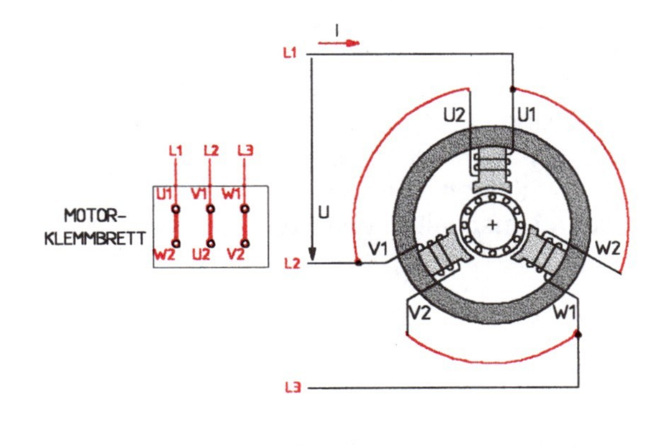

Abb. 9.3.2 **Dreieckschaltung**

a) und b) siehe Abb. 9.3.1 und 9.3.2
c) siehe Abb. 9.3.1 und bei der **Dreieckschaltung**: **$U = U_{Str}$**
d) siehe Abb. rechts

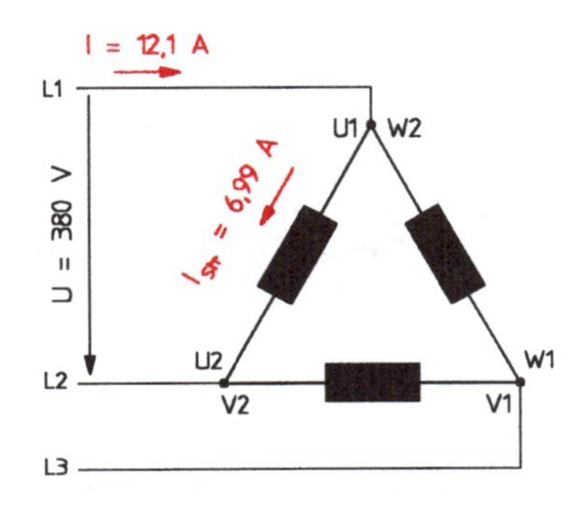

e) Für die Dreieckschaltung gilt: $\underline{I = \sqrt{3} \cdot I_{Str}}$

$$\underline{\underline{I_{Str}}} = \frac{I}{\sqrt{3}} = \frac{12{,}1\text{ A}}{\sqrt{3}} = \underline{\underline{6{,}99\text{ A}}}$$

Beim Drehstrommotor wird der N-Leiter nicht angeklemmt

2. geg.: Sternschaltung
$I / I_e = 6$ (s. auch Anhang, S. 259)

ges.: Anlauf-Stromstärke I in A

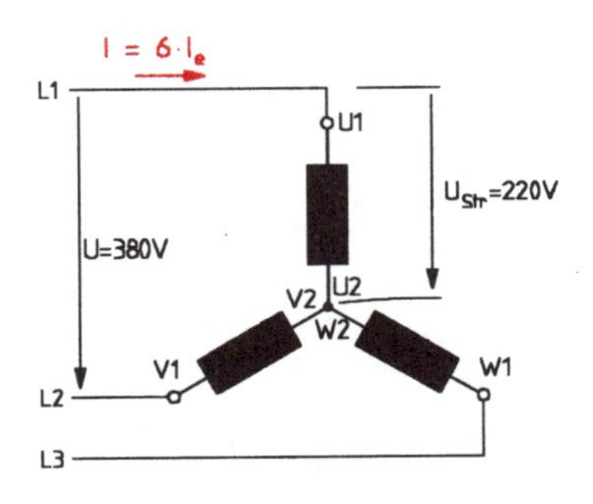

Zuerst sollte die Betriebsstromstärke I_e ermittelt werden, die dieser Motor in Sternschaltung aufnehmen würde. Da nur die Betriebsdaten für den D-Motor in Dreieckschaltung angegeben sind, ist es ratsam, den Scheinwiderstand Z *) *einer* Wicklung zu berechnen:

$$Z = \frac{U}{I_{Str}} = \frac{380\text{ V}}{6{,}99\text{ A}} = 54{,}36\,\Omega \quad \text{(s. Dreieckschaltung)}$$

Bei der links dargestellten Sternschaltung handelt es sich um den gleichen Motor mit den gleichen Wicklungen, an denen nur andere Spannungs- und Stromverhältnisse herrschen als in der Dreieckschaltung.

$$I_e = \frac{U_{Str}}{Z} = \frac{220\text{ V}}{54{,}36\,\Omega} = 4{,}05\text{ A}$$

$$\underline{\underline{\text{Anlauf-Stromstärke } I}} = 6 \cdot I_e = 6 \cdot 4{,}05\text{ A} = \underline{\underline{24{,}3\text{ A}}}$$

3. Direktanlauf in **Dreieckschaltung**:

   Würde der Verdichtermotor in **Dreieck- statt in Sternschaltung** anlaufen, würde er einen **3 mal** größeren Strom aufnehmen.

4. Sanft-Anlauf mit **Klima-Start**:

   Hier sind die Anlaufstromspitzen 1,5- bis 2 mal grösser als der Nennstrom; im günstigsten Fall liegt die Anlaufstromstärke mit diesem Gerät bei $I = 1{,}5 \cdot 12{,}1\ \text{A} = \underline{\underline{18{,}15\ \text{A}}}$ (entlastet).

   Das sind ca. **25 %** weniger Stromaufnahme als bei der Sternschaltung.
   Der Sanftanlauf hat besonders dem Stern-Dreieck-Anlauf gegenüber einen grossen Vorteil: Während des Anlaufens wird der Motor nicht mehr vom Netz getrennt. Und genau diese kurze Unterbrechung beim Umschalten von Stern- auf Dreieckschaltung ruft die unerwünschten Strömspitzen hervor.

---

5. geg.: $P_e = P_{zu} = 5{,}09$ kW
   $I = 12{,}1$ A
   $U = 380$ V
   (Daten s. S. 79 oben)
   ges.: Leistungsfaktor $\cos\varphi$

$$P_e = \sqrt{3} \cdot U \cdot I \cdot \cos\varphi$$

$$\cos\varphi = \frac{P_e}{\sqrt{3} \cdot U \cdot I}$$

$$\cos\varphi = \frac{5090\ \text{W}}{\sqrt{3} \cdot 380\ \text{V} \cdot 12{,}1\ \text{A}} = \underline{\underline{0{,}64}}$$

---

6. geg.: $I_{max} = 21{,}5$ A (ungünstigste Bedingung)
   $I_{max} = 13{,}7$ A (Normalbedingung)

   ges.: a) Nennstromstärke d. Sicherungen
   b) Einstellung Überstromrelais F1F

   a) Nennstromstärke der NEOZED-Sicherungen **25 A (gelb)**
   b) Einstellung des Überstromrelais F1F: ca. **14 A** . Anlage über längeren Zeitraum beobachten; falls Überstromrelais auslösen sollte, den Wert um ca. 2 A erhöhen. Damit ist man immer noch auf der sicheren Seite. Sollte das Überstromrelais bei diesem eingestellten Wert immer noch auslösen, ist die Anlage bezüglich ihrer Bedingungen zu überprüfen.

---

7. geg.: $I_{Sicherungen} = 25$ A
   Leitung NYM auf Putz
   Leiterlänge $l = 20$ m

   ges.: Leiterquerschnitt pro Ader in mm²

aus Formelsammlung:

Verlegeart C (nach DIN VDE 0298, Teil 4)
Bei 3 belasteten Adern (Drehstrom) und der Verlegeart C würden unter Normalbedingungen 2,5 mm² ausreichen (NYM 5 x 2,5 mm²).

---

8. geg.: Daten S. 79 oben
   $R_k = 1{,}15\ \Omega$
   $\vartheta_1 = 20$ °C
   $\vartheta_2 = 80$ °C
   Material: Cu
   $\alpha = 3{,}9 \cdot 10^{-3}$ 1/K

   ges.: Wirkwiderstand bei Betriebstemperatur R_w in Ω

$$R_w = R_k \cdot (1 + \Delta\vartheta)$$

$$R_w = R_k \cdot (1 + \alpha \cdot [\vartheta_2 - \vartheta_1])$$

$$R_w = 1{,}15\ \Omega \cdot \left(1 + 3{,}9 \cdot 10^{-3} \frac{1}{K} \cdot [80\ °C - 20\ °C]\right)$$

$$\underline{\underline{R_w = 1{,}42\ \Omega}}$$

---

*) Scheinwiderstand Z

Im (wechsel)spannungslosen Zustand und einer Temperatur von 20 °C beträgt der gemessene Gleichstromwiderstand *einer* Motorwicklung exakt 1,15 Ω (s. Datenblatt).
Ist der Motor angeschaltet und die Betriebstemperatur seiner Wicklungen auf 80 °C angestiegen, so würde sein Gleichstrom-Warmwiderstand 1,42 Ω betragen (vgl. Aufg. 9.3.10).
Die Differenz zwischen Warm- und Kaltwiderstand ist also vernachlässigbar klein.
In Aufg. 9.3.4 berechnet sich der Widerstand aus Strom und Spannung (Ohmsches Gesetz) zu einem deutlich höheren Wert, nämlich 54,36 Ω - das ist immerhin das ca. 38-fache.
Legt man eine Spule bzw. Wicklung an eine Wechselspannung, muß ein zusätzlicher Widerstand auftreten. Dieser „Wechselstromwiderstand" entsteht durch das sich ständig ändernde Magnetfeld und wird Blindwiderstand genannt. Die geometrische Summe aus Wirk- und Blindwiderstand ergibt den Scheinwiderstand Z.

10.1 Technologie

1. Beim Teilwicklungsmotor ist die Statorwicklung in zwei Teile getrennt, wodurch sich der Anlaufstrom gegenüber dem DASM (3 – 8-fache des Nennstroms) erheblich absenken läßt.

Mit diesem Konstruktionsprinzip lassen sich die beiden Teilwicklungen in Stufen (zeitlich verzögert) einschalten, wodurch sich der Anzugstrom deutlich absenken läßt.

Im Vergleich zum Y/Δ-System hat die Konzeption der Wicklungsteilung den Vorteil, daß der Umschaltvorgang **ohne Spannungsunterbrechung** erfolgt und dadurch eine weitere Stromspitze weitestgehend unterbunden ist.

Darüber hinaus sind **nur zwei kleinere Motorschütze** erforderlich, wodurch sich Aufwand und Platzbedarf für die Elektrik wesentlich reduzieren (vgl. Technische Information KT-400-1, Bitzer 1995).

2. Um den Motor nicht unnötig zu überlasten, sollte vermieden werden, daß eine Teilwicklung allein an Spannung liegt (außer beim Start). Der Motor sollte deshalb auch nur über eine gemeinsame Sicherungsgruppe abgesichert werden (s. Technische Mitteilung 88-10-12, DWM Copeland).

3. Zusatzlüfter

In der Regel wird der Lüfter elektrisch parallel zum Verdichter geschaltet.

Bei der Inbetriebnahme ist darauf zu achten, daß der Lüfter von oben auf den Verdichter bläst, gegebenenfalls ist die Drehrichtung des Motors zu ändern.

Beim Einphasen-Lüftermotor liegt der Thermoschutzschalter in der Spannungszuführung. So kann auch der Thermoschutzschalter von Drehstrom-Lüftermotoren geschaltet werden, wenn der Dreiphasenmotor einphasig in Steinmetzschaltung betrieben wird. Bei dieser Schaltungsart ist zu beachten, daß bei Übertemperatur nur der Lüftermotor abschaltet und somit die Kühlung wegfällt. Um dies zu verhindern, ist ein Stromrelais in die Zuleitung zu legen, das bei Abschalten des Lüfters den Steuerstromkreis unterbricht.

DerThermoschutzschalter der dreiphasig betriebenen Lüftermotoren **muß,** der der einphasig betriebenen Lüfter **kann** in den Steuerstromkreis eingeschleift werden (vgl. Technische Mitteilung 88-10-12, DWM Copeland).

4. Das **Hilfsschütz K2A** liegt parallel zum Magnetventil für Heißgasabtauung und hat die Aufgabe, Verflüssiger- und Verdampferlüfter während der Abtauperiode mittels Öffner-Kontakten abzuschalten.

5. Funktion INT 69

Das Auslösegerät INT 69 dient dem thermischen Schutz von elektrischen Antrieben.
Steigt die Temperatur in einem der zu bis neun zu überwachenden Teile oder Sektionen über die Nennabschalttemperatur des jeweiligen PTC-Sensors, wird dieser hochohmig und das Auslösegerät schaltet das Motorschütz ab. Die Wiedereinschaltung erfolgt nach Abkühlung um ca. 3 K.
Der Relais-Schaltausgang ist als potentialfreier Umschaltkontakt ausgeführt. Dieser Schaltkreis arbeitet nach dem Ruhestromprinzip, d.h., auch bei Fühler- oder Kabelbruch fällt das Relais in Ruhelage und schaltet ab.
Bei dem Verdichter-Typ der Kältesteuerung E10 ist es ratsam, ein Schutzgerät mit eingebauter Wiedereinschaltsperre (INT 69 VS) einzusetzen. Es verhindert nach Abkühlung das selbsttätige Wiedereinschalten des Verdichters und schließt Pendelschaltung aus. Es muß dann durch kurzzeitiges Unterbrechen der Anschlußspannung entriegelt (Reset) werden (vgl. Datenblatt "INT 96 Auslösegerät", Kriwan).

6. Funktionsprüfung INT 69

PTC's abklemmen und einen Widerstand (ca. 4,5 kΩ) bzw. Potentiometer an die Klemmen 1 und 2 anschließen. Schaltet der Relais-Kontakt auf Störung, liegt der Fehler in der PTC-Kette. Reagiert das Relais des INT nicht, liegt der Fehler im Auslösegerät oder in der Spannungszuführung.

7. Öldruckdifferenzschalter

Der Öldruckdifferenzschalter (bildl. Darstellung s. Blatt 3, S. 88) bietet einen Schutz gegen Schäden, die aufgrund eines niedrigen Öldruckes bei **Verdichtern mit Druckölschmierung** entstehen können.

Für die Erklärung der Funktionsweise, sind im wesentlichen drei Hauptteile des Öldruckdifferenzschalters zu beachten:

Differenzdruckschalter (OIL-LP)
Der eingestellte Differenzdruck wirkt auf einen Stromkreis, der die Unterbrechung des Verdichterstromkreises veranlaßt.

Zeitverzögerungseinrichtung (T1 - T2)

Beim Anlauf des Verdichters muß sich zunächst ein Öldruck aufbauen. Aus diesem Grund darf der Öldruckdifferenzschalter den Verdichter erst nach einer Zeit von ca. 120 Sekunden abschalten. Diese Zeitverzögerungseinrichtung kann mit einem Bimetall realisiert werden. Wird ein geschlossener Stromkreis zum Bimetall nicht durch den Öldruckschalter nach 120 Sekunden abgeschaltet, so löst der Bimetallkontakt aus und schaltet den Stromkreis zum Verdichter ab.
Bei zu hoher Schalthäufigkeit des Verdichters kann bei eingetretenem Ölmangel die Ansprechdauer von 120 Sekunden einen absoluten Schutz des Verdichters nicht ermöglichen, da bei Laufzeiten unter 120 Sekunden ohne genügend Öldruck der Verdichter vom Öldruckdifferenzschalter nicht abgeschaltet wird. Abhilfe: Modifizierung des Öldruckdifferenzschalters s. Blatt 4, S. 89.

8. Durch eine zusätzliche Schaltung „Modifizierter Öldruckdifferenzschalter", s. 10.2.5 und 6 und Blatt 4, S. 89.

9. TN-C-S-Netz

Bei diesem Netz ist der Sternpunkt des Transformators direkt geerdet (**T**). Die Körper der Betriebsmittel (z. B. Motorengehäuse) sind über den Schutzleiter PE mit der Betriebserde verbunden (**N**). Schutzleiter (PE) und Neutralleiter (N) sind bei einem Querschnitt $\geq$ 10 mm² als gemeinsamer Leiter verlegt (**C**). Bei Leitungsquerschnitten unter 10 mm² Kupfer werden PE- und N-Leiter getrennt verlegt (**S**). Die Trennung erfolgt meist am Zählerplatz.

10. Ist der PE-Leiter ordnungsgemäß angeschlossen, fließt im Falle eines Körperschlusses über den Schutzleiter ein so großer Strom, daß die Sicherung den Stromkreis innerhalb von 0,2 s sicher abschaltet.
Ist der PE-Leiter nicht angeschlossen, kann im Fehlerfall trotz voller Spannung am Betriebsmittel die Sicherung nicht ansprechen. Berührt ein Mensch ein unter Spannung stehendes Betriebsmittel, schließt sein Körper den elektrischen Stromkreis. Die Stromstärke, die jetzt über den menschlichen Körper fließt, hängt ab von der Höhe der Spannung und dem Widerstand (Haut- und Standort). Nach VDE 0100 gelten Ströme über 50 mA als lebensgefährlich.

11. Wirkungsweise des FI-Schutzschalters
Der FI-Schutzschalter besteht aus einem sogen. Summenstromwandler (Ringkern). Alle stromführenden Leiter, einschließlich N-Leiter, werden durch den Ringkern geführt.
Hat das angeschlossene Betriebsmittel (z.B. ein Heizwiderstand) einen Körperschluß, so fließt über den PE-Leiter ein Fehlerstrom. Durch einen elektromechanischen Auslöser schaltet der FI-Schutzschalter innerhalb von 0,2 s allpolig ab.

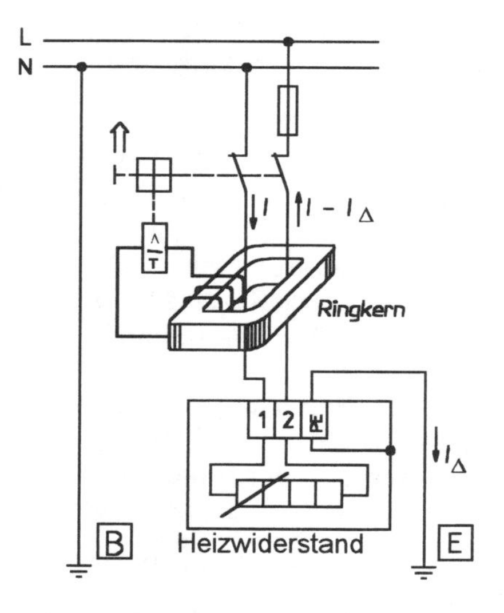

Abb.: Prinzipieller Aufbau eines FI-Schutzschalters

12. Wäre der Kälteanlage ein FI-Schutzschalter vorgeschaltet, und der PE-Leiter (im TN-C-S-Netz) nicht angeschlossen, würde im Fehlerfall der Fehlerstrom über den menschlichen Körper fließen. Ein intakter und vorschriftsmäßig installierter FI-Schutzschalter würde den Stromkreis innerhalb von 0,2 s abschalten. Da der Fehlerstrom in gewerblichen Räumen max. 30 mA betragen darf, wäre das Berühren eines unter Spannung stehenden Betriebsmittels für den Menschen nicht lebensgefährlich. Der Mensch würde jedoch einen ‚elektrischen Schlag' bekommen.

10.2 Schaltungs- und Funktionsanalyse

1. Die Schaltung ist fehlerfrei

2. **Legende** (Blatt 1)

B1 Raumthermostat
B2 Niederdruckschalter
E1 Ölsumpfheizung
F1 Sicherungen (Verdichter)
F4 Steuersicherung
F5 Interner Motorschutz
F6 Öldruckdifferenzschalter
F7 Hoch-/Niederdruckschalter
F8 Abtaubegrenzungsthermostat
F10 Sicherung (Ölsumpfheizung)
F1F Überstromrelais TW 1 *
F2F Überstromrelais TW 2
H1 Meldeleuchte ‚Kühlen'
H2 Meldeleuchte ‚Abtauen'
H3 Meldeleuchte ‚Störung'
K1.1 Verdichterschütz TW 1
K1.2 Verdichterschütz TW 2
K1A Hilfsschütz ‚PumpOut'
K2A Hilfsschütz ‚Abtauen'
K1T Zeitrelais ‚Anlaufentlastung'
K2T Zeitrelais Teilwicklungsmotor
M1 Verdichtermotor
P1 Abtauuhr
Q1 Hauptschalter
Y1 Magnetventil ‚Anlaufentlastung'
Y2 Magnetventil ‚PumpOut'
Y3 Magnetventil ‚Heissgasabtau'

* TW – Teilwicklung (auch PW – Partwinding)

3. Stromlaufplan des **Lastkreis**es (Blatt 3)

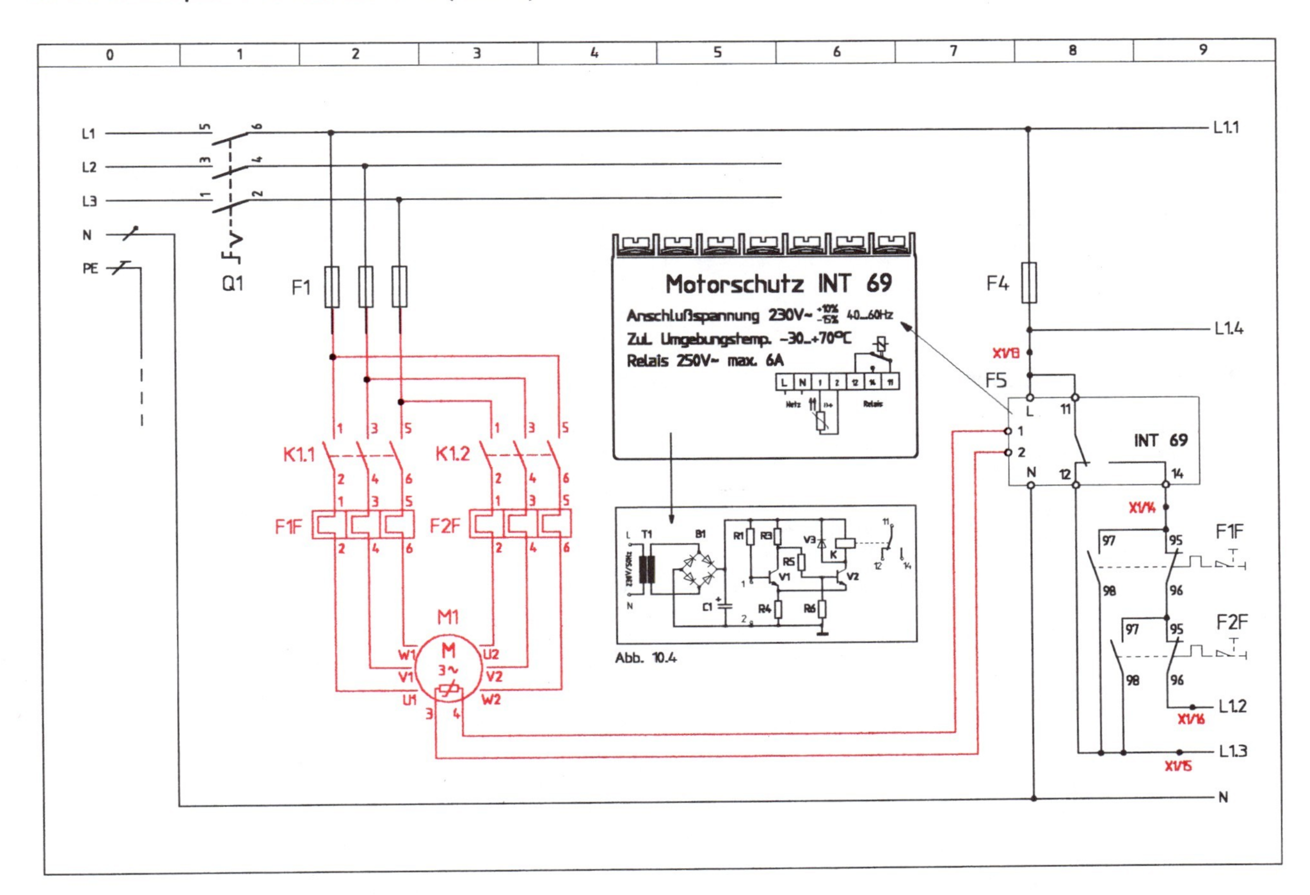

4. Stromlaufplan der Steuerung – Lösungsvorschlag s. S. 242 oben.

5. Modifizierte Schaltung – Lösungsvorschlag s. S. 242.

6. Um die Schaltung des Öldruckwächters zu modifizieren, werden in dieser Kältesteuerung zusätzlich ein Hilfsschütz und ein Zeitrelais (anzugsverzögert) erforderlich.

Das Hilfsschütz trägt die Betriebsmittelkennzeichnung **K3A** und das Zeitrelais **K3T**.

10.2.4 Stromlaufplan der **Steuerung** (Blatt 2)

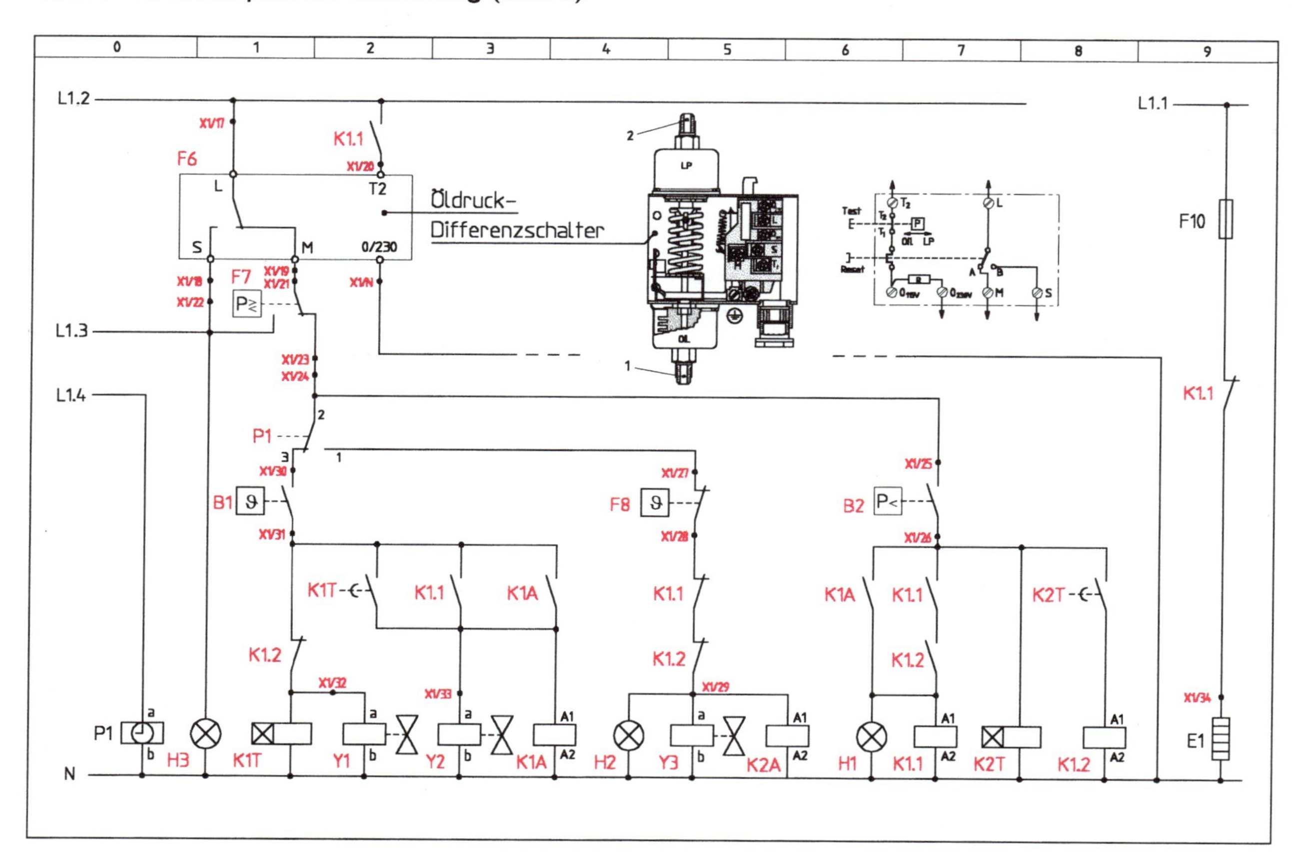

10.2.5 Modifizierte Schaltung des **Öldruckdifferenzschalters**

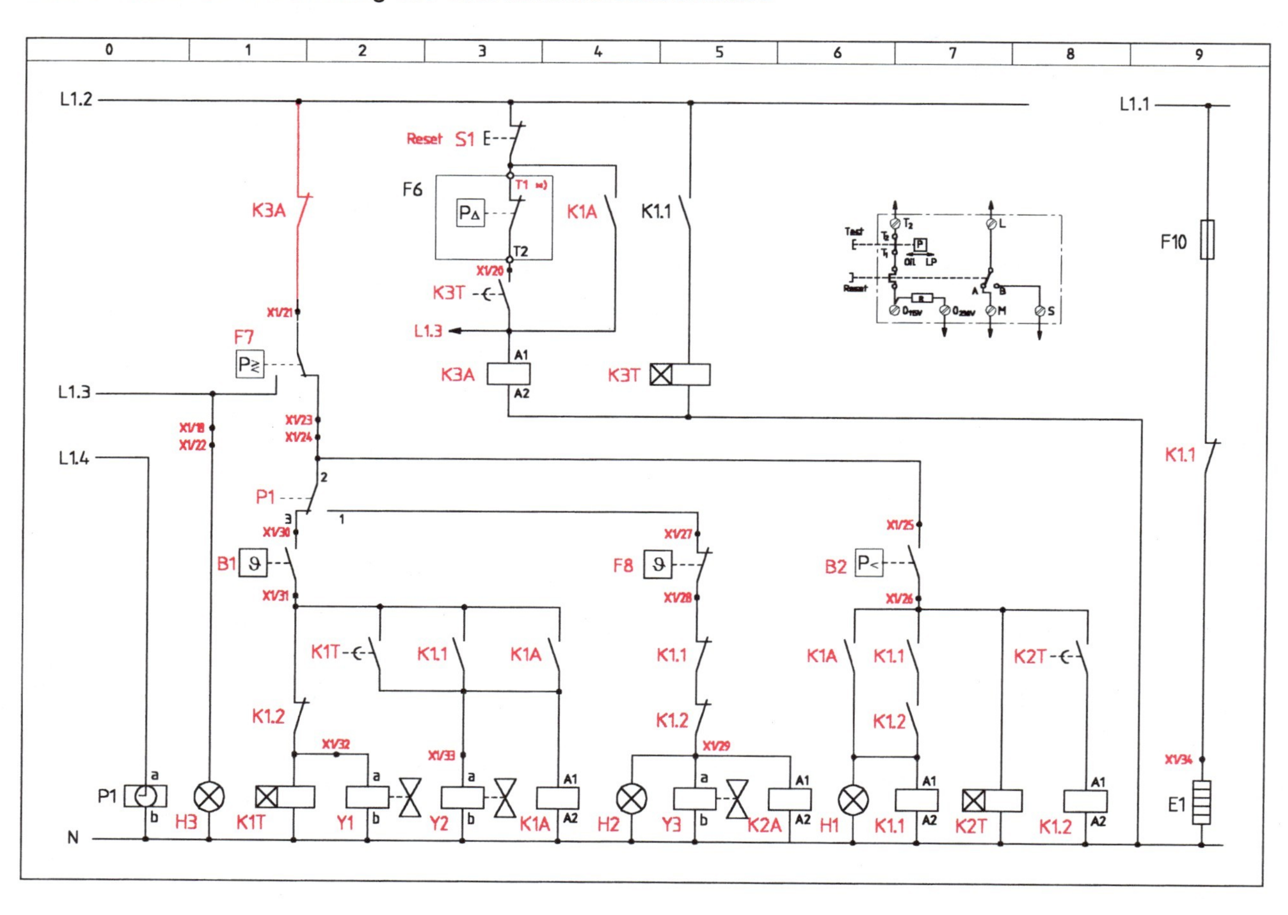

10.2.6 s. S. 241.

10.3 Technische Mathematik

1. Technische Daten Verdichtermotor
   Für die Auslegung von Schützen, Zuleitungen und Sicherungen sind max. Betriebsstrom / max. Leistungsaufnahme einzusetzen ⇒

   a) max. Betriebsstrom c) max. Betriebsstrom; max. Leistungsaufnahme; Leiterspannung
   b) max. Betriebsstrom d) Anlaufstrom (Rotor blockiert)

2. Daten für Motorverdichter 4Z-8.2 (s. auch Anhang, S. 258)

   a) max. Betriebsstrom I_B = 17 A ⇒ Nennstrom für Sicherungen (1,3 – 1,5) x 17 A ⇒ <u>**25 A**</u>

   b) max. Betriebsstrom I_B = 17 A ⇒ Einstellstrom I_E für F1F und F2F: ≤ 0,6 x 17 A ⇒ <u>**10 A**</u>

   c) max. Wirkleistungsaufnahme P_{zu} = 9,7 kW ⇒

   $$P_{zu} = \sqrt{3} \cdot U \cdot I \cdot \cos\varphi \quad \Rightarrow \quad \cos\varphi = \frac{P_{zu}}{\sqrt{3} \cdot U \cdot I}$$

   $$\cos\varphi = \frac{9700\ \text{W}}{\sqrt{3} \cdot 400\ \text{V} \cdot 17\ \text{A}} \quad \Rightarrow \quad \underline{\underline{\cos\varphi = 0{,}82}}$$

   d) Anlaufstrom aus Datenblatt:
   für Teilwicklungsanlauf **I_{AN} = 49 A**

3. a) <u>Ersatzschaltbild der 6 PTC-Widerstände</u> →

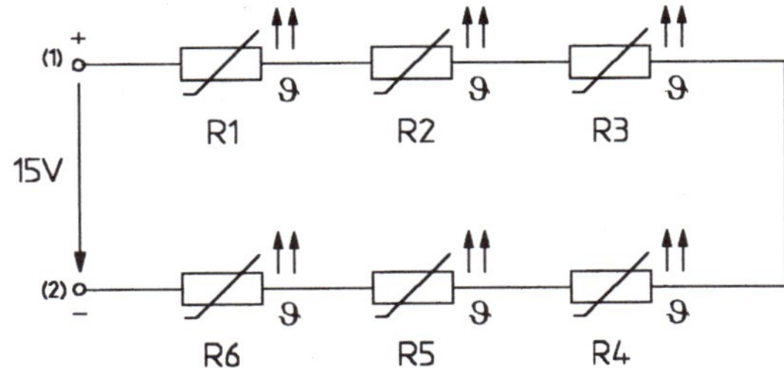

   b) aus PTC-Kennliniendiagramm:

   <u>bei 80 °C</u>: **R_{PTC} < 100 Ω**

   c) aus PTC-Kennliniendiagramm:

   bei ϑ_{NAT} = <u>130 °C</u>: **R_{PTC} = 1330 Ω**

   d) **Freilaufdiode**, diese schützt die elektronischen Bauteile vor zu hohen Induktionsspannungen, die beim Ausschalten in der Relaisspule erzeugt werden. Auch in Schützschaltungen werden **F.** eingesetzt

Schalthysterese

4. bei NAT: $R_{PTC\,ges}$ = 6 x 1,33 kΩ ≈ **8 kΩ**

   bei NAT –3 K: $R_{PTC\,ges}$ = 6 x 850 Ω ≈ **5 kΩ**

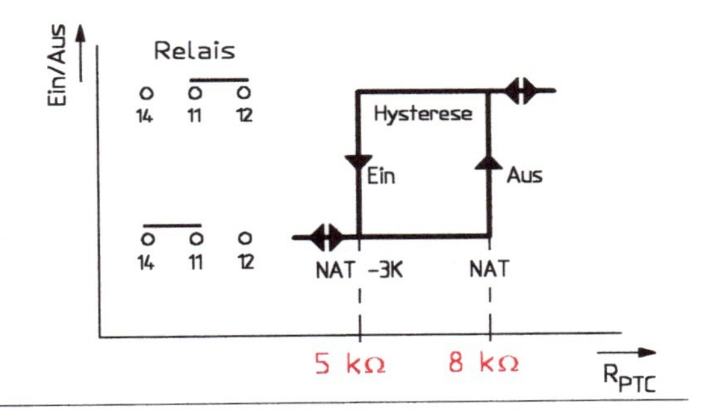

5. geg.: 6 PTC's in Reihe
   NAT = 130 °C
   U = 15 V=
   aus PTC-Kennliniendiagramm
   R_{PTC} = 1330 Ω (ϑ_{NAT} = 130 °C)

   ges.: I_{PTC} in mA
   U_{PTC} in V

   $R_{PTC\,ges}$ = 6 x 1330 Ω ≈ 8000 Ω = 8 kΩ

   $$I = \frac{U}{R_{PTC\,ges}}$$

   $$I = \frac{15\ \text{V}}{8000\ \Omega}$$

   $$I = 0{,}001875\ \text{A}$$

   $$\underline{\underline{I = 1{,}875\ \text{mA}}}$$

   Da in einer Reihenschaltung überall die gleiche Stromstärke fließt, beträgt I_{PTC} = 1, 875 mA.

   <u>Spannungsfall an einem PTC-Widerstand</u>

   $$U_{PTC} = R_{PTC} \cdot I$$

   $$U_{PTC} = 1330\ \Omega \cdot 0{,}001875\ \text{A}$$

   $$\underline{\underline{U_{PTC} = 2{,}5\ \text{V}}}$$

6. Die elektronische Schaltung im INT 69 wird **Schwellwertschalter** bzw. **Schmitt-Trigger** genannt.

11.1 Technologie

1. **Legende** zu Abb. 11.3, S. 91

B1	Thermostat	F6	Niederdruckschalter	Q1	Hauptschalter
F1	Hauptsicherung	F7	Hochdruckschalter	R1	Ölsumpfheizung
F2	Verdichtersicherung	K1	Schütz erste Wicklung	R3	Druckgasüberhitzungsschutz
F3	Steuersicherung	K2	Schütz zweite Wicklung	S1	Steuerschalter
F4	Motorschutzgerät INT 389	K1T	Zeitrelais „Part-Winding“ 1s	S2	Überbrückung Einschaltverz.
F5	Öldrucksicherheitsschalter	M1	Motorverdichter	Y1	Magnetventil Flüssigkeitsleitg.

2. Das **Schutzgerät INT 389** überwacht Phasenausfall und Phasenasymmetrie, schließt Pendelbetrieb aus und bietet darüberhinaus noch die Möglichkeit zur Überwachung der Druckgas- und Öltemperatur. Bei Anschluss eines Druckgas-Temperaturfühlers darf die Wiedereinschaltsperre nicht außer Funktion gesetzt werden (Brücke B1-B2 darf nicht entfernt werden). Vgl. Technische Information 21/1, Bitzer.

3. Um die Funktion des Auslösegerätes bei allen Steuerungsarten zu gewährleisten, ist es als erstes Glied in die Sicherheitskette einzubauen.

4. Weicht die Spannung einzelner Phasen um mehr als 15 % von der Nennspannung ab, spricht man von einer „Phasenasymmetrie“.

5. Durch kurzzeitiges Betätigen des Rückstelltasters S2 kann die Zeitverzögerung, die normalerweise ca. 5 min beträgt, auf ca. 1 s reduziert werden (s. Datenblatt Kriwan)

6. Das Prinzipschaltbild (Abb. 11.4, S. 91) zeigt die Steuerung einer Leistungsregulierung, die gleichzeitig die Funktion der Anlaufentlastung übernimmt.
   Für die Vorentlastung werden 3 Zusatzelemente benötigt: Rückschlagventil; Bypass-Magnetventil (Y1) und Zeitrelais (K1T).

   Funktionsablauf: S1 ↑ ⇒ Y1 ↑ ⇒ Druck- und Saugseite des Verdichters werden „kurzgeschlossen“
   ⇒ K1T ↑ - nach Ablauf der eingestellten Zeit (ca. 15 s) ...
   K1 ↑ ⇒ K2T ↑ - nach Ablauf der eingestellten Zeit (max. 1 s) ...
   K2 ↑ ⇒ Y1 ↓ ⇒ Druck im Verdichter wird aufgebaut und Strompfad für Leistungsregler (B1-Y2) „scharf“ geschaltet.

7. **Anlaufentlastung**: Bei diesem Verdichtertyp übernimmt der Leistungsregler die Funktion der Anlaufentlastung. Dabei ist zu beachten, daß der Leistungsregler während der Stillstandsperioden nicht mit Spannung beaufschlagt werden darf, da sonst die Gefahr einer Kältemittelverlagerung besteht.

   Vorentlastung: Bei Verdichtern mit Leistungsregulierung mittels Zylinderabschaltung wird häufig ein zusätzliches Magnetventil als Bypass-Ventil zwischen Druck- und Saugseite eingebaut.
   Während einer Startverzögerung von ca. 15 s wird dieses Magnetventil geöffnet. Der Druck kann sich ausgleichen und der Verdichter kann bei eingeschaltetem Leistungsregler hochlaufen.

8. Elektromechanische Differenzdruckwächter sind über Kapillarrohre mit dem Verdichter verbunden. Derartige Rohrverbindungen sind bruchgefährdet.
   Elektronische Ölüberwachungssysteme benötigen nur elektr. Anschlüsse. Das Meßsignal wird direkt zum Steuermodul des OMS übertragen.
   Ein weiterer Vorteil: Zur Messung des effektiven Öldrucks braucht nicht in den Kältemittelkreislauf eingegriffen zu werden ⇒ keine Kältemittelemission.

9. Siehe K 8.3.1, Aufg. 37.

10. Einstellen der Abtauzeit bei Heißgasabtauung ca. 10 min, bei elektr. Abtauung ca. 30 min.

11.2 Schaltungs- und Funktionsanalyse

1. Stromlaufplan des Lastkreises (Blatt 1, S. 93)

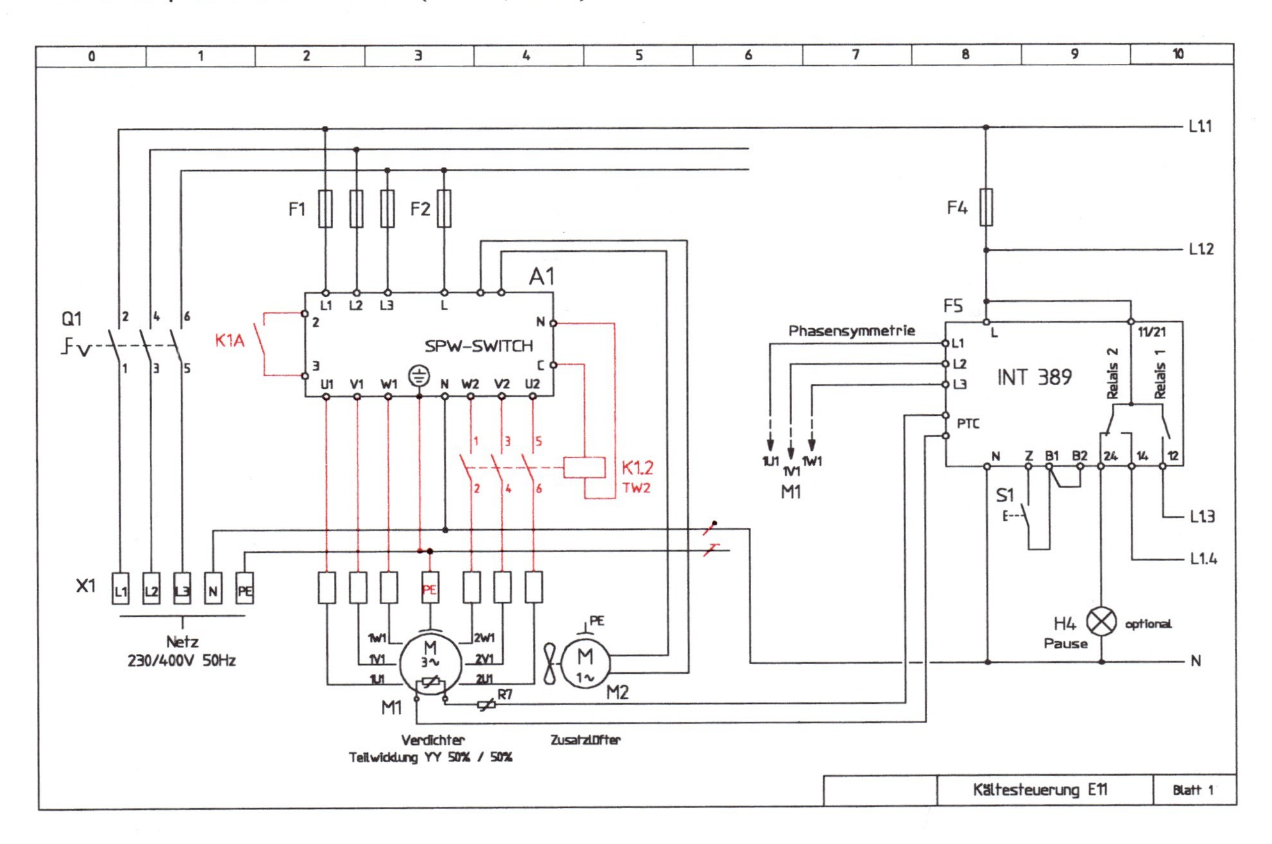

2. Funktionsablauf der Kältesteuerung (s. auch Blatt 2, S. 94)

<u>Raumtemperaturfühler fordert „Kühlen“</u>

Kontakt 5/6 schaltet das Magnetventil (FL) und das Hilfsschütz K2A ein – der „Inhibit-Time-Relais“-Kontakt des Sanftanlaufgerätes muß durchgeschaltet haben.
Ist der Kontakt des Niederdruckschalters (B2) geschlossen und das Kältemitteleinspritzgerät betriebsbereit, zieht Hilfsschütz K1A an und hält sich selbst.
Das Sanftanlaufgerät (A1) wird durch den Schliesser K1A eingeschaltet und startet den Teilwicklungsmotor M1.
Während des Anlaufs ist die Spule des Magnetventils Y2 (Leistungsregulierung / Anlaufentlastung) erregt, so daß die Kolben dieser Zylinderreihe ohne Gasdruck leer mitlaufen.
Wird die zweite Teilwicklung des Verdichtermotors dazugeschaltet, öffnet Kontakt K1.2 (Strompfad 3) und das Magnetventil Y2 kann die Leistungsregelung in Abhängigkeit vom Saugdruck (B1) übernehmen.
Der Verdampferlüfter (K2) kann zeitverzögert (Verdampferlüfterverzögerung) eingeschaltet werden.

<u>Anlage im Betriebszustand „Kühlen“ – Abtaufühler fordert „Abtauen“</u>

Der Kühlstellenregler muß auf Heißgasabtauung programmiert sein. Der Kontakt 5/6 muß während der Abtauperiode geschlossen bleiben, so daß das Magnetventil erregt bleibt und die Abpumpschaltung nicht aktiviert werden kann.
Mikroprozessorgesteuerte Kühlstellenregler sind in der Lage, die Anzahl der Abtauzyklen während eines bestimmten Zeitraums zu speichern und entsprechend auszuwerten.
Nur wenn die Anlage sich <u>nicht</u> im Abtaubetrieb befindet, darf der Abpumpprozeß (Pump-down) eingeleitet werden können.

11.2.3 Stromlaufplan der **Steuerung** (Blatt 2, S. 94)

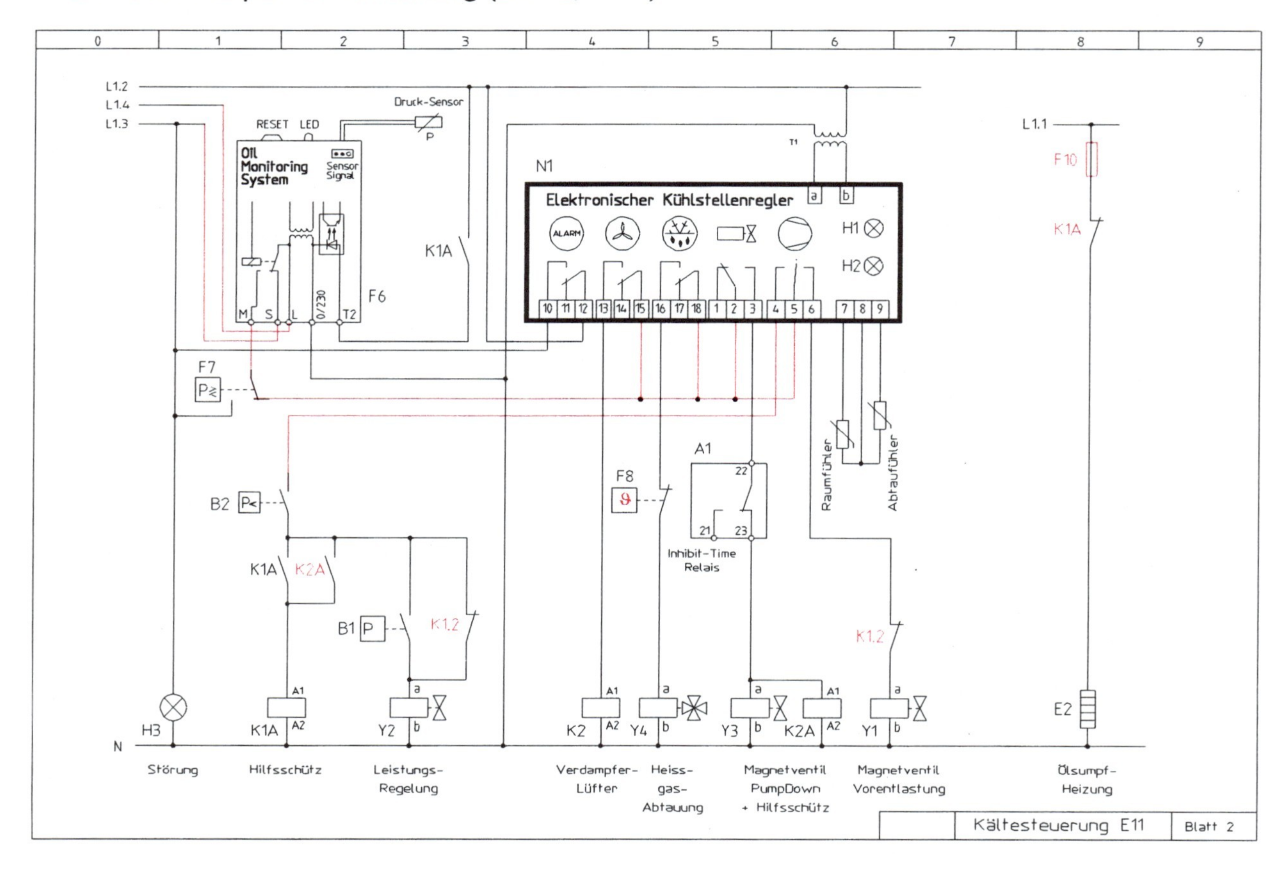

11.2.4 Folgende Bauteile / Komponenten werden bei Einsatz eines mikroprozessorgesteuerten Kühlstellenreglers nicht mehr benötigt:

- Abtauuhr
- Raumthermostat
- Hilfsschütz für Vierwege-Umschaltventil
- Verdampferlüfter-Nachlaufthermostat
- Startverzögerungsrelais

11.3.8 **Blindleistung**

Wechselstromverbraucher, die nach dem Induktionsprinzip arbeiten, entnehmen aus dem Versorgungsnetz mehr Leistung, als sie zur Deckung ihrer Nutzleistung benötigen. Außer dieser Nutz- bzw. Wirkleistung bezieht der Motor z.B. noch Blindleistung aus dem Netz. Diese Blindleistung belastet Leitungen wie Schutzorgane und entsteht durch das Ummagnetisieren der Motorwicklungen.

11.3 Technische Mathematik

1. Aus den Datenblättern Anhang, S. 256/257

   a) I_B = 37 A ⇒ Sicherungsnennstrom **50 A**

   b) Sanftanlaufgerät: **41 A / 22 kW**; Schütz K1.2: **30 A / 15 kW** (AC-3)

   c) $n_s = \frac{f}{p} \Rightarrow p = \frac{f}{n_s} = \frac{50\,{}^1\!/\!_s \cdot 60\,{}^s\!/\!_{min}}{1500\,{}^1\!/\!_{min}} = \underline{\underline{2\,\text{Polpaare}}} = \underline{\underline{4\,\text{Pole}}}$

   d) $s = \left(1 - \frac{n}{n_s}\right) \cdot 100\,\% = \left(1 - \frac{1450}{1500}\right) \cdot 100\,\% = \underline{\underline{3{,}33\,\%}}$

2. Scheinleistung $S = \sqrt{3} \cdot U \cdot I = \sqrt{3} \cdot 400\,V \cdot 37\,A = \underline{\underline{25{,}63\,kW_{Schein}}}$

3. Leistungsfaktor $\cos\varphi = \frac{P}{S} = \frac{P}{\sqrt{3} \cdot U \cdot I} = \frac{21500\,W}{\sqrt{3} \cdot 400\,V \cdot 37\,A} = \underline{\underline{0{,}84}}$

   Der Leistungsfaktor ist ein Maß für die Ausnutzung der elektrischen Einrichtungen. Er stellt das Verhältnis von Wirk- zu Scheingröße dar.
   Je kleiner dieser Faktor ist, desto schlechter werden Stromerzeuger und Energieverteilungsanlagen ausgenutzt.

4. Aus dem Typenblatt:

   (t_0 = -27 °C; t_c = 40 °C)

   a) **I = 20 A**; b) **P_{zu} = 11 kW**;

   $\cos\varphi = \frac{P_{zu}}{\sqrt{3} \cdot U \cdot I}$

   c) $\cos\varphi = \frac{11000\,W}{\sqrt{3} \cdot 400\,V \cdot 20\,A}$

   $\underline{\underline{\cos\varphi = 0{,}79}}$

5. Eine Motorwicklung nimmt ca. 60 % der Gesamtstromstärke auf. Das ergibt ca. 22 A.
   Durch diesen Wert legen Sie im nebenstehenden Typenblatt eine Waagerechte und lesen den dazugehörigen Wert für die aufgenommene Wirkleistung direkt ab. Das ergibt ca. 12,5 kW.

6. In diesem Fehlerfall wäre der Motor überlastet. Seine Wicklungen erwärmen sich unzulässig und die Motorvollschutzeinrichtung spricht an.

7. Blindleistung

   $Q = \sqrt{3} \cdot U \cdot I \cdot \sin\varphi$

   $Q = \sqrt{3} \cdot 400\,V \cdot 37\,A \cdot 0{,}54$

   $\underline{\underline{Q = 13{,}9\,kW_{Blind}}}$

8. s. S. 246.

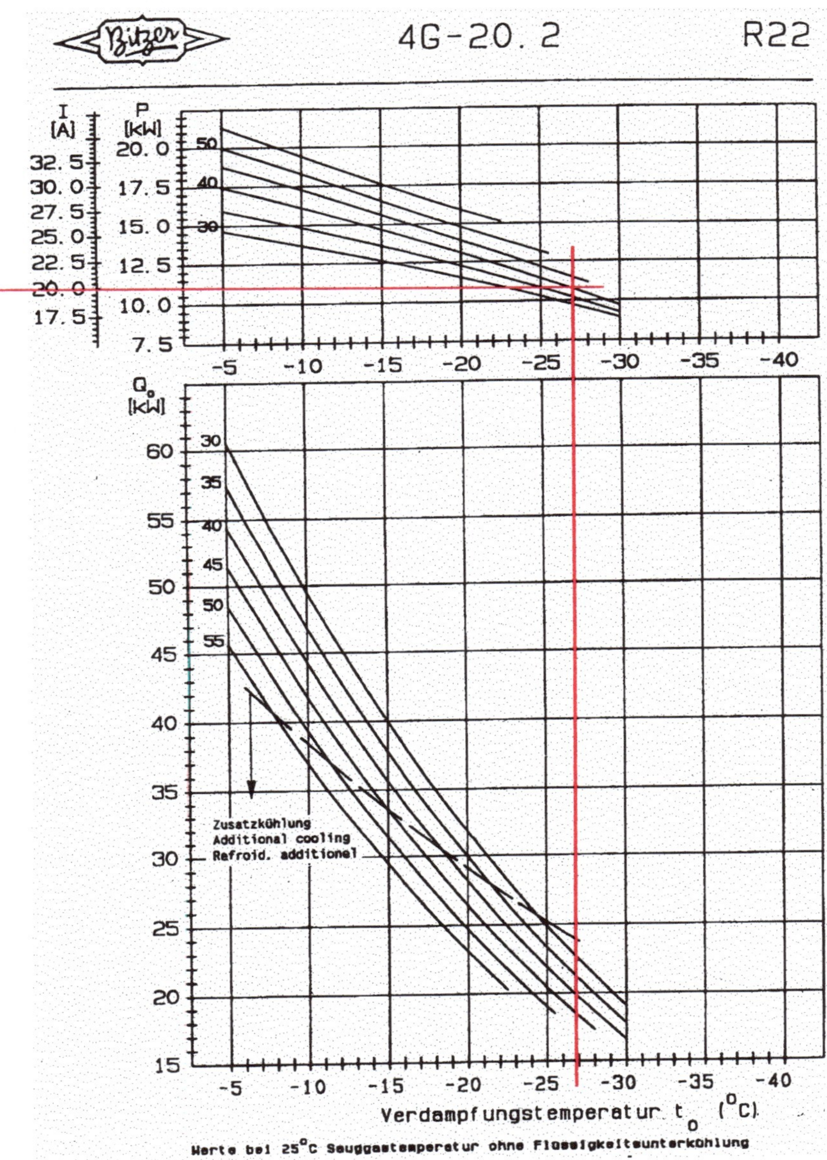

12.1 Technologie

1. **Legende**

B1 Ölthermostat
B2 Steuerthermostat
C1 Kondensator
F1 Hauptsicherungen
F2 Verdichtersicherungen
F3 Steuersicherung
F4 Steuersicherung
F5 Hochdruckschalter
F6 Niederdruckschalter
F7 Öldurchflußwächter
F8 Ölniveauwächter **)
F12 Steuerpressostat
H1 Motorstörung
H2 Leuchte ‚Pausenzeit'
H3 Leuchte ‚Ölstörung'
H4 Leuchte ‚Ölniveau'
K1 Verdichter, 1. TW
K2 Verdichter, 2. TW
K4 Hilfsschütz
K1T Zeitrelais ‚Ölkontrolle'
K3T Zeitrelais PartWinding
K4T Zeitrel. ‚Niveauwächter'
M1 Verdichtermotor
Q1 Hauptschalter
R1 Ölheizung **)
R2 Druckgasüberhitzung
R3-8 PTC-Fühler
S1 Steuerschalter
S2 Reset ‚Öl u. Motor'
S3 Abbr. Pausenzeit
Y1 MV ‚Öleinspritzung'
Y2 MV ‚Flüssigkeitsleitung'
Y3 MV ‚Bypass'
Y6 MV ‚LR 1'
Y7 MV ‚LR 2'

2. Das Auslösegerät INT 69 VS hat eine größere Schalthysterese (ca. 10 Kelvin) als das INT 69 und besitzt eine Wiedereinschaltsperre.
   In dieser Kältesteuerung dient das INT 69 VS zur Überwachung des Ölflusses. Öffnet wegen zu geringen Ölflusses der Strömungswächter F7 seinen Kontakt, so schaltet der Wechsler des INT 69 VS nach ca. 2 Sekunden von der Stellung 11-14 in die Stellung 11-12 und damit auf Störung. Die Zeitverzögerung von ca. 2 Sekunden wird durch den Kondensator C1 bewirkt.
   Das anzugsverzögerte Zeitrelais K1T sorgt dafür, daß nach dem Einschalten des Verdichters in einer Zeitspanne von etwa 15 bis 20 Sekunden der Ölfluß aufgebaut werden kann (vgl. Schittenhelm 1992, S. 199f).
3. Einfluß auf die Drehzahl eines DASM haben
   die Polpaarzahl, die Frequenz, die Spannung und der Schlupf.
4. Ein modular aufgebautes System läßt sich schnell den jeweiligen Anforderungen anpassen, kann je nach Anbieter bis zu 20 Kühlstellen regeln und ist zudem reparaturfreundlich.
5. In dieser Kältesteuerung wurde exemplarisch ein elektronisches Expansionsventilsystem mit integrierter Kühlraumsteuerung der Fa. Flica (Flitronic FT 2000) gewählt.
   Ein solcher Kühlstellenregler bietet die folgenden Funktionen:
   Steuerung des Verdichters (Startverzögerung, Pump-down etc.), des Verdampferlüfters (Verzögerung, Nachlauf), des Magnetventils in der Flüssigkeitsleitung und der Abtauung (Elektro- bzw. Heißgas).
   Überwachung der Öl- oder Druckgastemperatur des Verdichters.
   Regelung der Überhitzung mittels elektronischem EV.
   Echtzeituhr mit freiem Wechselkontakt,
   Alarmgeber, Türkontaktschalter-Eingang, Test-, Diagnose- und Notprogramme.
6. Die einzelnen PT-Fühler haben die Aufgabe, die entsprechenden Temperaturen zu erfassen. Der Drucktransmitter wandelt den Druck direkt in eine elektrische Größe um (Stromstärke 4-20 mA).
   PT 1000 bedeutet: Temperaturabhängiger Widerstandsfühler aus einem Platin-Widerstandselement, dessen Widerstandswert sich proportional zur Temperatur ändert.
   Dieser PTC-Fühler hat bei einer Temperatur von 0 °C einen Widerstandswert von 1000 Ω (vergl. K 10.2.18).
7. Raumtemperaturfühler (A) sollte an einer Stelle installiert werden, wo Temperaturänderungen der Umluft genau und schnell gemessen werden können. Verdampfertemperaturfühler (B) muß am Verdampferaustritt in Kontakt mit der Lamelle angebracht werden.
   Fühler (C) ist am Verdampfereingang, Fühler (D) am Verdampferausgang anzubringen.
8. Das Kernstück eines Mikrocomputers (MC) ist die Zentraleinheit CPU (central processing unit), die auch als Mikroprozessor bezeichnet wird. Ein- / Ausgabe (E / A)-Schaltungen sind elektronische Bausteine, deren Funktionsumfang vielfach größer ist als der der CPU. Hier werden u.a. Interface für PC, Anzeigeeinrichtungen oder die zu steuernden Prozeßelemente (z.B. Verdampfermodul, s. Abb. 12.2) angeschlossen. Verbunden sind die einzelnen Elemente über sogenannte 2-adrige BUS-Leitungen.
9. Ein Mikroprozessor erfaßt die Fühlertemperaturen am Verdampferein und –ausgang, bildet die Differenz und vergleicht diese mit dem eingestellten Sollwert der Überhitzung. Weichen Differenz und Sollwert voneinander ab, gibt der Mikroprozessor Impulse an den linearen Schrittmotor des Expansionsventils. Der Schrittmotor betätigt ein Ventil, das den Kältemittelmassenstrom reguliert (vergl. K 8.2.1, Aufg. 51-53).
10. Anwendungsmöglichkeiten von Frequenzumrichtern
    Bei Kälteanlagen mit schwankender Kühllast; bei begrenzter Aufstellungsmöglichkeit von Einzelaggregaten oder Verbundanlagen; bei Klimaanlagen mit HG-Bypassregelung; Langzeitlagerung von Obst; Lagerung von Frischfleisch
11. Anforderungen an Frequenzumrichter
    Frequenzfeineinstellung; Minimalfrequenz; Maximalfrequenz; Hochlaufzeit; Runterlaufzeit; Strombegrenzung; einstellbare U/f-Kennlinie; programmierbare Sprungfrequenzen.
12. Achtung bei folgenden Bauteilen
    Rohrleitungen; Magnetventilen (p1 > p2, Δpmin 0,05 bar); Rückschlagventilen; Thermo-Expansionsventilen. Schwingungsdämpfer entfernen, Ölabscheider besonders befestigen etc.

12.2 Schaltungs- und Funktionsanalyse

Beachte: Die Leiter L1, L2 und L3 zur Überprüfung der Phasenfolge (Schraubenverdichter sind drehrichtungsabhängig) müssen direkt an den Motoranschlußklemmen angeschlossen werden (s. Blatt1).

12.2.1 Vervollständigen Sie den Stromlaufplan der Steuerung (Blatt 2, S. 99).

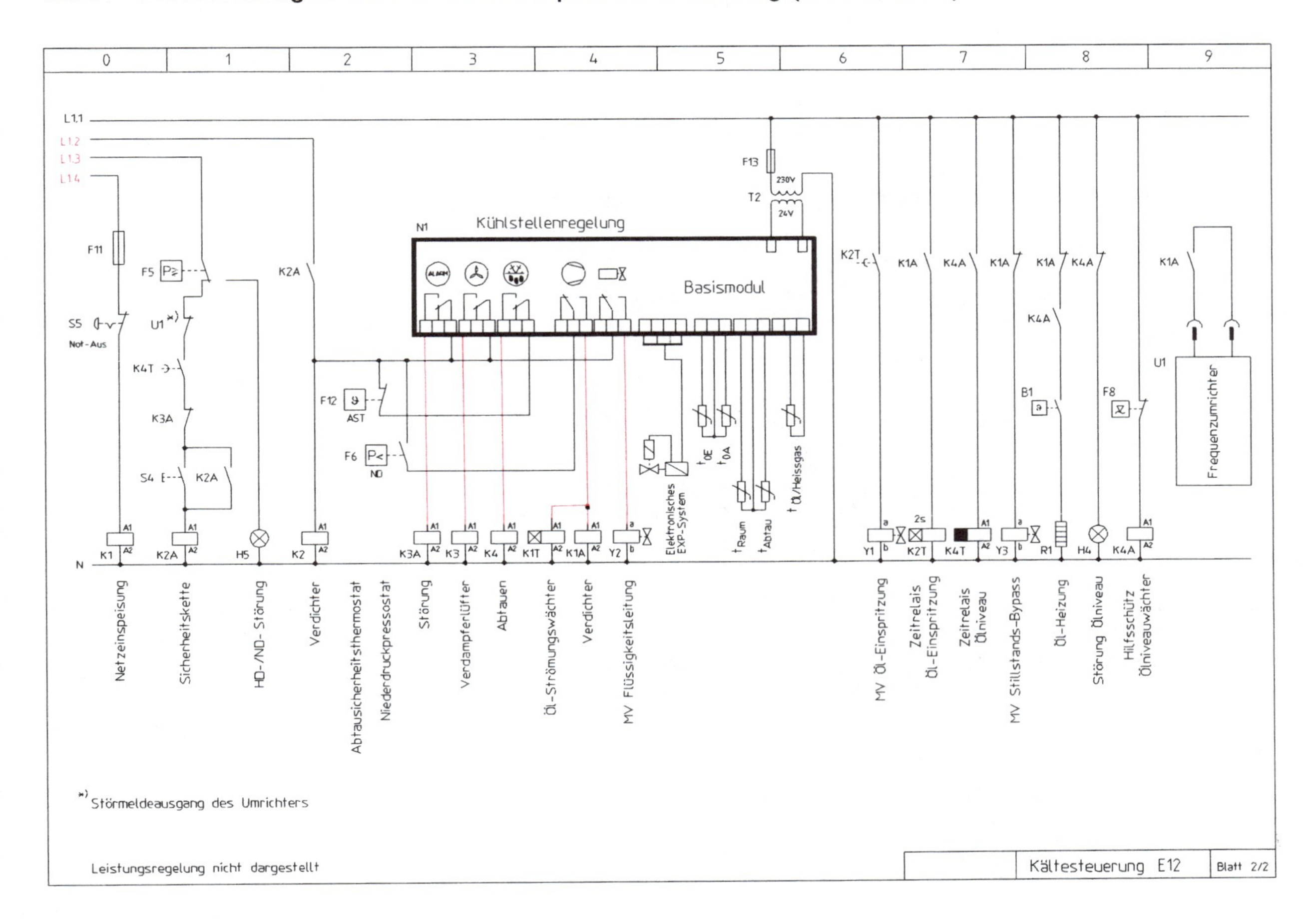

12.2.2 **Legende**

B1 Ölthermostat
C1 Kondensator
F1 Verdichtersicherungen
F2 Sicherungen Transformator
F3 Steuersicherung
F4 Steuersicherung
F5 Hoch-/Niederdruckschalter
F7 Öldurchflußwächter
F8 Ölniveauwächter
F9 Motorschutz/Phasenfolge INT 389 R
F10 Sicherungen Phasenfolge
F11 Sicherung Netzschütz
F12 Abtausicherheitsthermostat
F13 Feinsicherung Trafomodul KSR
H1 Leuchte ‚Motorstörung'
H2 Leuchte ‚Pausenzeit'
H3 Leuchte ‚Ölstörung'
H4 Leuchte ‚Ölniveau'
H5 Leuchte ‚Hochdruckstörung'
K1 Netzschütz Einspeisung
K2 Verdichterschütz
K3 Verdampferlüfterschütz
K4 Abtauheizungsschütz

K1A Hilfsschütz Frequenzumrichter
K2A Hilfsschütz Sammelstörung
K3A Hilfsschütz Temperaturstörung KSR
K4A Hilfsschütz Ölniveauwächter
K1T Zeitrelais ‚Ölkontrolle'
K2T Zeitrelais ‚Öleinspritzung'
K4T Zeitrelais ‚Ölniveauwächter'
M1 Verdichtermotor
N1 Elektronischer Kühlstellenregler (KSR)
Q1 Hauptschalter
R1 Ölsumpfheizung
R2 Druckgasüberhitzg.
R3-8 PTC-Fühler
S1 Steuerschalter
S2 Reset ‚Ölkontrolle'
S3 Abbruch der Pausenzeit
S4 Reset ‚Sammelstörung'
S5 Not-Aus-Schalter
U1 Frequenzumrichter
Y1 Magnetventil ‚Öleinspritzung'
Y2 Magnetventil ‚Flüssigkeitsleitung'
Y3 Magnetventil ‚Stillstands-Bypass'

12.2.3

Durch Brücken müssen verbunden werden:

1 – 7
2 - 8
3 - 9

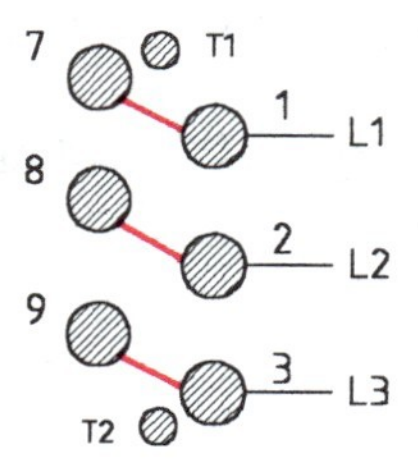

12.2.4 Vorteile des Frequenzumrichters:

- Möglichkeit zur stufenlosen Drehzahlregulierung von Drehstrom-Asynchronmotoren
- stufenlose Leistungsregulierung
- Leistungserhöhung durch Betrieb oberhalb der Synchrondrehzahl (übersynchroner Betrieb)
- Sanftanlauf
- Reduzierung des Anlaufstroms bei vollem Drehmoment
- reduzierte mechanische Belastung des Verdichters
- verminderte Gefahr von Öl- und Flüssigkeitsschlägen beim Startvorgang

Nachteile des Frequenzumrichters:

- Kritische Frequenz- / Drehzahlbereiche
  je nach Anwendungsbedingungen können in bestimmten Frequenzbereichen Resonanzschwingungen auftreten, die zur Zerstörung des Verdichters und der Rohrleitungen führen können.
  Abhilfe: kritische Frequenzbereiche „überfahren" durch entsprechende Programmierung des Umrichters (s. auch K 11, Aufg. 40).

12.2.5 Der Störmeldeausgang des Umrichters sollte in die Sicherheitskette einbezogen werden. Nur so ist gewährleistet, daß das Magnetventil „Öl-Einspritzung" geschlossen wird, wenn der Verdichter wegen einer Störabschaltung des Umrichters stillsteht. Ohne diese Schaltung wird in derartigen Fällen der stillstehende Verdichter mit Öl aufgefüllt, was beim nächsten Start zu Flüssigkeitskompression im Verdichter führt. Unter diesen Umständen ist eine Beschädigung des Verdichters sehr wahrscheinlich.

12.3 Technische Mathematik

1. a) $n_s = \frac{f}{p} = \frac{20}{1\,s} = 20\,s^{-1} = \underline{\underline{1200\,min^{-1}}}$

   b) $n_s = \frac{f}{p} = \frac{87}{1\,s} = 87\,s^{-1} = \underline{\underline{5220\,min^{-1}}}$

   c) Für 230 V – Kennlinie B

2. a) aus dem Diagramm Abb. 12.5:
   ca. 55 % des maximalen Drehmoments

   $P_{zu\,max} = \sqrt{3} \cdot U \cdot I \cdot \cos\varphi$

   b) $P_{zu\,max} = \sqrt{3} \cdot 400\,V \cdot 65\,A \cdot 0{,}9$

   $\underline{\underline{P_{zu\,max} = 40{,}53\,kW}}$

3. a) aus dem Diagramm Abb. 12.6:

   $P_{zu\,max} \approx 1{,}7 \text{ x } P_{zu}$ (170 % = 1,7)

   $P_{zu} = \sqrt{3} \cdot U \cdot I \cdot \cos\varphi$

   $P_{zu} = \sqrt{3} \cdot 230\,V \cdot 113\,A^{*)} \cdot 0{,}9 = 40{,}5\,kW$

   $P_{zu\,max} \approx 1{,}7 \cdot 40{,}5\,kW \approx \underline{\underline{68{,}85\,kW}}$

*) der in 2b) verwendete Stromwert von 65 A basiert auf 400 V. Für die Motor-Betriebsspannung 230 V beträgt dieser Wert 65 A x 400/230 V = 113 A

3. b)

$\eta = \frac{P_{ab}}{P_{zu}} \Rightarrow P_{ab} = \eta \cdot P_{zu} = 0{,}85 \cdot 68{,}85\,kW = 58{,}52\,kW$

$P_{ab} = \frac{M \cdot n}{9549} \Rightarrow$

$M = \frac{9549 \cdot P_{ab}}{n} = \frac{9549 \cdot 58{,}52\,kW}{2900\,min^{-1}} = \underline{\underline{192{,}7\,Nm}}$

4.

$Q_{zu\,max} = \sqrt{3} \cdot U \cdot I \cdot \sin\varphi =$

$Q_{zu\,max} = \sqrt{3} \cdot 230\,V \cdot 113\,A \cdot 0{,}436 = \underline{\underline{19{,}6\,kW_{Blind}}}$

5. Zur Magnetisierung wird Blindleistung benötigt, die die Stromerzeuger und Energieverteilungsanlagen belastet. Durch die „Blindleistungskompensation" kann mit Hilfe von Kondensatoren der Anteil der Blindleistung verringert werden.

6. Generell ist es möglich. In der Praxis hat es sich aber nicht bewährt, weil Kompensationskondensatoren für die schnellen Ansteuer- und Laständerungen eines Frequenzumrichters viel zu träge reagieren. In der Leistungselektronik gibt es inzwischen blindleistungssparende Schaltungen.

13.1 Prinzipschaltbild von Bitzer

1. Normgerechte Darstellung (Blatt 1, S. 101)

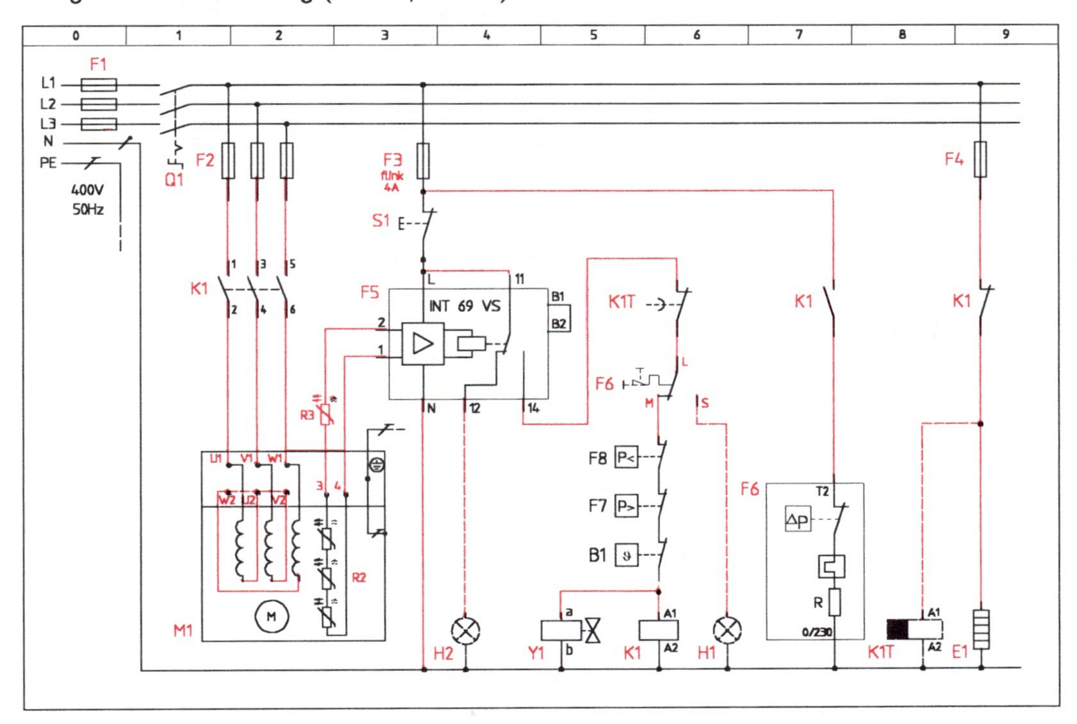

2. Funktionsprüfung INT 69 VS: Im spannungslosen Zustand der Anlage an Klemme 3 oder 4 einen Anschluß der Thermistorkette lösen. Motorsicherungen (F2) herausnehmen, Steuerspannung anlegen. Zwischen Klemme 12 und N muß jetzt Spannung anliegen bzw. Meldeleuchte H2 aufleuchten.

3. **Legende**

B1 Raumthermostat
E1 Ölheizung
F1 Vorsicherungen
F2 Verdichter-Sicherungen
F3 Steuersicherung
F4 Sicherung Ölheizung
F5 Interner Motorschutz
F6 Öldruckdifferenzschalter
F7 Hochdruckschalter
F8 Niederdruckschalter
H1 Öldruckstörung (optional)
H2 Motorstörung (optional)
K1 Verdichterschütz
K1T Wiedereinschaltsperre (opt.)
M1 Verdichtermotor
Q1 Hauptschalter
R2 Thermistoren
R3 Thermistor Druckgastemp
S1 Entriegelungstaster
Y1 MV Flüssigkeitsleitung

13.2 1. a) Blatt 1, S. 103

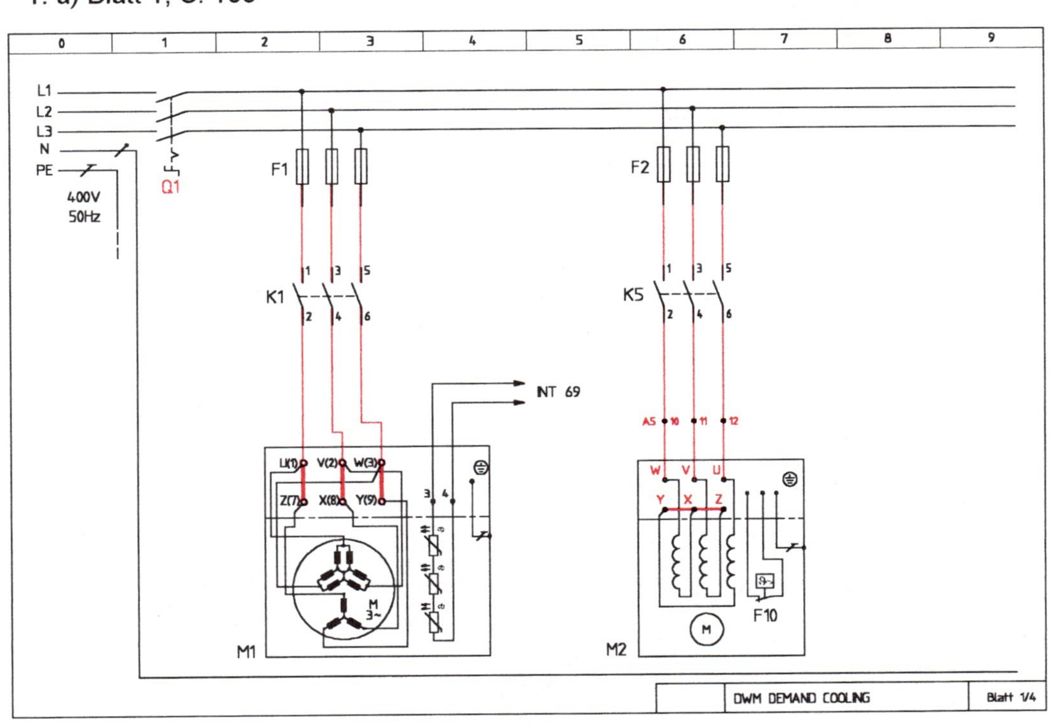

13.2 1. b) Stromlaufplan der Steuerung (Blatt 2, S. 104)

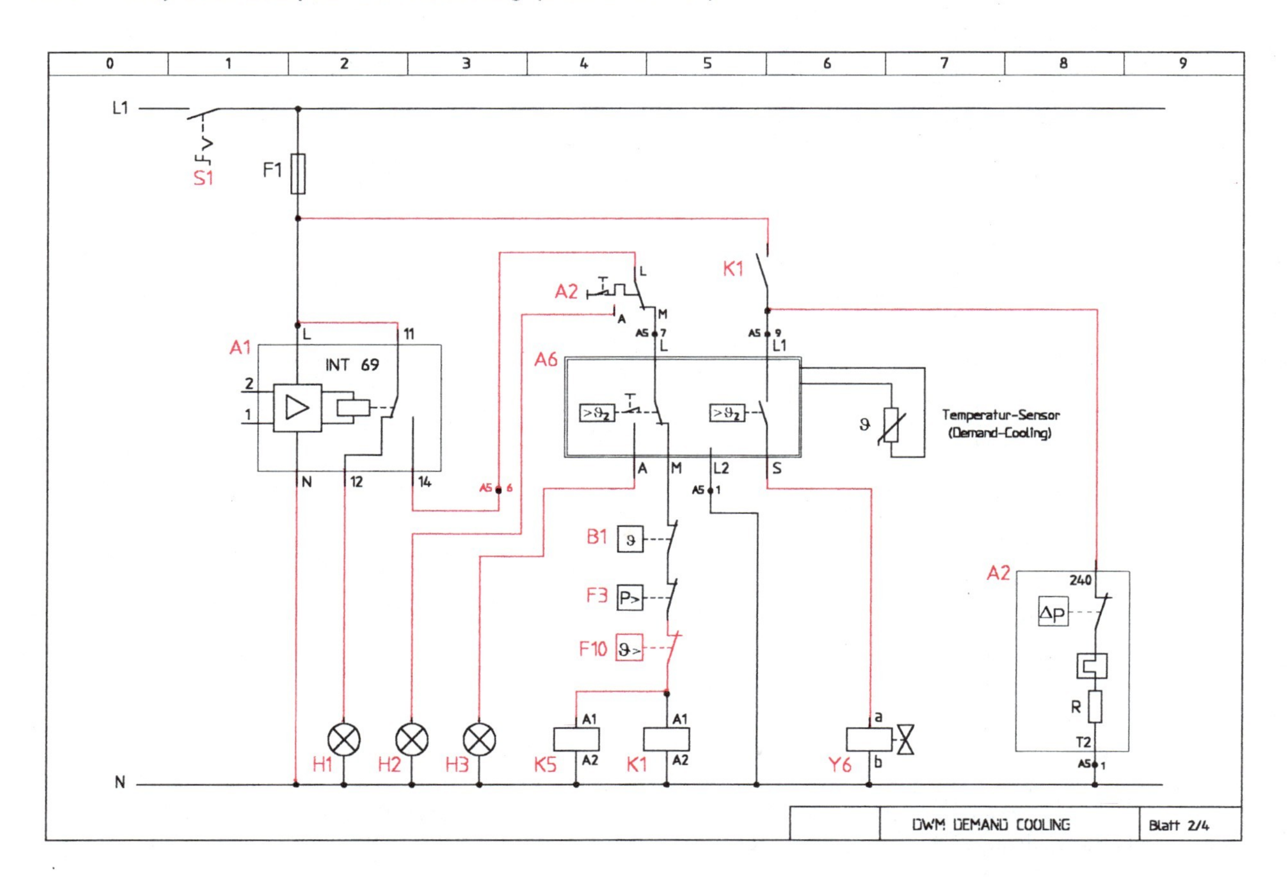

13.2 2 a) Stromlaufplan des Lastkreises (Blatt 3, S. 105)

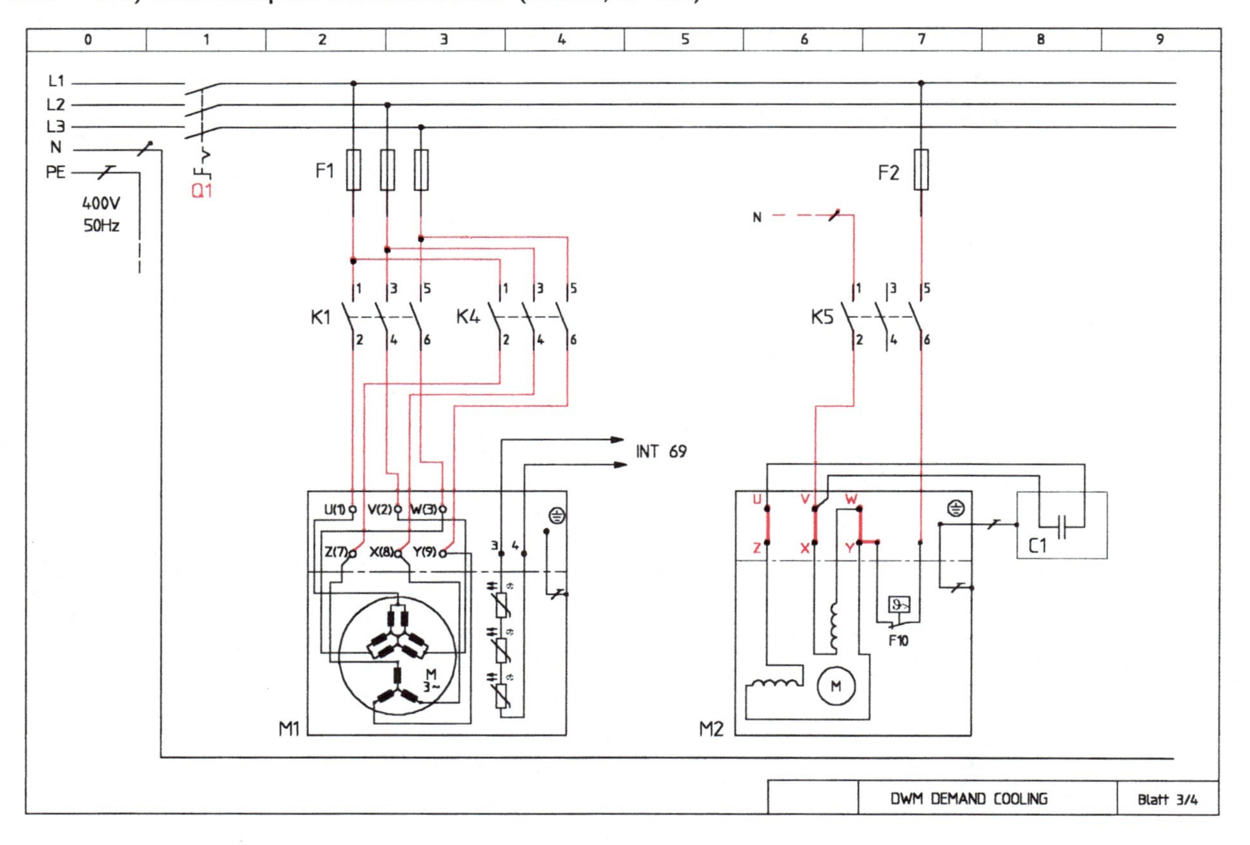

13.2 2. b) Stromlaufplan der Steuerung (Blatt 4, S. 106)

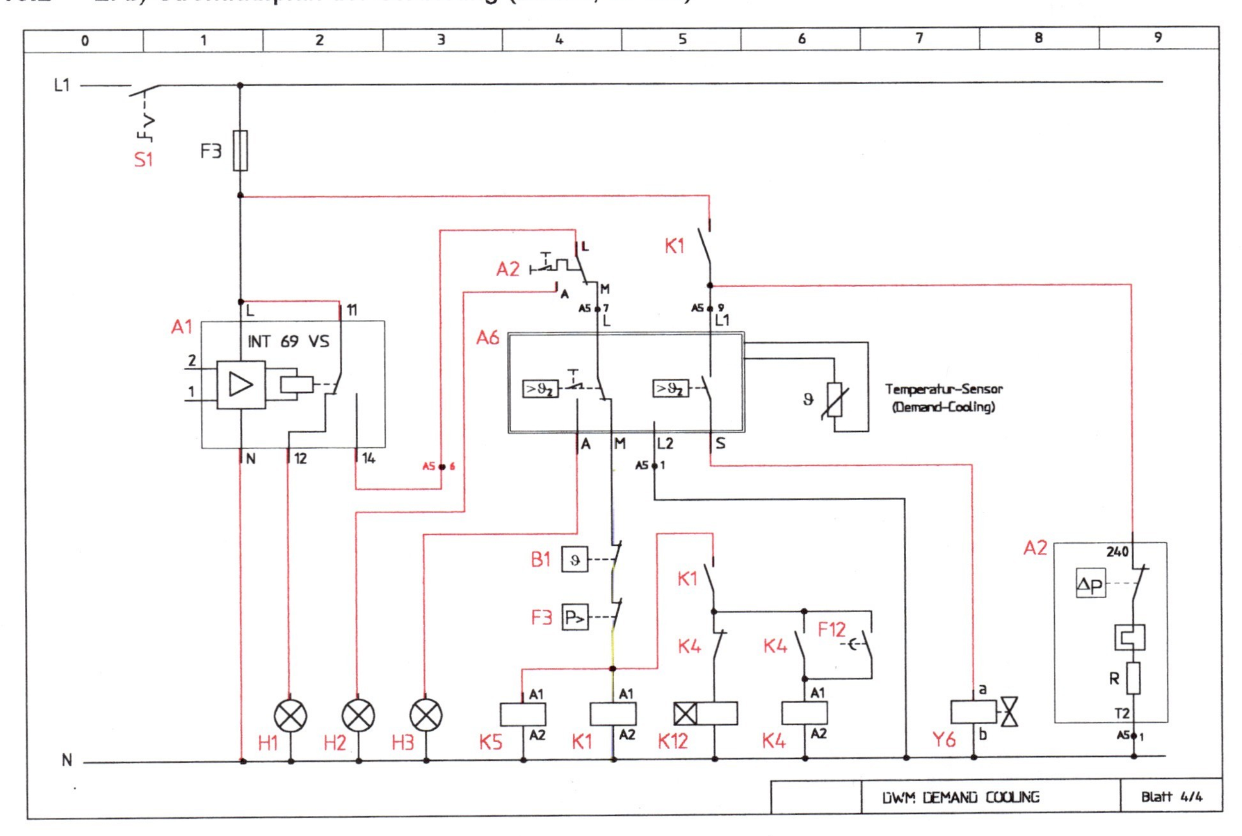

13.3 1. Schaltung I (Blatt 1, S. 108)

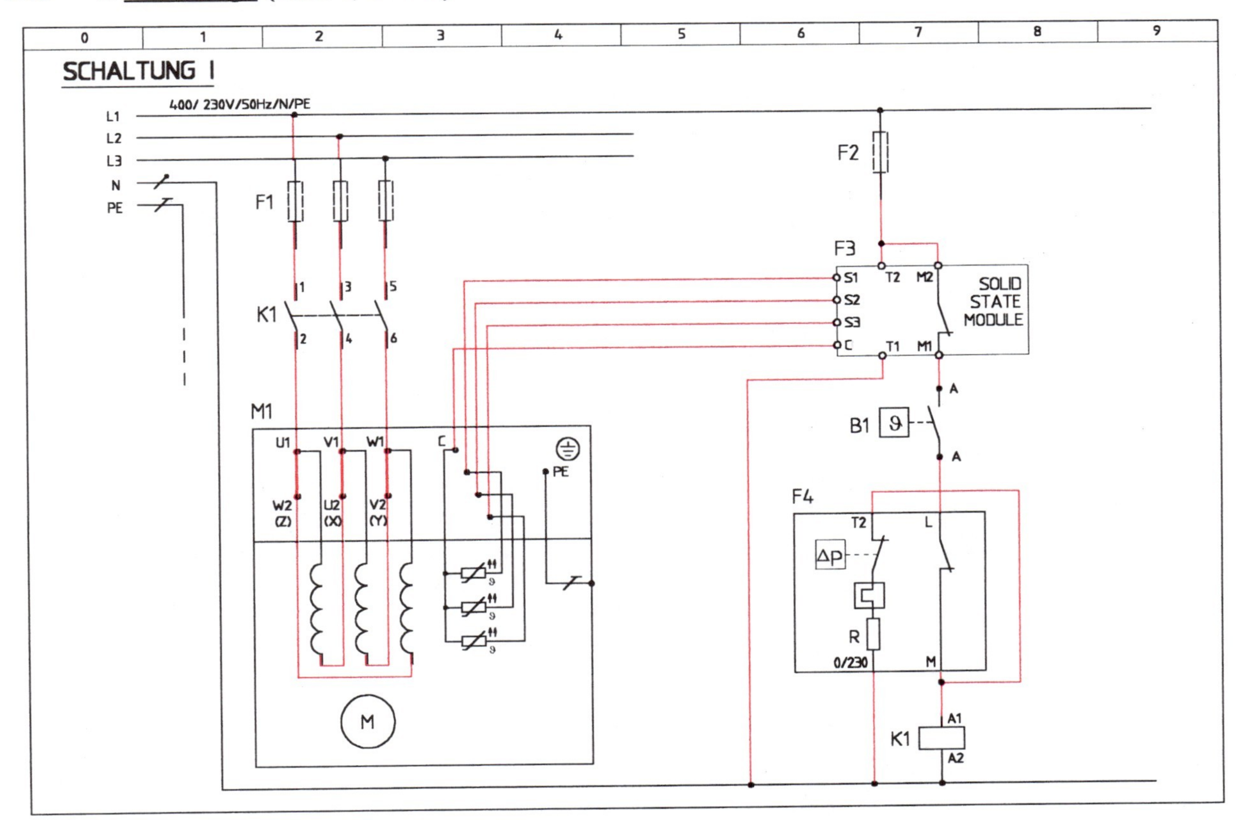

13.3.4. Schaltung II ist für das 400 V-Drehstromnetz (TN-C-S) geeignet.

13.3.5. Rückleiter C abklemmen – mit dem Ohmmeter (max. 3 V) die einzelnen Thermistoren auf Durchgang und Widerstandswert (ca. 75 Ω) prüfen.

13.3 2. Schaltung II (Blatt 2, S. 109)

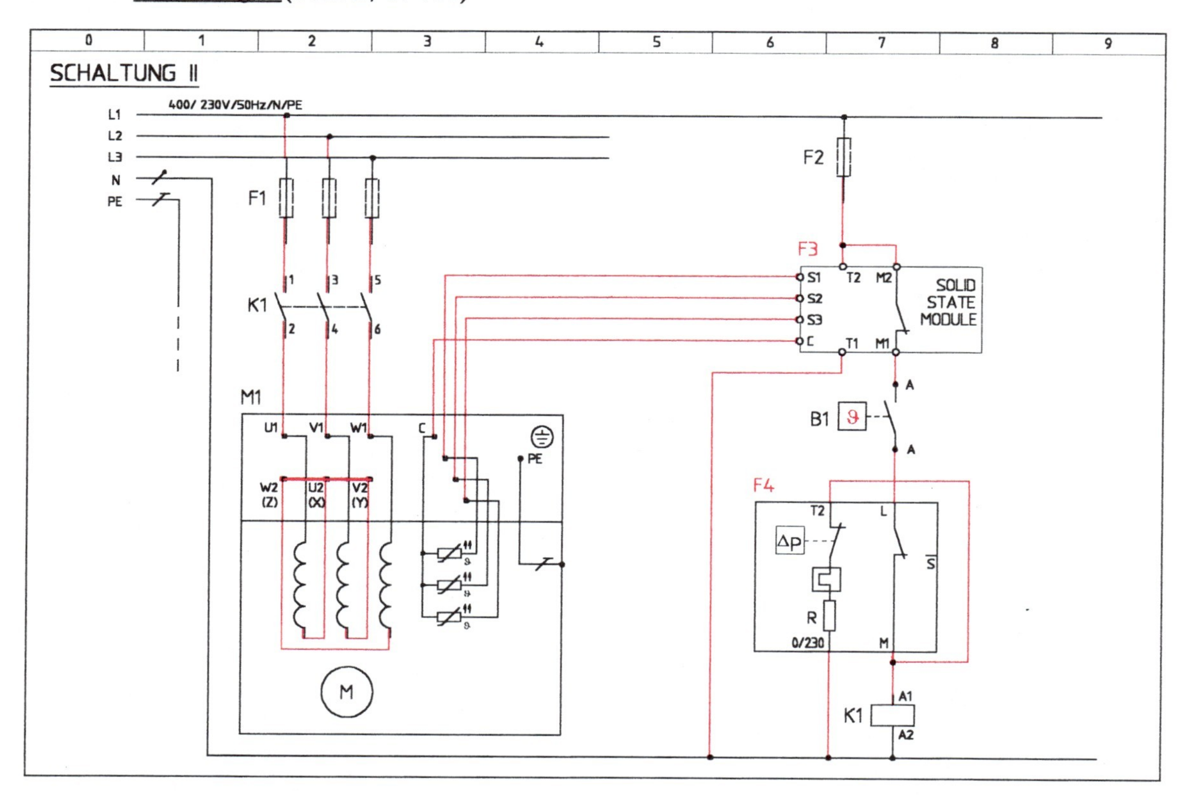

13.3 3. Schaltung III (Blatt 3, S. 110)

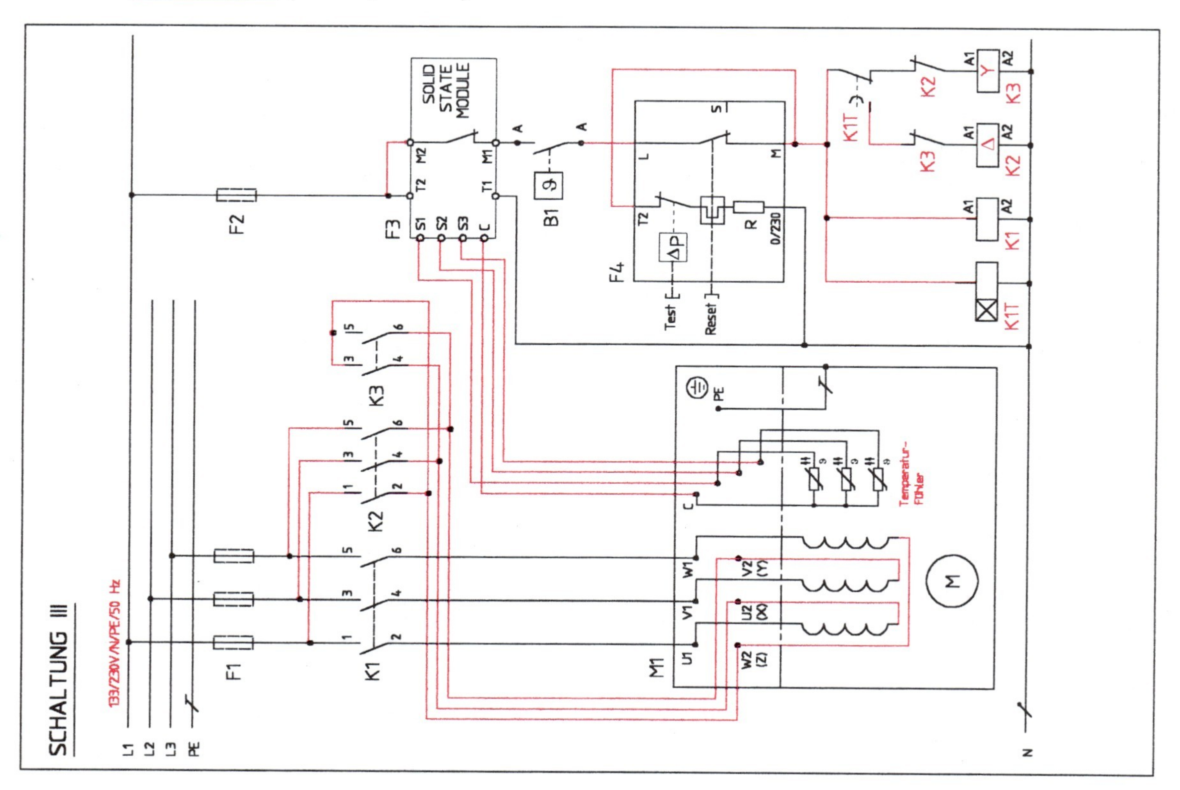

13.3.7.

$$P_{zu} = 10\,\text{PS} \Rightarrow P_{zu\ Wirk} = 0,7355 \cdot 10\,\text{kW} = \underline{\underline{7,355\,\text{kW}}}$$

$$I = \frac{P_{zu\ Wirk}}{\sqrt{3} \cdot U \cdot \cos\varphi} = \frac{7355\,\text{W}}{\sqrt{3} \cdot 400\,\text{V} \cdot 0,85} = \underline{\underline{12,5\,\text{A}}}$$

E – Elektro- und Steuerungstechnik

Anhang

Interne Schaltungen der Motoren	Einbaupositionen von Sicherungen und Überstromrelais	Sicherungs-Nennstrom / Einstellstrom I_E des Überstromrelais
ASM 1~ Wechselstrom-motor 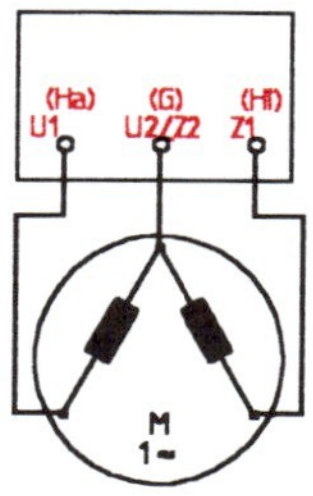	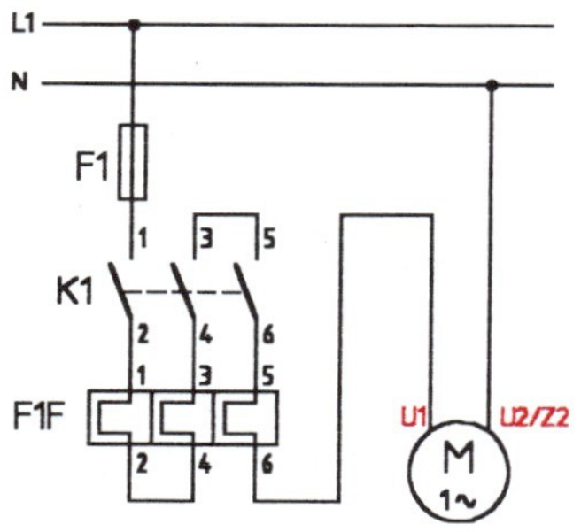	max. Betriebs-strom I_B – Sicherungs-nennstrom (empfohlen) bis 10A: **(2,4 – 3,4) x I_B max. 16A** Einstellstrom I_E F1F: $I_E \leq I_B$
DASM Drehstrommotor Sternschaltung 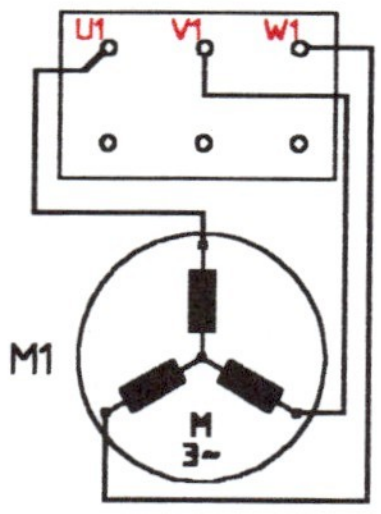	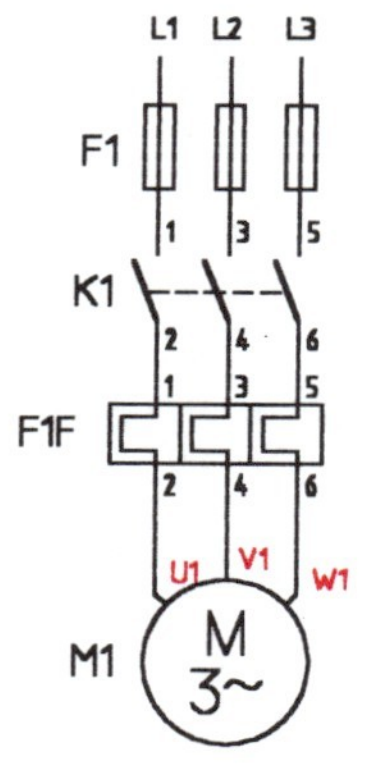	max. Betriebs-strom I_B – Sicherungs-nennstrom (empfohlen) bis 16A: (**2,4** – **3,4**) x I_B >16 – 50A (**1,5** – **2,5**) x I_B >50 – 195A (**1,3** – **2,5**) x I_B Einstellstrom I_E F1F: $I_E \leq I_B$
DASM Drehstrommotor Dreieckschaltung 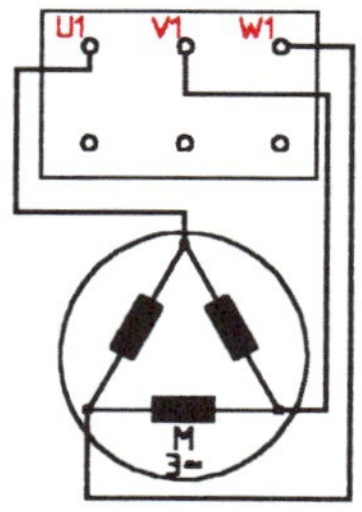	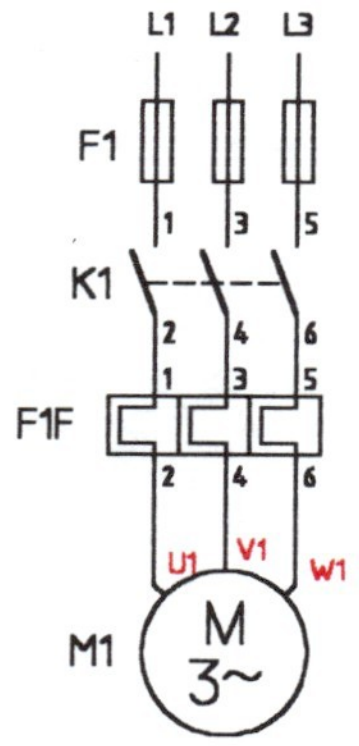	max. Betriebs-strom I_B – Sicherungs-nennstrom (empfohlen) bis 16A: (**2,4** – **3,4**) x I_B >16 – 50A (**1,5** – **2,5**) x I_B >50 – 195A (**1,3** – **2,5**) x I_B Einstellstrom I_E F1F: $I_E \leq I_B$
DASM Drehstrommotor Stern/Dreieckschaltung 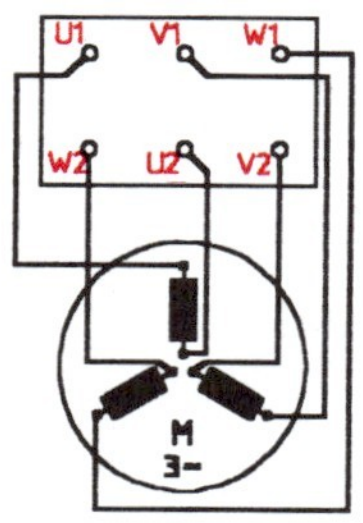	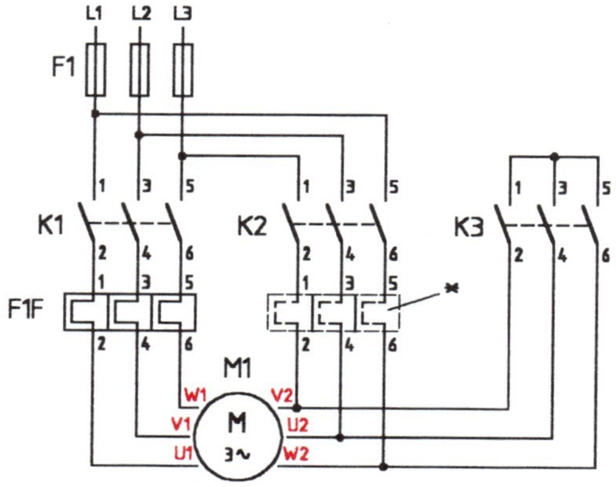	max. Betriebs-strom I_B – Sicherungs-nennstrom (empfohlen) bis 16A: (**1,5** – **2**) x I_B >16 – 50A (**1,1** – **1,4**) x I_B >50 – 195A (1,1 – 1,4) x I_B Einstellstrom I_E F1F: $I_E \leq$ **0,58** x I_B * Einbauposition wahlweise

Interne Schaltungen der Motoren	Einbaupositionen von Sicherungen und Überstromrelais	Sicherungs-Nennstrom / Einstellstrom I_E des Überstromrelais
DASM **Teilwicklungsmotor** YY (Stern/Stern) Wicklungsstellung 50:50% 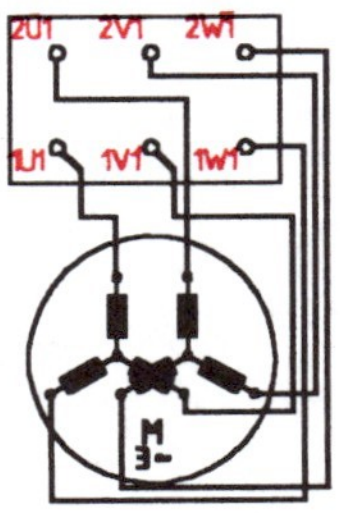	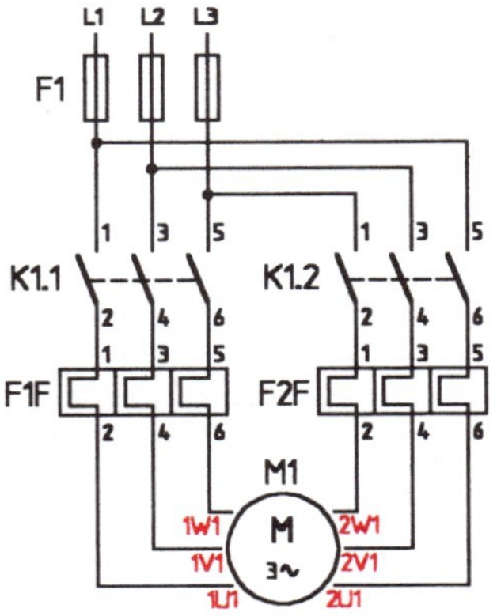	max. Betriebsstrom I_B — Sicherungs-Nennstrom (empfohlen) bis 16A: **(1,5 – 2)** x I_B >16 – 50A: **(1,3 – 1,5)** x I_B >50 – 195A: **(1,1 – 1,4)** x I_B Einstellstrom I_E F1F und F2F: $I_E \leq 0{,}6 \times I_B$
DASM **Teilwicklungsmotor** Y/YY (Stern/Doppelstern) Wicklungsstellung 68:32% 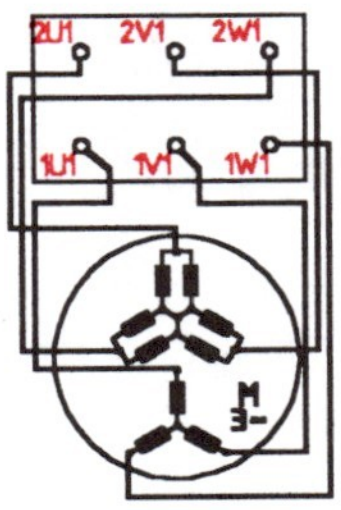	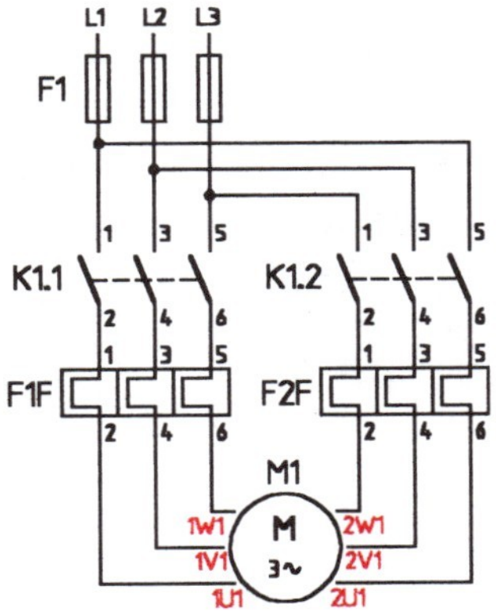	max. Betriebsstrom I_B — Sicherungs-Nennstrom (empfohlen) bis 16A: **(1,5 – 2)** x I_B >16 – 50A: **(1,3 – 1,5)** x I_B >50 – 195A: **(1,1 – 1,4)** x I_B Einstellstrom I_E F1F: $I_E \leq 0{,}38 \times I_B$ F2F: $I_E \leq 0{,}62 \times I_B$
DASM **Teilwicklungsmotor** Δ/YYY (Dreieck/Tristar) Wicklungsstellung 60:40% 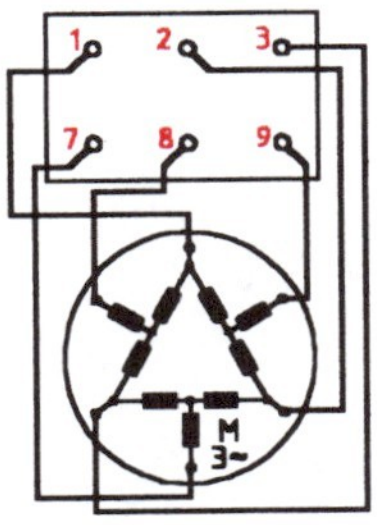	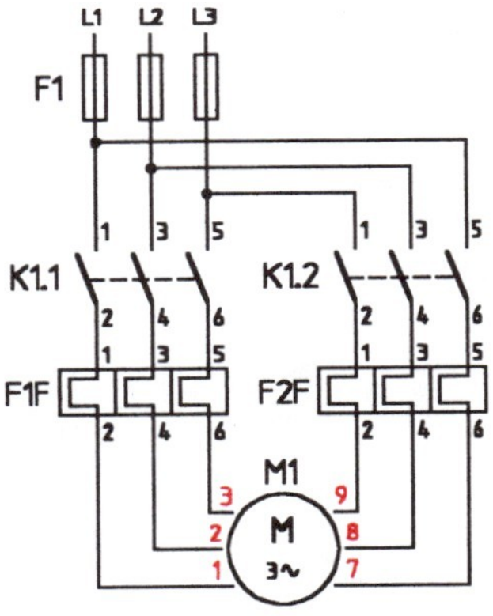	max. Betriebsstrom I_B — Sicherungs-Nennstrom (empfohlen) >50 – 195A: **(1,1 – 1,4)** x I_B Einstellstrom I_E F1F: $I_E \leq 0{,}6 \times I_B$ F2F: $I_E \leq 0{,}4 \times I_B$
DASM **Polumschaltbarer Motor** (Dahlander) Δ/YY (Dreieck/Doppelstern) 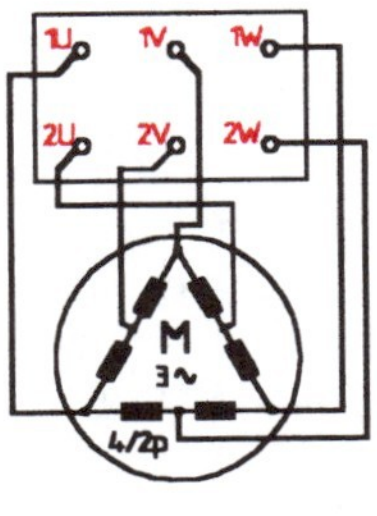	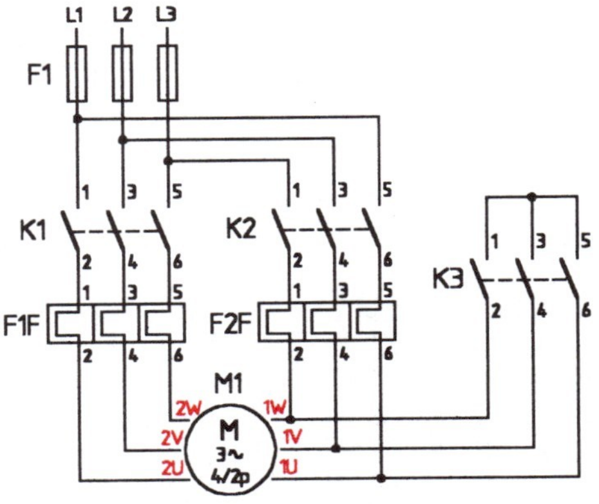	max. Betriebsstrom I_B — Sicherungs-Nennstrom (empfohlen) bis 16A: **(2,5 – 4)** x I_B >16 – 50A: **(1,5 – 2,5)** x I_B >50 – 195A: **(1,3 – 2)** x I_B Einstellstrom I_E F1F: $I_E \leq 0{,}85 \times I_B$ F2F: $I_E \leq I_B$

DWM COPELAND - Datenblatt

D2DB* - 50X R 404A

Einstufiger halbhermetischer Motorverdichter mit Diskusventilen		
max. zulässige Betriebsüberdrücke Hoch- / Niederdruck (Stillstand)	ISO 5149 25,0 / 20,5	bar
Zylinderzahl	2	
Nenndrehzahl (50 Hz / 60 Hz)	1450 / 1750	min^{-1}
Bohrung ∅ / Hub	66,7 / 46,1	mm
Volumenstrom, theor. (50 Hz / 60 Hz)	28,0 / 33,8	m^3 /h

Motorkühlung mit Sauggas		
Äußere Kühlung	28,5 m^3 /min	vert.
Schmierung durch Ölpumpe		
Ölmenge	2,3 l	
Ölsorte (Ester)	Arctic 22 CC oder RL32 CF	
Öldruckschalter erforderlich		
Schutzart	IP 54 (IEC 34)	
Gewicht (netto / brutto)	131 / 140	kg

Volt (±10%)	~	Hz	Schaltung*	Blockierter Rotorstrom (A)	max. Betriebsstrom (A)	Faktor	Motorcode
220 – 240	3	50	Δ	87 – 95	19,9	≈ 1,73	EWL
380 – 420	3	50	Y	50 – 55	11,5	1	EWL
380 – 420	3	50	Δ/Y-Start	50 – 55	11,5	1	EWM
220 – 240	3	50	YY/Y	87 – 95	19,9	≈ 1,73	WAR
380 – 420	3	50	YY/Y	50 – 55	11,5	1	AWM

*YY/Y = Teilwicklungsstart

Bitzer - Technische Daten

Verdichter Typ	Motor PS/KW Nominal ④	Hubvolumen bei 1450 min^{-1}	Ölfüllung	Elektrische Daten ①			
				Stromart	max. Betriebsstrom	max. Leistungsaufnahme	Anlaufstrom (Rotor blockiert)
		m^3 /h	dm^3	Volt ±10%/Ph/Hz	Amp. ④	kW ④	Amp. ③
4H -15.2	15/11	73,6	4,0	PW ② 380..420YY/3/50 440..480YY/3/60	31	18,1	81/132
4H -25.2	25/18,5	73,6	4,5		45	24,9	116/193
4G -20.2	20/15	84,5	4,5		37	21,5	97/158
4G -30.2	30/22	84,5	4,5		53	30,1	135/220

①Andere Spannungen und Stromarten auf Anfrage

②Motor für Teilwicklungsanlauf (Part Winding), Ausführung für Y/Δ auf Anfrage

③Daten für Verdichter mit Spannungsbereich 380..420 V (220..240 V) basieren auf Mittelwert 400 V (230 V).

④**Nominalleistung ist nicht identisch mit max. Motorleistung**. Für die Auslegung von Schützen, Zuleitungen und Sicherungen sind max. Betriebsstrom/max. Leistungsaufnahme („Elektr. Daten") zu berücksichtigen.

Gebrauchskategorien für Schütze nach IEC 947-4-1, EN 60 947, DIN VDE 0660 Teil 102

Stromart	Gebrauchskategorie	Typische Anwendungsfälle I = Einschaltstrom; I_C = Ausschaltstrom I_e = Bemessungsbetriebsstrom [6]; U = Spannung U_e = Bemessungsbetriebsspannung [6] U_r = wiederkehrende Spannung	Nachweis der elektrischen Lebensdauer							Nachweis des Schaltvermögens						
			Einschalten				Ausschalten			Einschalten				Ausschalten		
			I_e in A	I / I_e	U / U_e	cos φ	I_C / I_e	U_r / U_e	cos φ	I_e in A	I / I_e	U / U_e	cos φ	I_C / I_e	U_r / U_e	cos φ
Wechselstrom	**AC-1**	Nicht induktive oder schwach induktive Last, Widerstandsöfen, Abtauwiderstände	alle Werte	1	1	0,95	1	1	0,95	alle Werte	1,5	1,05	0,8	1,5	1,05	0,8
	AC-2	Schleifringläufermotoren: Anlassen, Ausschalten	alle Werte	2,5	1	0,65	2,5	1	0,65	alle Werte	4	1,05	0,65	4	1,05	0,65
	AC-3	Käfigläufermotoren: Anlassen, Ausschalten während des Laufes [4]	$I_e \leq 17$ $I_e > 17$	6 6	1 1	0,65 0,35	1 1	0,17 0,17	0,65 0,35	$I_e \leq 100$ $I_e > 100$	10 8	1,05 1,05	0,45 0,35	8 6	1,05 1,05	0,45 0,35
	AC-4	Käfigläufermotoren: Anlassen, Gegenstrombremsen, Reversieren (Drehrichtungsumkehr), Tippen	$I_e \leq 17$ $I_e > 17$	6 6	1 1	0,65 0,35	6 6	1 1	0,65 0,35	$I_e \leq 100$ $I_e > 100$	12 10	1,05 1,05	0,45 0,35	10 8	1,05 1,05	0,45 0,35
	AC-8A	Schalten von hermetisch gekapselten Kühlkompressormotoren mit manueller Rückstellung der Überlastauslöser [5]	gemäß Angaben des Herstellers								6	1,05	[1]	6	1,05	[1]
	AC-8B	Schalten von hermetisch gekapselten Kühlkompressormotoren mit automatischer Rückstellung der Überlastauslöser [5]									6	1,05	[1]	6	1,05	[1]

[1] cos φ = 0,45 für $I_e \leq 100$ A; cos φ = 0,35 für $I_e > 100$ A

[4] Geräte für Gebrauchskategorie AC-3 dürfen für gelegentliches Tippen oder Gegenstrombremsen während einer begrenzten Dauer wie zum Einrichten einer Maschine verwendet werden; die Anzahl der Betätigungen darf dabei nicht über fünf pro Minute und zehn pro zehn Minuten hinausgehen.

[5] Beim hermetisch gekapselten Kühlkompressor sind Kompressor und Motor im gleichen Gehäuse ohne äussere Welle oder Wellendichtung gekapselt und der Motor wird im Kühlmittel betrieben.

[6] Bemessungsbetriebsstrom = Nennstrom des Schützes
Bemessungsbetriebsspannung = Nennspannung

Literaturverzeichnis - Kältetechnik

ALCO CONTROLS: Technische Informationen

Bargel/Schulze: Werkstoffkunde, VDI-Verlag, 6. Auflage, Düsseldorf 1994

BITZER KÜHLMASCHINENBAU: Kältemittel-Report 6, 1997

BITZER KÜHLMASCHINENBAU: Technische Informationen

BOCK KÄLTEMASCHINEN: Technische Informationen

BREIDENBACH, K.: Der Kälteanlagenbauer, 3. Auflage, Verlag C. F. Müller, Karlsruhe 1990

CUBE, H.L. VON, (Hrsg.): Lehrbuch der Kältetechnik, 3. Auflage, Verlag C. F. Müller, Karlsruhe 1981

CUBE/STEIMLE/LOTZ/KUNIS (HRSG.) Lehrbuch der Kältetechnik, 4. Auflage, C. F. Müller Verlag, Hüthig GmbH, Heidelberg 1997

DANFOSS: Technische Informationen

DANFOSS: Tips für den Monteur, 1992

DÖLZ, H./OTTO,D.: Ammoniak-Verdichter-Kälteanlagen, Band 2, Verlag C. F. Müller, Karlsruhe 1993

DREES, H.: Kühlanlagen, 14. Auflage, VEB Verlag Technik, Berlin 1987

DUBBEL: Taschenbuch für den Maschinenbau, 13. Auflage, Springer Verlag, Berlin, Heidelberg, New York 1970

EGELHOF: Technische Informationen

GANTER, EGON: Der Eisturm - maximale Kapazität auf kleinster Fläche, Ki Luft- und Kältetechnik 4/1995

GEA KÜBA: Technische Informationen

GEA polacel: Kühltürme, Bulletin 204d

KÄLTEMASCHINENREGELN, 7. Auflage, Verlag C. F. Müller, Karlsruhe 1981

MAAKE, W./ECKERT, H. - J. (Hrsg.): Pohlmann, Taschenbuch der Kältetechnik, 17. Auflage, Verlag C. F. Müller, Karlsruhe 1988

Noack/Seidel: Der Kältemonteur, Verlag C. F. Müller Karlsruhe 1990

PLANK, R.: Handbuch der Kältetechnik, Zehnter Band, Die Anwendung der Kälte in der Lebensmittelindustrie, Springer Verlag, Berlin, Göttingen, Heidelberg, 1970

PAUL JOACHIM: ... Kälteanlagen mit Binäreis (FLO-ICE) als Kühlmittel Ki Luft und Kältetechnik 2/1996

ULLRICH, H. - J.: Kältetechnik, Band I und II, COOL, Silvia Schröder, München 1991, 1993

VIESSMANN: Wärmerückgewinnung in Verbindung mit Kälteanlagen, Manusskript 1991

Literaturverzeichnis - Elektro- und Steuerungstechnik

ALCO CONTROLS: Komponenten für Kälte- und Klimatechnik, 10/94

BIENECK/HAIBL/KIEFFER: Prüfungsbuch für Elektroberufe, 8. Auflage, Holland+Josenhans Verlag, Stuttgart 1994

BITZER KÜHLMASCHINENBAU: Kataloge K-1, K-2 und S, Sindelfingen 1997

BREIDERT/SCHITTENHELM: Formeln, Tabellen und Diagramme für die Kälteanlagentechnik, C. F. Müller Verlag, Hüthig GmbH, Heidelberg 1996

DANFOSS: Wissenswertes über Frequenzumrichter, 1. Auflage, 2. Ausgabe, Danfoss A/S, 1991

DANFOSS: Automatisierung gewerblicher Kälteanlagen, 1985

DANFOSS: Funktionsfehler in hermetischen Kompressoren und Kältesätzen, Produktlinie: Kompressoren und Thermostate, o. J.

DANFOSS: Tips für den Monteur, 1992

DWM COPELAND: Katalog,Technische Dokumentation, Berlin 1997

ERNST FLITSCH GmbH & Co.: Flitronic FT 2000, Fellbach 1997

FORMELN FÜR ELEKTROTECHNIKER, 7., überarbeitete Auflage, Verlag Europa Lehrmittel, Haan 1994

FRIGOTECHNIK: Artikelkatalog Kälte + Klima, Band 3 Regel- und Steuergeräte, 1992

HÖRNEMANN, E., U. A.: Elektrotechnik Fachbildung Schaltungstechnik Energieelektronik, Westermann Schulbuchverlag GmbH, Braunschweig 1992

JOHNSON CONTROLS: Katalog für Kälte- und Klima-Regelgeräte, o. J.

KLÖCKNER-MOELLER: Automatisieren und Energie verteilen - Schaltungsbuch, Bonn 1994

KLÖCKNER-MOELLER: Leistungselektronik - Ein Leitfaden für Einsteiger, Bonn 1992

KRATZKE, O., NAGEL, H.: Elektrotechnische Schaltungen und ihre Funktion, Stam-Verlag, Köln 1989

KRIWAN: Schutzgeräte für die Kälte- und Klimatechnik, Kriwan Industrie-Elektronik GmbH, 1996

NESSEL, REIMUND: Druckregelung bei luftgekühlten Verflüssigern, KK 3/97, S. 178

ders.: Verflüssigungsdruckregelung mit drehzahlgeregelten Lüftern, KK 5/97, S. 350

REISS KÄLTE-KLIMA, Kälte-Steuerungen, Offenbach/Main 1994

SCHERER, G. A.: Prüfungsbuch VDE-Bestimmungen, Testfragen und Antworten, vde-verlag gmbh, Berlin 1989

SCHITTENHELM, D.: Kälteanlagentechnik, Elektro- und Steuerungstechnik, 1. Auflage, Verlag C. F. Müller, Karlsruhe 1992

SPRINGER, G.: Prüfungsfragen Praxis Elektrotechnik, 2. Auflage, Verlag Europa Lehrmittel, Haan 1989

TABELLENBUCH ELEKTROTECHNIK, 15. überarbeitete und erweiterte Auflage, Verlag Europa Lehrmittel, Haan 1994

ULLRICH, H.-J.: Kältetechnik, Band I, COOL, Silvia Schröder, München 1994

ULLRICH, H.-J.: Kältetechnik, Band II, COOL, Silvia Schröder, München 1993

WEISSENBORN, P.: VSB-Klima-Start, Sanftanlauf für die Kälte- und Klimatechnik, KK 5/94, S. 314 - 324

Stichwortverzeichnis – Elektro- und Steuerungstechnik